기분파
미용사 일반 필기

(주)에듀웨이 R&D 연구소
김효정

지음

KB192574

미용사 일반 필기 추가모의고사 다운로드 방법

1. 아래 기입란에 카페 가입 닉네임 및 이메일 주소를 볼펜(또는 유성 네임펜)으로 기입합니다. (연필 기입 안됨)

2. 본 출판사 카페(eduway.net)에 가입합니다.

3. 스마트폰으로 이 페이지를 촬영한 후 본 출판사 카페의 '(필기)도서-인증하기'에 게시합니다.

4. 카페매니저가 확인 후 등업을 해드립니다.

카페 가입 닉네임

EDUWAY

김효정
• 수성대학교 뷰티스타일리스트과 학과장
• (사)한국뷰티산업진흥협회 회장

Edu way

a qualifying examination professional publishers

(주)에듀웨이는 자격시험 전문출판사입니다.
에듀웨이는 독자 여러분의 자격시험 취득을 위한 교재 발간을 위해 노력하고 있습니다.

미용사 일반 필기
예상 출제비율

25개 (42%)　　　**7개** (12%)　　**7개** (12%)　　**21개** (35%)

미용 이론　　피부학　　화장품학　　공중위생관리학

※ 최근 상시시험의 출제비율입니다. 회차에 따라 약간의 변동이 있을 수 있습니다.

Pre
face

이 책을 펴내며

미용사(일반) 기능사 자격증은 국가공인 국가기술 자격증으로 미용관련분야에 있어 없어서는 안될 공신력있는 자격증입니다. 미용샵 관련 직종의 운영이나 취업, 관련 학과 진학이나 미용교육계로의 진출, 헤어 컬러링 연출, 나아가 웨딩미용 연출, 방송미용, 광고미용, 패션쇼 미용 등의 실무에 다양한 업스타일 연출, 전문 스타일리스트 과정에도 없어서는 안될 필수 자격증입니다.

이에 현직 종사자는 물론 예비 헤어미용 아티스트들이 '미용사(일반)' 필기시험을 대비하여 보다 쉽게 합격할 수 있도록 이 책을 집필하였습니다.

【이 책의 특징】

1. 이 책은 NCS(국가직무능력표준)에 기반하여 새롭게 개편된 출제기준에 맞춰 교과의 내용을 개편하였습니다.
2. 핵심이론은 쉽고 간결한 문체로 정리하였으며, 수험생에게 꼭 필요한 내용은 충실하게 수록하였습니다.
3. 최근 시행된 상시시험문제를 분석하여 출제빈도가 높은 문제를 엄선하여 실전모의고사를 수록하였습니다.
4. 최근 개정법령을 반영하였습니다.

이 책으로 공부하신 여러분 모두에게 합격의 영광이 있기를 기원하며 책을 출판하는데 도움을 주신 ㈜에듀웨이 출판사의 임직원 및 편집 담당자, 디자인 실장님에게 지면을 빌어 감사드립니다.

㈜에듀웨이 R&D연구소(미용부문) 드림

출제 기준표
Examination Question's Standard

- **시 행 처** | 한국산업인력공단
- **자격종목** | 미용사(일반)
- **직무내용** | 고객의 미적요구와 정서적 만족을 위해 미용기기와 제품을 활용하여 샴푸, 두피·모발관리, 헤어커트, 헤어펌, 헤어컬러, 헤어스타일 연출 등의 서비스를 제공하는 직무
- **필기검정방법** | 객관식(전과목 혼합, 60문항)
- **필기과목명** | 헤어스타일 연출 및 두피·모발 관리
- **시험시간** | 1시간
- **합격기준(필기)** | 100점을 만점으로 하여 60점 이상

주요항목	세부항목	세세항목	
1 미용업 안전위생 관리	1. 미용의 이해	1. 미용의 개요	2. 미용의 역사
	2. 피부의 이해	1. 피부와 피부 부속 기관 3. 피부와 영양 5. 피부면역 7. 피부장애와 질환	2. 피부유형분석 4. 피부와 광선 6. 피부노화
	3. 화장품 분류	1. 화장품 기초 3. 화장품의 종류와 기능	2. 화장품 제조
	4. 미용사 위생 관리	1. 개인 건강 및 위생관리	
	5. 미용업소 위생 관리	1. 미용도구와 기기의 위생관리 2. 미용업소 환경위생	
	6. 미용업 안전사고 예방	1. 미용업소 시설·설비의 안전관리 2. 미용업소 안전사고 예방 및 응급조치	
2 고객응대 서비스	1. 고객 안내 업무	1. 고객 응대	
3 헤어샴푸	1. 헤어샴푸	1. 샴푸제의 종류	2. 샴푸 방법
	2. 헤어트리트먼트	1. 헤어트리트먼트제의 종류 2. 헤어트리트먼트 방법	
4 두피·모발관리	1. 두피·모발 관리 준비	1. 두피·모발의 이해	
	2. 두피 관리	1. 두피 분석	2. 두피 관리 방법
	3. 모발 관리	1. 모발 분석	2. 모발 관리 방법
	4. 두피·모발 관리 마무리	1. 두피·모발 관리 후 홈케어	
5 원랭스 헤어커트	1. 원랭스 커트	1. 헤어 커트의 도구와 재료 3. 원랭스 커트의 방법	2. 원랭스 커트의 분류
	2. 원랭스 커트 마무리	1. 원랭스 커트의 수정·보완	
6 그래쥬에이션 헤어커트	1. 그래쥬에이션 커트	1. 그래쥬에이션 커트 방법	
	2. 그래쥬에이션 커트 마무리	1. 그래쥬에이션 커트의 수정·보완	

이 책의 구성과 특징

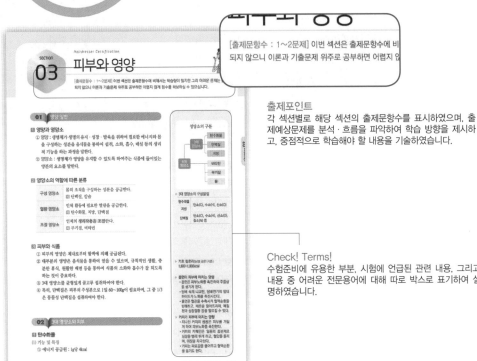

출제포인트
각 섹션별로 해당 섹션의 출제문항수를 표시하였으며, 출제예상문제를 분석·흐름을 파악하여 학습 방향을 제시하고, 중점적으로 학습해야 할 내용을 기술하였습니다.

Check! Terms!
수험준비에 유용한 부분, 시험에 언급된 관련 내용, 그리고 내용 중 어려운 전문용어에 대해 따로 박스로 표기하여 설명하였습니다.

이해를 돕기 위한 삽화
이론 내용과 관련있거나 실제 시험에도 나온 필수 이미지를 삽입하여 독자의 이해를 높였습니다.

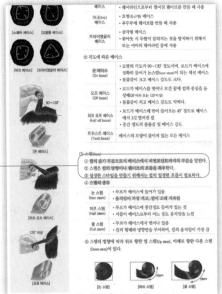

주요 내용 체크
그동안 기출문제에서 출제된 부분을 체크하고 넘어갈 수 있도록 이론 설명에 따로 밑줄로 표기하였습니다.

Hairdresser Certification

Composition

기출문제
각 섹션 바로 뒤에 연계된 기출문제를 모두 정리하여 예상가
능한 출제동향을 파악할 수 있도록 하였습니다. 또한 문제 상
단에 별표(★)의 갯수를 표시하여 해당 문제의 출제빈도 또는
중요성을 나타냈습니다.

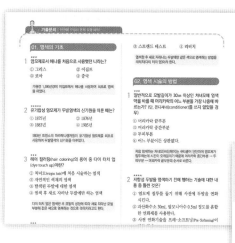

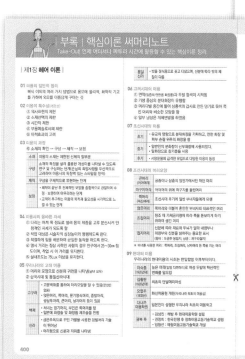

CBT 복원 모의고사
에듀웨이 전문위원들이 출제비율을 바탕으로 최근 CBT
복원문제를 중점으로 시험에 출제될 높은 문제를 엄선
하여 모의고사 5회분으로 수록하여 수험생 스스로 실력
을 테스트할 수 있도록 구성하였습니다.

시험에 자주 나오는 핵심이론 써머리노트
시험 직전 한번 더 체크해야 할 부분을 따로 엄선하여 시험대비에
만전을 기하였습니다.

한 눈에 살펴보는

필기응시절차

Accept Application - Objective Test Process

전체 검정일정은 큐넷 홈페이지 또는
에듀웨이 카페에서 확인하세요.

01
시험일정
확인

1 한국산업인력공단 홈페이지(**q-net.or.kr**)에 접속합니다.

2 화면 상단의 로그인 버튼을 누릅니다. '로그인 대화상자
가 나타나면 아이디/비밀번호를 입력합니다.

※회원가입 : 만약 q-net에 가입되지 않았으면 회원가입을 합니다.
(이때 반명함판 크기의 사진(200kb 미만)을 반드시 등록합니다.)

원서접수기간, 필기시험일
등... 큐넷 홈페이지에서 해
당 종목의 시험일정을 확
인합니다.

3 메인 화면에서 원서접수를 클릭하고, 좌측 원서 접수신청을 선택하면 최근 기간(약 1주일
단위)에 해당하는 시험일정을 확인할 수 있습니다.

4 좌측 메뉴에서 원서접수현황을 클릭합니다. 해당 응시시험의 현황보기 를 클릭합니다.

02
원서접수현황
살펴보기

원서접수			
원서접수안내 ›	응시시험	접수기간	보기
원서접수일정 ›	20ㅁㅁ년 상시 기능사 18회 필기	20ㅁㅁ년 05월 24일(목) 10:00 ~ 20ㅁㅁ년 05월 29일(화) 18:00	현황보기
원서접수신청 ›	20ㅁㅁ년 상시 기능사 19회 실기	20ㅁㅁ년 05월 23일(수) 10:00 ~ 20ㅁㅁ년 05월 25일(금) 18:00	현황보기
원서접수현황 ›			
환불안내 ›	« ‹ 1 › »		

5 그리고 자격선택, 지역, 시/군/구, 응시유형을 선택하고 🔍(조회버튼)을 누르면
해당시험에 대한 시행장소 및 응시정원이 나옵니다.

접수기간 첫날 접수가 어려
울 수 있으니 서둘러야 합니
다. 원활한 접수를 위해 PC
보다 모바일을 이용하세요!

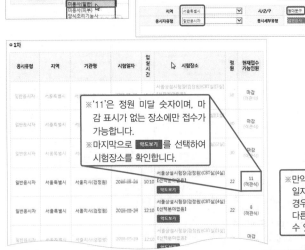

※'11'은 정원 미달 숫자이며, 마
감 표시가 없는 장소에만 접수가
가능합니다.
※마지막으로 약도보기 를 선택하여
시험장소를 확인합니다.

※만약 해당 시험의 원하는 장소,
일자, 시간에 응시정원이 초과될
경우 시험을 응시할 수 없으며
다른 장소, 다른 일시에 접수할
수 있습니다.

6 시험장소 및 정원을 확인한 후 오른쪽 메뉴에서 '원서접수신청'을 선택합니다. 원서접수 신청 페이지가 나타나면 현재 접수할 수 있는 횟차가 나타나며, 접수하기 를 클릭합니다.

7 응시종목명을 선택합니다. 그리고 페이지 아래 수수료 환불 관련 사항에 체크 표시하고 다음 (다음 버튼)을 누릅니다.

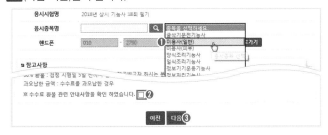

8 자격 선택 후 종목선택 – 응시유형 – 추가입력 – 장소선택 – 결제 순서대로 사용자의 신청에 따라 해당되는 부분을 선택(또는 입력)합니다.

자격선택 › 종목선택 › 응시유형 › 추가입력 › 장소선택 › 결제하기 › 접수완료

※응시료
• 필기 : 14,500원   • 실기 : 27,300원

필기시험 당일 유의사항
1 신분증은 반드시 지참해야 하며, 필기구도 지참합니다(선택).
2 대부분의 시험장에 주차장 시설이 없으므로 가급적 대중교통을 이용합니다. (시험장이 초행길이면 시간을 넉넉히 가지고 출발하세요.)
3 고사장에 시험 20분 전부터 입실이 가능합니다(지각 시 시험응시 불가).
4 CBT 방식(컴퓨터 시험 – 마우스로 정답을 클릭)으로 시행합니다.

• 합격자 발표 : 인터넷, ARS, 접수지사에서 게시 공고
• 실기시험 접수 : 필기시험 합격자에 한하여
  실기시험 접수기간에 Q-net 홈페이지에서 접수

※ 기타 사항은 한국산업인력공단 홈페이지(q-net.or.kr)를 방문하거나 또는 전화 1644-8000에 문의하시기 바랍니다.

Contents

2010~2011년 공개기출문제 7회분
에듀웨이 카페(자료실)에 확인하세요!

스마트폰을 이용하여 아래 QR코드를 확인하거나,
카페에 방문하여 '카페 메뉴 > 자료실 > 미용사일반(헤어)'에서
다운받을 수 있습니다.

과제별 과정을 도식화하여 비교·정리

미용사일반 | 실기

NCS 학습모듈의 최신출제기준 적용

심사포인트·심사기준·감점요인·무료 동영상 강의

과정별 상세하고 꼼꼼한 설명과 풍부한 사진 자료 수록!

'미용사 일반(헤어) 실기' 교재를 구입하신 독자분을 위한
프리미엄 동영상 강의 무료 제공!

에듀웨이 '미용사 일반(헤어) 실기' 책을 구입하신 독자분이라면 에듀웨이 카페에 가입하시고, 간단한 인증절차를 거치시면 동영상 강의를 무료로 보실 수 있습니다. 카페 오른쪽 메뉴의 (동영상)메이크업의 각 과제별로 구분되어 있습니다.

※ 본 동영상은 에듀웨이 '미용사 일반(헤어) 실기' 책을 구입하신 독자분에게만 제공되며,
   필기교재를 구입하신 분에게는 제공되지 않습니다.

에듀웨이 독자분을 위한 Q&A 서비스!

본 교재로 공부하다가 모르거나 잘 안되는 부분, 궁금한 점이 있다면 카페의 'Q&A -미용사(일반)'에 남겨주시면 저자와 편집담당자가 최대한 빠른 시일 내에 답변을 해드리겠습니다.

Spaniel cut
01 스파니엘 커트

(30 min)

1 과제개요

내용	가위와 커트 빗을 사용하여 시험규정에 맞게 스파니엘 스타일을 작업하시오.		
블로킹	4등분	시간 및 배점	30분 20점
형태선	전대각 사선, ∧라인	시술각	자연시술각 0°
파팅	1~1.5cm	손의 시술각도	섹션과 평행
단차	앞뒤의 수평상의 단차 4~5cm	가이드라인	네이프 포인트에서 10~11cm
완성상태	센터 파트 후 안마름 빗질		

2 채점기준

20점	준비상태	블로킹 및 섹션	빗질 및 시술각도	가위테크닉	커트의 완성도	정리 및 마무리
	2점	3점	3점	4점	5점	3점

※ 채점기준은 실제 채점방식과 다를 수 있으나 핵심 요구사항은 유사하므로 참고하시면 도움이 됩니다.

3 도면

4 작업대 세팅

① 커트빗 ② S브러쉬 ③ 커트가위 ④ 분무기 ⑤ 핀셋(6개 이상)
⑥ 타월 ⑦ 통가발 또는 덧가발(덧가발의 경우 민두 마네킹 지참)
⑧ 홀더 ⑨ 위생봉지(투명비닐)

한 눈에 살펴보는 **Course Preview**

과제 02 헤어 커트

헤어 커트는 스파니엘 커트, 이사도라 커트, 그래듀에이션 커트, 레이어드 커트 중 한 가지 타입이 지정됩니다.
아래 표에서 제2과제 헤어 커트의 주요 과정을 정리하였으니 충분히 숙지하시기 바랍니다.

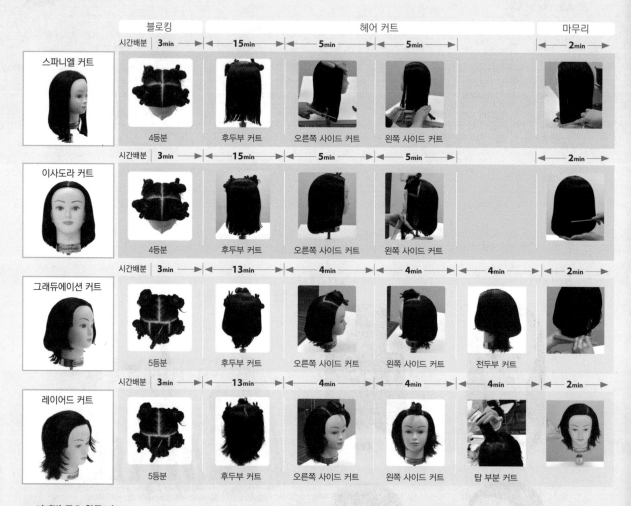

	블로킹	헤어 커트				마무리
	시간배분 3min	15min	5min	5min		2min
스파니엘 커트	4등분	후두부 커트	오른쪽 사이드 커트	왼쪽 사이드 커트		
	시간배분 3min	15min	5min	5min		2min
이사도라 커트	4등분	후두부 커트	오른쪽 사이드 커트	왼쪽 사이드 커트		
	시간배분 3min	13min	4min	4min	4min	2min
그래듀에이션 커트	5등분	후두부 커트	오른쪽 사이드 커트	왼쪽 사이드 커트	전두부 커트	
	시간배분 3min	13min	4min	4min	4min	2min
레이어드 커트	5등분	후두부 커트	오른쪽 사이드 커트	왼쪽 사이드 커트	탑 부분 커트	

▶ **과제별 주요 항목 비교**

과제	시술각도	네이프 가이드라인	섹션
스파니엘 커트	자연 시술각 0도	10~11cm	∧라인
이사도라 커트	자연 시술각 0도	10~11cm	∨라인
그래듀에이션 커트	• 첫 번째 단 : 자연 시술각 0도 • 두 번째 단부터 BP까지 : 두상 시술각 45도 • BP 이후 : 자연 시술각 45도	10~11cm	완만한 U라인
레이어드 커트	• 첫 번째 단 : 자연 시술각 0도 • 두 번째 단부터 : 두상 시술각 90도	12~14cm	완만한 U라인

◎ 첫 번째 단을 기준으로 두 번째 단을 약 1~1.5cm로 파팅한 후 모근 쪽에서부터 0°로 빗질한다.

커트하기 전에 충분히 분무하여 두발이 촉촉한 상태를 유지하도록 한다.

Checkpoint
• 두 번째 파팅은 반드시 굵은 빗살로 모근에서 빗질한다.
• 가위는 두발을 커트하지 않을 때 엄지를 빼서 손바닥에 빗과 동시에 쥐고 빗질을 한다.

◎ 오른쪽을 왼손 검지와 중지로 잡아주고 첫 번째 단의 커트된 두발을 기준 가이드로 두 번째 단을 0°로 사선 커트한다.

두 번째 단도 첫 번째 단과 마찬가지로 가운데 부분을 먼저 수평 커팅해도 된다.

◎ 왼쪽도 위와 같은 방법으로 두 번째 단을 0°로 사선 커트한다.

백(Back) 부분의 두발이 잘린 스파니엘 디자인 라인의 흐름을 따라 최소한의 텐션을 주면서 양쪽 길이가 대칭이 된 스타일 모습이다.

◎ 같은 방법으로 후두부의 나머지 부분을 1~1.5cm 간격으로 커팅한다.

단차 : 2~3cm

Checkpoint
• 전체 커트 단차가 4~5cm이기 때문에 후두부에서는 앞뒤의 수평상의 단차 2~3cm 이하로 커트한다.
• 후두부 커트가 끝나면 사이드로 넘어가기 전에 빗으로 두발을 정리해 준다.

15

■ 섹션 1 (CP→TP)

① 꼬리빗을 이용해 롤러(대)의 반지름 정도 크기로 약간 작게 슬라이스해 준 후 두상각 120°로 빗질한다.

② 롤러(대)를 모발 끝으로 살짝 감아준 후 꼬리빗으로 모발 끝이 흩어지지 않도록 고정시키고 텐션을 유지하면서 와인딩한 후 베이스
안쪽에 위치시킨다.

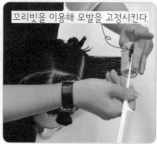

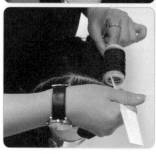

Note

• 첫 번째 롤러는 두 번째, 세 번째보다
약간 작게 슬라이스한다.

• 와인딩하면서 모발이 롤러의 좌우로
흘러내리지 않도록 주의한다.

• 와인딩이 끝난 롤러가 정확하게 베이
스 안쪽에 놓이도록 주의한다.

Checkpoint

• 섹션은 롤러의 길이와 지름(두께)을 넘지 않아야 모발이 롤의 좌우로 흘러내리지 않고 균형을 이룰 수 있다.

• 각도와 텐션을 유지하며 롤러를 와인딩한다.

• 와인딩 방향은 블로킹 상단에서 하단 방향으로 한다.

③ 두 번째, 세 번째 롤은 앞쪽 롤이 살짝 닿을 정도의 각도로 모발이 롤러의 좌우로 흘러내리지 않도록 유의하면서 와인딩한 후 베이
스 안쪽에 위치시킨다.

ow to work

혼합형 블로킹

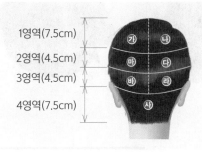

1영역(7.5cm)
2영역(4.5cm)
3영역(4.5cm)
4영역(7.5cm)

가　나
마　바
사

• 센터파트 끝 지점에서 4단으로 등분한다.
• 정중선을 기준으로 1단 7.5cm, 2단 4.5cm, 3단 4.5cm, 4단 7.5cm 블로킹을 정확히 해야 조화미가 있다.

○ 분무기로 모발에 충분히 물을 뿌리고 꼬리빗을 이용해 빗질을 한 후 센터 백 파트 한다.

○ 1단 왼쪽은 프린지를 CP에서 약 5.5~6cm 지점에서 GP까지 곡선으로 나눈 후 두발이 흘러내리지 않도록 고무 밴드 처리한다.
○ 1단 오른쪽도 동일한 방법으로 고무 밴드 처리한다.

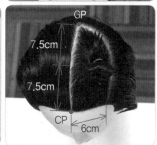

eckpoint
블로킹할 때 고무밴딩 처리가 스트랜드 중심에 위치하도록 고정한다.

⑥ 4단 네이프를 하나로 묶어서 고정한다.

step 02 혼합형 퍼머넌트 웨이브

로드 갯수 : 55개(57개)

1영역 : 파랑 14개

2영역 : 노랑 14개(15개)

3영역 : 노랑 14개(15개)

4영역 : 빨강 13개

1영역 – 로드 6호(파랑) 좌우 각각 7개를 와인딩한다.

2영역 – 로드 7호(노랑) 15개를 오른쪽에서 왼쪽 방향으로 와인딩한다

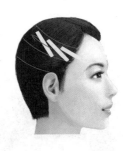 

3영역 – 로드 7호(노랑) 15개를 왼쪽에서 오른쪽 방향으로 와인딩한다.

4영역 – 로드 8호(빨강) 13개를 3-2-3-2-3개씩 차례대로 와인딩한다

 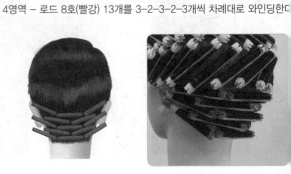

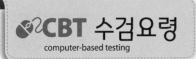

CBT 수검요령
computer-based testing

수시로 현재 [안 푼 문제 수]와 [남은 시간]를 확인하여 시간 분배합니다. 또한 답안 제출 전에 [수험번호], [수험자명], [안 푼 문제 수]를 다시 한번 더 확인합니다.

글자 크기 및 화면 배치 조정

시험을 보기 편한 글자 크기로 변경할 수 있으며, 한 화면에 문제 배열 방식을 2문제/2단/1문제로 조정할 수 있습니다.

정답 체크

문제의 번호에 정답을 클릭하거나 [답안 표기란]의 각 문제 번호에 정답을 클릭합니다.

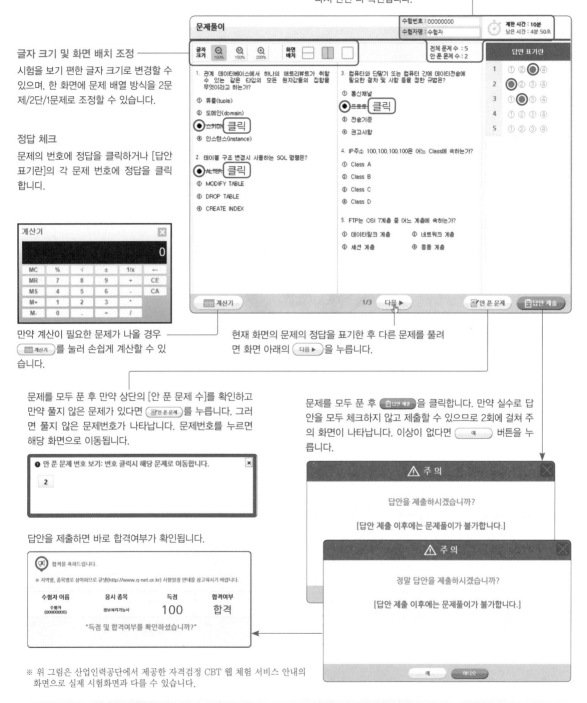

만약 계산이 필요한 문제가 나올 경우 [계산기]를 눌러 손쉽게 계산할 수 있습니다.

현재 화면의 문제의 정답을 표기한 후 다른 문제를 풀려면 화면 아래의 [다음▶]을 누릅니다.

문제를 모두 푼 후 만약 상단의 [안 푼 문제 수]를 확인하고 만약 풀지 않은 문제가 있다면 [안푼문제]를 누릅니다. 그러면 풀지 않은 문제번호가 나타납니다. 문제번호를 누르면 해당 화면으로 이동됩니다.

문제를 모두 푼 후 [답안제출]을 클릭합니다. 만약 실수로 답안을 모두 체크하지 않고 제출할 수 있으므로 2회에 걸쳐 주의 화면이 나타납니다. 이상이 없다면 [예] 버튼을 누릅니다.

❶ 안 푼 문제 번호 보기: 번호 클릭시 해당 문제로 이동합니다. ✕

> 2

답안을 제출하면 바로 합격여부가 확인됩니다.

⚠ **주 의**

답안을 제출하시겠습니까?

[답안 제출 이후에는 문제풀이가 불가합니다.]

⚠ **주 의**

정말 답안을 제출하시겠습니까?

[답안 제출 이후에는 문제풀이가 불가합니다.]

예   아니오

🏅 합격을 축하드립니다.
※ 지역별, 종목별로 상이하므로 큐넷(http://www.q-net.or.kr) 시험일정 안내를 참고하시기 바랍니다.

수험자 이름	응시 종목	득점	합격여부
수험자 (00000000)	정보처리기능사	100	합격

"득점 및 합격여부를 확인하셨습니까?"

※ 위 그림은 산업인력공단에서 제공한 자격검정 CBT 웹 체험 서비스 안내의 화면으로 실제 시험화면과 다를 수 있습니다.

자격검정 CBT 웹 체험 서비스 안내

큐넷 홈페이지 우측하단에 CBT 체험하기를 클릭하면 CBT 체험을 할 수 있는 동영상을 보실 수 있습니다. (스마트폰에서는 동영상을 보기 어려우므로 PC에서 확인하시기 바랍니다)
※ 시험 전 약 20분간 CBT 웹 체험을 할 수 있습니다.

처음 방문하셨나요?
큐넷 서비스를 미리 체험해보고
사이트를 읽고 빠르게 이용할 수 있는
이용 안내, 큐넷 길라잡이 제공.

큐넷 체험하기	CBT 체험하기
이용안내 바로가기	큐넷길라잡이 보기
일 반 유 형 별 문 제 이 부 팅 체 험 하 기	

문제풀이

수험번호 : 00000000
수험자명 : 수험자

제한 시간 : 10분
남은 시간 : 4분 50초

글자크기 100% 150% 200%
화면배치

전체 문제 수 : 5
안 푼 문제 수 : 2

답안 표기란

1. 관계 데이터베이스에서 하나의 애트리뷰트가 취할 수 있는 같은 타입의 모든 원자값들의 집합을 무엇이라고 하는가?
① 튜플(tuple)
② 도메인(domain)
③ 스키마 [클릭]
④ 인스턴스(instance)

2. 테이블 구조 변경시 사용하는 SQL 명령문은?
① ALTER [클릭]
② MODIFY TABLE
③ DROP TABLE
④ CREATE INDEX

3. 컴퓨터와 단말기 또는 컴퓨터 간에 데이터전송에 필요한 절차 및 사항 등을 정한 규범은?
① 통신채널
② 프로토콜 [클릭]
③ 전송기준
④ 권고사항

4. IP주소 100.100.100.100은 어느 Class에 속하는가?
① Class A
② Class B
③ Class C
④ Class D

5. FTP는 OSI 7계층 중 어느 계층에 속하는가?
① 데이터링크 계층   ③ 네트워크 계층
② 세션 계층   ④ 응용 계층

계산기   1/3 다음▶   안 푼 문제   답안 제출

계산기

					0
MC	%	√	±	1/x	←
MR	7	8	9	+	CE
MS	4	5	6	-	CA
M+	1	2	3	*	
M-	0	.	=	/	

HAIRDRESSER

Hairdresser Certification

Hairdresser

Hairdresser Certification

CHAPTER

01

출제문항수
25

미용이론

SECTION
01

Hairdresser Certification

미용 총론

[출제문항수 : 2~3문제] 이 섹션은 크게 어려운 부분은 없으나 미용과 관련된 두부의 구분은 앞으로 공부를 하는 데 있어 꼭 알아야 하는 부분이므로 충분히 숙지하기 바랍니다.

▶ **공중위생관리법에서의 미용업과 업무 범위**
- 미용업 : 손님의 얼굴·머리·피부 및 손톱·발톱 등을 손질하여 손님의 외모를 아름답게 꾸미는 영업
- 미용업(일반)의 업무 범위 : 퍼머넌트·머리카락 자르기·머리카락 모양내기·머리피부 손질·머리카락 염색·머리감기, 의료기기나 의약품을 사용하지 아니하는 눈썹손질을 하는 영업

01 미용의 정의와 목적

1 미용의 정의

일반적인 정의	복식 이외의 여러 방법으로 용모에 물리적, 화학적 기교를 가하여 외모를 아름답게 꾸미는 것
공중위생관리법의 정의	손님의 얼굴, 머리, 피부 및 손톱·발톱 등을 손질하여 손님의 외모를 아름답게 꾸미는 것

2 미용의 의의

① 심신의 상태를 개선하고 호전시키는 진보적인 미를 개발한다.
② 외적 용모를 다루는 응용과학의 한 분야이며, 시대의 조류와 욕구에 맞춰 새롭게 개발된다.
③ 유행을 보급시키기 위해 미용의 건전한 발달이 요구된다.
④ 미용은 그 시대의 문화, 풍속을 구성하는 중요한 요소이다.
⑤ 미용은 개인의 보건위생에 직접적인 관계가 있으므로 공중위생법에 규정된 이·미용에 관한 사항을 준수한다.

3 미용의 목적

① 인간의 미적 욕구를 만족시켜 준다.
② 심리적 욕구를 만족시켜 생산의욕을 향상시킨다.
③ 단정한 용모로 타인에게 좋은 인상을 남긴다.
④ 노화를 예방하여 아름다움을 오랫동안 지속시킨다.

02 미용의 특수성(제한성)

▶ **부용예술(附庸藝術) ↔ 자유예술**
예술작품이 독립적이지 못하고 다른 작품에 의지하는 것을 말하며, 미용은 여러 가지 조건(고객의 의사, 미용의 소재 등)에 제한을 받는 부용예술에 속한다.

의사표현의 제한	고객의 의사가 우선이며, 미용사의 의사표현이 제한된다.
소재선택의 제한	고객의 신체가 미용의 소재이므로, 소재의 선택이 자유롭지 않다.
시간적 제한	정해진 시간 내에 작품을 완성해야 한다.
부용예술로서의 제한	미용은 조형예술과 같은 정적예술이며, 부용예술이다.
미적효과의 고려	작업의 결과물은 미적 효과를 나타내어야 한다.

1 미용의 과정

고객을 소재로 하나의 미용작품을 완성하기까지의 과정을 말한다.

미용의 주요과정

소재의 확인

↓

구상

↓

제작

↓

보정

구분	내용
소재	• 미용의 소재는 제한된 신체의 일부분이다. • 소재의 확인 : 소재의 특징을 관찰·분석하는 미용술의 첫 단계
구상	• 소재의 특징을 살려 훌륭한 개성미를 나타낼 수 있도록 연구 및 구상하는 단계 • 미용사의 경험과 새로운 기술을 연구하여 독창력 있는 나만의 스타일을 창작하는 단계 • 손님의 희망사항을 우선적으로 고려하여 구상
제작	• 구상을 구체적으로 표현하는 가장 중요한 단계 • 미용사의 재능이 나타나는 단계
보정	• 제작이 끝난 후 전체적인 모양을 종합적으로 관찰하여 수정·보완하여 마무리하는 단계 • 고객이 추구하는 미용의 목적과 필요성을 시각적으로 느끼게 하며, 고객의 만족 여부를 확인한다.

2 미용 시술 시 유의사항

① 연령 : 고객의 연령에 맞는 미용 연출
② 계절 : 계절이나 기후에 맞는 미용 연출
③ TPO* : 시간, 장소, 상황에 따라 적합한 미용 연출
④ 직업 : 고객의 직업에 적합한 미용 연출

▶TPO
• T – Time, 시간
• P – Place, 장소
• O – Occasion, 상황

1 미용사의 자세

(1) 미용사의 사명

① 미적 측면 : 고객이 만족할 수 있는 개성미를 연출
② 문화적 측면 : 유행 및 시대의 풍속을 건전하게 지도
③ 위생적 측면 : 공중위생에 만전을 기해야 함

(2) 미용사의 소양

① 미용기술에 관한 전문지식, 위생지식, 미적 감각 및 인격 등 미용사의 신분에 어울리는 기본 소양을 지녀야 한다.
② 미용인으로서 항상 정돈되고 매력 있는 자신의 모습을 가꾸어야 한다.
③ 고객의 기분에 주의를 기울이며, 예의바르고 친절한 서비스를 모든 고객에게 제공하여야 한다.
④ 효과적인 의사소통 방법을 익히고, 종교나 정치 같은 논쟁의 대상이 되거나 개인적인 문제에 관련된 대화의 주제는 피하는 것이 좋다.

(3) 미용사의 업무개요

구분	업무내용
미용업 (일반)	퍼머넌트·머리카락자르기·머리카락모양내기·머리피부손질·머리카락염색·머리감기, 의료기기나 의약품을 사용하지 아니하는 눈썹손질을 하는 영업
미용업 (피부)	의료기기나 의약품을 사용하지 아니하는 피부상태분석·피부관리·제모·눈썹손질을 하는 영업
미용업 (손·발톱)	손톱과 발톱을 손질·화장(化粧)하는 영업
미용업 (화장,분장)	얼굴 등 신체의 화장, 분장 및 의료기기나 의약품을 사용하지 아니하는 눈썹손질을 하는 영업
미용업 (종합)	상기의 모든 업무를 모두 하는 영업

2 미용작업의 올바른 자세

(1) 일반적 자세

① 몸의 체중을 양다리에 고루 분산시켜 안정적인 자세가 되도록 한다.
② 작업 대상은 시술자의 심장높이와 평행하도록 한다.
③ 적절하게 힘을 배분하여 균일한 동작을 하도록 한다.
④ 명시 거리는 정상 시력인 사람의 경우 안구에서 25~30㎝ 정도이며, 작업 시 이 거리를 유지한다.
⑤ 실내조도는 75Lux 이상을 유지한다.

(2) 앉은 자세

① 엉덩이를 의자의 뒤에 밀착시키고 등을 곧게 편다.
② 구부릴 때는 목이나 등을 구부리지 말고 허리를 구부린다.
③ 발을 의자 밑으로 넣지 않는다.

(3) 샴푸 시 자세

① 발을 약 15cm(6인치) 정도 벌리고 등을 곧게 펴서 바른 자세로 시술한다.
② 등을 구부릴 경우에는 등을 편 상태에서 허리를 구부린다.
③ 구부릴 때 손님 위로 너무 가까이 하지 않도록 한다.

(4) 헤어 스타일링 시 자세

① 손님의 위치를 작업에 적합한 높이(심장높이 정도)로 조절한다.
② 손님이 앉은 의자와 시술자와의 간격을 유지한다.

05 미용사의 위생 및 안전관리

1 미용사의 위생

1) 미용사는 항상 청결하여야 한다.
  ① 손을 항상 깨끗이 씻어야 한다.
  ② 시술에 방해되지 않는 단정하고, 세련된 헤어스타일을 한다.
  ③ 미용사의 손톱은 고객의 두피에 자극을 주지 않도록 짧게 정리한다.
  ④ 불쾌한 냄새가 나지 않도록 미용사의 구취 및 체취를 관리한다.
  ⑤ 깨끗한 피부를 유지하고, 메이크업은 연하고 자연스럽게 한다.

2) 복장은 단순하면서 산뜻한 디자인으로 선택하며, 청결하게 관리한다.
  ① 노출이 심한 의상, 굽이 높은 신발, 오염이 심한 의상 등은 피한다.
  ② 염·탈색, 파마제 또는 중화제 도포 등의 시술을 할 때 앞치마를 착용한다.
  ③ 미용사 직함과 이름이 새겨진 명찰을 착용한다.

3) 화려한 액세서리는 착용하지 않는다.
  ① 목걸이, 반지, 귀걸이, 팔찌 등과 같은 액세서리는 가급적 착용하지 않는 것이 좋다.
  ② 착용하더라도 화려하고 길이가 길어서 늘어지는 액세서리는 피한다.

4) 충분한 휴식을 통하여 작업 시 무리가 생기지 않도록 한다.
  ① 미용사는 건강 관리를 위하여 연 1회 이상의 주기적인 건강 검진을 한다.

2 미용업소의 환경 위생 관리

  ① 청소 점검표에 의해 미용업소의 위생 상태를 관리하고, 미용 서비스 후 즉시 정리·정돈하도록 한다.
  ② 미용업소는 온도 15.6~20℃, 습도 40~70% 정도에서 쾌적함을 느낄 수 있다.
  ③ 고객과 미용사의 건강을 위해 1~2시간에 한 번씩 환기를 한다.
  ④ 미용업소의 쾌적한 실내 환경을 위해 공기 청정기나 냉·온풍기의 필터를 수시로 점검하고 관리한다.
  ⑤ 수질 오염 방지를 위해 염모제와 같은 잔여 화학제품은 종이에 싸서 폐기하도록 한다
  ⑥ 미용업소에서 매일 시술 후 배출되는 쓰레기를 분리 배출한다.

3 미용업소 기기 위생 관리

1) 미용업소 시설 및 설비 관리
  ① 미용업소에는 전기, 상하수도, 조명, 온수기, 간판 및 현수막, 환풍기, 냉·난방기, 소화기 등과 같은 각종 시설과 설비들이 갖추어져 있다.
  ② 이들 여러 시설과 설비는 미용업소 종업원과 고객의 안전과 위생에 직결되므로 철저히 관리해야 한다.

▶ 미용사의 손 씻기
• 일반적으로 물과 비누를 이용한다.
• 흐르는 미지근한 물에 손을 적시고 비누나 세제를 사용하여 손과 손가락을 30초 이상 씻는다.
• 일반적으로 이·미용사의 손 씻기에 적당한 소독제로는 역성비누*가 있다.
* 역성비누 : 일반 비누가 음이온성인 것과는 달리 양이온성인 비누를 말한다. 세척력은 없으나 살균 및 단백질 침전작용이 커서 약용비누로 쓰인다.

▶ 미용업소의 쓰레기 분리배출
• 삼푸, 린스, 트리트먼트 용기, 펌제 및 염모제 등의 용기는 용기 안에 남은 내용물을 깨끗하게 제거하고 분리배출한다.
• 염색 시술이 끝난 후 볼에 남은 약액은 휴지로 닦아내고 볼은 물로 깨끗하게 씻어낸다.
• 재활용이 가능한 품목과 가능하지 않은 품목으로 나눈다.
• 뚜껑이 있는 경우 뚜껑이나 펌프와 용기의 재질이 다른 경우가 많으므로 재질을 확인하여 분리한다.
• 분리수거에 해당하지 않는 품목은 폐기 방법을 확인한 후 배출한다.
• 머리카락은 일반쓰레기로 배출한다.

chapter 01

2) 미용업소 도구 및 기기 관리

① 미용업소 도구 관리

- 미용 도구는 미용사의 업무를 돕는 기능이 있는 것으로서 가위, 빗, 핀셋, 브러시, 펌 로드, 핀 등이 있다.
- 미용 시술 중 고객의 머리카락이나 두피에 직접 닿았던 도구는 세균 감염의 우려가 있다.
- 사용 후 각각 도구의 재질에 맞게 소독하여 정해 놓은 위치에 보관한다.

② 미용업소 기기 관리

- 기기는 기구와 기계를 포함하는 의미이다.
- 기구는 넣어 두고 담아 두는 그릇으로, 소독기, 샴푸 볼, 화장대, 미용 경대 및 의자, 정리장 등을 말한다.
- 기계는 동력에 의해 움직이는 장치를 말하며, 드라이기, 헤어 스티머, 전기 세팅기, 종합 미안기 등이 있다.
- 미용기기는 재질에 맞게 위생적인 관리를 한다.

③ 미용업소에서 주로 사용되는 소독법

소독 대상	소독법
타월, 가운, 의류 등	일광소독, 자비소독, 증기소독
식기류	자비소독, 증기 멸균법
가위, 인조 가죽류	알코올 소독 → 자외선 소독기 소독
브러시, 빗 종류	먼지 제거 → 중성세제 세척 → 자외선 소독기 소독
나무류	알코올 소독 → 자외선 소독기 소독
고무 제품	중성세제 세척 → 자외선 소독기 소독

4 미용업 안전사고 예방 및 대처

① 전기 사고 예방을 위해 전열기, 전기 기기 등의 안전상태를 점검한다.
② 화재 사고 예방을 위해 난방기, 가열기 등의 안전상태를 점검한다.
③ 낙상 사고 예방을 위해 바닥의 이물질 등을 수시로 제거한다.
④ 구급약을 비치하여 상황에 따른 응급조치를 한다.
⑤ 긴급 상황 발생 시 비상조치 요령에 따라 신속하게 대처할 수 있어야 한다.

---

06 미용과 관련된 두부의 구분

1 두부(頭部)의 명칭

두부의 명칭은 헤어 컷팅이나 퍼머 시 두발을 구획(블로킹)하는 부분으로 전두부(Top), 측두부(Side), 두정부(Crown), 후두부(Nape)로 구분된다.

▶ 시술 시 출혈이 발생한 경우
① 먼저 손을 깨끗이 씻은 후 상처 부위를 흐르는 물로 씻어낸다.
② 출혈이 있는 경우 10분 이상 압박해서 지혈을 한다.
③ 상처 부위를 알코올로 소독한 뒤 지혈제를 바르고 일회용 밴드, 붕대나 드레싱으로 감싸 준다.
④ 출혈이 멈추지 않을 경우 출혈 부위를 압박한 채 병원으로 가서 치료를 받도록 한다.

▶ 헴 라인(hem line)
피부와 두피의 경계선으로 프론트, 사이드, 네이프에서의 머리카락이 나기 시작하는 라인
페이스 라인(얼굴선), 이어 백 라인(목 옆선), 목뒤선(네이프 라인)으로 구분된다.

❷ 두부의 구분점

번호	기호	명칭
1	C.P	센터 포인트(Center point)
2	T.P	탑 포인트(Top point)
3	G.P	골든 포인트(Golden point)
4	E.P	이어 포인트(Ear point)
5	B.P	백 포인트(Back point)
6	E.B.P	이어 백 포인트(Ear back point)
7	S.P	사이드 포인트(Side point)
8	S.C.P	사이드 코너 포인트(Side corner point)
9	N.P	네이프 포인트(Nape point)
10	F.S.P	프론트 사이드 포인트(Front side point)

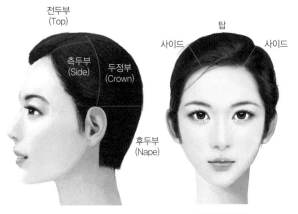

〈두부의 명칭〉

❸ 두부의 구분선

번호	명칭	설명
1	정중선	코의 중심을 통한 머리전체를 수직으로 나누는 선
2	측중선	귀의 뒷뿌리를 수직으로 나누는 선
3	수평선	E.P의 높이를 수평으로 나누는 선
4	측두선	대체로 눈 끝을 수직으로 세운 머리 앞에서 측중선까지 나누는 선
5	페이스라인(얼굴선)	양쪽 S.C.P를 연결한 두부 전면부의 선
6	목뒤선	양쪽 N.S.P를 연결한 선(네이프 라인)
7	목옆선	E.P와 N.S.P를 연결한 선(이어 백 라인)

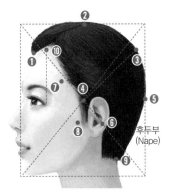

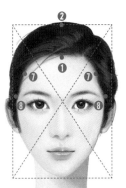

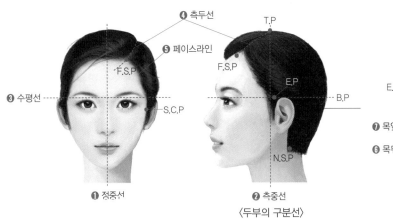

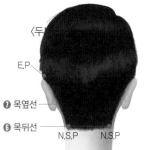

〈두부의 구분선〉

01. 미용의 정의와 목적

1 미용의 목적과 가장 거리가 먼 것은?

① 심리적 욕구를 만족시켜 준다.
② 인간의 생활의욕을 높인다.
③ 영리의 추구를 도모한다.
④ 아름다움을 유지시켜 준다.

> 영리의 추구는 미용의 기본적인 목적이라고 할 수 없다.

2 미용의 의의(意義)와 가장 거리가 먼 것은?

① 복식을 포함한 종합예술이다.
② 외적 용모를 다루는 응용과학의 한 분야이다.
③ 시대의 조류와 욕구에 맞춰 새롭게 개발된다.
④ 심리적 욕구를 만족시키고 생산의욕을 향상시킨다.

> 미용은 복식을 제외한 여러 가지 방법으로 용모에 물리적, 화학적 기교를 가하여 외모를 아름답게 꾸미는 일이다.

3 미용의 개념과 관계가 없는 것은?

① 물리적 또는 화학적 기교에 의하여 용모를 미려하게 하는 것
② 심신의 상태를 개선하고 호전시키는 진보적인 미를 개발하는 것
③ 정형(plastic operation)에 의하여 진보적인 미를 개발하는 것
④ 공중위생법에 규정된 이·미용에 관한 사항을 준수하는 것

> 정형(Plastic operation)은 성형수술을 말하는 것으로 미용은 의료기기나 의약품을 사용하지 않는다.

4 미용의 의의와 목적에 대해 설명한 것 중 틀린 것은?

① 유행을 보급시키기 위해 미용의 건전한 발달이 요구된다.
② 미용은 개인의 보건위생에 직접적인 관계가 있다.
③ 미용은 그 시대의 문화, 풍속을 구성하는 중요한 요소이다.
④ 교육과 지도가 필요하므로 미용의 구성요소를 법률로 정해 놓았다.

> 미용의 구성요소를 법률로 정하여 놓지는 않았다.

5 미용의 목적과 의의에 대한 설명 중 틀린 것은?

① 항상 아름다움을 유지하는데 있다.
② 미용술과 복식으로 용모에 물리적, 화학적 행위를 하는 것이다.
③ 퍼머넌트, 헤어 커트, 피부 손질 및 화장 등으로 구분한다.
④ 인간의 심리적인 욕구를 만족시켜 생산성을 향상시켜 준다.

> 미용은 복식 이외의 여러 가지 방법으로 용모에 물리적, 화학적 기교를 가하여 외모를 아름답게 꾸미는 것이다.

6 미용의 필요성으로 가장 거리가 먼 것은?

① 인간의 심리적 욕구를 만족시키고 생산의욕을 높이는데 도움을 주므로 필요하다.
② 미용의 기술로 외모의 결점 부분까지도 보완하여 개성미를 연출해주므로 필요하다.
③ 노화를 전적으로 방지해주므로 필요하다.
④ 현대생활에서는 상대방에게 불쾌감을 주지 않는 것이 중요하므로 필요하다.

> 미용이 노화를 어느 정도 늦추거나 방지할 수는 있으나, 완벽한 노화방지를 할 수는 없다.

7 미용의 특수성에 해당하지 않는 것은?

① 자유롭게 소재를 선택한다.
② 시간적 제한을 받는다.
③ 손님의 의사를 존중한다.
④ 여러 가지 조건에 제한을 받는다.

> 미용은 소재가 고객의 신체이므로 소재를 자유롭게 선택할 수 없다.

정답 ▶ **1** 1 ③ 2 ① 3 ③ 4 ④ 5 ② 6 ③ 7 ①

8 다음 중 미용의 특수성에 속하는 것은?

① 소재가 풍부하다.
② 시간이 제한되어 있다.
③ 시간적인 자유가 있다.
④ 자유롭게 충분히 표현할수 있다.

> **미용의 특수성**
> ① 의사표현이 제한(고객의 의사가 우선)
> ② 소재선택이 제한(소재가 고객의 신체)
> ③ 시간적 제한(정하여진 시간 내에 완성해야 함)
> ④ 미적효과 고려(작업한 결과물이 미적효과가 있어야 함)
> ⑤ 부용예술로서의 제한

9 미용의 특수성과 가장 거리가 먼 것은?

① 손님의 요구가 반영된다.
② 시간적 제한을 받는다.
③ 정적 예술로써 미적효과를 나타낸다.
④ 유행을 강조하는 자유예술이다.

> 미용은 의사표현과 소재가 제한된 정적예술이며 부용예술이다.
> 자유예술이라 보기 어렵다.

10 미용의 특수성과 거리가 가장 먼 것은?

① 손님의 머리모양을 낼 때 미용사 자신의 독특한 구상만을 표현해야 한다.
② 손님의 머리 모양을 낼 때 시간적 제한을 받는다.
③ 미용은 부용 예술이다.
④ 미용은 조형예술과 같은 정적예술이기도 하다.

> 미용은 미용사의 독특한 구상의 표현보다 고객의 의사가 중요하
> 므로 미용사의 표현이 제한된다.

11 미용 기술로 인해서 생기는 미적 가치관은?

① 유동성이며 고정되어 있다.
② 유동성이며 고정되어 있지 않다.
③ 부동성이며 고정되어 있다.
④ 부동성이며 고정되어 있지 않다.

> 미용은 미적 가치관에 따라 시대적으로 달라질 수 있으므로 유동
> 성이며 고정되어 있지 않다.

02. 미용의 과정

1 미용의 과정이 바른 순서로 나열된 것은?

① 소재 → 구상 → 제작 → 보정
② 소재 → 보정 → 구상 → 제작
③ 구상 → 소재 → 제작 → 보정
④ 구상 → 제작 → 보정 → 소재

> 미용의 과정은 소재의 확인 → 구상 → 제작 → 보정의 순서로
> 행한다.

2 미용술을 행할 때 제일 먼저 해야 하는 것은?

① 전체적인 조화로움을 검토하는 일
② 구체적으로 표현하는 과정
③ 작업계획의 수립과 구상
④ 소재 특징의 관찰 및 분석

> 미용 과정의 첫 단계는 소재의 확인으로 소재의 특징을 관찰하
> 고 분석한다.

3 다음 중 미용의 과정이 아닌 것은?

① 소재(素材)　　　　② 구상(構想)
③ 연령(年齡)　　　　④ 보정(補整)

> 미용의 과정은 소재의 확인, 구상, 제작, 보정의 순서로 작업을
> 한다.

4 헤어스타일 또는 메이크업에서 개성미를 발휘하기 위한 첫 단계는?

① 구상　　　　　　　② 보정
③ 소재의 확인　　　　④ 제작

> 미용 과정에서 첫 단계는 소재를 확인하는 것이다.

5 머리 모양 또는 화장에서 개성미를 발휘하기 위한 첫 단계는?

① 소재의 확인　　　　② 제작
③ 구상　　　　　　　④ 보정

> 미용 과정의 첫 단계는 소재의 확인이다.

6 미용사(Hair Stylist)가 많은 경험 속에서 지식과 지혜를 갖고 새로운 기술(Technique)을 연구하여 독창력 있는 나만의 스타일을 창작하는 기본단계는?

① 보정(補整)　　　　② 구상(構想)
③ 소재(素材)　　　　④ 제작(製作)

> 미용사의 독창력 있는 나만의 스타일을 창작하는 단계는 구상 단계이다.

7 미용사가 미용을 시술하기 전 구상을 할 때 가장 우선적으로 고려해야 할 것은?

① 유행의 흐름 파악
② 손님의 얼굴형 파악
③ 손님의 희망사항 파악
④ 손님의 개성 파악

> 미용의 특수성에 따라 미용사는 손님의 희망사항이나 요구를 가장 먼저 반영하여 구상하여야 한다.

8 전체적인 머리모양을 종합적으로 관찰하여 수정 보완시켜 완전히 끝맺도록 하는 것은?

① 통칙　　　　　　② 제작
③ 보정　　　　　　④ 구상

> 보정은 미용 과정 중 제작이 끝나면 전체적인 모양을 종합적으로 관찰하여 수정하고 보완하는 단계이다.

9 고객이 추구하는 미용의 목적과 필요성을 시각적으로 느끼게 하는 과정은 어디에 해당하는가?

① 소재　　　　　　② 구상
③ 제작　　　　　　④ 보정

> 보정은 미용의 마지막 마무리 단계로 고객이 추구했던 미용을 시각적으로 보여주어 고객의 만족 여부를 확인하는 단계이다.

03. 미용사 및 미용자세

1 미용사의 사명으로 옳지 않은 것은?

① 미용과 복식을 건전하게 지도한다.
② 자유로운 유행을 창출한다.
③ 공중위생에 만전을 기한다.
④ 손님이 만족하는 개성미를 만들어 낸다.

> 미용사의 사명은 개성미의 연출, 유행 및 시대의 풍속을 건전하게 지도, 공중위생에 만전을 기하는 것이며, 유행을 자유롭게 창출하는 것이 미용사의 사명은 아니다.

2 미용사의 사명 중 잘못된 것은?

① 고객의 요구를 무엇이든 들어 주는 봉사자
② 손님이 만족하는 개성미 연출
③ 미용 기술에 관한 전문지식 습득
④ 시대 풍조를 건전하게 지도

> 미용사는 고객의 요구를 최대한 반영하여 아름다움을 표현하지만 고객의 모든 요구를 들어주어야 하는 것은 아니다.

3 다음 중 전문 미용인의 기본 소양으로 바르지 않은 것은?

① 건강한 삶의 방식을 가지고 있어야 한다.
② 미용의 단순한 테크닉을 습득하여 행한다.
③ 각기 다른 고객의 개성을 최대한 살려줄 수 있도록 한다.
④ 미용인으로서 항상 정돈되고 매력있는 자신의 모습을 가꾼다.

> 미용사는 미용기술에 관한 전문지식, 위생지식, 미적 감각 및 인격 등의 기본 소양을 갖추어야 한다. 단순한 테크닉만을 습득한다고 해서 전문 미용사라고 할 수 없다.

4 올바른 미용인으로서의 인간관계와 전문가적인 태도에 관한 내용으로 가장 거리가 먼 것은?

① 예의바르고 친절한 서비스를 모든 고객에게 제공한다.
② 고객의 기분에 주의를 기울여야 한다.
③ 효과적인 의사소통 방법을 익혀두어야 한다.

정답 ▶ 6 ② 7 ③ 8 ③ 9 ④ 3 1 ② 2 ① 3 ② 4 ④

④ 대화의 주제는 종교나 정치같은 논쟁의 대상이 되거나 개인적인 문제에 관련된 것이 좋다.

고객과의 효과적인 의사소통 방법을 익혀야 하며, 종교, 정치와 같은 논쟁의 대상이 되거나 개인적인 문제는 대화 주제로 적절하지 않다.

5 다음 중 미용사(일반)의 업무 개요로 가장 적합한 것은?
★★★★

① 사람과 동물의 외모를 치료한다.
② 봉사활동만을 행하는 사람이 좋은 미용사라 할 수 있다.
③ 두발, 머리피부, 머리카락 모양내기 등을 건강하고 아름답게 손질한다.
④ 두발만을 건강하고 아름답게 손질하여 생산성을 높인다.

미용업(일반)의 업무 범위 : 퍼머넌트 · 머리카락자르기 · 머리카락모양내기 · 머리피부손질 · 머리카락염색 · 머리감기, 의료기기나 의약품을 사용하지 아니하는 눈썹손질을 하는 영업

6 미용작업의 자세 중 틀린 것은?
★★★

① 다리를 어깨 폭보다 많이 벌려 안정감을 유지한다.
② 미용사의 신체적 안정감을 위해 힘의 배분을 적절히 한다.
③ 명시 거리는 안구에서 25~30㎝를 유지한다.
④ 작업의 위치는 심장의 높이에서 행한다.

몸의 체중이 양다리에 고루 분산되어 안정된 자세가 되도록 하기 위하여 다리를 어깨 폭 정도로 벌리는 것이 좋다.

7 미용기술을 행할 때 올바른 작업 자세를 설명한 것 중 잘못된 것은?
★★★

① 항상 안정된 자세를 취할 것
② 적정한 힘을 배분하여 시술할 것
③ 작업 대상의 위치는 심장의 높이보다 낮게 할 것
④ 작업 대상과 눈과의 거리는 약 30cm를 유지할 것

작업 대상의 위치를 심장과 평행한 높이에 두는 것이 올바른 자세이다.

8 미용 시술에 따른 작업자세로 적합하지 않은 것은?
★★★

① 샴푸 시에는 발을 약 6인치 정도 벌리고 등을 곧게 펴서 바른 자세로 시술한다.
② 헤어스타일링 작업 시에는 손님의 의자를 작업에 적합한 높이로 조정한 다음 작업을 한다.
③ 화장이나 매니큐어 시술 시에는 미용사가 의자에 바르게 앉아 시술한다.
④ 미용사는 선 자세 또는 앉은 자세 어느 때 일지라도 반드시 허리를 구부려서 시술토록 한다.

미용사는 작업 시 등을 곧게 펴서 바른 자세를 유지하도록 하며, 구부릴 때는 목이나 등을 구부리지 말고 허리를 구부려서 작업을 하도록 한다.

9 미용 작업 시의 자세와 관련된 설명으로 틀린 것은?
★★★

① 작업 대상의 위치가 심장의 위치보다 높아야 좋다.
② 서서 작업을 하므로 근육의 부담이 적게 각 부분의 밸런스를 배려한다.
③ 과다한 에너지 소모를 피해 적당한 힘의 배분이 되도록 배려한다.
④ 명시거리는 정상 시력의 사람은 안구에서 약 25cm 거리이다.

작업 대상의 위치는 심장과 평행이 되는 정도의 높이가 적당하다.

04. 미용과 관련된 인체의 명칭

1 커트 시술 시 두부(頭部)를 5등분으로 나누었을 때 관계없는 명칭은?
★★★

① 탑(top)
② 사이드(side)
③ 헤드(head)
④ 네이프(nape)

두부의 명칭은 헤어 컷팅이나 퍼머 시 두발을 구획(블로킹)하는 부분으로 전두부(Top), 측두부(Side, 좌우), 두정부(Crown), 후두부(Nape)로 구분되며, 헤드는 머리 전체를 말한다.

2 두부의 기준점 중 윗 쪽에 위치하고 있으며 전후, 좌우를 구분 짓는 중심이 되는 기준점의 명칭은?

① S. P. : 사이드 포인트(Side point)

② T. P. : 탑 포인트(Top point)

③ N. P. : 네이프 포인트(Nape point)

④ E. P. : 이어 포인트(Ear point)

> 탑 포인트(Top point)는 머리 위쪽의 중앙부분을 말하며, 전후와 좌우를 구분짓는 중심이 되는 기준점이다.

3 두부의 기준점 중 T.P에 해당되는 것은?

① 센터 포인트

② 탑 포인트

③ 골든 포인트

④ 백 포인트

> T.P는 탑 포인트(Top point)를 말하며, 머리 위쪽에서 전후좌우를 구분 짓는 점을 말한다.

4 두상(두부)의 그림 중 (3)의 명칭은??

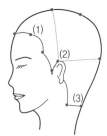

① 사이드 포인트(S.P)

② 프론트 포인트 (F.P)

③ 네이프 포인트(N.P)

④ 네이프 사이드 포인트(N.S.P)

> 네이프 포인트는 두상의 뒷머리 아랫부분을 말하며, 좌·우의 끝이 네이프 사이드 포인트이다. 좌·우 네이프 사이드 포인트 선을 연결한 선이 목뒤선이다.

5 두상(두부)의 그림 중 (2)의 명칭은?

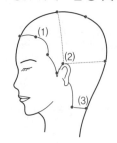

① 백 포인트(B.P)

② 탑 포인트(T.P)

③ 이어 포인트(E.P)

④ 이어 백 포인트(E.B.P)

> 그림에서 (2)는 이어 포인트(Ear point)를 나타낸다.

6 두부 라인의 명칭 중에서 코의 중심을 통해 두부 전체를 수직으로 나누는 선은??

① 정중선

② 측중선

③ 수평선

④ 측두선

> ② 측중선 : 귀의 뒷뿌리를 수직으로 나누는 선
> ③ 수평선 : E.P의 높이를 수평으로 나누는 선
> ④ 측두선 : 눈의 끝에서 수직으로 올라간 머리 앞에서 측중선까지 나누는 선

7 두부의 라인 중 이어 포인트에서 네이프 사이드 포인트를 연결한 선을 무엇이라 하는가?

① 목뒤선

② 목옆선

③ 측두선

④ 측중선

> 이어 포인트에서 네이프 사이드 포인트까지 연결한 선을 목옆선이라 한다.

SECTION 02

Hairdresser Certification

미용의 역사

[출제문항수 : 2~3문제] 이 섹션에서는 전체적으로 골고루 출제되기 때문에 어느 한 부분만 공부하기 보다는 전체적으로 보아야 합니다. 난이도는 어렵지 않으므로 기출문제에 나온 부분 위주로 정리하기 바랍니다.

01 우리나라의 미용

1 삼한시대

① 수장급은 관모를 썼다.

② 포로나 노비는 머리를 깎아 표시하였다.

③ 마한의 남자는 결혼 후 상투를 틀었다.

④ 진한에서는 머리털을 뽑고 눈썹을 진하게 그렸다.

⑤ 마한과 변한에서는 글씨를 새기는 문신을 하였다.

⑥ 삼한시대(三韓時代)의 미용은 주술적인 의미와 신분과 계급을 나타내었다.

2 삼국시대 및 통일신라시대

⑴ 고구려

① 고분벽화를 통하여 그 당시의 머리모양을 알 수 있다.

② 여인의 머리 : 다양한 형태의 머리 모양이 있었다.

얹은머리	모발을 뒤에서 감아올려 그 끝을 앞머리 가운데에 감아 꽂은 머리
쪽(쪽진)머리	뒤통수에 낮게 머리를 튼 머리
푼기명식 머리	• 양쪽 귀 옆에 머리카락의 일부를 늘어뜨린 머리 • 풍기명식머리라고도 함
중발머리	뒷머리에 낮게 모발을 묶는 머리
쌍상투(쌍계)머리	앞머리 양쪽에 틀어올린 머리
기타	둘레머리, 큰머리, 낭자머리 등

③ 남성의 머리

• 대개 상투를 틀었다.

• 신분에 따라 비단, 금, 천 등으로 만든 책, 관, 건, 절풍 등을 착용했으며, 관모에 새 깃을 꽂은 조우관도 있었다.

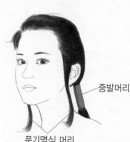

중발머리

푼기명식 머리

⬆ 푼기명식 머리와 중발머리

⬆ 쌍상투머리

▶ 용어해설
• 책(幘) : 두발 또는 상투를 덮기 위한 두건 모양의 관모
• 관(冠) : 관복이나 예복을 입을 때 망건위에 쓰는 모자
• 건(巾) : 헝겊으로 된 수건으로 머리에 쓰는 물건
• 절풍(折風) : 위로 솟아 있고 아래로 넓게 퍼진 고깔 형태의 상고시대에 쓰던 관모

(2) 백제

　① 남성은 마한의 전통을 계승하여 상투를 틀었다.

　② 여성의 머리

　　　• 처녀 : 두 갈래로 땋아 늘어뜨린 댕기머리를 하였다.

　　　• 부인 : 머리를 두 갈래로 땋아 틀어 올린 쪽머리를 하였다.

　　　• 상류층에서는 고구려와 같은 가체를 사용하였다.

　③ 엷고 은은한 화장을 하였으며, 일본에 화장술 및 화장품 제조술을 전하였다.

(3) 신라

　① 두발형으로 신분과 지위를 나타내었다.

　② 금은주옥으로 꾸민 **가체(가발)**를 사용한 장발의 처리 기술이 뛰어났다.

　③ 백분과 연지, 눈썹먹 등을 사용하여 얼굴화장을 하였다.

　④ 남자화장이 행하여졌다.

　⑤ 향수와 향료의 제조가 이루어졌다.

(4) 통일신라

　① 중국의 영향으로 화려한 화장을 하였다.

　② 빗을 머리장식용으로 꽂고 다녔다.

　③ 신분의 고하에 따라 **슬슬전대모빗, 자개장식빗, 대모빗, 소아빗** 등을 사용하였으며, 평민 여자는 뿔과 나무빗 등을 사용하였다.

　④ 화장품 제조 기술이 발달하였다.

3 **고려시대**

　① 면약(일종의 안면용 화장품)과 두발 염색이 시작되었다.

　② 화장법

분대 화장	• 기생 중심의 짙은 화장 • 분을 하얗게 바르고 눈썹을 가늘고 또렷하게 그린다. • 머릿기름을 반질거릴 정도로 많이 바른다.
비분대 화장	• 여염집 여자(일반 여성들)들의 엷은 화장

　③ 머리모양

　　　• 머리다발 중간에 틀어 심홍색의 갑사로 만든 댕기로 묶어 쪽진 머리와 비슷한 모양을 하였다.

　　　• 서민의 딸은 시집가기 전에 무늬 없는 끈으로 머리를 묶고, 그 나머지를 아래로 늘어뜨렸다.

　　　• 남자는 검은 끈으로 묶었으며, 일부 남성은 개체변발을 하였다.

▶ **가체(加髢)**
다른 사람의 머리카락을 이용하여 머리를 장식하는 것으로 '다리' 또는 '월자(月子)'라고도 한다.
　① 현재의 피스와 비슷한 것으로 장발의 처리기술로 사용
　② 신분의 높낮이를 표시하는 큰머리 등의 처리기술로 사용
　③ 댕기머리 등의 처리기술로 사용
　④ 삼국시대부터 사용되어 조선시대까지 사용

▶ **통일신라의 빗**
　• 슬슬전대모빗 : 자라 등껍질에 자개 장식한 빗
　• 대모빗 : 장식이 없는 빗
　• 소아빗 : 상아로 만든 장식이 없는 빗

▶ **개체변발(開剃辮髮)**
　① 몽고의 풍습에서 전래되어 고려시대에 한동안 일부 계층에서 유행했던 남성의 머리 모양이다.
　② 머리 변두리의 머리카락을 삭발하고 정수리 부분만 남기어 땋아 늘어뜨린 머리형태이다.

4 조선시대

(1) 특징

초기	유교의 영향으로 분대화장을 기피하고, 연한 화장 및 피부 손질 위주의 화장을 하였다.

중기	① 일반인의 분화장이 신부화장에 사용되었다.
	② 신부화장
	  • 분화장은 장분을 물에 개어 얼굴에 바름
	  • 밑화장으로 참기름을 바른 후 바로 닦아냄
	  • 양쪽 뺨에는 연지를 찍고 이마에는 곤지를 찍음
	  • 눈썹은 모시실로 밀어내고 따로 그림

후기	서양문물의 급격한 유입으로 다양한 미용이 등장

(2) 머리모양

큰머리 (어여미) (어여머리)	• 생머리 위에 사람의 머리카락으로 만든 가체를 얹은 머리 • 궁중이나 상층의 양반가에서만 하던 머리
떠구지머리 (거두미)	• 어여머리 위에 떠구지(가체나 오동나무로 만든 일종의 비녀)를 올린 머리
조짐머리	• 가체 대신 간편한 다리를 땋아서 틀어 올린 가체의 일종을 쪽머리에 얹어 장식한 머리(비녀 사용) • 정조 때 가체금지령에 따라 쪽을 돋보이게 하기 위해 생김
쪽머리 (쪽진머리) (낭자머리)	• 이마 중심에서 가르마를 타 양쪽으로 곱게 빗어 뒤로 넘겨 한데 모아 뒤통수에 낮게 머리를 땋아 틀어 올리고 비녀를 꽂은 머리 • 조선시대 후기에 일반 부녀자들에게 유행 • 삼국시대부터 내려온 전통 머리로서 가체금지령 이후에 비녀의 발달을 가져온 부녀자들의 일반적인 머리모양
얹은머리	• 머리채를 뒤에서부터 땋아 앞 정수리에 둥글게 고정시킴 • 쪽머리와 더불어 혼인한 부녀자의 대표적인 머리
트레머리	• 가체를 틀어 올려 비대칭의 형태로 완성하고, 비녀와 꽂이로 화려하게 장식한 머리 • 기녀들이 했던 머리모양
땋은 머리	• 두발을 뒤에서 하나로 땋아 댕기로 장식한 미혼 남성과 여성의 전통적인 머리모양
첩지머리	• 가르마 위 정수리 부분에 첩지를 놓고 뒤 쪽에는 쪽을 진 머리 • 신분에 따라 재료와 무늬가 달라 내명부나 외명부의 신분을 밝혀주는 중요한 표시이다. (왕비 : 도금한 봉첩지, 상궁 : 개구리첩지) • 궁중에서는 항상 착용하였고 관직이 있는 부인은 궁중의 연회에 참여할 때나 예장을 갖출 때만 사용

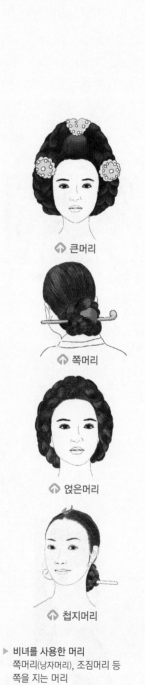

⬆ 큰머리

⬆ 쪽머리

⬆ 얹은머리

⬆ 첩지머리

▶ 비녀를 사용한 머리
쪽머리(낭자머리), 조짐머리 등 쪽을 지는 머리

(3) 장식품(비녀)

모양에 따른 분류	봉잠, 용잠, 석류잠, 호두잠, 국잠(국화), 각잠(비녀에 무늬를 새긴 비녀) 등
재료에 따른 분류	금잠, 옥잠, 산호잠

5 현대의 미용

① 우리나라의 현대 미용의 시초는 한일합방 이후부터이다.
② 일본이나 중국 등 외국에서 공부하거나 순방한 신여성들에 의하여 급진적인 발전을 이루어졌다.

이숙종 (1920년대)	• 높은 머리(일명 다까머리)로 여성 두발에 혁신적인 변화를 일으킴
김활란 (1920년대)	• 최초의 단발머리여성 • 우리나라 두발형에 혁신적인 변화를 일으킴
오엽주 (1933년)	• 화신미용원 개원 : 서울 종로의 화신백화점 내에 개설된 우리나라 최초의 미용실)
다나까미용학원	• 일본인이 설립한 우리나라 최초의 미용학교
광복 후	• 김상진 : 해방 후 현대미용학원 설립 • 권정희 : 한국전쟁 후 정화미용고등기술학교 설립 • 임형선 : 예림미용고등기술학교 개설

⤊ 김활란　　⤊ 오엽주

---

02 중국의 미용

① B.C 2,200년경 하(夏)나라 시대에 분을 사용하였다.
② B.C 1,150년경 은(殷)나라 주왕 때 연지화장이 사용되었다.
③ B.C 246~210년경 진(秦)나라 시황제(秦始皇)는 아방궁 3천명의 미희에게 백분과 연지를 바르게 하고 눈썹을 그리게 했다.
④ 당(唐)나라 시대
　• 높이 치켜 올리는 모발형과 내리는 모발형이 있었다.
　• 액황이라고 하여 이마에 발라 약간의 입체감을 주었다.
　• 홍장이라고 하여 백분을 바른 후 연지를 덧발랐다.
　• 현종(713~755)은 십미도(十眉圖)에서 열 종류의 눈썹모양을 소개하는 등 눈썹화장에 신경을 썼다.
　• 희종, 소종 때에는 붉은 입술을 미인이라 평가하여 입술화장을 붉게 하였다.

⤊ 당나라 시대 화장모습

1 이집트

① **고대 미용의 발상지**(서양 최초로 화장 시작, 약 5000년 이전)

② 특징

구분	특징
가발	• 나일강 유역은 일광이 강하고 매우 덥기 때문에 모발을 짧게 깎거나 밀어내고, 인모나 종려나무의 잎 섬유로 만든 공기유통이 잘 되는 가발을 사용
화장	• 서양 최초로 화장을 하였음 • 눈화장 : 흑색과 녹색의 두 가지 색으로 위 눈꺼풀을 강조하고(아이섀도), **눈가에 콜*을 발라 흑색 라인을 넣음** (아이라인) • 붉은 **찰흙**에 샤프란(Saffraan, 꽃)을 조금씩 섞어서 뺨을 붉게 칠하고 입술 연지로 사용
퍼머넌트	• 진흙을 모발에 발라 둥근 나무막대기로 말고, 태양열로 건조시켜 모발에 컬을 만듦 • 알칼리 토양과 태양열을 이용한 퍼머넌트의 기원
염색	• B.C 1,500년경 헤나(Henna)*를 진흙에 개어 모발에 바르고 태양광선에 건조시켜 자연적인 흑색모발을 다양하게 연출

2 그리스

① **기원전 1세기경에 부인들의 머리 형태에 혁신적인 유행**을 하였다.

② 모발을 자연스럽게 묶거나 중앙에서 나눠 뒤로 틀어 올린 고전적인 스타일(밀로의 비너스상에 나타난 모발형태)

③ **키프로스풍***의 모발형이 동시에 행해졌으며, 로마 시대에도 사용되었다.

3 로마

① 노예로 잡혀온 북방 이민족의 금발을 모방하여 모발에 탈색(헤어블리치)과 염색(헤어컬러)을 함께 하였다.

② **향료 및 향장품**의 제조와 사용이 성행하였다.

4 중세

비잔틴 (4~15세기)	• 동로마 제국 및 그 지배하에 있었던 지역의 양식 • 로마식의 머리형태로 남자는 짧은 단발형, 여자는 땋아서 묶거나 올린 형을 하였으며, 종교적 영향으로 터번, 관, 베일 등을 머리에 썼다.

▶ **콜(Kohl)**
눈 언저리를 검게 칠하는 데 쓰는 화장먹으로 눈화장(아이섀도)에 사용

⬆ **콜(Kohl)을 바르는 모습**

⬆ **헤나(Henna)**

모발을 붉은 색이 도는 갈색으로 염색하고, 코팅효과도 있는 천연염색제(이집트 원산의 헤나나무에서 추출)

⬆ **밀로의 비너스상**

▶ **키프로스풍**
링렛과 나선형의 컬을 몇 겹으로 쌓아 겹친 것 같은 모발형

▶ **후란기파니 향료**
현재에도 유럽에서 판매되고 있는 향료로 로마의 귀족이었던 후란기파니가 제조하기 시작하였으며, 13세기경 후손인 멜그치 후란기파니가 향료에 알코올을 가해서 향수를 제조하였다.

chapter 01

로마네스크 (11~12세기)	• 로마의 양식에 비잔틴, 이슬람, 켈트, 게르만의 문화가 결합하여 이루어진 양식 • 머리형태에 크게 관심을 가지지 않았으며, 신분에 따라 관을 써서 신분을 과시하기도 하였다.
고딕 (12~14세기)	• 프랑스, 영국 중심의 수직적이고 직선적인 느낌을 주는 건축양식(높은 건물, 뾰족한 첨탑 등) • 컬을 하여 자연스럽게 늘어뜨리거나 짧게 자른 머리가 등장하고, 다양한 모자가 사용되었다.

5 근세

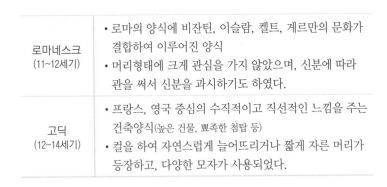

르네상스 (14~16세기)	• 인간 중심의 로마 고전문화의 부활을 뜻함 • 의학으로 취급되던 미용이 14세기 초에 독립된 전문 직업으로 개발되기 시작 • 대체로 머리를 짧고 단정하게 하였으며, 가발을 사용하고, 머리에 착색을 하였다.
바로크 (17세기)	• 자유분방함이 강조되는 양식 • 17세기에 전문 미용사들이 배출되기 시작함 • 캐더린 오프 메디시 여왕 : 프랑스의 근대 미용의 기초를 마련한 여왕 • **샴페인**(Champagne) : 여성들의 두발 결발사로 종사한 최초의 남자 결발사로 17세기 초에 파리에서 성업함
로코코 (18세기)	• 프랑스에서 발생한 양식으로 여성적인 섬세함과 귀족풍의 지극히 화려함이 특징 • 높은 트레머리로 생화, 깃털, 보석장식과 모형선까지 얹어 머리형태가 사치스러웠던 시대 • 오데코롱 : 18세기에 발명되어 현재도 사용되고 있는 유명한 화장수

⬆ 르네상스의 미용

⬆ 로코코의 헤어

6 현대

무슈 끄로샤트 (Croisat)	• 프랑스의 일류 미용사 • 1930년대 – 아폴로 노트(Apollo's knot)를 고안
마셀 그라또우 (Marcel Gurateau)	• 1875년 – 아이론의 열을 이용하여 웨이브를 만드는 마셀 웨이브를 고안하여 헤어스타일의 신기원을 이룩함
찰스 네슬러 (Charles Nessler)	• 영국인(독일에서 귀화) • 1905년 – 퍼머넌트 웨이브 창안, 영국에서 발표, 스파이럴식 웨이브

조셉 메이어 (Josep Mayer)	• 독일인 • 1925년 – 히트 퍼머넌트 웨이빙 고안 – 크로키뇰식 (Croquignole)
J.B. 스피크먼 (J. B. Speakman)	• 영국인 • 1936년 – 콜드 웨이브* 성공

• 1940년 – 산성중화 샴푸제 개발
• 1966년 – 산성중화 헤어컨디셔너제 개발
• 1975년 – 산성중화 퍼머넌트제 개발

▶ 콜드 웨이브(Cold wave)
열을 사용하지 않고 화학약품만의 작용으로 웨이브를 주는 퍼머넌트 웨이브 방법

⇧ 아폴로 노트

와이어를 사용해 튼튼하게 묶은 털 다발로 테를 만들어 뒷머리 꼭대기에 장식하는 머리형

⇧ 스파이럴식

두피에서 두발 끝으로 진행

⇧ 크로키뇰식

두발 끝에서 두피 쪽으로 진행

01. 한국의 고대 미용

1 *****
삼한시대의 머리형에 관한 설명으로 틀린 것은?

① 포로나 노비는 머리를 깎아서 표시했다.
② 수장급은 모자를 썼다.
③ 일반인은 상투를 틀게 했다.
④ 귀천의 차이가 없이 자유롭게 했다

> 삼한시대의 머리형은 신분과 계급을 나타내는 표시의 역할을 하였다.

2 ***
우리나라 고대 미용에 대한 다음 설명 중 틀린 것은?

① 기혼여성은 머리를 두 갈래로 땋아 틀어 올린 쪽머리를 했다.
② 머리형은 귀천의 차이 없이 자유자재로 했다.
③ 미혼여성은 두 갈래로 땋아 늘어뜨린 댕기머리를 했다.
④ 수장급은 관모를 썼다.

> 우리나라 고대의 여성 머리형은 신분의 귀천에 따라 다르게 하였다.

3 ***
한국의 고대 미용의 발달사를 설명한 것 중 틀린 것은?

① 헤어스타일(모발형)에 관해서 문헌에 기록된 고구려 벽화는 없었다.
② 헤어스타일(모발형)은 신분의 귀천을 나타냈다.
③ 헤어스타일(모발형)은 조선시대 때 쪽진머리, 큰 머리, 조짐머리가 성행하였다.
④ 헤어스타일(모발형)에 관해서 삼한시대에 기록된 내용이 있다.

> 고구려의 모발형은 문헌에는 기록이 없으며, 벽화를 통하여 그 모습을 알 수 있다.

4 ***
우리나라 고대 미용사에 대한 설명 중 틀린 것은?

① 고구려시대 여인의 두발 형태는 여러 가지였다.
② 신라시대 부인들은 금은주옥으로 꾸민 가체를 사용하였다.
③ 백제에서는 기혼녀는 틀어 올리고 처녀는 땋아 내렸다.
④ 계급에 상관없이 부인들은 모두 머리모양이 같았다.

> 우리나라 고대 여성은 다양한 형태의 머리형을 하였으며, 계급과 신분에 따라 다른 머리형을 하였다.

5 ****
우리나라 고대 여성의 머리형에 속하지 않는 것은?

① 얹은머리　　　　② 높은 머리
③ 쪽진 머리　　　　④ 큰 머리

> 높은 머리는 1920년대에 이숙종 여사가 처음 하였다.

6 ***
우리나라 옛 여인의 머리모양 중 앞머리 양쪽에 틀어 얹은 모양의 머리는?

① 낭자머리　　　　② 쪽진머리
③ 푼기명식머리　　④ 쌍상투머리

> 주로 고구려시대의 머리모양인 쌍상투머리는 앞머리 양쪽에 틀어 얹은 모양의 머리이다.

7 ***
고대 머리모양에 대한 명칭과 설명이 잘못 연결된 것은?

① 쪽머리 – 뒤통수 위에 얹은 머리
② 푼기명머리 – 양쪽 귀 옆에 머리카락의 일부를 늘어뜨린 머리
③ 중발머리 – 중간정도 길이의 머리
④ 귀밑머리 – 귀밑 길이의 머리

> 중발머리는 뒷머리에 낮게 모발을 묶는 형태의 머리를 말한다.

8 우리나라 미용사에서 옛 여인들이 가발을 사용하고 머리형으로 신분과 지위를 나타냈던 시대는?

① 삼한시대　　　　② 고구려
③ 신라　　　　　　④ 백제

9 신라시대부터 조선시대에 이르기까지 사용된 가체에 대한 설명 중 틀린 것은?

① 현재의 피스와 비슷한 것으로 장발의 처리기술로 사용되었다.
② 쪽머리를 하기 위하여 사용되었다.
③ 신분의 높낮이를 표시하는 큰머리 등의 처리기술로 사용되었다.
④ 댕기머리 등의 처리기술로 사용되었다.

가체는 다른 사람의 머리카락을 이용하여 머리를 장식하는 방법으로 댕기머리나 큰머리 등의 처리기술로 사용되었으나, 쪽머리를 하기 위하여 사용되지는 않았다.

10 개체변발의 설명으로 틀린 것은?

① 고려시대에 한동안 일부 계층에서 유행했던 남성의 머리모양이다.
② 남성의 머리카락을 끌어올려 정수리에서 틀어 감아 맨 모양이다.
③ 머리 변두리의 머리카락을 삭발하고 정수리 부분만 남기어 땋아 늘어뜨린 형이다.
④ 몽고의 풍습에서 전래되었다.

② 머리카락을 끌어올려 정수리에서 틀어 감아 맨 머리형은 얹은머리이다.

11 분대화장(짙은 화장)을 행한 시기는?

① 삼한시대
② 삼국시대
③ 조선시대
④ 고려시대

분대화장은 기생 중심의 진한 화장을 말하는 것으로 고려시대에 유행하였다.

12 우리나라 미용사에서 면약(일종의 안면용 화장품)의 사용과 두발 염색이 최초로 행해졌던 시대는?

① 삼한　　　　　　② 삼국
③ 고려　　　　　　④ 조선

우리나라에서 면약의 사용과 두발의 염색이 최초로 이루어진 시기는 고려시대이다.

13 고려시대의 미용을 잘 표현한 것은?

① 가체를 사용하였으며 머리형으로 신분과 지위를 나타냈다.
② 슬슬전대모빗, 자개장식빗, 대모빗 등을 사용하였다.
③ 머리다발 중간에 틀어 심홍색의 갑사로 만든 댕기로 묶어 쪽진 머리와 비슷한 모양을 하였다.
④ 밑 화장은 참기름을 바르고 볼에는 연지, 이마에는 곤지를 찍었다.

① 가체는 신라시대부터 조선시대까지 사용되었다.
② 빗을 머리장식용으로 꽂고 다니고, 슬슬전대모빗 등이 사용된 시기는 통일신라시대이다.
④ 밑 화장으로 참기름을 바르고, 연지와 곤지를 사용한 시대는 조선 중엽이다.

14 조선시대에 부녀자들의 일반적인 머리모양으로 낭자머리라고도 불리우는 것은?

① 새앙머리　　　　② 쪽머리
③ 거두미　　　　　④ 어유미

쪽머리는 낭자머리라 불리며, 삼국시대부터 내려온 전통 머리로서 가체금지령 이후에 비녀의 발달을 가져온 부녀자들의 일반적인 머리모양이다.

15 옛 여인들의 머리 모양 중 뒤통수에 낮게 머리를 땋아 틀어 올리고 비녀를 꽂은 머리 모양은?

① 민머리　　　　　② 얹은머리
③ 풍기명식 머리　　④ 쪽진 머리

쪽진머리는 쪽머리라고도 하며, 뒤통수에 낮게 머리를 땋아 틀어 올리고 비녀를 꽂은 머리모양이다.

16 ***
조선시대 후반기에 유행하였던 일반 부녀자들의 머리 형태는?

① 쪽진 머리　　　　② 푼기명 머리
③ 쌍상투 머리　　　④ 귀밑 머리

쪽진머리는 상고시대부터 행하여진 머리 형태이며, 조선 후기에 일반 부녀자들 사이에서 널리 유행되었다.

17 ****
조선시대에 사람 머리카락으로 만든 가체를 얹은 머리형은?

① 큰머리　　　　　② 쪽진머리
③ 귀밑머리　　　　④ 조짐머리

큰머리(어여머리)는 생머리 위에 사람의 머리카락으로 만든 가체를 얹은 머리형으로 궁중이나 상층의 양반가에서 하였다.

18 ***
첩지에 대한 내용으로 틀린 것은?

① 첩지의 모양은 봉과 개구리 등이 있다.
② 첩지는 조선시대 사대부의 예장 때 머리 위 가리마를 꾸미는 장식품이다.
③ 왕비는 은 개구리첩지를 사용하였다.
④ 첩지는 내명부나 외명부의 신분을 밝혀주는 중요한 표시이기도 했다.

왕비는 도금한 봉첩지를 사용하였고, 개구리첩지는 상궁이 사용하였다.

19 ***
조선시대 옛 여인이 예장할 때 정수리 부분에 꽂던 머리의 장신구는?

① 빗　　　　　　　② 봉잠
③ 비녀　　　　　　④ 첩지

첩지는 예장 시 정수리 부분에 꽂는 머리 장신구로 궁중이나 상류층의 양반가에서 예장을 갖출 때 사용되었다.

20 ***
우리나라에 있어 일반인의 신부화장의 하나로서 양쪽 뺨에는 연지를, 이마에는 곤지를 찍어서 혼례식을 하던 시대에 해당되는 것은?

① 고려말기부터　　　② 조선말기부터
③ 고려중엽부터　　　④ 조선중엽부터

21 ***
조선중엽 상류사회 여성들이 얼굴의 밑화장으로 사용한 기름은?

① 동백기름　　　　② 콩기름
③ 참기름　　　　　④ 파마자기름

조선시대 중엽에 상류사회 여성이나 신부화장의 밑화장으로 사용된 기름은 참기름이다.

22 ***
조선중엽 얼굴화장에 대한 설명으로 틀린 것은?

① 밑화장은 주로 피마자유를 사용했다.
② 분화장을 했다.
③ 연지, 곤지를 찍었다.
④ 눈썹화장을 했다.

조선시대의 신부화장은 밑화장으로 참기름을 사용하였고, 분화장과 눈썹화장을 하고, 볼에 연지 이마에 곤지를 찍었다.

23 *****
조선시대의 신부화장술을 설명한 것 중 틀린 것은?

① 밑 화장으로 동백기름을 발랐다.
② 분 화장을 했다.
③ 눈썹은 실로 밀어낸 후 따로 그렸다.
④ 연지는 뺨 쪽에, 곤지는 이마에 찍었다.

조선시대 중기에 일반인이 사용하던 분화장이 신부화장에 사용되었으며, 밑 화장으로는 참기름이 사용되었다.

24 ***
다음 우리나라 머리장식품 중 사용 용도가 다른 하나는?

① 비녀　　　　　　② 관모
③ 석류잠　　　　　④ 각잠

잠(簪)은 비녀를 뜻하는 말로 재료에 따라 금잠, 옥잠, 산화잠 등이 있고, 모양에 따라 봉잠, 용잠, 석류잠, 각잠 등이 있다.

25 ***
우리나라 고대 여성의 머리 장식품 중 재료의 이름을 붙여서 만든 비녀로만 된 것은?

① 산호잠, 옥잠　　　② 석류잠, 호도잠
③ 국잠, 금잠　　　　④ 봉잠, 용잠

- 모양에 따라 : 봉잠, 용잠, 석류잠, 호두잠, 국잠, 각잠 등
- 재료에 따라 : 금잠, 옥잠, 산호잠

26 ***** 우리나라에서 현대미용의 시초라고 볼 수 있는 시기는?

① 조선 중엽 ② 한일합방 이후
③ 해방 이후 ④ 6.25 이후

우리나라 여성들이 신문명에 의한 미용에 눈을 뜬 시기는 한일합방 이후부터이다.

27 ***** 1920년대 이숙종(李淑種)여사에 의해 유행된 헤어스타일은?

① 높은머리 ② 쪽진머리
③ 풍기명식머리 ④ 얹은머리

28 ***** 현대미용에 있어서 1920년대에 최초로 단발머리를 함으로써 우리나라 여성들의 머리형에 혁신적인 변화를 일으키게 된 계기가 된 사람은?

① 이숙종 ② 김활란
③ 김상진 ④ 오엽주

1920년대에 김활란 여사는 우리나라 최초로 단발머리를 하여 우리나라 여성들의 두발형에 혁신적인 변화를 일으켰다.

29 ***** 오엽주 여사가 처음으로 서울종로에 화신미용원을 개설한 해는?

① 1933년 ② 1940년
③ 1930년 ④ 1935년

1933년 오엽주 여사가 우리나라 최초인 화신미용원을 개설하였다.

30 ***** 우리나라에서 최초로 화신미용원을 개설한 사람은?

① 오엽주 ② 강활란
③ 권정희 ④ 이숙종

31 ***** 한국 현대 미용사에 대한 설명 중 옳은 것은?

① 경술국치 이후 일본인들에 의해 미용이 발달했다.
② 1933년 일본인이 우리나라에 처음으로 미용원을 열었다.
③ 해방 전 우리나라 최초의 미용교육기관은 정화고등기술학교이다.
④ 오엽주씨가 화신 백화점 내에 미용원을 열었다.

① 우리나라 현대미용이 발달하게 된 시점은 한일합방이다.
② 1933년 오엽주 여사가 종로의 화신백화점 내에 화신미용원을 개설하였다.
③ 해방 전 우리나라 최초의 미용학원은 다나까 미용학원이다.

02. 고대 중국의 미용

1 **** 고대 중국 미용의 설명으로 틀린 것은?

① 하(夏)나라 시대에 분을, 은(殷)나라의 주왕 때에는 연지 화장이 사용되었다.
② 아방궁 3천명의 미희들에게 백분과 연지를 바르게 하고 눈썹을 그리게 했다.
③ 액황이라고 하여 이마에 발라 약간의 입체감을 주었으며 홍장이라고 하여 백분을 바른 후 다시 연지를 덧발랐다.
④ 두발을 짧게 깎거나 밀어내고 그 위에 일광을 막을 수 있는 대용물로써 가발을 즐겨썼다.

④는 고대 이집트에서 행하여졌던 모발형태이다.

2 ***** 고대 중국 미용술에 관한 설명 중 틀린 것은?

① 기원전 2,200년경 하나라 시대에 분이 사용되었다.
② 눈썹 모양은 십미도라고 하여 열 종류의 대체로 진하고 넓은 눈썹을 그렸다.
③ 액황은 입술에 바르고 홍장은 이마에 발랐다.
④ 입술화장은 희종, 소종(서기 874~890년)때에는 붉은 것을 미인이라 평가했다.

액황은 이마에 바르고 홍장은 입술에 발랐다.

3 ★★★ 중국 미용의 역사에 있어서 틀린 것은?

① 기원전 2,200년경인 하(夏)나라 시대에 이미 분이 사용되었다.

② 기원전 1,150년경은 은나라의 주왕 때에 연지화장이 사용되었다.

③ 당나라 시대에는 홍장이라고 하여 이마에 발라 약간의 입체감을 살렸으며 액황이라고 하여 백분을 바른 후에 연지를 더 발랐다.

④ 현종은 십미도라고 하여 눈썹모양을 소개하는 등 눈썹화장에도 신경을 썼다.

> 당나라 시대에 액황이라고 하여 이마에 발라 약간의 입체감을 살렸으며, 홍장이라고 하여 백분을 바른 후 연지를 더 발랐다.

4 ★★★ 중국 현종(서기 713~755년)때의 십미도(十眉圖)에 대한 설명이 옳은 것은?

① 열 명의 아름다운 여인

② 열 가지의 아름다운 산수화

③ 열 가지의 화장방법

④ 열 종류의 눈썹모양

> 당나라 시대의 현종은 양귀비의 남편으로 유명하며, 십미도에서 열(十)종류의 눈썹(眉)모양을 소개하여 눈썹화장에 대한 관심을 나타내었다.

5 ★★★ 중국의 미용에 대해 틀린 것은?

① 당나라 시대에는 액황이라고 하여 이마에 발라 입체감을 살렸다.

② 홍장은 백분을 바른 후 다시 연지를 더 바르는 것이다.

③ 십미도는 열 종류의 눈썹모양을 그린 것이다.

④ 두발형에는 쪽진머리, 큰머리, 조짐머리가 있었다.

> 쪽진머리, 큰머리, 조짐머리 등은 우리나라 조선시대의 두발형태이다.

6 ★★★★ 고대 중국 당나라시대의 메이크업과 가장 거리가 먼 것은?

① 백분, 연지로 얼굴형 부각

② 액황을 이마에 발라 입체감 살림

③ 10가지 종류의 눈썹모양으로 개성을 표현

④ 일본에서 유입된 가부끼 화장이 서민에게 까지 성행

> 당나라 시대에 액황과 홍장을 하여 입체감과 얼굴형을 부각시켰으며, 현종은 십미도에서 10가지 눈썹모양을 소개하여 눈썹화장에 대한 관심을 나타내었다.

03. 서양의 미용

1 ★★★★★ 다음 중 고대 미용의 발상지는?

① 이집트   ② 그리스

③ 로마   ④ 바빌론

> 고대 미용의 발상지는 이집트이고, 현대 미용의 발상지는 프랑스이다.

2 ★★★ 서양에서 최초로 화장을 시작한 나라는?

① 그리스   ② 이집트

③ 이태리   ④ 프랑스

> 이집트는 서양 최초로 화장을 하였으며, 가발 사용 및 염색을 하였으며, 진흙과 태양열을 이용하여 만든 컬은 퍼머넌트의 기원이 되었다.

3 ★★★ 화장법으로는 흑색과 녹색의 두 가지 색으로 윗 눈꺼풀에 악센트를 넣었으며, 붉은 찰흙과 샤프란(꽃 이름임)을 조금씩 섞어서 이것을 볼에 붉게 칠하고 입술연지로도 사용한 시대는?

① 고대 그리스   ② 고대 로마

③ 고대 이집트   ④ 중국 당나라

> 고대 이집트에서 눈화장(아이섀도, 아이라인)을 하였고, 샤프란을 사용하여 입술연지와 볼화장을 하였다.

4 ★★★ 눈가에 콜(Kohl)을 사용하여 화장을 한 나라는?

① 이집트　　　　　② 인도
③ 아랍　　　　　　④ 미국

> 콜(kohl)은 눈 언저리를 검게 칠하는데 쓰이는 화장먹으로 고대 이집트에서 눈화장을 하는데 사용되었다.

5 ★★★ 고대의 미용의 역사에 있어서 약 5,000년 이전부터 가발을 즐겨 사용했던 고대 국가는?

① 이집트　　　　　② 그리스
③ 로마　　　　　　④ 잉카제국

> 이집트의 나일강 유역은 햇빛이 강하여, 인모나 종려나무의 잎 섬유로 만든 가발을 만들어 사용하였다.

6 ★★★ 고대 미용의 발상지로 가발을 이용하고 진흙으로 두발에 컬을 만들었던 국가는?

① 그리스　　　　　② 프랑스
③ 이집트　　　　　④ 로마

> 이집트는 고대 미용의 발상지로 가발을 사용하고, 두발에 컬을 만들어 퍼머넌트의 기원이 되는 국가이다.

7 ★★★★ 염모제로서 헤나를 진흙에 혼합하여 두발에 바르고 태양광선에 건조시켜 사용했던 최초의 고대국가는?

① 이디오피아　　　② 로마
③ 그리스　　　　　④ 이집트

> 이집트에서는 B.C 1,500년경 헤나(Henna)를 진흙에 개어 두발에 바르고 태양광선에 건조시켜 두발을 염색하였다.

8 ★★★ 이집트인들이 염모제로서 헤나(Henna)를 사용했다는 최초의 기록은?

① 기원전 약 3,000년경
② 기원전 약 500년경
③ 기원전 약 1,500년경
④ 기원전 약 2,000년경

> 이집트에서 헤나를 이용하여 염색을 하였다는 기록은 기원전 약 1,500년경이다.

9 ★★★ 기원전 1세기경에 부인들의 머리 형태에 혁신적인 유행을 시킨 나라는?

① 그리스　　　　　② 영국
③ 프랑스　　　　　④ 로마

> 기원전 1세기경 그리스에서는 고전적인 스타일과 키프로스풍의 머리형이 혁신적인 유행을 하였다.

10 ★★★ 17세기 여성들의 두발 결발사로 종사하던 최초의 남자 결발사는?

① 마셀 그라또우
② 캐더린 오프 메디시 여왕
③ 샴페인
④ 끄로샤뜨

> 샴페인(Champagne)은 여성들의 두발 결발사로 종사한 최초의 남자 결발사로 17세기 초에 파리에서 성업하였다.

11 ★★★ 세계 미용의 중심지인 프랑스 미용의 기초를 굳힌 사람은?

① 마셀 그라또우
② 캐더린 오프 메디시
③ 뭇슈끄로와서
④ 스피크먼

> 현대 미용의 중심지는 프랑스로 캐더린 오프 메디시 여왕이 미용의 기초를 마련하였다.

12 ★★★ 서구 미용역사에 있어 높은 트레머리로 생화, 깃털, 보석장식과 모형선까지 얹어 머리형태가 사치스러웠던 시대는?

① 로코코 시대
② 1920~1930년대
③ 프랑스 혁명기
④ 르네상스 시대

> 로코코 시대는 18세기의 루이14세 사후부터 프랑스 혁명까지의 시대로 지극히 사치스럽고 화려한 장식을 사용한 시대를 말하며, 프랑스를 중심으로 성행하였다.

chapter 01

정답 4① 5① 6③ 7④ 8③ 9① 10③ 11② 12①

13 ★★★ 마셀 웨이브 방법을 고안한 시기는?

① 1875년   ② 1858년

③ 1758년   ④ 1765년

> 마셀 웨이브는 아이론의 열을 이용하여 웨이브를 만드는 방법으로 1875년 마셀 그라또우가 고안하였다.

14 ★★★ 아이론을 발명하여 헤어스타일의 대혁명을 일으킨 사람은?

① 독일의 찰스 네슬러
② 독일의 조셉 메이어
③ 프랑스의 마셀 그라또우
④ 영국의 스피크먼

> ① 1905년 퍼머넌트 웨이브 창안(찰스 네슬러)
> ② 1925년 히트 퍼머넌트 웨이빙 고안(조셉 메이어)
> ③ 1875년 마셀 웨이브를 고안한 프랑스인(마셀 그라또우)
> ④ 1936년 콜드 웨이브를 성공시킴(J. B. 스피크먼)

15 ★★★ 다음 중 옳게 짝지어진 것은?

① 아이론 웨이브– 1830년 프랑스의 무슈 끄로샤뜨
② 콜드 웨이브 – 1936년 영국의 스피크먼
③ 스파이럴 퍼머넌트 웨이브 – 1925년 영국의 조셉 메이어
④ 크로키뇰식 웨이브 – 1875년 프랑스의 마셀 그라또

> ① 아이론 웨이브(마셀웨이브) – 1875년 마셀 그라또우
> ② 콜드웨이브 – 1936년 J. B. 스피크먼
> ③ 스파이럴 퍼머넌트 웨이브 – 1905년 찰스 네슬러
> ④ 크로키뇰식 퍼머넌트 웨이브 – 1925년 조셉 메이어

16 ★★★★ 다음 중 시대적으로 가장 늦게 발표된 미용술은?

① 찰스 네슬러의 퍼머넌트 웨이브
② 스피크먼의 콜드 웨이브
③ 조셉 메이어의 크로키뇰식 퍼머넌트 웨이브
④ 마셀 그라또우의 마셀 웨이브

> ① 1905년, ② 1936년, ③ 1925년, ④ 1875년

17 ★★★ 외국의 미용에 대한 설명 중 잘못 연결된 것은?

① 중국 미용 – 후란기파니 향료
② 이집트 미용 – 형형색색의 환상적 가발
③ 로마 미용 – 향장품의 제조와 사용 성행
④ 프랑스 미용 – 파리는 세계 미용의 중심지

> 후란기파니는 로마의 귀족으로 향료를 제조하였고, 그 후손인 멜그치 후란기파니는 향료에 알코올을 가해서 향수를 제조하였다.

SECTION 03

Hairdresser Certification

미용용구 및 헤어전문제품

[출제문항수 : 2~3문제] 이 섹션에서는 미용도구 및 미용기기 부분에서 대부분 출제됩니다. 어렵지는 않지만 약간의 암기가 필요한 부분은 꼼꼼하게 공부하시기 바랍니다.

01 미용 도구

1 빗(Comb)

(1) 기능

① 모발의 정돈 및 커트할 때 정확한 시술을 도움
② 퍼머넌트 웨이브를 할 때 사용(웨이브 콤)
③ 아이론을 사용할 때 두피보호의 목적으로 사용
④ 디자인 연출 시 셰이핑*
⑤ 모발 내 오염물질과 비듬제거 등 트리트먼트에 사용
⑥ 샴푸, 린스 또는 헤어컬러링에 이용
⑦ 모발의 장식용으로도 사용

(2) 종류

커트용, 웨이브용, 정발용, 비듬제거용, 세팅용, 헤어 염색용, 결발용 등이 있다.

(3) 빗의 구조 및 선택조건

① 빗의 구조는 고운살과 얼레살(얽은살)로 되어 있다.
  • 얼레살(얼레빗) : 모발의 엉킴이 심할 때 사용
  • 고운살(세트빗) : 두발의 흐름을 아름답게 매만질 때 사용
② 빗의 각 부분의 조건

명칭	설명
빗몸	빗 전체를 지탱하는 부분으로, 비뚤어지지 않은 일직선이어야 한다.
빗살	빗살은 빗살 끝이 가늘고 빗살 전체가 균등하게 똑바로 나열된 것이 좋으며, 빗살과 빗살의 간격이 균일하여야 한다.
빗살 끝	빗살 끝은 모발 속에서 직접 피부에 닿는 부분이므로 너무 뾰족하거나 무디지 않아야 한다.
기타	• 전체적으로 휘거나 비뚤어지지 않고 두께가 일정해야 한다. • 빗질이 잘 되고 정전기가 발생하지 않아야 한다. • 내수성 및 내구성이 좋아야 한다.

미용용구의 종류

미용 도구
• 미용을 위한 기초도구
• 빗, 가위, 아이론, 브러시, 레이저, 헤어클립 등

미용 기구
• 기본 용기를 말하며, 도구들을 넣어두거나 정돈하는데 사용
• 소독기, 샴푸 볼, 미용의자, 두발용 용기, 컵 등

미용 기기
• 미용을 위하여 전기를 이용하는 기기
• 헤어드라이어, 히팅캡, 헤어 스티머 등과 피부미용에 주로 사용되는 미안용 기기 등

▶ 용어해설
셰이핑(shaping) : 헤어 스타일링을 할 때 빗으로 빗으면서 스타일을 만드는 것

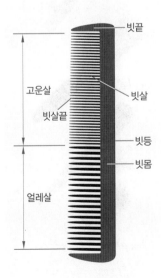

chapter 01

▶ 빗의 소독
• 빗은 손님 1인에게 사용하였을 때 1회씩 소독하는 것이 바람직하다.
• 금속재질이 아닌 일반 빗은 증기소독이나 자비소독에 적합하지 않다.

▶ 브러싱(Brushing)
• 두발에 윤기를 더해주며 빠진 두발이나 헝클어진 두발을 고르는 작용을 한다.
• 두피의 근육과 신경을 자극하여 피지선과 혈액순환을 촉진시키고 두피조직에 영양을 공급하는 효과가 있다.
• 샴푸 전 브러싱은 두발이나 두피에 부착된 먼지나 노폐물, 비듬 등을 제거해 준다.
• 두피를 자극하는 방법이므로 두피나 모발이 손상된 경우 등에는 브러싱을 피하는 것이 좋다.

덴맨브러시

벤트브러시

롤브러시

S형 브러시

(4) 손질법

① 빗살 사이의 때는 솔로 제거하거나 심한 경우는 비눗물에 담근 후 브러시로 닦고 나서 소독한다.

② 빗을 소독할 때는 크레졸수, 역성비누액, 석탄산수, 포르말린수 등이 이용되며 세정이 바람직하지 않은 재질은 자외선으로 소독한다.

③ 소독용액에 오랫동안 담가두면 빗이 휘어지는 경우가 있어 주의한다.

④ 소독 후에는 물로 헹구고 마른수건으로 물기를 닦아낸 다음 말린다.

⑤ 물기가 없는 빗을 소독장에 넣어 보관한다.

② 브러시(Brush)

(1) 브러시의 특징

① 브러시는 자연강모, 플라스틱, 나일론 등으로 만드는 솔의 총칭이다.

② 헤어세팅, 화장, 메이크업, 두피관리, 샴푸, 드라이 등 미용시술에 널리 사용된다.

③ 사용목적에 따라 털의 재질을 잘 선택해야 한다.

• 헤어브러시는 모발 속으로 브러시가 들어갈 수 있도록 털이 빳빳하고 탄력이 있으며, 촘촘히 박힌 양질의 자연강모로 된 것이 좋다.

• 나일론이나 비닐브러시는 표면이 매끄럽고 부드러우나 정전기 발생의 우려가 있다.

(2) 종류

① 헤어브러시

종류	설명
덴맨 (Denman) 브러시	• 가장 일반적으로 사용하는 브러시 • 열에 강하여 모발에 텐션과 볼륨감을 주는 데 사용 • 쿠션(Cushion) 브러시 : 브러시의 몸통 자체가 탄력있는 고무판으로 되어 있는 브러시
벤트(Vent) 브러시	• 구멍이 뚫린 뒤판에 빗살이 매우 성기게 배열된 브러시 • 머리카락을 말리면서 자연스러운 스타일로 만들어 주는 데 사용 • 스켈톤(Skelton) 브러시 : 남성헤어스타일이나 짧은 머리에 주로 사용
롤(라운드) 브러시	• 뒷판까지 빗살이 완전히 둘러싸고 있는 브러시 • 롤의 크기가 다양하고 부드러운 웨이브를 만들기에 적합
S형 브러시	• 바람머리 같은 방향성을 살린 헤어스타일 정돈에 적합

② 비듬제거용 브러시 : 경질(털이 단단하고 짧은)의 브러시로 정발용으로도 사용된다.

③ 메이크업용 브러시 : 메이크업을 할 때 사용하는 브러시로 아이브로 브러시, 마스카라 브러시, 섀도 브러시 등이 있다.

④ 페이스 브러시 : 동물의 부드럽고 긴 털을 사용한 것이 많고 얼굴이나 턱에 붙은 털이나 비듬 또는 백분을 떨어내는 데 사용한다.

⑤ 샴푸제 도포용 브러시 : 비듬성 두피 샴푸 시 두피마사지 효과를 준다.

(3) 브러시의 손질법

① 비눗물, 탄산소다수, 석탄산수, 크레졸수, 에탄올 등을 이용한다.

② 털이 부드러운 것은 손가락 끝으로 가볍게 **빤다**.

③ 털이 **빳빳한** 것은 세정브러시로 닦아낸다.

④ 세정 후 맑은 물로 잘 헹구고 **털을 아래쪽으로 하여** 그늘에서 말린다.

❸ 가위(시저스, Scissors)

(1) 가위의 구조 및 특징

① **가위의 구성** : 가위끝, 날끝, 선회축나사(pivot screw), 다리, 엄지환, 약지환, 소지걸이

② 협신에서 날끝으로 갈수록 자연스럽게 구부러진(내곡선) 것이 좋다.

③ **양날의 견고함이 동일한** 것이 좋다.

④ **날이 얇고 양다리가 강한** 것이 좋다.

⑤ 가위의 길이나 무게가 미용사의 손에 맞아야 한다.

⑥ 가위를 사용할 때는 한 쪽 협신을 고정시켜 자르며, 개폐가 일정하고 원활하도록 해야 한다.

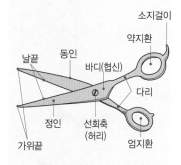

(2) 가위의 종류

① 재질에 따른 분류

착강가위	협신부는 연강, 날은 특수강으로 연결하여 만든 가위
전강가위	전체를 특수강으로 만든 가위

② 사용 목적에 따른 가위

커팅가위	모발을 커팅하고, 셰이핑하는 가위
틴닝(시닝)가위	모발의 길이는 그대로 두고, 숱만 쳐내는 가위로 텍스처라이징(texturizing) 가위라고도 함

③ 형태에 따른 분류

커팅가위 (직선날가위)	• 가장 일반적으로 사용되는 모발커트용 가위 • 일반용 : 4.5~5.5인치, 장가위 : 6.5인치 이상 • 정밀한 블런트커트에는 미니가위 사용
R형가위 (곡선날가위)	• 날 부분이 R모양으로 구부러진 가위 • 둥글려서 커트하기, 스트로크 커트* 및 세밀한 부분 수정이나 모발끝의 커트라인을 정돈
틴닝가위 (Thinning)	• 숱을 감소시키는 것이 주 목적인 가위 • 발의 개수나 형태에 따라 모발감소와 형태가 달라짐
빗 겸용가위	• 가위의 날 등에 빗이 부착되어 빗질을 하면서 모발을 커트할 수 있는 가위

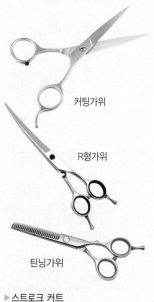

▶ **스트로크 커트**
가위를 이용하여 테이퍼링

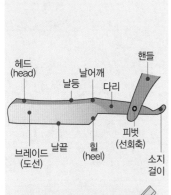

헤드(head)
날어깨
날등
다리
핸들
브레이드(도선)
날끝
힐(heel)
피벗(선회축)
소지걸이

⬆ 오디너리 레이저

단면날

양면날

⬆ 셰이핑 레이저

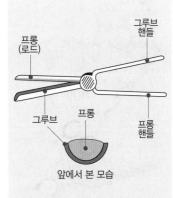

그루브 핸들
프롱(로드)
그루브
프롱
프롱 핸들

앞에서 본 모습

▶ 아이론을 쥐는 법
프롱을 위쪽, 그루브를 아래로 하여 위 손잡이를 오른손의 엄지와 검지 사이에 끼고 아래 손잡이는 소지와 약지로 잡는다.

(3) 가위의 손질법
  ① 자외선, 석탄산수, 크레졸수, 포르말린수, 알코올 등을 이용하여 소독을 한다.
  ② 소독 후 마른 수건으로 충분히 닦고 녹이 슬지 않도록 기름칠을 한다.

4 레이저(Razor, 면도칼)

(1) 구조 및 특징
  ① 날등과 날끝이 평행을 이루고 비틀리지 않아야 한다.
  ② 날등에서 날끝까지 양면의 콘케이브(concave, 오목한 선)가 균일한 곡선으로 되어 있고, 두께가 일정해야 한다.
  ③ 모발손상이 되지 않도록 잘 드는 것으로 사용한다.
  ④ 칼날선에 따라 일직선상, 내곡선상, 외곡선상 레이저가 있다.
  ⑤ 솜털 등을 깎을 때는 외곡선상의 것이 좋다.

(2) 레이저의 종류

오디너리 레이저 (Ordinary)	• 일상용 레이저 • 능률적이고 세밀한 작업이 용이 • 지나치게 자르거나 다칠 우려가 있어 초보자에게 부적합
셰이핑 레이저 (Shaping)	• 헤어 셰이퍼라고도 하며, 일면날과 양면날이 있음 • 보호막이 있어 날이 닿는 두발의 양이 제한되어 안전하므로 초보자에게 적합 • 두발 외형선의 자연스러움을 만든다.

(3) 레이저의 관리
  ① 사용 전에 칼날을 갈아 주고, 사용 후에는 칼날에 붙은 이물질을 잘 닦아내고 소독한 후 녹이 슬지 않도록 기름칠을 한다.
  ② 레이저 교환형은 사용 전에 교환하여 사용한다.

5 헤어 아이론
열을 이용하여 두발의 구조에 일시적인 변화를 주어 웨이브를 만들어 주는 미용도구이다.

(1) 구조
  ① 그루브 : 프롱을 감싸는 홈(groove)으로 파여진 부분으로 프롱과 그루브 사이에 모발을 넣어 모발을 잡아주는 역할을 한다.
  ② 프롱(로드) : 쇠막대기 부분으로 모발이 감기며 누르는 역할을 하며 로드(Rod)라고도 한다.

(2) 종류
  ① 화열식(마셸아이론) : 화덕이나 석탄 등을 이용하여 가열
  ② 전열식 : 전기를 이용하여 가열

(3) 아이론의 조건

① 프롱(로드), 그루브, 핸들 등에 녹이 슬거나 갈라짐이 없어야 한다.

② 프롱과 그루브 접촉면에 요철(凹凸)이 없고 부드러워야 한다.

③ 프롱과 그루브는 비틀리거나 구부러지지 않고 어긋나지 않아야 한다.

④ 프롱과 핸들의 길이는 대체로 균등한 것이 좋다.

⑤ 발열과 절연상태가 양호해야 하고, 특히 **전체에 열이 균일**하여야 한다.

⑥ **아이론의 적정온도는 120~140℃**이며, 회전각은 45°가 적당하다.

6 기타 도구

① 헤어핀(Hair pin)과 헤어클립(Hair clip) : 컬의 고정이나 웨이브를 갖추는 등의 미용시술에 사용

헤어핀	• 컬의 고정이나 웨이브를 갖추는 등의 미용시술에 사용 • 열린 핀과 닫힌 핀이 있음
헤어클립	• 헤어핀의 기능을 보조 • 컬클립 : 컬의 고정, 웨이브클립 : 웨이브의 고정

② 컬링로드(Curling rod) : 일반적으로 퍼머넌트웨이브 기술에서 웨이브를 형성하기 위하여 두발을 감는 용구로 두발을 감는 위치에 따라 대·중·소로 구분한다.

③ 롤러(Roller) : 헤어세팅 시 두발에 일시적인 웨이브 또는 볼륨을 갖게 할 목적으로 사용하는 원통상의 도구로 원통의 폭 직경에 따라 대·중·소 나눈다.

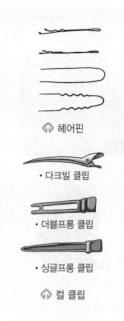

⬆ 헤어핀

・다크빌 클립

・더블프롱 클립

・싱글프롱 클립

⬆ 컬 클립

⬆ 웨이브 클립

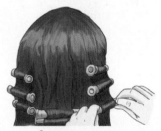

⬆ 컬링로드의 사용

⬆ 롤러의 사용

02 미용 기기

1 헤어드라이어(Hair Dryer)

(1) 구조 및 특징

① 젖은 두발의 건조와 헤어스타일의 완성을 위하여 사용

② 일반적인 블로우 드라이(Blow dry)의 가열온도는 60~80℃ 정도이다.

③ 구조는 팬(송풍기), 모터, 열선(300~500W의 니크롬선), 스위치 등으로 구성된다.

(2) 헤어드라이어의 종류

종류		설명
핸드 드라이어	블로우(Blow) 타입	바람을 일으켜 드라이하는 방식
	웨이빙 드라이	핸드드라이어에 빗이나 아이론, 롤브러시 등을 부착하여 드라이와 스타일링을 동시에 하는 방식

chapter 01

⬆ 스탠드 드라이어

⬆ 히팅캡

▶ 1액 : 퍼머약의 중요 성분으로 모발을 쉽게 웨이브하기 위해 1액을 투여하여 모발을 알칼리 성분으로 만들어 모발을 팽윤 및 연화시킨다.

▶ 용어 해설
 • 스캘프(scalp) : 두피
 • 머니플레이션(manipulation) : 마사지

종류		설명
스탠드 드라이어	블로우(Blow) 타입	소음이 적고 두발이 날리지 않으나 바람이 방산되어 두발의 건조가 느림
	후드 타입*	바람의 순환과 선회를 이용한 것으로 건조가 빠름

② 히팅캡(Heating Cap)

① 모발이나 두피에 바른 오일이나 크림 등이 고루 퍼지고 침투가 잘 되도록 한다.
② 퍼머와인딩 후 1액*의 흡수를 도와 펌 등의 시간을 단축시킨다.
③ 스캘프 트리트먼트(두피 손질), 헤어 트리트먼트(두발 손질), 가온식 콜드액 시술 시 사용된다.

③ 헤어스티머(Hair steamer)

① 180~190℃의 스팀을 발생시켜 약액의 침투를 용이하게 하고 피부조직을 이완시킨다.
② 퍼머넌트, 모발염색, 스캘프* 트리트먼트, 헤어 트리트먼트 등에 사용
③ 사용법 : 오일이나 두피크림을 바르고 스캘프 머니플레이션(두피 마사지)를 시행한 후 10~15분 정도 사용한다.

헤어트리트먼트	손상된 모발에 약액작용촉진과 두피의 혈액순환에 사용
콤아웃 (빗으로 마무리)	로션의 침투를 도움
퍼머넌트 웨이브	와인딩을 끝내고 사용

④ 헤어스티머 선택 시 고려사항
 • 증기의 입자가 세밀하여야 한다.
 • 사용 시 증기의 조절이 가능하여야 한다.
 • 분무 증기의 온도가 균일하여야 한다.

④ 미안용 기기

피부미용에서 사용되는 기기들을 말하며, 고주파 전류 미안기, 갈바닉 전류 미안기, 적외선등, 자외선등, 바이브레이터 등이 있다.

1 헤어 전문 제품의 이해

① 헤어의 청결을 유지하고, 모발의 형태 및 색상 변화에 사용되어 모발을 건강하고 아름답게 한다.
② 인체에 무해하고, 안정성이 확보되어야 하며, 사용 목적에 따라 기능이 우수하여야 한다.
③ 미용업소에서 취급하는 모든 제품은 고객인 소비자에게 사용되거나 판매되므로 미용사는 제품에 대해 잘 알고 있어야 한다.

2 헤어 미용 제품의 성분 및 기능

헤어 미용 제품을 구성하는 성분은 크게 물에 녹는 수성 성분과 유지에 녹는 유성 성분으로 나눌 수 있다.

① 수성 성분은 글리세린, 에탄올 등이 있으며, 보습 기능이 있다.
② 유성 성분은 오일이 대표적이며, 광택과 보호 기능이 있다.
③ 이 밖에도 산도조절 능력을 갖고 있는 분말 성분의 구연산 등이 있다.
④ 이 성분들이 물리적·화학적 공정을 거쳐서 하나의 제품으로 만들어진다.

▶ 참고) 화장품 성분과 기능

분류	종류	기능
계면 활성제	LES, 코코 베타인, 알킬디메틸아미노 초산, 베타인	유화, 가용화 작용
유성 성분	올리브 오일, 호호바 오일, 밀랍, 라놀린, 파라핀	유연성, 광택, 보호
수성 성분	에탄올, 정제수, 글리세린	보습, 청결
기능성 성분	폴리페놀, 감타닌, 알부틴	재생, 피지 조절, 미백
점증제	전분, 젤라틴, 구아검	제형 조절
향	라벤더, 티트리, 페퍼민트 등 에센셜 오일	향
pH 조절제	구연산	산도 조절
방부제	에탄올, 폼알데하이드, 알코올류	제품의 변질 방지
기타	자외선 차단제, 금속 봉쇄제, 산화 방지제, 색소제	

3 헤어 미용제품의 사용 목적과 종류

사용 목적	제품의 종류
세정용	헤어 샴푸, 컨디셔너
헤어스타일용	헤어 세럼*, 헤어 젤, 헤어 왁스, 헤어로션, 헤어스프레이, 헤어 에센스
헤어 컬러용	영구 염모제, 반영구적 염모제, 일시적 염모제
헤어 펌용	웨이브 펌제, 스트레이트 펌제
탈모 방지용	모근 영양제, 혈행 개선제

▶ 헤어 세럼(Hair Serum)
모발에 영양을 주는 성분으로 만들어져서 모발 손상을 방지하는 효과가 있다. 염·탈색과 펌 등으로 손상된 모발의 스타일링에도 사용한다.

01. 미용 도구

****
1 빗의 기능으로 가장 거리가 먼 것은?

① 모발의 고정
② 아이론 시 두피보호
③ 디자인 연출 시 셰이핑(shaping)
④ 모발 내 오염물질과 비듬제거

> 모발의 고정은 헤어핀이나 헤어클립 등으로 한다.

***
2 빗을 선택하는 방법으로 틀린 것은?

① 전체적으로 비뚤어지거나 휘지 않은 것이 좋다.
② 빗살 끝이 가늘고 빗살전체가 균등하게 똑바로 나열된 것이 좋다.
③ 빗살 끝이 너무 뾰족하지 않고 되도록 무딘 것이 좋다.
④ 빗살 사이의 간격이 균등한 것이 좋다.

> 빗살 끝은 모발을 가르면서 모발 속으로 들어가 직접 피부에 접촉하는 부분으로 너무 뾰족하거나 무디지 않아야 한다.

***
3 빗 선택 시 주의사항으로 옳은 것은?

① 빗은 내수성이 있는 것이 좋지 않다
② 빗살이 두꺼운 것을 고른다
③ 빗살 끝이 뾰족한 것을 고른다.
④ 빗살이 균일하게 되어 있는 것이 좋다

> 빗은 내수성과 내구성이 있는 것이 좋으며, 빗살은 빗살 끝이 가늘어야 모발을 가르면서 들어가기 쉬우며, 빗살 끝은 피부에 직접 닿는 부분으로 너무 뾰족하거나 무디지 않아야 한다.

****
4 헤어세트용 빗의 사용과 취급방법에 대한 설명 중 틀린 것은?

① 두발의 흐름을 아름답게 매만질 때는 빗살이 고운살로 된 세트빗을 사용한다.
② 엉킨 두발을 빗을 때는 빗살이 얼레살로 된 얼레빗을 사용한다.
③ 빗은 사용 후 브러시로 털거나 비눗물에 담가 브러시로 닦은 후 소독하도록 한다.

④ 빗의 소독은 손님 약 5인에게 사용했을 때 1회씩 하는 것이 적합하다.

> 빗은 손님 1인에게 사용하였을 때 1회씩 소독하는 것이 바람직하다.

***
5 빗(comb)의 손질법에 대한 설명으로 틀린 것은?
(단, 금속 빗은 제외)

① 빗살 사이의 때는 솔로 제거하거나 심한 경우는 비눗물에 담근 후 브러시로 닦고 나서 소독한다.
② 증기소독과 자비소독 등 열에 의한 소독과 알코올 소독을 해준다.
③ 빗을 소독할 때는 크레졸수, 역성비누액 등이 이용되며 세정이 바람직하지 않은 재질은 자외선으로 소독한다.
④ 소독용액에 오랫동안 담가두면 빗이 휘어지는 경우가 있어 주의하고 끄집어낸 후 물로 헹구고 물기를 제거한다.

> 증기소독이나 자비소독은 고열에 의한 소독법으로 금속재질의 빗은 가능하지만 보통의 빗은 변형이 있을 수 있어 사용하지 않는 소독법이다.

****
6 빗의 보관 및 관리에 관한 설명 중 옳은 것은?

① 빗은 사용 후 소독액에 계속 담가 보관한다.
② 소독액에서 빗을 꺼낸 후 물로 닦지 않고 그대로 사용해야 한다.
③ 증기소독은 자주 해주는 것이 좋다.
④ 소독액은 석탄산수, 크레졸비누액 등이 좋다.

> ① 빗을 소독액에 계속 담가두면 빗에 변형이 생길 수 있다.
> ② 소독액에서 꺼낸 빗은 물로 헹구고 마른 수건으로 물기를 닦아 사용 및 보관한다.
> ③ 금속재질의 빗 이외에는 증기소독이나 자비소독(끓는 물속에 넣어 소독)은 사용하지 않는다.

****
7 다음 중 헤어브러시로서 가장 적합한 것은?

① 부드러운 나일론, 비닐계의 제품
② 탄력 있고 털이 촘촘히 박힌 강모로 된 것
③ 털이 촘촘한 것보다 듬성듬성 박힌 것
④ 부드럽고 매끄러운 연모로 된 것

정답 **1** 1 ① 2 ③ 3 ④ 4 ④ 5 ② 6 ④ 7 ②

헤어브러시는 모발 속으로 브러시가 들어갈 수 있도록 털이 빳빳하고 탄력이 있으며, 촘촘히 박힌 양질의 자연강모로 된 것이 좋다.

8 동물의 부드럽고 긴 털을 사용한 것이 많고 얼굴이나 턱에 붙은 털이나 비듬 또는 백분을 떨어내는 데 사용하는 브러시는?

① 포마드 브러시　　　② 쿠션 브러시
③ 페이스 브러시　　　④ 롤 브러시

연질의 브러시로 얼굴에 바른 여분의 백분이나 털, 비듬 등을 떨어내는 브러시는 페이스 브러시이다.

9 브러싱에 대한 내용 중 틀린 것은?

① 두발에 윤기를 더해주며 빠진 두발이나 헝클어진 두발을 고르는 작용을 한다.
② 두피의 근육과 신경을 자극하여 피지선과 혈액순환을 촉진시키고 두피조직에 영양을 공급하는 효과가 있다.
③ 여러 가지 효과를 주므로 브러싱은 어떤 상태에서든 많이 할수록 좋다.
④ 샴푸 전 브러싱은 두발이나 두피에 부착된 먼지나 노폐물, 비듬을 제거해준다.

모발이나 두피가 손상되어 자극을 피해야 할 때는 브러싱을 피하는 것이 좋다.

10 브러시의 종류에 따른 사용목적이 틀린 것은?

① 덴멘 브러시는 열에 강하여 모발에 텐션과 볼륨감을 주는데 사용한다.
② 롤 브러시는 롤의 크기가 다양하고 웨이브를 만들기에 적합하다.
③ 스켈톤 브러시는 여성헤어스타일이나 긴 머리 헤어스타일 정돈에 주로 사용된다.
④ S형 브러시는 바람머리 같은 방향성을 살린 헤어스타일 정돈에 적합하다.

스켈톤 브러시는 주로 남성헤어스타일이나 짧은 머리 헤어스타일 정돈에 사용한다.

11 브러시의 손질법으로 부적당한 것은?

① 보통 비눗물이나 탄산소다수에 담그고 부드러운 털은 손으로 가볍게 비벼 빤다.
② 털이 빳빳한 것은 세정 브러시로 닦아낸다.
③ 털이 위로 가도록 하여 햇볕에 말린다.
④ 소독방법으로 석탄산수를 사용해도 된다.

브러시를 세정한 후에는 털이 아래쪽으로 향하게 하여 그늘에서 말린다.

12 브러시 세정법으로 옳은 것은?

① 세정 후 털은 아래로 하여 양지에서 말린다.
② 세정 후 털은 아래로 하여 응달에서 말린다.
③ 세정 후 털은 위로 하여 양지에서 말린다.
④ 세정 후 털은 위로 하여 응달에서 말린다.

13 다음 명칭 중 가위에 속하는 것은?

① 핸들　　　　　　② 피봇
③ 프롱　　　　　　④ 그루브

선회축 나사(피벗 스크류)는 양쪽 도신(몸체)을 하나로 고정시켜 주는 나사를 말한다.

14 가위에 대한 설명 중 틀린 것은?

① 양날의 견고함이 동일해야 한다.
② 가위의 길이나 무게가 미용사의 손에 맞아야 한다.
③ 가위 날이 반듯하고 두꺼운 것이 좋다.
④ 협신에서 날 끝으로 갈수록 약간 내곡선인 것이 좋다.

가위의 날은 얇고, 협신에서 날 끝으로 갈수록 자연스럽게 구부러진 것(내곡선인 것)이 좋다.

15 강철을 연결시켜 만든 것으로 협신부(鋏身部)는 연강으로 되어있고 날 부분은 특수강으로 되어 있는 것은?

① 착강가위　　　　② 전강가위
③ 틴닝가위　　　　④ 레이저

협신부는 연강으로, 날 부분은 특수강으로 되어 연결시킨 가위는 착강가위이다.

정답 **8** ③ **9** ③ **10** ③ **11** ③ **12** ② **13** ② **14** ③ **15** ①

16 커트용 가위 선택 시의 유의사항 중 옳은 것은?

① 일반적으로 협신에서 날 끝으로 갈수록 만곡도가 큰 것이 좋다.
② 양날의 견고함이 동일한 것이 좋다.
③ 일반적으로 도금된 것은 강철의 질이 좋다.
④ 잠금 나사는 느슨한 것이 좋다.

양날의 견고함이 다르면 부드러운 쪽이 마모되어 잘 잘리지 않게 된다.

17 가위의 선택방법으로 옳은 것은?

① 양 날의 견고함이 동일하지 않아도 무방하다.
② 만곡도가 큰 것을 선택한다.
③ 협신에서 날 끝으로 내곡선으로 된 것을 선택한다.
④ 만곡도와 내곡선상을 무시해도 사용상 불편함이 없다.

가위는 협신에서 날끝으로 갈수록 내곡선인 것이 좋다.

18 스트로크 커트(stroke cut) 테크닉에 사용하기 가장 적합한 것은?

① 리버스 시저스(Reverse scissors)
② 미니 시저스(Mini scissors)
③ 직선날 시저스(Cutting scissors)
④ 곡선날 시저스(R-scissors)

곡선날 시저스(R형 가위)는 날 부분이 R모양으로 구부러져 스트로크 커트에 가장 적합한 가위이다.

19 두발의 길이를 자르지 않으면서 숱을 쳐내는데 사용하는 가위(scissors)는?

① 폴(fall)
② 미니가위
③ 틴닝가위
④ R-가위

두발의 길이에 변화를 주지 않고 숱만을 쳐내는데 사용하는 가위는 틴닝 또는 시닝가위라고 하며, 택스처라이징 가위라고도 한다.

20 레이저(razor)에 대한 설명 중 가장 거리가 먼 것은?

① 셰이핑 레이저를 이용하여 커팅하면 안정적이다.
② 초보자는 오디너리 레이저를 사용하는 것이 좋다.
③ 솜털 등을 깎을 때 외곡선상의 날이 좋다.
④ 녹이 슬지 않게 관리를 한다.

셰이핑 레이저를 이용하면 안정적이라 초보자들이 사용하기 좋으며, 오디너리 레이저를 이용하면 능률적이나 지나치게 자를 우려가 있어 초보자에게는 부적합하다.

21 일상용 레이저(razor)와 셰이핑 레이저(shaping razor)의 비교 설명으로 틀린 것은?

① 일상용 레이저는 시간상 능률적이다.
② 일상용 레이저는 지나치게 자를 우려가 있다.
③ 셰이핑 레이저는 안전율이 높다.
④ 초보자에게는 일상용 레이저가 알맞다.

초보자에게는 안정적인 셰이핑 레이저가 적합하다.

22 일상용 레이저(Ordinary Razor)의 특징이 아닌 것은?

① 날이 닿은 두발이 제한되어 안전하다.
② 빠른 시간 내에 시술이 가능하다.
③ 세밀한 작업이 용이하다.
④ 초보자에게 부적당하다.

날이 닿는 두발이 제한되어 안전한 레이저는 셰이핑 레이저이다.

23 헤어 커트 시 사용하는 레이저(razor)에 대한 설명 중 틀린 것은?

① 레이저의 날등과 날끝이 대체로 균등해야 한다.
② 초보자에게는 오디너리(ordinary) 레이저가 적합하다.
③ 레이저의 날 선이 대체로 둥그스름한 곡선으로 나온 것이 더 정확한 커트를 할 수 있다.
④ 레이저의 어깨의 두께가 균등해야 좋다.

초보자에게 적합한 레이저는 셰이핑 레이저이다.

정답   16 ②   17 ③   18 ④   19 ③   20 ②   21 ④   22 ①   23 ②

24 아이론의 선택법 중 맞지 않는 것은?

① 로드(프롱), 그루브, 스크루와 양쪽 핸들이 녹슬거나 갈라지지 않아야 한다.
② 로드(프롱)와 그루브의 접촉면이 부드러우며 요철(凹凸)이 있어야 한다.
③ 양쪽 핸들이 바로 되어있어야 하며 스크루가 느슨해서는 안 된다.
④ 발열상태, 절연상태가 정확해야 한다.

로드와 그루브의 접촉면은 요철이 없어야 한다.

25 다음 중 아이론 부위 명칭이 아닌 것은?

① 그루브핸들　　　② 그루브
③ 프롱　　　　　　④ 엣지

아이론은 그루브, 프롱(로드), 그루브핸들, 프롱핸들로 구성되어 있다.

26 아이론의 쇠막대 모양의 명칭은 무엇인가?

① 클립(clip)　　　② 그루브(groove)
③ 로드 핸들(rod handle)　④ 프롱(prong)

아이론에서 쇠막대기 부분을 프롱 또는 로드라고 하며, 모발을 위에서 누르는 역할을 한다.

27 두발 세트 시술을 위해 아이론을 가장 바르게 쥔 상태는?

① 그루브는 위쪽, 프롱은 아래쪽의 사선 상태
② 그루브는 아래쪽, 프롱은 위쪽의 일직선 상태
③ 그루브는 위쪽, 프롱은 아래쪽의 일직선 상태
④ 그루브는 아래쪽, 프롱은 위쪽의 사선 상태

세팅작업 시 아이론의 그루브가 아래, 프롱이 위쪽에서 일직선이 되도록 잡고 시술한다.

28 마셀 웨이브의 시술 시 손에 쥔 아이론을 여닫을 때 어떤 손가락으로 작동하는가?

① 엄지와 약지　　　② 검지와 약지
③ 중지와 약지　　　④ 소지와 약지

아이론을 쥘 때 그루브를 아래로 하고 프롱은 위쪽으로 일직선으로 하여 위 손잡이를 엄지와 검지 사이에 끼고 아래 손잡이는 소지와 약지로 잡아 아이론을 개폐시킨다.

29 아이론의 프롱(쇠막대기 부분)이 담당하는 역할은?

① 위에서 누르는 작용
② 고정시키는 작용
③ 모류 정리 작업
④ 손잡이 작용

프롱이 모발을 위에서 누르는 작용을 하며, 그루브는 잡아주는 역할을 한다.

30 아이론을 선택할 때 좋은 제품으로 볼 수 없는 것은?

① 연결부분이 꼭 죄어져 있다.
② 프롱과 핸들의 길이가 대체로 균등하다.
③ 프롱과 그루브가 곡선으로 약간 어긋나 있다.
④ 최상급 재질(stainless)로 만들어져 있다.

프롱과 그루브는 비틀리거나 구부러지지 않아야 한다.

31 아이론 선정방법으로 적합하지 않은 것은?

① 프롱의 길이와 핸들의 길이가 3 : 2로 된 것
② 프롱과 그루브의 접합지점 부분이 잘 죄어져 있는 것
③ 단단한 강질의 쇠로 만들어진 것
④ 프롱과 그루브가 수평으로 된 것

프롱과 핸들의 길이는 대체로 균등한 것이 좋다.

32 마셀 웨이브에서 건강모인 경우에 아이론의 적정온도는?

① 80~100℃
② 100~120℃
③ 120~140℃
④ 140~160℃

정답 24 ②　25 ④　26 ④　27 ②　28 ④　29 ①　30 ③　31 ①　32 ③

33 ★★★ 다음 중 웨이브 클립은?

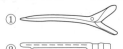

① 다크빌 클립, ② 더블프롱 클립, ③ 헤어핀, ④ 웨이브 클립

34 ★★★ 헤어세팅을 할 때 두발에 일시적인 웨이브 또는 볼륨을 목적으로 사용하는 도구는?

① 컬링로드　　　　② 롤러
③ 헤어클립　　　　④ 아이론

롤러는 헤어세팅 시 두발에 일시적인 웨이브나 볼륨감을 주는데 사용하는 원통형의 미용도구이다.

02. 미용 기기

1 ★★★ 브로우 드라이(Blow Dry) 시술 시 유의사항으로 틀린 것은?

① 드라이의 가열온도는 130℃ 정도가 적당하다.
② 일반적인 드라이의 경우 섹션의 폭은 2~3cm 정도가 적당하다.
③ 굵기가 다른 브러시를 준비하여 볼륨과 길이에 맞게 사용한다.
④ 모발끝 부분은 텐션이 잘 주어지지 않으므로 브러시를 회전하여 조절한다.

블로우 타입 드라이어의 가열온도는 60~80℃ 정도가 적당하다.

2 ★★★ 시술자의 조정에 의해 바람을 일으켜 직접 내보내는 블로우 타입으로 주로 드라이세트에 많이 사용되는 것은?

① 핸드 드라이어
② 에어 드라이어
③ 스탠드 드라이어
④ 적외선램프 드라이어

시술자가 직접 조정하여 사용하는 블로우 타입 드라이어는 핸드 드라이어이다.

3 ★★★ 다음 시술 중 히팅캡의 사용과 가장 거리가 먼 것은?

① 스캘프 트리트먼트
② 가온식 콜드액 시술 시
③ 헤어 트리트먼트
④ 열에 의해 두발구조에 일시적 변화를 줄 때

히팅캡은 스캘프 트리트먼트(두피관리), 헤어 트리트먼트(두발관리), 가온식 콜드액 시술 시에 사용한다.
④는 헤어 아이론의 기능이다.

4 ★★★★ 히팅캡(Heating Cap)의 사용 목적에 해당되지 않는 것은?

① 펌 등의 시술 시간을 단축시킨다.
② 헤어 세팅을 할 때 컬을 고정시키거나 웨이브를 완성하는데 용이하도록 한다.
③ 스캘프 트리트먼트, 헤어 트리트먼트 시 바른 약액을 고루 침투되도록 한다.
④ 퍼머와인딩 후 1액의 흡수력을 돕는다.

히팅캡은 스캘프 트리트먼트, 헤어 트리트먼트 시 바른 약액을 고루 침투되도록 하며, 퍼머넌트웨이브 시 가온식 콜드액의 흡수를 도와 펌의 시간을 단축시켜준다.

5 ★★★ 헤어 스티머의 선택 시에 고려할 사항과 가장 거리가 먼 것은?

① 내부의 분무 증기 입자의 크기가 각각 다르게 나와야 한다.
② 증기의 입자가 세밀하여야 한다.
③ 사용 시 증기의 조절이 가능하여야 한다.
④ 분무 증기의 온도가 균일하여야 한다.

헤어스티머는 분무 증기의 온도가 균일하고 증기의 조절이 가능하며 증기의 입자가 세밀한 것이 좋다.

정답　33 ④　34 ②　2 1 ①　2 ①　3 ④　4 ②　5 ①

Hairdresser Certification

SECTION 04 헤어샴푸 및 컨디셔너

[출제문항수 : 2~3문제] 샴푸와 린스의 목적이나 효과, 종류 등에서 자주 출제되고 있으며, 기출문제 위주로 본문의 이론을 학습하면 어렵지 않을 것입니다.

01 헤어 샴푸잉

1 샴푸 일반

(1) 샴푸(헤어 샴푸잉)의 의의

비누나 세제를 이용하여 두발에 있는 이물질을 제거하는 세발과정이다.

(2) 샴푸의 효과

① 두피 및 모발의 더러움을 씻어 청결하게 한다.
② 다른 종류의 시술을 용이하게 하며, 스타일을 만들기 위한 기초적인 작업이다.
③ 두피를 자극하여 혈액순환을 좋게 하며, 모근을 강화시키는 동시에 상쾌감을 준다.

(3) 샴푸의 목적

① 두피 및 모발의 청결로 상쾌함을 유지시킨다.
② 두발 미용시술을 용이하게 한다.
③ 두발의 건강한 발육을 촉진시킨다.
④ 혈액순환 촉진으로 모근 강화 및 모발의 성장을 촉진시킨다.

(4) 샴푸 시술 시 주의사항

① 세정작용이 우수하고 거품이 잘 일어나는 샴푸제를 사용할 것
② 퍼머넌트나 염색 전에 샴푸를 할 경우에는 자극하는 성분이 없는 것을 사용할 것
③ 샴푸하기 전에 물의 온도를 점검할 것
　→ 샴푸에 적당한 물의 온도 : 36~38℃의 연수
④ 수분흡수로 팽윤된 두발은 심한 마찰을 피할 것
⑤ 손톱으로 두피를 긁지 않도록 할 것
⑥ 눈과 귀에 샴푸제가 들어가지 않도록 할 것
⑦ 손님의 의상이 젖지 않게 신경을 쓸 것
⑧ 다른 손님에게 사용한 타올은 쓰지 않을 것

▶ 샴푸잉은 두피나 모발에 영양을 공급하거나 두피질환을 치료하기 위해서 하는 것이 아니다.

▶ **손상모의 샴푸 방법**
　• 샴푸 전 거친 브러싱은 피한다.
　• 미온수로 모발을 세척한 후 적당량의 샴푸로 세척하고 다시 적은 양의 샴푸로 매뉴얼 테크닉 하듯 충분히 샴푸한다.
　• 노폐물이 모공에 남아 있지 않도록 깨끗이 세척한다.
　• 마찰로 인하여 모발이 더 상할 수 있으므로 충분히 거품을 내고 매뉴얼 테크닉을 실시한다.

▶ **샴푸제를 바르는 순서**
　전두부 → 측두부 → 두정부 → 후두부

2 헤어샴푸의 종류 1 (물의 사용에 따른 분류)

(1) 웨트(Wet) 샴푸 – 물을 사용하는 샴푸

① 플레인 샴푸(일반 샴푸) : 세정효과가 주 목적인 일반 샴푸제를 사용하여 물로 씻어내는 가장 일반적인 방법

② 스페셜 샴푸(Special shampoo) : 샴푸를 할 때 특별한 재료를 사용하는 방법

핫오일 샴푸 (온유성 세발)	• 염색, 탈색, 퍼머 등의 시술로 두피나 두발이 건조되었을 때 지방분 공급 및 두피건강과 손상모의 치유 등을 목적으로 한다. • 플레인 샴푸를 하기 전에 실시한다. • 따뜻하게 데운 식물성오일(올리브유, 아몬드유 등)을 두피나 두발에 충분히 침투시킨 후에 플레인 샴푸를 한다.
에그 샴푸	• 날달걀을 이용하는 방법 • 지나치게 건조한 모발, 탈색된 모발 또는 민감성피부나 염색에 실패했을 때 사용
토닉 샴푸	• 비듬의 예방 및 모근의 생리기능을 향상시켜 각질층을 부드럽고 청결하게 할 때 사용 • 살리실산의 첨가로 살균작용을 한다.

(2) 드라이(Dry) 샴푸 - 물을 사용하지 않는 방법

파우더 드라이 샴푸 (더스팅 파우더 드라이 샴푸)	탄산마그네슘, 붕산 등의 분말을 두발에 뿌리고 약 20~30분 후 브러싱하여 분말을 제거
에그 파우더 드라이 샴푸	달걀의 흰자만을 두발에 발라 건조시킨 후 브러싱하는 방법
리퀴드 드라이 샴푸	주로 가발(위그) 세정에 많이 이용되고 있으며, 벤젠이나 알코올 등의 휘발성 용제를 사용

3 헤어샴푸의 종류 2(모발상태에 따른 분류)

(1) 정상상태

알칼리성	• 알칼리성 샴푸제의 pH는 약 7.5~8.5 정도이다. • 두피나 모표피의 산성도를 일시적으로 알칼리로 변화시키므로 산성린스로 중화시킨다.
산성	• 두피의 pH와 거의 같은 산성도(pH 4.5) • 퍼머넌트 웨이브나 염색 후에 사용하여 알칼리성 약제를 중화시킨다.

(2) 상태에 따른 분류

비듬성 상태	• 댄드러프* 샴푸 : 항비듬성 샴푸제(약용 샴푸제) • 유성두발용, 건성두발용
지방성 상태	• 중성세제 또는 합성세제 샴푸제 • 세정력과 탈지효과가 크다.

▶ 달걀의 부위별 이용
 • 흰자 : 비듬이나 먼지, 노폐물 제거 및 세정 시
 • 노른자 : 영양공급을 원할 때

▶ 건강한 두피의 pH : 약산성(pH 4.5~6.5)
 건강한 피부의 pH : 5~6

▶ 댄드러프(dandruff) : 비듬

염색한 두발	• 논스트리핑* 샴푸제 - 염색한 두발에 가장 적합한 샴푸제 - pH가 낮은 산성으로 두발을 자극하지 않는다.
다공성모	• 프로테인 샴푸*나 콜라겐을 원료로 한 샴푸제

▶ 논스트리핑(Non-stripping) : 벗겨지
지 않는

④ 기타 기능성 샴푸

데오드란트(deodorant) 샴푸	냄새제거용
저미사이드(germicide*) 샴푸	소독, 살균용
리컨디셔닝(reconditioning*) 샴푸	손상모발에 영양공급과 회복을 도움
소프트 터치(soft touch) 샴푸	모발의 유연성을 높임

▶ 프로테인 샴푸의 역할
• 케라틴(단백질)을 원료로 만든 샴푸로 모공 속에 침투하여 모발의 탄력을 회복시키고 강도를 높여준다.
• 누에고치에서 추출한 성분과 난황 성분을 함유한 샴푸제로서 모발에 영양을 공급해 준다.

▶ 용어해설
• germicide : 살균제
• reconditioning : 재생

⑤ 샴푸의 첨가제

(1) 계면활성제

① 물과 기름의 경계면인 계면(표면)에 흡착하여 그 표면의 장력을 감소시키는 물질로, 두발이나 두피의 때가 잘 빠지도록 돕는 역할을 한다.

② 계면활성제의 종류(➡ 자세히 설명은 '3장 화장품학' 참조)

양이온성	• 피부자극이 강함, 살균, 소독, 정전기발생 억제 • 헤어트리트먼트제, 헤어린스
음이온성	• 세정력 좋음, 탈지력이 강해 피부가 거칠어짐 • 비누, 샴푸, 클렌징 폼
양쪽 이온성	• 피부자극과 독성이 적음 • 베이비 샴푸, 저자극 샴푸
비이온성	• 피부자극이 적어 기초화장품에 많이 사용

▶ 계면활성제 자극의 순서
양이온성 > 음이온성 > 양쪽 이온성 > 비이온성

(2) 기타 첨가제

① 점증제* : 샴푸에 적정한 점착성을 주기 위해 첨가

② 기포증진제 : 기포증진과 안정을 목적으로 첨가

▶ 용어해설
점증 : 점도(끈끈한 정도)를 증가시킴

02 헤어 린스

① 린스의 목적

① 샴푸잉 후 모발에 남아 있는 금속성피막과 비누의 불용성 알칼리성분을 제거한다.

② 샴푸로 건조된 모발에 지방을 공급하여 모발에 윤기를 더한다.

③ 모발이 엉키는 것을 방지하고 빗질을 용이하게 한다.

④ 정전기 발생을 방지한다.

2 린스의 종류

(1) 플레인 린스(Plain rinse)

① 린스제를 사용하지 않고 미지근한 물로 헹구는 가장 일반적인 방법
② 38~40℃ 정도의 연수를 사용
③ 콜드 퍼머넌트웨이브 시 제1액을 씻어내기 위한 중간린스로 사용
④ 퍼머넌트 직후의 처리로 플레인 린스를 한다.(샴푸를 바로 하면 웨이브가 약하게 된다.)

(2) 유성 린스(지방성 린스)

① 모발이 건성일 때 사용하는 린스

오일린스	• 올리브유 등을 따뜻한 물에 타서 두발을 헹구는 방법 • 합성세제를 사용한 샴푸 시 두발에 유지분을 공급한다.
크림린스	• 헤어크림 등의 지방성 화장재료, 액상의 린스제, 올리브유, 라놀린* 등을 물에 타서 사용하는 방법 • 중성세제 샴푸 후의 린스제로 효과적 • 퍼머넌트웨이브, 염색 및 탈색 등으로 건조해진 모발에 적당한 유지분을 공급

▶ 라놀린 : 양모(羊毛)에서 추출한 양털기름

(3) 산성 린스(Acid rinse)

① 미지근한 물에 산성의 린스제를 녹여서 사용하는 방법
② 남아 있는 비누의 불용성 알칼리 성분을 중화시키고 금속성 피막을 제거한다.
③ 퍼머넌트 웨이브와 염색 시술 후 모발에 남아있는 알칼리 성분을 중화하여 모발의 pH 균형을 회복시킨다.
④ 표백작용이 있으므로 장시간의 사용은 피해야 한다.
⑤ 경수나 알칼리성 비누로 샴푸한 모발에 적합하다.
⑥ 퍼머넌트 웨이빙 시술 전의 샴푸 뒤에는 산성 린스를 사용하지 않는다.

레몬 린스 (Lemon)	• 레몬생즙을 더운 물에 5~6배 희석하여 사용 • 마지막에 따뜻한 물로 헹구어 레몬즙을 제거
구연산 린스 (Citric acid)	• 레몬린스의 대용으로 사용 • 구연산 결정 1.5g을 따뜻한 물 0.5L에 타서 사용
비니거* 린스 (Vinegar)	• 식초린스를 말하며, 식초나 초산을 10배 정도로 희석시켜서 사용 • 지방성 모발에 효과적 • 린스 후에는 가능한 빨리 물로 헹구어 식초냄새를 제거

▶ 비니거(Vinegar) : 식초

(4) 약용 린스

① 살균·소독작용이 있는 물질(염화벤젤코늄, 징크피리치온 등)을 배합한 린스
② 경증의 비듬과 가벼운 두피질환에 효과적
③ 린스제를 탈지면에 묻혀 바르거나 직접 두피에 바른 후 매뉴얼테크닉을 한다.

기출문제 | 단원별 구성의 문제 유형 파악!

01. 헤어 샴푸잉

1 ★★★★
샴푸에 대한 설명 중 잘못된 것은?

① 샴푸는 두피 및 모발의 더러움을 씻어 청결하게 한다.
② 다른 종류의 시술을 용이하게 하며, 스타일을 만들기 위한 기초적인 작업이다.
③ 두피를 자극하여 혈액순환을 좋게 하며, 모근을 강화시키는 동시에 상쾌감을 준다.
④ 모발을 잡고 비벼 주어 큐티클 사이사이에 있는 때를 씻어내고 모표피를 강하게 해준다.

> 모발을 잡고 비비면 모발이 손상되기 쉽다.

2 ★★★
다음 중 샴푸의 효과를 가장 옳게 설명한 것은?

① 모공과 모근의 신경을 자극하여 생리기능을 강화한다.
② 모발을 청결하게 하며 두피를 자극하여 혈액순환을 원활하게 한다.
③ 두통을 예방할 수 있다.
④ 모발의 수명을 연장시킨다.

> 샴푸잉은 모발을 청결하게 하고, 두피를 자극하여 혈액순환을 좋게하며, 모근의 강화, 모발의 성장촉진, 상쾌감 등을 준다.

3 ★★
헤어 샴푸의 목적과 가장 거리가 먼 것은?

① 두피와 두발에 영양을 공급
② 헤어트리트먼트를 쉽게 할 수 있는 기초
③ 두발의 건전한 발육 촉진
④ 청결한 두피와 두발을 유지

> 헤어 샴푸잉은 두피와 두발의 영양 공급에는 직접적인 연관이 없다.

4 ★★★
헤어 샴푸잉의 목적과 거리가 먼 것은?

① 적당한 지방분을 공급해서 광택을 줌
② 청결하고 아름다움을 유지함
③ 혈액 순환 촉진으로 모발의 성장 발육 도포
④ 두발 시술을 용이하게 함

5 ★★★
헤어 샴푸잉의 목적으로 가장 거리가 먼 것은?

① 두피, 두발의 세정
② 두발 시술의 용이
③ 두발의 건전한 발육촉진
④ 두피질환 치료

> 헤어 샴푸잉은 두피질환을 치료하는 의료행위가 아니다.

6 ★★★
다음 샴푸 시술 시의 주의 사항으로 틀린 것은?

① 손님의 의상이 젖지 않게 신경을 쓴다.
② 두발을 적시기 전에 물의 온도를 점검한다.
③ 손톱으로 두피를 문지르며 비빈다.
④ 다른 손님에게 사용한 타올은 쓰지 않는다.

> 두피를 손톱으로 문지르면 두피 자극이 심하여 두피가 상할 수 가 있다.

7 ★★★
다음 중 두발샴푸(shampoo)에 가장 적당한 물은?

① 36~38℃ 정도의 연수
② 20~25℃ 정도의 경수
③ 36~38℃ 정도의 경수
④ 25~30℃ 정도의 연수

> 샴푸잉에 사용하는 물은 36~38℃ 정도의 연수가 좋다.

8 ★★★★
핫오일 샴푸에 대한 설명 중 잘못된 것은?

① 플레인 샴푸하기 전에 실시한다.
② 오일을 따뜻하게 덥혀서 바르고 마사지한다.
③ 핫오일 샴푸 후 퍼머를 시술한다.
④ 올리브유 등의 식물성 오일이 좋다.

> 핫오일 샴푸 후 플레인 샴푸를 실시한다. 퍼머넌트는 플레인 샴푸 후에 시술한다.

9 ★★★
두발이 지나치게 건조해 있을 때나 두발의 염색에 실패했을 때의 가장 적합한 샴푸 방법은?

① 플레인 샴푸
② 에그 샴푸
③ 약산성 샴푸
④ 토닉 샴푸

정답 ▶ **1** 1 ④ 2 ② 3 ① 4 ① 5 ④ 6 ③ 7 ① 8 ③ 9 ②

chapter 01

지나치게 건조한 모발, 탈색된 모발 또는 민감성피부나 염색에 실패했을 때 사용하는 샴푸 방법은 에그 샴푸이다.

10 두발이 탈색과 염색시술로 인해 매우 건조하게 되어 두발이 건강미를 잃게 되었을 때 가장 효과적인 샴푸 방법이라고 할 수 있는 것은?

① 플레인 샴푸   ② 에그 샴푸
③ 약용 샴푸   ④ 드라이 샴푸

탈색이나 염색 실패로 두발이 건강을 잃었을 때 가장 효과적인 샴푸법은 에그 샴푸이며, 흰자는 세정 시, 노른자는 영양공급 시에 사용한다.

11 염색 및 표백에 의해 두발이 손상되었을 때 가장 적합한 샴푸는?

① 핫오일 샴푸   ② 토닉 샴푸
③ 드라이 샴푸   ④ 에그 샴푸(웨트)

염색이나 탈색으로 인하여 두발이 손상되었을 때 에그 샴푸가 가장 유용한 샴푸법이다. 두발이 건조되었을 때 사용하는 핫오일 샴푸와 잘 구분하여야 한다.

12 헤어 샴푸잉 중 드라이 샴푸 방법이 아닌 것은?

① 리퀴드 드라이 샴푸 ② 핫 오일 샴푸
③ 파우더 드라이 샴푸 ④ 에그 파우더 샴푸

드라이 샴푸법은 물을 사용하지 않는 방법으로 리퀴드 드라이, 파우더 드라이, 에그 파우더 드라이 샴푸법이 있으며, 핫오일 샴푸는 웨트(Wet) 샴푸법이다.

13 다음 중 비듬제거 샴푸로서 가장 적당한 것은?

① 핫오일 샴푸   ② 드라이 샴푸
③ 댄드러프 샴푸   ④ 플레인 샴푸

비듬제거용 샴푸는 댄드러프 샴푸(댄드러프 리무버 샴푸)이다.

14 논스트리핑 샴푸제의 특징은?

① pH가 낮은 산성이며 두발을 자극하지 않는다.
② 징크피리티온이 함유되어 비듬치료에 효과적이다.
③ 알칼리성샴푸제로 pH가 7.5~8.5이다.

④ 지루성 피부형에 적합하며 유분함량이 적고 탈지력이 강하다.

논스트리핑 샴푸제(Nonstripping Shampoo)는 pH가 낮은 산성으로 두발을 자극하지 않으므로 염색한 두발에 가장 적합한 샴푸제이다.

15 염색을 한 두발에 가장 적합한 샴푸제는?

① 댄드러프 샴푸제
② 논스트리핑 샴푸제
③ 프로테인 샴푸제
④ 약용 샴푸제

염색한 두발에 가장 적합한 샴푸제는 논스트리핑 샴푸제이다.

16 논스트리핑 샴푸제(nonstripping shampoos)는 어떤 두발에 가장 좋은가?

① 정상적인 두발   ② 비듬성 상태의두발
③ 지성 두발   ④ 염색한 두발

논스트리핑 샴푸제는 pH가 낮은 산성으로 두피에 자극을 주지 않으므로 염색한 두발에 가장 적합한 샴푸제이다.

17 시중에는 기능성 샴푸제가 많이 있어 두발의 상태에 따라 샴푸제를 선정하여 사용해야한다. 염색한 두발에 적당한 샴푸제는?

① 논스트리핑 샴푸제
② 프로테인 샴푸제
③ 약용 샴푸제
④ 댄드러프 샴푸제

② 다공성모에 적합한 샴푸제
③, ④ 비듬성 상태의 두발에 적합한 샴푸제

18 단백질이나 콜라겐을 원료로 해서 만들어진 프로테인 샴푸제를 사용해야 가장 적당한 두발(毛)은?

① 저항모   ② 정상모
③ 다공성모   ④ 지방과다모

단백질(케라틴)을 원료로 한 프로테인 샴푸제나 콜라겐을 원료로 만들어진 샴푸제는 다공성모에 적합하다.

19 다공성모에 알맞은 샴푸제의 선정 시 두발에 탄력성과 강도를 좋게 하는데 가장 적합한 샴푸제는?

① 프로테인 샴푸제   ② 중성 샴푸제
③ 약용 샴푸제   ④ 약산성 샴푸제

> 프로테인 샴푸제는 다공성모에 알맞은 샴푸제로 두발에 탄력성과 강도를 좋게 만들어준다.

20 누에고치에서 추출한 성분과 난황성분을 함유한 샴푸제로서 모발에 영양을 공급해 주는 샴푸는?

① 산성 샴푸 (acid shampoo)
② 컨디셔닝 샴푸 (conditioning shampoo)
③ 프로테인 샴푸 (protein shampoo)
④ 드라이 샴푸 (dry shampoo)

> 누에고치나 난황에서 추출한 성분을 함유한 샴푸제는 프로테인 샴푸제로 모발에 영양을 공급해준다.

21 다양한 기능의 특수샴푸에 대한 설명 중 맞는 것은?

① 데오드란트 샴푸 : 건강한 모발과 두피를 위한 영양성분을 공급한다.
② 저미사이드 샴푸 : 손상모발에 영양공급과 회복을 돕는다.
③ 리컨디셔닝 샴푸 : 손상모발에 영양공급과 회복을 돕는다.
④ 소프트 터치 샴푸 : 두피의 가려움을 완화시켜준다.

> ① 데오드란트 샴푸 : 냄새제거용 샴푸
> ② 저미사이드 샴푸 : 소독 · 살균용 샴푸
> ④ 소프트 터치 샴푸 : 모발의 유연작용 샴푸

22 미용시술에 두발과 두피를 청결하게 해주는 샴푸제의 종류에는 여러 가지가 있다. 그 중에서 알칼리성 샴푸제의 pH 정도는?

① 약 6.5~7.5   ② 약 7.5~8.5
③ 약 5.5~6.5   ④ 약 4.5~5.5

> 알칼리성 샴푸제의 pH는 약 7.5~8.5 정도이며, 두피의 산성도는 pH 4.5 정도이므로 알칼리성 샴푸제로 샴푸 후에는 산성린스를 사용하여 중화시켜야 한다.

23 다음 성분 중 세정작용이 있으며 피부자극이 적어 유아용 샴푸제에 주로 사용되는 것은?

① 음이온성 계면활성제
② 양이온성 계면활성제
③ 양쪽성 계면활성제
④ 비이온성 계면활성제

> 양쪽성 계면활성제는 피부자극과 독성이 적으며, 세정력과 피부 안정성이 좋아 유아용 샴푸제나 저자극 샴푸제에 많이 사용된다.

24 샴푸제의 성분이 아닌 것은?

① 계면활성제   ② 점증제
③ 기포증진제   ④ 산화제

> 샴푸제에는 계면활성제, 점증제, 기포증진제 등의 첨가제가 들어간다. 산화제는 들어가지 않는다.

02. 헤어 린스

1 린스의 역할이 아닌 것은?

① 샴푸잉 후 모발에 남아 있는 금속성 피막과 비누의 불용성 알카리 성분을 제거시킨다.
② 모발이 엉키는 것을 막아준다.
③ 모발에 윤기를 더해준다.
④ 유분이나 모발 보호제가 모발에 끈적임을 준다.

> 린스는 샴푸잉 후의 금속성 피막제거, 알칼리 성분 제거, 모발의 엉킴방지, 모발에 윤기 주기, 정전기 방지 등의 역할을 한다.

2 헤어린스의 목적과 관계없는 것은?

① 두발의 엉킴 방지
② 모발의 윤기 부여
③ 이물질 제거
④ 알칼리성을 약산성화

> 두발의 이물질을 제거하는 것은 샴푸의 목적이다.

정답 **19** ① **20** ③ **21** ③ **22** ② **23** ③ **24** ④ **2** **1** ④ **2** ③

3 다음 헤어 린스(Hair Rinse)의 역할에 대한 설명 중 가장 거리가 먼 것은?

① 세정력과 탈지효과
② 엉킴 방지
③ 샴푸제의 잔여물 중화
④ 방수막 형성

세정력과 탈지효과는 샴푸의 기능이다.

4 린스제를 사용하지 않고 미지근한 물로 헹구어 내는 것은?

① 플레인 린싱　　② 산성 린싱
③ 산성균형 린싱　④ 컬러 린싱

플레인 린스(Plain rinse)는 린스제를 사용하지 않고 미지근한 물로 헹구어내는 가장 일반적인 방법이다.

5 다음 중 유성린스(oil rinse)가 아닌 것은?

① 라놀린 린스　　② 레몬 린스
③ 올리브유 린스　④ 크림 린스

유성린스는 모발이 건성일 때 사용하는 린스로 오일린스와 크림린스가 있으며, 올리브유, 헤어크림, 라놀린(양모에서 추출한 기름) 등을 사용한다. 레몬린스는 산성린스이다.

6 산성린스의 사용에 관한 설명 중 틀린 것은?

① 살균작용이 있으므로 많이 사용하는 것이 좋다.
② 남아있는 퍼머넌트 약액을 제거할 수 있게 한다.
③ 금속성 피막을 제거해 준다.
④ 비누 샴푸제의 불용성 알칼리 성분을 제거해 준다.

산성린스의 산성성분이 모발의 단백질을 응고시켜 모발이 상할 수 있으며, 표백작용이 있으므로 많이 사용하거나 장시간 사용은 피하여야 한다.

7 경수로 샴푸한 후 가장 적당한 린스는?

① 산성 린스　　② 크림 린스
③ 알칼리 린스　④ 보통 린스

경수는 칼슘염이나 마그네슘염이 많이 들어간 물을 말하며, 경수로 샴푸한 후 산성린스를 사용하여 알칼리를 중화시키고, 금속성 피막을 제거한다.

8 다음 중 산성 린스의 종류가 아닌 것은?

① 레몬 린스　　② 비니거 린스
③ 오일 린스　　④ 구연산 린스

산성린스에는 레몬 린스, 구연산 린스, 식초린스(비니거린스) 등이 있으며, 오일 린스는 유성린스이다.

9 다음 중 산성 린스에 속하지 않는 것은?

① 구연산 린스　　② 식초 린스
③ 레몬 린스　　　④ 올리브유 린스

올리브유 린스는 유성린스이다.

10 알칼리성 비누로 샴푸한 모발에 가장 적당한 린스 방법은?

① 레몬 린스(lemon rinse)
② 플레인 린스(plain rinse)
③ 컬러 린스(color rinse)
④ 알칼리성 린스(alkali rinse)

알칼리성 비누로 샴푸하고 산성 린스를 이용하여 남아있는 비누의 알칼리 성분을 중화시키는 것이 좋다. 산성 린스에는 레몬, 구연산, 식초 등을 사용한다.

11 다음 중 일반적으로 샴푸제에 따른 린스의 선택이 적절하지 않은 것은?

① 석유계 샴푸제 - 플레인 린스
② 합성세제 샴푸제 - 오일 린스
③ 비누에 의한 샴푸제 - 산성 린스
④ 중성세제 샴푸제 - 크림 린스

석유계 샴푸제는 세정력이 강하여 모발이 많이 상하기 때문에 영양을 공급할 수 있는 린스가 적합하다. 따라서 미지근한 물로 헹구어내는 플레인 린스로는 부족하다.

12 퍼머넌트 직후의 처리로 옳은 것은?

① 플레인 린스　　② 샴푸잉
③ 테스트 컬　　　④ 테이퍼링

퍼머넌트 직후에는 미지근한 물에 헹구어내는 플레인 린스를 한다. 샴푸잉을 하면 웨이브가 약하게 된다.

Hairdresser Certification

헤어 커트

[출제문항수 : 3~5문제] 이 섹션은 출제비중이 높은 편입니다. 전체적으로 학습해야 하지만, 특히 헤어 커팅의 기법 중 테이퍼링과 블런트 커트 부분을 중점적으로 공부하시기 바랍니다.

01 헤어 커팅의 기초

1 헤어커트의 개요

① 헤어커트는 헤어스타일을 만드는 가장 기초가 되는 과정으로 헤어 셰이핑(Hair shaping)이라 한다.

② 헤어 커트의 3요소

조화(Matching), 유행(Mode), 기술(Technic)

2 헤어커트의 구분

(1) 물의 사용에 따라

웨트 커트 (Wet cut)	• 모발에 물을 적셔서 하는 커트로 두발의 손상이 거의 없다. • 레이저를 이용한 커트 시 모발의 보호를 위하여 반드시 필요하다.
드라이 커트 (Dry cut)	• 모발을 물에 적시지 않고 하는 커트로, 주로 웨이브나 컬이 완성된 상태에서 지나친 길이 변화없이 수정을 하는 경우에 사용 • 두발 전체적인 형태의 파악이 용이하지만 두발에 손상이 있을 수 있으며 정확한 커트선을 잡기 어렵다.

(2) 퍼머넌트 전후에 따라

프레 커트 (Pre cut)	• 퍼머넌트 시술 전에 행하는 커트 • 디자인하고자 하는 라인보다 1~2cm 길게 커트한다.
애프터 커트 (After cut)	• 퍼머넌트 시술 후에 행하는 커트 • 구상된 디자인에 따라 맞추어가며 커트

(3) 사용도구에 따라

레이저 커트 (Razor)	• 면도칼을 이용하여 하는 커트 • 웨트 커트로 사용하며, 두발 끝이 자연스럽다.
시저스 커트 (Scissors)	• 가위를 이용하여 하는 커트 • 웨트 커트 및 드라이 커트에 모두 사용

헤어커트의 순서

▶ 헤어 커트의 시술

① 수분 함량 : 촉촉한 물기가 느껴지는 정도가 적당하다. 분무 시 모발 전체에 물기가 골고루 가도록 충분히 분무함

② 블로킹 : 정확하고 편리하게 헤어 커트를 하기 위해 두상의 영역을 나누는 것

③ 슬라이스 라인 : 사전 계획된 커트 디자인의 형태 선에 맞추어 두상에서 모발을 나누는 선의 형태

④ 섹션 : 헤어 커트 시 블로킹 내에서 커트 디자인의 설계와 특징에 따라 슬라이스 라인을 다양하게 하여 작은 구역으로 영역을 나눈 것

⑤ 베이스 : 헤어 커트를 위해 잡은 모발 다발(panel)의 당김새를 말한다.

③ 헤어커트에 필요한 도구

가위	모발을 커트하고 셰이핑(모양 내기)하는데 사용
틴닝가위	모발의 숱을 적당히 골라내는 틴닝작업에 사용
레이저	모발을 커트하고 셰이핑하는데 사용
빗	머리를 분배하고 조절하며, 정돈하는데 사용
분무기	웨트커트 시 물을 공급하는데 사용
클립	모발을 고정하고 구분하는데 사용
클리퍼	전기이발기계(일명 바리깡)

④ 헤어커트 시 주의사항

① 두부의 골격구조와 형태를 살핀다.
② 두발의 성장방향과 카우릭(Cowlick)*의 성장방향을 살핀다.
③ 두발의 질과 끝이 갈라진 열모의 양을 살핀다.
④ 유행보다 손님의 취향이 중요하므로 손님의 의향을 먼저 파악한다.
⑤ 가이드라인*을 정확하게 잡아준다.

02 헤어 커팅의 기법

① 테이퍼링(Tapering)

① 페더링(Feathering)이라고도 한다.
② 레이저를 사용하여 커트한 모발선이 가장 자연스러운 커트 방법이다.
③ 물로 두발을 적신 다음, 두발 끝을 점차적으로 가늘게 커트하여 붓끝처럼 가늘게 된다.
④ 커트한 모발선이 가장 자연스럽게 완성된다.
⑤ 레이저로 테이퍼링할 때 스트랜드*의 뿌리에서 2.5~5cm 정도 떨어져서 시행한다.
⑥ 테이퍼링의 종류 : 모발 숱을 쳐내는 위치에 따라 구분된다.

엔드 테이퍼 (End taper)	• 스트랜드의 1/3 이내의 두발 끝을 테이퍼링 • 두발의 양이 적을 때나 모발 끝을 테이퍼해서 표면을 정돈하는 때에 행한다.
노멀 테이퍼 (Normal taper)	• 스트랜드의 1/2 지점을 폭넓게 테이퍼링 • 모발의 양이 보통일 경우에 하며, 아주 자연스럽게 모발 끝이 붓끝처럼 가는 상태로 되며 두발의 움직임이 가벼워진다.
딥 테이퍼 (Deep taper)	• 스트랜드의 2/3 지점에서 두발을 많이 쳐내는 테이퍼링 • 두발에 적당한 움직임을 주는 때에 이용

▶ **카우릭(Cowlick)**
머리숱이 서있는 것으로서 카우릭은 hair line(특히 front, nape line)에서 많이 볼 수 있으며, 소가르마(소 혀로 핥은 자리)라고 한다.

▶ **가이드라인(Guide line)**
헤어커트를 할 때 원하는 스타일의 기준 두발 길이를 정하는데 이 기준이 되는 두발을 말한다.

▶ **스트랜드(strand)**
① 작은 조각. 적게 나누어 떠낸 모다발의 양
② perm 또는 pin curl시 curl형을 만들기 위해 모아서 빗질하는 것을 모다발의 양이라 한다.

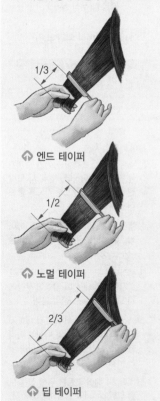

1/3
⇧ 엔드 테이퍼

1/2
⇧ 노멀 테이퍼

2/3
⇧ 딥 테이퍼

▶ **참고 : 보스 사이드 테이퍼(Both side taper)**
레이저 테이퍼링 중 스트랜드의 안쪽과 바깥쪽을 번갈아 가면서 테이퍼링하는 기법으로 깃털처럼 가벼운 실루엣을 만들고자 할 때 사용한다.

② 스트로크 커트(Stroke cut)

시저스(가위)를 이용한 테이퍼링을 '스트로크 커트'라 한다.

롱(Long) 스트로크	• 두발에 대한 가위와 각도가 45~90° 정도이다. • 쳐내는 모발의 양이 많아 모발의 움직임이 자유롭고 가벼운 느낌을 준다.
미디움(Midium) 스트로크	• 두발에 대한 가위의 각도가 10~45° 정도이다.
숏(Short) 스트로크	• 모발에 대한 가위의 각도가 0~10° 정도이다. • 쳐내는 스트랜드의 길이가 짧고 모발의 양도 작다.

⬆ 스트로크 커트

③ 블런트 커트(Blunt cut)

① 모발을 직선적으로 커트하여 스트랜드의 잘려진 단면이 **직선**으로 이루어진다.

② **클럽 커트**(Club cut)라고도 한다.

③ 모발의 **손상이 적다**.

④ **잘린 부분이 명확**하고, 입체감을 내기 쉽다.

⑤ 종류 : 원랭스 커트, 스퀘어 커트, 그라데이션 커트, 레이어 커트

(1) **원랭스 커트**(One-length cut) : 솔리드형 커트

① 완성된 두발을 빗으로 빗어 내렸을 때 모든 두발이 하나의 선상으로 떨어지도록 자르는 커트 기법이다.

② 보브 커트의 기본기법으로 모발이 자연스럽게 떨어지는 부분에서 커트하여 선과 선의 연결을 정확하게 연결한다.

③ 커트한 라인에 따라 패러럴 보브(평행 보브), 스파니엘, 이사도라, 머시룸 커트가 있다.

머시룸 (Mushroom)	• 앞부분의 머리가 이사도라보다 더 많이 짧은 바가지나 버섯(Mushroom)모양의 스타일
이사도라	• 앞부분의 머리가 뒷부분보다 짧아지는 스타일로 통상 턱선에 맞추어진다. • 아웃라인이 콘벡스(convex, 볼록)형의 커트
스파니엘	• 앞부분의 머리가 뒷부분보다 길어지는 스타일 • 아웃라인이 콘케이브(Concave, 오목)형의 커트로 무거움보다 예리함과 산뜻함을 나타낸다.
패러럴 보브 (평행 보브)	• 앞머리와 뒷머리의 길이가 같아 수평(평행)을 이루는 스타일

▶ 블런트 커트의 차이
• 원랭스 커트 : 단차없이 한 선에서 만나는 아주 무거운 커트
• 그라데이션 커트 : 약간의 단차가 있어 모발이 겹침
• 레이어 커트 : 단차가 있어 모발이 겹쳐 모발 끝선이 다 보이는 커트

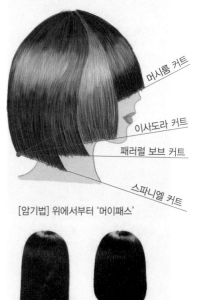

머시룸 커트

이사도라 커트

패러럴 보브 커트

스파니엘 커트

[암기법] 위에서부터 '머이패스'

⬆ 스파니엘 커트 ⬆ 이사도라 커트

chapter **01**

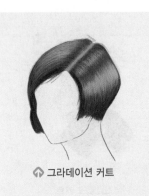

⬆ 그라데이션 커트

▶ 그라데이션 커트는 그래쥬에이션 헤어커트(graduation haircut)라고도 한다.

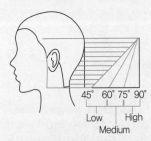

⬆ 그라데이션 단차

⬆ 레이어 커트

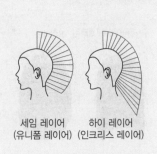

세임 레이어   하이 레이어
(유니폼 레이어)   (인크리스 레이어)

스파니엘 커트   패러럴 보브 커트   이사도라 커트   머시룸 커트

(2) 스퀘어 커트(Square cut)
　① 스퀘어(Square)는 '정사각형 모양'을 말하며, 직각으로 커트하는 것을 의미한다.
　② 미리 정해 놓은 정방형으로 커트한다.
　③ 자연스럽게 모발의 길이가 연결되도록 할 때에 이용된다.

(3) 그라데이션 커트(Gradation cut)
　① 두부 상부에 있는 두발은 길고 하부로 갈수록 짧게 커트해서 두발의 길이에 작은 단차가 생기게 한 커트 기법
　② 두발을 윤곽있게 살려 목덜미(nape)에서 정수리(back)쪽으로 올라가면서 두발에 단차를 주어 커트하는 방법
　③ 짧은 헤어스타일에 많이 이용한다.
　④ 사선 45° 선에서 슬라이스로 커트하여 후두부에 무게(Weight)를 더해주며, 스타일을 입체적으로 만든다.

(4) 레이어 커트(Layer cut)
　① 상부의 모발이 짧고 하부로 갈수록 길어져 모발에 단차를 표현하는 기법으로 전체적으로 고른 층이 나타난다.
　② 네이프 라인에서 탑 부분으로 올라가면서 모발의 길이가 점점 짧아진다.
　③ 두상에서 올려진 스트랜드의 각이 90° 이상이며, 커트 시 각 단이 서로 연결되도록 해야 한다.
　④ 머리형이 가볍고 부드러워 다양한 스타일을 만들 수 있다.
　⑤ 응용범위가 넓어 모든 연령층, 긴 머리나 짧은 머리 등에 폭넓게 사용하며, 퍼머넌트 와인딩이 용이하다.

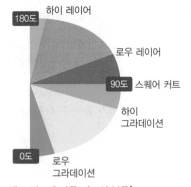

[스트랜드 각도에 따른 커트의 분류]

4 쇼트 헤어 커트

(1) 싱글링(Shingling)
　① 쇼트 헤어 커트의 한 방법으로 네이프와 사이드 부분의 모발을 짧게 커트하는 방법으로, 주로 남자머리 커트에 이용된다.
　② 손으로 모발을 잡지 않고 가위와 빗을 이용하여 아래 모발을 짧게 자르고, 위쪽으로 올라갈수록 길어지게 커트한다.
　③ 빗으로 잡은 45° 각을 이용하여 빗을 천천히 위쪽으로 이동시키며 가위의 개폐를 재빨리 하여 빗에 끼어있는 두발을 잘라나가는 방법이다.
　④ 두발의 자연적 윤곽을 강조하기 위하여 두부의 뒷부분을 특히 치켜 올려 시술한다.
　⑤ 총길이 6인치 이상의 장가위를 사용한다.

(2) 클리퍼 헤어 커트
　① 헤어 클리퍼 도구를 사용하여 모발을 커트하고 두상 가까이 짧게 셰이빙(shaving)하는 쇼트 헤어 커트 기법이다.
　② 바리캉이라고 불리는 헤어 클리퍼를 사용한다.

5 기타 커트 기법

(1) **틴닝**(Thinning) - 틴닝가위 사용
　① 모발 길이를 짧게 하지 않으면서 전체적으로 모발 숱을 감소시키는 방법
　② 커트나 테이퍼링하기 전에 지나치게 많은 모발의 양을 적당하게 조절하는 경우에 이용한다.

(2) **슬리더링**(Slithering)
　① 가위를 이용하여 모발을 틴닝하는 방법
　② 가위의 개폐를 모발에서 미끄러지듯이 시술하며, 모발 끝에서 두피 쪽으로 밀어 올리듯이 모발을 자른다.
　③ 모근부로 갈 때 가위를 닫고 두발 끝 쪽으로 갈 때 벌린다.
　④ 모발의 양에 따라 2~3회 반복한다.

(3) **클리핑**(Clipping)
　형태가 이루어진 두발선에 클리퍼나 가위를 사용하여 튀어나오거나 삐져나온 모발, 손상모 등 불필요한 모발을 제거하거나 정리·정돈하기 위하여 가볍게 손질하는 방법이다.

(4) 트리밍(Trimming)
　완성된 형태의 두발선을 최종적으로 정돈하기 위하여 가볍게 다듬어 커트하는 방법이다.

(5) **나칭**(Notching), **포인팅**(Pointing)
　① 커트 후 뭉툭한 느낌이 없는 자연스러운 두발을 위해 모발 끝을 45° 정도로 비스듬히 커트하는 기법
　② 두발에 질감을 주는 기법으로 나칭은 모발 끝에서 시술되며, 포인팅은 모발의 모근 쪽, 중간, 끝부분에서 시술되어 나칭보다 좀 더 섬세한 효과를 나타낸다.

헤어커팅 기법의 구분

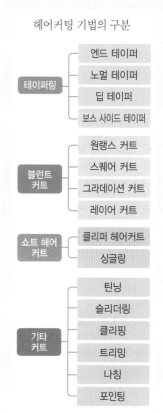

테이퍼링	엔드 테이퍼
	노멀 테이퍼
	딥 테이퍼
	보스 사이드 테이퍼
블런트 커트	원랭스 커트
	스퀘어 커트
	그라데이션 커트
	레이어 커트
쇼트 헤어 커트	클리퍼 헤어커트
	싱글링
기타 커트	틴닝
	슬리더링
	클리핑
	트리밍
	나칭
	포인팅

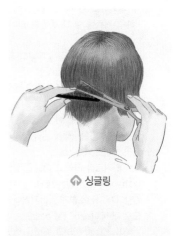

⬆ 싱글링

⬆ 나칭

(6) 크로스 체크 커트(보정 커트, Cross check cut)

　① 최초의 슬라이스선과 교차되도록 체크 커트하는 방법

　② 커트 섹션의 반대 위치에서 행해진다.

　　→ 가로로 슬라이스하여 커트한 경우 세로로 들어서 체크하는 방식이다.

(7) 드라이 커트(Dry cut)

　고객에게 맞는 헤어 커트가 되도록 특성을 잘 드러나게 해 주는 마지막 단계로, 질감 처리와 커트 선의 헤어 라인 가장자리 처리를 모발이 마른 상태에서 작업한다.

▶ 질감 처리(texturizing) : 쇼트 헤어 커트에서 질감 처리는 모발에 볼륨을 주어 율동감이 생긴다.

▶ 아웃트라인 정리(outlining) : 헤어 라인을 정리해 주는 과정이다. 쇼트 헤어 커트에서 아웃트라인 정리는 커트 형태를 나타내는 꼭 필요한 작업이다.

헤어커트 시술

베이스

헤어 커트를 위해 잡은 모발 다발(panel)의 당김새를 말한다. 선택한 베이스의 종류에 따라 모발 길이와 형태 및 형태 선의 변화에 영향을 주며, 헤어 커트에서 가장 기본이면서 커트 스타일의 실루엣에 결정적인 역할을 한다.

1) 세로로 커트하는 경우

① 온 더 베이스(on the base)
  • 헤어 커트를 할 때 동일한 길이로 커트하고자 하는 경우 사용되는 기법
  • 최종적으로 갈라 잡은 패널의 중심이 90°(직각)가 되도록 잡는다.

② 사이드 베이스(side base)
  • 헤어 커트를 하려고 패널을 잡았을 때 한쪽 변이 90°가 되도록 모아 잡는 기법
  • 베이스가 오른쪽 변 또는 왼쪽 변으로 치우치므로 모발의 길이가 점점 길게 또는 짧게 된다.

③ 프리 베이스(free base)
  • 헤어 커트를 하려고 패널을 잡았을 때 베이스의 중심과 한쪽 변의 사이에서 모아 잡는 방법
  • 길이가 자연스럽게 길어지거나 짧아진다.

④ 오프 더 베이스(off the base)
  • 헤어 커트를 하려고 패널을 잡았을 때 베이스를 벗어나 밖으로 나가는 것을 말한다.
  • 베이스 밖으로 얼마만큼 당기느냐에 따라 모발의 길이가 달라지므로 급격한 변화가 필요할 때 사용한다.

2) 가로 또는 사선으로 커트하는 경우 베이스 구분
온 더 베이스, 업 사이드 베이스, 다운 사이드 베이스, 업 오프 더 베이스, 다운 오프 더 베이스

패널의 중심
베이스 라인

⬆ 온 더 베이스　　⬆ 사이드 베이스

⬆ 프리 베이스　　⬆ 오프 더 베이스

01. 헤어 커팅의 기초

1 ★★★
커트의 3요소에 해당하지 않는 것은?

① 조화 　　　　② 유행
③ 기술 　　　　④ 계절

> 헤어커트의 3요소는 조화(Maching), 유행(Mode), 기술(Technic)이다.

2 ★★★★
다음 중 커트를 하기 위한 순서로 가장 옳은 것은?

① 위그 → 수분 → 빗질 → 블로킹 → 슬라이스 →
　스트랜드
② 위그 → 수분 → 빗질 → 블로킹 → 스트랜드 →
　슬라이스
③ 위그 → 수분 → 슬라이스 → 빗질 → 블로킹 →
　스트랜드
④ 위그 → 수분 → 스트랜드 → 빗질 → 블로킹 →
　슬라이스

> 헤어커트는 두발을 자르다, 절단하다는 뜻으로 두발을 자르는 순서는 위그나 두발에 분무기로 수분을 주고 빗질을 한 다음 블로킹을 하고 슬라이스를 뜨면서 스트랜드를 잡아 커트를 한다.

3 ★★★
두발의 드라이 커트(dry cut)에 관한 설명 중 틀린 것은?

① 드라이 커트는 두발을 손상시키지 않고 정확한
　커트를 할 수 있다.
② 드라이 커트는 웨이브나 컬 상태의 두발에서 행
　한다.
③ 드라이 커트는 두발 전체적인 형태의 파악이 용
　이하도록 하는 경우에 한다.
④ 드라이 커트는 지나치게 길이를 변화시키지 않고
　수정하는 경우에 한다.

> 드라이 커트는 모발을 물에 적시지 않는 커트로 두발의 전체적인 형태파악에 용이하나 두발에 손상을 줄 수 있고, 정확한 커트선을 잡기 어려워 정확한 커트가 어렵다.

4 ★★★
웨트 커팅(Wet cutting) 의 설명으로 적합한 것은?

① 손상모를 손쉽게 추려낼 수 있다.
② 웨이브나 컬이 심한 모발에 적합한 방법이다.
③ 길이 변화를 많이 주지 않을 때 이용한다.
④ 두발의 손상을 최소화 할 수 있다.

> 웨트 커팅은 모발을 물에 적셔서 하는 커팅을 말한다. 주로 레이저를 이용하여 커팅하며, 모발의 손상을 최소화 할 수 있다.

5 ★★★★★
프레 커트(pre-cut)에 해당되는 것은?

① 두발의 상태가 커트하기에 용이하게 되어 있는
　상태를 말한다.
② 퍼머넌트 웨이브 시술 전의 커트를 말한다.
③ 손상모 등을 간단하게 추려내기 위한 커트를 말
　한다.
④ 퍼머넌트 웨이브 시술 후의 커트를 말한다.

> 프레 커트와 애프터 커트는 퍼머넌트의 시술 전후에 따라 나눠지는 것으로 퍼머넌트 시술 전의 커트를 프레 커트라고 한다.

6 ★★★
다음 [보기]에서 고객에게 시술한 커트에 대한 알맞은 명칭은?

【보기】
> 퍼머넌트를 하기 위해 찾은 고객에게 먼저 커트(cut)를 시술하고 퍼머넌트를 한 후 손상모와 삐져나온 불필요한 모발을 다시 가볍게 잘라 주었다.

① 프레 커트(pre-cut), 트리밍(trimming)
② 에프터 커트(after-cut), 틴닝(thinning)
③ 프레 커트(pre-cut), 슬리더링(slithering)
④ 에프터 커트(after-cut), 테이퍼링(tapering)

> 퍼머넌트 전에 하는 커트는 프레 커트이며, 퍼머넌트를 한 후 손상모와 삐져나온 불필요한 모발을 잘라내는 작업은 트리밍이다.

7 ★★★
다음 중 1~2cm 길게 커트해야 하는 경우는?

① 프레 커트를 할 때 　　② 트리밍을 할 때
③ 싱글링을 할 때 　　　④ 포인트 커트 시

> 프레 커트를 할 때에는 디자인하고자 하는 라인보다 1~2cm 길게 커트한다.

정답 ▌1 ④ 2 ① 3 ① 4 ④ 5 ② 6 ① 7 ①

chapter 01

8 에프터 커팅(after cutting)의 맞는 표현은?

① 퍼머넌트 웨이빙 시술 후 디자인에 맞춰서 커트하는 경우
② 두발숱이 너무 많을 때 로드(rod)를 감기 쉽도록 두발 끝을 1~2cm 테이퍼하는 경우
③ 손상모 등을 간단하게 추려내는 경우
④ 가지런하지 않은 두발의 길이를 정리하여 와인딩(winding)하기 쉽게 하는 경우

> 애프터 커팅은 퍼머넌트 시술 후 디자인에 맞춰서 커트하는 것을 말한다.

9 퍼머넌트 웨이브 시술 후 디자인에 맞춰서 커트하는 것은?

① 스트로크 커트
② 드라이 커트
③ 프레 커트
④ 애프터 커트

> 퍼머넌트 웨이브의 시술 전의 커트를 프레커트, 시술 후의 커트를 애프터 커트라고 한다.

10 헤어 커트 시 사전 유의사항이 아닌 것은?

① 두발의 성장방향과 카우릭(cowlick)의 성장방향을 살핀다.
② 두부의 골격구조와 형태를 살핀다.
③ 유행스타일을 멋지게 적용하면 손님은 모두 좋아 하므로 미리 손님에게 물어 볼 필요가 없다.
④ 두발의 질(質)과 끝이 갈라진 열모의 양을 살핀다.

> 유행스타일과 손님의 취향은 다를 수 있으며, 유행보다 고객의 취향이 더 중요하므로 시술 전 고객의 의향을 들어야 한다.

11 헤어커트를 할 때 원하는 스타일의 기준 두발 길이를 정하는데, 이 기준이 되는 두발을 무엇이라고 하는가?

① 가이드라인
② 센터라인
③ 절단면
④ 헴 라인

> 기준이 되는 두발길이를 '가이드라인'이라고 한다.
> ※ 헴 라인(hem line) : 프론트, 사이드 네이프에서의 머리칼이 나기 시작하는 라인

02. 헤어커트의 기법

1 페더링(feathering)이라고도 하며 두발 끝을 점차적으로 가늘게 커트하는 방법은?

① 클리핑(clipping)
② 테이퍼링(tapering)
③ 트리밍(trimming)
④ 틴닝(thinning)

> 테이퍼링은 레이저를 이용한 커팅법으로 두발 끝을 점차적으로 가늘게 커트하여 자연스러운 모발형을 완성하는 방법이다.

2 레이저(razor)를 사용하여 커트하는 방법으로 가장 적당한 것은?

① 물로 두발을 적신 다음에 테이퍼링(tapering)한다.
② 스트로크 커트를 하면서 슬리더링을 행하면 좋다.
③ 틴닝하면서 클럽(club) 커팅을 하고 다음에 트리밍(trimming)을 행한다.
④ 드라이 커팅(dry cutting) 하는 것이 좋다.

> 레이저를 사용하는 테이퍼링은 모발의 보호를 위하여 물로 두발을 적신 후 커트하는 웨트(Wet) 커트를 한다.

3 헤어 커트 시 레이저 커트(razor cut)의 특징은?

① 절단면이 명확하다.
② 두발 끝에 힘이 있다.
③ 두발 끝이 자연스럽다.
④ 두발의 손상이 적다.

> 헤어커트에 레이저를 사용하면 두발 끝이 자연스럽게 된다.

4 헤어 커트 시 셰이핑 레이저를 사용했을 때의 장점은?

① 똑바른 두발 외형선을 만든다.
② 일률적인 그라데이션을 만든다.
③ 두발 외형선의 자연스러움을 만든다.
④ 마른 두발에도 사용한다.

> 헤어커트 시 레이저를 사용하면 자연스러운 두발형을 만들 수 있다.

5 커트한 모발선이 가장 자연스럽게 완성되는 커트의 방법은? ★★★

① 클립 커트(clip cut)

② 블런트 커트(blunt cut)

③ 틴닝 커트(thinning cut)

④ 테이퍼링 커트(tapering cut)

> 테이퍼링은 레이저를 이용하여 모발 끝을 점차적으로 가늘게 커트하는 방법으로 커트한 모발선이 가장 자연스럽게 완성된다.

6 자연스럽게 두발 끝부분을 차츰 가늘게 커트하는 방법은? ★★★

① 싱글링   ② 트리밍

③ 테이퍼링   ④ 틴닝

> 두발 끝부분이 점차적으로 가늘게 커트되어 붓끝처럼 가늘게 되어 자연스러운 모발형을 만드는 커트 기법은 테이퍼링이다.

7 다음 중 두발의 양이 적은 사람에게 적당한 커트기법은? ★★★

① 시저스를 사용한 틴닝(thinning)

② 레이저를 사용한 엔드 테이퍼링(end-tapering)

③ 레이저를 사용한 딥 테이퍼링(deep-tapering)

④ 시저스를 사용한 롱 스트로크(long-stroke)

> 두발의 양이 적은 사람은 스트랜드의 1/3 이내의 두발 끝을 테이퍼링하는 엔드 테이퍼링이 적당하다.

8 두발 커트 시 두발 끝 1/3 정도를 테이퍼링 하는 것은? ★★★★

① 노멀 테이퍼링   ② 딥 테이퍼링

③ 엔드 테이퍼링   ④ 보스 사이드 테이퍼

> 두발 끝 1/3 정도를 테이퍼링 하는 방법은 엔드 테이퍼링이며, 두발 숱이 적을 때나 표면의 정돈 시 사용한다.

9 헤어커팅 시 두발의 양이 적을 때나 두발 끝을 테이퍼해서 표면을 정돈할 때, 스트랜드의 1/3 이내의 두발 끝을 테이퍼 하는 것은? ★★★★

① 노멀 테이퍼(nomal taper)

② 엔드 테이퍼(end taper)

③ 딥 테이퍼(deep taper)

④ 미디움 테이퍼(medium taper)

> 스트랜드의 1/3 이내의 두발 끝을 테이퍼하는 방법은 엔드 테이퍼이다.

10 헤어커팅의 방법 중 테이퍼링(tapering)에는 3가지의 종류가 있다. 이 중에서 노멀 테이퍼(normal taper)는? ★★★

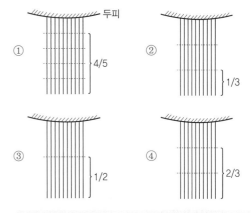

> 노멀 테이퍼는 모발의 양이 보통일 경우에 시행하는 방법으로 스트랜드의 1/2 지점을 폭넓게 테이퍼하는 방법이다.

11 레이저(Razor)로 테이퍼링(tapering)할 때 스트랜드의 뿌리에서 약 어느 정도 떨어져서 행해야 가장 좋은가? ★★★

① 약 1cm   ② 약 2cm

③ 약 2.5~5cm   ④ 약 5cm 이상

> 레이저로 테이퍼링할 때 스트랜드의 뿌리에서 2.5~5cm 정도 떨어져서 행하는 것이 좋다.

12 스트로크 커트(stroke cut)란? ★★★

① 레이저에 의한 테이퍼링

② 시저스에 의한 테이퍼링

③ 레이저에 의한 클리핑

④ 시저스에 의한 클리핑

> 스트로크 커트는 시저스(scissors, 가위)를 이용한 테이퍼링을 말한다.

정답 ▶ 5 ④ 6 ③ 7 ② 8 ③ 9 ② 10 ③ 11 ③ 12 ②

13 미디움 스트로크 커트 시 두발에 대한 가위의 각도는?

① 90~130° 정도   ② 0~10° 정도
③ 45~90° 정도   ④ 10~45° 정도

> 미디움 스트로크 커트 시 두발에 대한 가위의 각도는 10~45° 정도이다.

14 블런트 커트(blunt cut)의 특징이 아닌 것은?

① 모발손상이 적다.
② 입체감을 내기 쉽다.
③ 잘린 부분이 명확하다.
④ 커트 형태선이 가볍고 자연스럽다.

> 블런트 커트는 모발을 직선적으로 커트하는 방법으로 잘린부분이 명확하고, 모발손상이 적으며, 입체감을 내기 쉽다.

15 블런트 커트(blunt cut)의 특징이 아닌 것은?

① 두발의 손상이 적다.
② 잘린 부분이 명확하다.
③ 입체감을 내기 쉽다.
④ 잘린 단면이 모발 끝으로 가면서 가늘다.

> 잘린 단면이 모발 끝으로 가면서 가늘어지는 커트는 레이저를 이용한 테이퍼링이다.

16 다음 중 직선적으로 커트(cut)하는 것은?

① 트리밍 커트(trimming cut)
② 블런트 커트(blunt cut)
③ 크립핑 커트(clipping cut)
④ 테이퍼링 커트(tappering cut)

> 블런트 커트는 직선적으로 커트를 하여, 스트랜드의 잘려진 단면이 직선을 나타낸다.

17 다음 중 블런트 커트와 같은 의미인 것은?

① 클럽커트   ② 싱글링
③ 클리핑   ④ 트리밍

> 블런트 커트를 클럽 커트(Club cut)라고도 한다.

18 다음 중 클럽 커트(Club cut)와 같은 것은?

① 싱글링(Shingling)
② 트리밍(Trimming)
③ 클립핑(Clipping)
④ 블런트 커트(blunt cut)

> 클럽 커트와 블런트 커트는 같은 의미이다.

19 블런트 커팅 기법에 적당하지 않은 커트방법은?

① 그라데이션 커트   ② 원랭스 커트
③ 포인트 커트   ④ 레이어 커트

> 블런트 커트에는 원랭스 커트, 스퀘어 커트, 그라데이션 커트, 레이어 커트가 있다.

20 커트 기법 중 블런트 커팅(blunt cutting)의 기법이 아닌 것은?

① 그라데이션 커트(gradation cut)
② 스퀘어 커트(square cut)
③ 원랭스 커트(one-length cut)
④ 스트로크 커트(stroke cut)

> 블런트 커트에는 원랭스 커트, 스퀘어 커트, 그라데이션 커트, 레이어 커트가 있다.

21 클럽 커팅(club cutting)기법에 해당되는 것은?

① 스트로크 커트(stroke cut)
② 틴닝(thinning)
③ 스퀘어 커트(square cut)
④ 테이퍼링(tapering)

> 클럽 커트는 블런트 커트를 말하는 것으로 원랭스, 스퀘어, 그라데이션, 레이어 커트가 있다.

22 원랭스 커트(one length cut)의 정의로 가장 적합한 것은?

① 두발 길이에 단차가 있는 상태의 커트
② 완성된 두발을 빗으로 빗어 내렸을 때 모든 두발이 하나의 선상으로 떨어지도록 자르는 커트
③ 전체의 머리 길이가 똑같은 커트

정답   **13** ④   **14** ④   **15** ④   **16** ②   **17** ①   **18** ④   **19** ③   **20** ④   **21** ③   **22** ②

④ 머릿결을 맞추지 않아도 되는 커트

원랭스 커트는 모발이 자연스럽게 떨어지는 부분에서 선과 선의 연결을 정확하게 연결하여 커트하므로 완성된 두발을 빗으로 빗어 내렸을 때 두발이 하나의 선상으로 떨어진다.

23 ★★★ 원랭스 커트의 방법 중 틀린 것은?

① 동일선상에서 자른다.
② 커트라인에 따라 이사도라, 스파니엘, 패러럴 등의 유형이 있다.
③ 짧은 단발의 경우 손님의 머리를 숙이게 하고 정리한다.
④ 짧은 머리에만 주로 적용한다.

원랭스 커트는 전형적인 보브 커트의 기본기법으로 짧은 머리 뿐만 아니라 긴머리에도 적용된다.

24 ★★★★★ 원랭스(one length) 커트형에 해당되는 않는 것은?

① 평행 보브형(parallel bob style)
② 이사도라형(isadora style)
③ 스파니엘형(spaniel style)
④ 레이어형(layer style)

원랭스 커트는 커트라인에 따라 패러럴 보브(평행 보브)형, 스파니엘형, 이사도라형, 머시룸형이 있다.

25 ★★★ 원랭스 커트(one length cut)의 대표적인 아웃라인 중 이사도라 스타일은?

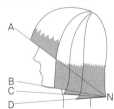

① C-N
② D-N
③ A-N
④ B-N

원랭스 커트에서 이사도라형은 앞머리가 뒷머리보다 짧으며, 앞머리는 턱선에 맞추는 스타일이다. 따라서 B-N 선을 잇는 스타일이 이사도라형이다.

26 ★★★ 헤어스타일의 아웃라인(Out line)이 콘케이브(Concave)형의 커트로 무거움보다는 예리함과 산뜻함을 나타내는 헤어스타일은?

① 그라데이션 (gradation)
② 스파니엘 (spaniel)
③ 이사도라 (isadora)
④ 레이어 (layer)

콘케이브(Concave)는 오목한 라인을 말하는 것으로 스파니엘 커트의 라인이며, 예리함과 산뜻함을 표현한다.

27 ★★★ 정사각형의 의미와 직각의 의미로 커트하는 기법은?

① 블런트 커트(blunt cut)
② 스퀘어 커트(square cut)
③ 롱 스트로크 커트(long stoke cut)
④ 체크 커트(check cut)

스퀘어 커트는 정사각형으로 커트하는 방법으로 자연스럽게 모발의 길이가 연결되도록 하는 방법이다.

28 ★★★★★ 주로 짧은 헤어스타일의 헤어커트 시 두부 상부에 있는 두발은 길고 하부로 갈수록 짧게 커트해서 두발의 길이에 작은 단차가 생기게 한 커트 기법은?

① 스퀘어 커트 (square cut)
② 원랭스 커트 (one length cut)
③ 레이어 커트 (layer cut)
④ 그라데이션 커트 (gradation cut)

그라데이션 커트는 두부 상부(두정부)의 두발을 길게, 하부로 갈수록(45°정도의 사선으로) 짧게 커트하여 두발의 길이에 작은 단차가 생기게 하는 커트기법이다.

29 ★★★ 두정부 두발의 길이가 길고 네이프로 갈수록 짧게 커트하여 두발의 길이에 작은 단차가 생기도록 하는 커트 기법은?

① 스퀘어 커트
② 원랭스 커트
③ 그라데이션 커트
④ 레이어 커트

두정부의 머리를 길게 하부(네이프)로 갈수록 짧게 자르는 커트는 그라데이션 커트이며, 후두부에 무게감을 주어 스타일을 입체적으로 만드는 효과가 있다.

정답 23 ④ 24 ④ 25 ④ 26 ② 27 ② 28 ④ 29 ③

30 두발을 윤곽 있게 살려 목덜미(nape)에서 정수리 (back)쪽으로 올라가면서 두발에 단차를 주어 커트 하는 것은?

① 원랭스 커트   ② 쇼트 헤어 커트

③ 그라데이션 커트   ④ 스퀘어 커트

> 그라데이션 커트는 목덜미(nape) 쪽의 머리는 짧고, 위로 갈수록 길게 커트하여 두발에 입체감을 주는 커트기법이다.

31 그라데이션 커트는 몇 도 각도 선에서 슬라이스로 커팅하는가?

① 사선 20도   ② 사선 45도

③ 사선 90도   ④ 사선 120도

> 그라데이션 커트는 두정부에서 하부로 내려가면서 사선 45도 선에서 커팅한다.

32 다음 중 그라데이션(Gradation)에 대한 설명으로 옳은 것은?

① 모든 모발이 동일한 선상에 떨어진다.
② 모발의 길이에 변화를 주어 무게(Weight)를 더해 줄 수 있는 기법이다.
③ 모든 모발의 길이를 균일하게 잘라주어 모발에 무게(Weight)를 덜어 줄 수 있는 기법이다.
④ 전체적인 모발의 길이 변화 없이 소수 모발만을 제거하는 기법이다.

> 그라데이션 커트는 두정부의 머리를 길게 하부로 갈수록 짧게 커트하여 후두부에서 무게감을 더하는 스타일이다.

33 다음의 헤어커트(hair cut) 모형 중 후두부에 무게감을 가장 많이 주는 것은?

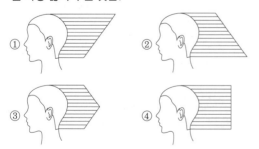

> ①은 그라데이션 커트의 도해도로 두정부(두부 상부)의 머리가 길고 하부로 갈수록 짧아지는 머리형으로 후두부에 무게감을 준다.

34 그라데이션 커트의 효과로서 가장 적절한 것은?

① 소재의 악조건을 보완한다.
② 응용 범위가 넓다.
③ 실용성이 풍부하다.
④ 스타일을 입체적으로 만든다.

> 그라데이션 커트는 두발의 길이에 단차를 주어 스타일을 입체적으로 만드는 커팅기법이다.

35 레이어드 커트(layered cut) 의 특징이 아닌 것은?

① 커트라인이 얼굴정면에서 네이프라인과 일직선인 스타일이다.
② 두피 면에서의 모발의 각도를 90도 이상으로 커트한다.
③ 머리형이 가볍고 부드러워 다양한 스타일을 만들 수 있다.
④ 네이프 라인에서 탑 부분으로 올라가면서 모발의 길이가 점점 짧아지는 커트이다.

> 레이어는 "쌓다, 겹쳐지다, 층이지다"의 의미로, 두상에서 올려진 스트랜드의 각이 90° 이상으로 네이프 라인(하부)의 머리가 길고 상부(탑 부분)로 갈수록 모발의 길이를 짧게 하는 커트이다.

36 다음 중 레이어 커트(layer cut)의 시술 특징으로 가장 알맞은 것은?

① 두발 절단면의 외형선은 일자로 형성된다.
② 슬라이스는 사선 45도로 하여 직선으로 자른다.
③ 전체적으로 층이 골고루 나타난다.
④ 블로킹은 주로 4등분으로 한다.

> 레이어 커트는 상부의 모발이 짧고, 하부로 갈수록 길게 커트하는 방법으로 전체적으로 층이 골고루 나타난다.
> ※ 원랭스 커트는 4등분 블로킹을 하며, 레이어와 그라데이션 커트는 5등분 블로킹을 이용한다.

정 답   **30** ③   **31** ②   **32** ②   **33** ①   **34** ④   **35** ①   **36** ③

37 *** 레이어 커트의 설명 중 틀린 것은?

① 기본은 두피에서 60° 각을 이룬다.

② 모든 연령층에 적용한다.

③ 응용 범위가 넓다.

④ 퍼머넌트 와인딩이 용이하다.

> 레이어 커트는 두상에서 올려진 스트랜드의 각이 90도 이상으로 커트하는 기법이다.

38 *** 헤어커트 스타일에서 일반적으로 가장 가벼운 느낌을 주는 것은?

① 원랭스 커트

② 스퀘어(square)커트

③ 그라데이션 커트

④ 레이어 커트

> 레이어 커트는 상부의 모발이 짧고, 하부로 갈수록 길게 커트하는 방법으로 전체적으로 단차를 주어 가벼운 느낌을 준다.

39 *** 두발이 유난히 많은 고객이 윗머리가 짧고 아랫머리로 갈수록 길게 하며, 두발 끝 부분을 자연스럽고 차츰 가늘게 커트하는 스타일을 원하는 경우 알맞은 시술방법은?

① 레이어 커트 후 테이퍼링(Tapering)

② 원랭스 커트 후 클리핑(Clipping)

③ 그라데이션 커트 후 테이퍼링(Tapering)

④ 레이어 커트 후 클리핑(Clipping)

> 윗머리(두정부)의 머리가 짧고 아랫머리(네이프부분)로 갈수록 길어지도록 커트하는 기법은 레이어 커트이며, 두발 끝부분이 점차 가늘게 커트하는 기법은 테이퍼링이다.

40 ***** 헤어커팅(hair cutting) 방법 중 길이를 짧게 하지 않고 전체적으로 두발의 숱을 감소시키는 방법은?

① 페더링(feathering)

② 틴닝(thinning)

③ 클리핑(clipping)

④ 트리밍(trimming)

> 틴닝(Thinning)은 모발 길이의 감소 없이 전체적으로 모발의 숱을 감소시키는 커팅기법으로 틴닝가위를 사용한다.

41 *** 두발커트 시 두발 숱이 너무 많아 두발의 길이를 짧게 하지 않으면서 전체적으로 두발 숱을 감소시키려 할 때 어떤 커트 방법이 가장 알맞은가?

① 틴닝

② 트리밍

③ 블런팅

④ 클립핑

> 두발의 숱이 너무 많아 모발의 양을 적당히 조절하는 경우에 두발의 길이를 짧게 하지 않고 두발 숱을 감소시키는 커트 방법은 틴닝이다.

42 *** 커트방법의 종류 중 가위로 튀어나온 두발이나 삐져나온 두발을 잘라내는 것은?

① 트리밍

② 테이퍼링

③ 클리핑

④ 틴닝

> 튀어나온 두발이나 삐져나온 두발을 커트하여 정리하는 커트방법은 클리핑이다. 완성된 모발선을 최종적으로 정돈하는 트리밍과 구분을 잘 하기 바란다.

43 *** 형태가 이루어진 모발 선에 손상모 등의 불필요한 모발 끝을 제거하거나 정리 정돈하기 위하여 가볍게 손질하는 커트법은?

① 나칭(notching)

② 클립핑(clipping)

③ 스트록(stroke)

④ 트리밍(trimming)

> 클리핑은 형태가 이루어진 모발 선에 튀어나온 모발, 손상모 등 불필요한 모발을 제거하거나 정리 정돈하기 위하여 가볍게 손질하는 커트법이다.

44 ***** 완성된 두발선 위를 가볍게 다듬어 커트하는 방법은?

① 테이퍼링(tapering)

② 틴닝(thinning)

③ 트리밍(trimming)

④ 싱글링(shingling)

> 완성된 두발 선을 최종적으로 정돈하기 위하여 가볍게 다듬어 커트하는 방법은 트리밍이다.

정답 37 ① 38 ④ 39 ① 40 ② 41 ① 42 ③ 43 ② 44 ③

45 스타일(Style)형이 완성되었을 때 두발 선을 최종적으로 정돈하기 위하여 가볍게 커트하는 방법은?

① 트리밍 커트 (Trimming cut)
② 틴닝 커트 (Thinning cut)
③ 스트로크 커트 (Stroke cut)
④ 테이퍼 커트 (Taper cut)

완성된 두발선 위를 다듬기 위하여 하는 사용하는 커트기법은 트리밍이다.

46 빗을 천천히 위쪽으로 이동시키면서 가위의 개폐를 재빨리 하여 빗에 끼어있는 두발을 잘라나가는 커팅 기법은?

① 싱글링(shingling)
② 틴닝 시저스(thinning scissors)
③ 레이저 커트(razor cut)
④ 슬리더링(slithering)

빗으로 잡은 45도의 각을 이용하여 빗 위로 나온 모발을 가위의 빠른 개폐동작을 이용하여 커트하는 방법은 싱글링이다.

47 두발의 자연적 윤곽을 강조하기 위하여 두부의 뒷부분을 특히 치켜 올려 시술하는 것은?

① 크리핑(clipping)
② 슬리더링(slithering)
③ 트리밍(trimming)
④ 싱글링(shingling)

싱글링은 빗을 천천히 위쪽으로 이동시키며 빗 위로 나온 모발을 커팅하는 방법으로 두부의 뒷부분을 특히 치켜 올려 시술하여 두발의 자연적 윤곽을 강조한다.

48 커트 용어 중 싱글링(shingling) 시술에 대한 설명으로 맞는 것은?

① 빗살을 위로 하여 커트할 두발을 많이 잡는다.
② 빗을 천천히 위쪽으로 이동하면서 가위를 개폐시킨다.
③ 스트랜드의 근원으로부터 두발 끝을 향해 날을 잘게 넣어 쳐낸다.

④ 두발은 나눈 선에서 5~6cm 떨어져서 가위를 대고 두발 숱을 쳐낸다.

싱글링은 빗을 45도 각도로 천천히 위로 이동시키면서 가위를 개폐하여 빗 위로 올라온 두발을 커트하는 기법이다.

49 커트 후 뭉툭한 느낌이 없는 자연스러운 두발을 위해 끝을 45° 정도로 비스듬히 커트하는 헤어 커트 기법은?

① 싱글링(Shingling)
② 트리밍(Trimming)
③ 클리핑(Clipping)
④ 포인팅(pointing)

두발의 끝을 45도 정도로 비스듬히 커트하여 뭉툭한 느낌이 없는 자연스러운 두발을 연출하여 질감을 표현하는 커트기법은 포인팅과 나칭이 있다.

50 헤어커트 시 크로스 체크 커트(cross check cut)란?

① 최초의 슬라이스선과 교차되도록 체크 커트하는 것
② 모발의 무게감을 없애주는 것
③ 전체적인 길이를 처음보다 짧게 커트하는 것
④ 세로로 잡아 체크 커트하는 것

크로스 체크 커트는 최초의 슬라이스선과 교차되도록 체크 커트하는 기법이다.

SECTION

06

Hairdresser Certification

헤어 펌(퍼머넌트 웨이브)

[출제문항수 : 4~6문제] 출제비율이 매우 높아 공부할 분량도 많은 편입니다. 전체적으로 다양하게 출제되며, 퍼머넌트의 원리와 약제(1액과 2액)의 용도, 웨이브 프로세싱의 시술과정 및 프로세싱 타임에 따른 결과 등에서 많이 출제되고 있습니다.

01 퍼머넌트 웨이브의 기초

1 퍼머넌트 웨이브의 역사

고대 이집트	알칼리 토양의 흙을 바르고 나무막대로 말아 햇빛에 말려서 웨이브를 만들었다.
마셀 그라또우	1875년 아이론의 열을 이용하는 마셀 웨이브를 고안
찰스 네슬러	1905년 영국 런던에서 긴머리에 적합한 스파이럴식 웨이브를 발표
죠셉 메이어	독일인으로 1925년 스파이럴식을 개량한 크로키놀식을 고안
J. B 스피크먼	상온에서 약품을 사용하여 웨이브를 만드는 콜드 웨이브를 고안(1936년경)

▶ 퍼머넌트 웨이브는 '헤어펌'이라고도 한다.

2 퍼머넌트 웨이브의 종류

히트(Heat) 퍼머넌트 웨이브	• 모발에 열을 가하여 웨이브를 형성하는 방법으로 현재는 거의 이용되지 않는다. • 스파이럴식 : 두피에서 모발 끝으로 말아가는 방법 • 크로키놀식 : 모발 끝에서 두피 쪽으로 말아가는 방법
콜드(Cold) 퍼머넌트 웨이브	• 상온에서 약액을 이용하여 웨이브를 형성하는 방법

3 퍼머넌트 웨이브의 원리

(1) 모발의 구성

① 모발은 케라틴(Keratin)이라는 탄력성이 있는 경단백질로 구성되어 있다.
② 케라틴의 구성 아미노산 중에서 가장 함유량이 많은 시스틴(Cystine)은 황(S)을 함유하고 있다.
③ 케라틴은 각종 아미노산들이 펩타이드 결합(쇠사슬 구조)을 하고 있다.
④ 케라틴의 폴리펩타이드 구조는 두발을 잡아당기면 늘어나고, 힘을 제거하면 원상태로 돌아가는 탄성을 가지고 있다.

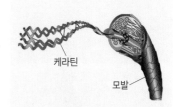

케라틴

모발

chapter 01

▶ 환원과 산화	
환원작용	수소(H)를 첨가되고 산소(O)를 차단시킴
산화작용	수소(H)를 차단시키고 산소(O)를 첨가시킴

(2) 퍼머넌트 웨이브의 원리

제1제의 환원작용	자연 상태의 시스틴 결합을 화학적으로 절단(환원)시켜 웨이브를 형성한다.
제2제의 산화작용	형성된 웨이브 상태 그대로 다시 시스틴 결합으로 산화시켜 웨이브를 반영구적으로 안정시킨다.

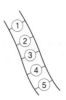

❶ 자연 모발

❷ **물리적 작용** : 컬링로드로 모발을 와인딩하면 모발 안쪽 폴리펩타이드 결합은 축소되고, 바깥쪽 폴리펩타이드 결합은 늘어난다.

❸ **화학적 작용** : 제1제의 환원작용으로 시스틴 결합이 끊어짐

❹ 산화 작용(수소 차단, 산소 첨가)으로 새로운 모양의 시스틴으로 재결합

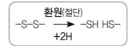

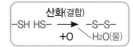

---

02 베이직 헤어펌 (콜드 퍼머넌트 웨이브)

1 콜드 퍼머넌트 웨이브(Cold permanent wave)

① 모발에 열을 가하지 않고 알칼리성 환원제의 환원작용에 의해서 시스틴 결합을 절단시킨다.

② 환원제를 사용한 상태에서 컬링로드에 모발을 감아 웨이브를 만든다.

③ 만들어진 웨이브에 산화제를 사용하여 절단된 시스틴결합을 재결합시키면 웨이브 상태 그대로 자연모발일 때와 같은 시스틴 결합이 형성되어 웨이브가 오래 지속된다.

2 콜드 퍼머넌트 웨이브의 종류

(1) 1욕법

제 1액(환원제)만 사용하여 웨이브를 만들고, 제 2액의 작용은 공기 중의 산소를 이용하여 자연산화시킨다.

(2) 2욕법

① 2종류의 솔루션(제1액과 제2액)을 이용하는 방법으로 가장 널리 사용

② 종류

가온 2욕법	• 제1액을 바른 후 히팅캡이나 헤어 스티머 등을 사용하여 60℃ 이하로 가온해서 행하는 방법 • 제1액의 티오글리콜산 농도와 알칼리의 pH를 상온에서 보다 낮게 사용한다.
무가온 2욕법	• 콜드 2욕법을 말함 • 제1액의 환원작용과 제2액의 산화작용만을 이용하여 웨 이브를 만드는 방법
산성 퍼머넌트	• 제1액은 **티오글리콜산***을 주재료로 사용 • 암모니아수(알칼리제) 등을 사용하지 않고, 특수계면활성 제를 첨가하여 pH 4~6 정도로 시술 • 모발손상의 염려가 없어 염색모, 탈색모, 다공성모에 적당
시스테인 퍼머넌트	• 제1액을 모발에서 채취한 '시스테인'이라는 아미노산을 이용(티오글리콜산을 사용하지 않음) • 모발의 아미노산 성분과 동일한 성분으로 모발에 손상을 주지 않고, 트리트먼트 효과도 있음 • 모발에 대한 잔류성이 높아 주의 필요 • 연모(연한 모발)나 손상모에 적당
거품 퍼머넌트	• 제1액과 제2액 속에 다량의 계면활성제를 첨가하여 거품 을 일으켜 시술하는 방법 • 거품이 피부를 보호하고 거품자체에 보온성이 있어 히팅 캡을 사용하지 않음

③ 콜드 퍼머넌트의 약품(2욕법 기준)

제1액 (환원제)	• 두발의 시스틴 결합을 환원(절단)시키는 작용을 가진 환원 제로서 알칼리성이다. • 환원작용을 하는 용액이라는 의미로, 프로세싱 솔루션 (Processing solution)이라고도 한다. • 환원제로는 독성이 적고 모발에 대한 환원작용이 좋은 티오글리콜산이 가장 많이 사용된다.
제2액 (산화제)	• 환원된 모발에 작용하여 시스틴을 변형된 상태로 재결 합시켜 자연모 상태로 웨이브를 고정시킨다. • 산화제, 정착제(고착제), **뉴트럴라이저**(Neutralizer, 중화제)라 고도 한다. • 취소산나트륨(브롬산나트륨), 취소산칼륨(브롬산칼륨) 등이 주로 사용된다.(적정농도 3~5%) • 과산화수소는 모발을 표백시키기 때문에 잘 사용하지 않 는다.

▶ • 가온 : 열을 가함
  • 무가온 : 열을 가하지 않음

▶ **티오글리콜산**
  ① 퍼머넌트 웨이브의 제1액(환원제)로
     사용된다.
  ② 적정 pH : 9.0~9.6
  ③ 적정농도 : 2~7%
  ④ 모발의 모피질에 주로 작용한다.

▶ **시스테인(Cysteine)**
  단백질(아미노산)이 널리 분포하며,
  케라틴이 많다.

▶ **3욕법**

제1액	모발을 팽윤, 연화시키기 위 한 와인딩 전용액
제2액	• 2욕법의 1제(환원제) 의 역할 • 와인딩 후 바르며, 히팅 캡이나 스티머 등을 사용 하지 않음
제3액	2욕법의 2제(산화제)의 역할

▶ **환원제와 산화제의 역할**

제1액 (환원제)	• 시스틴 결합을 분리 • 퍼머넌트 웨이브의 작용을 계속 진행
제2액 (산화제)	• 시스틴 결합을 재결합 • 1액의 작용을 멈추게 하 고 1액이 작용한 형태의 컬 로 고정

chapter 01

콜드 퍼머넌트 웨이브의
시술 과정

두피와 모발의 진단
↓
전처치
↓
웨이브 프로세싱
↓
후처치

▶ 두발의 사전 진단 항목
  • 두피와 두발의 상태(다공성, 발수성 등)
  • 두발의 질(경모, 연모, 염색여부 등)
  • 두발의 신축성(탄력성)
  • 모발의 밀집도 등

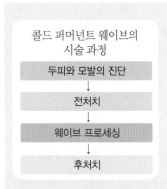

정상모   다공성모   발수성모

▶ 사전처리
  퍼머넌트 용액을 밀어내는 발수성모
  의 특성상 1액을 도포하기 전에 특수
  활성제를 도포하고 스티머나 스팀타
  월을 이용하여 두발의 모공을 열어주
  어야 한다.

▶ 경모이거나 발수성모일 경우에는 스
  팀타월 등을 5~10분간 사용하면 웨이
  브 형성에 효과적이다.

---

03 콜드 퍼머넌트 웨이브의 시술

1 두피와 모발의 진단

두피와 모발의 정확한 진단은 프로세싱 타임의 설정, 로드 및 약액의 결정, 사전처리의 필요성 등을 결정하는 중요한 조건이다.

(1) 두피와 두발의 상태
  ① 두피 : 상처나 염증이 있는 이상성질환 여부를 살핀다.
  ② 두발의 상태

다공성모	• 두발의 간충물질이 소실되어 두발 조직 중에 공동이 많고 보습작용이 적어져서 두발이 건조해지기 쉬운 손상모를 말한다. • 두발이 다공성 정도가 클수록 프로세싱타임을 짧게 하고 부드러운 웨이브 용액을 사용한다.(다공성이 클수록 약액의 흡수가 빠르다.)
발수성모 (저항성모)	• 모발의 모표피(큐티클층)가 밀착되어 공동(빈구멍)이 거의 없는 상태의 모발이다. • 모표피에 지방분이 많은 지방과다모발이다. • 물을 밀어내는 성질을 가져 샴푸 후 모(毛)의 물이 매끄럽게 떨어진다. • 솔루션(콜드웨이브 용액)의 흡수력이 적어 퍼머넌트 웨이브가 잘 나오지 않는다. • 사전처리*를 하고, 프로세싱타임을 길게 한다.

(2) 모발의 질
  ① 모발의 직경에 따라 : 굵은 모발, 보통 모발, 가는 모발
  ② 모발의 감촉에 따라 : 거친 모발, 부드러운 모발

(3) 모발의 신축성(탄력성)
  모발이 늘어나고 수축하는 성질을 말한다.
  ① 신축성이 좋은 모발의 웨이브가 오래 지속된다.
  ② 신축성이 나쁜 모발은 직경이 약간 작은 로드를 사용한다.

(4) 모발의 밀집도
  ① 과밀한 모발은 모발의 굵기가 대체로 굵다 : 블로킹을 작게 하고, 직경이 작은 로드를 사용한다.
  ② 소밀한 모발은 모발의 굵기가 대체로 가늘다 : 블로킹을 크게 하고, 직경이 큰 로드를 사용한다.

2 전처치

두발 및 두피진단에 따라 콜드 웨이브 용액을 사용하기 전에 시술하는 특수처리를 말한다. 모발의 손상을 방지하고, 웨이브가 균일하게 이루어지도록 하며 모질의 개선을 도와준다.

헤어 샴푸잉	중성 샴푸를 사용하며, 두피를 자극하지 않도록 한다.
타월 드라잉 (Towel drying)	• 두발을 건조시킨다. • 샴푸 시 많은 양의 수분이 흡수되므로 제1액의 흡수를 돕기 위해서 수분을 제거한다.
셰이핑(Shaping)	• 불필요한 머리카락이나 손상된 모발을 제거한다. • 모발의 손상이 심한 경우에는 트리트먼트를 하는 것이 좋다.

▶ 헤어 샴푸잉 시 트리트먼트 또는 린스 제품은 1제(환원제)의 침투를 방해하기 때문에 사용하지 않도록 한다

chapter 01

3 웨이브 프로세싱

(1) 블로킹(Blocking) : 두발의 구분

① **로드를 말기 쉽도록 모발을 필요한 크기대로 구분하여 구획을 나누는 것**을 말하며, 섹션이라고도 한다.

② 블로킹의 크기는 로드의 크기, 모발의 질, 모발의 밀집도 등에 의해 결정한다.

③ 일반적으로 모발을 크게 10등분이나 9등분으로 크게 나눈 다음 다시 각 부분을 4~5개 정도의 스트랜드로 세분한다.

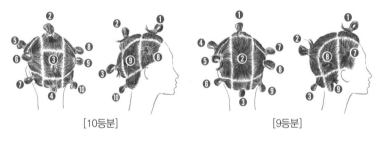

[10등분]　　　　[9등분]

(2) 와인딩(Winding) : 컬링 로드에 두발을 마는 기술

① 와인딩 시 주의사항

• 강하게 당기지 말고 약간 느슨하게 해서 들쑥날쑥하게 되지 않도록 균일하게 말아야 한다.

• 너무 팽팽하게 말면 모발이 상하거나 솔루션 용액이 두발에 골고루 스며들지 않아 웨이브의 형성을 방해한다.

• 와인딩할 때 스트랜드에 제1액을 바르고 행하면 말기가 쉽다.

② 컬링로드(Curling rod)

• 퍼머넌트 웨이브 시술 시 두발을 감는 미용도구

• **모발의 부위에 따른 로드의 크기**

소형로드	네이프 부분
중형로드	크라운의 하부에서 양사이드에 걸친 부분
대형로드	탑(Top)에서부터 크라운의 앞부분

웨이브 프로세싱의
시술 과정

블로킹

↓

와인딩

↓

프로세싱(1액, 환원작용)

↓

테스트 컬

↓

중간 린스

↓

2액의 도포(산화작용)

↓

린싱

▶ **퍼머넌트 와인딩의 기본 순서**
네이프(nape, 목 뒷부분) → 백(back) → 사이드(side) → 탑(top)

▶ **워터래핑(Water wrapping)**
두발을 물로 촉촉하게 해서 와인딩한 후 웨이브 1제를 도포하는 방법으로, 웨트 와인딩(Wet winding)이라고도 한다.

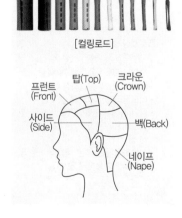

[컬링로드]

프런트(Front)　탑(Top)　크라운(Crown)
사이드(Side)　백(Back)
네이프(Nape)

• 모발의 굵기에 따라

구분	블로킹	컬링로드의 직경
굵은 모발, 과밀 모발	작게	작은 것
가는 모발, 소밀 모발	크게	큰 것

• 로드의 굵기에 따라

내로우 웨이브 (narrow)	• 작은(가는) 로드 사용 • 릿지*와 릿지의 폭이 좁고 커브가 급한 웨이브로 파장이 많은 곱슬곱슬한 머리를 말함
와이드 웨이브	• 큰(굵은) 로드 사용 • 폭이 넓은 웨이브로 파고가 뚜렷함

③ 와인딩의 각도
• 일반적으로 두피에 대해 120° 정도로 와인딩을 한다.
• 볼륨을 살리고자 할 때 : 90° 정도로 일으켜서 만다.
• 볼륨을 줄이고자 할 때 : 60° 정도로 눕혀서 만다
• 웨이브의 크기는 로드의 굵기에 비례한다.

④ 와인딩의 방법

수직말기	기본적인 와인딩 방법
빗겨말기	웨이브나 컬의 좌우 어느 한쪽 방향으로 흐름을 형성하기 위하여 스트랜드를 한쪽으로 모아서 마는 방법 ※모발이 더 기울어진 방향쪽으로 웨이브가 형성된다. (그림 참조)

(3) 프로세싱(Processing)
① 제1액(프로세싱)
• 헤어라인 둘레에 보호크림을 바르고, 타월이나 거즈 등으로 헤어밴드를 한다.(피부보호)
• 헤어밴드가 솔루션에 의해 젖었을 경우에는 즉시 마른 것으로 바꾸어 준다.
• 솔루션이 두피나 피부에 흘렀을 경우에는 탈지면으로 문지르지 않고 닦아낸다.
② 프로세싱 방법
• 네이프 부분에서부터 전두부 쪽으로 도포한다.
• 맨 처음에 와인딩한 컬에서부터 마지막 와인딩한 컬쪽으로 도포한다.
• 컬과 컬 사이에 충분히 도포하여 두부전체를 적시도록 한다.
③ 비닐캡(Vinyl cap)
• 체온으로 솔루션의 작용이 촉진되고, 두발 전체에 골고루 작용하기 위하여 사용한다.
• 휘발성 알칼리(암모니아가스)의 증발(휘산, 산일, 산화)작용을 방지한다.
• 캡이 닿는 부위에 급성피부염을 일으키거나 단모의 우려가 있다.

▶ 릿지(ridge) : 웨이브의 산

▶ 와인딩법의 종류
• 더블 와인딩 : 하나의 스트랜드에 2개의 로드를 번갈아가면서 와인딩
• 리버스 와인딩 : 로드를 뒤쪽(후두부쪽)으로 마는 와인딩
• 스파이럴 와인딩 : 로드를 나선형으로 돌려가며 와인딩
• 트위스트 와인딩 : 머리단을 꼬면서 로드로 말아 올림

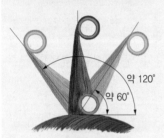

약 120°
약 60°

⬆ 와인딩의 각도

두피

⬆ 수직말기

⬆ 빗겨말기와 웨이브 방향

▶ 프로세싱 솔루션
(Processing Solution)
• 퍼머넌트에 사용하는 제1액
• pH 9.0~9.6의 알칼리성 환원제
• 티오글리콜산이 가장 많이 사용
• 공기 중에서 산화되므로 밀폐된 냉암소에서 보관하고, 금속용기 사용은 삼간다.
• 사용하고 남은 액은 작용력이 떨어지므로 재사용하지 않는다.

④ 프로세싱 타임(Processing time)
- 적당한 프로세싱 타임은 10~15분 정도이다.
- 두발의 성질과 상태, 사용한 용액의 강도, 로드의 수, 온도 등에 따라 소요시간을 달리한다.
- 프로세싱 타임을 줄이기 위하여 열처리 과정(히팅 캡, 스팀타월, 스티머, 적외선 등)을 사용한다.

오버 프로세싱 (Over)	• 적정한 프로세싱 타임 이상으로 제1액의 방치시간이 길어진 경우 • 지나치게 컬이 형성된다.
언더 프로세싱 (Under)	• 적정한 프로세싱 타임 이하로 제1액의 방치시간이 짧은 경우 • 모발이 웨이브가 거의 나오지 않음 • 처음에 사용한 솔루션보다 약한 제1액을 다시 사용

⑤ 테스트 컬(Test curl)
- 퍼머넌트 웨이브 시술 시 두발에 대한 제1액의 작용 정도를 판단하여 정확한 프로세싱 타임을 결정하고 웨이브의 형성 정도를 조사하는 방법
- 테스트 컬은 제1액을 바르고 10~15분 후에 한다.

(4) 플레인 린스와 2액의 도포
① 플레인 린스(중간 린스)
- 프로세싱이 끝난 후 제2액의 작용이 효과적으로 이루어지도록 두발에 부착된 제1액을 씻어내는 과정으로 미지근한 물로 헹구어내는 과정이다.
- 두발 전체를 충분히 헹구어 낸 후 물기를 없애기 위해 타월 드라잉을 하거나, 거즈나 탈지면 등으로 컬의 물기를 조심스럽게 눌러 없앤다. (블로팅*)

② 제2액의 도포 및 린스
- 제2액의 산화작용은 웨이브의 형태를 고정시키고, 두발을 원래의 자연상태로 회복시킨다.
- 제2액을 로드에 말린 상태의 모발에 충분히 스며들도록 바른 후 5~10분 방치, 한번 더 바른 후 5분 정도 방치한다.
- 미지근한 물에 플레인 린스를 한다.
- 샴푸를 하면 웨이브가 약하게 된다.

4 후처치

퍼머넌트 웨이브의 과정이 끝나면 오리지널 세트나 드라잉, 또는 콤아웃 등의 헤어세팅 과정을 거친다.

▶ 비닐캡의 주요 역할
① 산화방지
② 온도유지
③ 제1액의 작용 활성화

① ② ③ ④ ⑤

① 적당한 프로세싱
② 언더 프로세싱 : 느슨하여 불안정
③ 오버 프로세싱 : 젖었을 때 지나치게 꼬불거리고 건조되면 웨이브가 부스러짐
④ 오버 프로세싱(손상모 또는 모발 끝이 다공성) : 모발 끝이 자지러짐
⑤ 두발 끝을 너무 당겨서 말린 경우 : 두발 끝의 웨이브가 형성되지 않음

▶ 최신 경향의 문제에서 취소산염류가 주성분인 2액의 도포는 1회 도포 후 15~20분간 방치, 재도포 후 10~15분간 방치로 출제되었습니다.

- 웨이브 형성이 쉬운 모발
  손상모, 가늘고 연한 모발, 흡수성모,
  염색모, 다공성모
- 웨이브 형성이 어려운 모발
  경모, 발수성모, 과다염색모, 백발,
  지방과다모, 축모, 버진 헤어 등

- 퍼머넌트 웨이브를 한 직후에 아이론
  등의 뜨거운 열을 가하면 머릿결이 부
  스러지고 두발에 화상을 입기 쉽다.

↥ 플랫 아이론

↥ 컬 아이론

↥ 반 컬 아이론

5 퍼머넌트 웨이브의 평가

(1) 모발끝이 자지러지는(갈라지는) 이유(컬이 너무 강하게 형성 시)
① 사전커트 시 모발 끝을 심하게 테이퍼링 했을 때
② 로드의 굵기가 너무 가는 것을 사용했을 때
③ 와인딩 시 텐션을 주지 않고 느슨하게 말았을 때
④ 오버 프로세싱을 했을 때
⑤ 너무 강한 약을 사용하였을 때
⑥ 콜드웨이브 제1액을 바르고 방치시간이 길었을 때

(2) 퍼머넌트 웨이브가 잘 나오지 않는 이유
① 모발이 선천적으로 저항성모이거나 발수성모로 빳빳할 때
② 모발의 손상이 너무 많거나 탄력이 없이 연약할 때
③ 모발에 금속성 염모제를 사용했을 때
④ 비누나 칼슘이 많은 경수로 샴푸를 했을 때
⑤ 제1액이 산화된 용액을 사용했을 때
⑥ 오버 프로세싱으로 시스틴결합이 파괴되었을 때

04 매직 스트레이트 헤어펌

1 매직 스트레이트 헤어펌
① 아이론의 열을 이용하여 웨이브나 컬이 있는 모발을 스트레이트(straight)
형태의 직모로 만드는 헤어펌이다.
② 웨이브나 컬이 있는 모발에 헤어펌 1제를 사용하여 연화하고, 플랫 아
이론(flat iron)의 열을 이용하여 모발을 스트레이트 형태로 프레스한 후
헤어펌 2제를 도포하는 방법으로 진행된다.
③ 매직 프레스 헤어펌은 사용하는 아이론에 따라 스트레이트, 웨이브, C
컬을 연출할 수 있다.

2 아이론
① 아이론은 열을 이용해 모발의 형태를 변형시키는 도구이다.
② 기구의 온도는 건강 모발 140~160℃, 손상 모발 120~130℃, 저항성 모
발 170~180℃를 기준으로 사용한다.
③ 아이론의 종류

플랫 아이론 (flat iron)	열판의 모양이 평평한 형태로 제작되어 모발을 스트레이트로 펴고자 할 때 사용
컬 아이론 (curl iron)	열판의 모양이 동그란 롤의 형태로 제작되어 모발을 웨이브의 형태로 만들고자 할 때 사용
반 컬(삼각) 아이론	열판의 모양이 반원의 형태로 제작되어 모발의 두피 부분에 볼륨을 주거나 모발 끝쪽에 C컬의 볼륨을 만들 목적으로 사용

❸ 매직스트레이트 헤어펌의 시술

(1) 전처리
① 모발과 두피의 오염 물질을 제거하기 위해 사전 샴푸를 한다.
② 고객의 모발을 보호하기 위해 모발 상태에 따라 모발 케어를 한다.

(2) 환원제(1제) 도포
① 건강한 모발은 두피에서 1cm 정도 띄고 모발 전체에 환원제(1제)를 도포한 후 전체 모발을 랩으로 감싼다.
② 모발을 랩으로 감싼 후에는 열처리 10분과 자연 방치를 5~10분간 하여 모발을 연화한다.

(3) 모발의 연화 상태 테스트 및 세척
① 모발을 엄지와 검지로 잡고 가볍게 당겼을 때 0.5~1cm 늘어나는지 확인한다.
② 모발을 동그랗게 말아 손바닥 위에 올려놓고 모양이 변하지 않는지 확인한다.
③ 모발의 연화 작업이 끝나면 모발을 맑은 물로 세척(water rinse)한다.
④ 세척이 끝나면 크림이나 오일 등 매직스트레이트 전용 클리닉 제품을 모발에 도포한 후 드라이어를 이용하여 모발을 건조시킨다.

(4) 플랫 아이론으로 스트레이트 형태로 프레스하기
① 프레스 순서 : 네이프 → 톱 → 사이드
② 플랫 아이론의 온도 : 건강모발 160~180℃, 손상모발 100℃ 정도
③ 프레스 작업은 모근에서 모발 끝으로 진행하고 모발 끝부분이 꺾이지 않도록 한다.
④ 플랫 아이론의 열이 두피에 전달되지 않도록 꼬리빗을 모근 쪽에 먼저 대고 프레스한다.
⑤ 네이프와 골든, 사이드 부분의 시술 각도는 두피에서 수평으로 유지한다.
  • 섹션은 1~1.5cm 간격으로 모발을 슬라이스하여 빗질한다.
  • 모발의 질감과 밀도에 따라 섹션의 크기를 조절하여 슬라이스하고 빗질한다.
⑥ 톱 부분은 두피에서 수직으로(90°) 작업해서 모근 쪽에 볼륨이 형성될 수 있도록 한다.
⑦ 시술이 끝나면 모발 전체에 산화제(2제)를 도포하여 중화한다.

4 매직 스트레이트 헤어펌 시술 시 주의사항

① 1제가 모발에 남으면 매직프레스 시 열에 의하여 모발이 손상을 입을 수 있으므로 깨끗이 세척한다.
② 프레싱 오일이나 크림을 사용하면 모발이 타거나 손상되는 것을 방지하고, 프레스 작업의 지속력을 높인다.
③ 프레스 작업 시 두피에 수분이 많으면 두피 화상을 일으킬 수 있으므로 반드시 모발을 건조시킨다.
④ 귀 옆 부분의 화상에 주의하여 플랫 아이론을 두피에서 떼어서 작업한다.
⑤ 프레스 작업을 시작하는 뿌리 부분에 무리한 힘이 가해져서 모발 손상을 입히지 않도록 주의한다.
⑥ 중화 시 산화제(2제)가 고객의 얼굴에 닿지 않도록 주의한다.
⑦ 중화 후에는 모발 끝이 꺾이지 않도록 빗질해 놓는다.

기출문제 | 단원별 구성의 문제 유형 파악!

01. 퍼머넌트 웨이브의 기초

1 ★★★
1905년 찰스 네슬러가 어느 나라에서 퍼머넌트 웨이브를 발표했는가?

① 독일 　　　　② 영국
③ 미국 　　　　④ 프랑스

> 찰스 네슬러는 1905년 영국 런던에서 긴머리에 적합한 스파이럴식 웨이브를 발표하였다.

2 ★★★
다음 중 콜드 퍼머넌트 웨이브(cold permanent wave)를 창안한 사람은?

① 마셀 그라또우(Marcel Gurateau)
② 스피크먼(J.B Speakman)
③ 죠셉 메이어(Joseph Mayer)
④ 찰스 네슬러(Charles Nestler)

> 상온에서 약품을 사용하여 웨이브를 만드는 콜드 퍼머넌트 웨이브는 1936년경 J. B 스피크먼이 고안하였다.

3 ★★★★
화학약품만의 작용에 의한 콜드 웨이브를 처음으로 성공시킨 사람은?

① 마셀 그라또 　　② 죠셉 메이어
③ J. B 스피크먼 　④ 찰스 네슬러

> 콜드 웨이브를 처음 성공시킨 사람은 J. B 스피크먼이다.

4 ★★★★
두발에서 퍼머넌트 웨이브의 형성과 직접 관련이 있는 아미노산은?

① 시스틴(cystine) 　　② 알라닌(alanine)
③ 멜라닌(melanin) 　　④ 티로신(tyrosin)

> 퍼머넌트 웨이브는 두발을 구성하고 있는 단백질(케라틴) 중 시스틴(아미노산)의 결합을 화학적으로 절단(환원)시켜 웨이브를 형성시킨다.

5 ★★★
퍼머넌트 웨이브의 원리가 아닌 것은?

① 로드라는 기구로 힘을 가해 모발을 감으면서 적당한 긴장감을 주는 것이다.

정답 　1 ② 　2 ② 　3 ③ 　4 ① 　5 ④

② 1액은 환원제이다.

③ 2액은 산화작용에 의한 시스틴 재결합이다.

④ 화학적 작용으로만 이루어진다.

> 퍼머넌트 웨이브를 할 때 컬링로드를 이용하여 웨이브를 주기 때문에 물리적 작용도 이루어지며, 제1액은 환원제로 시스틴 결합을 절단하고 제2액은 산화제로 시스틴을 재결합시킨다.

6 ★★★ 콜드퍼머넌트 웨이브 시술 시 제2액의 작용은?

① 동화작용　　　　② 환원작용

③ 산화작용　　　　④ 이화작용

> 콜드퍼머넌트 웨이브 시술 시 제2액은 산화작용을 하는 산화제로 절단된 시스틴 결합을 다시 결합시키는 작용을 한다.

7 ★★★ 퍼머넌트 웨이브 시술 시 산화제의 역할이 아닌 것은?

① 퍼머넌트 웨이브의 작용을 계속 진행시킨다.

② 1액의 작용을 멈추게 한다.

③ 시스틴 결합을 재결합시킨다.

④ 1액이 작용한 형태의 컬로 고정시킨다.

> 퍼머넌트 웨이브의 작용을 계속 진행시키는 약품은 제1액인 환원제이며, 산화제(2액)는 시스틴 결합을 재결합시켜 1액이 작용한 형태의 컬로 고정시킨다.

02. 콜드 퍼머넌트 웨이브

1 ★★★ 퍼머넌트 웨이브의 사용방법에 따른 분류 중 시스테인(Cysteine) 퍼머넌트 웨이브제에 관한 설명인 것은?

① 알칼리에서 강한 환원력을 가지고 있어 건강모발에 효과적이다.

② 모발의 아미노산 성분과 동일한 것으로 손상모발에 효과적이다.

③ 환원제로 티오글리콜산을 이용하는 퍼머넌트제이다.

④ 암모니아수 등의 알칼리제를 사용하는 대신 계면활성제를 첨가한 제제이다.

> 시스테인 퍼머넌트는 제1액(환원제)으로 모발에서 추출한 아미노산의 일종인 시스테인을 이용하는 방법으로 연모나 손상모에 적당하다.

2 ★★★ 아미노산의 일종을 환원제로 사용하여 연모와 손상모 등의 퍼머넌트에 적당한 것은?

① 시스테인 퍼머넌트　　② 산성 퍼머넌트

③ 거품 퍼머넌트　　　　④ 히트 퍼머넌트

> 시스테인 퍼머넌트는 두발에서 추출한 시스테인이라는 아미노산을 환원제로 이용한 방법으로 모발에 손상을 주지 않으므로 연모나 손상모에 적당하다.

3 ★★★ 시스테인 퍼머넌트에 대한 설명으로 틀린 것은?

① 아미노산의 일종인 시스테인을 사용한 것이다

② 환원제로 티오글리콜산염이 사용 된다

③ 모발에 대한 잔류성이 높아 주의가 필요하다

④ 연모, 손상모의 시술에 적합하다

> 시스테인 퍼머넌트는 제1제(환원제)로 티오글리콜산염을 사용하지 않고, 시스테인을 사용한다.

4 ★★★★★ 콜드 퍼머넌트 웨이브(cold permanent wave) 시 제1액의 주성분은?

① 과산화수소　　　　② 취소산나트륨

③ 티오글리콜산　　　④ 과붕산나트륨

> 콜드 퍼머넌트 웨이브 시 제1액(환원제)으로는 티오글리콜산이 가장 많이 사용된다.

5 ★★★ 퍼머넌트 웨이빙 시 두발을 구성하고 있는 케라틴의 시스틴 결합은 무엇에 의하여 잘려지는가?

① 티오글리콜산　　　② 취소산칼륨

③ 과산화수소　　　　④ 브롬산나트륨

> 모발 단백질인 케라틴의 시스틴 결합을 절단(환원)시키는 약제는 제1액이며, 티오글리콜산이 가장 많이 사용된다.

6 ★★★ 퍼머약의 제1액 중 티오글리콜산의 적정 농도는?

① 1~2%　　　　　② 2~7%

③ 8~12%　　　　④ 15~20%

> 콜드 퍼머넌트 웨이빙의 제1액으로 사용되는 티오글리콜산은 2~7%의 농도로 사용한다.

정답 6 ③ 7 ① **2** 1 ② 2 ① 3 ② 4 ③ 5 ① 6 ②

chapter 01

7 ★★★★★ 콜드 퍼머넌트 웨이빙에서 환원제의 주제로 사용되는 것은?

① 티오글리콜산염　　② 과산화수소
③ 브롬산칼륨　　　　④ 취소산나트륨

> 콜드 퍼머넌트 웨이빙에서 환원제(절단제)로 사용되는 약제는 제1액이며, 티오글리콜산염이 가장 많이 사용된다.

8 ★★★★ 퍼머넌트 웨이빙의 프로세싱 솔루션의 화학적 성분은?

① 과산화수소　　　　② 산화제
③ 브롬산염　　　　　④ 티오글리콜산염

> 프로세싱 솔루션은 환원작용을 하는 용액이라는 의미로 제1액을 말하며, 티오글리콜산염이 가장 많이 사용된다.

9 ★★★ 제1액의 주제인 티오글리콜산의 가장 많이 사용하는 pH의 범위는?

① pH 4.0~9.0　　　② pH 9.0~9.6
③ pH 5.5~9.3　　　④ pH 6.5~9.6

> 제1액으로 사용되는 티오글리콜산은 환원제로 사용되는 알칼리성으로 pH 9.0~9.6 정도이다.

10 ★★★ 펌(perm)의 1액이 웨이브(wave)의 형성을 위해 주로 적용하는 모양의 부위는?

① 모수질(medulla)　　② 모근(hair rool)
③ 모피질(cortex)　　　④ 모표피(curicle)

> 모발은 모표피(털의 표면부분), 모피질(털의 중간부분), 모수질(털의 중심부분)로 구분할 수 있으며, 퍼머넌트 웨이브 시 제1액(환원제)이 주로 적용되는 부위는 모피질이다.

11 ★★★★ 콜드웨이브에 있어 제2액의 작용에 해당되지 않은 것은?

① 산화작용　　　　　② 정착작용
③ 중화작용　　　　　④ 환원작용

> 콜드 퍼머넌트 웨이브에서 제2액은 환원(절단)된 모발에 작용하여 산화(재결합), 정착(고착), 중화작용을 한다. 환원작용은 제1액의 작용이다.

12 ★★★ 콜드 퍼머넌트 웨이브에 있어서 2액에 관한 설명 중 옳은 것은?

① 알칼리성 물질이다.
② 제2액은 티오글리콜산을 많이 사용된다.
③ 두발의 구성물질을 환원시키는 작용을 한다.
④ 뉴트럴라이저(neutralizer)라고도 한다.

> ①, ②, ③은 제1액에 대한 설명이며, 제2액은 산화제, 정착제, 중화제(뉴트럴라이저)라고 한다.

13 ★★★ 콜드 웨이브의 제2액에 관한 설명 중 옳은 것은?

① 두발의 구성 물질을 환원시키는 작용을 한다.
② 약액은 티오글리콜산염 이다.
③ 형성된 웨이브를 고정시켜준다.
④ 시스틴의 구조를 변화시켜 거의 갈라지게 한다.

> 콜드 퍼머넌트 웨이브의 제2액은 제1액에 의해 만들어진 웨이브를 산화시켜 고정시키고, 자연상태의 모발로 되돌린다.

14 ★★★ 콜드 퍼머넌트에서 제2액의 성분 및 작용에 관한 설명 중 틀린 것은?

① 제1액에 의하여 부드럽고 환원된 두발에 작용하여 시스틴 결합을 재결합시킨다.
② 제2액을 바르면 두발의 구조는 원상태로 되돌아가 황의 결합 형태는 제1액을 바르기 전과 같아진다.
③ 우리나라에서 흔히 중화제라고 하나 일명 정착제라고도 한다.
④ 우리나라에서는 취소산염류를 기피하고 과산화수소를 주로 많이 사용한다.

> 과산화수소는 모발을 표백시키는 효과가 있어 잘 사용하지 않고 취소산염류(취소산나트륨, 취소산 칼륨 등)를 사용한다.

15 ★★★ 퍼머 2액의 취소산 염류의 농도로 맞는 것은?

① 1~2%　　　　　　② 3~5%
③ 6~7.5%　　　　　④ 8~9.5%

> 퍼머넌트 웨이브의 제2액으로 사용되는 취소산 염류의 적정한 농도는 3~5%이다.

16 퍼머넌트 웨이브의 제2액 주제로서 취소산나트륨과 취소산칼륨은 몇 %의 적정 수용액을 만들어서 사용하는가?

① 1~2 %　　　　② 3~5 %
③ 5~7 %　　　　④ 7~9%

> 퍼머넌트 웨이브에 사용되는 제2액의 농도는 3~5%의 수용액이 적당한다.

03. 콜드 퍼머넌트 웨이브의 시술

1 콜드웨이빙 시술 시 사전 진단 항목으로 가장 거리가 먼 것은?

① 두발의 광택　　　② 두발의 다공성
③ 두발의 신축성　　④ 두발의 질

> 콜드 웨이빙의 시술 전에 두피와 두발의 상태(다공성, 발수성 모발 등), 두발의 질, 신축성, 밀집도 등을 사전 진단한다.

2 콜드 웨이브(cold wave) 퍼머넌트 시술 시 두발의 진단 항목과 거리가 가장 먼 것은?

① 경모 혹은 연모 여부　　② 발수성모 여부
③ 두발의 성장주기　　　　④ 염색모 여부

> 콜드 퍼머넌트 웨이브를 시술하기 전에 두피와 두발의 상태(다공성모, 발수성모 등), 모발의 질(경모, 연모, 염색 여부 등), 두발의 신축성과 밀집성 등을 사전진단한다.

3 발수성모에 퍼머넌트 웨이브를 시술하고자 한다. 시술 직전 가장 올바른 방법은?

① 두발에 트리트먼트 처리를 한다.
② 보통 두발과 같은 방법으로 한다.
③ 스팀타올을 이용해 두발의 모공을 열어준 다음 퍼머 제1액을 도포한다.
④ 보통 두발보다 퍼머 제1액을 많이 도포한다.

> 발수성모는 퍼머넌트용액의 흡수가 잘 되지 않기 때문에 퍼머넌트 전에 특수 활성제를 도포하고 스티머나 스팀타올을 사용하여 두발의 모공을 열어준 다음 퍼머넌트 용액을 도포한다.

4 다공성 모발에 대한 사항 중 틀린 것은?

① 다공성모란 두발의 간충물질이 소실되어 두발 조직 중에 공동이 많고 보습작용이 적어져서 두발이 건조해 지기 쉬우므로 손상모를 말한다.
② 다공성모는 두발이 얼마나 빨리 유액을 흡수하느냐에 따라 그 정도가 결정된다.
③ 다공성의 정도에 따라서 콜드웨이빙의 프로세싱 타임과 웨이빙의 용액의 정도가 결정된다.
④ 다공성의 정도가 클수록 모발의 탄력이 적으므로 프로세싱 타임을 길게 한다.

> 다공성모는 손상모를 말하며, 다공성이 클수록 약액의 흡수가 빠르기 때문에 프로세싱 타임을 정상모보다 짧게 하여야 한다.

5 두발의 다공성에 관한 사항으로 틀린 것은?

① 다공성모(多孔性毛)란 두발의 간충물질(間充物質)이 소실되어 보습작용이 적어져서 두발이 건조해지기 쉬운 손상모를 말한다.
② 다공성은 두발이 얼마나 빨리 유액(流液)을 흡수하느냐에 따라 그 정도가 결정된다.
③ 두발의 다공성 정도가 클수록 프로세싱 타임을 짧게 하고, 보다 순한 용액을 사용하도록 해야 한다.
④ 두발의 다공성을 알아보기 위한 진단은 샴푸 후에 해야 하는데 이것은 물에 의해서 두발의 질이 다소 변화하기 때문이다.

> 다공성모의 진단방법으로는 약간의 모발을 잡아서 머리끝에서 두피 쪽으로 손가락 끝으로 밀어 봤을 때, 밀려서 나가는 모발의 양이 많으면 손상이 많이 된 다공성모이다.
> 샴푸 후 모발에서 물이 매끄럽게 떨어지는 모는 발수성모이다.

6 다음 중 콜드 퍼머넌트의 처리시간이 가장 짧은 모질은?

① 손상모
② 발수성모
③ 강모
④ 경모

> 다공성모는 두발의 간충물질이 소실되어 두발이 건조한 상태의 손상모를 말하며, 약액의 흡수가 빠르기 때문에 프로세싱 타임을 짧게 하고 순한 웨이브용액을 사용한다.

정답 ▶ 16 ② ❸ 1 ① 2 ③ 3 ③ 4 ④ 5 ④ 6 ①

7 ★★★★★ 일반적으로 퍼머넌트 웨이브가 잘 나오지 않는 두발은?

① 염색한 두발 ② 다공성 두발
③ 흡수성 두발 ④ 발수성 두발

발수성 모발은 모표피에 지방이 많은 과다지방 모발로 물을 밀어내는 성질을 가지며, 약액의 흡수도 잘 되지 않기 때문에 퍼머넌트 웨이브가 잘 나오지 않는 모발형이다.

8 ★★★ 콜드웨이브가 가장 잘되지 않는 모질의 두발은?

① 가는 두발
② 연한 두발
③ 지방과다 두발
④ 흡수성 두발

퍼머넌트 웨이브가 잘 되지 않는 모발은 지방과다 두발(발수성 두발)이다.

9 ★★★ 두발의 모표피에 지방분이 많고 수분을 밀어내는 성질을 지닌 지방과다모에 해당하는 것은?

① 발수성모 ② 다공성모
③ 정상모 ④ 저항성모

지방과다모는 발수성 모발을 말하며, 두발의 모표피에 지방분이 많아 수분을 밀어내고, 약액의 흡수가 잘 되지 않는 특징을 가진다.

10 ★★★ 두발 중 발수성모는 모표피에 지방분이 많고 수분을 밀어내는 성질을 지닌 두발로 콜드 웨이브 용액의 침투가 시간이 걸리면 용이하지 않다. 이때 사전처리법으로 맞는 것은?

① 특수 활성제를 도포하여 스티머를 적용한다.
② 헤어트리트먼트 크림을 도포한 후 스티머를 적용한다.
③ PPT제품의 용액을 도포하여 두발 끝에 탄력을 준다.
④ 린스를 적당히 하여 두발을 부드럽게 해준다.

발수성모는 콜드웨이브 용액의 흡수가 잘 안되기 때문에 특수활성제를 도포하고 스티머나 스팀타월로 두발의 모공을 열어준 다음 약액을 도포한다.

11 ★★★ 퍼머넌트 웨이브를 하기 전의 조치사항 중 틀린 것은?

① 필요시 샴푸를 한다.
② 정확한 헤어디자인을 한다.
③ 린스 또는 오일을 바른다.
④ 두발의 상태를 파악한다.

퍼머넌트 웨이브를 하기 전에 정확한 헤어디자인, 두피 및 두발의 상태 진단, 필요시 샴푸잉을 하여야 하며, 린스 또는 오일을 바르는 것은 퍼머넌트 웨이브의 과정 중에 한다.

12 ★★★ 퍼머넌트 웨이브를 시술할 때 사전과정에 관한 설명이다. 잘못된 것은?

① 사전 샴푸 때 모발에 불순물이 많으면 퍼머가 잘 안 되므로 두피를 힘 있게 마사지하여 깨끗하게 샴푸한다.
② 헤어스타일을 결정할 때 고객의 얼굴형이나 미용사의 판단보다 고객의 의사가 최우선되어야 한다.
③ 사전 커트 때 지나치게 불규칙한 층을 많이 주면 와인딩이 어렵고, 지나친 테이퍼링은 손상을 줄 수 있다.
④ 모발의 손상이 심할 경우 퍼머 전에 트리트먼트를 하는 것이 좋다.

퍼머넌트 웨이브를 하기 전에 하는 샴푸잉은 두피를 자극하지 말고 중성샴푸를 사용한다.

13 ★★★ 다음 중 퍼머넌트 웨이브가 잘 나올 수 있는 경우는?

① 오버프로세싱으로 시스틴이 지나치게 파괴된 경우
② 사전 샴푸 시 비누와 경수로 샴푸하여 두발에 금속염이 형성된 경우
③ 두발이 저항성모이거나 발수성모로서 경모인 경우
④ 와인딩시 텐션(tension)을 적당히 준 경우

보기의 ①, ②, ③은 퍼머넌트 웨이브가 잘 나오지 않는 경우이며, 와인딩 할 때 너무 강하게 당기지 않고 적당한 텐션을 주어야 고른 퍼머넌트 웨이브가 나온다.

정답 **7** ④ **8** ③ **9** ① **10** ① **11** ③ **12** ① **13** ④

14 콜드웨이브 시술 시 전처리과정에 속하는 두발건조 (타월드라잉)가 불충분하였을 때 계속 이어지는 웨이브 프로세스를 통하여 나타날 수 있는 현상에 대한 설명으로 옳지 못한 것은?

① 두발에 수분이 많이 남아있으면 탈모증의 원인이 될 수 있다.
② 두발에 수분이 많이 남아있으면 피부병의 원인이 될 수 있다.
③ 두발에 수분이 많이 남아있으면 두피가 거칠어지기 쉽다.
④ 두발에 수분이 많이 남아있으면 산화작용이 급속히 촉진된다.

콜드 퍼머넌트 웨이브의 시술 시 두발건조(타월드라잉)는 전처리 과정이며, 두발건조 후에 제1액을 도포하므로 환원작용이 일어난다.

15 로드(Rod)를 말기 쉽도록 두상을 나누어 구획하는 작업은?

① 블록킹(blocking)
② 와인딩(winding)
③ 베이스(base)
④ 스트랜드(strand)

로드를 말기 쉽도록 두상을 구획하는 것을 블록킹이라고 하며, 블록킹의 크기는 로드의 크기, 모발의 질, 모발의 밀집도에 따라 결정된다.

16 그라데이션 커트업 스타일에 퍼머넌트 웨이브의 와인딩 시 로드크기의 사용방법 기준이 가장 옳은 것은?

① 두부의 네이프에는 소형의 로드를 사용한다.
② 모발이 두꺼운 경우는 로드이 직경이 큰 로드를 사용한다.
③ 두부의 몸에서 크라운 앞부분에는 중형로드를 사용한다.
④ 두부의 크라운 뒷부분에서 네이프 앞쪽까지는 대형로드를 사용한다.

② 모발이 두꺼운 경우는 직경이 작은 로드를 사용한다.
③ 크라운의 하단과 양 사이드에 중형로드를 사용한다.
④ 두부의 탑에서부터 크라운의 앞부분까지 대형로드를 사용한다.

17 두발이 많이 상한 상태인 긴 모발의 손님에게 퍼머넌트 웨이브 시술 시 처음 로드를 와인딩 해야 하는 부분은?

① 손님의 왼쪽에서부터 시작(left side part)
② 목덜미 중앙 윗부분부터(nape part)
③ 두상의 제일 윗부분부터(top part)
④ 뒷부분부터(back point)

퍼머넌트 웨이브를 시술하기 위하여 와인딩을 할 때 목덜미 중앙부분(네이프), 뒷부분(back point), 사이드(side), 두상의 윗부분(top)의 순서로 작업한다.

18 물에 적신 모발을 와인딩한 후 퍼머넌트 웨이브 1제를 도포하는 방법은?

① 워터래핑
② 슬래핑
③ 스파이럴 랩
④ 크로키놀 랩

워터래핑은 두발의 스트랜드에 습기를 주어 촉촉하게 해서 와인딩하는 방법으로 웨트 와인딩이라고도 한다.

19 콜드 웨이브 시 두부 부위 및 두발성질에 따른 컬링 로드 사용에 대한 일반적인 설명이 적절하지 못한 것은?

① 두부의 네이프 부분에는 소형의 로드를 사용한다.
② 두부의 양사이드 부분에는 중형의 로드를 사용한다.
③ 탑에서 크라운의 부분에는 대형의 로드를 사용한다.
④ 일반적으로 굵고 모량이 많은 두발은 대형의 로드를 사용한다.

일반적으로 굵고, 모발의 양이 많은 두발은 블록킹을 작게 하고, 로드도 소형의 것을 사용한다.

정답 **14** ④ **15** ① **16** ① **17** ② **18** ① **19** ④

20 ★★★ 퍼머넌트 와인딩 시 두부 크라운의 하단과 양 사이드에 일반적으로 사용되는 적당한 로드의 크기는?

① 소형을 사용한다.
② 중형을 사용한다.
③ 크기에 상관없이 일률적 크기로 사용한다.
④ 대형을 사용한다.

소형로드	네이프 부분
중형로드	크라운의 하부에서 양 사이드에 걸친 부분
대형로드	탑에서부터 크라운의 앞부분

21 ★★★ 두발의 양이 많고, 굵은 경우 와인딩과 로드의 관계가 옳은 것은?

① 스트랜드를 크게 하고, 로드의 직경도 큰 것을 사용한다.
② 스트랜드를 적게 하고, 로드의 직경도 작은 것을 사용한다.
③ 스트랜드를 크게 하고, 로드의 직경도 작은 것을 사용한다.
④ 스트랜드를 적게 하고, 로드의 직경도 큰 것을 사용한다.

두발의 양이 많고, 굵은 모발은 블로킹(스트랜드)을 작게 하고, 로드의 직경도 작은 것으로 사용한다.

22 ★★★★ 퍼머넌트 웨이브 시술 시 굵은 두발에 대한 와인딩을 옳게 설명한 것은?

① 블로킹을 크게 하고 로드의 직경도 큰 것으로 한다.
② 블로킹을 작게 하고 로드의 직경도 작은 것으로 한다.
③ 블로킹을 크게 하고 로드의 직경은 작은 것으로 한다.
④ 블로킹을 작게 하고 로드의 직경은 큰 것으로 한다.

굵은 두발이나 과밀한 모발의 와인딩은 블로킹을 작게 하고, 로드도 작은 것으로 사용한다.

23 ★★★★ 다음 그림과 같이 와인딩 했을 때 웨이브의 형상은?

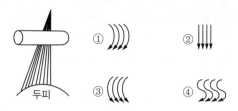

와인딩의 빗겨말기로 모발이 더 기울어진 방향으로 웨이브의 방향이 형성된다. 모발이 오른쪽으로 기울었으므로 오른쪽 방향으로 웨이브가 형성된다.

24 ★★★ 다음 중 가는 로드를 사용한 콜드 퍼머넌트 직후에 나오는 웨이브로 가장 가까운 것은?

① 내로우 웨이브(narrow wave)
② 와이드 웨이브(wide wave)
③ 섀도우 웨이브(shadow wave)
④ 호리존탈 웨이브(horizontal wave)

① 내로우 웨이브 : 릿지와 릿지의 폭이 좁거나 커브가 급한 웨이브로 가는 로드를 사용하면 파장이 많은 곱슬곱슬한 머리형이 된다.
② 와이드 웨이브 : 폭이 넓은 웨이브. 섀도우 웨이브보다 파고가 뚜렷하다.
③ 섀도우 웨이브 : 파마를 할 때 웨이브의 리지가 그림자처럼 거의 눈에 보이지 않을 정도로 느슨한 웨이브
④ 호리존탈 웨이브 : 가로방향 웨이브

25 ★★★ 프로세싱 솔루션(processing solution)에 관한 설명으로 틀린 것은?

① pH 9.5정도의 알칼리성 환원제이다.
② 티오글리코산이 가장 많이 사용된다.
③ 한번 사용하고 남은 액은 원래의 병에 다시 넣어 보관해도 좋다.
④ 어두운 장소에 보관하고 금속용기 사용은 삼가해야 한다.

퍼머넌트 웨이브에 사용하는 1액을 프로세싱 솔루션이라고 하며, 한번 사용하고 남은 액은 공기 중에 산화되어 작용력이 떨어지기 때문에 재사용하지 않는다.

26 콜드퍼머넌트 웨이브의 시술 중 프로세싱 솔루션 (processing solution)에 해당 하는 것은?

① 제1액의 산화제
② 제1액의 환원제
③ 제2액의 환원제
④ 제2액의 산화제

2욕법의 콜드퍼머넌트 웨이브 시술에서 프로세싱 솔루션은 제1 액의 환원제를 말한다.

27 콜드 퍼머넌트 시 제1액을 바르고 비닐캡을 씌우는 이유로 거리가 가장 먼 것은?

① 체온으로 솔루션의 작용을 빠르게 하기 위하여
② 제1액의 작용이 두발 전체에 골고루 행하여지게 하기 위하여
③ 휘발성 알칼리의 휘산작용을 방지하기 위하여
④ 두발을 구부러진 형태대로 정착시키기 위하여

콜드 퍼머넌트 시술 시 비닐캡을 씌우는 이유는 체온으로 제1 액(솔루션)의 작용을 빠르고 두발전체에 고르게 작용시키고, 휘 발성 알칼리(암모니아가스)의 휘산(증발)작용을 방지하기 위해 서이다.

28 콜드 퍼머넌트 웨이빙(cold permanent waving) 시 비닐캡(vinyl cap)을 씌우는 목적 및 이유에 해당되지 않는 것은?

① 라놀린(lanolin)의 약효를 높여주므로 제1액의 피부염 유발 위험을 줄인다.
② 체온의 방산(放散)을 막아 솔루션(solution)의 작용을 촉진한다.
③ 퍼머넌트액의 작용이 두발 전체에 골고루 진행되도록 돕는다.
④ 휘발성 알칼리(암모니아 가스)의 산일(散逸)작용을 방지한다.

콜드 퍼머넌트 시술 시 비닐캡은 체온의 방산을 막아 솔루션의 작용을 촉진하고 두발 전체에 고르게 작용하며, 휘발성 가스의 증발(산일)작용을 방지하는 역할을 한다.

29 퍼머넌트 시술 시 비닐 캡의 사용목적과 가장 거리가 먼 것은?

① 산화방지
② 온도유지
③ 제2액의 고정력 강화
④ 제1액의 작용 활성화

퍼머넌트 시술 시 비닐캡은 1액의 도포 시 씌우는 것으로 2액(산 화제)과는 거리가 멀다.

30 정상적인 두발상태와 온도조건에서 콜드웨이빙 시술 시 프로세싱(processing)의 가장 적당한 방치 시간은?

① 5분 정도
② 10~15분 정도
③ 20~30분 정도
④ 30~40분 정도

콜드웨이빙의 시술 시 적정한 프로세싱 타임은 정상적인 조건하 에서 10~15분 정도이다.

31 모발에 도포한 약액이 쉽게 침투되게 하여 시술 시간을 단축하고자 할 때에 필요하지 않는 것은?

① 스팀타월
② 헤어스티머
③ 신징
④ 히팅캡

신징(Singeing)은 헤어트리트먼트에 사용되는 방법으로 모발을 적당히 그슬리거나 지져 모발을 관리하는 기법이다.

32 다음 펌(Perm)의 일반적인 과정에서 모발의 상태 혹은 제품에 따라 생략될 수 있는 과정은?

① 제1액 도포
② 열처리
③ 중간린스
④ 제2액 도포

펌의 과정에서 열처리는 프로세싱 타임을 줄이기 위하여 사용하 는 과정으로 생략되어도 된다.

정답 26 ② 27 ④ 28 ① 29 ③ 30 ② 31 ③ 32 ②

33 다음 중 언더 프로세싱(under processing)된 모발의 그림은?

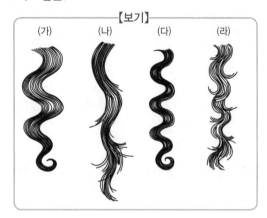

【보기】
(가)   (나)   (다)   (라)

① 가
③ 다
② 나
④ 라

언더프로세싱은 1액의 방치시간이 적정시간보다 짧은 경우로 웨이브가 거의 형성되지 않는다.

34 퍼머 제1액 처리에 따른 프로세싱 중 언더 프로세싱(under processing)의 설명으로 틀린 것은?

① 언더프로세싱은 프로세싱 타임 이상으로 제1액을 두발에 방치한 것을 말한다,
② 언더프로세싱일 때에는 두발의 웨이브가 거의 나오지 않는다.
③ 언더프로세싱일 때에는 처음에 사용한 솔루션 보다 약한 제1액을 다시 사용한다.
④ 제1액의 처리 후 두발의 테스트컬로 언더프로세싱 여부가 판명된다.

언더프로세싱은 적정한 프로세싱 타임보다 1액의 방치시간이 짧은 경우를 말한다.

35 퍼머넌트 웨이브 시술 중 테스트 컬(test curl)을 하는 목적으로 가장 적합한 것은?

① 2액의 작용 여부를 확인하기 위해서이다.
② 굵은 모발, 혹은 가는 두발에 로드가 제대로 선택되었는지 확인하기 위해서이다.
③ 산화제의 작용이 미묘하기 때문에 확인하기 위해서이다.

④ 정확한 프로세싱 시간을 결정하고 웨이브 형성 정도를 조사하기 위해서이다.

테스트 컬은 두발에 작용하는 제1액의 작용정도를 판단하여 정확한 프로세싱 시간을 결정하고 웨이브의 형성 정도를 조사하기 위하여 한다.

36 퍼머넌트 웨이브(permanent wave) 시술 시 두발에 대한 제1액의 작용 정도를 판단하여 정확한 프로세싱 타임을 결정하고 웨이브의 형성 정도를 조사하는 것은?

① 패치 테스트
② 스트랜드 테스트
③ 테스트 컬
④ 컬러 테스트

테스트 컬은 퍼머넌트 웨이브 시 두발에 대하여 제1액이 작용하는 정도를 판단하여 정확한 프로세싱 타임을 결정하고 웨이브의 형성정도를 조사하는 것이다.

37 다음 중 콜드 퍼머넌트 웨이빙 시 제1액을 바른 후 1차적인 테스트 컬(test curl) 시간으로 가장 적당한 것은?

① 50분 후
② 20~30분
③ 10~15분
④ 30~40분

모발에 대한 제1액의 작용정도를 판단하여 정확한 프로세싱 시간을 결정하며, 보통 제1액을 바르고 10~15분 정도 테스트 컬을 한다.

38 다음 중 콜드 퍼머넌트 웨이브 시술 시 두발에 부착된 제1액을 씻어 내는데 가장 적합한 린스는?

① 에그 린스(egg rinse)
② 산성 린스(acid rinse)
③ 레몬 린스(lemon rinse)
④ 플레인 린스(plain rinse)

콜드 퍼머넌트 웨이브에서 프로세싱 후 제1액을 씻어내기 위하여 중간린스를 하며, 중간린스는 미지근한 물로 헹구어주는 플레인 린스를 한다.

39 퍼머넌트 웨이브를 시술할 때 두발에 부착된 제1액을 씻어내기 위한 처리는?

① 플레인 샴푸
② 플레인 린스
③ 알칼리성 샴푸
④ 산성린스

> 퍼머넌트 웨이브 시 제1액을 씻어내는 중간린스는 미지근한 물로 헹구는 플레인 린스를 한다.

40 흡수력이 있는 티슈, 타올로 각 컬 사이를 눌러 제1액을 제거하는 방법은?

① 워터래핑(water wrapping)
② 칩핑(chipping)
③ 블로팅(blotting)
④ 스플래쉬

> 블로팅(Blotting)은 액체를 부드러운 종이나 천으로 빨아들인다는 뜻으로 티슈나 타올로 각 컬 사이를 눌러 제1액이나 물기를 제거하는 방법이다.

41 퍼머넌트 웨이빙 시 2액의 가장 올바른 사용방법은?

① 중화제를 따뜻하게 데워서 고르게 모발 전체에 사용한다.
② 중화제를 차갑게 하여 두발 전체에 고르게 사용한다.
③ 미지근한 물로 중간세척을 한 후 2액을 사용한다.
④ 샴푸제로 깨끗이 씻어 준 후 2액을 사용한다.

> 퍼머넌트 웨이빙 시 제2액은 프로세싱 후 미지근한 물로 충분히 헹구어내는 중간린스(중간세척) 후 사용한다.

42 콜드 웨이브의 시술순서 구분 중 웨이브 프로세스(wave process)에 속하지 않은 것은?

① 셰이핑(shaping)
② 와인딩(winding)
③ 블로킹(blocking)
④ 중간린스(rinsing)

> 콜드 웨이브의 웨이브 프로세스는 블로킹 → 와인딩 → 프로세싱 → 테스트 컬 → 중간린스 → 2액의 도포 및 린싱이다.

43 콜드웨이브(cold wave) 시술 후 머리끝이 자지러지는 원인에 해당 되지 않는 것은?

① 모질에 비하여 약이 강하거나 프로세싱 타임이 길었다.
② 너무 가는 로드(rod)를 사용했다.
③ 텐션(tension, 긴장도)이 약하여 로드에 꼭 감기지 않았다.
④ 사전커트 시 머리끝을 테이퍼(taper)하지 않았다.

> 사전커트 시 머리끝을 너무 심하게 테이퍼하였을 경우에 머리끝이 자지러진다.

44 콜드 퍼머넌트 웨이브 시 두발 끝이 자지러지는 원인이 아닌 것은?

① 콜드 웨이브 제1액을 바르고 방치시간이 길었다.
② 사전 커트 시 두발 끝을 너무 테이퍼링하였다.
③ 두발 끝을 블런트 커팅하였다.
④ 너무 가는 로드를 사용하였다.

> 블런트 커트는 퍼머넌트 웨이브 시 두발 끝이 자지러지는 원인이 되지 않는다.

45 퍼머넌트 웨이브 후 두발이 자지러지는 원인이 아닌 것은?

① 사전 커트 시 두발 끝을 심하게 테이퍼한 경우
② 로드의 굵기가 너무 가는 것을 사용한 경우
③ 와인딩 시 텐션을 주지 않고 느슨하게 한 경우
④ 오버 프로세싱을 하지 않은 경우

> 오버 프로세싱을 하였을 경우 두발 끝이 자지러진다.

정답 39 ② 40 ③ 41 ③ 42 ① 43 ④ 44 ③ 45 ④

46 퍼머넌트 웨이브가 잘 나오지 않은 경우가 아닌 것은?

① 와인딩 시 텐션을 주어 말았을 경우
② 사전 샴푸 시 비누와 경수로 샴푸하여 두발에 금속염이 형성된 경우
③ 두발이 저항모이거나 발수성모로 경모인 경우
④ 오버 프로세싱으로 시스틴이 지나치게 파괴된 경우

퍼머넌트 웨이브의 와인딩 시 텐션을 주어 말아야 웨이브가 잘 나온다. ②, ③, ④는 퍼머넌트 웨이브가 잘 나오지 않는 경우이다.

47 퍼머넌트 웨이브 시술 결과 컬이 강하게 형성된 원인과 거리가 먼 것은?

① 모발의 길이에 비해 너무 가는 로드를 사용한 경우
② 프로세싱 시간이 긴 경우
③ 강한 약액을 선정한 경우
④ 고무 밴드가 강하게 걸린 경우

컬이 강하게 형성된 원인
① 사전커트 시 모발 끝을 심하게 테이퍼링 했을 때
② 로드의 굵기가 너무 가는 것을 사용했을 때
③ 와인딩 시 텐션을 주지 않고 느슨하게 말았을 때
④ 오버 프로세싱을 했을 때
⑤ 너무 강한 약을 사용하였을 때
⑥ 콜드웨이브 제1액을 바르고 방치시간이 길었을 때

48 퍼머넌트 용액에 의한 장애가 아닌 항목은?

① 피부가 예민한 사람은 두피에 라놀린만 바르면 아무런 장애가 없다.
② 와인딩 할 때 모근을 강하게 잡아당기면 모근에 장애가 생길 수 있으며 영구적인 탈모가 될 수 있다.
③ 2액의 산화가 충분하고 완전하게 이루어지지 않으면 두발의 탄력성이 저하되고 잘리기 쉽다.
④ 컬링로드에 너무 텐션(tention)을 강하게 말거나 고무 밴드로 강하게 고정하면 단모의 원인이 된다.

라놀린은 양모에서 추출한 오일성분으로 특히 모발에 친화성이 강하여 화장품의 원료로 많이 사용되지만 만병통치약은 아니며 피부가 예민한 사람은 스킨 테스트 등을 하여 사용여부를 결정하여야 한다.

49 퍼머넌트를 한 직후에 아이론을 하면 일반적으로 일어나는 주된 현상은?

① 두발이 변색한다.
② 머리결이 부스러지는 등 상한다.
③ 탈모현상이 생긴다.
④ 머리 결이 억세진다.

퍼머넌트 웨이브를 한 직후에 아이론 등의 뜨거운 열을 가하면 머릿결이 부스러지고 두발에 화상을 입기 쉽다.

50 취소산염류가 주성분인 퍼머넌트 웨이브의 제 2액을 도포할 때의 시간과 횟수가 가장 효과적인 방법은?

① 1회 도포 후 40분간 방치
② 1회 도포 후 15~20분간 방치
③ 1회 도포 후 15~20분간 방치, 재도포 후 10~15분간 방치
④ 1회 도포 후 40분간 방치, 재도포 후 40분간 방치

2욕법의 콜드 퍼머넌트 웨이브 시술에서 산화제(중화제)인 2액의 도포는 1회 도포 시 5~10분 방치, 재도포 후 5분 방치가 일상적이며, NCS기준에서도 총 중화시간은 취소산 염류 기준으로 총 중화시간이 10~15분으로 되어 있다. 문제에서 가장 정답에 근접한 것은 ③이다.

SECTION 07

Hairdresser Certification

헤어세팅

[출제문항수 : 1~2문제] 이 섹션의 출제비율은 최근에는 작아지는 경향입니다. 오리지널 세트, 리세트, 앞뒤머리 장식으로 구성되어 있으며, 언제라도 많은 문제가 출제될 가능성이 있는 부분이므로 집중해서 학습하시기 바랍니다.

01 헤어세팅의 기초

헤어세팅은 모발형을 만들어 마무리하는 작업을 의미하며, 다양한 방법이 있으나 크게 오리지널 세트와 리세트로 나눈다.

오리지널 세트 (Original set)	• 최초의 기초세트이다. • 종류 : 헤어 파팅, 헤어 셰이핑, 헤어 컬링, 헤어 웨이빙, 롤러 컬링 등
리세트 (Reset)	• 마무리하는 세트로, '정리세트'라고 한다. • 종류 : 브러시 아웃, 콤 아웃

헤어세팅의 구분

02 오리지널 세트(original set) - 베이직 업스타일

1 헤어 파팅(Hair parting)

헤어 파팅은 두발을 나누는 것(가르마)을 말하며, 얼굴형이나 헤어 디자인에 따라 다양한 파팅(Parting)이 있다.

센터 파트

• 전두부의 헤어라인 중심에서 두정부를 향한 직선가르마
• 중앙 가르마(5 : 5 파트)

사이드 파트

• 전두부 헤어라인 경계선에서 뒤쪽으로 향하는 옆 가르마
• 오른쪽과 왼쪽 두 가지가 있음
• 긴얼굴(6 : 4), 둥근얼굴(7 : 3), 모난얼굴(8 : 2) 파트로 나눔

라운드 사이드 파트

• 가르마를 둥글게 타는 파트
• 라운드 파트라고도 함

업 다이애거널 파트

• 사선(다이애거널)의 파트
• 사이드 파트의 분할선이 뒤쪽을 향해 위(Up)로 경사진 파트이다.

▶ **업스타일 디자인의 3대 요소**
① 형태(Form) : 크기, 볼륨, 방향, 위치 등의 모양
② 질감(Texture) : 매끈함, 올록볼록함, 거칠함, 무거움, 가벼움 등의 느낌
③ 색상(Color) : 어둡고 밝음의 명도, 다양한 색의 표현

▶ 용어 이해
  • 다이애거널 : diagonal(사선의)
  • 스퀘어 : square(정사각형)
  • 렉탱귤러 : rectangular(직사각형)
  • 트라이앵귤러 : triangular(삼각형의)
  • 카우릭 : Cowlick(소가르마, 소가 혀로
    핥는 것 같은 모양)

다운 다이애거널 파트	스퀘어 파트
• 사선(다이애거널)의 파트 • 사이드 파트의 분할선이 뒤쪽을 향해 아래(Down)로 경사진 파트이다.	이마의 양쪽에서 사이드 파트를 하고 두정부 가까이(탑 포인트 부분)에서 이마의 헤어라인에 수평이 되도록 모나게 가르마를 타는 파트
렉탱귤러 파트	V형 파트(트라이앵귤러 파트)
이마의 양쪽에서 사이드 파트를 하고 두정부에서 이마의 헤어라인에 수평이 되도록 직사각형으로 나눈 파트	• 이마의 양쪽과 두정부 정점을 연결한 V자(삼각)형의 파트이다. • 업스타일을 시술할 때 백코밍의 효과를 크게 해줌
카우릭 파트	센터 백 파트
두정부의 가마로부터 방사상으로 머리카락 흐름에 따라 가르마를 만든 파트	후두부를 정중선(正中線)으로 똑바로 가르는 파트
크라운 투 이어 파트	이어 투 이어 파트

이어 포인트(E.P)에서 골든 포인트(G.P)를 지나 반대쪽 이어 포인트까지 수직으로 나눈 파트	이어 포인트(E.P)에서 탑 포인트(T.P)를 지나 반대쪽 이어 포인트까지 수직으로 나눈 파트

② 헤어 셰이핑(Hair shaping) : 빗질

① 흐트러진 머리를 브러시로 빗어서 모양을 정리하는 것

② 헤어스타일을 구성하는 기초기술로 모발을 정돈하고 컬 및 웨이브를 형성하여 모양을 만든다. (→ 헤어 커팅과 헤어 세팅의 의미를 가지고 있다.)

③ 빗질의 방향은 웨이브의 흐름을 결정한다.

④ 빗질의 방향에 따른 종류 : 스트레이트 셰이핑(수직 빗기), 인커브 셰이핑(안쪽 돌려빗기), 아웃커브 셰이핑(바깥쪽 돌려빗기)

⑤ 헤어 셰이핑의 각도는 모발의 볼륨과 방향을 정한다.

헤어 셰이핑 각도	특징
업(Up) 셰이핑	모발을 위로 올려 빗는 올려빗기
다운(Down) 셰이핑	모발을 아래로 내려 빗는 내려빗기 • 수직 내려빗기, 라이트 다운 셰이핑(오른쪽 내려빗기), 레프트 다운 셰이핑(왼쪽 내려빗기) • 귓바퀴 방향에 따라 – 포워드 셰이핑(귓바퀴 방향), 리버스 셰이핑(귓바퀴 반대 방향)

⑥ 굵은 빗살과 가는 빗살이 함께 있는 커트용 빗을 사용하며, 굵은 빗살을 사용하는 것이 웨이브의 흐름을 빨리 만들 수 있다.

❸ 헤어 컬링(Hair Curling)

헤어 컬링은 한 묶음의 두발(스트랜드)이 고리 모양이나 소용돌이 모양을 이루며 말린 것을 말한다.

(1) **헤어 컬링의 목적**

① 웨이브(Wave) 만들기
② 플러프(Fluff), 플랩(Flap) 만들기 – 머리끝의 변화를 줌
③ 볼륨(Volume) 만들기

(2) 컬의 명칭

루프(loop, 서클)	원형(고리모양)으로 컬이 형성된 부분이나 모양
베이스(base, 뿌리)	모근부위로 컬 스트랜드의 근원
피벗 포인트(Pivot point)	컬이 말리기 시작한 지점(회전점)
스템(Stem, 줄기)	베이스에서 피벗 포인트까지의 줄기부분
엔드 오브 컬	두발의 끝을 말하며, 엔드(end)라고도 함

(3) **컬의 구성 요소**

컬의 3요소	베이스, 스템, 루프
기타	헤어 셰이핑, 스템의 방향과 각도, 모발의 텐션, 슬라이싱, 모발의 끝처리 등

(4) 베이스(Base)

컬 스트랜드의 근원(뿌리)에 해당되는 부분이다.

① 모양에 따른 베이스

스퀘어(Square) 베이스	• 정방형(정사각형) 베이스 • 평균적인 컬이나 웨이브를 만들 때 하나씩 독립된 컬에 사용

▶ **헤어 셰이핑과 백콤의 차이**
• 헤어 셰이핑 : 빗이나 브러시를 이용하여 흐트러진 머리를 정리하고 컬이나 웨이브를 형성하여 모양을 만드는 것이다.
• 백콤(Back comb) : 모근쪽으로 빗질을 하여 모발에 볼륨감을 주는 동작으로 리세트(콤아웃)에 속한다.

▶ **플랩(Flap), 플러프(Fluff)**
모양을 갖추지 않는 너풀너풀한 느낌의 모발 끝을 말한다.

피벗 포인트
엔드 오브 컬
스템
루프
베이스

▶ **용어 이해**
• 슬라이싱(Slicing) : 모발을 1개의 컬을 할 만큼의 양으로 갈라잡는 것
• 텐션(Tension) : 모발을 잡아당기는 힘의 정도

[스퀘어 베이스]　[오블롱 베이스]

[아크 베이스]　[트라이앵귤러 베이스]

90~120°

⬆ 온 베이스

약 45°

⬆ 하프 오프 베이스

120° 이상

⬆ 오프 베이스

오블롱(Oblong) 베이스	• 장방형(직사각형) 베이스 • 헤어라인으로부터 떨어진 웨이브를 만들 때 사용
아크(Arc) 베이스	• 호형(둥근형) 베이스 • 후두부에 웨이브를 만들 때 사용
트라이앵귤러 베이스	• 삼각형 베이스 • 콤아웃 시 두발이 갈라지는 것을 방지하기 위해서 또는 이마의 헤어라인 등에 사용

② 각도에 따른 베이스

온 베이스 (On base)	• 모발의 각도가 90~120° 정도이며, 로드가 베이스에 정확히 들어가 논스템(non-stem)이 되는 섹션 베이스 • 볼륨감이 크고 베이스 강도도 크다.
오프 베이스 (Off base)	• 로드가 베이스를 벗어나 모간 끝에 컬의 중심을 둔 상태(20°이하 또는 120°이상) • 볼륨감이 적고 베이스 강도도 약하다.
하프 오프 베이스 (half off base)	• 로드가 베이스에 반이 들어오는 45° 정도로 베이스에서 1/2 떨어진 컬 • 중간 정도의 볼륨감 및 베이스 강도
트위스트 베이스 (Twist base)	베이스의 모양이 틀어져 있는 모든 베이스

(5) 스템(Stem)

① 컬의 줄기 부분으로서 베이스에서 피벗포인트까지의 부분을 말한다.
② 스템은 컬의 방향이나 웨이브의 흐름을 좌우한다.
③ 일정한 스타일을 만들기 위해서는 컬의 일정한 흐름이 필요하다.
④ 스템의 종류

논 스템 (Non stem)	• 루프가 베이스에 들어가 있음 • 움직임이 가장 적고, 컬이 오래 지속됨
하프 스템 (Half stem)	• 루프가 베이스에 중간정도 들어가 있는 것 • 서클이 베이스로부터 어느 정도 움직임을 느낌
풀 스템 (Full stem)	• 루프가 베이스에서 벗어나 있음 • 컬의 형태와 방향만을 부여하며, 컬의 움직임이 가장 큼

⑤ 스템의 방향에 따라 위로 향한 업 스템(Up stem), 아래로 향한 다운 스템(Down stem)이 있다.

⬆ 논 스템

stem

⬆ 하프 스템

stem

⬆ 풀 스템

(6) 컬(Curl)의 종류

① **스탠드업 컬**(Stand up curl) : 두피 위에 90°로 세워진 컬로 볼륨을 내기 위해 사용

포워드(Forward) 스탠드업 컬	귀바퀴 방향
리버스(Reverse) 스탠드업 컬	귀바퀴 반대방향

② **플랫 컬**(Flat curl) : 컬의 루프가 두피에 0°의 각도로 평평하고 납작하게 눕혀진 컬로 두발에 볼륨을 주지 않는다.

스컬프처 컬 (Sculpture curl)	• 모발 끝에서 모근 쪽으로 와인딩을 하여 모발 끝이 원의 중심이 되는 컬 • 모발 끝으로 갈수록 웨이브가 좁아짐
핀 컬 (Pin curl)	• 모근에서 모발 끝으로 와인딩을 하여 모근이 원의 중심이 되고, 모발 끝이 원의 바깥에 놓이는 컬 • 모발 끝으로 갈수록 웨이브가 넓어짐 • 메이폴 컬(Maypole curl)이라고도 함

③ 리프트 컬(Lift curl)
- **루프가 두피에 대해 45° 경사지게 세워진 컬**
- 스탠드업 컬과 플랫 컬을 연결할 때 주로 사용

④ 바레루(바렐) 컬
- 두발을 말아서 원통형으로 와이딩하고 핀으로 고정
- 후두부의 중앙부위에 많이 이용

⑤ 컬의 방향에 따른 분류(시계 방향에 따라)

C컬	• 클로크와이즈 와인드 컬(Clockwise wind curl) • 시계방향으로 말리는 컬(오른쪽 돌기)
CC컬	• 카운터 클로크와이즈 와인드 컬 (Counter Clockwise wind curl) • 시계 반대방향으로 말리는 컬(왼쪽 돌기)

⑥ 귀바퀴 방향에 따라 : 스탠드업 컬의 포워드/리버스 컬과 동일

4 컬 핀닝(Curl Pinning)

컬 핀닝은 **완성된 컬을 핀이나 클립을 사용하여 적당한 위치에 고정**시키는 것이다.

① 고정방법

사선고정	가장 일반적인 방법으로 핀을 사선으로 꽂아 고정(실핀, 싱글핀, W핀)
수평고정	핀을 수평으로 꽂아 고정(실핀, 싱글핀, W핀)
교차고정	핀을 교차되게 하여 고정(U자핀)

포워드 스탠드업 컬 : 빨간색 화살표
리버스 스탠드업 컬 : 파란색 화살표

▶ 용어 이해
- 스탠드업(Stand up) : 일어서는
- 리버스(Reverse) : 반대 방향으로
- 리프트(Lift) : 플랫 컬을 들어 올림

⬆ 스컬프처 컬

⬆ 핀 컬

⬆ 바레루(바렐) 컬

▶ 용어 이해
- 바렐(Barrel) : 통, 원통
- 스컬프처(Sculpture) : 요철 모양
- Clockwise : 시계방향으로
- Counter Clockwise : 시계 반대 방향의

chapter 01

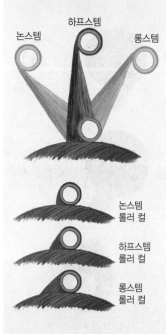

② 컬의 종류에 따른 핀닝

스탠드업 컬	베이스의 중심에 고정시키고, 루프에 대해 직각(90도)으로 핀닝
핀 컬 (메이폴 컬)	U자핀을 루프의 내부에 양면꽂기로 꽂고, 다시 이것과 X자형으로 교차시켜서 U자핀을 꽂아 루프의 외부를 고정시킴

5 롤러 컬(Roller curl)

원통형의 롤러를 사용하여 자연스럽고 부드러운 웨이브를 만들어 볼륨을 주는 기법이다.

(1) 롤러 컬의 종류

논스템 (Non stem) 롤러 컬	• 두발의 스트랜드를 전방으로 약 45°(후방 135°)의 각도로 셰이프해서 두발 끝에서부터 말아 감는다. • 스템이 대부분 롤러에 감기므로 논스템이라 한다. • 볼륨감이 크고 지속성이 좋다. • 주로 크라운 부분에 사용된다.
하프스템 (Half stem) 롤러 컬	• 스트랜드를 베이스에 대하여 약 90°의 각도(수직)로 잡아 올려서 셰이프하고 와인딩 한다. • 논스템 롤러 컬에 비해 볼륨감이 적다. • 주로 크라운 부분에 사용된다.
롱스템 (Long stem) 롤러 컬	• 스트랜드를 약 45° 후방에 셰이프하고 말아 감는다. • 스템이 베이스에서 길게 되므로 롱스템이라 한다. • 주로 네이프 부분에 사용된다.

(2) 롤러 컬의 와인딩 방법

모발 끝을 모으지 않고 롤러 폭만큼 펴서 와인딩	모발 끝이 갈라지는 것을 방지
모발 끝을 모아서 와인딩	볼륨을 내거나 특별한 방향을 설정하기 위해서

⑥ 헤어 웨이브

① 웨이브의 명칭(웨이브의 3대 요소)

크레스트(Crest, 정상)	웨이브에서 가장 높은 곳
리지(Ridge, 융기점)	정상과 골이 교차하면서 꺾어지는 점
트로프(Trough, 골)	웨이브가 가장 낮은 곳

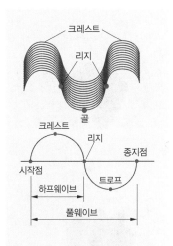

② 웨이브의 형상에 따른 구분

내로우(Narrow) 웨이브	• 파장이 극단적으로 많아 가장 곱슬거리는 웨이브 • 리지와 리지 사이의 폭이 좁음
와이드(Wide) 웨이브	• 리지와 리지 사이가 보통인 가장 일반적인 웨이브 • 크레스트(정상)가 가장 뚜렷하고 자연스러움
섀도(Shadow) 웨이브	• 크레스트가 뚜렷하지 않아 리지가 눈에 잘 띄지 않는 웨이브
프리즈(Frizz) 웨이브	• 모발 끝만 웨이브가 있는 형태

③ 웨이브 형성 방향(리지의 방향성)에 따른 구분

버티컬(Vertical) 웨이브	리지가 수직인 수직 웨이브
호리존틀(Horizontal) 웨이브	리지가 수평인 수평 웨이브
다이애거널(Diagonal) 웨이브	리지가 사선인 대각 웨이브

⬆ 버티컬 웨이브 ⬆ 호리존틀 웨이브 ⬆ 다이애거널 웨이브

⑦ 핑거 웨이브

① 물이나 **세팅로션***을 이용하여 적신 두발을 손가락으로 눌러 빗으로 빗으면서 방향잡기를 하여 만드는 웨이브이다.

② 시술 방법 : 포워드 비기닝(forward beginning), 리버스 비기닝(reverse beginning)

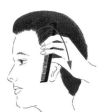

⬆ 핑거 웨이브의 시술과정

▶ 헤어디자인 라인
• 다이애거널 포워드 : 모발이 앞쪽으로 흐르는 전대각으로 앞선이 길어진다.
• 다이애거널 리버스 : 모발이 뒤쪽으로 흐르는 후대각으로 뒷선이 길어지는 후대각 V라인이다.

▶ 용어 이해
• 버티컬(Vertical) : 수직
• 호리존틀(Horizontal) : 수평
• 다이애거널(Diagonal) : 사선

▶ 세팅로션(Setting lotion)
• 웨이브를 쉽게 할 수 있도록 도와준다.
• 건조시켜 브러싱을 하여 웨이브 형태를 이루게 한다.

▶ 핑거 웨이브의 준비물
세팅로션, 물, 빗

▶ 핑거 웨이브의 3대 요소
• 크레스트(정상)
• 리지(융기점)
• 트로프(골)

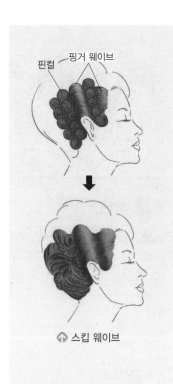

핀컬 핑거 웨이브

⇧ 스킵 웨이브

⇧ 마셀 웨이브

▶ 마셀 웨이브는 빗과 아이론을 이용한 웨이브이다.

(1) 종류

리지 컬 (Ridge curl)	• 일반적인 핑거 웨이브 • 핑거 웨이브 뒤에 플래트 컬(눕혀진 상태의 컬)이 있는 형태
스킵 웨이브 (Skip wave)	• 핑거 웨이브와 핀컬이 교대로 조합된 형태로 말린 방향이 동일하다. • 폭이 넓고 부드럽게 흐르는 버티컬 웨이브를 만들 때 사용하는 기법이다. • 가는 모발이나 지나치게 곱슬거리는 머리에는 효과가 없다.

(2) 웨이브 모양에 따른 분류

하이(High) 웨이브	리지가 높은 웨이브
로우(Low) 웨이브	리지가 낮은 웨이브
덜(Dull) 웨이브	리지가 뚜렷하지 않고 느슨한 웨이브
스윙(Swing) 웨이브	큰 움직임을 보는 듯한 웨이브
스월(Swirl) 웨이브	물결이 회오리치는 듯한 형태의 웨이브

8 마셀 웨이브(Marcel Wave)

아이론의 열을 이용하여 두발에 웨이브를 형성하는 방법으로, 1875년 마셀 그라또우(Marcel Gurateau)가 최초로 발표했다.

(1) 특징

① 부드러운 S자 모양의 자연스러운 웨이브를 형성한다.
② 아이론의 그루브는 아래쪽, 프롱(로드)은 위쪽의 일직선 상태로 잡는 것이 기본자세이다.
③ 아이론을 회전시키기 위해서는 먼저 아이론을 정확하게 쥐고 반대쪽에 45° 각도로 위치시킨다.
④ 마셀 웨이브에 적당한 아이론의 온도는 120~140℃이다.
⑤ 아이론의 온도가 균일할 때 웨이브가 일률적으로 완성된다.

(2) 마셀 웨이브 시 아이론의 방향

안말음(In-curl)	그루브는 위쪽, 로드(프롱)는 아래방향
바깥말음(Out-curl)	로드(프롱)는 위쪽, 그루브는 아래방향

(3) 마셀 웨이브의 와인딩법

스파이럴식 (나선형)	• 두피에서 두발 끝으로 진행 • 두발 끝쪽으로 가면서 컬이 커짐
크로키놀식 (Croquignole)	• 두발 끝에서 두피 쪽으로 진행 • 두피 쪽으로 가면서 컬이 커짐

1 뱅과 엔드 플러프

(1) 뱅(Bang)

애교머리라고도 하며, 이마에서 형태를 갖추는 **앞머리**로 일종의 장식머리이다.

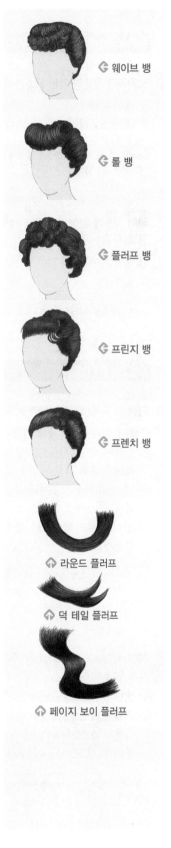

웨이브 뱅 (Wave bang)	모발 끝을 라운드로 처리하고 풀 웨이브나 하프 웨이브를 뱅에 적용한 뱅
롤 뱅 (Roll bang)	롤 모양을 형성한 뱅
플러프 뱅 (Fluff bang)	• 컬을 깃털과 같이 일정한 모양을 갖추지 않고 부풀려서 볼륨을 준 뱅 • 부드럽고 자연스럽게 하여 꾸밈이 없는 듯이 볼륨을 준 형태이다.
프린지 뱅 (Fringe bang)	가르마 가까이에 작게 낸 뱅
프렌치 뱅 (French bang)	모발을 들어 올려 빗어놓고(up-comb), 모발 끝 부분은 플러프 하는 뱅

↞ 웨이브 뱅

↞ 롤 뱅

↞ 플러프 뱅

↞ 프린지 뱅

↞ 프렌치 뱅

(2) 엔드 플러프(End fluff)

플러프 뱅에 속하는 것으로 모발 끝의 웨이브 모양이 너풀거리는 느낌이 들도록 표현한 것이다.

덕 테일 플러프	모발 끝이 가지런히 위로 구부러져 플러프된 상태
라운드 플러프	모발 끝의 모양이 원형이나 반원형으로 플러프된 상태
페이지 보이 플러프	갈고리 모양으로 구부러져서 반원형의 플러프로 끝나는 상태

↑ 라운드 플러프

↑ 덕 테일 플러프

↑ 페이지 보이 플러프

2 리세트(Reset, 콤아웃)

오리지널 세팅을 다시 손질하여 원하는 스타일을 만들고, 지속성을 갖도록 헤어스타일을 완성하는 마무리 작업으로 빗과 브러시를 사용한다.

브러싱(Brushing)	브러시로 모발을 브러싱하는 1차적인 마무리
코밍(Combing)	브러시로 표현되지 않는 부분을 빗으로 마무리
백코밍 (Back combing)	• 빗을 두발 스트랜드의 뒷면에 직각으로 넣고 두피(모근) 쪽을 향해 빗을 내리누르듯이 빗질하여 머리카락을 세우는 것 • 빗이나 브러시에 의해 거꾸로 이루어지는 빗질로 모발에 볼륨을 주거나 머리형태가 오래 지속될 수 있도록 한다.

chapter **01**

01. 헤어세트의 기초

1 ★★★
오리지널 세트의 기본 요소가 아닌 것은?

① 헤어 파팅　　　　② 헤어 셰이핑
③ 헤어 스프레이　　④ 헤어 컬링

> 오리지널 세트의 기본 요소는 헤어 파팅, 헤어 셰이핑, 헤어 웨이빙, 헤어 컬링 등이 있다.

2 ★★★★
헤어 세팅에 있어 오리지널 세트의 주요한 요소에 해당 되지 않는 것은?

① 헤어 셰이핑　　　② 헤어 컬링
③ 콤 아웃　　　　　④ 헤어 파팅

> 콤 아웃은 오리지널 세트가 아니라 리세트(마무리 작업)이다.

02. 오리지널 세트

1 ★★★★★
다음 각 파트(part)의 설명 중 틀린 것은?

① 라운드 파트– 둥글게 가르마를 타는 파트
② 스퀘어 파트– 사이드 파트의 가르마를 대각선 뒤쪽위로 올린 파트
③ 백 센터 파트– 뒷머리 중심에서 똑바로 가르는 파트
④ 센터 파트– 헤어라인 중심에서 두정부를 향한 직선가르마

> 스퀘어 파트는 양쪽 사이드 파트와 탑포인트 부분에서 이마의 헤어라인부분과 수평이 되도록 가르마를 타는 정사각형 모양의 파트이다.

2 ★★★
헤어 파팅(hair parting) 중 후두부를 정중선(正中線)으로 나눈 파트는?

① 센터 파트(center part)
② 스퀘어 파트(square part)
③ 카우릭 파트(cowlick part)
④ 센터 백 파트(center back part)

> 후두부를 정중선으로 나누는 파트는 센터 백 파트 또는 백 센터 파트라고 한다.

3 ★★★
다음 중 스퀘어 파트에 대하여 설명한 것은?

① 이마의 양쪽은 사이드 파트를 하고, 두정부 가까이에서 얼굴의 두발이 난 가장자리와 수평이 되도록 모나게 가르마를 타는 것
② 이마의 양각에서 나누어진 선이 두정부에서 함께 만난 세모꼴의 가르마를 타는 것
③ 사이드(side) 파트로 나눈 것
④ 파트의 선이 곡선으로 된 것

> ② V형(삼각) 파트, ③ 사이드 파트, ④ 라운드 파트

4 ★★★
롤러 컬(roller curl)을 시술할 때 탑 부분에 사각으로 파트를 나누는 것은?

① 스파이럴 파트　　② 스퀘어 파트
③ 크로카놀 파트　　④ 플랫 파트

> 탑 부분에서 사각형 모양으로 파트를 만드는 것은 스퀘어 파트이고, 두정부에서 직사각형 모양으로 파트를 나누는 것은 렉탱귤러 파트이다.

5 ★★★
업스타일을 시술할 때 백코밍의 효과를 크게 하고자 세모난 모양의 파트로 섹션을 잡는 것은?

① 스퀘어 파트
② 트라이앵귤러 파트
③ 카우릭 파트
④ 렉탱귤러 파트

> 세모 모양의 파트는 트라이앵귤러(V형) 파트이다.

6 ★★★
헤어 셰이핑(Hair Shaping)에 대한 내용이 아닌 것은?

① 헤어커팅의 의미와 헤어세팅의 의미를 가지고 있다.
② 컬 및 웨이브를 만들기 위한 기초기술이다.
③ 백콤을 말한다.
④ 각도에 따라 크게 업 셰이핑과 다운 셰이핑으로 분류된다.

> 백콤(Back comb)은 모근쪽으로 빗질을 하여 모발에 볼륨감을 주는 동작으로 리세트(콤아웃)에 속한다.

정답 **1** 1 ③ 2 ③ **2** 1 ② 2 ④ 3 ① 4 ② 5 ② 6 ③

7 ★★★★★ 두정부의 가마로부터 방사상으로 나눈 파트는?

① 스퀘어 파트(Square part)
② 이어투이어 파트(Ear-to-ear part)
③ 카우릭 파트(Cowlick part)
④ 센터 파트(Center part)

> 두정부의 가마로부터 방사상으로 나눈 파트는 카우릭 파트이다.

8 ★★★ 흐트러진 머리를 브러시로 빗어서 모양을 정리한다는 뜻의 용어는?

① 헤어 셰이핑(hair shaping)
② 브로우 드라이(blow dry styling)
③ 헤어 파팅(hair parting)
④ 헤어 트리트먼트(hair treatment)

> 헤어 셰이핑은 빗이나 브러시를 이용하여 흐트러진 머리를 정리하고 컬이나 웨이브를 형성하여 모양을 만드는 것이다.

9 ★★★ 엉킨 두발을 빗으려 할 때 어디에서부터 시작하는 것이 가장 좋은가?

① 두발 끝에서부터
② 두피에서 부터
③ 두발 중간에서부터
④ 아무데서나 상관없다.

> 두발이 엉켰을 때는 과한 힘이 들어가 두발이 손상되지 않도록 두발 끝에서부터 빗어나가는 것이 좋다.

10 ★★★★ 컬의 목적으로 가장 옳은 것은?

① 텐션, 루프, 스템을 만들기 위해
② 웨이브, 볼륨, 플러프를 만들기 위해
③ 슬라이싱, 스퀘어, 베이스를 만들기 위해
④ 세팅, 뱅을 만들기 위해

> 컬은 웨이브, 볼륨, 플랩이나 플러프를 만들기 위해서 한다.

11 ★★★★ 컬의 목적이 아닌 것은?

① 플러프(fluff)를 만들기 위해서
② 웨이브(wave)를 만들기 위해서

③ 컬러(color)의 표현을 원활하게 하기 위해서
④ 볼륨(volume)을 만들기 위해서

> 컬의 목적은 웨이브, 볼륨, 플랩(플러프) 만들기이다.

12 ★★★ 헤어 컬링(hair curling)에서 컬(curl)의 목적과 관계가 가장 먼 것은?

① 웨이브를 만들기 위해서
② 머리끝의 변화를 주기 위해서
③ 텐션을 주기 위해서
④ 볼륨을 만들기 위해서

> 컬은 두발에 웨이브, 볼륨, 플랩을 만들기 위하여 한다.

13 ★★★★ 다음 중 헤어 컬링(hair curling)의 목적과 관계가 가장 적은 것은?

① 볼륨   ② 웨이브
③ 플랩   ④ 셰이핑

> 헤어 컬링은 볼륨, 웨이브, 플랩(플러프)를 만들기 위해서 한다.

14 ★★★★★ 컬(curl)의 구성요소에 해당되지 않는 것은?

① 크레스트(crest)   ② 베이스(base)
③ 루프(loop)   ④ 스템(stem)

> 컬의 3요소는 베이스, 스템, 루프이다.
> ※웨이브의 3대 요소 : 크레스트, 리지, 트로프

15 ★★★★ 다음 중 컬을 구성하는 요소로 가장 거리가 먼 것은?

① 헤어 셰이핑(hair shaping)
② 헤어 파팅(hair parting)
③ 슬라이싱(slicing)
④ 스템(stem)의 방향

> • 컬의 3대 요소 : 베이스, 스템, 루프
> • 기타 구성 요소 : 헤어 셰이핑, 스템의 방향, 슬라이싱, 모발의 텐션 등
> ※헤어 파팅은 두발을 나누는 것으로 컬과는 가장 거리가 멀다.

정답 7 ③ 8 ① 9 ① 10 ② 11 ③ 12 ③ 13 ④ 14 ① 15 ②

16 헤어컬링(hair curling) 시 1개의 컬을 할 만큼의 두발을 얇게 갈라잡는 것을 무엇이라 하는가?

① 세팅(setting) ② 롤링(rolling)
③ 슬라이싱(slicing) ④ 와인딩(winding)

두발을 1개의 컬을 할 만큼의 양으로 갈라잡는 것을 슬라이싱(Slicing)이라 한다.

17 컬 스트랜드의 근원(뿌리)에 해당되는 부분은?

① 베이스(base)
② 피보트 포인트(pivot point)
③ 스템(stem)
④ 앤드 오브 컬(end of curl)

컬 스트랜드의 뿌리부분(근원)을 베이스(Base)라고 한다.

18 베이스(base)는 컬 스트랜드의 근원에 해당된다. 다음 중 오블롱(oblong) 베이스는 어느 것인가?

① 오형 베이스 ② 정방형 베이스
③ 장방형 베이스 ④ 아크 베이스

베이스의 모양에 따라 스퀘어(정방형), 오블롱(장방형), 아크(호형), 트라이앵귤러(삼각형) 베이스로 나눈다.

19 모발의 각도를 120°로 빗어서 로드를 감으면 논스템(non- stem)이 되는 섹션 베이스는?

① 오프 베이스(Off base)
② 온 하프 오프 베이스(On-half off base)
③ 트위스트 베이스(Twist base)
④ 온 베이스(On base)

온 베이스는 모발의 각도가 90~120°이며, 로드를 감으면 논스템(Non-stem)이 되어 볼륨감이 크고 베이스 강도가 강하다.

20 컬의 줄기 부분으로서 베이스(base)에서 피벗(pivot)점까지의 부분을 무엇이라 하는가?

① 엔드 ② 스템
③ 루프 ④ 융기점

컬의 줄기부분으로 베이스에서 피벗 포인트(Pivot point)까지를 스템(Stem)이라 한다.

21 컬(Curl)의 방향이나 웨이브(Wave)의 흐름을 좌우하는 것은?

① 스템(Stem)
② 베이스(Base)
③ 엔드 오브 컬(End of Curl)
④ 루프(Loop)

스템(Stem)은 컬의 방향이나 웨이브의 흐름을 좌우하며, 일정한 스타일을 만들기 위해서 컬의 일정한 흐름이 필요하다.

22 컬의 기본적인 스템(stem)이 아닌 것은?

① 풀 스템(full stem) ② 하프 스템(half stem)
③ 논 스템(non stem) ④ 롱 스템(long stem)

컬의 기본적인 스템에는 논 스템, 하프 스템, 풀 스템이 있다.

23 털의 움직임(무브먼트) 중 컬이 오래 지속되며 움직임이 가장 작은 기본적인 스템은?

① 풀 스템 ② 하프 스템
③ 논 스템 ④ 업 스템

논 스템(Non stem)은 컬이 오래 지속되며, 움직임이 가장 적은 기본 스템이다.

24 헤어셰이핑(hair shaping)에서 컬이 오래 지속되며 움직임이 가장 적은 스템(stem)은?

① 논 스템(non stem) ② 풀 스템(full stem)
③ 롱 스템(long stem) ④ 하프 스템(half stem)

컬이 오래 지속되고 움직임이 가장 적은 스템은 논 스템이다.

25 루프가 귓바퀴를 따라 말리고 두피에 90°로 세워져 있는 컬은?

① 리버스 스탠드업 컬
② 포워드 스탠드업 컬
③ 스컬프처 컬
④ 플랫 컬

루프가 귓바퀴를 따라 말리고, 두피에 90°로 세워진 컬은 포워드 스탠드업 컬이다.

정답 16 ③ 17 ① 18 ③ 19 ④ 20 ② 21 ① 22 ④ 23 ③ 24 ① 25 ②

26 컬의 루프가 귓바퀴를 따라 말린 스탠드업 컬은?

① 스컬프쳐 컬
② 포워드 스탠드업 컬
③ 리버즈 스탠드업 컬
④ 플랫 컬

컬의 루프가 귓바퀴를 따라 말린 스탠드업 컬은 포워드 스탠드업 컬이다.

27 그림에서 업 스템 포워드 컬(Up-stem forward curl)은?

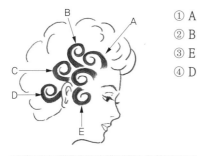

① A
② B
③ E
④ D

포워드 컬은 귀바퀴 방향이므로 A와 E이며, 이 중 E는 스템이 아래로 향한 다운 스템이므로 A가 업 스템 포워드 컬이다.

28 라이트 백 스템 포워드 컬(right back stem forward curl)에 해당하는 것은?

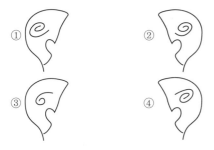

그림이 사람의 두상과 귀를 나타내므로 라이트(오른쪽)은 ①과 ③이며, 포워드 컬은 귀바퀴 방향으로 말리는 컬이므로 ③이 정답이다.

29 스탠드업 컬에 있어 루프가 귓바퀴 반대 방향으로 말린 컬은?

① 플랫 컬   ② 포워드 스탠드업 컬
③ 리버스 스탠드업 컬   ④ 스컬프쳐 컬

스탠드업 컬에서 루프가 귓바퀴 반대 방향으로 말린 컬은 리버스 스탠드업 컬이다.

30 다음 중 두발의 볼륨을 주지 않기 위한 컬 기법은?

① 스탠드업 컬(stand up curl)
② 플랫 컬(flat curl)
③ 리프트 컬(lift curl)
④ 논스템 롤러 컬(non stem roller curl)

플랫 컬은 루프가 두피에 평평하게 눕혀진 컬로 두발에 볼륨을 주지 않는다.

31 플랫 컬의 특징을 가장 잘 표현한 것은?

① 컬의 루프가 두피에 대하여 0도 각도로 평평하고 납작하게 형성되어진 컬을 말한다.
② 일반적 컬 전체를 말한다.
③ 루프가 반드시 90도 각도로 두피 위에 세워진 컬로 볼륨을 내기 위한 헤어스타일에 주로 이용된다.
④ 두발의 끝에서부터 말아온 컬을 말한다.

플랫 컬은 루프가 두피에 0° 각도로 평평하게 눕혀진 컬로 볼륨감을 주지 않는다.

32 컬의 루프가 두피에 0° 각도로 평평하고 납작하게 형성된 컬은?

① 포워드스탠드업 컬
② 스컬프쳐 컬
③ 리버즈스탠드업 컬
④ 리프트 컬

컬의 루프가 두피에 0도 각도로 평평하고 납작하게 형성된 컬은 플랫 컬이며, 플랫컬에는 스컬프쳐 컬과 핀 컬(메이폴 컬)이 있다.

33 스컬프쳐 컬(sculpture curl)에 관한 설명으로 옳은 것은?

① 두발 끝이 컬의 바깥쪽이 된다.
② 두발 끝이 컬의 좌측이 된다.
③ 두발 끝이 컬 루프의 중심이 된다.

정답 **26** ② **27** ① **28** ③ **29** ③ **30** ② **31** ① **32** ② **33** ③

④ 두발 끝이 컬의 우측이 된다.

플랫 컬 중 스컬프처 컬은 두발 끝에서 모근 쪽으로 와인딩을 하는 방법으로 두발 끝이 루프(원)의 중심이 된다.

34 스컬프쳐 컬(Sculpture curl)과 반대되는 컬은?

① 플랫 컬(Flat curl)
② 메이폴 컬(Maypole curl)
③ 리프트 컬(Lift curl)
④ 스탠드업 컬(Stand-up curl)

메이폴 컬(핀 컬)은 스컬프처 컬과 반대로 모근에서 모발 끝으로 와인딩하여 모근이 원의 중심이 되고, 모발 끝이 원의 바깥에 있게 된다.

35 핀컬(pin curl)의 종류에 대한 설명이 틀린 것은?

① CC컬 - 시계반대방향으로 말린 컬이다.
② 논스템(non-stem)컬 - 베이스에 꽉 찬 컬로 웨이브가 강하고 오래 유지된다.
③ 리버스(reverse)컬 - 얼굴 쪽으로 향하는 귓바퀴 방향의 컬이다.
④ 플랫(flat)컬 - 각도가 0°인 컬이다.

리버스 컬은 귀바퀴 반대 방향의 컬을 말한다.

36 헤어세팅의 컬에 있어 루프가 두피에 45도 각도로 세워진 것은?

① 플랫 컬   ② 스컬프쳐 컬
③ 메이폴 컬   ④ 리프트 컬

루프가 두피에 45도 각도로 세워진 컬은 리프트 컬이며, 스탠드업 컬과 플랫컬을 연결할 때 주로 사용된다.

37 클로크와이즈 와인드 컬 (Clockwise wind curl)을 가장 바르게 말한 것은?

① 모발이 시계 바늘 방향인 오른쪽 방향으로 되어진 컬
② 모발이 두피에 대해 세워진 컬
③ 모발이 두피에 대해 시계 가는 반대방향으로 되어진 컬
④ 모발이 두피에 대해 평평한 컬

C컬(클로크와이즈 와인드 컬)은 시계바늘방향(오른쪽)으로 말린 컬을 말하며, CC컬(카운터 클로크와이즈 와인드 컬)은 시계바늘 반대방향(왼쪽)으로 말리는 컬이다.

38 클로크와이즈 컬에 대한 설명으로 옳은 것은?

① 두발을 두피에 세워서 마는 컬
② 시계바늘 반대 방향으로 마는 컬
③ 두발을 오른쪽으로 향해 말아감은 컬
④ 루프가 두피에 45도 각도로 세워진 컬

클로크와이즈 컬(C컬)은 시계바늘 방향(오른쪽)으로 말아감은 컬을 말한다.

39 완성된 컬을 핀이나 클립을 사용하여 적당한 위치에 고정시키는 것을 무엇이라 하는가?

① 트리밍   ② 컬 피닝
③ 클립핑   ④ 셰이핑

컬 피닝은 완성된 컬을 핀이나 클립으로 고정시키는 것을 말하며, 완성된 세팅과 드라잉 과정에서 여러 컬을 고정시켜 준다.

40 컬 피닝 시 주의 사항으로 틀린 것은?

① 두발이 젖은 상태이므로 두발에 핀이나 클립자국이 나지 않도록 주의한다.
② 루프의 형태가 일그러지지 않도록 주의한다.
③ 고정시키는 도구가 루프의 지름보다 지나치게 큰 것은 사용하지 않는다.
④ 컬을 고정시킬 때는 핀이나 클립을 깊숙이 넣어야만 잘 고정된다.

컬을 고정시킬 때는 핀이나 클립의 끝부분을 사용하여 먼저 시술된 컬이 일그러지지 않도록 주의한다.

41 스탠드업의 컬의 피닝 시 루프에 대한 핀의 각도로 가장 적당한 것는?

① 120도   ② 90도
③ 10도   ④ 45도

스탠드업 컬의 피닝 시 핀은 루프에 대해 직각으로 꽂는다.

정 답 ▶ 34 ② 35 ③ 36 ④ 37 ① 38 ③ 39 ② 40 ④ 41 ②

42 *** 퍼머넌트 웨이브와 거리가 먼 웨이브는?

① 프리히이트 웨이브
② 엑소우더믹 퍼머넌트 웨이브
③ 롤러 컬 웨이브
④ 머신 웨이브

롤러 컬 웨이브는 원통형의 롤러를 사용하여 자연스럽고 부드러운 웨이브를 형성하여 볼륨감을 주는 방법으로 퍼머넌트 웨이브와 가장 거리가 멀다.

43 *** 롤러 컬 시 두발의 스트랜드를 앞에서 약 45도의 각도로 셰이프해서 두발 끝에서부터 말아 감는 컬은?

① 논스템 롤러 컬
② 롱스템 롤러 컬
③ 미디움스템 롤러 컬
④ 하프 스템 롤러 컬

논스템 롤러 컬은 두발의 스트랜드를 앞에서 약 45도의 각도로 셰이프해서 두발 끝에서부터 말아 나가 롤러를 베이스의 중앙에 위치시킨다. 스템이 대부분 롤러에 감기므로 논스템이라 하며, 볼륨감이 크다.

44 *** 롤러컬 중 가장 볼륨감이 있고 두부의 크라운 부분에 많이 사용되는 것은?

① 논스템 롤러컬
② 롱스템 롤러컬
③ 세미롱스템 롤러컬
④ 하프스템 롤러컬

논스템 롤러 컬은 볼륨감이 가장 크고, 두부의 크라운 부분에 많이 사용된다.

45 *** 롤러 컬의 종류 중 볼륨감을 가장 크게 하고 싶을 때 셰이프(shape)하는 각도는?

① 두피에서 전방으로 약 45°
② 두피에서 전방으로 약 90°
③ 두피에서 전방으로 약 70°
④ 두피에서 후방으로 약 45°

논스템 롤러 컬은 가장 볼륨감이 좋은 롤러 컬 방법으로 두피에서 전방으로 약 45도로 셰이프해서 두발 끝에서부터 말아 감는다.

46 ***** 두발을 롤러에 와인딩 할 때 스트랜드를 베이스에 대하여 수직으로 잡아 올려서 와인딩한 롤러 컬은?

① 롱스템 롤러 컬
② 하프스템 롤러 컬
③ 논스템 롤러 컬
④ 쇼트스템 롤러 컬

하프스템 롤러 컬은 두발의 스트랜드를 베이스에 대하여 90도(수직)으로 들어올려 와인딩하는 방법이다.

47 *** 헤어세팅에 의한 롤러의 와인딩 시 두발 끝이 갈라지지 않게 하려면 어떻게 말아야 하는가?

① 두발 끝부분을 롤러 중앙에 모아서 만다.
② 두발 끝부분을 임의대로 폭을 넓혀서 만다.
③ 두발을 90°로 올려서 만다.
④ 두발 끝부분을 롤러의 폭만큼 넓혀서 만다.

롤러의 와인딩이나 콤아웃 시 두발 끝이 갈라지지 않도록 와인딩 하는 방법은 두발 끝부분을 모으지 않고 롤러의 폭만큼 넓혀서 마는 것이다.

48 *** 물결상이 극단적으로 많은 웨이브로 곱슬곱슬하게 된 퍼머넌트의 두발에서 주로 볼 수 있는 것은?

① 와이드 웨이브
② 섀도 웨이브
③ 내로우 웨이브
④ 마샬웨이브

내로우 웨이브는 파장이 좁아 가장 곱슬거리는 웨이브로 주로 퍼머넌트 두발에서 주로 나타난다.

49 **** 다음의 웨이브 형상에 따른 분류 중 크레스트(crest)가 뚜렷하고 자연스럽게 되어 있는 것은?

① 내로우 웨이브
② 섀도 웨이브
③ 와이드 웨이브
④ 버티컬 웨이브

와이드 웨이브는 리지와 리지 사이의 폭이 적당한 웨이브로 크레스트가 뚜렷하고 자연스러운 웨이브이다.

정답 42 ③ 43 ① 44 ① 45 ① 46 ② 47 ④ 48 ③ 49 ③

50 내로우 웨이브(narrow wave)의 특징을 가장 잘 나타낸 것은?

① 크레스트(crest)가 뚜렷하지 않는 느슨한 웨이브
② 파장이 극단으로 많은 웨이브
③ 섀도 웨이브(shadow wave)보다 크레스트가 뚜렷한 웨이브
④ 리지(ridge)가 눈에 잘 띄지 않는 웨이브

내로우 웨이브는 리지와 리지 사이의 폭이 좁아 파장이 극단적으로 많은 웨이브를 말한다.

51 헤어웨이브의 형태상 분류에서 와이드 웨이브(wide wave)에 관한 설명 중 옳은 것은?

① 크레스트가 뚜렷하게 눈에 띄지 않는 웨이브
② 섀도 웨이브 보다 크레스트(crest)가 뚜렷한 웨이브
③ 리지와 리지의 폭이 좁고 급한 웨이브
④ 물결상이 극단적으로 많은 웨이브

와이드 웨이브는 크레스트가 뚜렷하고 자연스러운 웨이브이다.
①은 섀도 웨이브 ③과 ④는 내로우 웨이브이다.

52 헤어세팅에 있어서 웨이브의 형상에 따라 분류하는 것으로서 크레스트가 너무 약하게 되어 리지가 눈에 잘 띄지 않은 웨이브는?

① 버티컬 웨이브   ② 섀도 웨이브
③ 내로우 웨이브   ④ 와이드 웨이브

섀도 웨이브(Shadow wave)는 크레스트가 뚜렷하지 않아 리지의 폭도 넓고 눈에 잘 띄지 않는 웨이브이다.

53 웨이브의 형태에 대한 설명 중 틀린 것은?

① 와이드 웨이브 : 고저가 뚜렷한 웨이브
② 섀도 웨이브 : 고저가 뚜렷하지 않은 웨이브
③ 내로우 웨이브 : 웨이브 폭이 좁고 뚜렷한 웨이브
④ 소프트 웨이브 : 웨이브 폭이 좁고 뚜렷한 웨이브

웨이브의 폭이 좁고 고저가 뚜렷한 웨이브는 내로우 웨이브이다.

54 웨이브의 형상에 의한 분류에 속하지 않는 것은?

① 내로우 웨이브   ② 버티컬 웨이브
③ 와이드 웨이브   ④ 섀도 웨이브

웨이브의 구분	
형상에 따라	내로우 웨이브, 와이드 웨이브, 섀도 웨이브, 프리즈 웨이브
방향에 따라	버티컬, 호리존탈, 다이애거널 웨이브

55 미용 기술상 웨이브를 만드는 방법에 따른 분류 중 웨이브의 리지 방향성을 나타낸 것은?

① 섀도 웨이브   ② 컬 웨이브
③ 와이드 웨이브   ④ 다이애거널 웨이브

웨이브의 리지 방향성에 따른 분류로 버티컬(수직) 웨이브, 호리존틀(수평) 웨이브, 다이애거널(사선) 웨이브가 있다.

56 다음 중 웨이브의 리지가 수직으로 된 것은?

① 와이드 웨이브(wide wave)
② 호리존틀 웨이브(horizontal wave)
③ 다이애거널 웨이브(diagonal wave)
④ 버티컬 웨이브(vertical wave)

리지의 방향이 수직인 웨이브는 버티컬 웨이브이다.

57 다음 용어의 설명으로 틀린 것은?

① 버티컬 웨이브(vertical wave) : 웨이브 흐름이 수평
② 리세트(reset) : 세트를 다시 마는 것
③ 호리존탈 웨이브(horizontal wave) : 웨이브 흐름이 가로 방향
④ 오리지널 세트(original set) : 기초가 되는 최초의 세트

버티컬 웨이브는 웨이브의 흐름(리지의 방향성)이 수직인 웨이브를 말한다.

58 웨이브의 리지선(ridge)이 비스듬하게(사선)된 웨이브는?

① 다이애거널 웨이브(diagonal wave)
② 버티컬 웨이브(vertical wave)

정답 50 ② 51 ② 52 ② 53 ④ 54 ② 55 ④ 56 ④ 57 ① 58 ①

③ 와이드 웨이브(wide wave)

④ 호리존틀 웨이브(horizontal wave)

> 다이애거널(Diagonal)은 '사선, 대각'을 의미하며, 웨이브의 리지선 방향이 사선인 웨이브를 다이애거널 웨이브라 한다.

59 헤어의 디자인라인에서 다이애거널 포워드는? ★★★★

① 좌대각으로 좌측에서 보면 우측으로 되어 다운이 되며 우측으로 길어진다.

② 우대각 쪽으로 향하는 좌측이 길어진다.

③ 모발이 앞쪽으로 흐르는 전대각으로 앞선이 길어진다.

④ 얼굴 뒤쪽으로 흐르며 후대각 V라인이다.

> 다이애거널 포워드는 모발이 앞쪽으로 흐르는 전대각으로 앞선이 길어지며, 다이애거널 리버스는 모발이 뒤쪽으로 흐르는 후대각 V라인이다.

60 핑거 웨이브(finger wave)와 관계없는 것은? ★★★

① 세팅로션, 물, 빗

② 크레스트(crest), 리지(ridge), 트로프(trough)

③ 포워드 비기닝(forward beginning), 리버스 비기닝(reverse beginning)

④ 테이퍼링(tapering), 싱글링(shingling)

> 테이퍼링이나 싱글링은 헤어커트 기법이다.

61 세팅로션(setting lotion)의 사용 목적 중 가장 적당한 것은? ★★★

① 필요한 텐션(tention)을 용이하게 해준다.

② 롤컬이 형성되어 브러시로 모발을 리세트하는 것을 어렵게 한다.

③ 모발이 상하나 쉽게 헤어스타일(hair style)을 만들 수 있다.

④ 웨이브를 쉽게 할 수 있으며, 건조시켜 브러싱을 하여 웨이브형태를 이루게 한다.

> 핑거 웨이브에 사용하는 세팅로션은 웨이브를 쉽게 할 수 있게 도움을 준다. 건조시켜 브러싱을 하여 웨이브형태를 만든다.

62 핑거 웨이브(finger wave)의 주요 3대 요소에 해당되지 않는 것은? ★★★

① 크레스트   ② 루프의 크기

③ 리지   ④ 트로프

> 웨이브의 3대 요소는 크레스트(Crest, 정상), 리지(Ridge, 융기점), 트로프(Trough, 골)이다.

63 핑거 웨이브의 3대 요소가 아닌 것은? ★★★★

① 스템(stem)   ② 크레스트(crest)

③ 리지(ridge)   ④ 트로프(trough)

> 웨이브의 3대 요소 : 크레스트, 리지, 트로프
> ※컬의 3요소 : 베이스, 스템, 루프

64 스킵 웨이브(skip wave)의 특징으로 가장 거리가 먼 것은? ★★★

① 웨이브(wave)와 컬(curl)이 반복 교차된 스타일이다.

② 폭이 넓고 부드럽게 흐르는 웨이브를 만들 때 쓰이는 기법이다.

③ 너무 가는 두발에는 그 효과가 적으므로 피하는 것이 좋다.

④ 퍼머넌트 웨이브가 너무 지나칠 때 이를 수정 보완하기 위해 많이 쓰인다.

> 스킵 웨이브는 핑거 웨이브와 핀 컬이 반복 교차된 스타일로 폭이 넓고 부드럽게 흐르는 웨이브를 만들 때 사용하는 기법이며, 너무 가늘거나 곱슬거리는 머리에는 효과가 적으므로 피하는 것이 좋다.

65 핑거 웨이브와 핀컬이 교대로 조합되어진 것으로 말린 방향은 동일하며 폭이 넓고 부드럽게 흐르는 버티컬 웨이브를 만들고자 하는 경우에 좋은 것은? ★★★

① 하이 웨이브(High wave)

② 로우 웨이브(Low wave)

③ 스킵 웨이브(Skip wave)

④ 스윙 웨이브(Swing wave)

> 핑거 웨이브와 핀컬이 교차되는 스타일의 웨이브는 스킵 웨이브이다.

chapter 01

66 폭이 넓고 부드럽게 흐르는 버티컬 웨이브를 만들고자 할 때 핑거 웨이브와 핀컬을 교대로 조합하여 만든 웨이브는?

① 리지컬 웨이브　　　② 스킵 웨이브
③ 플래트컬 웨이브　　④ 스윙 웨이브

스킵 웨이브는 웨이브와 핀컬이 교차되는 형태로 폭이 넓고 부드럽게 흐르는 버티컬 웨이브를 만들 때 사용한다.

67 스킵 웨이브 설명 중 타당하지 않는 것은?

① 웨이브와 웨이브 사이에 플래트 컬의 핀컬을 조합하여 구성한다.
② 퍼머넌트 웨이브가 너무 지나치게 되거나 너무 가는 두발에는 효과가 별로 없다.
③ 핑거 웨이브와 컬이 교차된 것으로 핑거 웨이브의 방향이 서로 다르게 되어 있다.
④ 폭이 넓고 부드럽게 흐르는 웨이브를 만들려고 할 때 좋다.

스킵 웨이브는 핑거 웨이브와 컬이 교차된 형태로 웨이브의 방향이 서로 동일하다.

68 핑거 웨이브의 종류 중 스윙 웨이브(swing wave)에 대한 설명이 맞는 것은?

① 큰 움직임을 보는 듯한 웨이브
② 물결이 소용돌이 치는 듯한 웨이브
③ 리지가 낮은 웨이브
④ 리지가 뚜렷하지 않고 느슨한 웨이브

② 스월 웨이브, ③ 로우 웨이브, ④ 덜 웨이브

69 핑거 웨이브의 종류 중 큰 움직임을 보는 듯한 웨이브는?

① 스월 웨이브 (swirl wave)
② 스윙 웨이브 (swing wave)
③ 하이 웨이브 (high wave)
④ 덜 웨이브 (dull wave)

큰 움직임을 보는 듯한 핑거 웨이브는 스윙 웨이브이다.

70 아이론의 열을 이용하여 웨이브를 형성하는 것은?

① 마셀 웨이브　　　② 콜드 웨이브
③ 핑거 웨이브　　　④ 섀도우 웨이브

마셀 웨이브는 아이론의 열을 이용하여 웨이브를 형성하는 방법이다.

71 다음 중 아이론과 빗을 이용해서 형성되는 웨이브는?

① 컬 웨이브(curl wave)
② 핑거 웨이브(finger wave)
③ 마셀 웨이브(marcel wave)
④ 콜드 웨이브(cold wave)

아이론의 열을 이용하여 웨이브를 만드는 방법은 마셀 웨이브이다.

72 아이론을 이용하여 스타일을 만드는 웨이브를 일명 무엇이라고 하는가?

① 섀도우 웨이브(shadow wave)
② 핀컬 웨이브(pincurl wave)
③ 마셀 웨이브(marcel wave)
④ 와이드 웨이브(wide wave)

마셀 웨이브는 아이론의 열을 이용하여 웨이브를 만드는 헤어세팅법이다.

73 마셀 웨이브에의 특징에 해당되는 것은?

① 부드러운 S자 모양의 웨이브이다.
② 핀컬 웨이브의 일종이다.
③ 핑거 웨이브의 일종이다.
④ 조각적인 웨이브이다.

마셀 웨이브는 아이론의 열을 이용하여 웨이브를 만드는 방법으로 부드럽고 자연스러운 S자형의 웨이브를 만든다.

정답 ▶ 66 ② 67 ③ 68 ① 69 ② 70 ① 71 ③ 72 ③ 73 ①

74 ★★★★ 마셀 웨이브 시술에 관한 설명 중 틀린 것은?

① 프롱은 아래쪽, 그루브는 위쪽을 향하도록 한다.
② 아이론의 온도는 120~140℃를 유지시킨다.
③ 아이론을 회전시키기 위해서는 먼저 아이론을 정확 하게 쥐고 반대쪽으로 45° 각도로 위치시킨다.
④ 아이론의 온도가 균일할 때 웨이브가 일률적으로 완성된다.

> 마셀 웨이브를 시술할 때 아이론을 잡는 기본 자세는 프롱(로드)이 위쪽, 그루브가 아래쪽을 향하도록 한다.

75 ★★★★★ 마셀 웨이브 시 아이론의 온도로 가장 적당한 것은?

① 100~120℃   ② 120~140℃
③ 140~160℃   ④ 160~180℃

> 마셀 웨이브 시 아이론의 온도는 120~140℃가 가장 적당하다.

76 ★★★ 마셀 웨이브에서 안말음(in-curl)형 작업을 행할 때 아이론의 방향을 어느 방향으로 잡고 해야 되는가?

① 그루브는 위쪽, 로드는 아랫방향
② 로드는 위쪽 그루브는 아랫방향
③ 어느 방향이든 상관없다
④ 그루브(grove)나 로드(rod)를 번갈아 사용한다.

> 마셀 웨이브의 안말음(In-curl)형 작업을 할 때에는 그루브가 위쪽, 로드(프롱)는 아랫방향을 향하도록 한다.

77 ★★★ 두발 끝에는 컬(Curl)이 작고 두피 쪽으로 가면서 컬이 커지는 와인딩(Winding) 방법은?

① 더블 와인딩(Double Winding)
② 크로키놀 와인딩(Croquignole Winding)
③ 스파이럴 와인딩(Spiral Winding)
④ 스텍 펌(Stack Perm)

> 크로키놀식은 두발 끝에서 두피 쪽으로 말아가는 방법으로 두피 쪽으로 갈수록 컬이 커진다.

03. 앞·뒷머리 장식 및 마무리 작업

1 ★★★ 헤어스타일에 다양한 변화를 줄 수 있는 뱅(bang)은 주로 두부의 어느 부위에 하게 되는가?

① 앞이마   ② 네이프
③ 양 사이드   ④ 크라운

> 뱅(Bang)은 앞이마에 형태를 갖추는 앞머리를 말하며, 일종의 장식머리이다.

2 ★★★★ 컬을 깃털과 같이 일정한 모양을 갖추지 않고 부풀려서 볼륨을 준 뱅은?

① 플러프 뱅(fluff bang)
② 롤 뱅(roll bang)
③ 프렌치 뱅(french bang)
④ 프린지 뱅(fringe bang)

> 컬을 깃털과 같이 일정한 모양을 갖추지 않고 자연스럽게 부풀려서 볼륨을 준 뱅은 플러프 뱅이다.

3 ★★★ 다음 중 플러프 뱅(fluff bang)을 설명한 것은?

① 가르마 가까이에 작게 낸 뱅
② 컬을 깃털과 같이 일정한 모양을 갖추지 않고 부풀려서 볼륨을 준 뱅
③ 두발을 위로 빗고 두발 끝을 플러프해서 내려뜨린 뱅
④ 풀웨이브 또는 하프 웨이브로 형성한 뱅

> 플러프 뱅은 컬을 깃털과 같이 일정한 모양을 갖추지 않고 부풀려서 볼륨을 준 뱅이다.

4 ★★★ 플러프 뱅(fluff bang)에 관한 설명으로 옳은 것은?

① 포워드 롤을 뱅에 적용 시킨 것이다.
② 컬이 부드럽고 아무런 꾸밈도 없는 듯이 보이도록 볼륨을 주는 것이다.
③ 가르마 가까이 에 작게 낸 뱅이다.
④ 뱅으로 하는 부분의 두발을 업콤하여 두발 끝을 플러프해서 내린 것이다.

> 플러프 뱅은 컬을 깃털과 같이 부드럽고 아무 꾸밈도 없는 듯이 자연스럽게 볼륨을 주는 것이다.

정답 74 ① 75 ② 76 ① 77 ② **3** 1 ① 2 ① 3 ② 4 ②

5 ★★★★ 뱅(bang)의 설명 중 잘못된 것은?

① 플러프 뱅 – 부드럽게 꾸밈없이 볼륨을 준 앞머리
② 포워드 롤 뱅 – 포워드 방향으로 롤을 이용하여 만든 뱅
③ 프린지 뱅 – 가르마 가까이에 작게 낸 뱅
④ 프렌치 뱅 – 풀 혹은 웨이브로 만든 뱅

프렌치 뱅은 모발을 들어올려 빗어 놓고 모발 끝 부분은 플러프하는 뱅을 말한다.

6 ★★★ 프렌치뱅(french bang)의 설명으로서 옳은 것은?

① 컬이 부드럽고 꾸밈없는 듯한 볼륨이다.
② 포워드 롤 뱅(forward roll bang)에 적용시킨 것이다.
③ 가르마 가까이에 작게 낸 뱅이다.
④ 뱅부분을 업콤(up-comb)하고 두발 끝을 플러프(fluff)해서 내린 것이다.

프렌치 뱅은 모발을 들어 올려 빗어놓고 두발 끝은 플러프하는 뱅을 말한다.

7 ★★★ 두부의 가르마 가까이에 작게 만든 뱅(bang)은?

① 플러프 뱅   ② 프렌치 뱅
③ 프린지 뱅   ④ 웨이브 뱅

두부의 가르마 가까이에 작게 만든 뱅은 프린지 뱅(Fringe bang)이다.

8 ★★★ 헤어세팅에 있어 두발 끝이 원형 또는 반원형으로 되어있고 그것이 질서 없이 굽어진 것은?

① 덕 테일(duck tail)
② 라운드 플러프(round fluff)
③ 콤잉(combing)
④ 페이지보이 플러프(pageboy fluff)

라운드 플러프는 두발 끝이 원형이나 반원형으로 되어 플러프된 것을 말한다.

9 ★★★ 빗을 두발 스트랜드의 뒷면에 직각으로 넣고 두피 쪽을 향해 빗을 내리누르듯이 빗질하여 머리카락을 세우는 것을 무엇이라 하는가?

① 리핑   ② 브러쉬 아웃
③ 백 코밍   ④ 콤 아웃

백 코밍은 빗이나 브러시를 두발 스트랜드의 뒷면에 직각으로 넣어 두피(모근)쪽으로 빗질하여 볼륨을 주거나 머리형태가 오래 지속될 수 있도록 한다.

헤어컬러링(Hair Coloring)

[출제문항수 : 2~3문제] 이 섹션 역시 전체에서 골고루 출제되고 있으므로 염색과 탈색의 원리, 사전테스트, 염모제 및 탈색제 등을 중심으로 학습하시기 바랍니다.

헤어컬러링은 모발에 착색이나 탈색을 하여 명도와 채도를 변화시키는 기술로 염색(Hair dye, Hair tint)과 탈색(Hair bleach)으로 구분한다.

01 염색의 기초

1 염색의 역사
① 기원전 1,500년경에 **이집트에서 헤나(Henna)를 이용하여 최초로 염색**을 하였다.
② 1883년 프랑스에서 파라페니랭자밍이 유기합성염모제를 최초로 사용하여 두발 염색의 신기원을 이루었다.

2 염색의 목적
모발에 원하는 색을 입혀 피부색, 화장, 복식 등과 조화로운 아름다움을 연출하기 위하여 한다.

3 염색의 구분

헤어 다이(Hair dye)	머리에 착색을 하는 것
헤어 틴트(Hair tint)	머리에 색조를 만드는 것
다이 터치 업 (Dye touch up)	염색을 한 후 새로 자라난 두발에만 염색하는 것으로 리터치(Retouch)라고도 함

4 염색작업의 기본조건
① 온도 : 바람이 없는 22~30℃
② 염색시간

손상모	15~25분(가장 빨리 됨)
정상모	20~30분
발수성모	35~40분

③ 헤어스티머나 스팀타월을 준비한다.

◼ 염색 시술의 기본 순서

① 사전 테스트(패치 테스트, 스트랜드 테스트)를 한다.

② 염색 전 샴푸를 하면 두피가 손상을 입을 수 있으므로 필요시에만 중성 샴푸제를 이용하여 샴푸를 한다.

③ 두발을 잘 말린다.

④ 헤어라인과 두피에 콜드크림 등을 발라 염모제가 직접 피부에 묻는 것을 방지한다.

⑤ 염색시간을 테스트한다.

⑥ 염모제를 바른다.

• 온도가 높을수록 염색이 빨리 되므로 목덜미에서 정수리까지 아래에서 위로 올라가면서 바른다.

• 두피 부분은 온도가 높기 때문에 두피에서 1~2cm 정도를 띄워 놓고 모발 끝 쪽을 향하여 염모제를 바르고 마지막에 두피부분을 바른다.

• 긴머리(20~30cm 이상)의 처녀모(버진 헤어)인 경우는 큐티클이 단단하여 염모제가 침투하는데 시간이 걸리므로 머리카락 중간부분 → 두피부분 → 머리카락 끝부분의 순서로 염색한다.

⑦ 연화제를 사용한 경우

• 연화제는 발수성모나 저항성모인 경우 염모제의 침투가 어렵기 때문에 사전에 모발을 연화시켜 염모제의 침투를 돕기 위하여 사용한다.

• 연화제를 사용한 순서대로 염모제를 바른다.

• 사전 연화기술을 프레-소프트닝(Pre-Softening)이라고 한다.

• 과산화수소 30mL와 암모니아수 0.5~1mL 정도를 혼합한 연화제를 사용하며 20~30분 방치하면 충분히 연화된다.

⑧ 비닐캡을 씌우고 모발의 상태에 따라 적당한 시간동안 방치한다.(마지막 5분은 헤어스티머나 드라이어를 이용하여 열처리를 한다.)

⑨ 원하는 색조가 이루어지면 미지근한 물에 산성균형 린스*를 하고 자연 방치한다.

◼ 사전 테스트

① 패치 테스트(Patch test, 첩포 시험)

• 스킨 테스트, 알레르기 테스트라고도 한다.

• 시술 시 알레르기 및 피부특이반응을 확인하는 방법이다.

• 사용할 염모제와 동일한 염모제로 시술 24~48시간 전에 실시한다.

• 팔꿈치 안쪽이나 귀 뒤에 실시한다.

• 테스트 양성반응(바른 부위에 발진, 발적, 가려움, 수포, 자극 등이 나타남)이면, 바로 씻어내고 염모하지 말아야 한다.

• 처음에 실시하여 반응의 증상이 없었더라도 체질이 변화될 수 있으므로 매회 패치 테스트를 하여야 한다.

▶ **긴머리의 처녀모 염색순서**
머리카락 중간부분 → 두피부분 → 머리카락 끝부분

▶ **연화제를 주로 사용하는 모발**
저항모나 발수성모

▶ **산성균형 린스(Acid balanced rinse)**
염색시술 시 모표피의 안정과 염색의 퇴색을 방지하고, 모발의 알칼리화를 방지하여 적당한 산성을 유지하기 위해 가장 적합한 린스이다.

▶ 유기합성 염모제를 사용할 때 주로 패치 테스트를 하며, 특히 파라페닐렌디아민은 두피에 알레르기를 가장 많이 일으키므로 반드시 패치 테스트를 해야 한다.

② **스트랜드 테스트**(Strand test)
- 두발에 염모제를 바르고 염모제의 사용설명서에 명시된 프로세싱 타임 후 씻고 말리어 색상과 소요시간을 결정하는 테스트
- 올바른 색상이 선택되어졌는지 확인
- 정확한 염모제의 작용시간을 추정
- 손상모, 단모, 변색될 우려가 있는지를 확인
- 다공성모나 지성모를 확인하여 리컨디셔닝 여부를 결정

❸ 염색 시 주의사항

① 지금까지 염모제를 사용할 때, 발진, 가려움 등의 피부이상반응이 발생했다면 사용하지 않아야 한다.
② 두피에 상처나 피부질환이 있으면 염색은 피한다.
③ 시술자는 반드시 고무장갑을 착용하여야 한다.
④ **퍼머넌트 시술 후 1주일이 지난 뒤** 염색을 하여야하며, 부득이한 경우 오일 트리트먼트를 하여 두피의 손상을 최소화한다.
⑤ 퍼머넌트 웨이브와 두발염색을 같이 하여야 할 경우에는 **퍼머넌트 웨이브를 먼저 시행하여야** 한다.
⑥ 염색 전 샴푸를 할 때는 두피가 손상을 입지 않도록 주의한다.(샴푸 시 브러싱을 하지 않는다.)
⑦ 시술 후 사후 손질로 헤어 리컨디셔닝을 하는 것이 좋다.
⑧ 기록카드를 작성하여 고객마다 패치테스트의 결과, 사용된 염모제 등을 기록하여 둔다.
⑨ 염모제는 직사광선이 들지 않는 냉암소에 보관하여야 한다.

03 염모제의 종류

❶ 일시적(템퍼러리, Temporary) 염모제

염색제 분자의 크기가 커서 모발의 표면(큐티클)에만 착색이 되는 염모제로 한 번의 샴푸로 쉽게 제거된다.

종류	특징
컬러린스	• 물에 섞은 염모제를 린스제로 사용하여 '워터린스'라고도 함 • 윤기 없는 모발을 알맞은 색조로 착색시키며, 샴푸하면 바로 지워짐
컬러파우더	• 전분, 소맥분, 초크 등을 원료로 사용한 분말 착색제 • 분말 상태나 물에 타서 헤어 포인트를 주기 위해 부분 염색의 용도로 사용
컬러크레용 (크레용 코스메틱)	• 막대모양의 착색연필로 부분염색이나 헤어 다이 리터치 중간에 사용 • 다양한 색상으로 사용이 가능

▶ **컬러린스**(color rinse)
- 샴푸 후 린스의 과정에서 염색
- 일시적, 또는 반영구적인 염모제로서 착색제

종류	특징
컬러 스프레이	분무식 착색제로 염색이 간단하여 부분염색에 사용됨

② 반영구적(semi-permanent) 염모제

한 번의 샴푸로 씻어지지 않으며, 지속시간이 4~6주 정도인 염모제이다.

종류	특징
컬러린스	• 산화제를 사용하여 지속시간을 늘린 컬러린스 • 산화제로 유기합성염모제인 아미노페놀이나 파라페닐 렌디아민 등을 사용 • 적은 양이 모간부에 침투하여 착색시키며, 안전도가 높고 사용법이 간단
프로그레시브 샴푸	• 샴푸를 하면서 염색이 되어 컬러샴푸라고도 함 • 샴푸 후 일정시간 방치하였다가 씻어내면 점진적으로 염색이 됨
산성 산화염모제	• 산성산화염료를 모발에 침투시켜 색조를 만드는 방법 • 산성산화염모제는 멜라닌의 파괴가 적고 두발의 손상 이 적음 • 주로 톤다운이 목적으로 헤어 매니큐어라고도 함
컬러크림	• 헤어크림에 디아민계 염료나 유기염료를 혼합하여 정 발할 때 사용 • 공기 중 산소에 의해 산화 발색됨

▶ 용어 이해
• 프로그레시브(progressive) : 점진적

③ 영구적(Permanent) 염모제

지속성 염모제라고도 하며 모발이 커트되어 잘려나갈 때까지 색상이 유지
되는 염모제이다.

종류	특징
식물성 염모제	• 고대 이집트와 페르시아에서 인디고, 살비아, 헤나 등 이 오래전부터 사용됨 • 식물성 염모제는 독성이나 자극성이 없으나 시간이 오 래 걸리고 색상이 한정되어 있음 ※ 헤나로 염색할 때 pH 5.5 정도가 좋음
금속성 (광물성) 염모제	• 케라틴의 유황과 납, 구리, 니켈 등의 금속이 반응하여 모발에 금속피막을 형성하여 염색 • 독성이 강해 현재는 사용하지 않음
유기합성 염모제	• 현재 가장 많이 사용되는 염모제 • 산화제가 함유되어 있으며, 액상형, 크림형, 분말형의 제품이 있다.

※유기합성 염모제는 다음 페이지 참조

④ 유기합성 염모제(알칼리 염모제, 산화염모제)

① 알칼리제(암모니아)의 제1액과 산화제(과산화수소)의 제2액으로 구분한다.

제1액 (알칼리제)	• 휘발성이 있는 암모니아를 사용한다. • 산화염료가 암모니아수에 녹아있다. • 제1제인 알칼리가 모표피를 팽윤시켜 모피질 내 인공색소와 과산화수소를 침투시킨다. • 모피질 내의 인공색소는 큰 입자의 유색 염료를 형성하여 영구적으로 착색된다.
제2액 (산화제)	• 과산화수소는 두발에 침투하여 모발의 멜라닌 색소를 분해하여 탈색시키고, 산화염료를 산화해서 발색시킨다.

② 염색직전에 제1액과 제2액을 혼합하여 사용한다. 제1액과 제2액을 혼합할 때 발생하는 주 화학반응은 **산화작용**이다.

③ 산화염료의 종류
- **파라페닐렌디아민** : 백발을 흑색으로 착색
- 파라트릴렌디아민 : 다갈색이나 흑갈색
- 모노니트로페닐렌디아민 : 적색

▶ 알칼리 산화 염모제의 pH는 9~10 정도이다.

▶ **암모니아수의 역할**
- 산소 발생 촉진
- 과산화수소가 사용 전에 분해되는 것을 방지

---

04 탈색 (헤어 블리치, Hair Bleach)

1 탈색의 기초

(1) 탈색의 정의
① 탈색은 모발의 멜라닌 색소를 부분적 혹은 전체적으로 제거하여 자연모의 색깔을 점점 밝게 해 주는 것이다.
② 흑발은 탈색만 하여도 갈색이나 황갈색이 되어 염색한 효과를 주므로 염색의 일종으로 보기도 한다.

(2) 탈색의 목적
① 밝은 색상의 모발로 염색하기 위하여 전체적으로 탈색한다.
② 전체 두발을 특정한 색조로 탈색할 수 있다.
③ 모발에 부분적인 탈색효과를 주어 디자인 효과를 높인다.
④ 이미 시술된 색조가 마음이 들지 않을 경우 제거할 때 사용한다.
⑤ 블리치나 틴트시술 후 부분적으로 진한 얼룩을 교정할 때 사용한다.

2 탈색의 원리

① 모발색은 멜라노사이트(색소세포)에서 생산되는 멜라닌의 농도에 의해 결정된다.
② 모피질 내에 있는 멜라닌은 **과산화수소에서 분해된 산소와 산화반응**하여 무색의 옥시멜라닌으로 변화된다.
③ 제1제인 알칼리제(주로 암모니아)와 제2제인 산화제(과산화수소)를 혼합하여 사용한다.

③ 탈색제의 성분 및 작용

1제 (알칼리제)	• 암모니아가 주로 사용됨 • 과산화수소의 분해 촉진 • 모표피를 연화·팽창시켜 모피질에 산화제가 침투하는 것을 도움 • 산화제의 분해를 촉진하여 산소의 발생을 도움 • pH를 조절한다.(안정제의 약산성 pH를 중화)
2제 (산화제)	• 과산화수소가 주로 사용됨 • 멜라닌 색소를 분해하여 모발의 색을 보다 밝게 함 • 모발케라틴을 약화시킴 • 암모니아가 산소를 보다 빨리 발생하도록 도움을 줌

④ 과산화수소 농도와 산소형성량

① 두발의 염색과 탈색에 가장 적당한 농도 : 과산화수소 6% + 암모니아수 28%

② 6%의 과산화수소는 약 20볼륨(Volume)의 산소를 생성하며, 20~30분의 시간이 걸린다.

▶ 멜라닌 색소가 옥시멜라닌의 형태로 산화되는 시간이 20~30분이 걸린다는 의미이다.

과산화수소수 농도	산소형성량	용도
3%	10 Vol	착색만을 원할 때 사용
6%	20 Vol	• 탈색과 착색이 동시에 이루어짐 • 과산화수소의 일반적인 사용농도
9%	30 Vol	탈색이 더 많이 일어나 작품머리 등에 사용

▶ 과산화수소수 농도가 높으면 탈색이 잘 되어 밝아진다.

⑤ 탈색제의 종류

종류	장점	단점
분말타입	• 빠른 속도로 탈색할 수 있다. • 높은 명도의 단계까지 탈색할 수 있다.	• 모발의 손상이 크다. • 지나치게 탈색될 수 있다. • 시술 시간차에 의한 색상의 차가 크다. • 탈색제가 빨리 건조되어 탈색진행에 방해가 될 수 있다.
크림타입	• 모발의 손상이 적다. • 시술 시간차에 의한 색상의 차이가 적다. • 탈색제가 잘 건조되지 않는다. • 약제가 흘러내리지 않아 시술하기 쉽다.	• 매우 높은 명도 단계까지 탈색하기 어렵다. • 탈색이 진행되는 정도를 파악하기 어렵다. • 샴푸하기 어렵다.
오일타입	• 모발의 손상이 가장 적다. • 시술시간차에 의한 색상 차이가 거의 없다. • 탈색제가 잘 건조되지 않는다. • 샴푸하기에 편리하다. • 탈색 시 두피의 자극이 아주 적다.	• 탈색의 속도가 느리다. • 높은 명도의 단계까지 탈색하기 어렵다. • 모발에 도포된 양을 쉽게 구분할 수 없으므로 반복해서 도포할 우려가 있다.

6 **탈색의 시술 및 주의사항**

① 버진 헤어*의 시술 시 모근부는 체온이 높아 빠르게 탈색되므로 가장 늦게 탈색제를 도포한다.

② 모근부 가까이 시술 시 약제가 두피에 닿지 않도록 주의한다.

③ 탈색 후 모발은 케라틴의 유출로 다공성 모발이 되므로, 사후 손질로 리컨디셔닝을 하는 것이 좋다.

④ 퍼머넌트는 탈색 후 1주일이 지난 후에 시행한다.

⑤ 블리치제는 사용하는 시점에 배합하여 사용하여야 하며, 사용 후 남은 블리치제는 효력이 상실되므로 재사용이 불가능하다.

⑥ 이 외의 주의사항은 염색 시 주의사항과 동일하다.

▶ **용어 이해**
버진 헤어(virgin hair) : 화학 시술을 받아보지 않고, 바람이나 햇빛에 의해 손상되지 않은 모발

---

05 색채이론

1 **색채의 기초**

① 무채색과 유채색

무채색	• 색상, 채도가 없고 명도만으로 구별되는 색 • 백색, 회색, 흑색
유채색	무채색을 제외한 모든 색

② 색의 3원색 : **빨강, 파랑, 노랑**

③ 색의 3속성(3요소)

명도	색의 밝고 어두움을 나타낸다.
채도	색의 맑고 탁함 정도를 나타내는 것으로 순수한 정도를 나타낸다.
색상	색을 구별하여 주는 색 자체의 고유 특성으로 유채색에만 존재

④ 색상환과 보색

색상환	색의 변화를 계통적으로 표시하기 위하여 적색, 녹색, 황색 등의 색을 원형으로 배열한 것
보색	• 색상환에서 서로 반대쪽에 마주보고 있는 색을 보색이라 한다. • 보색관계에 있는 두 가지 색을 섞으면 무채색(회색 또는 검정)이 된다.(예 녹색과 빨강, 오렌지색과 청색 등) • 보색관계를 헤어컬러링에 적용하여 원하는 색상으로 보정할 수 있다.

⬆ **색상환과 보색관계**

01. 염색의 기초

★★★
1 염모제로서 헤나를 처음으로 사용했던 나라는?

① 그리스   ② 이집트
③ 로마   ④ 중국

> 기원전 1,500년경에 이집트에서 헤나를 사용하여 최초로 염색을 하였다.

★★★★★
2 유기합성 염모제가 두발염색의 신기원을 이룬 때는?

① 1875년   ② 1876년
③ 1883년   ④ 1905년

> 1883년 프랑스의 파라페니랭자밍이 유기합성 염모제를 최초로 사용하여 두발염색의 신기원을 이루었다.

★★★
3 헤어 컬러링(hair coloring)의 용어 중 다이 터치 업 (dye touch up)이란?

① 처녀모(virgin hair)에 처음 시술하는 염색
② 자연적인 색채의 염색
③ 탈색된 두발에 대한 염색
④ 염색 후 새로 자라난 두발에만 하는 염색

> 다이 터치 업은 염색한 후 모발의 성장에 따라 새로 자라난 모발 부분에 같은 색으로 염색하는 것으로 리터치라고도 한다.

★★★
4 새로 자란 두발부분을 앞서 염색한 색깔과 똑같이 염색하는 것을 무엇이라 하는가?

① 블리치(bleach)
② 다이 터치 업(dye touch up)
③ 블리치 터치 업(bleach touch up)
④ 헤어 컬러링(hair coloring)

> 염색한 후 새로 자라나는 모발부분에만 염색을 하는 방법은 다이 터치 업(리터치)이다.

★★★
5 두발을 밝은 갈색으로 염색한 후 다시 자라난 두발에 염색을 하는 것을 무엇이라 하는가?

① 영구적 염색   ② 패치 테스트

③ 스트랜드 테스트   ④ 리터치

> 염색한 후 새로 자라나는 두발에만 같은 색으로 염색하는 방법을 리터치(다이 터치 업)이라 한다.

02. 염색 시술의 방법

★★★
1 일반적으로 모발길이가 30㎝ 이상인 처녀모에 염색약을 바를 때 머리카락의 어느 부분을 가장 나중에 바르는가? (단, 콘디셔너(conditioner)를 쓰지 않았을 경우)

① 머리카락 끝부분
② 머리카락 중간부분
③ 두피부분
④ 어느 부분이든 상관없다.

> 처음 염색하는 처녀모(버진헤어)는 큐티클이 단단하여 염모제가 침투하는데 시간이 오래걸리기 때문에 머리카락 중간부분 → 두피부분 → 머리카락 끝부분의 순서로 바른다.

★★★★
2 저항성 두발을 염색하기 전에 행하는 기술에 대한 내용 중 틀린 것은?

① 염모제 침투를 돕기 위해 사전에 두발을 연화시킨다.
② 과산화수소 30ml, 암모니아수 0.5ml 정도를 혼합한 연화제를 사용한다.
③ 사전 연화기술을 프레-소프트닝(Pre-Softening)이라고 한다.
④ 50~60분 방치 후 드라이로 건조시킨다.

> 저항성모나 발수성모를 연화시킬 때 연화제를 사용하고 20~30분 방치하면 충분히 연화된다.

★★★★
3 염색제의 연화제는 어떤 두발에 주로 사용되는가?

① 염색모   ② 다공질모
③ 손상모   ④ 저항성모

> 헤어 염색을 할 때 모발이 저항모나 발수성모인 경우에 염모제가 침투가 잘 되지 않으므로 연화제를 사용한다.

정답 **1** 1 ② 2 ③ 3 ④ 4 ② 5 ④ **2** 1 ① 2 ④ 3 ④

4 두발의 연화제는 과산화수소수와 암모니아수를 각각 몇 ml로 혼합하여 만드는 것이 가장 적정한가? ★★★

① 과산화수소수 20mL 암모니아수 3~4mL
② 과산화수소수 40mL, 암모니아수 4~5mL
③ 과산화수소수 10mL, 암모니아수 2~3mL
④ 과산화수소수 30mL, 암모니아수 0.5~1mL

> 두발에 연화제는 과산화수소 30ml, 암모니아수 0.5~1ml를 혼합하여 만든다.

5 다음 중 염색시술 시 모표피의 안정과 염색의 퇴색을 방지하기 위해 가장 적합한 것은? ★★★

① 샴푸(shampoo)
② 플레인 린스(plain rinse)
③ 알칼리 린스(akali rinse)
④ 산성균형 린스(acid balanced rinse)

> 산성균형 린스는 염색시술 시 모표피의 안정과 염색의 퇴색방지 및 모발의 알칼리를 중화시켜 적당한 산성으로 유지시켜준다.

6 유기합성 염모제를 사용할 때 시술 전에 부작용의 여부에 대한 예비 테스트와 관계가 없는 것은? ★★★

① 패치 테스트   ② 스킨 테스트
③ 알레르기 테스트   ④ 헤어 테스트

> 패치 테스트(첩포시험)는 유기합성 염모제를 사용하여 시술 시 알레르기 및 피부특이반응을 확인하기 위하여 실시하는 것으로 스킨 테스트, 알레르기 테스트라고도 한다.

7 컬러링 시술 전 실시하는 패치 테스트에 관한 설명으로 틀린 것은? ★★★

① 염색 시술 48시간 전에 실시한다.
② 팔꿈치 안쪽이나 귀 뒤에 실시한다.
③ 테스트 결과 양성반응일 때 염색시술을 한다.
④ 염색제의 알레르기 반응 테스트이다.

> 컬러링 시술 전에 실시하는 패치 테스트의 결과가 양성반응이라는 것은 테스트 부위에 발진, 발적, 가려움, 수포 등의 자극이 나타나는 것으로 이 때는 염색시술을 중단하여야 한다.

8 패치 테스트에 대한 설명 중 틀린 것은? ★★★★

① 처음 염색할 때 실시하여 반응의 증상이 없을 때는 그 후 계속해서 패치 테스트를 생략해도 된다.
② 테스트할 부위는 귀 뒤나 팔꿈치 안쪽에 실시한다.
③ 테스트에 쓸 염모제는 실제로 사용할 염모제와 동일하게 조합한다.
④ 반응의 증상이 심할 경우에는 피부전문의에게 진료토록 하여야 한다.

> 패치 테스트를 처음 실시하여 반응의 증상이 없었더라도 시간이 지남에 따라 체질이 변할 수 있으므로 염색을 실시할 때마다 패치 테스트를 실시하여야 한다.

9 헤어틴트 시 패치 테스트를 반드시 해야 하는 염모제는? ★★★

① 글리세린이 함유된 염모제
② 합성왁스가 함유된 염모제
③ 파라페닐렌디아민이 함유된 염모제
④ 과산화수소가 함유된 염모제

> 유기합성 염모제인 파라페닐렌디아민은 두피에 알레르기 반응을 가장 많이 일으키므로 반드시 패치테스트를 하여야 한다.

10 염모제를 바르기 전 올바른 색상선정과 정확한 염모제의 작용 시간을 알기 위한 테스트는? ★★★

① 테스트 컬(test carl)
② 컬러 테스트(color test)
③ 패치 테스트(patch test)
④ 스트랜드 테스트(strand test)

> 염모제를 바르기 전에 올바른 색상의 선정과 정확한 염모제의 작용 시간을 추정하기 위하여 하는 테스트는 스트랜드 테스트이다.

11 염모제를 바르기 전에 스트랜드 테스트(strand test)를 하는 목적이 아닌 것은? ★★★

① 색상 선정이 올바르게 이루어졌는지 알기 위해서
② 원하는 색상을 시술 할 수 있는 정확한 염모제의 작용시간을 추정하기 위해서
③ 염모제에 의한 알레르기성 피부염이나 접촉성 피부염 등의 유무를 알아보기 위해서

정답 4 ④ 5 ④ 6 ④ 7 ③ 8 ① 9 ③ 10 ④ 11 ③

Section 08_ 헤어컬러링(Hair Coloring) **129**

④ 퍼머넌트 웨이브나 염색, 탈색 등으로 모발이 단모나 변색될 우려가 있는지 여부를 알기 위해서

> 염모제에 의한 알레르기성 피부염이나 피부이상반응 등을 확인하기 위한 테스트는 패치 테스트이다.

12 콜드웨이브 직후 헤어다이를 하면 두피가 과민해져서 피부염을 일으키게 될 우려가 있다. 이 경우 최소 며칠 정도가 지나서 헤어다이를 하는 것이 좋은가?

① 3일 후　　　　　② 1주일 후
③ 20일 후　　　　④ 30일 후

> 퍼머넌트 시술 후 1주일이 지난 뒤에 염색을 하는 것이 좋으며, 부득이한 경우는 오일 트리트먼트를 행하여 두피의 손상을 최소화한다.

13 두발염색 시의 주의사항에 해당되지 않는 것은?

① 유기합성 염모제를 사용할 때에는 패치테스트를 해야 한다.
② 두피에 상처나 질환이 있을 때는 염색을 해서는 안 된다.
③ 퍼머넌트 웨이브와 두발염색을 하여야 할 경우에는 두발 염색부터 반드시 먼저 해야 한다.
④ 시술자 미용사는 반드시 고무장갑을 껴야한다.

> 퍼머넌트 웨이브와 두발염색을 한꺼번에 행하면 모발의 손상이 심하기 때문에 퍼머넌트 1주일 후에 두발염색을 하는 것이 바람직하며, 같이 하게 될 때는 퍼머넌트 웨이브를 먼저 한다.

03. 염모제의 종류

1 다음 중 일시적 염모제의 종류가 아닌 것은?

① 컬러 크레용　　　② 컬러 크림
③ 산성 컬러　　　　④ 컬러 스프레이

> 일시적 염모제는 모발의 표면에만 염모제가 입혀지는 것으로 한 번의 샴푸로 쉽게 제거된다. 종류로는 컬러린스, 컬러파우더, 컬러크레용, 컬러스프레이 등이 있다.

2 염색제의 분자의 크기 때문에 두발의 큐티클에만 착색되는 염색은?

① 프로그레시브 헤어틴트
② 템퍼럴리 헤어틴트
③ 퍼머넌트 헤어틴트
④ 세미퍼머넌트 헤어틴트

> 템퍼럴리(Temporary)는 '일시적인, 임시'라는 의미의 단어로 모발의 표면에만 착색되어 한번의 샴푸로 제거되는 염색은 템퍼럴리 헤어틴트이다.

3 컬러린스는 다음 중 어디에 속하는 것인가?

① 정발제　　　　　② 착색제
③ 양모제　　　　　④ 세발제

> 컬러린스는 일시적, 또는 반영구적인 염모제로서 착색제이다.

4 다음 중 반영구적 컬러린스 시 산화제로 사용하는 유기합성 염모제는?

① 피로갈놀　　　　② 파라페닐렌디아민
③ 취소산염류　　　④ 암모니아수

> 산화제를 사용하는 컬러린스는 반영구적 염모제이며, 산화제로는 유기합성 염모제인 아미노페놀이나 파라페닐렌디아민 등이 사용된다.

5 헤나(henna)로 염색할 때 가장 좋은 pH는?

① 약 7.5　　　　　② 약 5.5
③ 약 6.5　　　　　④ 약 4.5

> 식물성 염모제로 많이 사용하는 헤나는 pH 5.5 정도에서 사용하는 것이 가장 좋다.

6 산화염모제의 일반적인 형태가 아닌 것은?

① 액상 타입　　　　② 가루 타입
③ 스프레이 타입　　④ 크림 타입

> 산화염모제는 액상타입, 크림타입, 분말(가루)타입의 형태로 사용된다.

정답　12 ②　13 ③　3 1 ③　2 ②　3 ②　4 ②　5 ②　6 ③

7 ★★★
알칼리 산화 염모제의 pH는?

① pH 6~7　　　　　② pH 7~8
③ pH 8~9　　　　　④ pH 9~10

알칼리 산화 염모제의 pH는 pH 9~10 정도이다.

8 ★★★★
유기합성 염모제에 대한 설명 중 틀린 것은?

① 유기합성 염모제 제품은 알칼리성의 제1액과 산화제인 제2액으로 나누어진다.
② 제1액은 산화염료가 암모니아수에 녹아있다.
③ 제1액의 용액은 산성을 띄고 있다.
④ 제2액은 과산화수소로서 멜라닌색소의 파괴와 산화염료를 산화시켜 발색시킨다.

유기합성 염모제의 제1액은 알칼리제인 암모니아를 사용한다.

9 ★★★
산화염모제의 제1액 중의 알칼리의 주 역할은?

① 제2제의 환원제를 분해하여 수소를 발생시킨다.
② 머리카락속의 색소를 분해하여 탈색시킨다.
③ 산화염료를 직접 발색시킨다.
④ 머리카락을 팽창시켜 산화염료가 잘 침투되도록 한다.

산화염모제(유기합성 염모제)의 제1액(알칼리제)은 머리카락(모표피)를 팽창시켜 산화염료와 과산화수소가 잘 침투되도록 해준다.

10 ★★★
영구적 염모제에 대한 설명 중 틀린 것은?

① 제1액의 알칼리제로는 휘발성이라는 점에서 암모니아가 사용된다.
② 제2제인 산화제는 모피질 내로 침투하여 수소를 발생시킨다.
③ 제1제 속의 알칼리제가 모표피를 팽윤시켜 모피질 내 인공색소와 과산화수소를 침투시킨다.
④ 모피질 내의 인공색소는 큰 입자의 유색 염료를 형성하여 영구적으로 착색된다.

제2제(산화제)는 모피질 내로 침투하여 산소를 발생시킨다.

11 ★★★
염모제에 대한 설명 중 틀린 것은?

① 제1액의 알칼리제로는 휘발성이라는 점에서 암모니아가 사용된다.
② 염모제 제1액은 제2액 산화제(과산화수소)를 분해하여 발생기 수소를 발생시킨다.
③ 과산화수소는 모발의 색소를 분해하여 탈색한다.
④ 과산화수소는 산화염료를 산화해서 발색시킨다.

유기합성 염모제의 제1액(암모니아)은 산화제인 제2액(과산화수소)을 분해하여 산소를 발생시킨다.

12 ★★★
염모제에 대한 설명 중 틀린 사항은?

① 과산화수소는 산화염료를 발색시킨다.
② 과산화수소는 모발의 색소를 분해하여 탈색한다.
③ 염모제 제1액은 모발을 팽창시켜 산화염료가 잘 침투하도록 한다.
④ 염모제 제1액은 제2액 산화제(과산화수소)를 분해하여 발생기 수소를 발생시킨다.

염모제의 제1액(암모니아)은 모발(모표피)를 팽창시켜 과산화수소와 산화염료가 잘 침투하도록 돕는 역할을 하며, 제2액(과산화수소)는 모발의 탈색과 산화염료의 발색작용을 한다.

13 ★★★
두발 염색 시 과산화수소의 작용에 해당되지 않는 것은?

① 산화염료를 발색시킨다.
② 암모니아를 분해한다.
③ 두발에 침투작용을 한다.
④ 멜라닌 색소를 파괴한다.

두발 염색 시 제2제로 사용되는 과산화수소는 모피질 내로 침투하여 멜라닌 색소를 파괴하여 탈색시키고, 산화염료를 산화시켜 발색시키는 작용을 한다.

14 ★★★
두발염색 시 염색약(1액)과 과산화수소(2액)를 섞을 때 발생하는 주 화학적 반응은?

① 중화작용　　　　　② 산화작용
③ 환원작용　　　　　④ 탈수작용

산화염료는 제1액인 암모니아수에 섞여 있으며, 과산화수소와 섞이면 염료에 산화작용이 일어나 발색된다.

정 답　**7** ④　**8** ③　**9** ④　**10** ②　**11** ②　**12** ④　**13** ②　**14** ②

15 영구적(지속성)염모제의 주성분이 되는 것으로 단순히 백발을 흑색으로 염색하기 위해 사용되는 것은? ***

① 니트로페닐렌디아민
② 파라페닐렌디아민
③ 파라트릴렌디아민
④ 모노니트로페닐렌디아민

> 영구적 염모제(유기합성 염모제)의 주성분으로 백발을 흑색으로 염색하는 것은 파라페닐렌디아민이다.
> ※ 파라트릴렌디아민 : 다갈색이나 흑갈색

04. 탈색(헤어 블리치)

1 헤어 블리치에 사용되는 암모니아수의 작용이 아닌 것은? ***

① 과산화수소의 분해 촉진
② 모발을 단단하게 강화시킴
③ 발생기 산소의 발생 촉진
④ 안정제의 약산성 pH를 중화

> 헤어 블리치에서 암모니아수는 제1제인 알칼리제로 사용되며, 모표피를 연화·팽창시켜 모피질에 산화제가 침투할 수 있도록 도와준다.

2 헤어 블리치제의 산화제로써 오일 베이스제는 무엇에 유황유가 혼합되는 것인가? ***

① 과붕산나트륨
② 탄산마그네슘
③ 라놀린
④ 과산화수소수

> 헤어 블리치제의 산화제(제2제)로는 과산화수소수가 사용된다.

3 헤어 블리치제에 사용되는 과산화수소의 일반적인 농도로 가장 알맞은 것은? ***

① 15% 용액
② 10% 용액
③ 6% 용액
④ 4% 용액

> 헤어 블리치제에 사용되는 과산화수소의 일반적인 사용농도는 6% 용액이다.

4 다음 중 헤어 블리치에 관한 설명으로 틀린 것은? ***

① 과산화수소는 산화제이고 암모니아수는 알칼리제이다
② 헤어 블리치는 산화제의 작용으로 두발의 색소를 옅게 한다.
③ 헤어 블리치제는 과산화수소에 암모니아수 소량을 더하여 사용한다.
④ 과산화수소에서 방출된 수소가 멜라닌색소를 파괴시킨다.

> 헤어 블리치는 과산화수소에서 방출된 산소가 멜라닌 색소를 파괴하여 탈색이 되는 원리를 이용한 것이다.

5 헤어 블리치(hair bleach)제로서 가장 적당한 성분은? ***

① 6%의 과산화수소 + 28% 암모니아수
② 3%의 과산화수소 + 25% 암모니아수
③ 10%의 과산화수소 + 28% 암모니아수
④ 8%의 과산화수소 + 25% 암모니아수

> 헤어블리치제로 사용하는 과산화수소와 암모니아수의 일반적인 적정 농도는 과산화수소 6%, 암모니아수 28%이다.

6 두발 염색 시 일반적으로 사용하는 과산화수소와 알칼리(암모니아)의 적정 농도는? ***

① 12%, 18%
② 12%, 28%
③ 6%, 18%
④ 6%, 28%

> 염색과 탈색에 사용되는 과산화수소와 암모니아의 적정한 농도는 과산화수소 6%와 암모니아 28%이다.

7 과산화수소(산화제) 6%의 설명이 맞는 것은? ***

① 10볼륨
② 20볼륨
③ 30볼륨
④ 40볼륨

> 6%의 과산화수소는 20볼륨의 산소를 생성하여 탈색과 착색이 동시에 이루어짐으로 가장 일반적으로 사용하는 농도이다.

8 헤어 블리치(hair bleach) 시 밝기가 너무 어두운 경우의 원인과 가장 거리가 먼 것은?

① 블리치제가 마른 경우
② 프로세싱(processing)시간을 짧게 잡았을 경우
③ 블리치제에 물을 희석해 사용하는 경우
④ 과산화수소수의 볼륨이 높을 경우

> 헤어 블리치를 하고 나서 밝기가 너무 어둡다는 것은 탈색이 제대로 이루어지지 않았다는 의미이며, 과산화수소수의 볼륨이 높으면 탈색이 많이 일어나 모발이 밝아지는 원인이 된다.

9 헤어 블리치 시술상의 주의사항에 해당하지 않는 것은?

① 미용사의 손을 보호하기 위하여 장갑을 반드시 낀다.
② 시술 전 샴푸를 할 경우 브러싱을 하지 않는다.
③ 두피에 질환이 있는 경우 시술하지 않는다.
④ 사후손질로서 헤어 리컨디셔닝은 가급적 피하도록 한다.

> 두발의 염색과 블리치 시술 후에 필요시 사후손질로 헤어 리컨디셔닝을 하는 것이 좋다.

10 두발탈색 시술상의 주의 사항이 아닌 것은?

① 두발 탈색을 행한 손님에 대하여 필요한 사항은 기록해 둔다.
② 헤어 블리치제를 사용할 시에는 반드시 제조업체의 사용지시를 따르는 것을 원칙으로 한다.
③ 시술 전 반드시 브러싱을 겸한 샴푸를 하여야 한다.
④ 시술 후 사후 손질로서 헤어 리컨디셔닝을 하는 것이 좋다.

> 두발의 염색이나 탈색을 할 때 필요시 샴푸를 하며, 이 때에는 두피가 손상을 입지 않도록 주의를 해야 하므로 브러싱은 하지 않는다.

11 헤어 블리치에 관한 설명 중 옳은 것은?

① 헤어 블리치한 두발은 적어도 3주 지나야 퍼머넌트 웨이브를 낼 수 있다.

② 헤어 블리치제의 주제인 과산화수소는 광선이 있는 밝은 장소에 보관한다.
③ 헤어 블리치 조합은 미리 정확하게 만들고 사용 후에도 보관한다.
④ 두피의 상처나 질환이 있을 때에는 중지해야 한다.

> ① 퍼머넌트 웨이브는 탈색 시술 1주일이 지난 후에 시행한다.
> ② 염모제는 직사광선이 들지 않는 냉암소에 보관한다.
> ③ 약제는 한번 사용하면 변질되므로 사용할 때 조제하여 사용하고, 사용한 약제는 다시 사용하지 않는다.

12 헤어 블리치 시술에 관한 사항 중 틀린 것은?

① 블리치 시술 후 일주일 이상 경과된 뒤에 퍼머 하는 것이 좋다.
② 블리치 시술 후 케라틴 등의 유출로 다공성 모발이 되므로 애프터 케어가 필요하다.
③ 블리치제 조합은 사전에 정확히 배합해 두고 사용 후 남은 블리치제는 공기가 들어가지 않도록 밀폐시켜 사용한다.
④ 블리치제는 직사광선이 들지 않는 서늘하고 건조한 곳에 보관한다.

> 블리치제는 사용하는 시점에 배합하여 사용하여야 하며, 사용 후 남은 블리치제는 효력이 상실되므로 재사용이 불가능하다.

13 헤어블리치(hair bleach) 시술 상의 주의점을 설명한 것 중 잘못된 것은?

① 두피에 상처나 질환이 있는 경우 시술치 않도록 한다.
② 블리치를 시술한 두발은 일주일 정도 지나서 필요시 콜드퍼머넌트를 하는 것이 좋다.
③ 블리치제는 시술 전에 미리 정확하게 조합해둔다.
④ 블리치를 시술한 손님에 대해 필요한 사항은 카드에 기록해서 참고한다.

> 블리치제는 미리 조합해 놓는 것이 아니며, 사용시점에 정확하게 배합하여 사용하여야 한다.

정답 **8** ④ **9** ④ **10** ③ **11** ④ **12** ③ **13** ③

***

1 헤어 컬러링 기술에서 만족할 만한 색채효과를 얻기 위해서는 색채의 기본적인 원리를 이해하고 이를 응용할 수 있어야 하는데 색의 3속성 중의 명도만을 갖고 있는 무채색에 해당하는 것은?

① 적색
② 황색
③ 청색
④ 백색

> 무채색은 색의 3속성인 명도, 채도, 색상 중에서 명도만을 가지고 있는 색을 말하며, 흰색(백색), 흑색, 회색이 있다.

***

2 색을 크게 무채색과 유채색으로 나눌 때 무채색에 해당되는 것으로만 묶은 것은?

① 빨강, 회색
② 흑색, 노랑
③ 흰색, 주황
④ 회색, 흑색

> 무채색은 색의 3요소 중에서 명도만을 가지고 있는 색으로 흰색, 흑색, 회색이 있다.

****

3 두발염색 시 헤어컬러링에 있어서 색채의 기본적인 원리를 이해하고 응용할 수 있어야 하는데, 색의 3원색에 해당하지 않은 것은?

① 청색
② 황색
③ 적색
④ 백색

> 색의 3원색은 빨강, 파랑, 노랑이다.

***

4 두발을 탈색한 후 초록색으로 염색하고 얼마동안의 기간이 지난 후 다시 다른 색으로 바꾸고 싶을 때 보색관계를 이용하여 초록색의 흔적을 없애려면 어떤 색을 사용하면 좋은가?

① 노란색
② 오렌지색
③ 적색
④ 청색

> 색의 계통을 나타내기 위하여 색을 원형으로 나열한 것이 색상환이고, 색상환에서 마주보고 있는 색을 보색이라 한다. 보색관계에 있는 색을 섞으면 무채색이 되며, 염색한 색의 흔적을 없애려면 보색을 이용하면 된다. 초록색의 보색은 적색이다.

*

5 헤어 컬러링 시 활용되는 색상환에 있어 적색의 보색은?

① 보라색
② 청색
③ 녹색
④ 황색

> 적색의 보색은 녹색이다.

***

6 헤어 컬러링한 고객이 녹색 모발을 자연갈색으로 바꾸려고 할 때 가장 적합한 방법은?

① 3%과산화수소를 약 3분간 작용시킨 뒤 주황색으로 컬러링 한다.
② 빨간색으로 컬러링 한다.
③ 3%과산화수소로 약 3분간 작용시킨 후 보라색으로 컬러링 한다.
④ 노란색을 띄는 보라색으로 컬러링 한다.

> 헤어 컬러링의 보색관계를 묻는 문제로 녹색의 보색인 적색으로 컬러링하면 자연갈색으로 색을 맞출수 있다.

정답 3 1 ④ 2 ④ 3 ④ 4 ③ 5 ③ 6 ②

SECTION 09 두피 및 모발관리

[출제문항수 : 3~4문제] 학습할 분량이 많지 않으며, 그리 어렵지 않은 부분입니다만 최근 출제비율이 높아진 부분입니다. 두피 및 두발관리에 관한 전반적인 사항과 사용되는 컨디셔너제의 종류 부분을 중점적으로 공부하시기 바랍니다.

chapter 01

01 두피관리 (스캘프 트리트먼트)

스캘프 트리트먼트(scalp manipulation)란 두피손질 또는 두피처치를 뜻하는 것으로 두피를 건강하고 청결하게 유지하도록 만드는 것이다.

1 스캘프 트리트먼트의 목적
① 두피 및 두발에 수분과 유분 등의 영양분을 공급하여 두발을 윤기있게 도와준다.
② 두피 마사지(스캘프 머니퓰레이션)를 통하여 혈액순환을 도와 두피의 생리기능을 높여준다.
③ 두피에서 분비되는 피지, 땀, 먼지 등을 제거하여 두피를 청결하게 하고 비듬을 제거해 준다.
④ 모근을 자극하여 탈모방지와 두발의 성장을 촉진시킨다.

2 스캘프 트리트먼트의 방법

물리적 방법	두피에 약품을 사용하지 않고 물리적인 자극을 주어 두피 및 모발의 생리기능을 건강하게 유지 ① 브러시나 빗을 응용하는 방법 ② 스캘프 머니퓰레이션에 의한 방법 ③ 스팀타월 또는 헤어스티머 등의 습열을 이용하는 방법 (→ 헤어스티머의 적정 사용시간 : 10~15분) ④ 전류, 자외선, 적외선 등을 이용한 방법 등
화학적 방법	• 양모제를 사용하여 두피나 모발의 생리기능을 유지 • 헤어로션, 헤어토닉(Hair tonic), 베이럼(Bayrum), 오드키니네, 헤어크림 등을 사용 (헤어 오일은 아님)

3 두피상태에 따른 스캘프 트리트먼트의 종류

정상 두피	플레인(Plain) 스캘프 트리트먼트
건성 두피	드라이(Dry) 스캘프 트리트먼트
지성 두피	오일리(Oily) 스캘프 트리트먼트
비듬성 두피	댄드러프(Dandruff) 스캘프 트리트먼트

▶ 용어 이해
• 스캘프(scalp) : 두피
• 머니퓰레이션(manipulation) : 손가락을 이용하는 마사지 기술

▶ 스캘프 트리트먼트는 탈모와 같은 질병 치료와 무관하다.

▶ 비듬(Dandruff)의 원인 및 관리
• 두피 표피세포의 과도한 각질화가 직접적인 원인
• 두피에 혈액순환이 잘 안되거나 부신피질 기능저하, 신경자극 결여, 감염, 상처, 영양부족(비타민 B1 결핍) 등
• 알칼리성 샴푸의 사용이나 샴푸 후 불충분한 세척
• 전염성이 있으므로 샵에서 사용하는 미용도구는 잘 소독하여야 함

▶ 스캘프 머니퓰레이션의 기본동작
• 경찰법(Stroking) : 쓰다듬기
• 압박법(Compression) : 누르기
• 마찰법(Friction) : 문지르기, 마찰하기
• 유연법(Kneading) : 주무르기

▶ 머니퓰레이션의 3요소
스캘프 머니퓰레이션의 효과는 가하는 힘의 세기, 동작의 방향, 기본동작의 지속시간에 의해 좌우된다.

헤어트리트먼트란 손상된 모발을 정상으로 회복시키거나, 건강한 모발을 유지하기 위하여 필요한 손질을 하는 것이다.

1 헤어 트리트먼트(Hair treatment)의 기초

(1) 헤어 트리트먼트의 목적

두발의 모표피를 단단하게 하며, 적당한 두발의 수분함량(약 10%)을 원상태로 회복시킨다.

(2) 두발의 손상 원인

① 생리적 요인 : 스트레스, 영양부족, 호르몬의 불균형, 개인마다 다른 성향의 모질 등

② 화학적 요인 : 펌제, 염·탈색제, 샴푸제 등의 오남용

③ 물리적 요인 : 열과 마찰에 의한 손상 (아이론, 블로우 드라이, 브러싱 등)

④ 환경적 요인 : 일광(자외선), 대기오염, 해수, 건조 등

2 헤어 트리트먼트제의 종류

(1) 헤어 리컨디셔닝(Hair Reconditioning)

이상이 생긴 두발이나 손상된 두발의 상태를 손질하여 손상되기 이전의 정상적인 상태로 모발을 회복시키는 것이 목적이다.

(2) 클리핑(Clipping)

① 모표피가 벗겨졌거나 모발 끝이 갈라진 부분을 제거하는 것이다.

② 두발 숱을 적게 잡아 비틀어 꼬고 갈라진 모발의 삐져나온 것을 가위로 모발 끝에서 모근 쪽을 향해 잘라내면 된다.

(3) 헤어 팩(Hair pack)

① 모발에 영양분을 공급하여 주는 방법으로, 윤기가 없는 부스러진 듯한 건성모나 모표피가 많이 일어난 두발 및 다공성모에 가장 효과적인 트리트먼트이다.

② 샴푸 후 트리트먼트크림을 충분히 발라 헤어마사지를 하고, 45~50℃의 온도로 10분간 스티밍한 후 플레인 린스*를 행한다.

(4) 신징(Singeing)

① 신징 왁스나 전기 신징기를 사용해서 모발을 적당히 그슬리거나 지지는 시술법이다.

② 불필요한 두발을 제거하고 건강한 두발의 순조로운 발육을 조장한다.

③ 잘라지거나 갈라진 두발로부터 영양물질이 흘러나오는 것을 막는다.

④ 온열자극에 의해 두부의 혈액순환을 촉진시킨다.

▶ 헤어 트리트먼트의 필요성
- 헤어 컬러와 탈색으로 손실된 단백질을 보충해 준다.
- 건조해진 모발에 윤기와 부드러움을 준다.
- 모표피를 수렴제로 수축시킨다.
- 모표피에 윤기를 준다.
- 모발의 정전기를 예방한다.

▶ 두발의 강도(텐션, tension)
두발을 당기거나 팽창시켰을 때 끊어지지 않고 견디는 힘

▶ 용어 이해
- Reconditioning : 재생
- Clipping : 오려냄, 제거
- Singeing : 태우다, 그슬리다.

▶ 헤어 리컨디셔닝의 시술 순서
① 브러싱
↓
② 샴푸
↓
③ 블록킹에 의한 스트랜드 나눔
↓
④ 헤어컨디셔너제 바름
↓
⑤ 스캘프 머니플레이션
↓
⑥ 적외선등 조사(10~15분)

▶ 플레인 린스
물만 사용하여 모발을 씻는 것

(5) 컨디셔너제

① 시술과정에서 모발의 손상 및 악화를 방지한다.

② 손상된 모발이 정상으로 회복할 수 있도록 돕는다.

③ 두발의 엉킴 방지 및 상한 모발의 표피층을 부드럽게 하여 빗질을 용이하게 한다.

④ 퍼머넌트 웨이브, 염색, 블리치 후 pH 농도를 중화시켜 모발이 적당한 산성을 유지하도록 한다.(모발의 알칼리화, 산성화 방지)

⑤ 보습작용으로 두발에 윤기와 광택을 준다.

⑥ 두발을 유연하게 해 준다.

⑦ 사용되는 오일의 종류

식물성 오일	아몬드, 올리브 등
라놀린 오일	라놀린의 피부흡수력을 이용
미네랄 오일	액체파라핀 등
실리콘	열모(두발이 갈라지는 것) 방지

▶ 컨디셔너제는 손상된 모발의 회복을 돕는 역할이지만 완전히 치유하는 것은 불가능하다.

(6) 탈모

① 정상 탈모 : 두발의 수명(3~6년 정도)이 다해서 빠지는 것

② 이상 탈모 : 정상탈모가 아닌 다른 원인에 의해 빠지는 것

③ 이상 탈모의 원인
• 과도한 스트레스, 남성 호르몬(안드로겐)의 분비가 많은 경우
• 땀, 피지 등의 노폐물이 모공을 막고 있는 경우
• 모유두 세포의 파괴, 영양결핍, 신경성, 유전성, 내분비의 장애 등

④ 이상 탈모의 종류

원형탈모증	자각증상 없이 동전만한 크기로 원형 또는 타원형으로 둥글게 털이 빠지는 증상
지루성 탈모증	비듬이 많은 사람에게서 발생하기 쉬운 증상
견인성(결발성) 탈모증	기계적 기구나 끈으로 장시간 또는 강하게 묶는 등 손에 의한 자극이 반복되어 일어나는 증상으로 주로 여자에게 많이 일어남
결절열모 탈모증	모발의 건조, 영양부족으로 모발이 가늘게 갈라지듯 부서지는 증상
사모	모래알 모양의 단단한 결절이 생기는 증상으로 주로 부인들에게 발생

▶ 병적 원인에 의한 탈모
• 약물중독 탈모증
• 산후 탈모증
• 열병 후 탈모증

01. 두피관리(스캘프 트리트먼트)

1 스캘프 트리트먼트의 목적과 가장 관계가 먼 것은?

① 먼지나 비듬을 제거함
② 혈액순환을 왕성하게 하여 두피의 생리기능을 높임
③ 두피의 지방막을 제거해서 두발을 깨끗하게 해줌
④ 두피나 두발에 유분 및 수분을 보급하고 두발에 윤택함을 줌

건강한 두피는 항상 적당한 지방막으로 쌓여 있으며, 정상적인 각화작용을 한다. 따라서 지방막을 제거하는 것은 스캘프 트리트먼트의 목적이 아니다.

2 스캘프 트리트먼트의 목적과 거리가 먼 것은?

① 두발성장 촉진   ② 두피 청결
③ 탈모 방지   ④ 두피의 질병치료

스캘프 트리트먼드(두피관리)는 두피에 영양을 공급하고, 청결하게 유지하여 두발의 성장촉진, 탈모방지 등을 목적으로 하지만 치료의 영역을 포함하지는 않는다.

3 스캘프 트리트먼트의 목적이 아닌 것은?

① 원형 탈모증 치료
② 두피 및 모발을 건강하고 아름답게 유지
③ 혈액순환 촉진
④ 비듬 방지

스캘프 트리트먼트의 목적은 질병의 치료를 포함하지 않는다.

4 다음 중 스캘프 트리트먼트 시술을 하기에 가장 적합한 경우는?

① 두피에 상처가 있는 경우
② 퍼머넌트 웨이브 시술 직전
③ 염색, 탈색 시술 직전
④ 샴푸잉 시

헤어 샴푸잉은 두피 및 모발의 더러움을 제거하고, 두피를 자극하여 생리기능을 촉진시키므로 스캘프 트리트먼트를 시술하기에 가장 적합하다.

5 두피처리의 설명으로 옳지 않은 것은?

① 두피를 자극하여 혈액순환을 원활하게 한다.
② 두피에 묻은 비듬, 먼지 등을 제거한다.
③ 찬 타월로 두피에 수분을 공급한다.
④ 두피에 유분 및 영양분을 보급한다.

스캘프 트리트먼트를 할 때에는 스팀타월이나 헤어스티머 등의 습열을 이용하여 관리한다.

6 비듬에 대한 설명으로 적합한 것은?

① 두피 표피세포의 과도한 각질화가 직접적 원인이다.
② 건성비듬은 지나친 피지분비가 원인이 된다.
③ 모든 비듬은 전염성이 없으므로 주의할 필요가 없다.
④ 고주파 전류의 사용을 금해야 한다.

비듬은 두피 표피세포의 과도한 각질화가 직접적 원인이며, 혈액순환 악화, 부신피질 기능저하, 감염, 상처 등의 원인이 있다.

7 비듬의 일반적인 원인이 아닌 것은?

① 비타민 B_1 결핍증
② 두피의 혈액순환 악화
③ 단백질의 과잉 섭취
④ 부신피질 기능저하

영양부족이 비듬의 원인이 되긴 하지만 단백질의 과잉 섭취가 비듬의 원인이 되지는 않는다.

8 스캘프 트리트먼트의 시술과정 중 물리적 방법이 아닌 것은?

① 스캘프 머니퓰레이션을 해준다.
② 스팀타월이나 헤어스티머등의 습열을 제공해준다.
③ 자외선이나 적외선을 상태에 따라 쪼여준다.
④ 헤어로션을 바른다.

스캘프 트리트먼트의 물리적 방법은 약제를 사용하지 않고 물리적인 자극을 주어 두피를 관리하는 방법이다. 헤어로션을 바르는 것은 화학적 방법이다.

정답 ❶ 1 ③ 2 ④ 3 ① 4 ④ 5 ③ 6 ① 7 ③ 8 ④

9 두피 손마사지(Scalp manipulation)의 효과에 해당되지 않는 사항은?

① 신경을 자극하여 흥분케 한다
② 두발이 건강히 자라도록 도와준다.
③ 근육을 자극하여 단단한 두피를 더 부드럽게 한다.
④ 두피에 혈액의 순환을 촉진시킨다.

스캘프 머니퓰레이션은 손으로 두피를 마사지 하는 방법으로, 신경을 자극하여 흥분시키지는 않는다.

10 머니퓰레이션(manipulation)의 효과는 다음 중 어떤 요소에 의해 좌우되는가?

【보기】
㉮ 가하는 힘의세기　㉯ 동작의 방향
㉰ 기본 동작의 지속시간　㉱ 기본 동작의 방법

① ㉮, ㉯　　　　　② ㉰, ㉱
③ ㉮, ㉯, ㉰　　　④ ㉮, ㉯, ㉰

머니퓰레이션의 효과는 가하는 힘의 세기, 동작의 방향, 기본동작의 지속시간에 의해 좌우된다.

11 두피 관리를 할 때 헤어 스티머(hair steamer)의 사용시간으로 가장 적합한 것은?

① 5~10분　　　　② 10~15분
③ 15~20분　　　④ 20~30분

헤어 스티머를 이용하여 두피관리를 할 때에는 10~15분 정도 사용하는 것이 가장 적당하다.

12 스캘프 트리트먼트(scalp treatment)의 시술과정에서 화학적 방법과 관련 없는 것은?

① 양모제
② 헤어토닉
③ 헤어크림
④ 헤어스티머

두피관리에서 화학적 방법은 양모제를 사용하여 두피나 모발의 생리기능을 유지하는 방법이며, 헤어스티머를 사용하는 방법은 물리적인 방법이다.

13 두피나 두발의 생리기능을 유지하기 위하여 사용하는 양모제가 아닌 것은?

① 헤어로션　　　　② 헤어토닉
③ 베이럼　　　　　④ 헤어오일

화학적 두피관리에서 사용되는 양모제는 헤어로션, 헤어토닉, 베이럼, 오드키니네, 헤어크림 등이 있다.

14 비듬이 없고 두피가 정상적인 상태일 때 실시하는 것은?

① 댄드러프 스캘프 트린트 먼트
② 오일리 스캘프 트린트 먼트
③ 플레인 스캘프 트린트 먼트
④ 드라이 스캘프 트린트 먼트

정상두피에 사용하는 트리트먼트는 플레인 스캘프 트리트먼트이다.

15 건성 두피를 손질하는데 가장 알맞은 손질 방법은?

① 플레인 스캘프 트리트먼트
② 드라이 스캘프 트리트먼트
③ 오일리 스캘프 트리트먼트
④ 댄드러프 스캘프 트리트먼트

건성두피에 사용하는 트리트먼트는 드라이 스캘프 트리트먼트이다.

16 두피에 지방이 부족하여 건조한 경우에 하는 스캘프 트리트먼트는?

① 플레인 스캘프 트리트먼트
② 오일리 스캘프 트리트먼트
③ 드라이 스캘프 트리트먼트
④ 댄드러프 스캘프 트리트먼트

두피에 지방이 부족하여 건조한 경우는 건성두피를 말하며, 건성두피에는 드라이 스캘프 트리트먼트를 한다.

정답 ▶ **9** ① **10** ④ **11** ② **12** ④ **13** ④ **14** ③ **15** ② **16** ③

★★

17 두피에 지방분이 너무 많을 때 알맞는 트리트먼트는?

① 핫오일리 트리트먼트(Hot oily treatment)
② 오일리 스켈프 트리트먼트 (Oily scalp treatment)
③ 댄드러프 스켈프 트리트먼트 (dandruff scalf treatment)
④ 드라이 스켈프 트리트먼트 (dry scalp treatment)

> 두피에 지방분이 많은 두피는 지성두피이며, 지성두피에는 오일리 스캘프 트리트먼트를 한다.

★★★★

18 두피타입에 알맞은 스캘프 트리트먼트(scalp treat-ment)의 시술방법의 연결이 틀린 것은?

① 건성두피 – 드라이스캘프 트리트먼트
② 지성두피 – 오일리 스캘프 트리트먼트
③ 비듬성두피 – 핫 오일스캘프 트리트먼트
④ 정상두피 – 플레인 스캘프 트리트먼트

> 비듬이 많은 두피상태인 비듬성 두피에는 댄드러프 스캘프 트리트먼트를 한다.

★★★★

19 비듬 제거를 목적으로 하는 두피 손질 기술을 나타내는 것은?

① 플레인 스캘프 트리트먼트
② 오일리 스캘프 트리트먼트
③ 세보리아 스캘프 트리트먼트
④ 댄드러프 스캘프 트리트먼트

> 비듬이 많은 비듬성 두피를 손질하는 방법은 댄드러프 스캘프 트리트먼트이다.

02. 두발관리(헤어 트리트먼트)

★★★

1 헤어 트리트먼트의 목적을 설명한 것 중 가장 옳은 것은?

① 두피의 생리기능을 높여준다.
② 비듬을 제거하고 방지한다.
③ 두발의 모표피를 단단하게 하며 적당한 수분함량을 원상태로 회복시킨다.
④ 두피를 청결하게 하며 두피의 성육을 조장한다.

> 헤어 트리트먼트의 목적은 두발의 모표피를 단단하게 하며 적당한 수분함량(약 10%)을 원상태로 회복시키는 것이다.

★★★

2 다음 중 두발 손상 원인이 아닌 것은?

① 샴푸 후 두발에 물기가 많이 있는 상태에서 급속하게 건조시킨 경우
② 헤어 트리트먼트제 도포 후 헤어 스티머를 사용하는 경우
③ 백코밍을 자주 하는 경우
④ 일광 자외선에 장시간 노출되거나 바닷물의 염분이나 풀장의 소독용 표백분을 충분히 씻어내지 못한 경우

> 두발에 영양을 주기 위하여 헤어 트리트먼트제를 도포하고, 헤어 스티머를 사용하는 헤어팩을 한다.

★★★

3 두발이 손상되는 원인이 아닌 것은?

① 헤어드라이어기로 급속하게 건조시킨 경우
② 지나친 브러싱과 백코밍 시술을 한 경우
③ 스캘프 머니플레이션과 브러싱을 한 경우
④ 해수욕 후 염분이나 풀장의 소독용 표백분이 두발에 남아 있을 경우

> 스캘프 머니플레이션은 손을 이용한 두피 마사지법으로 두발이 손상되는 원인이 아니며, 브러싱은 지나치게 할 경우에 두발 손상의 원인이 된다.

정답 **17** ② **18** ③ **19** ④ **2** **1** ③ **2** ② **3** ③

4 모발손상의 원인으로만 짝지어진 것은? ★★★

① 드라이어의 장시간 이용, 크림 린스, 오버프로세싱
② 두피 마사지, 염색제, 백 코밍
③ 브러싱, 헤어세팅, 헤어 팩
④ 자외선, 염색, 탈색

> 모발손상의 원인으로는 드라이어의 장시간 이용, 오버프로세싱, 지나친 브러싱과 백코밍, 일광자외선, 염색, 탈색 등이다.

5 두발의 물리적인 특성에 있어서 두발을 잡아 당겼을 때 끊어지지 않고 견디는 힘을 나타내는 것은? ★★★

① 두발의 질감
② 두발의 밀도
③ 두발의 대전성
④ 두발의 강도

> 두발을 잡아 당겼을 때 끊어지지 않고 견디는 힘을 인장 또는 장력이라고 하며 두발의 강도(텐션)을 나타낸다.

6 모발 위에 얹어지는 힘 혹은 당김을 의미하는 말은? ★★★

① 엘레베이션(Elevation)
② 웨이트(Weight)
③ 텐션(Tension)
④ 텍스쳐(Texture)

> 모발 위에 얹어지는 힘 또는 당겨지는 힘을 텐션(Tension)이라 한다.

7 손상된 두발의 상태를 손질하여 손상되기 이전의 정상적인 상태로 회복시키는 것이 목적인 헤어트리트는? ★★★

① 헤어 리컨디셔닝
② 신징(singeing)
③ 슬래핑(slapping)
④ 커핑(cupping)

> 헤어 리컨디셔닝은 손상된 두발이나 이상이 생긴 두발을 손상되기 이전의 정상적인 상태로 회복시키기 위하여 하는 트리트먼트이다.

8 헤어 리컨디셔닝(hair reconditioning) 기술의 순서가 올바른 것은? ★★★

① 헤어컨디셔너제 바름 → 브러싱 → 샴푸 → 스트랜드 나눔 → 스캘프 머니퓰레이션 → 적외선등 조사(10~25분)
② 샴푸 → 브러싱 → 헤어컨디셔너제 바름 → 스트랜드 나눔 → 스캘프 머니퓰레이션 → 적외선등 조사(10~15분)
③ 브러싱 → 샴푸 → 스트랜드 나눔 → 헤어컨디셔너제 바름 → 스캘프 머니퓰레이션 → 적외선등 조사(10~15분)
④ 스트랜드 나눔 → 헤어컨디셔너제 바름 → 브러싱 → 샴푸 → 스캘프 머니퓰레이션 → 적외선등 조사(10~15분)

> 헤어 리컨디셔닝의 시술 순서 :
> 브러싱 → 샴푸 → 블록킹에 의한 스트랜드 나눔 → 헤어컨디셔너제 바름 → 스캘프 머니플레이션 → 적외선등 조사(10~15분)

9 윤기가 없는 부스러진듯한 건성모나 모표피가 많이 일어난 두발 및 다공성모에 가장 효과적인 헤어트리트먼트는? ★★★

① 헤어샴푸
② 신징(singeing)
③ 헤어팩(hair pack)
④ 클립핑(clipping)

> 헤어팩은 모발에 영양을 주는 트리트먼트로 건성모, 모표피가 많이 일어난 두발, 다공성모에 효과적이다.

10 다음 중 염색시간과 방치시간이 가장 짧으며 충분한 컨디셔닝이 필요한 두발은? ★★★

① 유성 두발
② 손상 두발
③ 발수성 두발
④ 흰 두발

> 손상 두발은 약제의 투입이 빨라 염색시간 및 방치시간이 짧으며, 충분한 컨디셔닝이 필요한 두발이다.

정답 4 ④ 5 ④ 6 ③ 7 ① 8 ③ 9 ③ 10 ②

11 신징(singeing)의 목적에 해당하지 않는 것은?

① 불필요한 두발을 제거하고 건강한 두발의 순조로운 발육을 조장한다.
② 잘라지거나 갈라진 두발로부터 영양물질이 흘러나오는 것을 막는다.
③ 양이 많은 두발에 숱을 쳐내는 것이다.
④ 온열자극에 의해 두부의 혈액순환을 촉진시킨다.

> 신징은 신징 왁스나 전기 신징기를 이용하녀 모발을 적당히 그슬리거나 지지는 방법으로 ①, ②, ④의 목적을 가진다.

12 다음 중 헤어 트리트먼트 기술에 속하지 않는 것은?

① 클리핑
② 신징
③ 싱글링
④ 헤어 리컨디셔닝

> 헤어 트리트먼트 기술은 헤어 리컨디셔닝, 클리핑, 헤어팩, 신징이 있으며, 싱글링은 헤어 커트의 기법이다.

13 헤어 트리트먼트(hair treatment)의 종류가 아닌 것은?

① 헤어리컨디셔닝
② 틴닝(thining)
③ 클리핑(cllpping)
④ 헤어 팩(hair pack)

> 틴닝은 모발의 길이를 감소시키지 않으면서 전체적으로 모발 숱을 감소시키는 커트 기법이다.

14 헤어 트리트먼트(hair treatment)의 종류에 속하지 않는 것은?

① 헤어 리컨디셔닝
② 클립핑
③ 헤어 팩
④ 테이퍼링

> 테이퍼링은 레이저를 사용하는 커트 기법의 하나이다.

15 헤어 컨디셔너제의 기능에 해당하지 않는 것은?

① 두발을 유연하게 해 준다.
② 두발에 윤기와 광택을 준다.
③ 두발과 두피의 더러움을 제거한다.
④ 두발의 빗질을 용이하게 해준다.

> 헤어 컨디셔너제는 보습작용으로 두발을 부드럽게 하고, 윤기와 광택을 주며, 두발의 엉킴을 방지하여 두발의 빗질을 용이하게 해준다.

16 헤어 컨디셔너제의 사용 목적이 아닌 것은?

① 시술과정에서 두발이 손상되는 것을 막아주고 이미 손상된 두발을 완전히 치유해 준다.
② 두발에 윤기를 주는 보습역할을 한다.
③ 퍼머넌트 웨이브, 염색, 블리치 후의 pH 농도를 중화시켜 두발의 산성화를 방지하는 역할을 한다.
④ 상한 두발의 표피층을 부드럽게 해주어 빗질을 용이하게 한다.

> 헤어 컨디셔너제는 두발의 손상방지 및 손상모발의 악화방지 기능을 하며, 정상 두발로 회복할 수 있도록 돕는 역할을 하지만 완전한 치유를 하지는 못한다.

17 탈모의 원인으로 볼 수 없는 것은?

① 과도한 스트레스로 인한 경우
② 다이어트와 불규칙한 식사로 인한 영양부족인 경우
③ 여성호르몬의 분비가 많은 경우
④ 땀, 피지 등의 노폐물이 모공을 막고 있는 경우

> 남성 호르몬의 과다분비가 탈모의 원인이 된다.

18 다음 중 남성형 탈모증의 주원인이 되는 호르몬은?

① 안드로겐(androgen)
② 에스트라디올(estradiol)
③ 코티손(cortisone)
④ 옥시토신(oxytocin)

> 남성형 탈모증의 원인이 되는 남성호르몬은 안드로겐이다.

정답 11 ③ 12 ③ 13 ② 14 ④ 15 ③ 16 ① 17 ③ 18 ①

19 다음 중 탈모의 원인이라고 볼 수 없는 것은?

① 모유두의 조직이 화상이나 외상으로 손상된 경우
② 두피의 피지 분비가 과다한 경우
③ 정신적 고뇌나 긴장감이 연속된 경우
④ 남성 호르몬이 부족한 경우

> 남성 호르몬이 과다한 경우 탈모의 원인이 된다.

20 두피 약화로 인한 탈모의 원인과 가장 거리가 먼 것은?

① 남성 호르몬
② 노화
③ 유전적 질환
④ 비만

> 비만은 두피 약화에 의한 탈모원인과 가장 거리가 멀다.

21 자각증상 없이 원형 혹은 타원형의 형태로 탈모가 일어나는 탈모 유형은?

① 백모증
② 무모증
③ 원형 탈모증
④ 견인성 탈모증

> 원형탈모증은 자각증상 없이 동전만한 크기로 원형이나 타원형으로 둥글게 털이 빠지는 증상을 말한다.

22 병적 원인에 의한 탈모증에 해당하지 않는 것은?

① 지루성 탈모증
② 약물중독 탈모증
③ 산후 탈모증
④ 열병 후 탈모증

> 지루성 탈모증은 비듬이 많은 사람에게서 발생하기 쉬운 증상으로 병적 원인에 의한 탈모증이 아니다.

23 두발상태가 건조하며 길이로 가늘게 갈라지듯 부서지는 증세는?

① 원형탈모증
② 결발성 탈모증
③ 비강성 탈모증
④ 결절 열모증

> 결절 열모증은 모발의 건조, 영양부족 등의 원인으로 모발이 가늘게 갈라지듯 부서지는 증세이다.

24 외부로부터의 기계적 기구나 손에 의한 자극에 의해 일어나며, 주로 여자에게 많이 일어나는 두발의 탈모증은?

① 결절열모 탈모증
② 결발성 탈모증
③ 증후성 탈모증
④ 비강성 탈모증

> 결발성 탈모증은 잡아당기거나 다른 기계적 자극에 의해 모근부에 가벼운 염증이 생기고 모유두가 위축되어 탈모가 생기는 증상으로, 머리를 묶는 등 손에 의한 자극에 자주 노출되는 여성에게 많이 일어난다.

chapter 01

SECTION

10

Hairdresser Certification

가발 헤어스타일

[출제문항수 : 0~1문제] 이 섹션에서는 대부분 가발의 종류를 묻는 문제입니다. 헤어피스의 종류는 확실히 학습하고 나머지는 읽어보고 문제로 마무리 하시기 바랍니다.

가발은 고대 이집트인들이 B.C 4000년경 직사광선으로부터 두부를 보호하기 위해 처음 사용하였다. 가발은 크게 위그와 헤어피스가 있다.

01 가발의 유형

1 위그(Wigs)

① 두부전체(두부의 95~100%)를 덮을 수 있는 모자형의 가발
② 모발 숱이 적은 경우나 대머리를 감추기 위한 경우에 주로 사용
③ 여러 가지 다양한 목적이나 조건에 맞추어 사용
   • 다른 스타일로 변화를 주고 싶을 때
   • 장기간의 여행 시 모발을 적절하게 관리하지 못할 상황에 따른 선택 등

2 헤어 피스(Hair pieces)

① 부분적인 가발을 말하는 것
② 다양한 사이즈에 변형이 많은 헤어패션 악세서리로 헤어스타일을 연출할 때 사용
③ 주로 크라운 부분에 사용되는 경우가 많다.
④ 헤어 피스의 종류

↑ 위그

↑ 폴   ↑ 웨프트

↑ 스위치   ↑ 캐스케이드

↑ 위글렛

폴 (Fall)	숏헤어를 일시적으로 롱헤어의 모습으로 변화시키는 경우에 사용
웨프트 (Weft)	핑거웨이브 연습에 사용하는 실습용 가발
스위치 (Switch)	사용하기 편하도록 스타일링 해 놓은 것으로, 땋거나 스타일링하기 쉽도록 1~3가닥으로 만들어짐
위글렛 (Wiglet)	두상의 특정한 부분에 볼륨을 주거나 웨이브를 만들어 효과적인 연출을 하기 위해 사용하는 작은 가발
캐스케이드 (Cascade)	폭포수처럼 풍성하고 긴 헤어스타일 연출

① 가발의 소재

(1) 인모(人毛)

① 실제 사람의 모발을 사용하여 만든 것

② 자연적인 모발의 질감과 고급스러운 느낌을 가짐

③ 퍼머넌트 및 컬러링의 약액처리가 가능함

④ 샴푸하면 세트(Set)가 풀어져 다른 헤어스타일을 만들 수 있음

⑤ 합성섬유에 비하여 가격이 비쌈

(2) 합성섬유(인조모)

① 나일론, 아크릴 섬유 등의 합성섬유를 원료로 하여 만든 것으로 가격이 저렴하다.

② 색의 종류가 많고 모발이 엉키지 않으며, 샴푸 후에도 원래의 스타일을 유지함

③ 약액처리가 되지 않으며 자연스러움이 없음

④ 섬세한 스타일을 만들거나 헤어스타일을 바꾸기가 극히 어려움

② 파운데이션

① 위그 또는 헤어피스의 기초가 되는 중요한 부분이다.

② 머리에 잘 맞으면서도 너무 조이는 느낌을 주지 않아야 한다.

③ 견, 면, 화학섬유 등을 소재로 사용한다.

③ 네팅(Netting)

가발을 뜨는 방법을 말하며, 손 뜨기와 기계 뜨기가 있다.

손 뜨기	• 손으로 모발을 심는 방법 • 모발의 흐름을 자유롭게 바꿀 수 있으며, 자연스런 마무리가 가능 • 가볍고 정교하며, 가격이 비싸다.
기계 뜨기	• 기계로 모발을 심는 방법 • 모발의 흐름이 정해져 있어 변화가 어려움 • 무겁고 정교함이 부족하다 • 가격은 저렴하다.

④ 가발의 치수재기

머리길이	이마의 헤어라인에서 정중선을 따라 네이프의 움푹 들어간 지점까지의 길이
머리둘레	이마의 헤어라인 중심점에서 네이프의 움푹 들어간 지점을 지나서 처음지점으로 돌아오는 둘레의 길이

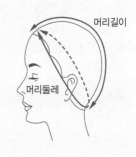

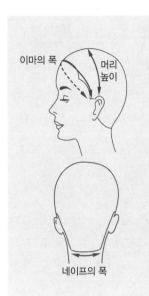

머리높이	한쪽 귀 위의 1cm 지점에서 크라운을 통과하여 다른 쪽 귀 위 1cm 지점까지의 길이
이마의 폭	양측의 이마에서 헤어라인을 따라 연결한 길이
네이프의 폭	좌우 네이프 사이드 포인트간의 길이

03 가발의 관리

1 가발의 세정(샴푸잉)

(1) 인모의 경우

① 헤어피스를 물에 담가두면 파운데이션이 약해져 심어진 두발의 지지력이 감소한다.

② 플레인 샴푸잉보다 리퀴드 드라이 샴푸잉(Liquid dry shampooing)을 하는 것이 좋다.

③ 플레인 샴푸의 경우에는 저알칼리의 샴푸제를 38℃의 미지근한 물에 브러싱하면서 세정하면 엉키지 않는다.

④ 세정 후에는 오일성분이 함유된 린스제로 린싱을 하여 그늘에 말린다.

(2) 합성섬유의 경우

플레인 샴푸잉도 가능하지만 제조업체에서 지정하는 세정제를 사용하는 것이 좋다.

2 가발커트 시 고려사항

가발의 커트는 모발의 커트와 다르지 않으며, 사용할 사람의 얼굴과 잘 어울리도록 커트하여야 한다.

① 가발의 숱은 보통사람의 숱보다 많다.

② 숱을 고를 때는 틴닝가위나 틴닝레이저를 사용한다.

③ 파운데이션의 바느질한 실이 잘려나가지 않도록 한다.

④ 열에 의해 두발의 결이 변형되거나 윤기가 없어질 수 있으므로 주의한다.

3 가발의 컨디셔닝

① 컨디셔너제는 모발에만 바르고 파운데이션은 바르지 않는다.

② 스프레이가 없으며 얼레빗을 사용하여 컨디셔너를 모발 전체에 골고루 바른다.

③ 두발이 빠지지 않도록 차분하게 두발 끝에서 모근 쪽을 향해 서서히 빗질을 한다.

★★★
1 숏헤어(short hair)를 일시적으로 롱헤어(long hair)의 모습으로 변화시키고자할 때의 헤어피스는?

① 폴(fall)　　　　　　②스위치(switch)

③ 위글렛(wiglet)　　　④ 웨프트(weft)

★★★★
2 땋거나 스타일링하기 쉽도록 3가닥 혹은 1가닥으로 만들어진 헤어피스는?

① 웨프트　　　　　　② 스위치

③ 폴　　　　　　　　④ 위글렛

> 헤어 피스 중 스위치는 사용하기 편하도록 스타일링을 해놓은 것으로 땋거나 스타일링 하기 쉽도록 1~3가닥으로 만들어져 있다.

★★★
3 두상의 특정한 부분에 볼륨을 주기 원할 때 사용되는 헤어 피스(hair piece)는?

① 위글렛(wiglet)　　　② 스위치(switch)

③ 폴(fall)　　　　　　④ 위그(wig)

★★★
4 두부의 탑(top)부분의 두발에 특별한 효과를 연출하기 위해 사용하는 헤어피스는?

① 폴　　　　　　　　② 위그

③ 위글렛　　　　　　④ 스위치

★★★★★
5 헤어스타일의 다양한 변화를 위해 사용되는 헤어피스가 아닌 것은?

① 폴(fall)　　　　　　② 위글렛(wiglet)

③ 웨프트(weft)　　　　④ 위그(wig)

> 다양한 헤어스타일을 위하여 사용하는 헤어피스는 폴, 웨프트, 스위치, 위글렛, 캐스케이드 등이 있으며, 위그는 두부 전체를 덥는 모자형의 가발을 말한다.

★★★★★
6 위그 치수 측정 시 이마의 헤어라인에서 정중선을 따라 네이프의 움푹 들어간 지점까지는?

① 머리길이　　　　　② 머리둘레

③ 이마폭　　　　　　④ 머리높이

★★★
7 인모로 된 가발의 손질법으로 옳지 않은 것은?

① 리퀴드 드라이 샴푸잉을 하는 것이 좋다.

② 촘촘한 빗으로 위에서 두발 끝 쪽으로 차근차근히 빗질한다.

③ 38℃ 정도의 미지근한 물이 좋다.

④ 알칼리도가 낮은 샴푸제가 좋다.

> 인모로 된 가발을 손질할 때는 얼레빗으로 두발 끝에서 모근 쪽을 향하여 모발이 빠지지 않도록 서서히 빗질해야 한다.

★★★
8 다음 글의 ( ) 안에 들어갈 수 없는 것은?

> 【보기】
>
> 위그를 커트할 때 수분을 적시고 블로킹을 구분하여 슬라이스를 뜨고 ( )을(를) 잡고 자른다.

① 스트랜드　　　　　② 패널

③ 머릿단　　　　　　④ 스캘프

> 스캘프(Scalp)는 두피를 말하므로 커트의 대상이 아니다.

★★★★
9 가발 손질법 중 틀린 것은?

① 스프레이가 없으면 얼레빗을 사용하여 컨디셔너를 골고루 바른다.

② 두발이 빠지지 않도록 차분하게 모근 쪽에서 두발 끝 쪽으로 서서히 빗질을 해 나간다.

③ 두발에만 컨디셔너를 바르고 파운데이션에는 바르지 않는다.

④ 열을 가하면 두발의 결이 변형되거나 윤기가 없어지기 쉽다.

★★★
10 헤어피스 및 위그에 대한 설명 중 틀린 것은?

① 헤어피스는 하이패션 헤어스타일로 변화시키는데 현저한 효과가 있다.

② 인모인 헤어피스는 물에 담궈도 상관없다.

③ 헤어피스와 위그에는 인모와 합성섬유 등이 사용된다.

④ 위그는 두발전체를 덮도록 만들어진 모자형이다.

> 인모로 만들어진 헤어피스를 물에 담가두면 파운데이션이 약해져 심겨진 두발의 지지력이 감소한다.

정답 **1**① **2**② **3**① **4**③ **5**④ **6**① **7**② **8**④ **9**② **10**②

chapter **01**

SECTION 11 헤어디자인과 토탈 뷰티 코디네이션

[출제문항수 : 1~2문제] 이론을 읽어보시고 기출문제를 풀어보는 정도로 정리해도 충분할 것입니다.

▶ 디자인의 3대 요소
형태(Form), 질감(Texture), 색상(Color)

▶ 헤어디자인의 구성 요소
 • 작업에 필요한 도구 및 제품
 • 작품에 필요한 기술
 • 고객의 요구에 맞는 이미지
 • 작업자의 예술적 표현

01 헤어디자인 일반

1 헤어디자인의 의의

① 모발의 스타일을 구성하여 조화 있는 여성미 또는 남성미를 표현한다.
② 아름다운 부분을 강조하여 개성미를 연출하고, 결점은 드러나지 않도록 디자인한다.
③ 얼굴형 전체가 조화를 이루도록 하는 것이 중요하다.

2 헤어디자인의 4대 원칙

조화(Harmony), 통일(Unity), 균형(Balance), 율동(Rhythm)

3 헤어디자인 시 고려사항

얼굴형(정면), 측면의 윤곽(옆모습), 뒷모습(후면), 헤어라인, 목의 형태, 신장, 두발의 질 등

02 얼굴형에 따른 헤어디자인

1 달걀형

① 세로가 가로의 1.5배 정도의 갸름한 형으로 가장 이상적인 얼굴형이다.
② 어떤 헤어스타일이든 잘 어울리므로 얼굴 윤곽을 살려서 헤어디자인을 한다.

⬆ 달걀형

2 둥근형(원형)

① 전두부의 헤어라인과 턱선이 짧은 둥근모양의 얼굴형이다.
② 얼굴을 실제보다 길어보이도록 하는 것이 좋다.
③ 앞머리의 뱅을 높이고, 사이드볼륨을 낮게 한다.
④ 헤어파트는 사이드 파트(옆가르마)를 한다.

⬆ 둥근형

3 장방형

① 길이가 길고 폭이 좁은 얼굴형이다.
② 전두부를 낮게 하고 양 사이드에 볼륨을 준다.
③ 이마에는 컬을 이용하여 적절한 뱅을 만들어 준다.
④ 헤어파트는 크라운부분이 넓어 보이도록 사이드 파트를 한다.

⬆ 장방형

❹ 사각형

① 턱선이 각이 져 있고, 헤어라인이 일직선으로 둥근 느낌이 전혀 없는 딱딱한 얼굴형이다.

② 이마의 직선적 느낌을 감출 수 있는 뱅을 만들어 변화를 준다.

③ 측면에서 모발을 치켜 올려 한쪽만 귀를 가리는 곡선적인 느낌으로 옆폭을 좁게 보이도록 한다.

④ 헤어파트는 라운드 사이드 파트를 한다.

❺ 삼각형(표주박형)

① 이마부분이 좁고 턱이 넓은 삼각형의 얼굴형이다.

② 상부의 폭을 넓히고 옆선을 강조하거나, 좁은 이마를 감출 수 있는 큰 뱅을 만든다.

③ 양볼의 선을 좁게 하기 위하여 업스타일로 구성한다.

④ 헤어파트는 다운 다이애거널 파트로 한다.

❻ 마름모형(다이아몬드형)

① 양볼의 광대뼈가 많이 튀어나온 얼굴형이다.

② 상하의 폭이 좁아 상부와 하부의 폭을 넓게 보이도록 하는 것이 좋다.

③ 이마가 넓게 보이도록하고 부드러운 컬이나 롤을 턱선 아래쪽으로 내린다.

④ 헤어파트는 사이드 파트를 한다.

⬆ 사각형

⬆ 삼각형

⬆ 마름모형

▶ 얼굴형이 작고 두발 숱이 많은 사람은 숏 커트(short cut)형이 잘 어울린다.

03 얼굴 측면에 따른 헤어디자인

❶ 일직선형

① 이마와 턱이 일직선상에 위치한 형

② 이상적인 측면형태로 모든 헤어스타일이 잘 어울린다.

❷ 콘케이브형(오목한 형)

① 이마와 턱을 연결한 선보다 눈, 코, 입이 들어간 형

② 네이프와 귀 아랫부분에서 얼굴 가까이 작은 컬이나 웨이브로 볼륨을 주어 튀어나온 턱을 부드럽게 완화시킨다.

③ 전두부는 볼륨있는 뱅을 이마 아래로 부드럽게 내려준다.

❸ 콘벡스형(볼록한 형)

① 이마와 턱선을 연결한 선보다 눈, 코, 입이 튀어나온 형

② 이마쪽으로 컬이나 뱅을 내려 볼륨을 주고 뱅을 살짝 늘어 뜨린다.

③ 네이프와 사이드는 얼굴 가까이로 얼굴윤곽과 균형을 맞춘다.

04 헤어디자인을 위한 기타 고려사항

1 목의 형태에 따른 헤어디자인

짧은 목	• 목이 길어 보이도록 목덜미 부분에 볼륨을 주지 말아야 한다. • 모발을 위로 쓸어 올리거나 양사이드 가까이로 끌어내린다.
굵고 살찐 목	• 부드러운 다이애거널 웨이브의 헤어스타일이 좋다. • 넓게 보이는 호리즌탈 웨이브는 피하는 것이 좋다.
길고 가는 목	• 웨이브나 컬로 목을 감싸는 스타일이 좋다. • 목 부분에서 두발을 치켜 올리는 스타일은 피하는 것이 좋다.

2 신장에 따른 헤어디자인

키가 작은 경우	두발을 짧게 하는 숏 헤어스타일이 좋다.
키가 큰 경우	두발을 길게 하는 롱 헤어스타일이 좋다.

3 모발의 질감에 따른 헤어디자인

가는 모발	볼륨이 있는 헤어스타일이 좋다.
굵은 모발	숱을 강조하지 않는 곡선상의 헤어스타일이 좋다.

05 토탈 뷰티 코디네이션

① 토탈 뷰티 코디네이션(Total beauty coordination)은 미(美)를 추구하는 인간의 본성을 만족시키기 위하여 미를 구성하는 모든 요소들을 활용하여 조화롭게 개인의 개성과 미를 창조해내는 것을 의미한다.

② 헤어스타일, 메이크업, 의복, 액세서리, 향수 등이 자신의 체형이나 얼굴형 등에 잘 조화되도록 해야 한다.

③ TPO - T(Time 시간), P(Place 장소), O(Occasion 상황)에 따라 적합한 뷰티 코디네이션을 제공한다.

***

1 사각형 얼굴에 잘 어울리는 헤어스타일의 설명으로 가장 거리가 먼 것은?

① 헤어파트는 얼굴의 각진 느낌에 변화를 줄 라운드사이드 파트를 한다.
② 두발형을 낮게 하여 옆선이 강조되도록 한다.
③ 이마의 직선적인 느낌을 감추기 위해 변화있는 뱅을 한다.
④ 딱딱한 느낌을 피하고 곡선적인 느낌을 갖는 헤어스타일을 구상한다.

> 두발형을 낮게 하고, 옆선을 강조하여 헤어스타일을 완성하는 얼굴형은 장방형 얼굴이다.

***

2 얼굴형에 따른 헤어스타일에 있어 전두부를 낮게 하고 사이드에 볼륨을 주는 것이 가장 적합한 얼굴형은?

① 장방형 얼굴
② 사각형 얼굴
③ 마름모 얼굴
④ 원형 얼굴

> 장방형 얼굴은 길이가 길고 폭이 좁은 얼굴형으로 앞머리 부분을 낮게하고 양 사이드에 볼륨을 주는 헤어스타일이 적합하다.

***

3 헤어 디자인의 4대 원칙과 관계없는 것은?

① 질감
② 균형
③ 통일
④ 조화

> 헤어 디자인의 4대 원칙은 조화, 통일, 균형, 율동이다.

***

4 전체 머리의 모양을 볼 때 예술적이고 알맞은 헤어스타일의 주요 기초사항과 가장 거리가 먼 것은?

① 힙의 모습
② 뒷모습
③ 앞모습
④ 옆모습

> 헤어스타일을 구상할 때는 얼굴형(정면), 옆모습(측면), 뒷모습(후면), 헤어라인, 목의 형태, 신장 및 두발의 질 등을 고려한다.

***

5 얼굴형이 작고 두발의 숱이 많은 사람의 헤어스타일로 알맞은 것은?

① 쇼트 커트형
② 이사도라형
③ 스파니엘형
④ 원랭스 패러럴 보브형

> 쇼트 커트는 머리를 짧게 하는 스타일로, 얼굴형이 작고 두발의 숱이 많은 사람이 잘 어울린다.

***

6 헤어디자인 구성 요소와 관련이 없는 것은?

① 작업에 필요한 도구 및 제품
② 작품에 필요한 기술
③ 고객의 요구에 맞는 이미지
④ 작업자의 감정 표현

> 헤어디자인을 할 때 작업자의 감정을 표현해서는 안 된다.

***

7 고객의 헤어스타일 연출을 아름답게 구상하기 위해서 얼굴형과의 조화를 고려하고자 할 때 기본적인 요소로 틀린 것은?

① 헤어라인
② 목선의 형태
③ 얼굴형(정면)
④ 얼굴 피부의 색

> 고객의 헤어스타일을 연출할 때 고려해야 할 요소는 얼굴형(정면), 측면의 윤곽(옆모습), 뒷모습(후면), 헤어라인, 목선의 형태, 신장, 두발의 질 등이 있다.

***

정답 **1** ② **2** ① **3** ① **4** ① **5** ① **6** ④ **7** ④

HAIRDRESSER

Hairdresser

Hairdresser Certification

CHAPTER

02

출제문항수
7

피부학

피부와 피부 부속기관

[출제문항수 : 2~3문제] 이번 섹션은 피부학에서는 가장 중요한 부분이라고 볼 수 있습니다. 피부의 구조 부분과 부속기관 중 한선과 모발 부분에 관한 문제가 많이 출제되고 있으니 이 부분에 중점을 두고 학습하시기 바랍니다.

01 피부 일반

피부는 신체의 표면을 둘러싸고 있는 조직으로, 체내의 모든 기관 중 가장 큰 기관이다.

1 피부의 특징

① 구성물질 : 수분, 지방, 단백질 및 무기질 등
② 피부와 모발의 발생은 외배엽에서 이루어진다.
③ 성인의 평균 피부면적은 1.6m², 피부의 중량은 체중의 16% 정도이며, 연령, 영양상태, 성별에 따라 차이가 있다.
④ 표피, 진피, 피하조직으로 구성되며, 가장 얇은 피부층은 눈두덩이며, 가장 두꺼운 층은 손바닥과 발바닥이다.
⑤ 손톱, 발톱, 모발은 피부의 변성물이다.
⑥ 피부의 pH는 신체 부위, 주위의 조건 등에 따라 달라지지만, 땀의 분비가 가장 크게 영향을 미친다.

2 피부의 기능

보호기능	• 표피각질층, 교원섬유 등에 의한 외부 충격이나 압력으로부터 보호 및 피하지방과 모발의 완충작용 • 열, 추위, 화학적 자극, 세균 및 미생물로부터 보호 • 자외선의 차단기능
체온조절 기능	• 외부 열을 차단하거나, 내부 열의 발산을 막아 외부 온도의 변화에 적응하는 기능
감각기능 (지각기능)	• 인체의 가장 중요한 감각기관으로 통각, 촉각, 온각, 냉각, 압각이 있다. • 통각은 피부에 가장 많이 분포하는 가장 예민한 감각이며, 온각은 가장 둔감한 감각이다. • 촉각 : 손가락, 입술, 혀끝이 예민하고, 발바닥이 가장 둔감하다. • 온각과 냉각은 혀끝이 가장 예민하다.

▶ 피부의 pH
땀과 피지가 혼합되어 피부표면을 덮고 있는 산성막(피지막)의 pH를 말함

▶ 피부의 가장 이상적 pH
4.5~6.5의 약산성

▶ 피부의 중화능(中和能)
알칼리 중화능이라고도 하며, 세안 등으로 피부의 산성막이 파괴되었을 때 일정시간(2시간 정도)이 지나면 자연적으로 회복되는 능력을 말함

▶ 감각점의 분포
통각점>압각점>촉각점>냉각점>온각점

▶ 소양감은 가려움과 간지러움을 통칭하는 감각이다.

분비 및 배출기능	• 한선 : 땀을 분비하여 체온조절 및 노폐물 배출과 수분유지에 관여 • 피지선 : 피지를 분비하여 피부 건조 방지 및 유해 물질 침투 방지
흡수기능	• 세포, 세포간극, 모공을 통하여 영양성분을 흡수한다. • 지용성 비타민(A, D, E, K) 등이 잘 흡수된다.
호흡기능	산소를 흡수하고 이산화탄소를 방출하면서 에너지를 생성
비타민 D 합성 기능	• 자외선 자극에 의해 비타민 D 생성 • 비타민 D는 칼슘과 인의 흡수를 도와 구루병, 골다공증, 골연화증 등을 예방한다.
저장기능	• 수분, 영양분, 혈액 저장 • 피하지방조직에 10~15kg의 지방 저장가능
면역기능	표피에 면역반응과 관련된 세포(랑게르한스 세포)가 존재하여 피부의 면역에 관계

피부의 구조

```
        ┌─ 표피
피부 ─┤─ 진피
        └─ 피하조직

            ┌─ 한선
            ├─ 피지선
피부 ──┤─ 유선
부속
기관     ├─ 모발
            └─ 손톱
```

02 피부의 구조

1 표피

피부의 가장 표면에 있는 층으로 세균, 유해물질 등의 외부자극으로부터 피부를 보호하고 신진대사작용을 한다.

(1) 표피의 구조 및 기능

구조	기능
각질층	• 표피의 가장 바깥층으로 10~20%의 수분을 함유 • 각화가 완전히 된 세포들로 구성 • 비듬이나 때처럼 박리현상을 일으키는 층 • 외부자극으로부터 피부보호, 이물질 침투방어 • 세라마이드*, 천연보습인자(NMF)* 존재
투명층	• 비교적 피부층이 두터운 부위(손·발바닥)에 주로 분포 • 생명력이 없는 상태의 무색, 무핵층 • 엘라이딘*을 함유하고 있음
과립층	• 각화유리질(케라토히알린, Keratohyalin) 과립이 존재하는 층 • 본격적인 각질화가 일어나는 무핵층 • 투명층과 과립층 사이에 레인방어막*이 존재 (→ 피부의 수분 증발 방지 및 외부 이물질 침투 방지) • 지방세포 생성

▶ 표피의 발생
외배엽에서부터 시작

▶ 세라마이드
• 피부 각질층을 구성하는 각질 세포 간지질 중 약 40% 이상 차지
• 기능 : 수분억제, 각질층의 구조 유지

▶ 천연보습인자
(NMF, Natural Moisturizing Factor)
• 피부 각질층에 존재하는 수용성 성분을 총칭
• 피부에 수분을 공급하여 각질층의 건조를 방지
• 구성 : 아미노산(40%), 젖산염(12%), 피롤리돈 카르본산(12%), 요소(7%), 염소, 암모니아, 칼륨, 나트륨 등

▶ 엘라이딘(Elaidin)
투명층에 존재하는 반유동성물질로, 수분침투를 방지하고 피부를 윤기있게 해주는 역할을 하는 단백질

▶ 레인방어막(Rein membrane)
• 외부로부터 이물질이 침입하는 것을 방어
• 체액 및 체내의 필요물질이 체외로 빠져나가는 것을 방지
• 피부가 건조해지는 것을 방지
• 피부염 유발을 억제

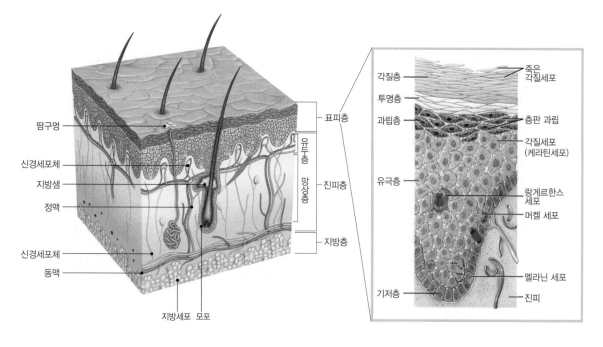

구조	기능
유극층	• 표피 중 가장 두꺼운 층 • 세포 표면에 가시 모양의 돌기가 세포 사이를 연결 • 케라틴의 성장과 분열에 관여
기저층	• 표피의 가장 아래층으로 진피의 유두층으로부터 영양분을 공급받으며, 새로운 세포가 형성되는 층 • 원주형의 세포가 단층으로 이어져 있으며 각질형성세포와 색소형성세포(멜라닌 색소 생성)가 존재 • 털의 기질부(모기질)가 존재 • 피부손상을 입었을 때 흉터가 생기는 층

▶ 표피에는 혈관이 없고, 신경은 중추신경계와 관련되어 미약하게나마 있지만, 거의 존재하지 않는다.

▶ 피부에 손상을 입으면 기저층의 세포들이 손상 부위를 치료하고 피부를 복구하기 위하여 새로운 세포를 형성한다. 이 과정에서 피부가 변형되어 흉터가 형성될 수 있다.

▶ **각화과정**(각질화 과정, Keratinization)
• 피부세포가 기저층에서 각질층까지 분열되어 올라가 죽은 각질세포로 되는 과정이다.
• 약 4주(28일)의 주기를 가진다.
• 기저층에서 분열 → 유극층에서 합성 → 과립층에서 분해 → 각질층 형성

▶ **피부색을 결정하는 색소**
• 종류 : 멜라닌(흑색), 카로틴(황색), 헤모글로빈(붉은색, 혈색소)
• 색소의 양과 분포, 혈관 분포, 각질층의 두께에 따라 피부색에 영향을 준다.

(2) 표피의 구성 세포
① 각질형성세포(Keratinocyte)
• **표피의 각질**(케라틴) 생성
• 표피의 기저층에 존재
• 표피의 주요 구성성분(표피세포의 80% 정도)
② 색소형성세포(멜라닌세포, Melanocyte)
• 멜라닌 색소(피부의 색을 결정) 생성
• **표피의 기저층에 존재**
• 표피세포의 5~10%를 차지
• 멜라닌 세포 수는 인종과 피부색에 상관없이 일정 (→피부색은 멜라닌세포가 생성하는 멜라닌소체(색소과립)의 수와 크기, 분비능력에 의하여 결정)
• 멜라닌 색소의 주 기능 : 자외선을 받으면 왕성하게 활동하여 자외선을 흡수·산란시켜 피부 손상을 방지한다.
• 멜라닌은 **티로신**(tyrosin)이라는 아미노산에서 합성된다.

③ 랑게르한스 세포(Langerhans Cell) - 면역세포
  • **피부의 면역기능 담당**
  • 표피의 유극층에 존재
  • 외부로부터 침입한 이물질(항원)을 림프구로 전달
  • 내인성 노화가 진행되면 세포수 감소
④ 머켈 세포(Merkel Cell) - **촉각세포**
  • 신경세포와 연결되어 촉각(감각)을 감지
  • 기저층에 존재

2 진피 (Dermis, Corium)
① **피부의 주체를 이루는 층으로 피부의 90%를 차지한다.**
② **콜라겐**(교원섬유), **엘라스틴**(탄력섬유)의 섬유성 단백질과 **무정형의 기질**
   (뮤코다당체)로 구성되어 있다.
③ **피부조직 외의 부속기관인 혈관, 신경관, 림프관, 땀샘, 기름샘, 모발과**
   입모근을 포함하고 있다.
④ 유두층과 망상층으로 구별되나 경계가 뚜렷하지는 않다.
⑤ 진피에 위치한 모세혈관은 주변 조직에 영양분을 공급한다.

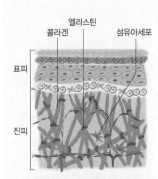

(1) 진피의 구성 물질

구성물질	특징
콜라겐 (교원섬유)	• 진피의 70~80%를 차지하는 단백질이며, 결합섬유로 피부의 기둥역할을 한다. • 탄력섬유(엘라스틴)와 그물모양으로 서로 짜여 있어 피부에 탄력성과 신축성을 주며, 상처를 치유한다. • 노화와 자외선의 영향으로 **콜라겐의 양이 감소하면 피부 탄력감소 및 주름형성의 원인**이 된다. • 3중 나선형 구조로 보습능력이 우수하여 피부관리 제품에 많이 사용된다.
탄력섬유 (엘라스틴)	• 교원섬유보다 짧고 가는 단백질이다. • 신축성과 탄력성 좋다. • 피부이완과 주름에 관여한다.
기질 (Ground substance)	• 진피의 결합섬유(콜라겐, 엘라스틴)와 세포 사이를 채우고 있는 젤 상태의 물질 • 뮤코 다당체라고 하며, 친수성 다당체로 물에 녹아 끈적끈적한 점액 상태이다.

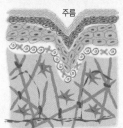

콜라겐과 엘라스틴이 감소할 때의 모습

▶ **섬유아 세포**
진피의 구성세포로 진피의 윗부분에 많이 분포하며, 콜라겐과 **엘라스틴을 합성한다.**

▶ **히아루론산**(Hyaluronic acid)
① 탄력섬유와 교원(결합)섬유 사이에 존재하는 보습성분
② 자신의 부피보다 1,000배 정도의 수분을 함유하는 능력을 가짐
③ 히아루론산이 많을수록 피부가 보드랍고 촉촉함
④ 갓 태어난 아기의 피부에 많이 존재하며, 연령이 많아질수록 감소함

(2) 진피의 구조

구조	특징
유두층	• 표피의 경계 부위에 유두 모양의 돌기를 형성하고 있는 진피의 상단 부분 • 다량의 수분을 함유하고 있으며, 혈관을 통해 기저층에 영양분 공급 • 혈관과 신경이 존재
망상층	• 진피의 4/5를 차지하며 유두층의 아래에 위치 • 피하조직과 연결되는 층 • 옆으로 길고 섬세한 섬유가 그물모양으로 구성 • 혈관, 신경관, 림프관, 한선, 유선, 모발, 입모근 등의 부속기관이 분포

③ **피하조직** (Subcutaneous Tissue)

① 진피와 근육(또는 뼈) 사이에 위치하며, 피부의 가장 아래층에 해당된다.

② 지방세포가 피하조직을 형성하며, 지방의 두께에 따라 비만의 정도가 결정된다.

② 여성호르몬과 관련되어 남성보다 여성이 더 발달

③ 기능 : 체온조절(열 차단), 탄력유지, 외부충격 흡수, 영양분 저장 등

▶ 피하지방층이 가장 적은 부위는 눈 부위이고, 가장 얇은 곳은 눈꺼풀 피부이다.

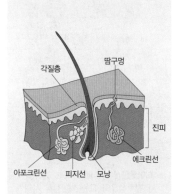

03 피부의 부속기관

피부는 신체의 표면을 둘러싸고 있는 조직으로, 체내의 모든 기관 중 가장 큰 기관이다.

1 한선(땀샘)

① 진피와 피하지방 조직의 경계부위에 위치

② 땀은 하루에 700~900cc 정도 배출하며 열, 운동, 정신적 흥분 등은 한선의 활동을 증가시킨다.

③ 땀을 많이 흘리면 영양분과 미네랄을 잃는다.

④ 기능 : 체온조절, 분비물 배출, 피부습도유지 및 피지막과 산성막 형성

⑤ 종류

에크린선 (소한선)	• 입술과 생식기를 제외한 전신에 분포(특히 손·발바닥, 이마, 겨드랑이에 많이 분포) • 진피 내에 존재(실밥을 둥글게 한 모양) • 혈관계와 함께 신체의 2대 체온조절기관이다. • 무색, 무취, 99% 수분의 맑은 액체를 분비 (냄새의 원인이 아님)

아포크린선 (대한선)	• 겨드랑이, 유두, 배꼽, 생식기, 항문 주변에 분포 • 에크린선보다 크고 모공을 통하여 분비 • 사춘기 이후에 주로 발달하며, 갱년기 이후는 퇴화되 어 분비 감소(성호르몬의 영향) • 분비되는 땀의 양은 소량이나 나쁜 냄새의 원인으로 '체취선'이라고도 함 • 성과 인종에 따라 분비량이 달라진다. (여성>남성, 흑인>백인>동양인)

② 피지선

① 피지를 분비하는 선으로, 진피층(망상층)에 위치

② 손 · 발바닥을 제외한 전신에 분포(코 주변, 얼굴, 이마, 목, 가슴 등에 분포)

③ 피지생성 : 사춘기 남성에게 많이 생성됨(일반적으로 남자는 여자보다도 피지의 분비가 많음)

- 촉진 : 안드로겐(남성 호르몬)
- 억제 : 에스트로겐(여성 호르몬)

④ 피지의 1일 분비량 : 약 1~2g

⑤ 피지의 기능 : 피부건조 방지 및 피부보호, 피부와 털의 보호 및 광택, 노폐물 배출, 땀과 함께 피지막(약 pH 5.5의 약산성)을 형성하여 피부표면의 세균 성장을 억제

⑥ 피지의 성분 : 트리글리세라이드, 왁스, 스쿠알렌, 콜레스테롤 등과 유화작용을 하는 물질이 포함되어 있다.

⑦ 피지가 외부로 분출이 안 되면 여드름 요소인 면포로 발전

⑧ 피지선의 노화현상 : 피지 분비 감소, 피부의 중화능력 하락, 피부의 산성도 약해짐

③ 모발

(1) 모발의 특징

① 피하지방과 함께 외부로부터의 충격이 있을 때 완충작용으로 피부를 보호

② 모발의 구성 : 단백질인 케라틴(주성분), 멜라닌, 지질, 수분 등

③ 성장 속도 : 하루에 0.2~0.5mm 성장

④ 수명 : 3~6년

⑤ 건강한 모발 : 단백질 70~80%, 수분 10~15%, pH 4.5~5.5

(2) 모발의 결합구조

① 폴리펩티드 결합(주쇄결합)

- 모발의 결합 중 가장 강한 세로 방향의 결합
- 쇠사슬 구조로서, 두발의 장축방향으로 배열되어 있음

▶ 아포크린한선에서 나오는 땀 자체는 무색, 무취, 무균성이나 단백질이 많이 함유되어 표피에 배출된 후 세균의 작용을 받아 부패하여 냄새가 나는 것이다.

▶ 피지의 기능
- 피부의 항상성 유지
- 피부보호
- 유독물질 배출작용
- 살균작용

▶ 독립 피지선
털과 관계없이 존재하는 피지선으로 입술, 성기, 유두, 귀두, 구강점막, 눈과 눈꺼풀에 존재

▶ 피지선은 비자율신경계 기관이다.

▶ 피지막의 유화상태 : 유중수(W/O)형

▶ 케라틴
- 시스틴(주성분), 글루탐산, 알기닌 등의 아미노산으로 이루어져 있으며, 이 중 시스틴은 함황아미노산(10~14%의 유황을 함유)으로 태우면 노린내가 나는 원인이 된다.
- 두발의 주성분이 케라틴(단백질)이므로 두발의 영양공급을 위하여 단백질이 가장 중요한 영양소이다.
- 케라틴은 pH 4~5에서 가장 낮은 팽윤성을 나타내며, pH 8~9에서 급격히 증대한다.

※ 팽윤성 : 모발이 수분을 흡수하면 부피가 증가하여 모발의 길이 방향 또는 직경 방향으로 크기가 늘어나는 현상을 말한다.

chapter 02

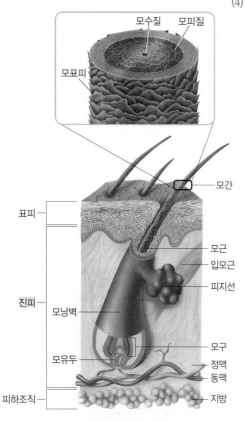

폴리펩티드 결합
염결합
수소결합
시스틴결합
모발

② 측쇄결합 : 가로 방향의 결합

시스틴 결합	• 두 개의 황(S) 원자 사이에서 형성되는 공유결합 • 알칼리에 약하다.(물, 알코올, 약산성, 소금류에는 강하다.)
수소 결합	수분에 의해 일시적으로 변형되며, 드라이어의 열을 가하면 다시 재결합되어 형태가 만들어지는 결합
염 결합	산성의 아미노산과 알칼리성 아미노산이 서로 붙어서 구성되는 결합

(3) 멜라닌

피부와 모발의 색을 결정하는 색소

유멜라닌	갈색-검정색 중합체, 입자형 색소(흑색에서 적갈색까지의 어두운 색의 모발)
페오멜라닌	적색-갈색 중합체, 분사형 색소(적색에서 밝은 노란색까지의 밝은 색의 모발)

(4) 모발의 구조

모간부, 모근부, 입모근으로 이루어져 있다.

모수질 모피질

모표피

모간

표피

진피

모낭벽

모구

모유두

정맥
동맥

피하조직

지방

모근
입모근
피지선

모간부	모표피	모발의 가장 바깥부분
	모피질	두발의 70% 이상을 차지하며, 멜라닌 색소와 섬유질 및 간충 물질로 구성
	모수질	모발의 중심부로 멜라닌 색소 함유
모근부	모근	두부의 표피 밑에 모낭 안에 들어 있는 모발
	모낭	모근을 싸고 있는 부분
	모구	모낭의 아랫부분
	모유두	모낭 끝에 있는 작은 돌기 조직으로 혈관과 림프관이 분포되어 있어 모발에 영양을 공급
	모모(毛母)세포	모유두에 접한 모모세포는 분열과 증식작용을 통해 새로운 머리카락을 만든다.
입모근		모근에 붙어있는 근육으로 피부가 추위를 감지하면 근육을 수축시켜 털을 세워 체온 조절을 한다.

(5) 모발의 생장주기(Hair cycle)

성장기 → 퇴행기 → 휴지기 → 발생기의 단계를 반복한다.

구분	설명	분포율	기간
성장기	모근세포의 세포분열 및 증식작용으로 모발의 성장이 왕성한 단계	전체 모발의 88%	3~5년
퇴행기	모발의 성장이 느려지는 단계	전체 모발의 1%	2~4주
휴지기	모발의 성장이 멈추고 가벼운 자극에 의해 쉽게 탈모가 되는 단계	전체 모발의 14~15%	2~3개월
발생기	휴지기에 들어간 모발이 새로 생장하는 모발에 의해서 자연탈모됨	–	–

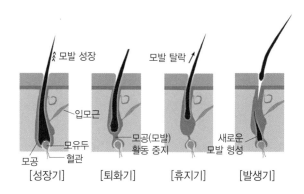

[성장기]　　[퇴화기]　　[휴지기]　　[발생기]

▶ **모발의 성장**
가을이나 겨울보다 봄, 여름에 더 빨리 성장한다.(낮보다는 밤에 더 빨리 성장)

▶ **모발의 손상원인**
자외선, 염색, 탈색, 헤어드라이어의 장기간 사용 등

4 손·발톱

① 경단백질인 케라틴과 아미노산으로 이루어진 피부부속기관이다.
② 손끝과 발끝의 보호, 물건을 잡을 때 받침대 역할, 장식의 기능을 한다.
③ 손·발톱의 경도는 함유된 수분의 함량이나 각질 조성에 따라 달라진다.
④ 손톱은 하루에 0.1mm 정도 자라며, 발톱보다 빠르게 자란다.
⑤ **건강한 손톱의 조건**
　· 매끄러운 광택이 흐르며 연한 핑크빛을 띠고 투명하다.
　· 바닥(조상)에 강하게 부착되어 있어야 한다.
　· 단단하고 탄력이 있어야 한다.
　· 아치모양을 형성해야 한다.
　· 세균에 감염되지 않아야 한다.
　· 수분과 유분이 이상적으로 유지되어야 한다.
⑥ 정상적인 손 · 발톱의 교체는 약 6개월 정도 걸린다.
⑦ 손·발톱은 조근, 조모, 조반월, 조체, 조상, 조소피, 조곽, 손톱집, 조하막 등으로 구성되어 있다.

5 유선(乳腺)

① 포유류의 유즙을 분비하는 피부부속기관이다.
② 땀샘(한선)이 변형된 피부선이다.

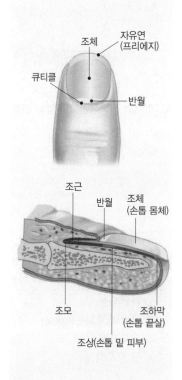

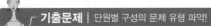

기출문제 | 단원별 구성의 문제 유형 파악!

01. 피부 일반

1 성인의 경우 피부가 차지하는 비중은 체중의 약 몇 % 정도인가?

① 5~7% 　　　　② 15~17%

③ 25~27% 　　　④ 35~37%

> 성인의 경우 피부가 차지하는 비중은 체중의 약 16%이다.

2 가장 이상적인 피부의 pH 범위에 속하는 것은?

① pH 0.1~2.5 　　② pH 2.5~4.3

③ pH 5.2~5.8 　　④ pH 6.5~8.5

> 가장 이상적인 피부는 pH 5.2~5.8 정도의 약산성일 때이다.

3 일반적으로 건강한 성인의 피부 표면의 pH는?

① 3.5~4.0 　　　② 6.5~7.0

③ 7.0~7.5 　　　④ 4.5~6.5

> 건강한 성인의 피부 표면의 pH 4.5~6.5의 약산성이다.

4 피부의 정상적인 피지막의 pH는 어느 정도인가?

① pH 1.5~2.0 　　② pH 7.0~7.3

③ pH 5.2~5.8 　　④ pH 8.0~8.3

> 피지막은 피지선에서 분비되는 피지와 한선에서 분비되는 땀으로 만들어지는 pH 5.2~5.8의 약산성의 막으로 피부의 산성도를 유지시켜 피부를 보호한다.

5 피부본래의 표면에 알칼리성의 용액을 pH 환원시키는 표피의 능력을 무엇이라 하는가?

① 환원작용

② 알칼리 중화능(中和能)

③ 산화작용

④ 산성 중화능

> 피부 표면의 산성도가 파괴되어 알칼리가 되었다가 다시 산성을 회복하는 표피의 능력을 피부의 중화능 또는 알칼리 중화능이라 한다.

6 피부의 산성도가 외부의 충격으로 파괴된 후 자연재연 되는데 걸리는 최소한의 시간은?

① 약 1시간 경과 후 　　② 약 2시간 경과 후

③ 약 3시간 경과 후 　　④ 약 4시간 경과 후

> 피부의 산성도가 세안 등의 외부 충격으로 파괴된 후 자연적으로 재연되려면 약 2시간이 경과해야 한다.

7 다음 중 피부 표면의 pH에 가장 큰 영향을 주는 것은?

① 각질생성 　　　② 침의 분비

③ 땀의 분비 　　　④ 호르몬의 분비

> 땀은 pH 3.8~5.6인 약산성으로 피지와 함께 산성보호막을 형성한다.

8 얼굴의 피지가 세안으로 없어졌다가 원상태로 회복될 때까지의 일반적인 소요시간은?

① 10분 정도 　　　② 30분 정도

③ 2시간 정도 　　　④ 5시간 정도

> 피부는 약산성의 피지막으로 보호되고 있으며, 세안으로 인하여 피지막이 파괴되어도 자연스럽게 복구되며, 그 시간은 2시간 정도가 걸린다.

9 피부의 기능에 대한 설명으로 틀린 것은?

① 인체 내부 기관을 보호한다.

② 체온조절을 한다.

③ 감각을 느끼게 한다.

④ 비타민 B를 생성한다.

> 피부는 자외선에 의해 비타민 D를 합성한다.

10 다음 중 피부의 기능이 아닌 것은?

① 보호작용 　　　② 체온조절작용

③ 감각작용 　　　④ 순환작용

> 피부의 기능 : 보호작용, 체온조절작용, 분비 및 배설, 비타민 D 합성작용, 흡수작용, 재생작용, 면역작용

정답 　**1** 1 ② 　2 ③ 　3 ④ 　4 ③ 　5 ② 　6 ② 　7 ③ 　8 ③ 　9 ④ 　10 ④

11 피부의 기능이 아닌 것은? ****

① 피부는 강력한 보호 작용을 지니고 있다.
② 피부는 체온의 외부발산을 막고 외부온도 변화가 내부로 전해지는 작용을 한다.
③ 피부는 땀과 피지를 통해 노폐물을 분비·배설한다.
④ 피부도 호흡을 한다.

> 피부는 체온조절기능이 있어 온도가 낮아질 때는 체온의 저하를 방지하고 온도가 높아질 때는 열의 발산을 증가시킨다. 또한 외부의 온도 변화를 신체 내부로 전달하지 않는 역할을 한다.

12 다음 중 외부로부터 충격이 있을 때 완충작용으로 피부를 보호하는 역할을 하는 것은? ***

① 피하지방과 모발
② 한선과 피지선
③ 모공과 모낭
④ 외피 각질층

> 피하지방과 모발은 외부의 충격으로부터 피부를 보호해주는 완충작용을 한다.

13 피부 보호 작용을 하는 것이 아닌 것은? **

① 표피각질층　　　　② 교원섬유
③ 평활근　　　　　　④ 피하지방

> 보기의 표피각질층, 교원섬유, 피하지방은 피부보호작용을 하며, 평활근은 주로 내장의 벽을 구성하는 근육으로 피부보호와는 관계가 없다.

14 피부의 생리작용 중 지각 작용은? ***

① 피부표면에 수증기가 발산한다.
② 피부에는 땀샘, 피지선 모근은 피부생리 작용을 한다.
③ 피부 전체에 퍼져 있는 신경에 의해 촉각, 온각, 냉각, 통각 등을 느낀다.
④ 피부의 생리작용에 의해 생긴 노폐물을 운반한다.

> 피부의 지각작용(감각작용)은 피부 전체에 퍼져있는 신경에 의해 촉각, 온각, 냉각, 통각, 압각을 느끼는 기능이다.

15 피부 감각기관 중 피부에 가장 많이 분포되어 있는 것은? ****

① 온각점　　　　　② 통각점
③ 촉각점　　　　　④ 냉각점

피부의 감각점 분포

감각점	밀도(cm^2)	감각점	밀도(cm^2)
온각점	0~3개	압각점	100개
냉각점	6~23개	통각점	100~200개
촉각점	25개		

16 피부가 느낄 수 있는 감각 중에서 가장 예민한 감각은? ****

① 통각　　　　　② 냉각
③ 촉각　　　　　④ 압각

> 가장 예민한 감각은 통각이고, 가장 둔한 감각은 온각이다

17 다음의 피부의 감각 중 가장 둔한 것은? ***

① 통각　　　　　② 온각
③ 냉각　　　　　④ 촉각

18 다음 보기 중 피부의 감각기관인 촉감점이 가장 적게 분포하는 것은? ***

① 손끝　　　　　② 입술
③ 혀끝　　　　　④ 발바닥

> 발바닥에는 촉각점이 적게 분포되어 있다.

02. 피부의 구조

1 표피의 발생은 어디에서부터 시작되는가? ***

① 피지선　　　　　② 한선
③ 간엽　　　　　　④ 외배엽

> 외배엽은 신경세포, 표피조직, 눈, 척추 등으로 분화한다.

2 피부구조에 대한 설명으로 옳은 것은?

① 피부의 구조는 표피, 진피, 피하조직의 3층으로 구분된다.

② 피부의 구조는 각질층, 투명층, 과립층의 3층으로 구분된다.

③ 피부의 구조는 한선, 피지선, 유선의 3층으로 구분된다.

④ 피부의 구조는 결합섬유, 탄력섬유, 평활근의 3층으로 구분된다.

> 피부는 표피, 진피, 피하조직의 3층의 구조로 구성된다.

3 다음 중 표피층을 순서대로 나열한 것은?

① 각질층, 유극층, 투명층, 과립층, 기저층

② 각질층, 육층, 망사층, 기저층, 과립층

③ 각질층, 과립층, 유극층, 투명층, 기저층

④ 각질층, 투명층, 과립층, 유극층, 기저층

> 표피층은 피부의 가장 위에서부터 각질층, 투명층, 과립층, 유극층, 기저층의 순이다.

4 피부의 표피를 구성하는 세포층 중에서 가장 바깥에 존재하는 것은?

① 유극층　　　　　② 각질층

③ 과립층　　　　　④ 투명층

> 피부의 표피는 바깥에서부터 각질층, 투명층, 과립층, 유극층, 기저층으로 구성되어 있다.

5 각질층에 대한 설명으로 옳지 않은 것은?

① 표피를 구성하는 세포층 중 가장 바깥층이다.

② 엘라이딘이라는 단백질을 함유하고 있어 피부를 윤기 있게 해주는 기능이 있다.

③ 각화가 완전히 된 세포들로 구성되어 있다.

④ 비듬이나 때처럼 박리현상을 일으키는 층이다.

> 엘라이딘이라는 단백질을 함유하고 있어 피부를 윤기있게 해주는 기능을 하는 층은 투명층이다.

6 비늘모양의 죽은 피부세포가 엷은 회백색 조각으로 되어 떨어져 나가는 피부층은?

① 투명층　　　　　② 유극층

③ 기저층　　　　　④ 각질층

> 각질층은 표피를 구성하는 세포층 중 가장 바깥층을 구성하며, 비듬이나 때처럼 박리현상을 일으키는 층이다.

7 표피 중에서 각화가 완전히 된 세포들로 이루어진 층은?

① 과립층　　　　　② 각질층

③ 유극층　　　　　④ 투명층

> 각질층은 각화가 완전히 된 세포들로 구성되며, 비듬이나 때처럼 박리현상을 일으키는 층이다.

8 비듬이나 때처럼 박리현상을 일으키는 피부층은?

① 표피의 기저층　　② 표피의 과립층

③ 표피의 각질층　　④ 진피의 유두층

> 표피의 각질층에서 약 4주 주기로 각질이 비듬이나 때처럼 떨어져 나간다.

9 피부 각질층에 대한 설명 중 옳지 않은 것은?

① 생명력이 없는 세포

② 혈관이 얇게 분포되어 있다.

③ 비늘의 형태

④ 피부의 방어대 역할 담당

> 피부의 표피층은 혈관이 없으며, 진피의 유두층에 있는 모세혈관과 림프관을 통하여 표피의 기저층으로 영양을 공급한다.

10 피부의 바깥층을 표피층이라 한다. 표피층의 표면은 각질층으로 형성되어 있다. 이 각질층의 정상적인 수분 함량은 10~20%를 유지하고 있어야 하는데 다음 중 몇 % 이하가 되면 거칠어지는가?

① 5% 이하　　　　② 15% 이하

③ 20% 이하　　　　④ 10% 이하

> 표피층은 10~20%의 수분을 함유하고 있어야 정상적이며, 10% 이하로 떨어지면 피부가 거칠어진다.

정 답　2 ①　3 ④　4 ②　5 ②　6 ④　7 ②　8 ③　9 ②　10 ④

11 피부에서 선글라스와 같은 역할을 하는 것은?

① 과립증　　　　　② 투명증
③ 멜라닌　　　　　④ 각질층

> 각질층은 표피의 최외각에 존재하여 외부자극으로부터 피부를
> 보호하고 이물질의 침투를 막는 일차적인 장벽역할을 한다.

12 인체 피부 표피 쪽 각질세포는 어느 정도의 수분을 함유하고 있어야 정상인가?

① 5~10%　　　　　② 25~35%
③ 30~40%　　　　　④ 10~20%

> 표피의 각질층은 10~20%의 수분을 함유하고 있다.

13 피부의 각질층에 존재하는 세포간지질 중 가장 많이 함유된 것은?

① 세라마이드(ceramide)
② 콜레스테롤(cholesterol)
③ 스쿠알렌(squalene)
④ 왁스(wax)

> 각질층에는 존재하는 세포간지질로 형성된 라멜라 구조를 구성
> 하는 것은 콜레스테롤, 지방산, 세라마이드가 있으며 그 중 세라
> 마이드가 가장 많이 함유되어 있다.

14 천연보습인자의 설명으로 틀린 것은?

① NMF(Natural Moisturizing Factor)
② 피부수분보유량을 조절한다.
③ 아미노산, 젖산, 요소 등으로 구성되고 있다.
④ 수소이온농도의 지수유지를 말한다.

> 천연보습인자(NMF)는 각질층에 있는 수용성 성분을 총칭하는
> 것으로 피부의 수분보유량을 조절한다.

15 천연 보습 인자(NMF)의 구성 성분 중 40%를 차지하는 중요 성분은?

① 요소　　　　　② 젖산염
③ 무기염　　　　　④ 아미노산

> 천연보습인자(NMF)는 각질화과정에서 생성된 친수성 아미노산
> 물질로 피부에 수분을 공급하여 각질층의 건조를 방지한다. 구성
> 성분은 아미노산 40%, 피롤리돈 카르본산 12%, 젖산염 12%, 요
> 소, 염소, 암모니아, 나트륨, 칼륨 등으로 이루어져 있다.

16 천연보습인자(NMF)에 속하지 않는 것은?

① 아미노산　　　　　② 암모니아
③ 젖산염　　　　　④ 글리세린

> 천연보습인자(NMF)는 각질층에 있는 수용성 성분을 총칭하는
> 것으로 피부의 수분보유량을 조절하며, 아미노산, 젖산염, 암모
> 니아, 요소 등으로 구성되어 있다.

17 생명력이 없는 상태의 무색, 무핵층으로서 손바닥과 발바닥에 주로 있는 층은?

① 각질층　　　　　② 과립층
③ 투명층　　　　　④ 기저층

> 투명층은 손바닥과 발바닥 등 비교적 피부층이 두터운 부위에
> 주로 분포한다.

18 손바닥과 발바닥 등 비교적 피부층이 두터운 부위에 주로 분포되어 있으며, 수분침투를 방지하고 피부를 윤기있게 해 주는 기능을 가진 엘라이딘이라는 단백질을 함유하고 있는 표피 세포층은?

① 각질층　　　　　② 유두층
③ 투명층　　　　　④ 망상층

> 투명층은 주로 손ㆍ발바닥에 존재하며 엘라이딘이라는 반유동
> 성 물질을 함유하고 있다.

19 피부 표피의 투명층에 존재하는 반유동성 물질은?

① 엘라이딘(elaidin)
② 콜레스테롤(cholesterol)
③ 단백질(protein)
④ 세라마이드(ceramide)

> 투명층은 엘라이딘이라는 단백질을 함유하고 있어 피부를 윤기
> 있게 해주는 기능을 한다.

정답 11 ④　12 ④　13 ①　14 ④　15 ④　16 ④　17 ③　18 ③　19 ①

20 표피 중에서 피부로부터 수분이 증발하는 것을 막는 층은?

① 각질층　　　　② 기저층
③ 과립층　　　　④ 유극층

> 과립층은 외부로부터 이물질이 침투하는 것을 막아주고 피부내부의 수분이 증발되는 것을 막아준다.

21 다음 중 피부건조를 막아주는 역할을 하는 것은?

① 과립층　　　　② 유극층
③ 기저층　　　　④ 피지막

> 과립층은 피부의 수분증발을 방지하고 외부의 이물질의 침투를 방어하는 층이다.

22 케라토히알린(keratohyaline)과립은 피부 표피의 어느 층에 주로 존재하는가?

① 과립층　　　　② 유극층
③ 기저층　　　　④ 투명층

> 표피의 과립층에 존재하는 케라토히알린(각화유리질) 과립은 수분증발 저지막을 형성하여 세포내 수분증발 방지 및 외부 이물질 침입을 방지한다.

23 피부구조에 있어 물이나 일부의 물질을 통과시키지 못하게 하는 흡수 방어벽층은 어디에 있는가?

① 투명층과 과립층 사이
② 각질층과 투명층 사이
③ 유극층과 기저층 사이
④ 과립층과 유극층 사이

> 피부에서 물이나 이물질을 통과시키지 않고 수분증발을 막는 흡수 방어벽층(레인방어막)은 투명층아래 과립층에 존재한다.

24 레인방어막의 역할이 아닌 것은?

① 외부로부터 침입하는 각종 물질을 방어한다.
② 체액이 외부로 새어 나가는 것을 방지한다.
③ 피부의 색소를 만든다.
④ 피부염 유발을 억제한다.

> 과립층에 존재하는 레인방어막은 외부로부터 이물질이 침입하는 것을 방어하는 역할을 하는 동시에 체내에 필요한 물질이 체외로 빠져나가는 것을 막아 피부가 건조해지거나 피부염이 유발하는 것을 억제하는 역할을 한다.

25 피부 표피층 중에서 가장 두꺼운 층으로 세포 표면에는 가시 모양의 돌기를 가지고 있는 것은?

① 유극층　　　　② 과립층
③ 각질층　　　　④ 기저층

> 유극층은 표피층 중에서도 가장 두꺼운 층으로 림프관이 분포하며 표피의 영양을 관장한다.

26 다음 중 표피에 있는 것으로 면역과 가장 관계가 있는 세포는?

① 멜라닌세포
② 랑게르한스세포(긴수뇨세포)
③ 머켈세포(신경종말세포)
④ 섬유아 세포

> 랑게르한스 세포는 표피의 유극층에 위치하여 피부면역에 관계하는 세포이다.

27 원주형의 세포가 단층으로 이어져 있으며 각질 형성 세포와 색소 형성세포가 존재하는 피부 세포층은?

① 기저층　　　　② 투명층
③ 각질층　　　　④ 유극층

> 기저층은 표피의 가장 아래쪽의 어린 세포층으로 각질형성세포와 멜라닌형성세포가 4~10 : 1의 비율로 존재한다.

28 피부구조에 있어 기저층의 가장 중요한 역할은?

① 팽윤　　　　② 새 세포 형성
③ 수분방어　　　　④ 면역

> 기저층은 진피의 유두층으로부터 영양분을 공급받고 새로운 세포가 형성되는 층이다.

정답 **20** ③ **21** ① **22** ① **23** ① **24** ③ **25** ① **26** ② **27** ① **28** ②

29 피부의 새 세포 형성은 어디에서 이루어지는가?

① 기저층　　　　　② 유극층
③ 과립층　　　　　④ 투명층

> 표피의 가장 아래층에 있는 기저층에서 새로운 세포가 형성된다.

30 피부색상을 결정짓는데 주요한 요인이 되는 멜라닌 색소를 만들어 내는 피부층은?

① 과립층　　　　　② 유극층
③ 기저층　　　　　④ 유두층

> 표피의 기저층에는 색소형성세포가 존재하며 자외선의 영향을 받아 멜라닌을 합성한다.

31 피부색소의 멜라닌을 만드는 색소형성세포는 어느 층에 위치하는가?

① 과립층　　　　　② 유극층
③ 각질층　　　　　④ 기저층

> 멜라닌 세포는 표피에 존재하는 세포의 약 5~10%를 차지하며, 대부분 기저층에 위치한다.

32 털의 기질부(모기질)는 표피층 중에서 어느 부분에 해당하는가?

① 각질층　　　　　② 과립층
③ 유극층　　　　　④ 기저층

> 털의 재생에 중요한 역할을 담당하는 기질부는 표피층 중 기저층에 해당한다.

33 표피의 구조는 육안으로 볼 수 있는 맨 윗부분인 각질층으로 부터 어떤 순서로 이루어져 있는가?

① 각질층 – 유극층 – 과립층 – 기저층
② 각질층 – 과립층 – 기저층 – 유극층
③ 각질층 – 과립층 – 유극층 – 기저층
④ 각질층 – 기저층 – 유극층 – 과립층

> 표피는 피부표면에서 진피쪽으로 각질층 – 투명층 – 과립층 – 유극층 – 기저층의 순서로 이루어져 있다.

34 피부구조에 대한 설명 중 틀린 것은?

① 피부는 표피, 진피, 피하지방층의 3개층으로 구성된다.
② 표피는 일반적으로 내측으로부터 기저층, 유극층, 과립층, 투명층 및 각질층의 5층으로 나뉜다.
③ 멜라닌 세포는 표피의 유극층에 산재한다.
④ 멜라닌 세포 수는 민족과 피부색에 관계없이 일정하다.

> 멜라닌 세포는 표피의 가장 내층인 기저층에 산재한다.

35 피부의 각화과정(Keratinization)이란?

① 피부가 손톱, 발톱으로 딱딱하게 변하는 것을 말한다.
② 피부세포가 기저층에서 각질층까지 분열되어 올라가 죽은 각질세포로 되는 현상을 말한다.
③ 기저세포 중의 멜라닌 색소가 많아져서 피부가 검게 되는 것을 말한다.
④ 피부가 거칠어져서 주름이 생겨 늙는 것을 말한다.

> 표피의 기저층에서 생성되는 각질형성세포들이 28일을 주기로 각질층에서 죽은 각질로 때처럼 떨어져 나가는 과정을 각화과정이라고 한다.

36 피부 세포가 기저층에서 생성되어 각질층으로 되어 떨어져 나가기까지의 기간을 피부의 1주기(각화주기)라 한다. 성인에 있어서 건강한 피부인 경우 1주기는 보통 며칠 인가?

① 45일　　　　　② 28일
③ 15일　　　　　④ 7일

> 건강한 성인 피부의 각화주기는 약 4주(28일)이다.

37 피부의 표피 세포는 대략 몇 주 정도의 교체 주기를 가지고 있는가?

① 1주　　　　　② 2주
③ 3주　　　　　④ 4주

> 표피는 피부의 가장 표면층에 해당하는 부분이며, 표피 세포는 약 4주의 교체 주기를 가지고 있다.

chapter 02

정답　29 ①　30 ③　31 ④　32 ④　33 ③　34 ③　35 ②　36 ②　37 ④

38 성인의 경우 표피세포가 새로운 세포로 교체되는 주기는? ★★★★

① 약 100일　　　　② 약 60일
③ 약 28일　　　　④ 약 14일

각화과정은 세포가 기저층에서 생성되어 각질화 과정을 거쳐 각질층까지 올라가 떨어져 나가는 것으로 약 28일이 걸린다.

39 피부의 각질(케라틴)을 만들어 내는 세포는? ★★★

① 색소세포
② 기저세포
③ 각질형성세포
④ 섬유아세포

각질형성세포(Keratinocyte)는 표피의 주요 구성성분으로 표피 세포의 80%를 차지한다.

40 다음 중 멜라닌 세포에 관한 설명으로 틀린 것은? ★★

① 멜라닌의 기능은 자외선으로부터의 보호작용이다.
② 과립층에 위치한다.
③ 색소제조 세포이다.
④ 자외선을 받으면 왕성하게 활동한다.

멜라닌 색소를 생산하는 멜라닌 색소세포는 표피의 기저층에 위치하여 피부의 손상을 방지한다.

41 멜라닌의 설명으로 옳지 않은 것은? ★★★

① 멜라닌생성세포는 신경질에서 유래하는 세포로써 정신적 인자와도 연관성이 있다.
② 멜라닌 형성자극 호르몬(MSH)도 멜라닌 형성에 촉진제 역할을 한다.
③ 색소생성세포의 수는 인종간의 차이가 크다.
④ 임신 중에 신체 부위별로 색소가 짙어지기도 하는데 MSH가 왕성하게 분비되기 때문이다.

색소생성세포(멜라노사이트)의 수는 인종간에 상관없이 일정하며, 피부의 색은 멜라닌 세포가 생성하는 멜라닌의 양에 의해서 결정된다.

42 다음 중 멜라닌 세포의 주 기능에 해당되는 것은? ★★★

① 지문형성을 한다.
② 피부의 촉각을 감지한다.
③ 자외선을 흡수 또는 산란시켜 피부손상을 막는다.
④ 세포 외부에서 들어온 이물질을 막아준다.

멜라닌 세포는 자외선을 받으면 왕성하게 활동하여 자외선을 흡수 또는 산란시켜 피부손상을 막는 작용을 한다.

43 피부의 색소와 관계가 가장 먼 것은? ★★★

① 에크린　　　　② 멜라닌
③ 카로틴　　　　④ 헤모글로빈

피부의 색을 결정하는 색소는 멜라닌, 카로틴, 헤모글로빈이다.

44 피부의 색소인 멜라닌(melanin)은 어떤 아미노산으로부터 합성되는가? ★★★

① 티로신(tyrosine)　　　② 글리신(glycerine)
③ 알라닌(alanine)　　　④ 글루탐산(glutamic acid)

피부의 색소인 멜라닌은 티로신(ttrosin)이라는 아미노산으로부터 합성된다.

45 다음 중 피부색을 결정하는 요소가 아닌 것은? ★★★

① 멜라닌　　　　　② 혈관 분포와 혈색소
③ 각질층의 두께　　④ 티록신

피부색을 결정하는 색소는 멜라닌, 카로틴, 헤모글로빈(혈색소) 등이 있으며, 혈관 분포, 각질층의 두께에 따라 피부색에 영향을 준다.

46 얇은 표피에 진피의 동맥성 모세혈관이 비쳐 보여 붉은 혈색을 나타내는 피부의 색소는? ★★★

① 카로틴　　　　② 알부민
③ 헤모글로빈　　④ 멜라닌

헤모글로빈은 피를 붉게 보이게 하는 혈색소로 척추동물의 적혈구에 다량으로 함유되어 있으며, 혈관의 분포나 각질층의 두께에 따라 붉은 혈색이 나타나도록 한다.

정답 38 ③　39 ③　40 ②　41 ③　42 ③　43 ①　44 ①　45 ④　46 ③

47 ★★★ 표피에서 촉감을 감지하는 세포는?

① 멜라닌 세포 ② 머켈 세포
③ 각질형성 세포 ④ 랑게르한스 세포

> 표피의 기저층에 위치하는 머켈세포(촉각세포)는 신경섬유의 말단과 연결되어 있어 촉각을 감지한다.

48 ★★★ 다음 중 표피층에 존재하는 세포가 아닌 것은?

① 각질형성 세포 ② 멜라닌 세포
③ 랑게르한스 세포 ④ 비만 세포

> 비만 세포는 진피와 피하지방층에 존재한다.

49 ★★★ 피부의 주체를 이루는 층으로 망상층과 유두층으로 구분되며 피부조직 외에 부속기관인 혈관, 신경관, 림프관, 땀샘, 기름샘, 모발과 입모근을 포함하고 있는 곳은?

① 표피 ② 진피
③ 근육 ④ 피하조직

> 진피는 망상층과 유두층으로 구분되며, 망상층에는 피부부속기관이 위치해 있다.

50 ★★ 모세혈관이 위치하며 콜라겐 조직과 탄력적인 엘라스틴섬유 및 뮤코다당류로 구성이 되어 있는 피부의 부분은?

① 표피 ② 유극층
③ 진피 ④ 피하조직

> 진피는 모세혈관이 위치하며 콜라겐(교원섬유), 엘라스틴(탄력섬유), 뮤코다당류(기질)로 구성되어 있다.

51 ★★★ 다음 중 진피의 구성세포는?

① 멜라닌 세포 ② 랑게르한스 세포
③ 섬유아 세포 ④ 머켈 세포

> 섬유아 세포는 진피의 윗부분에 많이 분포하며, 콜라겐, 엘라스틴 등을 합성한다.

52 ★★★ 교원섬유(collagen)와 탄력섬유(elastin)로 구성되어 있어 강한 탄력성을 지니고 있는 곳은?

① 표피 ② 진피
③ 피하조직 ④ 근육

> 교원섬유인 콜라겐과 탄력섬유인 엘라스틴이 있는 곳은 진피이다.

53 ★★★★ 콜라겐과 엘라스틴이 주성분으로 이루어진 피부조직은?

① 표피상층 ② 표피하층
③ 진피조직 ④ 피하조직

> 진피는 피부의 약 90%를 차지하는 실질적인 피부이며 콜라겐(교원섬유), 엘라스틴(탄력섬유), 기질 등으로 구성된다.

54 ★★★★ 다음 중 피부의 진피층을 구성하고 있는 주요 단백질은?

① 알부민 ② 콜라겐
③ 글로블린 ④ 시스틴

> 진피는 콜라겐 조직과 탄력적인 엘라스틴섬유 및 기질(뮤코다당류)로 구성되어 있다.

55 ★★★★ 콜라겐(collagen)에 대한 설명으로 틀린 것은?

① 노화된 피부에는 콜라겐 함량이 낮다.
② 콜라겐이 부족하면 주름이 발생하기 쉽다.
③ 콜라겐은 피부의 표피에 주로 존재한다.
④ 콜라겐은 섬유아세포에서 생성된다.

> 콜라겐은 피부의 진피에 주로 존재한다.

56 ★★★ 진피에 함유되어 있는 성분으로 우수한 보습능력이 있어 피부관리 제품에도 많이 함유되어 있는 것은?

① 알코올(alcohol) ② 콜라겐(collagen)
③ 판테놀(panthenol) ④ 글리세린(glycerine)

> 콜라겐(교원섬유)은 진피의 주성분으로 보습작용이 우수하다.

chapter 02

정답 47 ② 48 ④ 49 ② 50 ③ 51 ③ 52 ② 53 ③ 54 ② 55 ③ 56 ②

57 히아루론산의 설명이 아닌 것은?

① 탄력섬유와 결합섬유 사이에 존재하는 보습성분
② 갓 태어난 아기의 피부에는 히아루론산이 많이 존재한다.
③ 많을수록 피부가 보드랍고 촉촉하다.
④ 연령이 많아질수록 증가하게 된다.

히아루론산은 진피의 기질에 있는 물질로 자신의 부피보다 1,000배 정도의 수분을 함유할 수 있는 능력을 가진 보습성분으로 연령이 많아질수록 감소하게 된다.

58 피부의 구조 중 진피에 속하는 것은?

① 과립층　　　　　② 유극층
③ 유두층　　　　　④ 기저층

진피는 유두층과 망상층으로 구성되어 있다.

59 진피의 조직에 속하지 않는 것은?

① 유두층
② 투명층
③ 교원섬유 및 탄력섬유
④ 망상층

진피는 유두층과 망상층으로 구별되며, 그 구성은 콜라겐(교원섬유), 탄력섬유(엘라스틴) 및 기질로 되어있다.

60 다음 중 표피와 무관한 것은?

① 각질층　　　　　② 유두층
③ 무핵층　　　　　④ 기저층

유두층은 망상층과 더불어 진피를 구성한다.

61 다음은 표피층을 크게 나눈 것이다. 표피층과 관계가 없는 것은?

① 망상층(網狀層)　② 투명층(透明層)
③ 유극층(有棘層)　④ 각질층(角質層)

표피층은 각질층, 투명층(무핵층), 과립층, 유극층, 기저층으로 구성되어 있으며, 유두층과 망상층은 진피에 속한다.

62 피부구조에 있어 유두층에 관한 설명 중 틀린 것은?

① 혈관과 신경이 있다.
② 혈관을 통하여 기저층에 많은 영양분을 공급하고 있다.
③ 수분을 다량으로 함유하고 있다.
④ 표피층에 위치하여 모낭 주위에 존재한다.

유두층은 표피의 경계 부위에 유두 모양의 돌기를 형성하고 있는 진피의 상단 부분에 해당한다.

63 진피의 4/5를 차지할 정도로 가장 두꺼운 부분이며, 옆으로 길고 섬세한 섬유가 그물모양으로 구성되어 있는 층은?

① 망상층　　　　　② 유두층
③ 유두하층　　　　④ 과립층

64 피부구조에서 진피 중 피하조직과 연결되어 있는 것은?

① 유극층　　　　　② 기저층
③ 유두층　　　　　④ 망상층

유두층의 아래에 위치하는 망상층은 진피의 4/5를 차지하며 피하조직과 연결되어 있다.

65 신체부위 중 피부 두께가 가장 얇은 곳은?

① 손등 피부　　　　② 볼 부위
③ 눈꺼풀 피부　　　④ 둔부

눈꺼풀의 두께는 약 0.6mm 정도로 신체부위 중 가장 얇은 부위이다.

66 다음 중 피하지방층이 가장 적은 부위는?

① 배 부위　　　　　② 눈 부위
③ 등 부위　　　　　④ 대퇴 부위

눈 부위는 얼굴의 다른 부위보다 매우 얇으며 피하지방층이 가장 적은 부위이다.

정답　57 ④　58 ③　59 ②　60 ②　61 ①　62 ④　63 ①　64 ④　65 ③　66 ②

03. 피부부속기관

1 표피의 부속기관이 아닌 것은?

① 손·발톱 　　　　② 유선
③ 피지선 　　　　　④ 흉선

> 피부 부속기관으로는 한선, 피지선, 모발, 조갑(손발톱), 유선 등
> 이 있으며, 흉선은 흉골의 뒤쪽에 위치한 내분비선이다.

2 다음 중 땀샘의 역할이 아닌 것은?

① 체온조절 　　　　② 분비물 배출
③ 땀분비 　　　　　④ 피지분비

> 피지는 땀샘이 아니라 피지선에서 분비된다.

3 한선에 대한 설명 중 틀린 것은?

① 체온 조절기능이 있다.
② 진피와 피하지방 조직의 경계부위에 위치한다.
③ 입술을 포함한 전신에 존재한다.
④ 에크린선과 아포크린선이 있다.

> 에크린한선은 입술, 생식기를 제외한 전신에 존재한다.

4 한선(땀샘)의 설명으로 틀린 것은?

① 체온을 조절한다.
② 땀은 피부의 피지막과 산성막을 형성한다.
③ 땀을 많이 흘리면 영양분과 미네랄을 잃는다.
④ 땀샘은 손·발바닥에는 없다.

> 땀샘에는 에크린 땀샘과 아포크린 땀샘이 있는데, 에크린 땀샘은
> 손바닥, 발바닥, 겨드랑이 등에 많이 분포하고, 아포크린 땀샘은
> 겨드랑이, 유두, 항문주변 등에 분포한다.

5 한선의 활동을 증가시키는 요인으로 가장 거리가 먼 것은?

① 열 　　　　　　② 운동
③ 내분비선의 자극 　④ 정신적 흥분

> 내분비선은 체내에 호르몬을 분비하는 기관으로 땀의 분비를 증
> 가시키는 요인으로 가장 거리가 멀다.

6 땀샘에 대한 설명으로 틀린 것은?

① 에크린선은 입술뿐만 아니라 전신 피부에 분포되어 있다.
② 에크린선에서 분비되는 땀은 냄새가 거의 없다.
③ 아포크린선에서 분비되는 땀은 분비량은 소량이나 나쁜 냄새의 요인이 된다.
④ 아포크린선에서 분비되는 땀 자체는 무취, 무색, 무균성이나 표피에 배출된 후, 세균의 작용을 받아 부패하여 냄새가 나는 것이다.

> 소한선인 에크린한선은 입술과 음부를 제외한 전신에 분포되어
> 있다.

7 에크린한선에 대한 설명으로 틀린 것은?

① 실밥을 둥글게 한 것 같은 모양으로 진피 내에 존재한다.
② 사춘기 이후에 주로 발달한다.
③ 특수한 부위를 제외한 거의 전신에 분포한다.
④ 손바닥, 발바닥, 이마에 가장 많이 분포한다.

> 사춘기 이후에 발달되는 것은 아포크린한선이다.

8 소한선(에크린선)에 대한 설명 중 틀린 것은?

① 에크린선은 혈관계와 더불어 신체의 2대 체온조절 기관이다.
② 에크린선의 한선체는 진피 내에 있다.
③ 무색 무취로서 99%가 수분으로 땀을 구성한다.
④ 겨드랑이, 유두 등의 몇몇 부위에만 분포되어 있다.

> 소한선은 입술과 생식기를 제외한 전신에 분포하며, 겨드랑이와
> 유두 등의 몇몇 부위에 분포하는 한선은 아포크린선이다.

9 액취증의 원인이 되는 아포크린 한선이 분포되어 있지 않은 곳은?

① 배꼽 주변 　　　　② 겨드랑이
③ 사타구니 　　　　④ 발바닥

> 아포크린 한선은 겨드랑이, 배꼽주변, 생식기(사타구니), 항문 등
> 에 분포하며, 발바닥에는 분포되어 있지 않다.

정답 **2** 1 ④ 2 ④ 3 ③ 4 ④ 5 ③ 6 ① 7 ② 8 ④ 9 ④

10 아포크린샘의 설명으로 틀린 것은?

① 소한선이라고도 한다.
② 땀의 산도가 붕괴되면 심한 냄새를 동반한다.
③ 겨드랑이, 대음순, 배꼽주변에 존재한다.
④ 인종적으로 흑인이 가장 많이 분비하고 동양인과 백인이 가장 적게 분비한다.

아포크린샘은 아포크린한선, 아포크린선이라고 불리는 대한선을 말한다.

11 아포크린한선의 설명으로 틀린 것은?

① 아포크린한선의 냄새는 여성보다 남성에게 강하게 나타난다.
② 땀의 산도가 붕괴되면서 심한 냄새를 동반한다.
③ 겨드랑이, 대음순, 배꼽 주변에 존재한다.
④ 인종적으로 흑인이 가장 많이 분비한다.

아포크린한선에서 분비되는 땀은 단백질이 많이 함유되어 부패되면서 심한 냄새가 나는 것이다. 겨드랑이, 유륜, 배꼽 주변에 많이 분포하며 여성)남성, 흑인)백인)동양인의 순으로 여성과 흑인에게 더 발달되어 있으며 여성의 생리 전과 생리 중에 더 많이 분비된다.

12 일반적으로 아포크린샘(대한선)의 분포가 없는 곳은?

① 유두   ② 겨드랑이
③ 배꼽 주변   ④ 입술

입술에는 땀샘이나 모공이 없다.

13 피부의 한선(땀샘) 중 대한선은 어느 부위에서 볼 수 있는가?

① 얼굴과 손발
② 배와 등
③ 겨드랑이와 유두 주변
④ 팔과 다리

대한선(아포크린선)은 겨드랑이, 눈꺼풀, 유두, 배꼽 주변 등에 분포한다.

14 사춘기 이후에 주로 분비되며, 모공을 통하여 분비되어 독특한 체취를 발생시키는 것은?

① 소한선   ② 대한선
③ 피지선   ④ 갑상선

대한선(아포크린선)은 주로 사춘기 이후에 단백질을 함유한 땀을 생성하여 모공을 통해 분비하며 독특한 체취를 발생시킨다. 체취선이라고도 불린다.

15 피지의 작용과 관계없는 것은?

① 털과 피부에 광택을 준다.
② 피지 속에는 유화작용을 하는 물질이 포함되어 있다.
③ 땀의 분비기능을 도와준다.
④ 수분이 증발되는 것을 막아준다.

피지선은 피지를 분비하는 기관으로 땀의 분비와는 관계가 없다.

16 피지선에 대한 설명으로 틀린 것은?

① 피지를 분비하는 선으로 진피층에 위치한다.
② 피지선은 손바닥에는 전혀 없다.
③ 피지의 1일 분비량은 10~20g정도이다.
④ 피지선의 많은 부위는 코 주위이다.

피지선은 진피의 망상층에 위치하며 모낭에 연결되어 있으며, 1일 피지 분비량은 1~2g 정도이다.

17 인체에 있어 피지선이 전혀 없는 곳은?

① 이마   ② 코
③ 귀   ④ 손바닥

손바닥, 발바닥에는 피지선이 없다.

18 성인이 하루에 분비하는 피지의 양은?

① 약 1~2g   ② 약 0.1~0.2g
③ 약 3~5g   ④ 약 5~8g

피지는 피지선에서 나오는 분비물로 모낭을 거쳐 털구멍에서 배출되어 피부의 건조를 방지하는데, 성인 하루의 피지 분비량은 약 1~2g이다.

19 ★★★ 피지선에 대한 내용으로 틀린 것은?

① 진피층에 놓여 있다.
② 손바닥과 발바닥, 얼굴, 이마 등에 많다.
③ 사춘기 남성에게 집중적으로 분비된다.
④ 입술, 성기, 유두, 귀두 등에 독립피지선이 있다.

손바닥, 발바닥에는 피지선이 없다.

20 ★★★ 피지에 대한 설명 중 잘못된 것은?

① 피지는 피부나 털을 보호하는 작용을 한다.
② 피지가 외부로 분출이 안 되면 여드름 요소인 면포로 발전한다.
③ 일반적으로 남자는 여자보다도 피지의 분비가 많다.
④ 피지는 아포크린 한선(apocrine sweat gland)에서 분비된다.

피지는 피지선에서 분비된다.

21 ★★★ 피지분비와 가장 관계가 있는 호르몬은?

① 에스트로겐   ② 프로게스트론
③ 인슐린   ④ 안드로겐

안드로겐은 남성의 2차 성징 발달에 작용하는 호르몬으로 정자 형성을 촉진하기도 하며, 피지선을 자극해 피지의 생성을 촉진한다.

22 ★★★ 피부의 피지막에 대한 설명 중 잘못된 것은?

① 보통 알칼리성을 나타내고 독물을 중화시킨다.
② 땀과 피지가 섞여서 합쳐진 막이다.
③ 세균 또는 백선균이 죽거나 발육이 억제 당한다.
④ 피지막 형성은 피부의 상태에 따라 그 정도가 다르다.

피지막은 pH 5.5 정도의 약산성을 나타내며, 피부표면의 세균 성장을 억제시킨다.

23 ★★★ 피부가 거칠어지는 원인과 거리가 먼 것은?

① 알칼리에서 약한 피지막이 형성되어 있을 때
② 피지막이 오염되었을 때
③ 지방과 수분이 결합하여 피지막이 형성되지 않을 때
④ 피부표면의 pH가 약산성일 때

정상적인 피부표면의 pH는 약산성이며, 따라서 피부가 거칠어지는 원인이 아니다.

24 ★★★ 다음 중 피지선의 노화현상을 나타내는 것은?

① 피지의 분비가 많아진다.
② 피지의 분비가 감소된다.
③ 피부중화 능력이 상승된다.
④ pH의 산성도가 강해진다.

피부의 노화 결과 : 피지의 분비량이 감소하고, 피부의 중화능력이 떨어지며, 산성도도 약해진다.

25 ★★★ 피부에 있어 자율신경의 지배를 받고 있지 않는 것은?

① 혈관   ② 입모근
③ 한선   ④ 피지선

자율신경은 호흡, 순환, 대사 등의 생명활동의 기본이 되는 항상성을 유지하는데 중요한 역할을 하는 신경으로 피지선은 자율신경의 지배를 받지 않는다.

26 ★★★ 입술에 있는 피지선은 다음 중 어느 것에 속하는가?

① 큰피지선   ② 독립피지선
③ 작은피지선   ④ 무피지선

털과 관계없이 독립하여 존재하는 피지선을 독립피지선이라 하며, 입술, 구강점막, 눈과 눈꺼풀, 유두 등에 존재한다.

27 ★★★ 피부의 피지막은 보통 상태에서 어떤 유화상태로 존재하는가?

① W/S 유화   ② S/W 유화
③ W/O 유화   ④ O/W 유화

피지막은 W/O(water in oil, 유중수형) 유화상태로 존재한다.

정답 19 ② 20 ④ 21 ④ 22 ① 23 ④ 24 ② 25 ④ 26 ② 27 ③

28 ******** 모발의 성분은 주로 무엇으로 이루어졌는가?

① 탄수화물　　　　② 지방
③ 단백질　　　　　④ 칼슘

모발의 주성분은 케라틴이라는 단백질이다.

29 ******* 두발의 영양 공급에서 가장 중요한 영양소이며 가장 많이 공급되어야 할 것은?

① 비타민 A　　　　② 지방
③ 단백질　　　　　④ 칼슘

두발의 주성분은 아미노산을 다량 함유한 케라틴이므로 단백질이 가장 중요한 영양소라 할 수 있다.

30 ******* 모발은 유두체에 접한 기저세포가 분열증식 즉, 새로 만들어지는 신진대사의 현상을 모발의 성장이라 하는데 이에 관한 설명 중 가장 거리가 먼 것은?

① 봄, 여름보다 가을과 겨울이 더 빨리 생장한다.
② 필요한 영양은 모유두에서 공급된다.
③ 모발은 3-5년의 성장기에 주로 자란다.
④ 모발은 '성장기-퇴화기-휴지기'의 헤어 사이클(hair-cycle)을 거친다.

모발은 낮보다 밤에, 가을·겨울보다 봄·여름에 더 빨리 성장한다.

31 ******* 모발을 구성하고 있는 케라틴(Keratin) 중에 제일 많이 함유하고 있는 아미노산은?

① 알라닌　　　　　② 로이신
③ 바린　　　　　　④ 시스틴

케라틴의 주요 구성성분은 시스틴, 글루탐산, 알기닌 등이며, 시스틴의 함유량이 10~14%로 가장 높다.

32 ******* 모발은 하루에 얼마나 성장하는가?

① 0.2~0.5mm　　　② 0.6~0.8mm
③ 0.9~1.0mm　　　④ 1.0~1.2mm

모발은 하루에 0.2~0.5mm씩 성장한다.

33 ********* 건강한 모발의 pH 범위는?

① pH 3~4　　　　　② pH 4.5~5.5
③ pH 6.5~7.5　　　④ pH 8.5~9.5

모발은 70~80%의 단백질로 이루어져 있는데, 단백질은 알칼리 상태에서는 구조가 느슨해지고 산성에서는 강해지고 단단해진다. 건강한 모발의 pH는 4.5~5.5이다.

34 ******* 모발을 태우면 노린내가 나는데, 이는 어떤 성분 때문인가?

① 나트륨　　　　　② 이산화탄소
③ 유황　　　　　　④ 탄소

모발의 주성분은 케라틴, 멜라닌, 지질, 수분 등으로 구성되어 있으며 모발을 태울 때 나는 노린내는 모발에 많이 함유하고 있는 유황 때문이다.

35 ****** 모발 손상의 원인으로만 짝지어진 것은?

① 드라이어의 장시간 이용, 크림 린스, 오버프로세싱
② 두피 마사지, 염색제, 백 코밍
③ 브러싱, 헤어세팅, 헤어 팩
④ 자외선, 염색, 탈색

자외선은 모발의 케라틴을 파괴하고 탈색을 유발해 모발 손상의 큰 이유가 되며, 염색 및 탈색도 모발에 손상을 줄 수 있다. 이외에도 샴푸, 드라이, 빗질, 헤어드라이 등에 의해서도 손상될 수 있다.

36 ******* 다음 중 일반적으로 건강한 모발의 상태는?

① 단백질 10~20%, 수분 10~15%, pH 2.5~4.5
② 단백질 20~30%, 수분 70~80%, pH 4.5~5.5
③ 단백질 50~60%, 수분 25~40%, pH 7.5~8.5
④ 단백질 70~80%, 수분 10~15%, pH 4.5~5.5

건강한 모발은 단백질 70~80%, 수분 10~15%, pH 4.5~5.5로 구성된다.

37 ******* 다음 모발에 관한 설명으로 틀린 것은?

① 모근부와 모간부로 구성되어 있다.
② 하루 약 0.2~0.5mm씩 자란다.

정답　28 ③　29 ③　30 ①　31 ④　32 ①　33 ②　34 ③　35 ④　36 ④　37 ④

③ 모발의 수명은 보통 3~6년이다.

④ 모발은 퇴행기 → 성장기 → 탈락기 → 휴지기의 성장 단계를 갖는다.

> 모발은 성장기→퇴행기→휴지기의 성장 단계를 갖는다.

38 ★★★ 다음은 모발의 구조와 성질을 설명한 내용이다. 맞지 않는 것은?

① 두발은 주요 부분을 구성하고 있는 모표피, 모피질, 모수질 등으로 이루어졌으며, 주로 탄력성이 풍부한 단백질로 이루어져 있다.

② 케라틴은 다른 단백질에 비하여 유황의 함유량이 많은데, 황(S)은 시스틴(cystine)에 함유되어 있다.

③ 시스틴 결합은 알칼리에는 강한 저항력을 갖고 있으나 물, 알코올, 약산성이나 소금류에 대해서 약하다.

④ 케라틴의 폴리펩타이드는 쇠사슬 구조로서, 두발의 장축방향(長軸方向)으로 배열되어 있다.

> 시스틴 결합은 물, 알코올, 약산성이나 소금류에는 강하지만 알칼리에는 약하다.

39 ★★★★ 모발의 케라틴 단백질은 pH에 따라 물에 대한 팽윤성이 변한다. 다음 중 가장 낮은 팽윤성을 나타내는 pH는?

① 1~2   ② 4~5
③ 7~9   ④ 10~12

> 모발이 수분을 흡수하면 부피가 증가하여 모발의 길이 방향 또는 직경 방향으로 크기가 늘어나는데 이 현상을 팽윤이라 한다. pH 4~5에서 가장 낮은 팽윤성을 나타내며, pH 8~9에서 급격히 증대한다.

40 ★★★ 모발의 측쇄결합으로 볼 수 없는 것은?

① 시스틴결합(cystine bond)
② 염결합(salt bond)
③ 수소결합(hydrogen bond)
④ 폴리펩티드결합(Poly peptide bond)

> 측쇄결합은 가로 방향의 결합으로 시스틴 결합, 염결합, 수소결합이 있다. 폴리펩티드결합은 주쇄결합이다.

41 ★★★ 모발의 결합 중 수분에 의해 일시적으로 변형되며, 드라이어의 열을 가하면 다시 재결합되어 형태가 만들어지는 결합은?

① S-S 결합   ② 펩타이드 결합
③ 수소결합   ④ 염 결합

측쇄결합의 종류

구분	특징
시스틴 결합	두 개의 황(S) 원자 사이에서 형성되는 공유결합
수소결합	수분에 의해 일시적으로 변형되며, 드라이어의 열을 가하면 다시 재결합되어 형태가 만들어지는 결합
염결합	산성의 아미노산과 알칼리성 아미노산이 서로 붙어서 구성되는 결합

42 ★★★ 측쇄결합 중 가장 많이 존재하며 이 결합에 의해 드라이와 세트가 형성된다. 이 측쇄결합은?

① 시스틴 결합(횡결합)   ② 수소결합
③ 염결합(이온결합)   ④ 펩타이드 결합

> 모발의 측쇄결합은 시스틴결합, 수소결합, 염결합이 있으며, 이 중 가장 많이 존재하며, 드라이와 세트를 형성하게 만드는 결합은 수소결합이다.

43 ★★★ 모발의 색은 흑색, 적색, 갈색, 금발색, 백색 등 여러 가지 색이 있다. 다음 중 주로 검은 모발의 색을 나타나게 하는 멜라닌은?

① 유멜라닌(eumelanin)
② 티로신(tyrosine)
③ 페오멜라닌(pheomelanin)
④ 멜라노사이트(melanocyte)

> 유멜라닌은 갈색-검정색 중합체이며, 페오멜라닌은 적색-갈색 중합체이다. 멜라노사이트는 멜라닌 형성 세포이다.

44 ★★★ 모발의 구성 중 피부 밖으로 나와 있는 부분은?

① 피지선   ② 모표피
③ 모구   ④ 모유두

> 피부 밖으로 나와 있는 부분을 모간이라 하며, 이 모간에는 모표피, 모피질, 모수질이 있다.

45 모발의 색을 나타내는 색소로 입자형 색소는?

① 티로신(tyrosine)

② 멜라노사이트(melanocyte)

③ 유멜라닌(eumelanin)

④ 페오멜라닌(pheomelanin)

> 유멜라닌은 입자형 색소로 갈색-검정색 중합체이다.

46 털의 색상에 대한 원인을 연결한 것 중 가장 거리가 먼 것은?

① 검은색 - 멜라닌, 색소를 많이 함유하고 있다.

② 금색 - 멜라닌, 색소의 양이 많고 크기가 크다.

③ 붉은색 - 멜라닌 색소에 철성분이 함유되어 있다.

④ 흰색 - 유전, 노화, 영양결핍, 스트레스가 원인이다.

> 멜라닌 색소의 양이 많고 크기가 크면 흑색을 강하게 나타낸다.

47 모발을 중심으로 한 피부구조 중 B는 무슨 층인가?

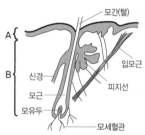

① 표피

② 진피

③ 피하조직

④ 과립층

> 그림에서 B는 진피층을 말하며, 진피층에 혈관, 신경, 한선, 피지선, 유선, 모발, 입모근 등이 존재한다.

48 두발의 70% 이상을 차지하며, 멜라닌 색소와 섬유질 및 간충 물질로 구성되어 있는 곳은?

① 모표피(cuticle)

② 모수질(medulla)

③ 모피질(cortex)

④ 모낭(follicle)

> 모피질은 모표피의 안쪽 부분으로 두발의 70% 이상을 차지하며, 멜라닌 색소와 섬유질 및 간충물질로 구성되어 있다.

49 다음 중 멜라닌 색소를 함유하고 있는 부분은?

① 모표피

② 모피질

③ 모수질

④ 모유두

> 모발에서 멜라닌 색소를 가장 많이 함유하고 있는 부분은 모피질이다.

50 두발의 색깔을 좌우하는 멜라닌은 다음 중 어느 곳에 가장 많이 함유되어 있는가?

① 모표피

② 모피질

③ 모수질

④ 모유두

> 모피질은 모표피의 안쪽 부분으로 멜라닌 색소를 가장 많이 함유하고 있다.

51 혈관과 림프관이 분포되어 있어 털에 영양을 공급하여 주로 발육에 관여하는 것은?

① 모유두

② 모표피

③ 모피질

④ 모수질

> 모유두는 모낭 끝에 있는 작은 돌기 조직으로 모발에 영양을 공급하는 부분이다.

52 모발 구조에서 영양을 관장하는 혈관과 신경이 들어 있는 부분은?

① 모근

② 모유두

③ 모구

④ 입모근

> 모유두에는 혈관과 림프관이 분포되어 털에 영양을 공급한다.

53 세포의 분열 증식으로 모발이 만들어지는 곳은?

① 모모(毛母)세포

② 모유두

③ 모구

④ 모소피

> 모유두에 접한 모모세포는 분열과 증식작용을 통해 새로운 머리카락을 만든다.

54 *** 입모근의 역할 중 가장 중요한 것은?

① 수분 조절
② 체온 조절
③ 피지 조절
④ 호르몬 조절

> 입모근은 모근에 붙어 있는 근육으로 수축으로 털을 꼿꼿하게 서게 하여 체온손실을 막아준다.

55 *** 피부가 추위를 감지하면 근육을 수축시켜 털을 세우게 한다. 어떤 근육이 털을 세우게 하는가?

① 안륜근
② 입모근
③ 전두근
④ 후두근

> 교감신경의 지배를 받아 피부에 소름을 돋게 하는 근육을 입모근이라 하는데, 근육을 수축시켜 털을 세우게 한다.

56 **** 모발의 성장이 멈추고 전체 모발의 14~15%를 차지하며 가벼운 물리적 자극에 의해 쉽게 탈모가 되는 단계는?

① 성장기
② 퇴화기
③ 휴지기
④ 모발주기

> 모발은 성장기와 퇴화기를 거쳐 2~3개월간의 휴지기에 들어서게 되면 성장이 멈추고 탈모가 일어나게 된다.

57 ***** 다음 중 모발의 성장단계를 옳게 나타낸 것은?

① 성장기 → 휴지기 → 퇴화기
② 휴지기 → 발생기 → 퇴화기
③ 퇴화기 → 성장기 → 발생기
④ 성장기 → 퇴화기 → 휴지기

58 *** 건강한 손톱상태의 조건으로 틀린 것은?

① 조상에 강하게 부착되어 있어야 한다.
② 단단하고 탄력이 있어야 한다.
③ 매끄럽게 윤이 흐르고 푸른빛을 띠어야 한다.
④ 수분과 유분이 이상적으로 유지되어야 한다.

> 건강한 손톱은 매끄러운 광택이 흐르며, 연한 핑크빛을 띠고 투명하다.

59 ** 손톱, 발톱의 설명으로 틀린 것은?

① 정상적인 손·발톱의 교체는 대략 6개월가량 걸린다.
② 개인에 따라 성장의 속도는 차이가 있지만 매일 1mm가량 성장한다.
③ 손끝과 발끝을 보호한다.
④ 물건을 잡을 때 받침대 역할을 한다.

> 손톱은 매일 약 0.1mm 정도 자란다.

정답 54 ② 55 ② 56 ③ 57 ④ 58 ③ 59 ②

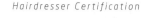
Hairdresser Certification

SECTION 02 피부유형분석

[출제문항수 : 0~1문제] 이번 섹션은 1문제 정도가 출제됩니다. 다양한 피부 유형의 특징을 구분하여 학습하시기 바랍니다.

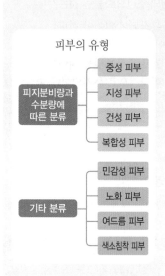

피부의 유형

피지분비량과 수분량에 따른 분류
- 중성 피부
- 지성 피부
- 건성 피부
- 복합성 피부

기타 분류
- 민감성 피부
- 노화 피부
- 여드름 피부
- 색소침착 피부

▶ 정상 피부의 얼굴관리 시 가장 민감한 부분은 눈 주위이다.

01 피지분비량과 수분량에 따른 피부 유형

1 중성 피부(정상 피부)

한선과 피지선의 기능이 정상이며, 충분한 수분과 피지를 가지고 있는 가장 이상적인 피부이다.

(1) 중성 피부의 특징
① 피부표면이 촉촉하고 매끄럽고, 부드러우며 탄력성이 좋고 주름이 없다.
② 피지분비 및 수분공급이 적절하여 세안 후 당기거나 번들거리지 않는다.
③ 화장이 잘 지워지지 않고, 오랫동안 지속된다.
④ 피부 결이 섬세하고 모공이 미세하며, 피부 이상인 여드름, 색소, 잡티 현상이 없다.
⑤ 계절이나 연령에 따라 민감하게 반응하여 건성이나 지성피부가 되기 쉬우므로 꾸준한 관리가 필요하다.

(2) 관리방법
① 세안을 깨끗하게 하고 균형 있는 영양섭취를 골고루 하며 피로가 쌓이지 않도록 한다.
② 피부의 유·수분 균형을 위해 주기적으로 마사지와 팩을 시행한다.

2 건성 피부

피부의 유분과 수분의 분비량이 적어 건조함을 느끼는 유형이다.

(1) 건성 피부의 특징
① 피지와 땀의 분비 저하로 유분과 수분의 균형이 정상적이지 못하다.
    (각질층의 수분이 10% 이하)
② 피부가 얇고, 피부 결이 섬세해 보인다.
③ 모공이 작다.
④ 각질층의 수분과 피부유연성의 부족으로 세안 후 피부 당김이 심하다.
⑤ 피부표면이 항상 건조하고 윤기가 없으며, 겨울철에 각질이 많이 생긴다.
⑥ 탄력 저하와 잔주름이 생기기 쉬움
⑦ 화장이 피부에 잘 밀착되지 않고 들뜬다.
⑧ 피부가 손상되기 쉬워 색소침착에 의한 기미, 주근깨가 생기기 쉽고 노화현상이 빨리 온다.

⑨ 피지선 및 한선의 기능저하, 영양이 부족할 때 건성피부가 된다.

(2) 관리방법

　① 건성 피부는 보습작용 강화가 관리 목적이다.

　② 적절한 수분과 유분 공급 및 충분한 수면을 취한다.

　③ 피부에 수분을 보충하기 위하여 팩과 마사지를 자주 한다.

　④ 사우나나 열탕에서 장시간 보내지 않아야 한다.

　⑤ 수분을 증발시키는 알코올 성분이 많은 화장품은 피한다.

③ 지성 피부

피지선의 기능이 발달하여 피지가 과다하게 분비되는 피부이다.

(1) 지성 피부의 특징

　① **모공이 넓다.**

　② 피부 결이 거칠고 두꺼운 편으로 젊은 층이나 남성피부에 많다.

　③ **피지분비가 많아 모공이 잘 막히고 불규칙하며, 피부표면이 늘 번들거림**

　④ **화장이 쉽게 지워지고 오래 지속되지 못한다.**

　⑤ **여드름, 뾰루지, 블랙헤드 등이 생기기 쉬우므로** 세안에 신경 써야 한다.

　⑥ 20대 이후 피지선의 기능 저하로 중성피부로 변화되며 노화와 주름형성
　　이 늦은 편이다.

(2) **관리방법**

　① 세정력이 우수한 클렌징 제품을 사용하여 피부표면의 노폐물 및 화장품
　　잔여물을 제거해준다.

　② 스팀타월을 사용하여 불순물 제거 및 수분을 공급한다.

　③ 오일이 없는 제품을 사용하여 피부관리를 한다.

④ 복합성 피부

얼굴 부위에 따라 서로 다른 피부 유형이 2가지 이상 공존하는 유형으로 환
경적 요인, 피부관리 습관, 호르몬 불균형 등이 원인이다.

(1) 복합성 피부의 특징

　① 피부 결이 매끄럽지 않고 전체적으로 피부조직이 일정하지 않다.

　② T존 부위는 피지분비가 많아 지성피부의 특성을 가진다.

　③ U존 부위는 수분이 부족한 건성피부의 특성을 가진다.

(2) 관리방법

　① T존은 모공관리와 피지조절을 위한 관리를 한다.

　② U존은 유·수분 관리를 꼼꼼하게 해주며, 특히 눈가, 입가, 볼 등은 건조
　　해지기 쉽고 외부 기후변화에 따라 균형을 잃기 쉬우므로 세안 및 보습
　　에 신경을 써야 한다.

▶ **건성 피부의 마스크팩**
중탕한 오일을 탈지면이나 거즈에
적셔서 10분 정도 핫오일 마스크팩
을 한다.

▶ **지성 피부의 원인**
　• 유전적으로 피지선을 자극하는
　　남성 호르몬(안드로겐)의 과다 분비
　• 여성 황체호르몬(프로게스테론)의
　　기능 증가
　• 갑상선 호르몬의 불균형
　• 후천적인 스트레스, 위장장애, 변비
　• 공기오염, 고온다습한 기후 등

chapter 02

U존 : 건성

1 민감성 피부

① 피부 특정부위가 붉어지거나 민감한 반응을 보이는 피부로 정상 피부와 달리 조절기능과 면역기능이 저하된 피부이다.

② 피부유형과 상관없이 체질, 환경, 내·외적 요인에 의해서 발생한다.

▶ 민감성 피부의 원인
- 외적 요인 : 화장품, 자외선, 금속 등
- 내적 요인 : 스트레스, 수면부족 등
- 체질적 요인
- 환경적 요인

(1) 민감성 피부의 특징

① 가벼운 자극에도 예민하게 반응하는 피부유형이다.

② 피부표면의 방어막이 손상되어 피부 내 수분 손실량이 증가한다.

③ 피부의 각질층이 얇아 피부 결이 섬세하다.

④ 건조, 가려움, 홍반, 모세혈관 확장, 알레르기, 색소침착 등이 발생한다.

⑤ 봄철은 불안정한 온도변화, 꽃가루 등으로 인한 피부트러블이 가장 많은 계절이다.

⑥ 과도한 자외선 노출이나 칼슘 부족 시에도 나타날 수 있다.

(2) 관리방법

① 수분을 많이 섭취하고 수분크림을 많이 바른다.

② 외출 시 자외선 차단제를 사용하여 피부의 색소침착을 방지한다.

③ 피부에 자극을 주는 강한 마사지나 스크럽 등은 피한다.

④ 알코올 성분이 들어간 화장품의 사용을 피한다.

2 여드름 피부

피지분비 과다, 여드름균 증식, 모공 폐쇄로 인한 모공 내의 염증이 있는 피부 유형이다.

▶ 여드름의 요인

내적 요인	유전, 스트레스, 월경주기, 피임약, 임신, 다이어트 등
외적 요인	자외선, 계절, 기후, 물리적 자극, 마찰, 화학약품의 부작용 등

(1) 여드름 피부의 특징

① 피지분비가 많아 번들거리며 피부가 두껍고 거칠다.

② 화장이 잘 지워지고 시간이 갈수록 칙칙해진다.

(2) 관리방법

① 유분이 많은 화장품의 사용을 피하고 보습기능을 가진 화장품을 사용한다.

② 클렌징을 철저히 하여 피부의 청결을 유지한다.

③ 가급적 메이크업을 하지 않는 것이 좋다.

④ 과도하게 단 음식, 지방성 음식, 알코올의 섭취를 피한다.

3 색소침착 피부

① 색소침착은 멜라닌 색소의 과다 생성으로 인하여 발생하는 색소 이상 현상을 말한다.

② 원인 : 자외선, 스트레스, 개인의 건강상태, 생리, 임신, 여성호르몬, 멜라닌 자극 호르몬의 증가 및 잘못된 생활습관 등

③ 기미, 주근깨, 노인성반점(검버섯), 색소성 모반, 안면 흑피증 등이 있다.

④ 노화 피부

노화란 나이가 들면서 신체의 구조와 기능이 점진적으로 저하되어 외부환경에 대한 반응능력이 감소하는 것을 말한다.

(1) 노화의 구분

내인성 노화	• 나이에 따라 피부 구조와 생리기능 감퇴 • 피부가 얇고 건조해지며, 피부의 긴장, 탄력 등의 감퇴로 주름이 생김
광노화	• 자외선(햇빛)에 의한 피부 노화 • 각질층의 피부가 두꺼워지고, 피부는 탄력성이 소실되어 늘어짐

⑤ 모세혈관 확장 피부

① 표피의 모세혈관이 약화되거나 파열, 확장되어 붉은 실핏줄이 보이는 피부
② 원인 : 약한 혈관, 급격한 온도변화, 갑상선이나 성 호르몬 장애, 자율신경의 영향, 자극적인 음식, 스트레스, 만성변비, 강한 마사지, 필링, 위장장애, 스테로이드제, 임신이나 경구피임약 등

▶ **쿠퍼로즈(Couperose) 피부**
모세혈관이 확장된 피부상태를 나타내는 용어로 모세혈관이 터져 붉어지고, 붉어진 부위는 가려움과 땅기는 증상을 보인다.

기출문제 | 단원별 구성의 문제 유형 파악!

1 ★★
건성 피부, 중성 피부, 지성 피부를 구분하는 가장 기본적인 피부유형분석 기준은?

① 피부의 조직상태   ② 피지분비 상태
③ 모공의 크기   ④ 피부의 탄력도

> 피부를 건성, 중성, 지성으로 구분하는 기본적인 분석기준은 피지분비와 수분의 상태이다.

2 ★★
건성 피부의 특징과 가장 거리가 먼 것은?

① 각질층의 수분이 50% 이하로 부족하다.
② 피부가 손상되기 쉬우며 주름 발생이 쉽다.
③ 피부가 얇고 외관으로 피부결이 섬세해 보인다.
④ 모공이 작다.

> 건성 피부는 각질층의 수분이 10% 이하인 상태로 모공이 작고 피부 결이 섬세해 보이며 피부손상과 주름 발생이 쉽다.

3 ★★★
피지와 땀의 분비 저하로 유·수분의 균형이 정상적이지 못하고, 피부 결이 얇으며 탄력저하와 주름이 쉽게 형성되는 피부는?

① 건성 피부   ② 지성 피부
③ 이상 피부   ④ 민감 피부

> 건성 피부는 피지와 땀의 분비가 원활하지 못해 피부 결이 얇고 주름이 쉽게 형성되며, 피부손상과 노화가 쉽다.

4 ★★
세안 후 이마, 볼 부위가 당기며, 잔주름이 많고 화장이 잘 들뜨는 피부유형은?

① 복합성 피부   ② 건성 피부
③ 노화 피부   ④ 민감 피부

> 건성 피부는 피부에 유분과 수분이 부족하여 세안 후 피부당김이 심하고, 잔주름이 잘 생기며 화장이 피부에 밀착되지 않고 들뜬다.

정답 1② 2① 3① 4②

Section 02_ 피부유형분석 **181**

5 다음의 중성피부에 대한 설명으로 옳은 것은? ***

① 중성 피부는 화장이 오래가지 않고 쉬 지워진다.
② 중성 피부는 계절이나 연령에 따른 변화가 전혀 없이 항상 중성상태를 유지한다.
③ 중성 피부는 외적인 요인에 의해 건성이나 지성 쪽으로 되기 쉽기 때문에 항상 꾸준한 손질을 해야 한다.
④ 중성 피부는 자연적으로 유분과 수분의 분비가 적당 하므로 다른 손질은 하지 않아도 된다.

> 중성 피부는 계절이나 연령 등의 외적 요인에 의해 건성이나 지성으로 변하기 쉽기 때문에 항상 꾸준한 관리가 필요하다.

6 건성 피부의 치료법이 아닌 것은? **

① 충분한 일광욕을 한다.
② 영양크림을 사용한다.
③ 버터나 치즈 등을 섭취한다.
④ 피부 관리를 정기적으로 한다.

> 건성 피부는 피부에 수분이 부족한 피부로 일광욕, 사우나, 열탕 등 피부의 수분이 증발되는 활동은 피하는 것이 좋다.

7 다음 중 중탕한 오일을 탈지면이나 거즈에 적셔서 10분 정도 핫오일 마스크팩을 하면 가장 좋은 피부는? ***

① 건성 피부   ② 지성 피부
③ 중성 피부   ④ 지루성 피부

> 건성 피부는 수분을 보충하기 위하여 마사지나 팩을 자주 해주는 것이 좋다.

8 지성 피부의 특징으로 맞는 것은? ****

① 모세혈관이 약화되거나 확장되어 피부 표면으로 보인다.
② 피지분비가 왕성하여 피부 번들거림이 심하며 피부 결이 곱지 못하다.
③ 표피가 얇고 피부표면이 항상 건조하고 잔주름이 쉽게 생긴다.
④ 표피가 얇고 투명해 보이며 외부자극에 쉽게 붉어진다.

> ① 모세혈관확장 피부, ③ 건성 피부, ④ 민감성 피부

9 다음 중 건성피부 손질로서 가장 적당한 것은? ***

① 적절한 수분과 유분 공급
② 적절한 일광욕
③ 비타민 복용
④ 카페인 섭취 줄임

10 피부유형과 관리 목적과의 연결이 틀린 것은? ****

① 민감 피부 : 진정, 긴장 완화
② 건성 피부 : 보습작용 억제
③ 지성 피부 : 피지 분비 조절
④ 복합 피부 : 피지, 유·수분 균형 유지

> 건성 피부는 보습작용 강화가 관리 목적이다.

11 피지분비가 많아 모공이 잘 막히고 노화된 각질이 두껍게 쌓여 있어 여드름이나 뽀루지가 잘 생기는 피부는? ***

① 건성 피부   ② 민감성 피부
③ 복합성 피부   ④ 지성 피부

> 지성 피부는 피지분비가 많아 모공이 잘 막혀 여드름이나 뽀루지 등이 잘 생기며, 피부가 거칠고 두꺼우며, 피부표면이 항상 번들거린다.

12 피부가 두터워 보이고 모공이 크며 화장이 쉽게 지워지는 피부타입은? ****

① 건성   ② 중성
③ 지성   ④ 민감성

> 지성 피부는 피부 결이 거칠고 두터워 보이며, 모공이 크고, 유분으로 인해 화장이 쉽게 지워지고 오래 지속되지 못한다.

13 지성피부의 특징이 아닌 것은? ****

① 여드름이 잘 발생한다.
② 남성피부에 많다.
③ 모공이 매우 크며 반들거린다.
④ 피부 결이 섬세하고 곱다.

> 지성피부는 피부 결이 거칠고 두꺼운 특징을 가진다.

정답   5 ③   6 ①   7 ①   8 ②   9 ①   10 ②   11 ④   12 ③   13 ④

14 다음 중 지성피부의 주된 특징을 나타낸 것은?

① 모공이 크고 여드름이 잘 생긴다.
② 유분이 적어 각질이 잘 일어난다.
③ 조그만 자극에도 피부가 예민하게 반응한다.
④ 세안 후 피부가 쉽게 붉어지고 당김이 심하다.

> 지성 피부는 피지선의 기능이 발달하여 피지가 과다하게 분비되는 피부로 모공이 크고 여드름이나 뾰루지가 잘 생기는 특징이 있다.

15 아래 설명과 가장 가까운 피부타입은?

【보기】
• 모공이 넓다.
• 뾰루지가 잘 난다.
• 정상 피부보다 두껍다.
• 블랙헤드가 생성되기 쉽다.

① 지성 피부 ② 민감성 피부
③ 건성 피부 ④ 정상 피부

16 지성 피부에 대한 설명 중 틀린 것은?

① 지성 피부는 정상 피부보다 피지분비량이 많다.
② 피부 결이 섬세하지만 피부가 얇고 붉은색이 많다.
③ 지성 피부가 생기는 원인은 남성호르몬인 안드로겐이나 여성호르몬인 프로게스테론의 기능이 활발해져서 생긴다.
④ 지성 피부의 관리는 피지제거 및 세정을 주목적으로 한다.

> 지성피부는 피부 결이 거칠고 두텁다. 피부 결이 섬세하며 얇고 늘 붉어져 있는 피부는 민감성 피부이다.

17 민감성피부에 대한 설명으로 가장 적합한 것은?

① 피지의 분비가 적어서 거친 피부
② 어떤 물질에 큰 반응을 일으키는 피부
③ 땀이 많이 나는 피부
④ 멜라닌 색소가 많은 피부

18 지성피부의 손질로 가장 적합한 것은?

① 유분이 많이 함유된 화장품을 사용한다.
② 스팀타월을 사용하여 불순물 제거와 수분을 공급한다.
③ 피부를 항상 건조한 상태로 만든다.
④ 마사지와 팩은 하지 않는다.

> 지성피부는 피지분비가 많은 피부이므로 세안에 신경을 써야 하며, 스팀타월을 이용하여 불순물 제거와 수분을 공급하고, 오일이 없는 제품을 이용하여 피부관리를 한다.

19 다음 중 알레르기에 의한 피부의 반응이 아닌 것은?

① 화장품에 의한 피부염
② 가구나 의복에 의한 피부질환
③ 비타민 과다에 의한 피부질환
④ 내복한 약에 의한 피부질환

20 민감성 피부의 화장품 사용에 대한 설명으로 틀린 것은?

① 석고팩이나 피부에 자극이 되는 제품의 사용을 피한다.
② 피부의 진정·보습효과에 뛰어난 제품을 사용한다.
③ 스크럽이 들어간 세안제를 사용하고 알코올 성분이 들어간 화장품을 사용한다.
④ 화장품 도포 시 첩포실험을 하여 적합성 여부를 확인 후 사용하는 것이 좋다.

> 민감성 피부의 경우 피부자극을 주는 스크럽식 세안제는 피하고 무알코올 화장수를 사용하여 피부 자극을 줄인다.

21 불안정한 온도변화, 대기 중 꽃가루 등으로 인한 피부 트러블이 가장 잦은 계절은?

① 여름 ② 가을
③ 봄 ④ 겨울

> 민감성 피부는 가벼운 자극에도 예민하게 반응하는 피부로 불안정한 온도변화, 날리는 꽃가루 등에 의해 피부 트러블이 가장 많이 생기는 계절은 봄이다.

정답 14 ① 15 ① 16 ② 17 ② 18 ② 19 ③ 20 ③ 21 ③

22 자외선에 과도하게 노출되거나 칼슘이 부족할 경우 뒤따를 수 있는 피부 유형은?

① 여드름성 피부　　② 민감성 피부
③ 복합성 피부　　　④ 지성 피부

민감성 피부는 자외선 등의 외부자극에 민감하게 반응하는 피부 유형으로 칼슘이 부족한 경우에도 나타날 수 있다.

23 피부유형에 대한 설명 중 틀린 것은?

① 정상 피부 – 유·수분 균형이 잘 잡혀있다.
② 민감성 피부 – 각질이 드문드문 보인다.
③ 노화 피부 – 미세하거나 선명한 주름이 보인다.
④ 지성 피부 – 모공이 크고 표면이 귤껍질같이 보이기 쉽다.

민감성 피부는 피부 특정부위가 붉어지거나 민감한 반응을 보이는 피부를 말한다.

24 홈케어 시 여드름 피부에 대한 조언으로 맞지 않는 것은?

① 여드름 전용 제품을 사용
② 붉어지는 부위는 약간 진하게 파운데이션이나 파우더를 사용
③ 지나친 당분이나 지방섭취는 피함
④ 지나치게 얼굴이 당길 경우에는 수분크림, 에센스 사용

여드름 피부는 가급적 메이크업을 하지 않는 것이 좋으며, 메이크업 시 파운데이션이나 트윈케이크 보다는 무지방 파운데이션, 콤팩트를 사용하고 포인트 메이크업에 중점을 둔다.

25 쿠퍼로즈(Couperose)라는 용어는 어떠한 피부상태를 표현하는데 사용하는가?

① 거칠은 피부
② 매우 건조한 피부
③ 모세혈관이 확장된 피부
④ 피부의 pH 밸런스가 불균형인 피부

쿠퍼로즈는 모세혈관이 확장되어 터지고 붉어지는 피부 상태를 표현하는 용어이다.

26 피부 유형별 관리방법으로 적합하지 않은 것은?

① 복합성 피부 – 유분이 많은 부위는 손을 이용한 관리를 행하여 모공을 막고 있는 피지 등의 노폐물이 쉽게 나올 수 있도록 한다.
② 모세혈관확장 피부 – 세안 시 세안제를 손에서 충분히 거품을 낸 후 미온수로 완전히 헹구어 내고 손을 이용한 관리를 부드럽게 진행한다.
③ 노화 피부 – 피부가 건조해지지 않도록 수분과 영양을 공급하고 자외선 차단제를 바른다.
④ 색소침착 피부 – 자외선 차단제를 색소가 침착된 부위에 집중적으로 발라준다.

자외선 차단제는 색소의 침착을 방지하기 위한 것이며, 침착된 색소를 제거하는 기능은 없다.

27 단순 지성피부와 관련한 내용으로 틀린 것은?

① 지성 피부에서는 여드름이 쉽게 발생할 수 있다.
② 세안 후에는 충분하게 헹구어 주는 것이 좋다.
③ 일반적으로 외부의 자극에 영향이 많아 관리가 어려운 편이다.
④ 다른 지방 성분에는 영향을 주지 않으면서 과도한 피지를 제거하는 것이 원칙이다.

일반적으로 외부의 자극에 영향이 많아 관리가 어려운 피부는 민감성 피부이다.

정답 　22 ②　23 ②　24 ②　25 ③　26 ④　27 ③

SECTION

03

Hairdresser Certification

피부와 영양

[출제문항수 : 1~2문제] 이번 섹션은 출제문항수에 비해서는 학습량이 많지만 그리 어려운 문제는 출제되지 않으니 이론과 기출문제 위주로 공부하면 어렵지 않게 점수를 확보하실 수 있으십니다.

01　영양 일반

1 영양과 영양소

① 영양 : 생명체가 생명의 유지·성장·발육을 위하여 필요한 에너지와 몸을 구성하는 성분을 음식물을 통하여 섭취, 소화, 흡수, 배설 등의 생리적 기능을 하는 과정을 말한다.

② 영양소 : 생명체가 영양을 유지할 수 있도록 하여주는 식품에 들어있는 양분의 요소를 말한다.

2 영양소의 역할에 따른 분류

구성 영양소	몸의 조직을 구성하는 성분을 공급한다. 예 단백질, 칼슘
열량 영양소	인체 활동에 필요한 열량을 공급한다. 예 탄수화물, 지방, 단백질
조절 영양소	인체의 생리작용을 조절한다. 예 무기질, 비타민

3 피부와 식품

① 피부의 영양은 체내로부터 혈액에 의해 공급된다.

② 대부분의 영양은 음식물을 통하여 얻을 수 있으며, 규칙적인 생활, 충분한 휴식, 원활한 배변 등을 통하여 식품의 소화와 흡수가 잘 되도록 하는 것이 중요하다.

③ 3대 영양소를 균형있게 골고루 섭취하여야 한다.

④ 특히, 단백질은 피부의 주성분으로 1일 60~100g이 필요하며, 그 중 1/3은 동물성 단백질을 섭취하여야 한다.

02　3대 영양소와 피부

1 탄수화물

(1) 기능 및 특징

① 에너지 공급원 : 1g당 4kcal

영양소의 구분

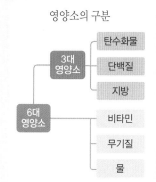

▶ 3대 영양소의 구성물질

탄수화물	탄소(C), 수소(H), 산소(O)
지방	
단백질	탄소(C), 수소(H), 산소(O), 질소(N) 등

▶ **기초 칼로리**(남성 성인 기준)
1,600~1,800kcal

▶ **흡연이 피부에 미치는 영향**
• 흡연은 피부노화를 촉진하여 주름살을 생기게 한다.
• 담배 속의 니코틴, 담배연기의 알데하이드가 노화를 촉진시킨다.
• 흡연은 혈관을 수축시켜 혈액순환을 방해하고, 체온을 떨어뜨리며, 폐질환과 심장질환 등을 일으킬 수 있다.

▶ **커피가 피부에 미치는 영향**
• 지나친 커피의 음용은 피부를 거칠게 하여 피부노화를 촉진한다.
• 커피의 카페인은 일종의 흥분제로 심장을 빨리 뛰게 하고, 혈압을 올리며, 위장을 자극한다.
• 커피는 피로감을 풀어주고 혈액순환을 돕기도 한다.

chapter 02

② 혈당유지, 중추신경계를 움직이는 에너지원

③ 75%가 에너지원으로 사용되고 남은 것은 지방으로 전환되어 근육과 간에 글리코겐 형태로 저장

④ 탄수화물의 소화 흡수율은 99%에 가까우며, 장에서 포도당, 과당 및 갈락토오스로 흡수된다.

(2) 섭취량에 따른 영향

과다 섭취	• 비만증, 당뇨병이 되기 쉽다. • 혈액의 산도를 높이고 피부의 저항력을 약화시켜 세균감염을 초래하여 산성체질을 만든다.
섭취 부족	발육부진, 기력부족, 체중감소, 신진대사 기능 저하 등

2 단백질

모든 생물의 몸을 구성하는 고분자 유기물로 수많은 아미노산의 연결체이다.

▶ 단백질의 최종 가수분해물질 : 아미노산

(1) 기능

① 에너지 공급원 : 1g 당 4kcal

② 피부, 근육, 모발 등의 신체조직 구성과 성장을 촉진

③ 기능 : pH 평형유지, 효소와 호르몬 합성, 면역세포와 항체 형성 등

④ 필수아미노산인 트립토판으로부터 나이아신(비타민 B_3 합성)

▶ 펠라그라병
나이아신(비타민 B_3)이나 이를 합성하는 필수아미노산인 트립토판이 부족하면 발생하는 병으로 피부병, 식욕부진, 우울증 등의 증세를 나타내며 옥수수를 주식으로 하는 지역에서 자주 발생한다.(→ 옥수수 단백질인 제인(Zein)에는 트립토판이 없다.)

(2) 피부에 미치는 영향

① 진피의 망상층에 있는 결합조직(콜라겐)과 탄력섬유(엘라스틴) 등은 단백질이므로 단백질 섭취는 피부미용에 필수적이다.

② 표피의 각질세포, 털, 손톱, 발톱의 주성분이다.(케라틴)

③ 단백질은 피부조직의 재생 작용에 관여한다.

(3) 필수 아미노산

① 체내에서 합성되지 않아 반드시 음식으로 섭취해야 하는 아미노산을 말한다.

② 필수아미노산의 종류

▶ 필수 아미노산과 비필수 아미노산

필수 아미노산	체내에서 합성할 수 없어 반드시 음식으로부터 공급해야 하는 아미노산
비필수 아미노산	체내에서 합성되는 아미노산

성인	이소루신, 루신, 라이신, 발린, 메티오닌, 페닐알라닌, 트레오닌, 트립토판(8종)
성장기 어린이	성인의 필수아미노산 + 알기닌, 히스티딘(10종)

(4) 섭취량에 따른 영향

과다 섭취	색소침착의 원인이 되기도 함
섭취 부족	진피세포의 노화로 잔주름과 탄력성 상실, 박테리아의 번식으로 여드름 유발, 빈혈 유발 등

③ 지방

(1) 기능

① 에너지 공급원 : 1g당 9kcal   ② 지용성 비타민의 흡수 촉진

③ 혈액 내 콜레스테롤의 축적을 방해   ④ 체온조절 및 장기보호

(2) 피부에 미치는 영향

① 피부 건조를 방지하고 윤기와 탄력 부여

② 필수 지방산의 효과 : 피부 유연, 산소공급, 세포활성화(화장품 원료로 사용)

③ 피하지방이 과다하면 비만이 되고, 부족하면 피부노화를 초래한다.

④ 지방의 섭취는 피지 분비량을 늘려 건성피부에 좋다.

⑤ 피지 분비량은 당분에 의해서도 늘어나기 때문에 여드름에는 설탕의 섭취를 억제한다.

▶ 지방산의 종류

포화 지방산	상온에서 고체인 지방산 예 육류, 버터
불포화 지방산	상온에서 액체인 지방산 예 생선, 면실유
필수 지방산	동물의 성장과 발육에 필수적이나 체내에서 합성할 수 없고 음식물을 통해 섭취해야 하는 지방산(종류 : 리놀산, 리놀렌산, 아라키돈산)

참고)

① 필수지방산은 불포화지방산으로, 동물성유보다는 식물성유에 더 많이 들어있다.

② 필수지방산은 모두 불포화지방산이지만, 불포화지방산이 모두 필수 지방산은 아니다.

03   비타민

① 비타민 일반

(1) 비타민의 주요 기능

① 생리대사의 보조역할   ② 세포의 성장촉진

③ 면역기능 강화   ④ 신경 안정

(2) 특징

① 인체에서 합성되지 않고, 대부분 외부 섭취를 통해 영양을 공급

(비타민 D는 인체에서 합성)

② 피부미용 및 피부의 기능에 중요한 역할을 하며, 결핍증에 걸리기 쉽다.

③ 어떤 용매에 녹는지에 따라 수용성과 지용성 비타민으로 나눈다.

② 수용성 비타민

① 물에 녹는 비타민으로 체내에 축적되지 않아 과잉증은 거의 없다.

② 종류 : 비타민 B복합체, 비타민 C, 비타민 P 등

▶ 비타민의 종류
- 수용성 : 비타민 B, C, P
- 지용성 : 비타민 A, E, D, K

종류	특징 및 급원	결핍 증상
비타민 B_1 (티아민)	• 당질 대사의 보조효소로 작용 • 급원 : 쌀의 배아, 두류, 돼지고기 등	피부가 붓고, 피부의 윤기가 없어짐 각기병, 식욕부진, 피로감 유발
비타민 B_2 (리보플라빈)	• 영유아의 성장촉진 및 입안의 점막보호 • 보습력과 피부탄력 증가와 습진, 비듬, 구강질병에 효과 • 급원 : 우유, 치즈, 달걀흰자 등	피부병, 구순염, 구각염, 백내장
비타민 B_3 (나이아신)	• 체내에서 필수아미노산인 트립토판으로부터 합성된다. • 급원 : 우유, 생선, 땅콩 등	펠라그라
비타민 B_6 (피리독신)	• 피부염을 방지하는 비타민 • 여드름, 모세혈관 확장 피부에 효과적 • 급원 : 효모, 밀, 옥수수 등	입술염증, 비듬, 피부염

종류	특징 및 급원	결핍 증상
비타민 B$_{12}$ (시아노코 발라민)	• 항악성빈혈 작용 • 신경조직 기능의 정상적 활동에 기여 • 급원 : 육류, 어패류, 달걀 등	악성 빈혈
비타민 C (아스코르브산)	• 멜라닌 색소 생성억제 및 침착방지 • 기미, 주근깨의 완화 및 미백효과 • 자외선에 대한 저항력 강화 • 항산화제(산화방지제) • 모세혈관 강화 및 피부상처 재생에 효과 • 교원질(콜라겐) 형성 • 피부의 과민증 억제 및 해독작용 • 스트레스 및 쇼크 예방에 효과 • 급원 : 과일류, 야채류(레몬, 붉은 피망, 파프리카, 브로콜리)	괴혈병, 빈혈, 잇몸출혈 등 ▶ 항산화 비타민 비타민 C와 E이며, 비타민 A의 전구체인 베타-카로틴은 항산화 기능을 한다.
비타민 P	• 모세혈관 강화 및 피부병 치료에 도움	피하 출혈

③ 지용성(유용성) 비타민

① 지방에 녹는 비타민으로 섭취 시 체내에 축적되므로 과잉증이 나타날 수 있다.

② 종류 : 비타민 A, E, D, K(암기 : 에이디크)

종류	특징	결핍 증상
비타민 A (레티놀)	• 피부각화에 중요한 비타민으로 각화의 정상화·연화 (피지 분비 억제) • 상피조직의 신진대사에 관여하고 노화방지, 면역기능 강화, 주름·각질예방, 피부재생을 도움 • 눈의 망막세포구성인자로 시력에 중요 • 레티노이드(Retinoid) : 비타민 A와 관련된 화합물을 통 칭하는 용어 • 카로틴*은 비타민 A의 전구물질이다. • 급원 : 간유, 버터, 달걀, 우유, 풋고추, 당근, 시금치	• 결핍증 : 피부 건조 및 각질이 두꺼워 짐, 야맹증, 안구건조, 각막연화증 등 • 과잉증 : 탈모
비타민 E (토코페롤)	• 항산화 기능으로 노화방지 및 혈액순환 촉진 • 호르몬 생성 및 생식기능의 유지 • 급원 : 두부, 유색채소	불임증, 피부건조·노화
비타민 D (칼시페롤)	• 칼슘(Ca)과 인(P)의 흡수를 도와 뼈의 발육을 촉진하고 유지시킨다. • 햇볕(자외선)에 의해 만들어져서 체내에 공급되며, 뼈의 발육을 촉진시킨다.	골연화증(골다공증), 피부병, 구순염, 구각염, 백내장
비타민 K	• 혈액의 응고에 관여(지혈작용)	출혈, 혈액응고지연

▶ 카로틴(carotene)
- 비타민 A의 전구체이며, 특히 베타-카로틴은 비타민 A로 가장 많은 활성을 하는 항산화제이다.
- 황색, 주황색, 적색의 지용성 색소
- 귤, 당근, 수박, 토마토 등에 많이 함유

1 무기질

생물체나 식품에 존재하는 탄소(C), 수소(H), 산소(O), 질소(N)를 제외한 나머지 모든 원소를 통틀어 무기질 (또는 미네랄)이라고 한다.

(1) 무기질의 기능

① 체내 대사의 촉매제의 역할을 하는 중요한 구성성분이다.

▶ 무기질은 에너지원(급원)이 아니다.

② 뼈나 치아 등의 경조직 구성

③ 체액의 삼투압 및 pH 조절

④ 피부 및 체내의 수분량 유지

⑤ 효소 작용의 촉진, 산소운반, 에너지 대사 등

(2) 무기질의 종류와 특징

구분	종류	특징	결핍 증상
다량 원소	칼슘 (Ca)	• 골격과 치아의 구성성분 • 혈액 응고, 근육 수축 및 이완, 신경전달	구루병, 골다공증
	인(P)	• 칼슘과 함께 골격과 치아를 구성 • 신체를 구성하는 무기질의 1/4을 차지 • 산과 알칼리의 균형유지, 에너지 대사	골격손상
	나트륨 (Na)	• 소금에 많이 함유되어 근육의 탄력유지, 삼투압 유지, 산·알칼리 평형유지에 기여	근육경련, 식욕감퇴, 구토, 설사 등
	칼륨(K)	• 삼투압 조절, 항알레르기 작용, 노폐물 배설 촉진	
	마그네슘(Mg)	• 삼투압 조절, 근육 활성 조절	
미량 원소	철분(Fe)	• 혈액 속 헤모글로빈의 구성성분으로 산소와 결합하여 산소를 운반한다. • 시금치, 조개류, 소나 닭의 간 등에 많음	빈혈, 손발톱 약화, 면역기능 저하
	아연(Zn)	• 성장, 면역, 생식, 식욕 촉진, 상처 회복	손톱성장 장애, 면역기능 저하, 탈모
	요오드(I)	• 갑상선 호르몬의 성분, 모세혈관 기능 정상화, 탈모 예방, 과 잉지방 연소를 촉진	갑상선종, 크레틴병

chapter 02

2 물

① 물은 세포원형질의 주성분으로 생명을 유지하기 위하여 필수 요소이다.

② 인체는 60~70%가 수분으로 이루어져 있다.

③ 생체 내 모든 반응은 물을 용매로 삼투압 작용을 한다.

④ 신체내의 산, 알칼리의 평형을 갖게 한다.

⑤ 체액을 통하여 신진대사를 한다.

⑥ 정상피부 표면의 수분량은 10~20% 로 유지되어야 한다.

▶ **식염**(NaCl)
체액의 삼투압조절, 근육 및 신경의 자극 전도, 식욕과 깊은 관계를 가진다.
• 결핍증 : 피로감, 식욕부진, 노동력 저하
• 과잉증 : 부종, 고혈압유발

01. 영양 일반

1 3대 영양소에 속하지 않는 것은?

① 탄수화물　　　　② 무기질
③ 단백질　　　　　④ 지방

> 3대 영양소는 탄수화물, 단백질, 지방이다.

2 3가지 기초식품군이 아닌 것은?

① 비타민　　　　　② 탄수화물
③ 지방　　　　　　④ 단백질

> • 3대 영양소 : 탄수화물, 단백질, 지방
> • 6대 영양소 : 3대영양소 + 비타민, 무기질, 물

3 생리기능의 조절작용을 하는 영양소는?

① 탄수화물, 지방질　　② 탄수화물, 단백질
③ 지방질, 단백질　　　④ 무기질, 비타민

> 인체에서 생리작용을 조절하는 영양소를 조절영양소라 하며 무기질과 비타민이 있다.

4 다음 중 탄수화물, 지방, 단백질의 3가지 지칭하는 것은?

① 구성 영양소　　　② 열량 영양소
③ 조절 영양소　　　④ 구조 영양소

> 탄수화물, 지방, 단백질은 인체활동에 필요한 열량을 공급하여 열량 영양소라 한다.

5 일반 성인을 기준으로한 기초 칼로리는 얼마인가?

① 600~800 kcal　　② 800~1000 kcal
③ 1600~1800 kcal　④ 2000~2500 kcal

> 생명을 유지하기 위하여 필요한 최소한의 기초 칼로리를 기초대사량이라 하며, 일반적인 성인 남자의 기초대사량은 1400~1800kcal 이다.

6 피부의 영양관리에 대한 설명 중 가장 올바른 것은?

① 대부분의 영양은 음식물을 통해 얻을 수 있다.
② 외용약을 사용하여서만 유지할 수 있다.
③ 마사지를 잘하면 된다.
④ 영양크림을 어떻게 잘 바르는가에 달려 있다.

> 피부를 아름답게 하는 음식을 미용식이라고 하며, 대부분의 영양은 음식물을 통해 얻을 수 있다.

7 다음 중 흡연이 피부에 미치는 영향으로 옳지 않은 것은?

① 담배연기에 있는 알데하이드는 태양빛과 마찬가지로 피부를 노화시킨다.
② 니코틴은 혈관을 수축시켜 혈색을 나쁘게 한다.
③ 흡연자의 피부는 조기 노화한다.
④ 흡연을 하게 되면 체온이 올라간다.

> 흡연은 피부를 노화시키고, 혈액순환을 방해하여 혈색을 나쁘게 하며, 체온을 떨어뜨리며, 폐질환과 심장질환 등을 일으킨다.

8 흡연과 피부와의 관계에 관하여 잘못 설명한 것은?

① 흡연은 피부노화를 촉진해 주름살을 빨리 생기게 한다
② 노화촉진은 담배속의 니코틴 때문이다.
③ 담배속의 니코틴은 모세혈관을 자극하여 혈액순환을 촉진시킨다.
④ 흡연은 폐질환과 심장질환을 일으킬 우려가 있다.

> 니코틴은 혈관을 수축시켜 혈액순환을 방해하여, 혈색을 나쁘게 한다.

9 커피와 건강을 설명한 것으로 옳지 않은 것은?

① 커피는 피로감을 풀어주고 혈액순환을 돕는 성질이 있어 기호식품으로 애용되고 있다.
② 지나친 커피의 섭취량은 피부를 거칠게 만들어 피부노화를 촉진시킨다.
③ 카페인은 일종의 정신안정제로서 신경질환자에게 많이 섭취시키면 좋은 효과가 있다.

정답　**1** 1② 2① 3④ 4② 5③ 6① 7④ 8③ 9③

④ 카페인은 심장을 빨리 뛰게 하고 혈압을 올려주며 위장을 자극한다.

> 커피의 카페인은 일종의 흥분제로 심장박동을 빨리하고, 혈압을 올려주며, 위장을 자극한다.

02. 3대 영양소와 피부

★★★
1 75%가 에너지원으로 쓰이고 에너지가 되고 남은 것은 지방으로 전환되어 저장되는데 주로 글리코겐 형태로 간에 저장된다. 이것의 과잉섭취는 혈액의 산도를 높이고 피부의 저항력을 약화시켜 세균감염을 초래하여 산성체질을 만들고 결핍되었을 때는 체중감소, 기력부족 현상이 나타나는 영양소는?

① 탄수화물   ② 단백질
③ 비타민   ④ 무기질

> 탄수화물(당질)은 중추신경계를 움직이는 에너지원으로 과잉섭취 시 산성체질로 만들고, 비만증과 당뇨의 원인이 되며, 결핍 시에는 발육부진, 기력부족, 체중감소 등이 나타난다.

★★★
2 탄수화물에 대한 설명으로 옳지 않은 것은?

① 당질이라고도 하며 신체의 중요한 에너지원이다.
② 장에서 포도당, 과당 및 갈락토오스로 흡수된다.
③ 지나친 탄수화물의 섭취는 신체를 알칼리성 체질로 만든다.
④ 탄수화물의 소화 흡수율은 99%에 가깝다.

> 탄수화물의 과다섭취는 피부의 산도를 높이고 피부 저항력을 감소시켜 피부염이나 부종을 유발한다. 부족 시 발육부진, 체중감소, 신진대사의 기능 저하가 일어난다.

★★
3 지방의 기능에 관한 설명으로 틀린 것은?

① 지용성 비타민의 흡수를 촉진한다.
② 체온 조절과 장기보호의 기능을 한다.
③ 혈액 내 콜레스테롤의 축적을 방해한다.
④ 에너지 공급원으로 1g당 4kcal의 에너지를 공급한다.

> 지방은 1g당 9kcal의 에너지를 공급한다.
> (탄수화물, 단백질은 1g당 4kcal의 에너지 공급)

★★★
4 체조직 구성 영양소에 대한 설명으로 틀린 것은?

① 지질은 체지방의 형태로 에너지를 저장하며, 생체막 성분으로 체구성 역할과 피부의 보호 역할을 한다.
② 지방이 분해되면 지방산이 되는데 이중 불포화지방산은 인체 구성성분으로 중요한 위치를 차지하므로 필수 지방산이라고도 한다.
③ 필수 지방산은 식물성 지방보다 동물성 지방을 먹는 것이 좋다.
④ 불포화 지방산은 상온에서 액체상태를 유지한다.

> 필수지방산은 동물성유보다 식물성유에 많이 들어 있다.

★★
5 다음 중 필수지방산에 속하지 않는 것은?

① 리놀산(linolin acid)
② 리놀렌산(linolenic acid)
③ 아라키돈산(arachidonic acid)
④ 타르타르산(tartaric acid)

> 필수지방산은 음식물을 통하여 섭취해야만 하는 중요한 지방산으로 리놀산, 리놀렌산, 아라키돈산이 있다.

★★★★
6 단백질의 최종 가수분해물질은?

① 지방산   ② 콜레스테롤
③ 아미노산   ④ 카로틴

> 아미노산은 단백질을 구성하는 기본 단위로 단백질의 최종 가수분해물질이다.

★★★
7 다음 중 필수 아미노산에 속하지 않는 것은?

① 트립토판   ② 트레오닌
③ 발린   ④ 알라닌

필수 아미노산의 종류	
성인	이소루신, 루신, 라이신(리신), 발린, 메티오닌, 페닐알라닌, 트레오닌, 트립토판(8종)
성장기 어린이	성인의 필수아미노산 + 알기닌, 히스티딘(10종)

chapter 02

8 나이아신 부족과 아미노산 중 트립토판 결핍으로 생기는 질병으로서 옥수수를 주식으로 하는 지역에서 자주 발생하는 것은?

① 각기증　　　　　② 괴혈병
③ 구루병　　　　　④ 펠라그라병

> 펠라그라병은 나이아신과 트립토판의 결핍으로 생기는 질병이다.

9 다음 중 필수 아미노산에 속하지 않는 것은?

① 알기닌　　　　　② 리신
③ 히스티딘　　　　④ 글리신

필수 아미노산의 종류	
성인	이소루신, 루신, 라이신(리신), 발린, 메티오닌, 페닐알라닌, 트레오닌, 트립토판(8종)
성장기 어린이	성인의 필수아미노산 + 알기닌, 히스티딘(10종)

10 체조직의 구성과 성장을 촉진하는 영양소는?

① 탄수화물　　　　② 비타민
③ 단백질　　　　　④ 지방

> 단백질은 근육의 주성분으로 체조직의 구성과 성장을 촉진하고 면역력을 증진시키는 항체를 합성한다.

11 두발의 영양 공급에서 가장 중요한 영양소이며 가장 많이 공급되어야 할 것은?

① 비타민 A　　　　② 지방
③ 단백질　　　　　④ 칼슘

> 두발을 구성하는 주요성분은 케라틴 단백질로 두발의 영양공급을 위하여 단백질을 섭취하여야 한다.

12 다음 중 피부의 각질, 털, 손톱, 발톱의 구성성분인 케라틴을 가장 많이 함유한 것은?

① 동물성 단백질　　② 동물성 지방질
③ 식물성 지방질　　④ 탄수화물

> 피부의 각질, 털, 손톱, 발톱의 구성성분인 케라틴은 주로 동물성 단백질에 많이 함유되어 있다.

03. 비타민

1 성장촉진, 생리대사의 보조역할, 신경안정과 면역기능 강화 등의 역할을 하는 영양소로 가장 적합한 것은?

① 단백질　　　　　② 비타민
③ 무기질　　　　　④ 지방

> 비타민은 인체에서 합성되지 않고(비타민 D제외), 외부섭취를 통해 공급되는 영양소로 성장촉진, 생리대사의 보조, 신경안정과 면역기능 강화 등의 역할을 한다.

2 다음 중 수용성 비타민은?

① 비타민 B복합체　② 비타민 A
③ 비타민 D　　　　④ 비타민 K

> • 수용성 : 비타민 B복합체, C, H
> • 지용성 : 비타민 A, E, D, K

3 수용성 비타민의 명칭이 잘못된 것은?

① Vitamin B_1 → 티아민(Thiamine)
② Vitamin B_6 → 피리독신(Pyridoxine)
③ Vitamin B_{12} → 나이아신(Niacin)
④ Vitamin B_2 → 리보플라빈(Riboflavin)

> 비타민 B_{12}는 시아노코발라민이고 나이아신은 비타민 B_3이다.

4 다음 중 멜라닌 생성저하 물질인 것은?

① 비타민 C　　　　② 콜라겐
③ 티로시나제　　　④ 엘라스틴

> 비타민 C는 멜라닌 색소의 생성억제 및 침착방지작용이 있어 기미나 주근깨 치료에 사용된다.

5 백발화의 촉진 원인이 되는 쇼크와 스트레스를 예방해주는데 가장 효과가 있는 비타민은?

① 비타민 C　　　　② 비타민 B1
③ 비타민 D　　　　④ 비타민 F

> 비타민 C는 쇼크와 스트레스를 예방해 주는 효과가 있다.

정답 ▶ 8 ④　9 ④　10 ③　11 ③　12 ①　❸ 1 ②　2 ①　3 ③　4 ①　5 ①

6 Vitamin C 부족 시 어떤 증상이 주로 일어날 수 있는가?

① 피부가 촉촉해진다.
② 색소, 기미가 생긴다.
③ 여드름의 발생 원인이 된다.
④ 지방이 많이 낀다.

> 비타민 C의 부족 시 괴혈병, 빈혈 등의 증상 및 색소침착, 기미, 주근깨 등이 생긴다.

7 항산화 비타민으로 아스코르빈산(ascorbic acid)으로 불리는 것은?

① 비타민 A   ② 비타민 B
③ 비타민 C   ④ 비타민 D

> 아스코르빈산(아스코르브산)은 비타민 C를 말하며, 강력한 항산화기능을 가져 항산화비타민이라고 불린다.

8 과일, 야채에 많이 들어있으면서 모세혈관을 강화시켜 피부손상과 멜라닌 색소 형성을 억제하는 비타민은?

① 비타민 K   ② 비타민 C
③ 비타민 E   ④ 비타민 B

> 비타민 C는 모세혈관을 강화시키고, 멜라닌 색소 형성을 억제하여 기미, 주근깨를 완화시키며, 피부상처 재생에 효과가 있는 등의 중요한 역할을 하는 비타민으로 과일류와 야채류에 많이 들어있다.

9 비타민 C가 인체에 미치는 효과가 아닌 것은?

① 피부의 멜라닌 색소의 생성을 억제시킨다.
② 혈색을 좋게 하여 피부에 광택을 준다.
③ 호르몬의 분비를 억제시킨다.
④ 피부 과민증을 억제하는 힘과 해독작용이 있다.

> 비타민 C는 인체에서 ①, ②, ④의 효과를 가지지만, 호르몬의 분비를 억제시키지는 않는다.

10 비타민 C가 피부에 미치는 영향으로 틀린 것은?

① 멜라닌 색소 생성억제
② 광선에 대한 저항력 약화
③ 모세혈관의 강화
④ 진피의 결체조직 강화

> 비타민 C는 광선(자외선)에 대한 저항력을 강화시켜 자외선 차단제를 바르는 것 못지않게 피부 건강에 도움이 된다.

11 체내에 부족하면 괴혈병을 유발시키며, 피부와 잇몸에서 피가 나오게 하고 빈혈을 일으켜 피부를 창백하게 하는 것은?

① 비타민 A   ② 비타민 B₂
③ 비타민 C   ④ 비타민 K

> 비타민 C가 부족하면 괴혈병, 잇몸출혈, 빈혈 등과 피부를 창백하게 만드는 증상이 나타난다.

12 기미, 주근깨 피부관리에 가장 적합한 비타민은?

① 비타민 A   ② 비타민 B₁
③ 비타민 B₂   ④ 비타민 C

> 비타민 C는 기미, 주근깨 등 색소침착 방지, 피부손상방지, 빈혈 예방, 항괴혈작용 등을 한다.

13 다음 중 비타민 C를 가장 많이 함유한 식품은?

① 레몬   ② 당근
③ 고추   ④ 쇠고기

> 비타민 C는 야채류나 과일류에 많이 들어 있으며, 특히 붉은 피망, 파프리카, 레몬, 브로콜리 등에 많이 들어있다.

14 수용성 비타민의 결핍증이 잘못된 것은?

① 비타민 B₁ - 피로, 권태, 식욕부진, 신경염
② 비타민 B₁₂ - 악성빈혈, 간장질환
③ 비타민 C - 괴혈병, 잇몸출혈, 저항력 약화
④ 비타민 P - 피부염, 습진, 기관지염

> 비타민 P가 결핍되면 피하출혈이 발생한다.

15 상피조직의 신진대사에 관여하며 각화정상화 및 피부재생을 돕고 노화방지에 효과가 있는 비타민은?

① 비타민 C ② 비타민 E
③ 비타민 A ④ 비타민 K

비타민 A는 상피조직의 신진대사에 관여, 각화정상화, 피부재생, 노화방지, 눈의 망막세포 구성, 면역기능강화 등의 기능을 가진다.

16 비타민 중 거칠어지는 피부, 피부각화 이상에 의한 피부질환 치료에 사용되며 과용하면 탈모가 생기는 비타민은?

① 비타민 A ② 비타민 B_1
③ 비타민 C ④ 비타민 D

비타민 A가 부족하게 되면 피부가 건조해지고 각질이 두꺼워지며, 과용하게 되면 탈모가 생긴다.

17 다음 중 결핍 시 피부표면이 경화되어 거칠어지는 주된 영양물질은?

① 단백질과 비타민 A ② 비타민 D
③ 탄수화물 ④ 무기질

단백질은 표피 각질세포의 주성분이고, 비타민 A는 피부의 각화를 정상시키는 중요한 비타민으로, 부족하면 피부표면이 경화되어 거칠어지는 원인이 된다.

18 산과 합쳐지면 레티놀산이 되고, 피부의 각화작용을 정상화시키며, 피지 분비를 억제하므로 각질연화제로 많이 사용되는 비타민은?

① 비타민 A ② 비타민 B 복합체
③ 비타민 C ④ 비타민 D

비타민 A는 레티놀(Retinol)이라고도 하며, 산과 합쳐져서 레티놀산이 된다.

19 비타민 C를 섭취하고자 감귤을 많이 먹었더니 손바닥이 특히 황색으로 변했다. 다음 중 무엇 때문인가?

① 카로틴 ② 크산틴
③ 클로로필 ④ 산화헤모글로빈

귤의 황적색은 비타민 A의 전구체인 카로틴으로 비롯된다.

20 풋고추, 당근, 시금치, 달걀노른자에 많이 들어 있는 비타민으로 피부각화 작용을 정상적으로 유지시켜 주는 것은?

① 비타민 C ② 비타민 A
③ 비타민 K ④ 비타민 D

피부각화 작용을 정상적으로 유지시키는 기능을 가지며, 풋고추, 당근, 시금치, 달걀노른자 등에 많이 들어있는 비타민은 비타민 A이다.

21 유용성 비타민으로서 간유, 버터, 달걀, 우유 등에 많이 함유되어 있으며 결핍하게 되면 건성피부가 되고 각질층이 두꺼워지며 피부가 세균감염을 일으키기 쉬운 비타민은?

① 비타민 A ② 비타민 B_1
③ 비타민 B_2 ④ 비타민 C

유용성(지용성) 비타민은 비타민 A, D, E, K가 있으며, 부족 시 건성피부 및 각질층이 두꺼워지는 비타민은 비타민 A이다.

22 다음 중 비타민 A와 깊은 관련이 있는 카로틴을 가장 많이 함유한 식품은?

① 사과, 배 ② 감자, 고구마
③ 귤, 당근 ④ 쇠고기, 돼지고기

카로틴은 비타민 A로 활성하는 전구체로 황색, 적색, 주황색의 지용성 색소로 귤, 당근, 토마토, 수박 등에 많이 함유되어 있다.

23 햇빛에 노출되었을 때 피부 내에서 어떤 성분이 생성 되는가?

① 비타민 B ② 글리세린
③ 천연보습인자 ④ 비타민 D

비타민 D는 햇빛의 자외선에 의해 피부에서 합성된다.

24 골연화증은 다음 중 어느 비타민의 부족 시 오는가?

① 비타민 C ② 비타민 D
③ 비타민 A ④ 비타민 B

비타민 D는 칼슘과 인의 흡수를 도와 뼈를 튼튼하게 유지시키며, 부족 시 골다공증, 골연화증, 구루병 등이 생긴다.

정답 **15** ③ **16** ① **17** ① **18** ① **19** ① **20** ② **21** ① **22** ③ **23** ④ **24** ②

25 태양의 자외선에 의해 피부에서 만들어지며 칼슘과 인의 흡수를 촉진하는 기능이 있어 골다공증의 예방에 효과적인 것은?

① 비타민 D
② 비타민 E
③ 비타민 K
④ 비타민 P

> 비타민 D는 자외선에 의해 피부에서 만들어지므로 태양광선 비타민이라고도 하며, 칼슘과 인의 흡수를 도와 골다공증 예방에 효과적이다.

26 표피에서 자외선에 의해 합성되며, 칼슘과 인의 대사를 도와주고, 발육을 촉진시키는 비타민은?

① 비타민 A
② 비타민 C
③ 비타민 E
④ 비타민 D

> 표피에서 자외선에 의해 합성되는 비타민은 비타민 D이다.

27 비타민이 결핍되었을 때 발생하는 질병의 연결이 틀린 것은?

① 비타민 B₁- 각기병
② 비타민 D - 괴혈증
③ 비타민 A - 야맹증
④ 비타민 E - 불임증

> 비타민 D의 결핍(구루병), 비타민 C의 결핍(괴혈병)

28 비타민 D에 관한 설명 중 틀린 것은?

① 지용성 비타민이다.
② 부족하면 구루병, 골연화증, 골다공증이 생긴다.
③ 자외선 조사에 의해 만들어져서 체내에 공급되며 뼈의 발육을 촉진한다.
④ 멜라닌색소 형성을 억제한다.

> 멜라닌색소 형성을 억제하는 것은 비타민 C의 기능이다.

29 항산화 비타민과 관계가 가장 적은 것은?

① 비타민 A
② 비타민 C
③ 비타민 D
④ 비타민 E

> 대표적인 항산화 비타민은 비타민 C와 E이며, 비타민 A의 전구체인 베타-카로틴은 항산화 기능을 한다.

30 다음 중 비타민에 대한 설명으로 틀린 것은?

① 비타민 A가 결핍되면 피부가 건조해지고 거칠어진다.
② 비타민 C는 교원질 형성에 중요한 역할을 한다.
③ 레티노이드는 비타민 A를 통칭하는 용어이다.
④ 비타민 A는 많은 양이 피부에서 합성된다.

> 피부에서 합성되는 비타민은 비타민 D이며, 비타민 A는 인체에서 합성되지 않고 외부 섭취를 통해 영양이 이루어지므로 결핍증에 걸리기 쉽다.

31 다음 중 항산화제에 속하지 않는 것은?

① 베타-카로틴(B-carotene)
② 수퍼옥사이드 디스뮤타제(SOD)
③ 비타민 E
④ 비타민 F

> 비타민 F는 필수지방산을 말하는 것으로 항산화 기능을 하지 않는다. 단, 필수지방산의 과잉섭취는 항산화제인 비타민 E의 결핍이 일어날 수 있다.

32 비타민 E에 대한 설명 중 옳은 것은?

① 부족하면 야맹증이 된다.
② 자외선을 받으면 피부표면에서 만들어져 흡수된다.
③ 부족하면 피부나 점막에 출혈이 된다.
④ 호르몬 생성, 임신 등 생식기능과 관계가 깊다.

> 비타민 E는 호르몬 생성 및 생식기능을 유지하는데 중요한 역할을 하는 비타민이다.

33 지용성 비타민의 결핍증이 틀린 것은?

① 비타민 A - 안구건조증, 안염, 각막 연화증
② 비타민 D - 골연화증, 유아발육 부족
③ 비타민 K - 불임증, 근육 위축증
④ 비타민 F - 피부염, 성장정지

> 비타민 K의 결핍증은 출혈, 혈액 응고 지연이다.

정답 25 ① 26 ④ 27 ② 28 ④ 29 ③ 30 ④ 31 ④ 32 ④ 33 ③

34 다음 영양소 중 생체내의 항산화 작용을 하여 피부 노화를 조절해 주는 것은?

① 비타민 K
② 비타민 E
③ 인지질
④ 칼슘

> 비타민 E는 체내에서 항산화 기능을 하여 피부노화를 방지하고, 혈액순환 촉진, 호르몬 생성과 생식기능 유지 등에 도움을 준다.

04. 무기질과 물

1 무기질의 설명으로 틀린 것은?

① 조절작용을 한다.
② 수분과 산, 염기의 평형조절을 한다.
③ 뼈와 치아를 공급한다.
④ 에너지 공급원으로 이용된다.

> 무기질은 인체의 생리작용을 조절하는 조절영양소이며, 에너지를 공급하는 열량 공급원이 아니다.

2 무기질의 기능과 무관한 것은?

① 체액의 pH 조절
② 열량 급원
③ 체액의 삼투압 조절
④ 효소 작용의 촉진

> 열량급원은 탄수화물, 지질, 단백질이다.

3 칼슘(Ca)의 기능이 아닌 것은?

① 골격 치아의 구성
② 혈액의 응고작용
③ 헤모글로빈의 생성
④ 신경의 전달

> 헤모글로빈의 생성은 철(Fe)의 기능에 해당된다.

4 혈액 속의 헤모글로빈의 주성분으로서 산소와 결합하는 것은?

① 인(P)
② 칼슘(Ca)
③ 철(Fe)
④ 무기질

> 철은 혈액 속의 헤모글로빈의 구성성분으로 산소와 결합하여 산소를 운반하는 중요한 기능을 한다.

5 소금에 많이 함유되어 있으며 근육의 탄력유지와 산과 알칼리의 평형유지에 필요한 무기질은?

① 요오드
② 마그네슘
③ 철
④ 나트륨

> 나트륨은 근육의 탄력유지, 산과 알칼리의 평형유지, 삼투압 유지, 신경자극 전달 등의 기능을 하는 무기질로 소금에 많이 함유되어 있다.

6 체내에서 근육 및 신경의 자극 전도, 삼투압 조절 등의 작용을 하며, 식욕에 관계가 깊기 때문에 부족하면 피로감, 노동력의 저하 등을 일으키는 것은?

① 구리(Cu)
② 식염(NaCl)
③ 요오드(I)
④ 인(P)

> 식염은 근육 및 신경의 자극, 전도, 체액의 삼투압 조절, 근육의 탄력성 유지와 관련이 있고 결핍 시 피로감, 식욕부진, 정신불안, 위산감소 등이 일어난다.

7 철(Fe)에 대한 설명으로 옳은 것은?

① 헤모글로빈의 구성 성분으로 신체의 각 조직에 산소를 운반한다.
② 골격과 치아에 가장 많이 존재하는 무기질이다.
③ 부족 시에는 갑상선종이 생긴다.
④ 철의 필요량은 남녀에게 동일하다.

> ① 철(Fe)은 헤모글로빈의 중요한 구성 성분이다.
> ② 골격과 치아에 가장 많이 존재하는 무기질은 인(P)이다.
> ③ 부족 시 갑산선종이 생기는 무기질은 요오드(I)이다.
> ④ 철분 필요량은 성별에 따라 다르다.

8 헤모글로빈을 구성하는 매우 중요한 물질로 피부의 혈색과도 밀접한 관계에 있으며 결핍되면 빈혈이 일어나는 영양소는?

① 철분(Fe)　　　　　② 칼슘(Ca)
③ 요오드(I)　　　　　④ 마그네슘(Mg)

헤모글로빈을 구성하는 중요한 물질은 철분(Fe)이다.

9 혈색을 좋게 하는 철분이 많이 들어있는 식품과 거리가 가장 먼 것은?

① 감자　　　　　　② 시금치
③ 조개류　　　　　④ 소나 닭의 간

철분은 간, 살코기, 조개류, 진한 녹색채소(시금치) 등에 많이 들어 있으며, 감자에는 철분의 함유량이 거의 없다.

10 갑상선의 기능과 관계있으며 모세혈관 기능을 정상화시키는 것은?

① 칼슘　　　　　　② 인
③ 철분　　　　　　④ 요오드

요오드는 갑상선 호르몬의 성분으로 갑상선 기능의 정상화 및 모세혈관 기능을 정상화시키는 무기질이다.

11 갑상선과 부신의 기능을 활발히 해주어 피부를 건강하게 해주며 모세혈관의 기능을 정상화시키는 것은?

① 나트륨　　　　　② 마그네슘
③ 철분　　　　　　④ 요오드

요오드는 갑상선과 부신의 기능 정상화, 모세혈관 기능 정상화, 탈모예방, 과잉지방 연소촉진 등의 기능을 한다.

12 다음 중 인체 내의 물의 역할로 가장 거리가 먼 것은?

① 생체 내 모든 반응은 물을 용매로 삼투압 작용을 한다.
② 신체내의 산, 알칼리의 평형을 갖게 한다.
③ 피부표면의 수분량은 5~10%로 유지되어야 한다.
④ 체액을 통하여 신진대사를 한다.

정상적인 피부표면의 수분은 10~20% 정도의 수분을 함유하고 있으며, 10% 미만인 경우 건성피부이다.

chapter 02

SECTION 04

Hairdresser Certification

피부장애와 질환

[출제문항수 : 2문제] 원발진과 속발진의 종류는 숙지하셔야 하며, 피부 질환부분도 잘 보셔야 합니다. 어느 부분에서 집중적으로 나온다고 보기 어렵기 때문에 전체적으로 공부하셔야 되는 부분으로 꼼꼼히 공부하시기 바랍니다.

01 원발진과 속발진

1 원발진 (Primary Lesions)

① 1차적 피부장애 증상인 피부질환의 초기병변으로 2차 발병이 없는 상태를 말한다.

② 종류 : 반점, 홍반, 구진, 농포, 팽진, 소수포, 대수포, 결절, 면포, 종양, 낭종

▶ 병변(病變)
병으로 인해 일어나는 생체의 변화

반점	피부 표면에 융기나 함몰 없이 피부 색깔 변화만 있는 형태로 크기나 형태가 다양하다. (주근깨, 기미, 자반, 노인성 반점, 오타모반, 백반, 몽고반점 등)
홍반	모세혈관의 충혈에 의한 피부발적 상태로 시간이 경과함에 따라 크기가 변한다.
팽진	피부 상층부의 부분적인 부종으로 인해 국소적으로 부풀어 오르는 일시적인 증상을 말하며 가려움증을 동반한다. (두드러기, 알레르기 피부증상, 기계적 자극의 전형적 병변)
구진	반점과 다르게 직경 0.5~1cm 정도로 피부가 솟아있으며, 주위 피부보다 붉다. 표피나 진피 상부층에 존재하고, 피지샘 주위, 땀샘 또는 모공의 입구에 생기기도 한다.
결절	• 구진과 같은 형태이나 구진보다 크거나 깊게 존재 • 구진과 종양의 중간 염증으로 여드름 피부의 4단계에 나타난다. • 진피나 피하지방층에 존재한다.
수포	• 소수포 : 표피 안에 혈청이나 림프액이 고이는 것으로 직경 1cm 미만의 피부 융기물이다. 화상, 포진, 접촉성 피부염 등에서 볼 수 있다. • 대수포 : 소수포보다 큰 직경 1cm이상의 피부 융기물
농포	표피 부위에 고름(농)이 차있는 작은 융기를 말하며, 여드름 등 염증을 동반한 형태이다. 주변조직이 파괴되지 않도록 빨리 짜주어야 함
낭종	액체나 반고형 물질이 표피, 진피, 피하지방층까지 침범하여 피부의 표면이 융기되어 있는 상태이다. 여드름의 4단계에서 생성되며 치료 후 흉터가 남으며, 심한 통증을 동반한다.
면포	얼굴, 이마, 콧등에 나타나는 나사 모양의 굳어진 피지 덩어리이다. 흰색 면포는 공기와 접촉하여 산화되면 검은 면포가 된다.
종양	직경 2cm 이상의 결절로 양성과 악성이 있다. 여러 가지 모양과 크기가 있다.

반점　　　　　　팽진

구진　　　　　　결절

수포　　　　　　농포

낭종　　　　　　면포

종양

2 속발진

① 원발진의 진행, 회복, 외상 및 외적 요인에 의해 2차적인 증상이 더해져 나타나는 병변이다.

② 종류 : 인설, 찰상, 가피, 미란, 균열, 궤양, 반흔, 위축, 태선화 등

인설	죽은 표피세포가 비듬이나 가루모양의 덩어리로 떨어져 나가는 것
찰상	기계적 외상, 지속적 마찰, 손톱으로 긁힘 등에 의한 표피의 손상으로 흉터 없이 치유됨
가피	상처나 염증부위에서 흘러나온 혈청과 농, 혈액의 축적물 등의 조직액이 딱딱하게 말라 굳은 것
미란	표피가 벗겨진 피부결손상태로 짓무름이라 한다. 출혈이 없고 치유 후 반흔을 남기지 않음
균열	심한 건조나 장기간 염증으로 피부 탄력성이 소실되어 갈라지는 상태
궤양	표피, 진피, 피하지방층까지 피부 깊숙이 생긴 조직결손으로 치유 후 반흔을 남김
반흔	• 손상된 피부의 결손을 새로운 결합조직으로 메우는 정상치유과 정으로 생성되는 흉터를 말함 • 흉터는 세포 재생이 더 이상 되지 않으며 기름샘과 땀샘이 없다. → 켈로이드 : 피부 손상 후 상처 치유과정에서 결합조직이 비정상적으로 밀집되게 성장하는 질환
위축	피부의 기능저하로 피부가 얇게 되고, 탄력을 잃어 주름이 생기고 혈관이 투시되기도 함
태선화	장기간 반복적으로 긁거나 비벼서 표피 전체와 진피의 일부가 가죽처럼 두꺼워지며 딱딱해지는 현상으로, 만성 소양성 질환에서 흔하다. → 소양성 질환 : 자각적 증상으로서 피부를 긁거나 문지르고 싶은 충동에 의한 가려움증을 동반한 질환

인설　가피

미란　균열

궤양　반흔

위축　태선화

---

02 피부질환

1 여드름(심상성 좌창, Acne Vulgaris)

(1) 개요

① 피지 분비 과다, 여드름균 증식, 모공 폐쇄에 의해 형성되는 모공 내의 염증 상태

② 얼굴, 목, 가슴 등의 피지 분비가 많은 곳에서 나타남

③ 사춘기의 지성피부는 피지가 많이 분비되어 모낭구가 막혀 여드름이 많이 나타남

④ 여드름의 발생 과정 : 면포 → 구진 → 농포 → 결절 → 낭종

(2) 여드름의 원인

① 남성호르몬인 테스토스테론과 여성호르몬인 황체호르몬(프로게스테론)의 분비증가로 발생 – **10대 사춘기 여드름의 근본 원인**

② 내적 요인 : 호르몬의 불균형, 유전, 스트레스, 잘못된 식습관, 변비, 다이어트, 월경, 임신 등

③ 외적요인 : 자외선, 계절, 기후, 압력 등의 환경적 요인과 물리적·기계적 자극, 화장품 및 의약품의 부작용 등

(3) 여드름의 관리방법

① 유분이 많은 화장품의 사용은 피하고 보습라인의 화장품을 사용한다.

② 피부의 청결을 유지하기 위하여 클렌징을 철저히 한다.

③ 악화 요인 : 지방이 많은 음식, 과도하게 단 음식, 다시마의 요오드 성분, 피임약, 알코올 등

④ 적당한 운동과 비타민을 섭취한다.

⑤ 과로를 피하고 적당한 일광(자외선)을 쬔다. – **여드름 치료에 가장 많이 사용되는 광선은 자외선이다.**

⑥ 여드름을 손으로 짜내지 않는다 – 여드름 악화(피부자극 및 세균감염)

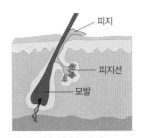
❶ 초기단계(정상피부)

❷ 블랙헤드 진행

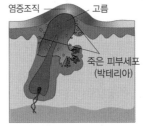
❸ 심각한 여드름으로 발전

⬆ 여드름의 발생 과정

2 감염성 피부질환

(1) 세균성 피부질환

농가진	• 화농성 연쇄상구균이 주 원인균으로 감염력이 높고, 유·소아에게 주로 나타남 • 두피, 안면, 팔, 다리 등에 수포, 진물 또는 노란색의 가피를 보임
절종 (종기)	• 황색 포도상구균이 모낭에 침입하여 발생 • 모낭과 그 주변조직에 괴사를 일으킴 • 두 개 이상의 절종이 합해져 더 크고 깊은 염증이 생기며 용종으로 발전함
봉소염	• 포도상구균이나 연쇄상구균이 원인균 • 작은 부위에 홍반, 소수포로 시작되어 점차 큰 판을 형성하며 통증과 전신발열이 동반된다.

(2) 바이러스성 피부질환(Virus Skin Disease) – 헤르페스(단순포진, 대상포진), 사마귀, 수두, 홍역, 풍진

종류		특징
헤르페스 (Herpes)	단순포진	• 입술 주위에 주로 생기는 수포성 질환 • 흉터 없이 치유되나 재발이 잘 됨
	대상포진	• 잠복해 있던 수두 바이러스의 재활성화에 의해 발생 • 지각신경 분포를 따라 군집 수포성 발진이 생기며 심한 통증 동반 • 높은 연령층의 발생 빈도가 높음

종류	특징

사마귀	• 파필로마 바이러스 감염에 의해 구진 발생
	• 어느 부위에나 쉽게 발생할 수 있음
	• 전염성이 강하여 타인 및 자신의 신체부위에 다발적으로 감염시킴
	• 종류
	  – 심상성 사마귀 : 가장 흔한 보통 사마귀
	  – 편평 사마귀 : 얼굴, 턱, 입 주위와 손등에 잘 발생한다.
	  – 족저 사마귀 : 손·발바닥에 생기는 사마귀로 티눈이나 굳은살과 구별이 쉽지 않다.
	  – 첨규 사마귀 : 성기나 항문 주위에 발생

수두	• 주로 소아에게 발병되며, 전염력이 매우 강함 • 가려움을 동반한 발진성 수포 발생
홍역	• 파라믹소 바이러스에 의해 발생하는 발열과 발진을 주 증상으로 하는 급성발진성 질환 • 주로 소아에게 발병하며 전염력이 매우 강함
풍진	• 귀 뒤나 목 뒤의 림프절 비대 증상으로 통증을 동반하며, 얼굴과 몸에 발진이 나타남

(3) 진균성(곰팡이) 피부질환

칸디다증	• 진균의 일종인 칸디다균이 원인 • 피부, 점막, 입안, 식도, 손·발톱 등에 발생하며, 부위에 따라 다양한 증상을 나타냄
백선(무좀)	• 곰팡이균인 피부사상균이 원인균(주로 손발에 번식) • 증상 : 피부 껍질이 벗겨지고 가려움증 동반 ▶ 족부백선 : 피부진균에 의하여 발생하며 습한 발에서 발생빈도가 높다.

▶ 기타 – 비듬
  • 표피로부터 가볍게 흩어지고 지속적이며 무의식적으로 생기는 죽은 각질세포
  • 두피에서 죽은 각질세포가 떨어져 나가는 증상으로 피지선 과다분비, 호르몬의 불균형, 두피세포의 과다증식 등이 원인이다.

3 색소이상 증상

(1) 과색소침착 : 멜라닌 색소 증가로 인해 발생

종류	특징	
기미	• 경계가 명백한 갈색의 점 • 원인 : 자외선 과다 노출, 경구피임약 복용, 임신, 내분비장애, 선탠기 사용 • 30~40대 중년 여성에게 주로 발생 • 종류 : 표피형, 진피형, 혼합형	▶ 기미, 주근깨 손질 방법 • 자외선 차단제가 함유되어 있는 일소방지용 화장품 사용 • 비타민 C가 함유된 식품을 다량 섭취 • 미백효과가 있는 팩 사용
주근깨	유전적 요인에 의해 주로 발생	
검버섯	얼굴, 목, 팔, 다리 등에 경계가 뚜렷한 구진 형태로 발생	
노인성 반점	흑갈색의 사마귀 모양으로 40대 이후에 손등이나 얼굴에 발생	
릴 흑피증	화장품이나 연고 등으로 인해 발생하는 색소침착	
벌록 피부염	향료에 함유된 요소가 자외선을 받아 피부의 색이 변하는 피부질환	

2) 저색소침착 : 멜라닌 색소 감소로 인해 발생

종류	특징
백반증	후천적 탈색소 질환으로, 원형, 타원형 또는 부정형의 흰색 반점이 나타남
백피증	• 멜라닌 색소 부족으로 피부나 털이 하얗게 변하는 증상 • 눈의 경우 홍채의 색소 감소

④ 기계적 손상에 의한 피부질환

종류	특징
굳은살	외부의 압력으로 인해 각질층이 두꺼워지는 현상
티눈	• 피부에 계속적인 압박으로 각질층의 한 부위가 두꺼워지는 각질층의 이상현상으로 통증 동반 • 원추형의 국한성 비후증으로 경성(발바닥)과 연성(발가락 사이)이 있음
외반모지	엄지발가락이 둘째발가락쪽으로 관절이 구부러지는 증상으로, 앞볼이 좁은 신을 신었을 때 생기는 족부변형증상
욕창	반복적인 압박으로 인해 혈액순환이 안 되어 조직이 죽어서 발생한 궤양
마찰성 수포	압력이나 마찰로 인해 자극된 부위에 생기는 수포

▶ **물리적 요인에 의한 피부질환**
  • 열에 의한 질환
  • 한랭에 의한 질환
  • 기계적 자극에 의한 질환

⑤ 열 및 한랭에 의한 피부질환

1) 화상

화상 단계	특징
제1도 화상	피부가 붉게 변하면서 국소 열감과 동통 수반
제2도 화상	진피층까지 손상되어 수포가 발생하며, 증상으로는 홍반, 부종, 통증을 동반함
제3도 화상	피부 전층 및 신경이 손상된 상태로 피부색이 흰색 또는 검은색으로 변함
제4도 화상	피부 전층, 근육, 신경 및 뼈 조직이 손상된 상태

2) 땀띠(한진)

  땀관이 막혀 땀이 원활하게 표피로 배출되지 못하고 축적되어 발진과 물집이 생기는 질환

3) 열성 홍반

  강한 열에 지속적으로 노출되면서 피부에 홍반과 과색소침착을 일으키는 질환

4) 한랭에 의한 피부질환

종류	특징
동창	한랭 상태에 지속적으로 노출되어 피부의 혈관이 마비되어 생기는 국소적 염증반응
동상	영하 2~10℃의 추위에 노출되어 피부의 조직이 얼어 혈액 공급이 되지 않는 상태
한랭 두드러기	추위 또는 찬 공기에 노출되는 경우 생기는 두드러기

6 기타 피부질환

종류	특징
알레르기	• 외부물질 접촉으로 어떤 성분에 대한 특정반응을 일으키는 접촉성 피부염 • 히스타민 : 외부자극에 대응하기 위하여 몸에서 분비하는 유기물질로 알레르기의 원인이 되며, 비만세포에 저장 및 분비된다. • 알레르기 대처 : 가려운 부위를 긁지 말고 냉찜질 또는 방안 공기 냉각으로 피부 진정
두드러기	• 알레르기 또는 다양한 원인에 의해 피부 발적 및 소양감을 동반하는 피부질환 • 급성과 만성이 있으며 크기가 다양함 • 국부적 혹은 전신적으로 나타남
아토피 피부염	• 만성습진의 일종으로 주로 어린아이에게 많이 발생하여 소아습진이라고도 함 • 유전적 요인, 알레르기, 면역력, 환경요인 등을 원인으로 봄 • 팔꿈치 안쪽이나 목 등의 피부가 거칠어지고 심한 가려움증을 동반하여 태선화로 발전되기도 함 • 가을과 겨울에 심해지며 천식, 알레르기성 비염과 동반하기도 함
주사	• 혈액의 흐름이 나빠져 모세혈관이 파손되어 코를 중심으로 양 뺨에 나비 형태로 붉어진 증상 • 주로 40~50대에 발생하며, 피지선의 염증과 관련이 있음
한관종	• 눈 주위와 뺨, 이마에 1~3mm 크기의 피부색 구진을 가지는 피부양성종양 • 물사마귀알이라고도 하며, 성인 여성에게 흔히 발생 • 땀샘관의 개출구 이상으로 피지 분비가 막혀 생성
비립종	• 모래알 크기의 각질 세포로, 직경 1~2mm의 둥근 백색 구진 형태 • 눈 아래 모공과 땀구멍에 주로 발생
지루 피부염	• 피지의 분비가 많은 신체부위에 국한하여 홍반과 인설(비듬)을 특징으로 하는 피부염 • 호전과 악화를 되풀이 하고 약간의 가려움증을 동반함
하지 정맥류	다리의 혈액순환 이상으로 피부 밑에 형성되는 검푸른 상태

chapter 02

01. 원발진과 속발진

1 ★★★
피부질환의 초기 병변으로 건강한 피부에서 발생하지만 질병으로 간주되지 않는 피부의 변화는?

① 알레르기　　　　② 속발진
③ 원발진　　　　　④ 발진열

건강한 피부에 처음으로 나타나는 병적인 변화를 원발진이라 하며, 원발진에 이어서 나타나는 병적인 변화를 속발진이라 한다.

2 ★★★
피부질환의 초기 병변으로 건강한 피부에서 발생한 변화는?

① 원발진　　　　　② 발진열
③ 알레르기　　　　④ 속발진

건강한 피부에서 발생하는 피부질환의 초기 병변으로 질병으로 간주하지 않는 피부장애를 원발진이라 한다.

3 ★★★
다음 중 원발진에 해당하는 병소는?

① 흉터　　　　　　② 비듬
③ 면포　　　　　　④ 티눈

원발진의 종류에는 반점, 홍반, 구진, 농포, 팽진, 소수포, 대수포, 결절, 면포, 종양, 낭종이 있다.

4 ★★★★
피부질환의 상태를 나타낸 용어 중 원발진(primary lesions)에 해당하는 것은?

① 면포　　　　　　② 미란
③ 가피　　　　　　④ 반흔

미란, 가피, 반흔은 속발진에 속한다.

5 ★★★
다음 중 원발진이 아닌 것은?

① 구진　　　　　　② 농포
③ 반흔　　　　　　④ 종양

반흔은 속발진에 속한다.

6 ★★★
다음 중 원발진에 속하는 것은?

① 수포, 반점, 인설　　② 수포, 균열, 반점
③ 반점, 구진, 결절　　④ 반점, 가피, 구진

원발진에는 반점, 구진, 결절, 수포, 농포, 면포 등이 있다.

7 ★★★
모세혈관의 울혈에 의해 피부가 발적된 상태를 무엇이라 하는가?

① 소수포　　　　　② 종양
③ 홍반　　　　　　④ 자반

홍반은 모세혈관의 울혈(충혈)에 의해 피부가 발적되어 피부가 붉은 색을 나타내는 것을 말한다.

8 ★★
염증으로서 주변조직이 파손되지 않도록 빨리 짜주어야 하는 것은?

① 담마진　　　　　② 수포
③ 반점　　　　　　④ 농포

농포는 표피 부위에 농(고름)이 차있는 작은 융기를 말하며, 주변조직이 파손되지 않도록 빨리 짜주어야 한다.

9 ★★★
피부발진 중 일시적인 증상으로 가려움증을 동반하여 불규칙적인 모양을 한 피부현상은?

① 농포　　　　　　② 팽진
③ 구진　　　　　　④ 결절

팽진은 피부 상층부의 부분적인 부종으로 인해 국소적으로 부풀어 오르는 증상을 말하며, 가려움증을 동반한다.

10 ★★★
다음 중 공기의 접촉 및 산화와 관계있는 것은?

① 흰 면포　　　　　② 검은 면포
③ 구진　　　　　　④ 팽진

흰색 면포가 시간이 지나면서 커지면 구멍이 개방되어 내용물의 일부가 모공을 통해 피부 밖으로 나오게 되고 공기와 접촉하면서 지방이 산화되어 검은색이 된다.

정답 ▮ 1 ③　2 ①　3 ③　4 ①　5 ③　6 ③　7 ③　8 ④　9 ②　10 ②

11 피부의 변화 중 결절(nodule)에 대한 설명으로 틀린 것은?

① 표피 내부에 직경 1cm 미만의 묽은 액체를 포함한 융기이다.
② 여드름 피부의 4단계에 나타난다.
③ 구진이 서로 엉켜서 큰 형태를 이룬 것이다.
④ 구진과 종양의 중간 염증이다.

> 결절은 구진(0.5~1cm)보다 크고 단단한 발진을 말한다.

12 진피에 자리하고 있으며 통증이 동반되고, 여드름 피부의 4단계에서 생성되는 것으로 치료 후 흉터가 남는 것은?

① 가피
② 농포
③ 면포
④ 낭종

> 여드름 피부의 4단계에는 결절과 낭종이 생기며, 낭종은 염증이 심하고 피부 깊숙이 자리하고 있으며 흉터가 남는다.

13 다음 중 속발진에 해당하는 병소는?

① 반점
② 가피
③ 구진
④ 종양

> 속발진에 해당하는 병소는 인설, 찰상, 가피, 미란, 균열, 궤양, 반흔, 위축, 태선화 등이 있다.

14 다음 중 속발진에 해당하지 않는 것은?

① 가피
② 균열
③ 변지
④ 면포

> 면포는 원발진에 속한다.

15 다음 중 세포재생이 더 이상 되지 않으며 기름샘과 땀샘이 없는 것은?

① 흉터
② 티눈
③ 두드러기
④ 습진

> 흉터는 손상된 피부가 치유된 흔적을 말하는데, 세포 재생이 더이상 되지 않으며, 기름샘과 땀샘도 없다.

16 표피로부터 가볍게 흩어지고 지속적이며 무의식적으로 생기는 죽은 각질세포는?

① 비듬
② 농포
③ 두드러기
④ 종양

> 비듬은 두피에서 죽은 각질세포가 떨어져 나가는 증상으로 피지선 과다분비, 호르몬의 불균형, 두피세포의 과다증식 등이 원인이다.

17 켈로이드는 어떤 조직이 비정상으로 성장한 것인가?

① 피하지방조직
② 정상 상피조직
③ 정상 분비선 조직
④ 결합조직

> 켈로이드는 피부손상 후 상처를 치유하는 과정에서 결합조직이비정상적으로 성장한 것이다.

18 다음 중 태선화에 대한 설명으로 옳은 것은?

① 표피가 얇아지는 것으로 표피세포 수의 감소와 관련이 있으며 종종 진피의 변화와 동반된다.
② 둥글거나 불규칙한 모양의 굴착으로 점진적인 괴사에 의해서 표피와 함께 진피의 소실이 오는 것이다.
③ 질병이나 손상에 의해 진피와 심부에 생긴 결손을 메우는 새로운 결체조직의 생성으로 생기며 정상치유 과정의 하나이다.
④ 표피 전체와 진피의 일부가 가죽처럼 두꺼워지는 현상이다.

> 장기간에 걸쳐 반복하여 긁거나 비벼서 표피가 건조하고 가죽처럼 두꺼워진 상태를 태선화라 한다.

19 장기간에 걸쳐 반복하여 긁거나 비벼서 표피가 건조하고 가죽처럼 두꺼워진 상태는?

① 가피
② 낭종
③ 태선화
④ 반흔

> 코끼리 피부처럼 피부가 거칠고 두꺼워지는 현상을 태선화라 한다.

chapter 02

20 자각증상으로서 피부를 긁거나 문지르고 싶은 충동에 의한 가려움증은?

① 소양감
② 작열감
③ 촉감
④ 의주감

> 소양감은 가려움증을 의미한다.

02. 피부 질환

1 피부질환 중 지성의 피부에 여드름이 많이 나타나는 이유의 설명 중 가장 옳은 것은?

① 한선의 기능이 왕성할 때
② 림프의 역할이 왕성할 때
③ 피지가 계속 많이 분비되어 모낭구가 막혔을 때
④ 피지선의 기능이 왕성할 때

> 여드름은 피지분비가 과다해져 모낭구가 막혔을 때 형성되는 모공내의 염증상태로, 피지분비가 많은 사춘기의 지성피부에서 많이 나타난다.

2 피부에 여드름이 생기는 것은 다음 중 어느 것과 직접 관계되는가?

① 한선구가 막혀서
② 피지에 의해 모공이 막혀서
③ 땀의 발산이 순조롭지 않아서
④ 혈액 순환이 나빠서

> 여드름은 피지에 의해 모공이 막혀 모공 내에 염증이 생겨서 생기는 피부질환이다.

3 10대의 사춘기에 여드름이 많이 나는 가장 근본적인 원인은?

① 호르몬 분비활동 증가
② 단음식의 다량 섭취
③ 원인균의 침입
④ 피부의 불결

> 여드름이 10대의 사춘기에 가장 잘 발생하는 이유는 남성호르몬인 테스토스테론과 황체호르몬(프로게스테론)의 분비가 과다해지기 때문이다.

4 심상성 좌창이라고도 하는 것으로 주로 사춘기 때 잘 발생하는 피부질환은?

① 여드름
② 건선
③ 아토피 피부염
④ 신경성 피부염

> 여드름은 심상성 좌창이라고 하며, 호르몬 분비가 왕성한 사춘기에 잘 발생하는 피부질환이다.

5 여드름 발생의 주요 원인과 가장 거리가 먼 것은?

① 아포크린 한선의 분비 증가
② 모낭 내 이상 각화
③ 여드름 균의 군락 형성
④ 염증반응

> 아포크린 한선은 겨드랑이, 유두 주위에 많이 분포하는 것으로 여드름 발생과는 상관이 없다.

6 여드름 발생원인과 증상에 대한 것으로 틀린 것은?

① 호르몬의 불균형
② 불규칙한 식생활
③ 중년 여성에게만 나타남
④ 주로 사춘기 때 많이 나타남

7 여드름 치료에 대한 설명 중 잘못된 것은?

① 여드름 악화 전 손으로 짜낸다.
② 적외선 조사에 마사지를 병행한다.
③ 여드름 발생 초기에 비타민 C를 매일 복용한다.
④ 피로가 누적되지 않게 하며, 숙면을 취한다.

> 여드름 초기에 손으로 짜는 것은 피부자극 및 세균감염으로 여드름을 악화시키는 원인이 된다.

8 여드름 피부를 악화시키는 원인 중 가장 관계가 적은 것은?

① 다시마
② 기름진 음식
③ 피임약
④ 우유

> 다시마의 요오드 성분, 지방이 많은 음식, 피임약, 단음식, 알코올 등은 여드름 피부를 악화시킨다.

정답 ▶ 20 ① **2** 1 ③ 2 ② 3 ① 4 ① 5 ① 6 ③ 7 ① 8 ④

9 여드름 관리를 위한 일상생활에서의 주의사항에 해당하지 않는 것은?

① 과로를 피한다.
② 적당하게 일광을 쪼인다.
③ 배변이 잘 이루어지도록 한다.
④ 가급적 유성 화장품을 사용한다.

여드름 관리를 위해서는 유분이 많은 화장품의 사용은 피하여야 한다.

10 여드름이 많이 났을 때의 관리방법으로 가장 거리가 먼 것은?

① 유분이 많은 화장품을 사용하지 않는다.
② 클렌징을 철저히 한다.
③ 요오드가 많이 든 음식을 섭취한다.
④ 적당한 운동과 비타민류를 섭취한다.

다시마 등에 많이 들어있는 요오드는 호르몬 생성에 중요한 역할을 하는 무기질로 여드름 피부에는 피하는 것이 좋다.

11 일상생활에서 여드름 치료 시 주의하여야 할 사항에 해당 하지 않는 것은?

① 과로를 피한다.
② 배변이 잘 이루어지도록 한다.
③ 식사 시 버터, 치즈 등을 가급적 많이 먹도록 한다.
④ 적당한 일광을 쪼일 수 없는 경우 자외선을 가볍게 조사 받도록 한다.

여드름을 관리하기 위해서는 지방이 많은 음식(치즈나 버터), 과도하게 단 음식, 알코올 등의 섭취를 피하여야 한다.

12 마사지에서 여드름 치료를 위하여 가장 많이 이용되는 광선은?

① 적외선
② 자외선
③ 붉은가시광선
④ 밝은광선

여드름 치료를 위하여 적외선도 사용하지만, 가장 많이 사용되는 광선은 자외선이다.

13 다음 중 바이러스성 피부 질환은?

① 기미
② 주근깨
③ 여드름
④ 단순포진

바이러스성 피부질환에는 단순포진, 대상포진, 사마귀 등이 있다.

14 다음 중 바이러스에 의한 피부질환은?

① 대상포진
② 식중독
③ 발무좀
④ 농가진

바이러스성 피부질환에는 단순포진, 대상포진, 사마귀, 수두, 홍역, 풍진 등이 있다.

15 다음 중 바이러스성 피부질환이 아닌 것은?

① 수두
② 대상포진
③ 사마귀
④ 켈로이드

바이러스성 피부질환에는 단순포진, 대상포진, 사마귀, 수두, 홍역, 풍진 등이 있으며, 켈로이드는 피부상처 치유과정에서 비정상적으로 결합조직이 밀집되게 성장되는 질환이다.

16 바이러스성 질환으로 수포가 입술 주위에 잘생기고 흉터 없이 치유되나 재발이 잘되는 것은?

① 습진
② 태선
③ 단순포진
④ 대상포진

단순포진은 입술 주위에 주로 생기는 수포성 질환으로 재발이 잘 된다

17 대상포진(헤르페스)의 특징에 대한 설명으로 맞는 것은?

① 지각신경 분포를 따라 군집 수포성 발진이 생기며 통증이 동반된다.
② 바이러스를 갖고 있지 않다.
③ 전염되지는 않는다.
④ 목과 눈꺼풀에 나타나는 전염성 비대 증식현상이다.

대상포진은 바이러스성, 감염성 피부질환이다.

정답 9 ④ 10 ③ 11 ③ 12 ② 13 ④ 14 ① 15 ④ 16 ③ 17 ①

18 다음 중 바이러스성 질환으로 연령이 높은 층에 발생 빈도가 높고 심한 통증을 유발하는 것은?

① 대상포진
② 단순포진
③ 습진
④ 태선

대상포진은 바이러스성 피부질환으로 지각신경 분포를 따라 군집 수포성 발진이 생기며 통증을 동반하는데, 높은 연령층에서 발생 빈도가 높다.

19 바이러스균에 의하여 발병되는 피부의 질병은?

① 여드름
② 기미
③ 모세혈관확장증
④ 헤르페스(Herpes)

헤르페스는 단순포진과 대상포진이 있으며, 바이러스균에 의하여 발병되는 피부의 질병이다.

20 사마귀(Wart, Verruca)의 원인은?

① 바이러스
② 진균
③ 내분비 이상
④ 당뇨병

사마귀는 바이러스의 감염으로 생기는 피부질환이다.

21 다음 사마귀 종류 중 얼굴, 턱, 입 주위와 손등에 잘 발생하는 것은?

① 심상성 사마귀
② 족저 사마귀
③ 첨규 사마귀
④ 편평 사마귀

편평 사마귀는 얼굴, 턱, 입 주위와 손등에 잘 발생한다.
① 심상성 사마귀 : 가장 흔한 보통 사마귀
② 족저 사마귀 : 손·발바닥에 생기는 사마귀로 티눈이나 굳은 살과 구별이 쉽지 않다.
③ 첨규 사마귀 : 성기나 항문 주위에 발생하는 성병성 사마귀

22 피부진균에 의하여 발생하며 습한 곳에서 발생빈도가 가장 높은 것은?

① 모낭염
② 족부백선
③ 봉소염
④ 티눈

백선은 진균성 피부질환으로 발에 나타나는 백선을 족부백선이라 한다.

23 진균에 의한 피부질환이 아닌 것은?

① 두부백선
② 족부백선
③ 무좀
④ 대상포진

대상포진은 바이러스성 피부질환이다.

24 다음 내용과 가장 관계있는 것은?

【보기】
• 곰팡이균에 의하여 발생한다.
• 피부껍질이 벗겨진다.
• 가려움증이 동반된다.
• 주로 손과 발에서 번식한다.

① 농가진
② 무좀
③ 홍반
④ 사마귀

무좀은 특히 발가락 사이에서 곰팡이균에 의해 발생하며 가려움증이 동반되는 질병이다.

25 전염성 피부질환인 두부백선의 병원체는?

① 세균
② 바이러스
③ 사상균
④ 원생동물

두부백선은 피부표면에서 생존 증식하면서 케라틴을 먹고 사는 곰팡이균인 사상균에 의해 발생한다.

26 피부 색소침착에서 과색소 침착 증상이 아닌 것은?

① 기미
② 백반증
③ 주근깨
④ 검버섯

백반증은 저색소침착으로 인해 발생한다.

27 다음 중 기미의 유형이 아닌 것은?

① 혼합형 기미
② 진피형 기미
③ 표피형 기미
④ 피하조직형 기미

기미에는 표피에 침착되는 표피형 기미, 진피까지 깊숙이 침착되는 진피형 기미, 표피와 진피에 침착되는 혼합형 기미 3가지가 있다.

정답 18 ① 19 ④ 20 ① 21 ④ 22 ② 23 ④ 24 ② 25 ③ 26 ② 27 ④

28 자연손톱의 큐티클에서 발생하여 퍼져 나오는 손톱 질환으로 일종의 피부진균증은?

① 손톱무좀
② 네일몰드(Nail Mold)
③ 티눈
④ 네일그루브(Nail Groove)

> 곰팡이균인 피부진균이 손톱에 발생한 것을 손톱무좀이라 한다.

29 기미를 악화시키는 주요한 원인이 아닌 것은?

① 경구피임약의 복용
② 임신
③ 자외선 차단
④ 내분비 이상

> 기미는 자외선에 과다하게 노출될 경우에 발생한다.

30 기미에 대한 설명으로 틀린 것은?

① 피부 내에 멜라닌이 합성되지 않아 야기되는 것이다.
② 30~40대의 중년 여성에게 잘 나타나고 재발이 잘된다.
③ 선탠기에 의해서도 기미가 생길 수 있다.
④ 경계가 명확한 갈색의 점으로 나타난다.

> 기미는 멜라닌 색소가 피부에 과다하게 침착되어 나타나는 증상이다.

31 기미, 주근깨의 손질에 대한 설명 중 잘못된 것은?

① 외출 시에는 화장을 하지 않고 기초손질만 한다.
② 자외선 차단제가 함유되어 있는 일소방지용 화장품을 사용한다.
③ 비타민 C가 함유된 식품을 다량 섭취한다.
④ 미백효과가 있는 팩을 자주한다.

> 기미, 주근깨를 예방하기 위해서는 자외선에 많이 노출되지 않아야 하고, 외출 시 자외선차단제가 함유된 화장품을 바르도록 한다.

32 기미피부의 손질방법으로 틀린 것은?

① 정신적 스트레스를 최소화한다.
② 자외선을 자주 이용하여 멜라닌을 관리한다.

③ 화학적 필링과 AHA 성분을 이용한다.
④ 비타민 C가 함유된 음식물을 섭취한다.

> 기미를 예방하기 위해서는 자외선에 노출되지 않도록 해야 한다.

33 흑갈색의 사마귀 모양으로 40대 이후에 손등이나 얼굴에 생기는 것은?

① 기미
② 주근깨
③ 흑피종
④ 노인성 반점

> 흑갈색의 사마귀 모양으로 40대 이후에 손등이나 얼굴에 생기는 피부질환은 노인성 반점이다.

34 벌록 피부염(berlock dermatitis)이란?

① 향료에 함유된 요소가 원인인 광접촉 피부염이다.
② 눈 주위부터 볼에 걸쳐 다수 군집하여 생기는 담갈색의 색소반이다.
③ 안면이나 목에 발생하는 청자갈색조의 불명료한 색소 침착이다.
④ 절상이나 까진 상처의 전후처치를 잘못하면 그 부분에 색소의 침착이다.

> 벌록 피부염은 향료에 함유된 요소가 자외선을 쬐었을 때 피부의 색깔이 변하는 피부질환이다.

35 백반증에 관한 내용 중 틀린 것은?

① 멜라닌 세포의 과다한 증식으로 일어난다.
② 백색반점이 피부에 나타난다.
③ 후천적 탈색소 질환이다.
④ 원형, 타원형 또는 부정형의 흰색반점이 나타난다.

> 백반증은 멜라닌 세포의 파괴로 인해 백색 반점이 나타나는 증상이다.

36 다음 중 각질이상에 의한 피부질환은?

① 주근깨
② 기미
③ 티눈
④ 릴 흑피증

> 기미, 주근깨, 릴 흑피증은 과색소침착에 의한 피부질환이다.

정답 28 ① 29 ③ 30 ① 31 ① 32 ② 33 ④ 34 ① 35 ① 36 ③

37 기계적 손상에 의한 피부질환이 아닌 것은?

① 굳은살　　　　　　② 티눈
③ 종양　　　　　　　④ 욕창

> 기계적 손상에 의한 피부질환은 외부의 마찰이나 압력에 의해 생기는 피부질환을 말하며, 굳은살, 티눈, 욕창, 마찰성 수포가 여기에 해당한다.

38 티눈의 설명으로 옳은 것은?

① 각질층의 한 부위가 두꺼워져 생기는 각질층의 증식현상이다.
② 주로 발바닥에 생기며 아프지 않다.
③ 각질핵은 각질 윗부분에 있어 자연스럽게 제거가 된다.
④ 발뒤꿈치에만 생긴다.

> ② 티눈은 통증을 동반한다.
> ③ 각질층을 깎아내면 병변의 중심에서 각질핵을 확인할 수 있다.
> ④ 티눈은 발바닥과 발가락에 주로 발생한다.

39 각질층의 병변현상과 관계가 먼 것은?

① 여드름　　　　　　② 티눈
③ 건선　　　　　　　④ 비듬

> 여드름은 피지의 과다분비로 인하여 모낭구가 막혀 모공 내에 염증이 생기는 피부질환이며, 티눈, 건선, 비듬은 각질층의 병변현상이다.

40 화상의 구분 중 홍반, 부종, 통증뿐만 아니라 수포를 형성하는 것은?

① 제1도 화상　　　　② 제2도 화상
③ 제3도 화상　　　　④ 중급 화상

> **화상의 단계별 특징**
>
> | 단계 | 특징 |
> | --- | --- |
> | 제1도 화상 | 피부가 붉게 변하면서 국소 열감과 동통 수반 |
> | 제2도 화상 | 진피층까지 손상되어 수포가 발생한 피부로 홍반, 부종, 통증 동반 |
> | 제3도 화상 | 피부 전층 및 신경이 손상된 상태로 피부색이 흰색 또는 검은색으로 변함 |
> | 제4도 화상 | 피부 전층, 근육, 신경 및 뼈 조직이 손상된 상태 |

41 피부에 계속적인 압박으로 생기는 각질층의 증식현상이며, 원추형의 국한성 비후증으로 경성과 연성이 있는 것은?

① 사마귀　　　　　　② 무좀
③ 굳은살　　　　　　④ 티눈

> 경성 티눈은 발가락의 등 쪽이나 발바닥에 주로 발생하며, 연성 티눈은 발가락 사이에 주로 발생한다.

42 다음 중 앞볼이 좁은 신을 신음으로서 생기는 족부 변형은?

① 냄새나는 발　　　　② 티눈
③ 갈라진 뒤꿈치　　　④ 외반모지

> 외반모지는 엄지발가락이 둘째발가락 쪽으로 관절이 구부러지는 증상으로 유전 및 구두나 힐 등 발을 압박하는 신발을 신었을 때 생길 수 있다.

43 다음 중 2도 화상에 속하는 것은?

① 햇볕에 탄 피부
② 진피층까지 손상되어 수포가 발생한 피부
③ 피하 지방층까지 손상된 피부
④ 피하 지방층 아래의 근육까지 손상된 피부

> 건성 피부는 보습작용 강화가 관리 목적이다.

44 땀띠가 생기는 원인으로 가장 옳은 것은?

① 땀띠는 피부표면에 있는 땀구멍이 일시적으로 막히기 때문에 생기는 발한기능의 장애 때문에 발생한다.
② 땀띠는 여름철 너무 잦은 세안 때문에 발생한다.
③ 땀띠는 여름철 과다한 자외선 때문에 발생하므로 햇볕을 받지 않으면 생기지 않는다.
④ 땀띠는 피부에 미생물이 감염되어 생긴 피부질환이다.

> 땀띠는 땀구멍이 막혀서 땀이 원활하게 표피로 배출되지 못해서 생긴다.

45 알레르기 반응이 일어났을 시에 처리방법 중 틀린 것은?

① 차가운 얼음찜질을 한다.
② 가려운 부위를 가볍게 긁는다.
③ 방안의 공기를 차게 한다.
④ 가렵더라도 참고 견딘다.

> 알레르기 반응에 가려운 부위를 긁으면 피부가 자극되어 상태가 악화될 수 있으므로 참고 견디거나 차가운 냉찜질로 피부를 진정시켜야 한다. 방안의 공기를 차게 하는 것도 도움이 된다.

46 알레르기의 원인이 되는 히스타민이 분비되는 곳은?

① 랑게르한스 세포   ② 비만세포
③ 말피기 세포   ④ 유극세포

> 히스타민은 외부자극에 대응하기 위하여 분비되는 면역기능에 중요한 기능을 하는 유기물질이나 과도하게 분비되어 알레르기 반응을 일으키기도 한다. 비만세포에 저장 및 분비된다.

47 두드러기의 특징이 아닌 것은?

① 급성과 만성이 있다.
② 주로 여자보다는 남자에게 많이 나타난다.
③ 크기가 다양하며 소양증을 동반하기도 한다.
④ 국부적 혹은 전신적으로 나타난다.

> 두드러기는 혈관의 투과성이 증가되어 일시적으로 혈장성분이 조직 내에 축적되어 붉거나 흰색으로 부풀고 가려움을 동반하는 피부질환으로 남녀의 구분은 없다.

48 강한 유전경향을 보이는 특별한 습진으로 팔꿈치 안쪽이나 목 등의 피부가 거칠어지고 아주 심한 가려움증을 나타내는 것은?

① 아토피성 피부염
② 일광피부염
③ 베를로크 피부염
④ 약진

> 아토피성 피부염은 팔꿈치 안쪽이나 목 등의 피부가 거칠어지고 심한 가려움을 동반하는 습진으로 주로 어린아이에게 많이 발생하여 소아습진이라고 한다.

49 아토피성 피부에 관계되는 설명으로 옳지 않은 것은?

① 유전적 소인이 있다.
② 가을이나 겨울에 더 심해진다.
③ 면직물의 의복을 착용하는 것이 좋다.
④ 소아습진과는 관계가 없다.

> 아토피 피부염은 만성습진성 피부염으로 소아습진, 유아습진이라고도 한다.

50 피부질환 증상에 대해 옳은 것은?

① 1도 화상은 수포가 생긴다.
② 아토피는 유전적 소인이 있다.
③ 여드름은 건성피부에 주로 나타나는 질환이다.
④ 물리적 요인에 의한 피부질환은 열에 의한 질환, 한랭에 의한 질환, 감염에 의한 질환이 있다.

> ① 수포가 생기는 화상은 2도 화상이다.
> ③ 여드름은 지성피부에 주로 나타난다.
> ④ 물리적 요인에 의한 피부질환은 열에 의한 질환, 한랭에 의한 질환, 기계적 자극에 의한 질환이다.

51 모세혈관 파손과 구진 및 농포성 질환이 코를 중심으로 양볼에 나비모양을 이루는 증상은?

① 접촉성 피부염
② 주사
③ 건선
④ 농가진

> 주사는 혈액흐름이 나빠져 모세혈관 파손과 구진 및 농포성 질환이 코를 중심으로 양 뺨에 나비형태로 붉어지는 증상이다.

52 주로 40~50대에 보이며 혈액흐름이 나빠져 모세혈관이 파손되어 코를 중심으로 양 뺨에 나비형태로 붉어진 증상은?

① 비립종   ② 섬유종
③ 주사   ④ 켈로이드

> 주사는 피지선에 염증이 생기면서 얼굴의 중간 부위에 주로 발생하는데, 간혹 구진이나 농포가 생기기도 한다.

정답 ▶ 45 ② 46 ② 47 ② 48 ① 49 ④ 50 ② 51 ② 52 ③

53 다음 중 피지선과 가장 관련이 깊은 질환은?

① 사마귀　　　　　② 주사(rosacea)
③ 한관종　　　　　④ 백반증

주사는 피지선에 염증이 생기면서 붉게 변하는 염증성 질환이다.

54 물사마귀알로도 불리우며 황색 또는 분홍색의 반투명성 구진(2~3mm 크기)을 가지는 피부양성종양으로 땀샘관의 개출구 이상으로 피지분비가 막혀 생성되는 것은?

① 한관종　　　　　② 혈관종
③ 섬유종　　　　　④ 지방종

한관종은 사춘기 이후의 여성의 눈 주위, 뺨, 이마에 주로 발생한다.

55 모래알 크기의 각질 세포로서 눈 아래 모공과 땀구멍에 주로 생기는 백색 구진 형태의 질환은?

① 비립종　　　　　② 칸디다증
③ 매상혈관증　　　④ 화염성모반

비립종은 직경 1~2mm의 둥근 백색 구진으로 눈 아래 모공과 땀구멍에 주로 생기는 질환이다.

56 직경 1~2mm의 둥근 백색 구진으로 안면(특히 눈 하부)에 호발하는 것은?

① 비립종(Milium)
② 피지선 모반(Nevus sebaceous)
③ 한관종(Syringoma)
④ 표피낭종(Epidermal cyst)

※ 호발하다 : 잘 발생하거나 자주 발생하다.

57 두피에서 비듬이 생기는 것에 해당되는 것은?

① 지루성 피부염
② 알레르기
③ 습진
④ 태열

두피의 비듬을 특징으로 하는 피부염은 지루성 피부염이다.

58 피부질환의 증상에 대한 설명 중 맞는 것은?

① 수족구염 : 홍반성 결절이 하지부 부분에 여러 개 나타나며 손으로 누르면 통증을 느낀다.
② 지루피부염 : 기름기가 있는 인설(비듬)이 특징이며 호전과 악화를 되풀이 하고 약간의 가려움증이 동반한다.
③ 무좀 : 홍반에서부터 시작되며 수 시간 후에는 구진이 발생된다.
④ 여드름 : 구강 내 병변으로 동그란 홍반에 둘러싸여 작은 수포가 나타난다.

지루피부염은 피지의 분비가 많은 신체부위에 국한하여 홍반과 인설(비듬)을 특징으로 하는 피부염을 말한다.

59 다리의 혈액순환 이상으로 피부 밑에 형성되는 검푸른 상태를 무엇이라 하는가?

① 혈관 축소
② 심박동 증가
③ 하지정맥류
④ 모세혈관확장증

하지정맥류는 혈액순환 이상으로 정맥이 늘어나서 피부 밖으로 돌출되어 보이는 것을 말하는데, 다리가 무겁게 느껴지고 쉽게 피곤해지는 증상이 나타난다.

SECTION 05

Hairdresser Certification

피부와 광선, 피부면역 및 피부노화

[출제문항수 : 2문제] 이번 섹션에서는 전체에서 고루 출제되고 있으나 자외선 부분과 노화 부분이 좀 더 비중이 있습니다. 내인성노화와 광노화의 구분에 대한 것은 꼼꼼하게 학습하시기 바랍니다.

chapter 02

01 피부와 광선

태양광선은 파장에 따라 자외선, 적외선, 가시광선으로 나누어진다.

1 자외선(Ultraviolet Rays)

(1) 자외선이 미치는 영향

구분	특징
긍정적 영향	• 비타민 D 합성(구루병 예방, 면역력 강화) • 살균 및 소독 효과 • 혈액순환촉진 및 강장효과
부정적 영향	• 일광화상 • 홍반반응 • 색소침착 • 광노화 • 피부암 • 노화 촉진

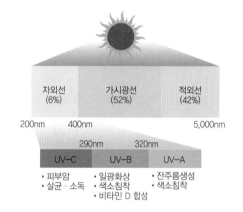

(2) 자외선의 구분

구분	파장 범위	특징
UV A	장파장 (320~400nm)	• 진피층까지 침투, 만성적 광노화 유발 • 피부탄력 감소, 잔주름 유발, 광독성, 광알레르기 반응, 즉시 색소침착 등 • 색소침착 작용은 인공선탠에 이용
UV B	중파장 (290~320nm)	• 기저층, 진피상부까지 도달 • 기미, 주근깨, 홍반, 수포, 일광화상의 원인 • 홍반 발생 능력이 자외선 A의 1,000배 • 각질세포 변형(각질층을 두껍게 함)
UV C	단파장 (200~290nm)	• 단파장으로 가장 강한 자외선 • 대기의 오존층에 대부분 흡수되나 오존층의 파괴로 인체와 생태계에 많은 영향을 미침 • 살균작용 및 피부암 발생요인

▶ UV A는 피부 가장 깊숙히 침투한다.

▶ 태양광선 중 자외선이 가장 강한 살균 작용을 한다.

(3) 자외선에 대한 피부의 반응

급성반응	홍반, 일광화상, 비타민 D 합성, 멜라닌 세포의 반응, 피부두께 변화 등
만성반응	광노화, 자외선으로 인한 피부암 등

▶ 자외선에 대한 민감도
  • 자외선에 대한 민감도는 흑인종이 가장 낮다.
  • 인종의 구분은 멜라닌의 양에 따라 결정되며, 흑인〉황인〉백인의 순이다.(※ 멜라닌세포의 수는 인종별로 차이가 없다.)
  • 멜라닌은 자외선을 흡수하여 유해한 자외선의 침투를 차단하여 인체를 보호하므로 멜라닌의 양이 가장 많은 흑인종이 자외선에 대한 민감도가 가장 낮다.

② 적외선(Infrared ray)

650~1,400nm의 장파장으로 보이지 않는 광선이다. 적외선은 피부 표면에 별다른 자극 없이 피부 깊숙이 침투하여 온열효과를 가져온다. 열을 운반하여 열선이라고도 한다.

(1) 적외선이 미치는 영향

① 혈관확장, 혈액순환 촉진 및 신진대사 촉진
② 근육 및 피부의 이완
③ 통증완화, 진정 및 체온상승효과
④ 식균작용에 도움
⑤ 피부에 영양분 흡수 촉진

(2) 적외선등의 이용

① 온열작용을 통해 화장품의 흡수를 돕는다.
② 건성피부, 주름진 피부, 비듬성 피부에 효과적이다.
③ 조사시간은 5~7분이며, 과량조사 시 두통, 현기증, 일사병 등을 일으킬 수 있다.

---

02 피부면역

① 특이성 면역

체내에 침입하거나 체내에서 생성되는 항원에 대해 항체가 작용하여 제거하는 면역

구분	특징
B림프구	• 체액성 면역 • 특정 면역체에 대해 면역글로불린이라는 항체 생성
T림프구	• 세포성 면역 • 혈액 내 림프구의 70~80% 차지 • 세포 대 세포의 접촉을 통해 직접 항원을 공격

② 비특이성 면역

태어나면서부터 가지고 있는 자연면역체계

구분	특징
제1 방어계	• 기계적 방어벽 : 피부 각질층, 점막, 코털 • 화학적 방어벽 : 위산, 소화효소 • 반사작용 : 재채기, 섬모운동
제2 방어계	• 식세포 작용 : 대식세포, 단핵구 • 염증 및 발열 : 히스타민 • 방어 단백질 : 보체, 인터페론 • 자연살해세포 : 작은 림프구 모양의 세포로 종양 세포나 바이러스에 감염된 세포를 자발적으로 죽이는 세포

1 피부노화의 원인

① 유전자　　　　　② 활성산소

③ 신경세포의 피로　④ 신진대사 과정에서 발생하는 독소

⑤ 텔로미어* 단축　⑥ 아미노산 라세미화*

2 피부노화 현상

(1) 내인성 노화(자연노화)

　① 나이가 들면서 피부가 노화되는 자연스러운 현상

　② 표피와 진피의 두께가 얇아짐

　③ 각질층의 두께는 두꺼워짐

　④ 피하지방세포 감소 –유분 부족

　⑤ 랑게르한스 세포 수 감소 –피부 면역기능 감소

　⑥ 멜라닌 세포 감소(자외선 방어기능 저하) – 피부색이 변함

　⑦ 세포와 조직의 탈수현상(건조, 잔주름 발생)

　⑧ 기저세포의 생성기능 저하 –상처회복이 느림

　⑨ 분비세포의 재생이 줄어 피지선의 분비 감소

　⑩ 탄력섬유와 교원섬유의 감소와 변성 –탄력성 저하, 피부처짐(이완) 및
　　주름이 생김

　⑪ 표피와 진피의 영양교환 불균형으로 윤기 감소

　⑫ 피부온도, 저항력, 감각 기능, 혈류량, 손발톱 성장속도 저하

(2) 외인성 노화(광노화)

　① 햇빛, 바람, 추위, 공해 등의 외부인자에 의해 피부가 노화되는 현상

　② 표피(각질층)와 진피의 두께가 두꺼워짐

　③ 탄력성 감소로 인한 늘어짐, 피부건조, 거칠어짐

　④ 주름이 비교적 굵고 깊음

　⑤ 멜라닌 세포의 수 증가

　⑥ 색소 불균형 – 과색소 침착 및 불규칙한 색소손실

　⑦ 피부면역세포 및 섬유아 세포의 감소

　⑧ 진피 내의 모세혈관 확장

　⑨ 콜라겐의 변성과 파괴가 일어남

　⑩ 점다당질이 증가

▶ 내인성 노화와 광노화의 비교

구분	내인성 노화	광노화
표피와 진피 두께	얇아짐	두꺼워짐
각질층	두꺼워짐	두꺼워짐
피부면역세포	감소	감소
멜라닌세포	감소	증가
주름	증가	깊은 주름

▶ 텔로미어(Telomere)
  • 염색체의 끝부분을 지칭
  • 세포분열이 진행될수록 길이가 점점 짧아져 나중에는 매듭만 남게 되고 세포복제가 멈추어 죽게 되면서 노화가 일어남

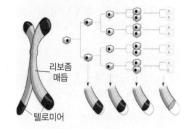

리보좀
매듭

텔로미어

▶ 라세미화(Racemization)
  • 광학활성물질(생명체를 구성하는 기본물질) 자체의 선광도(순도 또는 농도)가 감소하거나 완전히 상실되는 현상
  • 생체에서 생합성이나 대사의 과정에서 아미노산이나 당 등이 라세미화됨으로써 노화의 원인이 된다.

▶ 내인성 노화보다는 광노화에서 표피 두께가 두꺼워진다.

1 강한 자외선에 노출될 때 생길 수 있는 현상이 아닌 것은?

① 만성 피부염　　② 홍반
③ 광노화　　④ 일광화상

자외선에 자주 노출되면 일광화상, 홍반반응, 색소침착, 광노화, 피부암 등의 피부 변화가 나타날 수 있다.

2 강한 자외선에 노출될 때 생길 수 있는 현상과 가장 거리가 먼 것은?

① 아토피 피부염　　② 비타민 D 합성
③ 홍반반응　　④ 색소침착

자외선에 노출될 때 홍반반응, 색소침착, 광노화 등의 부정적 효과와 살균, 비타민 D 합성 등의 긍정적 효과가 발생한다.

3 자외선의 영향으로 인한 부정적인 효과는?

① 홍반 반응　　② 비타민 D형성
③ 살균효과　　④ 강장효과

자외선의 부정적 효과 : 주름, 기미, 주근깨 생성, 홍반, 수포, 일광화상, 피부암의 원인

4 자외선의 작용이 아닌 것은?

① 살균 작용　　② 비타민 D 형성
③ 피부의 색소침착　　④ 아포 사멸

자외선은 살균작용을 하며 비타민 D의 합성에 관여하고 멜라닌을 자극하여 색소침착을 일으킨다, 수술실, 무균실의 소독에 사용되며 아포 사멸에는 약하다.

5 피부에 대한 자외선의 영향으로 피부의 급성반응과 가장 거리가 먼 것은?

① 홍반반응　　② 화상
③ 비타민 D 합성　　④ 광노화

광노화는 햇빛, 바람, 추위, 공해 등의 요인으로 피부가 노화되는 현상으로 급성반응에 해당되지 않는다.

6 피부에 자외선을 너무 많이 조사했을 경우에 일어날 수 있는 일반적인 현상은?

① 멜라닌 색소가 증가해 기미, 주근깨 등이 발생한다.
② 피부가 윤기가 나고 부드러워진다.
③ 피부에 탄력이 생기고 각질이 얇어진다.
④ 세포의 탈피현상이 감소된다.

피부가 자외선에 자주 노출되면 기미, 주근깨, 검버섯 등의 과색소침착이 일어난다.

7 자외선에 대한 설명으로 틀린 것은?

① 자외선 C는 오존층에 의해 차단될 수 있다.
② 자외선 A의 파장은 320~400nm이다.
③ 자외선 B는 유리에 의하여 차단될 수 있다.
④ 피부에 제일 깊게 침투하는 것은 자외선 B이다.

피부에 제일 깊게 침투하는 자외선은 자외선 A로 피부 진피층까지 침투하여 주름을 생성하게 된다.

8 다음 중 UV-A(장파장 자외선)의 파장 범위는?

① 320~400nm　　② 290~320nm
③ 200~290nm　　④ 100~200nm

자외선의 파장 범위
• UV-A(장파장) : 320~400nm
• UV-B(중파장) : 290~320nm
• UV-C(단파장) : 200~290nm

9 단파장으로 가장 강한 자외선이며, 원래는 오존층에 완전 흡수되어 지표면에 도달되지 않았으나 오존층의 파괴로 인해 인체와 생태계에 많은 영향을 미치는 자외선은?

① UV A　　② UV B
③ UV C　　④ UV D

자외선 C는 파장 범위가 200~290nm의 단파장으로 가장 강한 자외선이며, 오존층에서 거의 흡수되어 피부에는 영향을 미치지 않았으나, 최근 오존층의 파괴로 인해 인체에 많은 영향을 미치고 있다.

정답　1 ①　2 ①　3 ①　4 ④　5 ④　6 ①　7 ④　8 ①　9 ③

10 즉시 색소침착 작용을 하는 광선으로 인공 선탠에 사용되는 것은?

① UV A   ② UV B
③ UV C   ④ UV D

> 색소침착 작용이 있어 인공선탠에 이용되는 자외선은 UV A이다.

11 파장이 가장 길고 인공 선탠 시 활용하는 광선은?

① UV A   ② UV B
③ UV C   ④ R 선

> 인공선탠에 사용되는 UV A는 자외선 중 가장 파장이 길다.

12 자외선 B는 자외선 A보다 홍반 발생 능력이 몇 배 정도인가?

① 10배   ② 100배
③ 1,000배   ④ 10,000배

> 중파장인 자외선 B는 표피의 기저층 또는 진피의 상부까지 침투하는데, 장파장인 자외선 A보다 홍반 발생 능력이 1000배에 해당한다.

13 자외선 중 홍반을 주로 유발시키는 것은?

① UV A   ② UV B
③ UV C   ④ UC D

> UV B는 290~320nm의 중파장으로 피부의 홍반을 유발한다.

14 오존(O_3)층에서 거의 흡수를 하며 살균작용과 피부암을 발생시킬 수 있는 파장의 선은?

① 적외선(infra rad ray)
② 가시광선(visible ray)
③ UV-A
④ UV-C

> UV-C는 자외선 중 가장 짧은 파장으로 살균작용이 강하고, 피부암의 발생원인이 된다.

15 다음 중 가장 강한 살균작용을 하는 광선은?

① 자외선   ② 적외선
③ 가시광선   ④ 원적외선

> 태양광선 중 자외선이 가장 강한 살균작용을 한다.

16 다음 중 자외선이 피부에 미치는 영향이 아닌 것은?

① 색소침착   ② 살균효과
③ 홍반형성   ④ 비타민 A 합성

> 자외선이 피부에서 합성하는 것은 비타민 D이다.

17 자외선에 대한 민감도가 가장 낮은 인종은?

① 흑인종   ② 백인종
③ 황인종   ④ 회색인종

> 멜라닌의 양이 가장 많은 흑인종이 자외선에 대한 민감도가 가장 낮다.

18 적외선을 피부에 조사시킬 때 나타나는 생리적 영향의 설명으로 틀린 것은?

① 신진대사에 영향을 미친다.
② 혈관을 확장시켜 순환에 영향을 미친다.
③ 전신의 체온저하에 영향을 미친다.
④ 식균작용에 영향을 미친다.

> 적외선은 열을 운반하는 열선으로 피부를 투과하여 온열효과를 가져와 체온을 상승시킨다.

19 다음 중 적외선에 관한 설명으로 옳지 않은 것은?

① 혈류의 증가를 촉진시킨다.
② 피부에 생성물을 흡수되도록 돕는 역할을 한다.
③ 노화를 촉진시킨다.
④ 피부에 열을 가하여 피부를 이완시키는 역할을 한다.

> 피부 노화를 촉진하는 것은 자외선이다.

chapter **02**

20 ^{★★} 적외선등에 대한 설명으로 옳은 것은?

① 주로 UVA를 방출하고 UVB, UVC는 흡수한다.
② 색소침착을 일으킨다.
③ 주로 소독, 멸균의 효과가 있다.
④ 온열작용을 통해 화장품의 흡수를 도와준다.

> 적외선등은 온열자극을 주어 화장품의 피부 흡수를 돕는다.

21 ^{★★★} 지성 피부, 주름진 피부, 비듬성 피부에 가장 좋은 광선은?

① 가시광선　　　　② 적외선
③ 자외선　　　　　④ 감마선

> 적외선은 온열작용을 통해 피부에 영양분의 침투력을 높여주어 지성피부, 주름진 피부, 비듬성 피부에 좋은 광선이다.

22 ^{★★★} 특정 면역체에 대해 면역글로불린이라는 항체를 생성 하는 것은?

① B 림프구　　　　② T 림프구
③ 자연살해 세포　　④ 각질형성 세포

> B 림프구는 체액성 면역 반응을 담당하는 림프구의 일종으로 면역글로불린이라는 항체를 생성한다.

23 ^{★★★} 작은 림프구 모양의 세포로 종양 세포나 바이러스에 감염된 세포를 자발적으로 죽이는 세포를 무엇이라 하는가?

① 멜라닌 세포　　　② 랑게르한스 세포
③ 각질형성 세포　　④ 자연살해 세포

> 자연살해 세포는 바이러스에 감염된 세포나 암세포를 직접 파괴하는 면역세포로 인체에 약 1억 개의 자연살해 세포가 있으며, 간이나 골수에서 성숙한다.

24 ^{★★★} 피부의 면역에 관한 설명으로 맞는 것은?

① 세포성 면역에는 보체, 항체 등이 있다.
② T림프구는 항원전달세포에 해당한다.
③ B림프구는 면역글로불린이라고 불리는 항체를 생성한다.
④ 표피에 존재하는 각질형성세포는 면역조절에 작용하지 않는다.

> ① 세포성 면역은 세포 대 세포의 접촉을 통해 직접 항원을 공격하며, 체액성 면역이 항체를 생성한다.
> ② T림프구는 항원전달세포에 해당하지 않는다.
> ④ 각질형성세포는 면역조절 작용을 한다.

25 ^{★★★} 제1방어계 중 기계적 방어벽에 해당하는 것은?

① 피부 각질층　　　② 위산
③ 소화효소　　　　④ 섬모운동

> 기계적 방어벽에는 피부 각질층, 점막, 코털 등이 있다.

26 ^{★★★} 피부의 노화 원인과 가장 관련이 없는 것은?

① 노화 유전자와 세포 노화
② 항산화제
③ 아미노산 라세미화
④ 텔로미어(telomere) 단축

> 항산화제는 피부노화를 억제하는 물질이다.
> ※①, ③, ④는 노화를 촉진시키는 원인이다.

27 ^{★★★} 피부가 건조해지고 주름살이 잡히며 윤기가 없어지게 되는 현상은?

① 피부의 노화현상
② 피부의 각화현상
③ 알레르기 현상
④ 피부질환 발생현상

28 ^{★★★} 노화피부의 특징이 아닌 것은?

① 노화피부는 탄력이 없고 수분이 많다.
② 피지분비가 원활하지 못하다.
③ 주름이 형성되어 있다.
④ 색소침착 불균형이 나타난다.

> 노화피부는 세포와 조직에 탈수현상이 생겨 건조해진다.

29 노화피부에 대한 전형적인 증세는?

① 지방이 과다 분비하여 번들거린다.
② 항상 촉촉하고 매끈하다.
③ 수분이 80% 이상이다.
④ 유분과 수분이 부족하다.

> 노화피부는 피지의 분비가 줄고, 탈수현상이 일어나 유분과 수분이 부족하다.

30 노화가 되면서 나타나는 일반적인 얼굴 변화에 대한 설명으로 틀린 것은?

① 얼굴의 피부색이 변한다.
② 눈 아래 주름이 생긴다.
③ 볼우물이 생긴다.
④ 피부가 이완되고 근육이 처진다.

> 볼우물은 표정근의 움직임에 따라 생기는 것으로 노화와는 관계가 없다.

31 나이가 들어가면서 자연적으로 발생되는 피부노화는?

① 자외선 노화　　　② 광노화
③ 내인성 노화　　　④ 환경노화

32 피부노화 현상으로 옳은 것은?

① 피부노화가 진행되어도 진피의 두께는 그대로 유지된다.
② 광노화에서는 내인성 노화와 달리 표피가 얇아지는 것이 특징이다.
③ 피부 노화에는 나이에 따른 과정으로 일어나는 광노화와 누적된 햇빛 노출에 의하여 야기되기도 한다.
④ 내인성 노화보다는 광노화에서 표피 두께가 두꺼워진다.

> ① 피부노화가 진행될수록 진피의 두께는 감소한다.
> ② 광노화에서는 표피의 두께가 두꺼워진다.
> ③ 나이에 따른 과정으로 일어나는 노화를 내인성 노화 또는 자연노화라고 한다.

33 내인성 노화가 진행될 때 감소 현상을 나타내는 것은?

① 각질층 두께　　　② 주름
③ 피부처짐 현상　　④ 랑게르한스 세포

> 내인성 노화가 진행될수록 멜라닌 세포와 랑게르한스 세포의 수가 감소한다.

34 자연노화(생리적 노화)에 의한 피부 증상이 아닌 것은?

① 망상층이 얇아진다.
② 피하지방세포가 감소한다.
③ 각질층의 두께가 감소한다.
④ 멜라닌 세포의 수가 감소한다.

> 노화가 진행될수록 각질층의 두께는 증가한다.

35 다음 중 주름살이 생기는 요인이 아닌 것은?

① 수분의 부족상태
② 지나치게 햇볕에 노출되었을 때
③ 갑자기 살이 찐 경우
④ 지나친 안면운동

> 주름은 진피 중 교원섬유와 탄력섬유가 퇴행성 변화를 일으켜 피부의 긴장, 탄력이 감소하여 생기는 것으로 살이 찌는 것은 주름이 생기는 것과 관계가 없다.

36 피부 노화인자 중 외부인자가 아닌 것은?

① 나이　　　　　② 자외선
③ 산화　　　　　④ 건조

> 나이가 증가함에 따라 피부가 노화되는 것은 내인성 노화에 속한다.

37 광노화의 반응과 가장 거리가 먼 것은?

① 거칠어짐　　　　② 건조
③ 과색소침착증　　④ 모세혈관 수축

> 광노화의 경우 모세혈관이 확장한다.

38 광노화 현상이 아닌 것은?

① 표피 두께 증가
② 멜라닌 세포 이상 항진
③ 체내 수분 증가
④ 진피 내의 모세혈관 확장

광노화 현상이 나타나는 피부는 건조해지고 거칠어진다.

39 광노화와 거리가 먼 것은?

① 피부두께가 두꺼워진다.
② 섬유아세포수의 양이 감소한다.
③ 콜라겐이 비정상적으로 늘어난다.
④ 점다당질이 증가한다.

광노화를 포함한 피부노화에서는 콜라겐과 탄력섬유가 감소하여 피부탄력감소, 피부처짐, 주름 등이 생긴다.

40 피서 후의 피부증상으로 틀린 것은?

① 화상의 증상으로 붉게 달아올라 따끔따끔한 증상을 보일 수 있다.
② 많은 땀의 배출로 각질층의 수분이 부족해져 거칠어지고 푸석푸석한 느낌을 가지기도 한다.
③ 강한 햇살과 바닷바람 등에 의하여 각질층이 얇아져 피부자체 방어반응이 어려워지기도 한다.
④ 멜라닌색소가 자극을 받아 색소병변이 발전할 수 있다.

강한 햇빛과 바람 등은 광노화를 일으켜 각질층이 두꺼워진다.

41 어부들에게 피부의 노화가 조기에 나타나는 가장 큰 원인은?

① 생선을 너무 많이 섭취하여서
② 햇볕에 많이 노출되어서
③ 바다에 오존 성분이 많아서
④ 바다의 일에 과로하여서

어부들은 햇빛이 많이 노출되어 광노화 현상이 나타난다.

Hairdresser

Hairdresser Certification

CHAPTER

03

출제문항수
7

화장품학

SECTION 01 화장품 기초

[출제문항수 : 0~1문제] 이 섹션은 출제비중은 높지 않지만 화장품과 의약품의 비교, 화장품의 분류 등은 가끔 출제되고 있습니다.

▶ **의약품의 정의**
- 사람이나 동물의 질병을 진단·치료·경감·처치 또는 예방할 목적으로 사용하는 물품
- 사람이나 동물의 구조와 기능에 약리학적 영향을 줄 목적으로 사용하는 물품

▶ **화장품과 의약품의 비교**

구분	화장품	의약품
대상	정상인	환자
목적	청결·미화	질병의 진단 및 치료
기간	장기	단기
범위	전신	특정 부위
부작용 여부	없어야 함	있을 수 있음

01 화장품의 정의

1 화장품
① 인체를 청결·미화하여 매력을 더하고 용모를 밝게 변화시키기 위해 사용하는 물품
② 피부 혹은 모발을 건강하게 유지 또는 증진하기 위한 물품
③ 인체에 바르고 문지르거나 뿌리는 등의 방법으로 사용되는 물품
④ 인체에 사용되는 물품으로 인체에 대한 작용이 경미한 것
⑤ 의약품이 아닐 것

2 기능성 화장품
화장품 중에서 다음에 해당되는 것으로서 총리령으로 정하는 화장품
① 피부의 미백에 도움을 주는 제품
② 피부의 주름개선에 도움을 주는 제품
③ 피부를 곱게 태워주거나 자외선으로부터 피부를 보호하는 데에 도움을 주는 제품
④ 모발의 색상 변화·제거 또는 영양공급에 도움을 주는 제품
⑤ 피부나 모발의 기능 약화로 인한 건조함, 갈라짐, 빠짐, 각질화 등을 방지하거나 개선하는 데에 도움을 주는 제품

02 화장품의 분류

(1) 용도에 따른 분류

분류		종류
기초 화장품	세안	클렌징 폼, 페이셜 스크럽, 클렌징 크림, 클렌징 로션, 클렌징 워터, 클렌징 젤
	피부정돈	화장수, 팩, 마사지 크림
	피부보호	로션, 크림, 에센스, 화장유
메이크업 화장품	베이스 메이크업	메이크업 베이스, 파운데이션, 파우더
	포인트 메이크업	립스틱, 블러셔, 아이라이너, 마스카라, 아이섀도, 네일에나멜

분류		종류
모발 화장품	세발용	샴푸, 린스
	정발용	헤어오일, 헤어로션, 헤어크림, 헤어스프레이, 헤어무스, 헤어젤, 헤어 리퀴드
	트리트 먼트용	헤어트리트먼트, 헤어팩, 헤어블로우, 헤어코트
	양모용	헤어토닉
인체 세정용	세정	폼 클렌저, 바디 클렌저, 액체 비누, 외음부 세정제
네일 화장품	네일보호, 색채	베이스코트, 언더코트, 네일폴리시, 네일에나멜, 탑코트, 네일 크림·로션·에센스, 네일폴리시·네일에나멜 리무버
방향 화장품	향취	퍼퓸, 오데퍼퓸, 오데토일렛, 오데코롱, 샤워코롱

▶ 용어 이해
  • 세발 : 헤어 세정
  • 정발 : 헤어 세팅
  • 양모 : 탈모방지 및 두피건강

▶ 상태(제형)에 따라 가용화 제품, 유화 제품, 분산제품으로 구분된다. 자세한 내용은 다음 섹션의 화장품의 제조기술을 참고한다.

chapter 03

 출제예상문제 | 단원별 구성의 문제 유형 파악!

***
1 화장품법상 화장품 정의와 관련한 내용이 아닌 것은?

① 신체의 구조, 기능에 영향을 미치는 것과 같은 사용 목적을 겸하지 않는 물품
② 인체를 청결히 하고, 미화하고, 매력을 더하고 용모를 밝게 변화시키기 위해 사용하는 물품
③ 피부 혹은 모발을 건강하게 유지 또는 증진하기 위한 물품
④ 인체에 사용되는 물품으로 인체에 대한 작용이 경미한 것

화장품의 정의
인체를 청결·미화하여 매력을 더하고 용모를 밝게 변화시키거나 피부·모발의 건강을 유지 또는 증진하기 위하여 인체에 바르고 문지르거나 뿌리는 등 이와 유사한 방법으로 사용되는 물품으로서 인체에 대한 작용이 경미한 것

***
2 화장품의 사용 목적과 가장 거리가 먼 것은?

① 인체를 청결, 미화하기 위하여 사용한다.
② 용모를 변화시키기 위하여 사용한다.
③ 피부, 모발의 건강을 유지하기 위하여 사용한다.
④ 인체에 대한 약리적인 효과를 주기 위해 사용한다.

인체에 대한 약리적인 효과를 주기 위해 사용하는 것은 의약품이다.

*****
3 화장품과 의약품의 차이를 바르게 정의한 것은?

① 화장품의 사용 목적은 질병의 치료 및 진단이다.
② 화장품은 특정부위만 사용 가능하다.
③ 의약품의 부작용은 어느 정도까지는 인정된다.
④ 의약품의 사용대상은 정상적인 상태인 자로 한정되어 있다.

화장품은 부작용이 없어야 하며, 의약품은 부작용이 있을 수 있다.

***
4 화장품의 분류에 관한 설명 중 틀린 것은?

① 마사지 크림은 기초화장품에 속한다.
② 샴푸, 헤어린스는 모발용 화장품에 속한다.
③ 퍼퓸, 오데코롱은 방향화장품에 속한다.
④ 페이스파우더는 기초화장품에 속한다.

페이스파우더는 색조화장품에 속한다.

정답 1 ① 2 ④ 3 ③ 4 ④

5 ★★★★★ 다음 설명 중 기능성 화장품에 해당하지 않는 것은?

① 피부에 멜라닌 색소가 침착하는 것을 방지하여 기미·주근깨 등의 생성을 억제함으로써 피부의 미백에 도움을 주는 기능을 가진 화장품
② 미백과 더불어 신체적으로 약리학적 영향을 줄 목적으로 사용하는 제품
③ 피부에 탄력을 주어 피부의 주름을 완화 또는 개선하는 기능을 가진 화장품
④ 피부를 곱게 태워주거나 자외선으로부터 피부를 보호하는 데에 도움을 주는 제품

> 인체에 대한 약리적인 효과를 주기 위한 것은 의약품에 속한다.

6 ★★★ 화장품의 분류와 사용 목적, 제품이 일치하지 않는 것은?

① 모발 화장품 – 정발 – 헤어스프레이
② 방향 화장품 – 향취 부여 – 오데코롱
③ 메이크업 화장품 – 색채 부여 – 네일 에나멜
④ 기초화장품 – 피부정돈 – 클렌징 폼

> 클렌징 폼은 세안용으로 사용되며, 피부정돈용 화장품은 화장수, 팩, 마사지 크림 등이 있다.

7 ★★★ 다음 화장품 중 그 분류가 다른 것은?

① 화장수　　　　② 클렌징 크림
③ 샴푸　　　　　④ 팩

> 화장수, 클렌징 크림, 팩은 기초화장품에 속하고 샴푸는 모발화장품에 속한다.

8 ★★★ 다음 중 기초화장품에 해당하는 것은?

① 파운데이션　　② 네일 폴리시
③ 볼연지　　　　④ 스킨로션

> 스킨로션, 크림, 에센스, 화장수 등은 기초화장품에 속한다.

9 ★★★ 다음 중 기초화장품에 해당하지 않는 것은?

① 에센스　　　　② 클렌징 크림
③ 파운데이션　　④ 스킨로션

> 파운데이션은 메이크업 화장품에 속한다.

10 ★★★ 샤워 코롱(Shower cologne)이 속하는 분류는?

① 방향용 화장품　　② 메이크업용 화장품
③ 모발용 화장품　　④ 세정용 화장품

> 방향용 화장품에는 퍼퓸, 오데퍼퓸, 오데토일렛, 오데코롱, 샤워 코롱 등이 있다.

11 ★★★ 다음 중 베이스코트가 속하는 분류는?

① 방향용 화장품　　② 메이크업용 화장품
③ 네일 화장품　　　④ 세정용 화장품

> 베이스코트는 네일 화장품에 속한다.

12 ★★★ 다음 중 네일 화장품에 속하지 않는 제품은?

① 언더코트　　　　② 네일폴리시
③ 블러셔　　　　　④ 베이스코트

> 블러셔는 메이크업 화장품에 속한다.

13 ★★★ 향장품을 선택할 때에 검토해야 하는 조건이 아닌 것은?

① 피부나 점막, 두발 등에 손상을 주거나 알레르기 등을 일으킬 염려가 없는 것
② 구성 성분이 균일한 성상으로 혼합되어 있지 않는 것
③ 사용 중이나 사용 후에 불쾌감이 없고 사용감이 산뜻한 것
④ 보존성이 좋아서 잘 변질되지 않는 것

> 향장품을 선택할 때는 구성 성분이 균일한 성상으로 혼합되어 있는 것을 선택한다.

정답　**5** ②　**6** ④　**7** ③　**8** ④　**9** ③　**10** ①　**11** ③　**12** ③　**13** ②

Hairdresser Certification

화장품 제조

[출제문항수 : 3~4문제] 이번 섹션에서는 화장품의 제조기술, 계면활성제, 화장품의 4대 특성은 출제가 자주 되는 편이니 꼼꼼하게 공부하시기 바랍니다.

01 화장품의 원료

1 정제수
① 화장수, 크림, 로션 등의 기초 물질로 사용
② 물에 포함된 불순물이 피부 트러블을 일으킬 수 있으므로 깨끗한 정제수 사용

2 에탄올
① 특징 : 휘발성
② 용도 : 화장수, 헤어토닉, 향수 등에 많이 사용
③ 효과 : 청량감, 수렴효과, 소독작용

3 오일

구분	종류	특징
천연 오일	식물성 (올리브유, 피마자유, 야자유, 맥아유 등)	• 피부에 대한 친화성이 우수 • 불포화 결합이 많아 공기 접촉 시 쉽게 변질 • 식물성 오일은 피부 흡수가 느린 반면 동물성 오일은 빠름
	동물성 (밍크오일, 난황유 등)	
	광물성 (유동파라핀, 바셀린 등)	• 포화 결합으로 변질의 우려는 없음 • 유성감이 강해 피부 호흡을 방해할 수 있음
합성 오일	실리콘 오일	• 사용성 및 화학적 안정성이 우수

4 왁스

구분	종류	특징
식물성	카르나우바 왁스	• 식물성 왁스 중 녹는 온도가 가장 높음 (80~86℃) • 크림, 립스틱, 탈모제 등에 사용
	칸델리라 왁스	• 립스틱에 주로 사용
동물성	밀납, 경납, 라놀린 등	

5 계면활성제
두 물질 사이의 경계면이 잘 섞이도록 도와주는 물질

▶계면(Interface, 界面)
기체, 액체, 고체의 물질 상호간에 생기는 경계면

기름때

피부 또는 헤어

침투, 흡착 : 계면활성제의 친유성기가 기름때에 달라붙는다.)

세안·마시지

유화·분산 : 친유성기 부분이 기름때와 피부 사이를 파고 들어가 기름때를 감싼다.

제거 : 피부 또는 헤어로부터 기름때를 분리

⬆ 세정 과정

친유성기 : 기름과의 친화성이 강한 막대꼬리 모양

친수성기 : 물과의 친화성이 강한 둥근머리 모양

▶ 피부 자극
양이온성 > 음이온성 >
양쪽성 > 비이온성

▶ **비누 제조 방법**

구분	설명
검화법	지방산의 글리세린에스테르와 알칼리를 함께 가열하면 유지가 가수 분해되어 비누와 글리세린이 얻어지는 방법
중화법	유지를 미리 지방산과 글리세린으로 분해시키고 지방산에 알칼리를 작용시켜 중화되는 과정에서 비누가 얻어지는 방법

▶ 글리세린
공기 중의 습기를 흡수해서 피부표면 수분을 유지시켜 피부나 털의 건조방지를 한다.

▶ 방부제가 갖추어야 할 조건
• pH의 변화에 대해 항균력의 변화가 없을 것
• 다른 성분과 작용하여 변화되지 않을 것
• 무색 · 무취이며, 피부에 안정적일 것

---

(1) 친수성기 : 물과의 친화성이 강한 둥근 머리 모양

양이온성	• 살균 및 소독작용이 우수 • 용도 : 헤어린스, 헤어트리트먼트 등
음이온성	• 세정 작용 및 기포 형성 작용이 우수 • 용도 : 비누, 샴푸, 클렌징 폼 등
비이온성	• 피부에 대한 자극이 적음 • 용도 : 화장수의 가용화제, 크림의 유화제, 클렌징 크림의 세정제 등
양쪽성	• 친수기에 양이온과 음이온을 동시에 가짐 • 세정 작용이 우수하고 피부 자극이 적음 • 용도 : 베이비 샴푸 등

(2) 친유성기(소수성기) : 기름과의 친화성이 강한 막대꼬리 모양

⑥ 보습제

(1) 종류
① **천연보습인자**(NMF) : 아미노산(40%), 젖산(12%), 요소(7%), 지방산 등
② **고분자 보습제** : 가수분해 콜라겐, 히아루론산염, 콘트로이친 황산염 등
③ **폴리올**(다가 알코올) : 글리세린, 프로필렌글리콜, 부틸렌글리콜, 솔비톨, 트레할로스 등

(2) 보습제가 갖추어야 할 조건
① 적절한 보습능력이 있을 것
② 보습력이 환경의 변화(온도, 습도 등)에 쉽게 영향을 받지 않을 것
③ 피부 친화성이 좋을 것
④ 다른 성분과의 혼용성이 좋을 것
⑤ 응고점이 낮을 것
⑥ 휘발성이 없을 것

⑦ 방부제

(1) 기능 : 화장품의 변질 방지 및 살균 작용
(2) 종류 : 파라옥시안식향산메틸, 파라옥시안식향산 프로필 등

8 색소

구분		특징
염료	수용성 염료	• 물에 녹는 염료 • 화장수, 로션, 샴푸 등의 착색에 사용
	유용성 염료	• 오일에 녹는 염료 • 헤어오일 등의 유성 화장품의 착색에 사용
안료	무기 안료	• 내광성 및 내열성이 우수 • 빛, 산, 알칼리에 강함 • 유기용제에 녹지 않음 • 가격이 저렴하고 많이 사용
	유기 안료	• 선명도 및 착색력이 우수하며, 색의 종류가 다양 • 빛, 산, 알칼리에 약함 • 유기용제에 녹아 색의 변질 우려가 있음

▶ 염료와 안료의 비교

염료	• 물이나 오일에 잘 녹음 • 화장품에 시각적인 색상 효과를 부여하기 위해 사용
안료	• 물이나 오일에 잘 녹지 않음 • 빛 반사·차단 효과 우수

9 기타 주요 성분

성분	특징
아줄렌	피부진정 작용, 염증 및 상처 치료에 효과
솔비톨	보습작용 및 유연작용
알부틴	티로시나아제 효소의 작용을 억제
아미노산	수분 함량이 많고 피부 침투력이 우수
히아루론산	보습작용, 유연작용
레시틴	유연작용, 항산화 작용
AHA (Alpha Hydroxy Acid)	• 각질 제거, 유연기능 및 보습기능 • 피부와 점막에 약간의 자극이 있음 • 종류 : 글리콜릭산, 젖산, 사과산, 주석산, 구연산
콜라겐	• 빛이나 열에 쉽게 파괴 • 수분 보유 및 결합 능력이 우수
라놀린	양모에서 정제한 것으로 화장품, 의약품에 사용
레티노산	비타민 A의 유도체로서 여드름 치유와 잔주름 개선에 사용

▶ 위치 하젤(witch hazel)
항염증 및 진정 효과가 있어 피부 자극이나 홍반 상태를 완화하는 데 도움

---

02 화장품의 제조기술 (제형에 따른 분류)

1 가용화(Solubilization)
① 물에 소량의 오일 성분이 계면활성제에 의해 투명하게 용해되어 있는 상태
② 종류 : 화장수, 에센스, 향수, 헤어토닉, 헤어리퀴드 등

2 유화 (에멀전)
① 물에 오일 성분이 계면활성제에 의해 우윳빛으로 섞여있는 상태

▶ 화장품 제조기술의 종류
가용성, 유화, 분산

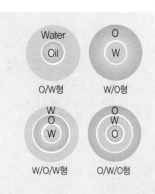

O/W형 W/O형

W/O/W형 O/W/O형

② 유화의 종류

O/W 에멀전	• 물에 오일이 분산되어 있는 형태(로션, 크림, 에센스 등) • 사용감이 산뜻하고 퍼짐성이 좋음
W/O 에멀전	• 오일에 물이 분산되어 있는 형태(영양크림, 선크림 등) • 퍼짐성이 낮으나 수분의 손실이 적어 지속성이 좋음
W/O/W 에멀전	• 분산되어 있는 입자 자체가 에멀전을 형성하고 있는 상태

③ 분산

① 물 또는 오일에 미세한 고체입자가 계면활성제에 의해 균일하게 혼합 되어 있는 상태

② 종류 : 립스틱, 마스카라, 아이섀도, 아이라이너, 파운데이션 등

03 화장품의 특성

1 화장품에서 요구되는 4대 품질 특성

안전성	피부에 대한 자극, 알레르기, 독성이 없을 것
안정성	변색, 변취, 미생물의 오염이 없을 것
사용성	피부에 사용감이 좋고 잘 스며들 것
유효성	미백, 주름개선, 자외선 차단 등의 효과가 있을 것

2 포장에 기재할 사항

① 화장품의 명칭, 제조번호, 가격(판매자가 소비자에게 판매하려는 가격)

② 내용물의 용량(또는 중량) 및 해당 화장품 제조에 사용된 모든 성분

③ 사용기한 또는 개봉 후 사용기간(개봉 후 사용기간 기재 시 제조연월일을 병 행 표기)

④ 영업자의 상호·주소

⑥ 기능성화장품의 경우 "기능성화장품"이라는 글자 또는 기능성화장품을 나타내는 도안으로서 식품의약품안전처장이 정하는 도안

⑦ 사용 시 주의사항 및 그 밖에 총리령으로 정하는 사항

> ▶ 화장품 사용 시 주의사항
> ① 사용 중 다음과 같은 이상이 있는 경우 사용을 중지할 것
> • 사용 중 붉은 반점, 부어오름, 가려움증, 자극 등의 이상이 있는 경우
> • 적용 부위가 직사광선에 의하여 붉은 반점, 부어오름, 가려움증, 자극 등의 이상 이 있는 경우
> ② 상처가 있는 부위, 습진 및 피부염 등의 이상이 있는 부위에는 사용을 하지 말 것
> ③ 보관 및 취급 시의 주의사항
> • 사용 후에는 반드시 마개를 닫아둘 것
> • 유아·소아의 손이 닿지 않는 곳에 보관할 것
> • 고온 또는 저온의 장소 및 직사광선이 닿는 곳에는 보관하지 말 것

▶ 그 밖에 총리령으로 정하는 사항
ㄱ 식품의약품안전처장이 정하는 바 코드
ㄴ 기능성화장품의 경우 심사받거나 보고한 효능·효과, 용법·용량
ㄷ 성분명을 제품 명칭의 일부로 사용한 경우 그 성분명과 함량(방향용 제품 제외)
ㄹ 인체 세포·조직 배양액이 들어있 는 경우 그 함량
ㅁ 화장품에 천연 또는 유기농으로 표시·광고하려는 경우에는 원료 의 함량
ㅂ 수입화장품인 경우에는 제조국의 명칭(원산지를 표시한 경우 생략 가능), 제조회사명 및 그 소재지
ㅅ "질병의 예방 및 치료를 위한 의약 품이 아님"이라는 문구
• 탈모 증상의 완화에 도움을 주 는 화장품
• 여드름성 피부를 완화하는 데 도 움을 주는 화장품
• 피부장벽의 기능을 회복하여 가 려움 등의 개선에 도움을 주는 화장품
• 튼살로 인한 붉은 선을 엷게 하 는 데 도움을 주는 화장품
ㅇ 사용기준이 지정·고시된 원료 중 보존제의 함량
• 만 3세 이하의 영·유아용 제품 류인 경우
• 화장품에 어린이용 제품(만 13 세 이하(영·유아용 제품류 제외)임 을 특정하여 표시·광고하려는 경우)

▶ 1차 포장 필수 기재사항
• 화장품의 명칭
• 영업자의 상호
• 제조번호
• 사용기한 또는 개봉 후 사용기간

01. 화장품의 원료

1 ***
화장품에 배합되는 에탄올의 역할이 아닌 것은?

① 청량감　　　　　② 수렴효과
③ 소독작용　　　　④ 보습작용

> 에탄올은 휘발성이므로 화장수, 헤어토닉, 향수 등에 많이 사용된다.

2 ***
다음 중 식물성 오일이 아닌 것은?

① 아보카도 오일　　② 피마자 오일
③ 올리브 오일　　　④ 실리콘 오일

> 실리콘은 합성 오일에 속하며, 사용성 및 화학적 안정성이 우수하다.

3 **
다음 중 화장수, 크림, 로션 등의 기초 물질로 사용되는 화장품 원료는?

① 정제수　　　　　② 에탄올
③ 오일　　　　　　④ 계면활성제

> 정제수는 화장수, 크림, 로션 등의 기초 물질로 사용되며, 물에 포함된 불순물이 피부 트러블을 일으킬 수 있으므로 깨끗한 정제수를 사용해야 한다.

4 ***
오일의 설명으로 옳은 것은?

① 식물성 오일 – 향은 좋으나 부패하기 쉽다.
② 동물성 오일 – 무색투명하고 냄새가 없다.
③ 광물성 오일 – 색이 진하며 피부 흡수가 늦다.
④ 합성 오일 – 냄새가 나빠 정제한 것을 사용한다.

5 ****
세정작용과 기포형성 작용이 우수하여 비누, 샴푸, 클렌징폼 등에 주로 사용되는 계면활성제는?

① 양이온성 계면활성제
② 음이온성 계면활성제
③ 비이온성 계면활성제
④ 양쪽성 계면활성제

> 세정작용 및 기포형성 작용이 우수한 계면활성제는 음이온성 계면활성제이며 비누, 샴푸, 클렌징폼 등에 주로 사용된다.

6 ***
다음 중 기초화장품의 주된 사용목적에 속하지 않는 것은?

① 세안　　　　　　② 피부정돈
③ 피부보호　　　　④ 피부채색

7 ***
다음 오일의 종류 중 사용성 및 화학적 안정성이 우수한 것은?

① 올리브유　　　　② 실리콘 오일
③ 난황유　　　　　④ 바셀린

> 실리콘 오일은 합성 오일로서 천연 오일보다 사용성 및 화학적 안정성이 우수하다.

8 ***
유아용 제품과 저자극성 제품에 많이 사용되는 계면활성제에 대한 설명 중 옳은 것은?

① 물에 용해될 때, 친수기에 양이온과 음이온을 동시에 갖는 계면활성제
② 물에 용해될 때, 이온으로 해리하지 않는 수산기, 에테르결합, 에스테르 등을 분자 중에 갖고 있는 계면활성제
③ 물에 용해될 때, 친수기 부분이 음이온으로 해리되는 계면활성제
④ 물에 용해될 때, 친수기 부분이 양이온으로 해리되는 계면활성제

> 유아용 제품과 저자극성 제품은 친수기에 양이온과 음이온을 동시에 갖는 양쪽성 계면활성제가 많이 사용된다.

9 ****
천연보습인자(NMF)에 속하지 않는 것은?

① 아미노산　　　　② 암모니아
③ 젖산염　　　　　④ 글리세린

보습제의 종류

구분	구성 성분
천연보습인자 (NMF)	아미노산(40%), 젖산(12%), 요소(7%), 지방산 등
고분자 보습제	가수분해 콜라겐, 히아루론산염 등
폴리올 (다가 알코올)	글리세린, 프로필렌글리콜, 부틸렌글리콜 등

정답 1 1④ 2④ 3① 4① 5② 6④ 7② 8① 9④

chapter 03

10 계면활성제에 대한 설명 중 잘못된 것은?

① 계면활성제는 계면을 활성화시키는 물질이다.
② 계면활성제는 친수성기와 친유성기를 모두 소유하고 있다.
③ 계면활성제는 표면장력을 높이고 기름을 유화시키는 등의 특징을 가지고 있다.
④ 계면활성제는 표면활성제라고도 한다.

계면활성제는 표면장력을 감소시키는 역할을 한다.

11 계면활성제에 대한 설명으로 옳은 것은?

① 계면활성제는 일반적으로 둥근 머리모양의 소수성기와 막대꼬리모양의 친수성기를 가진다.
② 계면활성제의 피부에 대한 자극은 양쪽성 > 양이온성 > 음이온성 > 비이온성의 순으로 감소한다.
③ 비이온성 계면활성제는 피부자극이 적어 화장수의 가용화제, 크림의 유화제, 클렌징 크림의 세정제 등에 사용된다.
④ 양이온성 계면활성제는 세정작용이 우수하여 비누, 샴푸 등에 사용된다.

① 계면활성제는 일반적으로 둥근 머리모양의 친수성기와 막대꼬리 모양의 소수성기를 가진다.
② 계면활성제의 피부에 대한 자극은 양이온성 〉음이온성 〉양쪽성 〉비이온성의 순으로 감소한다.
④ 음이온성 계면활성제는 세정작용이 우수하여 비누, 샴푸 등에 사용된다.

12 천연보습인자 성분 중 가장 많이 차지하는 것은?

① 아미노산
② 피롤리돈 카르복시산
③ 젖산염
④ 포름산염

아미노산은 천연보습인자의 성분 중 40%로 가장 많이 차지한다.

13 천연보습인자(NMF)의 구성 성분 중 40%를 차지하는 중요 성분은?

① 요소
② 젖산염
③ 무기염
④ 아미노산

천연보습인자의 구성 성분 중 아미노산이 40%로 가장 많이 차지하며, 젖산 12%, 요소 7% 등으로 이루어져 있다.

14 다음 중 피부에 수분을 공급하는 보습제의 기능을 가지는 것은?

① 계면활성제
② 알파-히드록시산
③ 글리세린
④ 메틸파라벤

글리세린은 수분을 끌어당기는 힘이 강해 화장품에 첨가하면 보습 기능을 증가시킨다.

15 다음 중 글리세린의 가장 중요한 작용은?

① 소독작용
② 수분유지작용
③ 탈수작용
④ 금속염제거작용

글리세린은 보습작용을 한다.

16 천연보습인자의 설명으로 틀린 것은?

① NMF(Natural Moisturizing Factor)
② 피부수분 보유량을 조절한다.
③ 아미노산, 젖산, 요소 등으로 구성되고 있다.
④ 수소이온농도의 지수유지를 말한다.

천연보습인자는 우리 몸에서 생산되는 천연의 수분을 말하는 것으로 피부의 수분 보유량을 조절한다.

17 색소를 염료(dye)와 안료(pigment)로 구분할 때 그 특징에 대해 잘못 설명된 것은?

① 염료는 메이크업 화장품을 만드는 데 주로 사용된다.
② 안료는 물과 오일에 모두 녹지 않는다.
③ 무기 안료는 커버력이 우수하고 유기안료는 빛, 산, 알칼리에 약하다.
④ 염료는 물이나 오일에 녹는다.

수용성 염료는 화장수, 로션, 샴푸 등의 착색에 사용하고, 유성 염료는 헤어오일 등의 유성 화장품의 착색에 사용한다.

18 보습제가 갖추어야 할 조건이 아닌 것은?

① 다른 성분과의 혼용성이 좋을 것
② 휘발성이 있을 것
③ 적절한 보습능력이 있을 것
④ 응고점이 낮을 것

보습제는 휘발성이 없어야 한다.

정답 **10** ③ **11** ③ **12** ① **13** ④ **14** ③ **15** ② **16** ④ **17** ① **18** ②

19 다음 중 보습제가 갖추어야 할 조건으로 옳은 것은?

① 응고점이 높을 것
② 다른 성분과의 혼용성이 좋을 것
③ 휘발성이 있을 것
④ 환경의 변화에 따라 쉽게 영향을 받을 것

① 응고점이 낮을 것
③ 휘발성이 없을 것
④ 환경의 변화에 따라 쉽게 영향을 받지 않을 것

20 다음 중 화장품에 사용되는 주요 방부제는?

① 에탄올
② 벤조산
③ 파라옥시안식향산메틸
④ BHT

방부제는 화장품의 변질 방지 및 살균 작용을 하는데, 파라옥시안식향산메틸, 파라옥시안식향산 프로필 등이 있다.

21 화장품 성분 중 무기 안료의 특성은?

① 내광성, 내열성이 우수하다.
② 선명도와 착색력이 뛰어나다.
③ 유기 용매에 잘 녹는다.
④ 유기 안료에 비해 색의 종류가 다양하다.

②, ③, ④는 유기 안료의 특성에 해당한다.

22 화장품 성분 중 아줄렌은 피부에 어떤 작용을 하는가?

① 미백
② 자극
③ 진정
④ 색소침착

아줄렌은 피부진정 작용을 하며, 염증 및 상처 치료에도 효과적이다.

23 여드름 치유와 잔주름 개선에 널리 사용되는 것은?

① 레티노산(Retinoic acid)
② 아스코르빈산(Ascorbic acid)
③ 토코페롤(Tocopherol)
④ 칼시페롤(Calciferol)

레티노산은 비타민 A의 유도체로서 여드름 치유와 잔주름 개선에 주로 사용된다.

24 다음 중 여드름을 유발하지 않는 화장품 성분은?

① 올레인 산
② 라우린 산
③ 솔비톨
④ 올리브 오일

솔비톨은 보습작용 및 유연작용을 하며 여드름을 유발하지 않는다.

25 여드름 피부용 화장품에 사용되는 성분과 가장 거리가 먼 것은?

① 살리실산
② 글리시리진산
③ 아줄렌
④ 알부틴

알부틴은 피부의 멜라닌 색소의 생성을 억제해 피부를 하얗고 깨끗하게 유지해 주는 기능이 있어 미백화장품의 성분으로 사용된다.

26 진달래과의 월귤나무의 잎에서 추출한 하이드로퀴논 배당체로 멜라닌 활성을 도와주는 티로시나아제 효소의 작용을 억제하는 미백화장품의 성분은?

① 감마-오리자놀
② 알부틴
③ AHA
④ 비타민 C

27 화장품 성분 중에서 양모에서 정제한 것은?

① 바셀린
② 밍크오일
③ 플라센타
④ 라놀린

라놀린은 면양의 털에서 추출한 기름을 정제한 것으로 화장품, 의약품 등에 사용된다.

28 아하(AHA)의 설명이 아닌 것은?

① 각질제거 및 보습기능이 있다.
② 글리콜릭산, 젖산, 사과산, 주석산, 구연산이 있다.
③ 알파 하이드록시카프로익에시드(Alpha hydroxy-caproic acid)의 약어이다.
④ 피부와 점막에 약간의 자극이 있다.

AHA는 알파 히드록시산으로 Alpha Hydroxy Acid의 약어이다.

정답 **19** ② **20** ③ **21** ① **22** ③ **23** ① **24** ③ **25** ④ **26** ② **27** ④ **28** ③

29 각질제거용 화장품에 주로 쓰이는 것으로 죽은 각질을 빨리 떨어져 나가게 하고 건강한 세포가 피부를 구성할 수 있도록 도와주는 성분은?

① 알파-히드록시산
② 알파-토코페롤
③ 라이코펜
④ 리포좀

> AHA(알파 히드록시산)은 각질 제거, 유연기능 및 보습기능이 있으며, 글리콜릭산, 젖산, 사과산, 주석산, 구연산 등의 종류가 있다.

02. 화장품의 제조기술

1 다음 중 물에 오일성분이 혼합되어 있는 유화 상태는?

① O/W 에멀전
② W/O 에멀전
③ W/S 에멀전
④ W/O/W 에멀전

유화의 종류

구분	의미
O/W 에멀전	물에 오일이 분산되어 있는 형태 (로션, 크림, 에센스 등)
W/O 에멀전	오일에 물이 분산되어 있는 형태 (영양크림, 선크림 등)
W/O/W 에멀전	분산되어 있는 입자 자체가 에멀전을 형성하고 있는 상태

2 화장품 제조의 3가지 주요기술이 아닌 것은?

① 가용화 기술
② 유화 기술
③ 분산 기술
④ 용융 기술

3 다음 중 가용화 기술로 만든 화장품이 아닌 것은?

① 향수
② 헤어토닉
③ 헤어리퀴드
④ 파운데이션

> 파운데이션은 분산 기술에 의한 제품이다.

4 화장품의 제형에 따른 특징의 설명이 틀린 것은?

① 유화제품 – 물에 오일성분이 계면활성제에 의해 우윳빛으로 백탁화된 상태의 제품
② 유용화제품 – 물에 다량의 오일성분이 계면활성제에 의해 현탁하게 혼합된 상태의 제품
③ 분산제품 – 물 또는 오일 성분에 미세한 고체입자가 계면활성제에 의해 균일하게 혼합된 상태의 제품
④ 가용화제품 – 물에 소량의 오일성분이 계면활성제에 의해 투명하게 용해되어 있는 상태의 제품

> 화장품을 제형에 따라 분류하면 가용화제품, 유화제품, 분산제품으로 나뉘어진다.

03. 화장품의 특성

1 화장품에서 요구되는 4대 품질 특성이 아닌 것은?

① 안전성　　　　　② 안정성
③ 보습성　　　　　④ 사용성

> 화장품의 4대 조건 : 안전성, 안정성, 사용성, 유효성

2 "피부에 대한 자극, 알레르기, 독성이 없어야 한다"는 내용은 화장품의 4대 요건 중 어느 것에 해당하는가?

① 안전성　　　　　② 안정성
③ 사용성　　　　　④ 유효성

3 화장품의 4대 요건에 해당되지 않는 것은?

① 안전성　　　　　② 안정성
③ 사용성　　　　　④ 보호성

화장품의 4대 요건

구분	의미
안전성	피부에 대한 자극, 알레르기, 독성이 없을 것
안정성	변색, 변취, 미생물의 오염이 없을 것
사용성	피부에 사용감이 좋고 잘 스며들 것
유효성	미백, 주름개선, 자외선 차단 등의 효과가 있을 것

4 화장품을 만들 때 필요한 4대 조건은?

① 안전성, 안정성, 사용성, 유효성
② 안전성, 방부성, 방향성, 유효성
③ 발림성, 안정성, 방부성, 사용성
④ 방향성, 안전성, 발림성, 사용성

5 화장품의 4대 품질 조건에 대한 설명이 틀린 것은?

① 안전성 – 피부에 대한 자극, 알레르기, 독성이 없을 것
② 안정성 – 변색, 변취, 미생물의 오염이 없을 것
③ 사용성 – 피부에 사용감이 좋고 잘 스며들 것
④ 유효성 – 질병치료 및 진단에 사용할 수 있는 것

유효성 – 미백, 주름개선, 자외선 차단 등의 효과가 있을 것

6 기능성 화장품의 표시 및 기재사항이 아닌 것은?

① 제품의 명칭
② 내용물의 용량 및 중량
③ 제조자의 이름
④ 제조번호

제조자의 이름은 화장품의 표시 및 기재사항이 아니다.

7 다음 중 화장품 포장에 기재할 사항으로만 묶은 것은?

| ㉠ 화장품의 명칭 | ㉡ 화장품의 성분 |
| ㉢ 제조번호 | ㉣ 제조업자의 전화번호 |

① ㉠, ㉡, ㉢
② ㉠, ㉡, ㉣
③ ㉡, ㉢, ㉣
④ ㉠, ㉢, ㉣

제조업자의 전화번호는 기재할 필요가 없다.

8 화장품으로 인한 알레르기가 생겼을 때의 피부관리 방법 중 맞는 것은?

① 민감한 반응을 보인 화장품의 사용을 중지한다.
② 알레르기가 유발된 후 정상으로 회복될 때까지 두꺼운 화장을 한다.
③ 비누로 피부를 소독하듯이 자주 씻어낸다.
④ 뜨거운 타월로 피부의 알레르기를 진정시킨다.

알레르기 유발 후 더 이상 자극을 주지 않도록 하며 차가운 타월로 진정시킨다.

chapter 03

SECTION 03 화장품의 종류와 기능

[출제문항수 : 2~3문제] 화장품의 분류와 특징, 향수, 오일 등 암기해야 할 내용은 많지만 그리 깊이 있는 문제는 출제되지 않는 경향이니 문제 위주로 부담 갖지 말고 공부하시기 바랍니다.

화장품의 종류

피부용

기초 화장품	세정, 정돈, 보호
메이크업 화장품	• 베이스 메이크업 • 포인트 메이크업
바디 화장품	
기능성 화장품	• 주름개선 • 미백 • 자외선 차단 • 모발 색상 변화 • 피부, 모발 개선

에센셜(아로마) 오일 및 캐리어 오일

방향용(향수)

▶ 세안용 화장품의 구비조건
- 안정성 : 변색, 변취, 미생물의 오염이 없을 것
- 용해성 : 냉수나 온수에 잘 풀릴 것
- 기포성 : 거품이 잘나고 세정력이 있을 것
- 자극성 : 피부를 자극시키지 않고 쾌적한 방향이 있을 것

▶ 용어 이해 : pH
- Potential of Hyfrogen, 수소이온농도
- 7 이하는 산성, 7 이상은 염기성으로 구분한다.

---

01 기초 화장품

1 기능
세안, 피부 정돈, 피부 보호

2 종류

세안	클렌징 폼, 페이셜 스크럽, 클렌징 크림, 클렌징 로션, 클렌징 워터, 클렌징 젤
피부 정돈	화장수, 팩, 마사지 크림
피부 보호	로션, 크림, 에센스, 화장유

3 세안용 화장품
피부의 노폐물 및 화장품의 잔여물 제거

4 피부 정돈용 화장품
(1) 화장수
① 주요 기능
- 피부의 각질층에 수분 공급
- 피부에 청량감 부여
- 피부에 남은 클렌징 잔여물 제거 작용
- 피부의 pH* 밸런스 조절 작용
- 피부 진정 또는 쿨링 작용

② 종류

유연 화장수	• 피부에 수분 공급 및 피부를 유연하게 함
수렴 화장수	• 피부에 수분 공급, 모공 수축 및 피지 과잉 분비 억제 • 지방성 피부에 적합 • 원료 : 알코올, 습윤제, 물, 알루미늄, 아연염, 멘톨

(2) 팩
① 주요 기능
- 피부에 피막을 형성하여 수분 증발 억제
- 피부 온도 상승에 따른 혈액순환 촉진
- 유효성분의 침투를 용이하게 함
- 노폐물 제거 및 청결 작용

② 제거 방법에 따른 분류

필오프 타입 (Peel-off)	• 팩이 건조된 후 형성된 투명한 피막을 떼어내는 형태 • 노폐물 및 죽은 각질 제거 작용
워시오프 타입 (Wash-off)	• 팩 도포 후 일정 시간이 지나 미온수로 닦아내는 형태
티슈오프 타입 (Tissue-off)	• 티슈로 닦아내는 형태 • 피부에 부담이 없어 민감성 피부에 적합
시트 타입 (Sheet)	• 시트를 얼굴에 올려놓았다가 제거하는 형태
패치 타입 (Patch)	• 패치를 부분적으로 붙인 후 떼어내는 형태

▶용어 이해
 • Peel-off : 벗겨서 떼어내는
 • Wash-off : 씻겨 없어지는

chapter 03

5 피부 보호용 화장품

로션	• 피부에 수분과 영양분 공급 • 구성 : 60~80%의 수분과 30% 이하의 유분
크림	• 세안 시 소실된 천연 보호막을 보충하여 피부를 촉촉하게 하고 보호함 • 피부의 생리기능을 돕고, 유효성분들로 피부의 문제점을 개선
에센스	• 피부 보습 및 노화억제 성분들을 농축해 만든 것 • 피부에 수분과 영양분 공급

02 메이크업 화장품

1 베이스 메이크업

메이크업 베이스	• 인공 피지막을 형성하여 피부 보호 • 파운데이션의 밀착성을 높여줌 • 색소 침착 방지
파운데이션	• 화장의 지속성 고조 • 주근깨, 기미 등 피부의 결점 커버 • 피부에 광택과 투명감 부여 • 자외선 차단
파우더	• 피부색 정돈 • 피부의 번들거림 방지 • 화사한 피부 표현 • 땀, 피지의 분비 억제

2 포인트 메이크업

립스틱	입술의 건조를 방지하고, 입술에 색채감 및 입체감 부여
아이라이너	눈을 크고 뚜렷하게 보이게 하는 효과
아이섀도	눈꺼풀에 색감을 주어 입체감을 살려 눈의 표정을 강조
마스카라	속눈썹이 짙고 길어 보이게 함
블러셔	얼굴에 입체감을 주고 건강하게 보이게 함

03 바디 관리 화장품

구분	특징
세정용	• 이물질 제거 및 청결을 위한 화장품 • 종류 : 비누, 바디 샴푸 등
트리트먼트용	• 샤워 후 피부가 건조해지는 것을 막고 촉촉하게 해주는 화장품 • 종류 : 바디 로션, 바디 크림, 바디 오일 등
일소용 (―燒, 선텐)	• 피부를 곱게 태워주고 피부가 거칠어지는 것을 방지하는 화장품 • 종류 : 선텐용 젤·크림·리퀴드 등
일소 방지용	• 햇볕에 타는 것을 방지하고 자외선으로부터 피부를 보호하는 화장품 • 종류 : 선스크린 젤, 선스크린 크림, 선스크린 리퀴드 등
액취 방지용	• 체취 방지 및 항균 기능 화장품 • 종류 : 데오도란트

04 방향용 화장품 (향수)

1 향수의 분류

(1) 희석 정도에 따른 분류

구분	부향률	지속시간	특징
퍼퓸	15~30%	6~7시간	향이 오래 지속되며, 가격이 비쌈
오데퍼퓸	9~12%	5~6시간	퍼퓸보다는 지속성이나 부향률이 떨어지지만 경제적
오데토일렛	6~8%	3~5시간	일반적으로 가장 많이 사용
오데코롱	3~5%	1~2시간	향수를 처음 사용하는 사람에게 적합
샤워코롱	1~3%	약 1시간	샤워 후 가볍게 뿌려주는 향수

(2) 향수의 발산 속도에 따른 분류

분류	특징
탑 노트	• 휘발성이 강해 바로 향을 맡을 수 있음
미들 노트	• 부드럽고 따뜻한 느낌의 향으로, 대부분의 오일에 해당됨
베이스 노트	• 휘발성이 낮아 시간이 지난 뒤에 향을 맡을 수 있음

▶ 향수의 구비요건
① 향의 특징이 있을 것
② 향의 지속성이 강할 것
③ 시대성에 부합하는 향일 것
④ 향의 조화가 잘 이루어질 것

▶ 용어 이해
부향률 : 향수에 향수 원액이 포함되어 있는 비율

▶ 향수의 부향률 순서
퍼퓸 > 오데퍼퓸 > 오데토일렛 > 오데코롱

▶ 향수의 종류
• 탑 노트 : 스트르스, 그린
• 미들 노트 : 플로럴, 프루티
• 베이스 노트 : 무스크, 우디

② 천연향의 추출 방법

분류		특징
수증기 증류법		식물의 향기 부분을 물에 담가 가온하여 증발된 기체를 냉각하여 추출
압착법		주로 열대성 과실에서 향을 추출할 때 사용하는 방법
용매 추출법	휘발성	• 에테르, 핵산 등의 휘발성 유기용매를 이용해서 낮은 온도에서 추출 • 장미, 자스민 등의 에센셜 오일을 추출할 때 사용
	비휘발성	동식물의 지방유를 이용한 추출법

▶ 수증기 증류법의 장단점
  • 장점 : 대량으로 천연향을 추출 가능
  • 단점 : 고온에서 일부 향기 성분이 파괴될 수 있음

05 에센셜(아로마) 오일 및 캐리어 오일

① 에센셜 오일

(1) 취급 시 주의사항

① 100% 순수한 것을 사용할 것
② 원액을 그대로 사용하지 말고 희석하여 사용할 것
③ 사용하기 전에 안전성 테스트(패치 테스트)를 실시할 것
④ 고열이 있는 경우 사용하지 말 것
⑤ 사용 후 반드시 마개를 닫을 것
⑥ 갈색병에 넣어 냉암소에 보관할 것

▶ 에센셜 오일의 효능
  • 면역강화
  • 항염작용
  • 항균작용
  • 피부미용
  • 피부진정 작용
  • 혈액순환 촉진
  • 화상, 여드름, 염증 치유에 효과적

(2) 아로마 오일의 사용법

입욕법	전신욕, 반신욕, 좌욕, 수욕, 족욕 등 몸을 담그는 방법
흡입법	손수건, 티슈 등에 1~2방울 떨어뜨리고 심호흡을 하는 방법
확산법	아로마 램프, 스프레이 등을 이용하는 방법
습포법	온수 또는 냉수 1리터 정도에 5~10 방울을 넣고, 수건을 담궈 적신 후 피부에 붙이는 방법

(3) 에센셜 오일의 종류

라벤더	여드름성 피부·습진·화상 등에 효과 피부재생 및 이완작용	패츌리	주름살 예방, 노화피부, 여드름, 습진에 효과
자스민	건조하고 민감한 피부에 효과	레몬 그라스	여드름, 무좀에 효과 모공 수축
제라늄	피지분비 정상화, 셀룰라이트 분해	오렌지	여드름, 노화피부에 효과
티트리	피부 정화, 여드름 피부, 습진, 무좀에 효과	로즈 마리	피부 청결, 주름 완화, 노화피부, 두피 개선

▶ 광과민성
그레이프 프루트, 라임, 레몬, 버거못, 오렌지 스윗, 탠저린

▶ 용어 이해
캐리어 : carrier(운반), 아로마 오일을 피부에 운반한다는 의미

2 캐리어 오일(베이스 오일)

① 아로마 오일을 피부에 효과적으로 침투시키기 위해 사용하는 식물성 오일로, 에센셜 오일의 향을 방해하지 않게 향이 없어야 하고 피부 흡수력이 좋아야 한다.

② 주요 캐리어 오일

호호바 오일 (Jojoba oil)	• 모든 피부 타입에 적합 • 인체의 피지와 화학구조가 유사하여 피부 친화성이 우수 • 쉽게 산화되지 않아 안정성이 우수 • 침투력 및 보습력이 우수 • 여드름, 습진, 건선피부에 사용
아보카도 오일	• 모든 피부 타입에 적합 • 비타민 E 풍부 • 비만 관리용으로 많이 사용
아몬드 오일	• 모든 피부 타입에 적합 • 비타민 A와 E 풍부 • 피부 보습력을 높여주고 건조 방지 효과
윗점 오일 (Wheatgerm Oil)	• 비타민 E와 미네랄 풍부 • 피부노화 방지 효과 • 혈액순환 촉진 및 항산화 작용 • 습진, 건성피부, 가려움증에 효과
포도씨 오일	• 비타민 E 풍부 • 여드름 피부 및 피부 재생에 효과적이며 항산화 작용
살구씨 오일	• 건조 피부와 민감성 피부에 적합 • 습진, 가려움증에 효과 • 끈적임이 적고 흡수가 빠르며, 유연성이 좋음

06 기능성 화장품

1 피부 미백제

(1) 기능

① 피부에 멜라닌 색소 침착 방지

② 기미·주근깨 등의 생성 억제

③ 피부에 침착된 멜라닌 색소의 색을 엷게 하는 기능

▶ 피부 미백제의 메커니즘
• 자외선 차단
• 도파(DOPA) 산화 억제
• 멜라닌 합성 저해
• 티로시나아제 효소의 활성 억제

(2) 성분

알부틴, 코직산, 비타민 C 유도체, 닥나무 추출물, 뽕나무 추출물, 감초 추출물

2 피부 주름 개선제

(1) 기능

① 피부에 탄력을 주어 피부의 주름을 완화 또는 개선

② 콜라겐 합성·표피 신진대사·섬유아세포 생성 촉진

(2) 성분

레티놀, 아데노신, 레티닐팔미테이트, 폴리에톡실레이티드레틴아마이드

3 자외선 차단제

(1) 기능

① 강한 햇볕을 방지하여 피부를 곱게 태워주는 기능

② 자외선을 차단 또는 산란시켜 자외선으로부터 피부 보호

(2) 자외선 차단제의 종류에 따른 특징

구분	자외선 산란제	자외선 흡수제
성분	티타늄디옥사이드(이산화티타늄), 징크옥사이드(산화아연)	벤조페논, 에칠헥실디메칠파바(옥틸디메틸파바), 에칠헥실메톡시신나메이트(옥티메톡시신나메이트), 옥시벤존 등
특징	• 물리적인 산란작용 이용 • 발랐을 때 불투명	• 화학적인 흡수작용 이용 • 발랐을 때 투명
장점	자외선 차단율이 높음	촉촉하고 산뜻하며, 화장이 밀리지 않음
단점	화장이 밀림	피부 트러블의 가능성이 높음

(3) 자외선 차단지수 (SPF, Sun Protection Factor)

$$SPF = \frac{\text{자외선 차단제품을 바른 피부의 최소홍반량(MED)}}{\text{자외선 차단제품을 바르지 않은 외부의 최소홍반량(MED)}}$$

▶ **최소홍반량**(minimal Hauterythemdosis) 피부에 홍반을 발생하게 하는데 최소한의 자외선량

① UV-B 방어효과를 나타내는 지수

② 수치가 높을수록 자외선 차단지수가 높음

③ 피부의 멜라닌 양과 자외선에 대한 민감도에 따라 효과가 달라질 수 있음

④ 평상시에는 SPF 15가 적당하며, 여름철 야외활동이나 겨울철 스키장에서는 SPF 30 이상의 제품 사용

chapter 03

출제예상문제 | 단원별 구성의 문제 유형 파악!

01. 기초화장품

1 ★★★★★
다음 중 기초화장품의 필요성에 해당되지 않는 것은?

① 세안　　　　　② 미백
③ 피부정돈　　　　④ 피부보호

> 기초화장품의 기능은 세안, 피부 정돈, 피부 보호이다.

2 ★★★
세안용 화장품의 구비조건으로 부적당한 것은?

① 안정성 : 물이 묻거나 건조해지면 형과 질이 잘 변해야 한다.
② 용해성 : 냉수나 온탕에 잘 풀려야 한다.
③ 기포성 : 거품이 잘나고 세정력이 있어야 한다.
④ 자극성 : 피부를 자극시키지 않고 쾌적한 방향이 있어야 한다.

> 안정성 : 변색, 변취 및 미생물의 오염이 없어야 한다.

3 ★★★
화장수의 설명 중 잘못된 것은?

① 피부의 각질층에 수분을 공급한다.
② 피부에 청량감을 준다.
③ 피부에 남아있는 잔여물을 닦아준다.
④ 피부의 각질을 제거한다.

> 화장수는 피부에 남아있는 잔여물을 닦아 주는 기능을 하지만 각질을 제거하지는 않는다.

4 ★★★
다음 중 지방성 피부에 가장 적당한 화장수는?

① 글리세린　　　　② 유연 화장수
③ 수렴 화장수　　　④ 영양 화장수

> 수렴 화장수는 피지가 과잉 분비되는 것을 억제해 주므로 지방성 피부에 적당하다.

5 ★★★
화장수의 도포 목적 및 효과로 옳은 것은?

① 피부 본래의 정상적인 pH 밸런스를 맞추어 주며 다음 단계에 사용할 화장품의 흡수를 용이하게 한다.
② 죽은 각질 세포를 쉽게 박리시키고 새로운 세포

형성 촉진을 유도한다.
③ 혈액 순환을 촉진시키고 수분 증발을 방지하여 보습효과가 있다.
④ 항상 피부를 pH 5.5의 약산성으로 유지시켜 준다.

> 화장수는 피부의 각질층에 수분을 공급하고 pH 밸런스를 맞추어 주는 기능을 한다.

6 ★★★
화장수의 작용이 아닌 것은?

① 피부에 남은 클렌징 잔여물 제거 작용
② 피부의 pH 밸런스 조절 작용
③ 피부에 집중적인 영양 공급 작용
④ 피부 진정 또는 쿨링 작용

> 화장수는 피부에 수분을 공급하며 영양 공급과는 거리가 멀다.

7 ★★★
수렴 화장수의 원료에 포함되지 않는 것은?

① 습윤제　　　　　② 알코올
③ 물　　　　　　　④ 표백제

> 수렴 화장수의 원료 : 알코올, 습윤제, 물, 알루미늄, 아연염, 멘톨

8 ★★★
피지 분비의 과잉을 억제하고 피부를 수축시켜주는 것은?

① 소염 화장수　　　② 수렴 화장수
③ 영양 화장수　　　④ 유연 화장수

> 수렴 화장수는 피부에 수분을 공급하고 모공 수축 및 피지 과잉 분비를 억제한다.

9 ★★★
팩의 효과에 대한 설명 중 옳지 않은 것은?

① 팩의 재료에 따라 진정작용, 수렴작용 등의 효과가 있다.
② 혈액과 림프의 순환이 왕성해진다.
③ 피부와 외부를 일시적으로 차단하므로 피부의 온도가 낮아진다.
④ 팩의 흡착작용으로 피부가 청결해진다.

> 팩을 사용하면 일시적으로 피부의 온도를 높여 혈액순환을 촉진한다.

정답 **1** 1 ② 2 ① 3 ④ 4 ③ 5 ① 6 ③ 7 ④ 8 ② 9 ③

10 화장수(스킨로션)를 사용하는 목적과 가장 거리가 먼 것은?

① 세안을 하고나서도 지워지지 않는 피부의 잔여물을 제거하기 위해서
② 세안 후 남아있는 세안제의 알칼리성 성분 등을 닦아내어 피부표면의 산도를 약산성으로 회복시켜 피부를 부드럽게 하기 위해서
③ 보습제, 유연제의 함유로 각질층을 촉촉하고 부드럽게 하면서 다음 단계에 사용할 제품의 흡수를 용이하게 하기 위해서
④ 각종 영양 물질을 함유하고 있어 피부의 탄력을 증진시키기 위해서

> **화장수의 기능**
> • 피부의 각질층에 수분 공급
> • 피부에 청량감 부여
> • 피부에 남은 클렌징 잔여물 제거 작용
> • 피부의 pH 밸런스 조절 작용
> • 피부 진정 또는 쿨링 작용

11 피부에 좋은 영양성분을 농축해 만든 것으로 소량의 사용만으로도 큰 효과를 볼 수 있는 것은?

① 에센스
② 로션
③ 팩
④ 화장수

> 에센스는 피부에 좋은 영양성분을 고농축해서 만든 것이다.

12 팩의 목적 및 효과와 가장 거리가 먼 것은?

① 피부의 혈행 촉진 및 청정 작용
② 진정 및 수렴 작용
③ 피부 보습
④ 피하지방의 흡수 및 분해

> 팩은 피부의 노폐물을 제거하지만 피하지방을 분해하지는 않는다.

13 피부 관리에서 팩 사용 효과가 아닌 것은?

① 수분 및 영양 공급
② 각질 제거
③ 치유 작용
④ 피부 청정 작용

> 팩은 치유 효과는 없다.

14 팩제의 사용 목적이 아닌 것은?

① 팩제가 건조하는 과정에서 피부에 심한 긴장을 준다.
② 일시적으로 피부의 온도를 높여 혈액순환을 촉진한다.
③ 노화한 각질층 등을 팩제와 함께 제거시키므로 피부 표면을 청결하게 할 수 있다.
④ 피부의 생리 기능에 적극적으로 작용하여 피부에 활력을 준다.

> 팩제가 건조하는 과정에서 피부에 적당한 긴장감을 주며 건조 후 일시적으로 피부의 온도를 높여 혈액순환을 좋게 한다.

15 팩의 분류에 속하지 않는 것은?

① 필오프 타입
② 워시오프 타입
③ 패치 타입
④ 워터 타입

16 팩 사용 시 주의사항이 아닌 것은?

① 피부 타입에 맞는 팩제를 사용한다.
② 잔주름 예방을 위해 눈 위에 직접 덧바른다.
③ 한방팩, 천연팩 등은 즉석에서 만들어 사용한다.
④ 안에서 바깥방향으로 바른다.

> 팩은 피부 타입에 맞는 팩제를 사용하고 눈 위에 직접 덧바르지 않도록 한다.

17 팩의 제거 방법에 따른 분류가 아닌 것은?

① 티슈오프 타입 (Tissue off type)
② 석고 마스크 타입(Gypsum mask type)
③ 필오프 타입(Peel off type)
④ 워시오프 타입(Wash off type)

팩의 제거 방법에 따른 분류	
필오프 타입	팩이 건조된 후에 형성된 투명한 피막을 떼어내는 형태
워시오프 타입	팩 도포 후 일정 시간이 지나 미온수로 닦아내는 형태
티슈오프 타입	티슈로 닦아내는 형태
시트 타입	시트를 얼굴에 올려놓았다가 제거하는 형태

정답 ▶ **10** ④ **11** ① **12** ④ **13** ③ **14** ① **15** ④ **16** ② **17** ②

02. 메이크업 화장품

1 메이크업 베이스 색상이 잘못 연결된 것은?

① 그린색 : 모세혈관이 확장되어 붉은 피부
② 핑크색 : 푸석푸석해 보이는 창백한 피부
③ 화이트색 : 어둡고 칙칙해 보이는 피부
④ 연보라색 : 생기가 없고 어두운 피부

> 어둡고 칙칙해 보이는 피부에는 흰색을 사용한다.

2 메이크업 베이스 색상의 연결이 옳은 것은?

① 핑크색 : 잡티가 있는 피부
② 흰색 : 어둡고 칙칙해 보이는 피부
③ 보라색 : 창백한 피부
④ 파란색 : 밝고 깨끗한 피부

색상별 피부

색상	피부
녹색	붉은 피부
핑크색	창백한 피부
흰색	어둡고 칙칙해 보이는 피부
보라색	노란 피부
파란색	잡티가 있는 피부

3 다음 설명 중 파운데이션의 일반적인 기능과 가장 거리가 먼 것은?

① 피부색을 기호에 맞게 바꾼다.
② 피부의 기미, 주근깨 등 결점을 커버한다.
③ 자외선으로부터 피부를 보호한다.
④ 피지 억제와 화장을 지속시켜준다.

> 땀과 피지의 분비를 억제하는 것은 파우더의 기능이다.

4 다음 설명 중 파운데이션의 일반적인 기능으로 옳은 것은?

① 피부에 광택과 투명감을 부여한다.
② 피부색을 정돈해준다.
③ 화사한 피부를 표현한다.
④ 땀, 피지의 분비를 억제한다.

> ②, ③, ④는 모두 파우더의 기능에 해당한다.

5 메이크업 화장품 중에서 안료가 균일하게 분산되어 있는 형태로 대부분 O/W형 유화 타입이며, 투명감 있게 마무리되므로 피부에 결점이 별로 없는 경우에 사용하는 것은?

① 트윈 케이크
② 스킨커버
③ 리퀴드 파운데이션
④ 크림 파운데이션

> **유화형**
> • O/W형 : 리퀴드 파운데이션
> • W/O형 : 크림 파운데이션

6 속눈썹이 짙고 길어 보이게 하는 효과를 주는 화장품은?

① 아이라이너　　　　② 아이섀도
③ 블러셔　　　　　　④ 마스카라

7 눈꺼풀에 색감을 주어 입체감을 살려 눈의 표정을 강조하는 화장품은?

① 아이라이너　　　　② 아이섀도
③ 블러셔　　　　　　④ 마스카라

포인트 메이크업의 종류

종류	기능
립스틱	• 입술 건조 방지 • 입술에 색채감 및 입체감 부여
아이라이너	눈을 크고 뚜렷하게 보이게 하는 효과
마스카라	속눈썹이 짙고 길어 보이게 하는 효과
아이섀도	눈꺼풀에 색감을 주어 입체감을 살려 눈의 표정을 강조하는 효과
블러셔	얼굴에 입체감을 주고 건강하게 보이게 하는 효과

8 다음 중 파우더의 일반적인 기능에 대한 설명으로 옳지 않은 것은?

① 피부색 정돈
② 피부의 번들거림 방지
③ 주근깨, 기미 등 피부의 결점 커버
④ 화사한 피부 표현

> 주근깨, 기미 등 피부의 결점을 커버해 주는 것은 파운데이션의 기능이다.

03. 바디 화장품

1 다음 중 바디용 화장품이 아닌 것은?

① 샤워젤 　　　② 바스오일
③ 데오도란트 　　④ 헤어 에센스

> 헤어 에센스는 두발화장품에 속한다.

2 바디 관리 화장품이 가지는 기능과 가장 거리가 먼 것은?

① 세정 　　　② 트리트먼트
③ 연마 　　　④ 일소 방지

> 바디 관리 화장품에는 세정용, 트리트먼트용, 일소용, 일소 방지용, 액취 방지용 화장품이 있다.

3 다음 중 피부상재균의 증식을 억제하는 항균기능을 가지고 있고, 발생한 체취를 억제하는 기능을 가진 것은?

① 바디샴푸 　　② 데오도란트
③ 샤워코롱 　　④ 오데토일렛

4 바디 화장품의 종류와 사용 목적의 연결이 적합하지 않은 것은?

① 바디클렌저 – 세정·용제
② 데오도란트 파우더 – 탈색·제모
③ 썬스크린 – 자외선 방어
④ 바스 솔트 – 세정·용제

> 데오도란트는 액취 방지용 화장품이다.

5 바디 샴푸의 성질로 틀린 것은?

① 세포 간에 존재하는 지질을 가능한 보호
② 피부의 요소, 염분을 효과적으로 제거
③ 세균의 증식 억제
④ 세정제의 각질층 내 침투로 지질을 용출

> 세정제가 각질층 내로 침투하여 지질을 용출하는 것은 좋지 않다.

04. 방향용 화장품(향수)

1 다음 중 향료의 함유량이 가장 적은 것은?

① 퍼퓸
② 오데토일렛
③ 샤워코롱
④ 오데코롱

> 샤워코롱은 부향률이 1~3%로 가장 적다.

2 다음 중 향수의 부향률이 높은 것부터 순서대로 나열된 것은?

① 퍼퓸 > 오데퍼퓸 > 오데코롱 > 오데토일렛
② 퍼퓸 > 오데토일렛 > 오데코롱 > 오데퍼퓸
③ 퍼퓸 > 오데퍼퓸 > 오데토일렛 > 오데코롱
④ 퍼퓸 > 오데코롱 > 오데퍼퓸 > 오데토일렛

> 향수의 부향률 비교

구분	부향률	구분	부향률
퍼퓸	15~30%	오데코롱	3~5%
오데퍼퓸	9~12%	샤워코롱	1~3%
오데토일렛	6~8%		

3 향수를 뿌린 후 즉시 느껴지는 향수의 첫 느낌으로 주로 휘발성이 강한 향료로 이루어져 있는 노트(note)는?

① 탑 노트(Top note)
② 미들 노트(Middle note)
③ 하트 노트(Heart note)
④ 베이스 노트(Base note)

> 향수의 발산 속도에 따른 분류

탑 노트	• 휘발성이 강해 바로 향을 맡을 수 있음 • 종류 : 스트르스, 그린
미들 노트	• 부드럽고 따뜻한 느낌의 향으로 대부분의 오일이 여기에 해당 • 종류 : 플로럴, 프루티
베이스 노트	• 휘발성이 낮아 시간이 지난 뒤에 향을 맡을 수 있음 • 종류 : 무스크, 우디

정답 ▶ 3 1④ 2③ 3② 4② 5④ 4 1③ 2③ 3①

4 내가 좋아하는 향수를 구입하여 샤워 후 바디에 나만의 향으로 산뜻하고 상쾌함을 유지시키고자 한다면, 부향률은 어느 정도로 하는 것이 좋은가?

① 1~3% ② 3~5%

③ 6~8% ④ 9~12%

> 샤워 후에 가볍게 뿌리는 향수는 샤워코롱으로 부향률은 1~3%, 지속시간은 약 1시간이다.

5 천연향의 추출방법 중에서 주로 열대성 과실에서 향을 추출할 때 사용하는 방법은?

① 수증기 증류법

② 압착법

③ 휘발성 용매 추출법

④ 비휘발성 용매 추출법

> 열대성 과실에서 향을 추출할 때는 주로 압착법을 사용한다.

6 향수의 구비요건이 아닌 것은?

① 향에 특징이 있어야 한다.

② 향이 강하므로 지속성이 약해야 한다.

③ 시대성에 부합하는 향이어야 한다.

④ 향의 조화가 잘 이루어져야 한다.

> 향수는 향의 지속성이 강해야 한다.

7 다음의 설명에 해당되는 천연향의 추출방법은?

> 식물의 향기 부분을 물에 담가 가온하여 증발된 기체를 냉각하면 물 위에 향기 물질이 뜨게 되는데, 이것을 분리하여 순수한 천연향을 얻어내는 방법이다. 이는 대량으로 천연향을 얻어낼 수 있는 장점이 있으나 고온에서 일부 향기 성분이 파괴될 수 있는 단점이 있다.

① 수증기 증류법

② 압착법

③ 휘발성 용매 추출법

④ 비휘발성 용매 추출법

> 지문은 수증기 증류법에 대한 설명으로 식물의 향기 부분을 물에 담가 가온하여 증발된 기체를 냉각하여 추출하는 방법이다.

05. 에센셜(아로마) 오일 및 캐리어 오일

1 아로마 오일에 대한 설명으로 가장 적절한 것은?

① 수증기 증류법에 의해 얻어진 아로마 오일이 주로 사용되고 있다.

② 아로마 오일은 공기 중의 산소나 빛에 안정하기 때문에 주로 투명 용기에 보관하여 사용한다.

③ 아로마 오일은 주로 향기식물의 줄기나 뿌리 부위에서만 추출된다.

④ 아로마 오일은 주로 베이스노트이다.

> ② 아로마 오일은 갈색 용기에 보관하여 사용한다.
> ③ 아로마 오일은 허브의 꽃, 잎, 줄기, 열매 등에서 추출한다.
> ④ 아로마 오일은 주로 미들 노트이다.

2 아로마테라피에 사용되는 아로마 오일에 대한 설명 중 가장 거리가 먼 것은?

① 아로마테라피에 사용되는 아로마 오일은 주로 수증기 증류법에 의해 추출된 것이다.

② 아로마 오일은 공기 중의 산소, 빛 등에 의해 변질될 수 있으므로 갈색병에 보관하여 사용하는 것이 좋다.

③ 아로마 오일은 원액을 그대로 피부에 사용해야 한다.

④ 아로마 오일을 사용할 때에는 안전성 확보를 위하여 사전에 패치 테스트를 실시하여야 한다.

> 아로마 오일은 원액을 그대로 사용하지 말고 소량이라도 희석해서 사용해야 한다.

3 아로마 오일에 대한 설명 중 틀린 것은?

① 아로마 오일은 면역기능을 높여준다.

② 아로마 오일은 피부미용에 효과적이다.

③ 아로마 오일은 피부관리는 물론 화상, 여드름, 염증 치유에도 쓰인다.

④ 아로마 오일은 피지에 쉽게 용해되지 않으므로 다른 첨가물을 혼합하여 사용한다.

> 아로마 오일은 피지에 쉽게 용해되며, 다른 첨가물을 혼합하지 말고 100% 순수한 것을 사용해야 한다.

4 에센셜 오일을 추출하는 방법이 아닌 것은?

① 수증기 증류법
② 혼합법
③ 압착법
④ 용매 추출법

> 에센셜 오일을 추출하는 방법에는 수증기 증류법, 압착법, 휘발성 용매 추출법, 비휘발성 용매 추출법이 있다.

5 아로마 오일의 사용법 중 확산법으로 맞는 것은?

① 따뜻한 물에 넣고 몸을 담근다.
② 아로마 램프나 스프레이를 이용한다.
③ 수건에 적신 후 피부에 붙인다.
④ 손수건, 티슈 등에 1~2방울 떨어뜨리고 심호흡을 한다.

> ① 입욕법, ③ 습포법, ④ 흡입법

6 아로마 오일의 사용법 중 습포법에 대한 설명으로 옳은 것은?

① 손수건, 티슈 등에 1~2방울 떨어뜨리고 심호흡을 한다.
② 온수 또는 냉수 1리터 정도에 5~10방울을 넣고, 수건을 담궈 적신 후 피부에 붙인다.
③ 아로마 램프나 스프레이를 이용한다.
④ 따뜻한 물에 넣고 몸을 담근다.

> ① 흡입법, ③ 확산법, ④ 입욕법

7 캐리어 오일 중 액체상 왁스에 속하고, 인체 피지와 지방산의 조성이 유사하여 피부 친화성이 좋으며, 다른 식물성 오일에 비해 쉽게 산화되지 않아 보존 안정성이 높은 것은?

① 아몬드 오일   ② 호호바 오일
③ 아보카도 오일   ④ 맥아 오일

> 호호바 오일은 우리 몸의 피지와 지방산의 조성이 거의 같아 흡수력이 좋으며 건조하고 민감한 피부, 아토피 피부에 효과적이다.

8 아로마 오일을 피부에 효과적으로 침투시키기 위해 사용하는 식물성 오일은?

① 에센셜 오일
② 캐리어 오일
③ 트랜스 오일
④ 미네랄 오일

> 아로마 오일을 피부에 효과적으로 침투시키기 위해 사용하는 식물성 오일을 캐리어 오일이라고 하는데, 에센셜 오일의 향을 방해하지 않게 향이 없어야 하고 피부 흡수력이 좋아야 한다.

9 캐리어 오일로서 부적합한 것은?

① 미네랄 오일
② 살구씨 오일
③ 아보카도 오일
④ 포도씨 오일

> 캐리어 오일은 아로마 오일을 피부에 효과적으로 침투시키기 위해 사용하는 식물성 오일로 호호바 오일, 아보카도 오일, 아몬드 오일, 윗점 오일, 포도씨 오일, 살구씨 오일, 코코넛 오일 등이 사용된다.

10 캐리어 오일에 대한 설명으로 틀린 것은?

① 캐리어는 운반이란 뜻으로 캐리어 오일은 마사지 오일을 만들 때 필요한 오일이다.
② 베이스 오일이라고도 한다.
③ 에센셜 오일을 추출할 때 오일과 분류되어 나오는 증류액을 말한다.
④ 에센셜 오일의 향을 방해하지 않도록 향이 없어야 하고 피부 흡수력이 좋아야 한다.

> 에센셜 오일을 추출할 때 오일과 분류되어 나오는 증류액을 플로럴 워터(Floral Water)라고 한다.

11 다음 중 여드름의 발생 가능성이 가장 적은 화장품 성분은?

① 호호바 오일
② 라놀린
③ 미네랄 오일
④ 이소프로필 팔미테이트

> 호호바 오일은 여드름, 습진, 건선피부에 안심하고 사용할 수 있는 오일이다.

정답 ▶ 4② 5② 6② 7② 8② 9① 10③ 11①

12 다음은 어떤 베이스 오일을 설명한 것인가?

> 인간의 피지와 화학구조가 매우 유사한 오일로 피부염을 비롯하여 여드름, 습진, 건선피부에 안심하고 사용할 수 있으며, 침투력과 보습력이 우수하여 일반 화장품에도 많이 함유되어 있다.

① 호호바 오일
② 스위트 아몬드 오일
③ 아보카도 오일
④ 그레이프 시드 오일

06. 기능성 화장품

1 다음 중 기능성 화장품의 영역이 아닌 것은?

① 피부의 미백에 도움을 주는 제품
② 피부의 주름 개선에 도움을 주는 제품
③ 피부의 여드름 개선에 도움을 주는 제품
④ 자외선으로부터 피부를 보호하는 데 도움을 주는 제품

> **기능성 화장품의 영역(범위)**
> • 피부의 미백에 도움을 주는 제품
> • 피부의 주름개선에 도움을 주는 제품
> • 피부를 곱게 태워주거나 자외선으로부터 피부를 보호하는 데에 도움을 주는 제품
> • 모발의 색상 변화·제거 또는 영양공급에 도움을 주는 제품
> • 피부나 모발의 기능 약화로 인한 건조함, 갈라짐, 빠짐, 각질화 등을 방지하거나 개선하는 데에 도움을 주는 제품

2 기능성 화장품에 해당되지 않는 것은?

① 피부의 미백에 도움을 주는 제품
② 인체에 비만도를 줄여주는 데 도움을 주는 제품
③ 피부의 주름 개선에 도움을 주는 제품
④ 피부를 곱게 태워주거나 자외선으로부터 피부를 보호하는 데 도움을 주는 제품

3 다음 중 기능성 화장품의 범위에 해당하지 않는 것은?

① 미백 크림   ② 바디 오일
③ 자외선 차단 크림   ④ 주름 개선 크림

> 바디 오일은 바디 화장품으로 트리트먼트용에 해당한다.

4 기능성 화장품류의 주요 효과가 아닌 것은?

① 피부 주름 개선에 도움을 준다.
② 자외선으로부터 보호한다.
③ 피부를 청결히 하여 피부 건강을 유지한다.
④ 피부 미백에 도움을 준다.

5 기능성 화장품에 대한 설명으로 옳은 것은?

① 자외선에 의해 피부가 심하게 그을리거나 일광화상이 생기는 것을 지연해 준다.
② 피부 표면에 더러움이나 노폐물을 제거하여 피부를 청결하게 해 준다.
③ 피부 표면의 건조를 방지해주고 피부를 매끄럽게 한다.
④ 비누 세안에 의해 손상된 피부의 pH를 정상적인 상태로 빨리 되돌아오게 한다.

> 피부 미백, 주름 개선, 선텐 및 자외선 차단, 모발 색상 변화, 피부·모발 개선 기능을 하는 화장품을 말한다.

6 자외선 차단제에 대한 설명 중 틀린 것은?

① 자외선 차단제의 구성성분은 크게 자외선 산란제와 자외선 흡수제로 구분된다.
② 자외선 차단제 중 자외선 산란제는 투명하고, 자외선 흡수제는 불투명한 것이 특징이다.
③ 자외선 산란제는 물리적인 산란작용을 이용한 제품이다.
④ 자외선 흡수제는 화학적인 흡수작용을 이용한 제품이다.

> 자외선 산란제는 발랐을 때 불투명하고, 자외선 흡수제는 투명한 것이 특징이다.

7 주름 개선 기능성 화장품의 효과와 가장 거리가 먼 것은?

① 피부탄력 강화
② 콜라겐 합성 촉진
③ 표피 신진대사 촉진
④ 섬유아세포 분해 촉진

> 주름개선 기능성 화장품은 섬유아세포의 생성을 촉진한다.

정답 ▶ 12 ① ▊ 1 ③ 2 ② 3 ② 4 ③ 5 ① 6 ② 7 ④

8 다음 중 자외선 흡수제에 대한 설명이 아닌 것은?

① 발랐을 때 투명하다.
② 촉촉하고 산뜻하며, 화장이 잘 밀리지 않는다.
③ 자외선 차단율이 높다.
④ 피부 트러블의 가능성이 높다.

구분	자외선 산란제	자외선 흡수제
특징	• 물리적인 산란작용 이용 • 발랐을 때 불투명	• 화학적인 흡수작용 이용 • 발랐을 때 투명
장점	자외선 차단율이 높음	촉촉하고 산뜻하며, 화장이 밀리지 않음
단점	화장이 밀림	피부 트러블의 가능성이 높음

자외선 차단제의 종류

9 미백 화장품에 사용되는 원료가 아닌 것은?

① 알부틴
② 코직산
③ 레티놀
④ 비타민 C 유도체

레티놀은 순수 비타민 A로 주름개선제로 사용된다.

10 미백 화장품의 메커니즘이 아닌 것은?

① 자외선 차단
② 도파(DOPA) 산화 억제
③ 티로시나아제 활성화
④ 멜라닌 합성 저해

티로시나아제 효소의 활성을 억제함으로써 미백 기능을 가진다.

11 SPF란 무엇을 뜻하는가?

① 자외선의 썬텐지수
② 자외선이 우리 몸에 들어오는 지수
③ 자외선이 우리 몸에 머무는 지수
④ 자외선 차단지수

12 자외선 차단제에 대한 설명으로 옳은 것은?

① 일광의 노출 전에 바르는 것이 효과적이다.
② 피부 병변에 있는 부위에 사용하여도 무관하다.
③ 사용 후 시간이 경과하여도 다시 덧바르지 않는다.
④ SPF지수가 높을수록 민감한 피부에 적합하다.

② 피부 병변에 있는 부위에는 사용하면 안 된다.
③ 자외선 차단제는 지속적으로 덧발라야 자외선 차단 시간을 연장시킬 수 있다.
④ 민감한 피부에는 SPF지수가 낮은 것이 좋으며 수시로 발라 주는 것이 좋다.

13 자외선 차단제에 관한 설명이 틀린 것은?

① 자외선 차단제는 SPF의 지수가 매겨져 있다.
② SPF는 수치가 낮을수록 자외선 차단지수가 높다.
③ 자외선 차단제의 효과는 피부의 멜라닌 양과 자외선에 대한 민감도에 따라 달라질 수 있다.
④ 자외선 차단지수는 제품을 사용했을 때 홍반을 일으키는 자외선의 양을, 제품을 사용하지 않았을 때 홍반을 일으키는 자외선의 양으로 나눈 값이다.

SPF는 수치가 높을수록 자외선 차단지수가 높다.

14 다음 중 옳은 것만을 모두 짝지은 것은?

> ㉠ 자외선 차단제는 물리적 차단제와 화학적 차단제가 있다.
> ㉡ 물리적 차단제에는 벤조페논, 옥시벤존, 옥틸디메틸파바 등이 있다.
> ㉢ 화학적 차단제는 피부에 유해한 자외선을 흡수하여 피부 침투를 차단하는 방법이다.
> ㉣ 물리적 차단제는 자외선이 피부에 흡수되지 못하도록 피부 표면에서 빛을 반사 또는 산란시키는 방법이다.

① ㉠, ㉡, ㉢
② ㉠, ㉢, ㉣
③ ㉠, ㉡, ㉣
④ ㉡, ㉢, ㉣

벤조페논, 옥시벤존, 옥틸디메틸파바 등은 화학적 차단제에 해당한다.

15 *** SPF에 대한 설명으로 틀린 것은?

① Sun Protection Factor의 약자로서 자외선 차단지수라 불리어진다.

② 엄밀히 말하면 UV-B 방어효과를 나타내는 지수라고 볼 수 있다.

③ 오존층으로부터 자외선이 차단되는 정도를 알아보기 위한 목적으로 이용된다.

④ 자외선 차단제를 바른 피부가 최소의 홍반을 일어나게 하는 데 필요한 자외선 양을, 바르지 않은 피부가 최소의 홍반을 일어나게 하는 데 필요한 자외선 양으로 나눈 값이다.

> 자외선 차단지수는 피부로부터 자외선이 차단되는 정도를 알아보기 위한 목적으로 이용된다.

Hairdresser

Hairdresser Certification

CHAPTER

04

출제문항수
21

공중위생관리학

SECTION
01

Hairdresser Certification

공중보건학 총론

[출제문항수 : 1~2문제] 이 섹션에서는 공중보건학의 개념, 인구구성 형태, 보건지표를 중심으로 학습하도록 합니다. 내용은 많지 않지만 다양하게 출제될 수 있습니다.

01 공중보건학의 개념

(1) 윈슬로우의 정의

공중보건학이란 조직화된 지역사회의 노력으로 질병을 예방하고 수명을 연장하며 신체적·정신적 효율을 증진시키는 기술이며 과학이다.

(2) 대상 : 지역사회 전체 주민

(3) 공중보건사업의 최소 단위 : 지역사회

(4) 공중보건의 3대 요소 : 수명연장, 감염병 예방, 건강과 능률의 향상

(5) 공중보건학 = 지역사회의학

(6) 공중보건학의 목적

> **Check!**
> 질병 치료는 공중보건학의 목적이 아니다.

① 질병 예방
② 수명 연장
③ 신체적·정신적 건강 증진

(7) 접근 방법

목적을 달성하기 위한 접근 방법은 개인이나 일부 전문가의 노력에 의해 되는 것이 아니라 조직화된 지역사회 전체의 노력으로 달성될 수 있다.

(8) 공중보건학의 범위

구분	내용
환경보건 분야	환경위생, 식품위생, 환경오염, 산업보건
역학 및 질병 관리 분야	역학, 감염병 관리, 기생충질환 관리, 비감염성질환 관리
보건관리 분야	보건행정, 보건교육, 보건영양, 인구보건, 모자보건, 가족보건, 노인보건, 의료정보, 응급의료, 사회보장제도

(9) 공중보건학의 방법
① 환경위생 ② 감염병 관리 ③ 개인위생

02 건강과 질병

1 세계보건기구(WHO)의 건강의 정의

건강이란 단순히 질병이 없고 허약하지 않은 상태만을 의미하는 것이 아니라 육체적, 정신적 건강과 사회적 안녕이 완전한 상태를 의미한다.

> **Terms!**
> 사회적 안녕
> 국민의 기본적 욕구가 만족되는 상태

2 질병 발생의 3가지 요인

(1) 숙주적 요인

생물학적 요인	선천적 요인	성별, 연령, 유전 등
	후천적 요인	영양상태
사회적 요인	경제적 요인	직업, 거주환경, 작업환경
	생활양식	흡연, 음주, 운동

(2) 병인적 요인

① 생물학적 병인 : 세균, 곰팡이, 기생충, 바이러스 등
② 물리적 병인 : 열, 햇빛, 온도 등
③ 화학적 병인 : 농약, 화학약품 등
④ 정신적 병인 : 스트레스, 노이로제 등

(3) 환경적 요인

기상, 계절, 매개물, 사회환경, 경제적 수준 등

03 인구보건 및 보건지표

1 인구의 구성 형태

구분	내용	특징
피라미드형	후진국형 (인구증가형)	출생률은 높고 사망률은 낮은 형(14세 이하 65세 이상 인구의 2배를 초과)
종형	이상형 (인구정지형)	출생률과 사망률이 낮은 형(14세 이하 65세 이상 인구의 2배 정도)

항아리형	선진국형 (인구감소형)	평균수명이 높고 인구가 감퇴하는 형(14세 이하 인구가 65세 이상 인구의 2배 이하)
별형	도시형 (인구유입형)	생산층 인구가 증가되는 형 (15~49세 인구가 전체 인구의 50% 초과)
기타형	농촌형 (인구유출형)	생산층 인구가 감소하는 형 (15~49세 인구가 전체 인구의 50% 미만)

※토마스 R. 말더스 : 인구는 기하급수적으로 늘고 생산은 산술급수적으로 늘기 때문에 체계적인 인구조절이 필요하다고 주장

2 인구증가

인구증가 = 자연증가 + 사회증가

※자연증가 = 출생인구 − 사망인구
사회증가 = 전입인구 − 전출인구

3 보건지표

(1) 인구통계

① 조출생률
- 1년간의 총 출생아수를 당해연도의 총인구로 나눈 수치를 1,000분비로 나타낸 것
- 한 국가의 출생수준을 표시하는 지표

② 일반출생률
- 15~49세의 가임여성 1,000명당 출생률

(2) 사망통계

① 조사망률
- 인구 1,000명당 1년 동안의 사망자 수

② 영아사망률
- 한 국가의 보건수준을 나타내는 지표
- 생후 1년 안에 사망한 영아의 사망률

③ 신생아사망률
- 생후 28일 미만의 유아의 사망률

④ 비례사망지수
- 한 국가의 건강수준을 나타내는 지표
- 총 사망자 수에 대한 50세 이상의 사망자 수를 백분율로 표시한 지수

▶ 한 국가나 지역사회 간의 보건수준을 비교하는 데 사용되는 3대 지표
영아사망률, 비례사망지수, 평균수명

▶ 한 나라의 건강수준을 다른 국가들과 비교할 수 있는 지표로 세계보건기구가 제시한 내용
비례사망지수, 조사망률, 평균수명

▶ α-index = $\dfrac{\text{영아 사망률}}{\text{신생아 사망률}}$

※ α-index 값이 1에 가까울수록 그 지역의 건강수준이 높다는 것을 의미

출제예상문제 | 단원별 구성의 문제 유형 파악!

01. 공중보건학의 개념

1 ★★★
공중보건학에 대한 설명으로 틀린 것은?

① 지역사회 전체 주민을 대상으로 한다.
② 목적은 질병예방, 수명연장, 신체적·정신적 건강증진이다.
③ 목적 달성의 접근방법은 개인이나 일부 전문가의 노력에 의해 달성될 수 있다.
④ 방법에는 환경위생, 감염병관리, 개인위생 등이 있다.

> 목적을 달성하기 위한 접근 방법은 개인이나 일부 전문가의 노력에 의해 되는 것이 아니라 조직화된 지역사회 전체의 노력으로 달성될 수 있다.

2 ★★★
공중보건학의 정의로 가장 적합한 것은?

① 질병예방, 생명연장, 질병치료에 주력하는 기술이며 과학이다.
② 질병예방, 생명유지, 조기치료에 주력하는 기술이며 과학이다.
③ 질병의 조기발견, 조기예방, 생명연장에 주력하는 기술이며 과학이다.
④ 질병예방, 생명연장, 건강증진에 주력하는 기술이며 과학이다.

> 공중보건학이란 조직된 지역사회의 노력으로 질병을 예방하고 수명을 연장하며 신체적·정신적 효율을 증진시키는 기술이며 과학이다.

정답 ▶ **1** 1③ 2④

3 공중보건학의 목적으로 적절하지 않은 것은?

① 질병예방
② 수명연장
③ 육체적·정신적 건강 및 효율의 증진
④ 물질적 풍요

> 공중보건학이란 조직화된 지역사회의 노력으로 질병을 예방하고 수명을 연장하며 신체적·정신적 효율을 증진시키는 기술이며 과학이다.

4 공중보건의 3대 요소에 속하지 않는 것은?

① 감염병 치료　　② 수명 연장
③ 건강과 능률의 향상　　④ 감염병 예방

5 공중보건학의 목적과 거리가 가장 먼 것은?

① 질병치료
② 수명연장
③ 신체적·정신적 건강증진
④ 질병예방

> 공중보건학의 목적은 질병치료가 아니라 질병예방에 있다.

6 공중보건학의 개념과 가장 관계가 적은 것은?

① 지역주민의 수명 연장에 관한 연구
② 감염병 예방에 관한 연구
③ 성인병 치료기술에 관한 연구
④ 육체적 정신적 효율 증진에 관한 연구

> 공중보건학이란 조직화된 지역사회의 노력으로 질병을 예방하고 수명을 연장하며 신체적·정신적 효율을 증진시키는 기술이며 과학이다.

7 다음 중 공중보건학의 개념과 가장 유사한 의미를 갖는 표현은?

① 치료의학　　② 예방의학
③ 지역사회의학　　④ 건설의학

> 공중보건학은 지역사회의 노력으로 질병을 예방하고 수명을 연장하며 신체적·정신적 효율을 증진시키는 데 목적이 있으므로 지역사회의학의 개념과 유사한 의미를 가진다.

8 공중보건학 개념상 공중보건사업의 최소 단위는?

① 직장 단위의 건강
② 가족단위의 건강
③ 지역사회 전체 주민의 건강
④ 노약자 및 빈민 계층의 건강

> 공중보건학은 특정 집단이나 계층에 제한되지 않고 지역사회 전체 주민의 건강을 최소 단위로 한다.

9 우리나라의 공중 보건에 관한 과제 해결에 필요한 사항은?

> ㉠ 제도적 조치
> ㉡ 직업병 문제 해결
> ㉢ 보건교육 활동
> ㉣ 질병문제 해결을 위한 사회적 투자

① ㉠, ㉡, ㉢　　② ㉠, ㉢
③ ㉡, ㉣　　④ ㉠, ㉡, ㉢, ㉣

10 다음 중 공중보건사업에 속하지 않는 것은?

① 환자 치료　　② 예방접종
③ 보건교육　　④ 감염병관리

> 공중보건사업의 목적은 질병의 치료에 있지 않고 질병의 예방에 있다.

11 다음 중 공중보건사업의 대상으로 가장 적절한 것은?

① 성인병 환자　　② 입원 환자
③ 암투병 환자　　④ 지역사회 주민

> 공중보건사업은 환자에 국한되지 않고 지역사회 주민 전체를 대상으로 한다.

12 다음 중 공중보건의 연구범위에서 제외되는 것은?

① 환경위생 향상
② 개인위생에 관한 보건교육
③ 질병의 조기발견
④ 질병의 치료방법 개발

정답　3 ④　4 ①　5 ①　6 ③　7 ③　8 ③　9 ④　10 ①　11 ④　12 ④

***
1 세계보건기구(WHO)에서 규정된 건강의 정의를 가장 적절하게 표현한 것은?

① 육체적으로 완전히 양호한 상태
② 정신적으로 완전히 양호한 상태
③ 질병이 없고 허약하지 않은 상태
④ 육체적, 정신적, 사회적 안녕이 완전한 상태

> 건강이란 단순히 질병이 없고 허약하지 않은 상태만을 의미하는 것이 아니라 육체적·정신적 건강과 사회적 안녕이 완전한 상태를 의미한다.

****
2 질병 발생의 세 가지 요인으로 연결된 것은?

① 숙주 – 병인 – 환경
② 숙주 – 병인 – 유전
③ 숙주 – 병인 – 병소
④ 숙주 – 병인 – 저항력

****
3 질병 발생의 요인 중 숙주적 요인에 해당되지 않는 것은?

① 선천적 요인
② 연령
③ 생리적 방어기전
④ 경제적 수준

> 경제적 수준은 환경적 요인에 해당한다.

**
4 질병 발생의 요인 중 병인적 요인에 해당되지 않는 것은?

① 세균　　　　　② 유전
③ 기생충　　　　④ 스트레스

병인적 요인	
생물학적 병인	세균, 곰팡이, 기생충, 바이러스 등
물리적 병인	열, 햇빛, 온도 등
화학적 병인	농약, 화학약품 등
정신적 병인	스트레스, 노이로제 등

***
1 다음 중 "인구는 기하급수적으로 늘고 생산은 산술급수적으로 늘기 때문에 체계적인 인구조절이 필요하다"라고 주장한 사람은?

① 토마스 R. 말더스　　② 프랜시스 플레이스
③ 포베르토 코흐　　　　④ 에드워드 윈슬로우

> 영국의 토마스 R. 말더스가 그의 저서 〈인구론〉에서 주장한 내용이다.

**
2 다음 중 인구증가에 대한 사항으로 맞는 것은?

① 자연증가 = 전입인구 – 전출인구
② 사회증가 = 출생인구 – 사망인구
③ 인구증가 = 자연증가 + 사회증가
④ 초자연증가 = 전입인구 – 전출인구

> • 자연증가 = 출생인구 – 사망인구
> • 사회증가 = 전입인구 – 전출인구

****
3 출생률보다 사망률이 낮으며 14세 이하 인구가 65세 이상 인구의 2배를 초과하는 인구 구성형은?

① 피라미드형　　　　② 종형
③ 항아리형　　　　　④ 별형

> ② 종형 : 출생률과 사망률이 낮은 형
> ③ 항아리형 : 평균수명이 높고 인구가 감퇴하는 형
> ④ 별형 : 생산층 인구가 증가되는 형

****
4 일명 도시형, 유입형이라고도 하며 생산층 인구가 전체인구의 50% 이상이 되는 인구 구성의 유형은?

① 별형(star form)　　　② 항아리형(pot form)
③ 농촌형(guitar form)　④ 종형(bell form)

****
5 인구구성 중 14세 이하가 65세 이상 인구의 2배 정도이며 출생률과 사망률이 모두 낮은 형은?

① 피라미드형(pyramid form)
② 종형(bell form)
③ 항아리형(pot form)
④ 별형(accessive form)

chapter 04

정답 ❷ 1 ④ 2 ① 3 ④ 4 ② ❸ 1 ① 2 ③ 3 ① 4 ① 5 ②

6 한 국가나 지역사회 간의 보건수준을 비교하는 데 사용되는 대표적인 3대 지표는?

① 영아사망률, 비례사망지수, 평균수명
② 영아사망률, 사인별 사망률, 평균수명
③ 유아사망률, 모성사망률, 비례사망지수
④ 유아사망률, 사인별 사망률, 영아사망률

7 한 나라의 건강수준을 나타내며 다른 나라들과의 보건수준을 비교할 수 있는 세계보건기구가 제시한 지표는?

① 비례사망지수   ② 국민소득
③ 질병이환율   ④ 인구증가율

8 전체 사망자 수에 대한 50세 이상의 사망자 수를 나타낸 구성 비율은?

① 평균수명   ② 조사망율
③ 영아사망률   ④ 비례사망지수

> **비례사망지수**
> • 한 국가의 건강수준을 나타내는 지표
> • 총 사망자 수에 대한 50세 이상의 사망자 수를 백분율로 표시한 지수

9 한 나라의 보건수준을 측정하는 지표로서 가장 적절한 것은?

① 의과대학 설치수   ② 국민소득
③ 감염병 발생률   ④ 영아사망률

10 한 지역이나 국가의 공중보건을 평가하는 기초자료로 가장 신뢰성 있게 인정되고 있는 것은?

① 질병이환율   ② 영아사망률
③ 신생아사망률   ④ 조사망률

11 가족계획 사업의 효과 판정상 가장 유력한 지표는?

① 인구증가율   ② 조출생률
③ 남녀출생비   ④ 평균여명년수

> **조출생률**
> • 1년간의 총 출생아수를 당해연도의 총인구로 나눈 수치를 1,000분비로 나타낸 것
> • 한 국가의 출생수준을 표시하는 지표

12 한 나라의 건강수준을 다른 국가들과 비교할 수 있는 지표로 세계보건기구가 제시한 내용은?

① 인구증가율, 평균수명, 비례사망지수
② 비례사망지수, 조사망률, 평균수명
③ 평균수명, 조사망률, 국민소득
④ 의료시설, 평균수명, 주거상태

13 아래 보기 중 생명표의 표현에 사용되는 인자들을 모두 나열한 것은?

> ㉠ 생존수   ㉡ 사망수
> ㉢ 생존률   ㉣ 평균여명

① ㉠, ㉡, ㉢   ② ㉠, ㉢
③ ㉡, ㉣   ④ ㉠, ㉡, ㉢, ㉣

> 생명표란 인구집단에 있어서 출생과 사망에 의한 생명현상을 이용하여 각 연령에서 앞으로 살게 될 것으로 기대되는 평균여명을 말하는데, 생존수, 사망수, 생존률, 사망률, 사력(死力), 평균여명 등 여섯 종의 생명함수로 나타낸다.

14 다음의 영아사망률 계산식에서 (A)에 알맞은 것은?

$$\frac{(A)}{연간\ 출생아\ 수} \times 1{,}000$$

① 연간 생후 28일까지의 사망자 수
② 연간 생후 1년 미만 사망자 수
③ 연간 1~4세 사망자 수
④ 연간 임신 28주 이후 사산 + 출생 1주 이내 사망자 수

15 지역사회의 보건수준을 비교할 때 쓰이는 지표가 아닌 것은?

① 영아사망률   ② 평균수명
③ 일반사망률   ④ 국세조사

SECTION 02 질병관리

[출제문항수 : 1~2문제] 이 섹션에서는 법정감염병의 분류가 가장 중요합니다. 모든 질병의 암기는 어려우므로 출제예상문제 중심으로 학습하도록 합니다. 또한, 병원체, 병원소, 감염병의 특징도 학습하시기 바랍니다.

01 역학(疫學) 및 감염병 발생의 단계

1 역학의 역할

① 질병의 원인 규명
② 질병의 발생과 유행 감시
③ 지역사회의 질병 규모 파악
④ 질병의 예후 파악
⑤ 질병관리방법의 효과에 대한 평가
⑥ 보건정책 수립의 기초 마련

Terms!
역학
인간 집단 내에서 일어나는 유행병의 원인을 규명하는 학문

2 감염병 발생의 단계

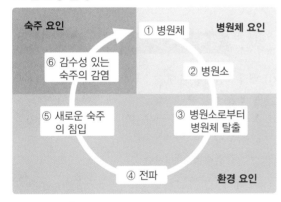

• 질병발생의 3대 요소 : **병인, 환경, 숙주**
• **병원체** : 숙주에 침입하여 질병을 일으키는 미생물
• **병원소** : 병원체가 생활, 증식할 수 있는 장소(환자, 보균자, 병원체보유동물)
• **전파** : 탈출한 병원체가 새로운 숙주로 옮겨가는 과정
• **숙주의 감수성** : 숙주에 침입한 병원체의 감염이나 발병을 막을 수 없는 상태(↔ 저항력)
  – 분류 : 선천성 면역, 후천성 면역

병원체의 탈출경로 : 호흡기계, 소화기계, 비뇨기계, 개방병소, 기계적 탈출

02 병원체 및 병원소

1 병원체

(1) 정의 : 숙주에 기생하면서 병을 일으키는 미생물
(2) 종류

① 세균

호흡기계	결핵, 디프테리아, 백일해, 한센병, 폐렴, 성홍열, 수막구균성수막염
소화기계	콜레라, 장티푸스, 파라티푸스, 세균성 이질, 파상열
피부점막계	파상풍, 페스트, 매독, 임질

② 바이러스

호흡기계	홍역, 유행성 이하선염, 인플루엔자, 두창
소화기계	폴리오, 유행성 간염, 소아마비, 브루셀라증
피부점막계	AIDS, 일본뇌염, 공수병, 트라코마, 황열

③ 리케차 : 발진티푸스, 발진열, 쯔쯔가무시병, 록키산 홍반열 등
④ 수인성(물) 감염병 : 콜레라, 장티푸스, 파라티푸스, 이질, 소아마비, A형간염 등
⑤ 기생충 : 말라리아, 사상충, 아메바성 이질, 회충증, 간흡충증, 폐흡충증, 유구조충증, 무구조충증 등
⑥ 진균 : 백선, 칸디다증 등
⑦ 클라미디아 : 앵무새병, 트라코마 등
⑧ 곰팡이 : 캔디디아시스, 스포로티코시스 등

2 병원소

(1) 정의 : 병원체가 증식하며 다른 숙주에 전파시킬 수 있는 상태로 저장되는 일종의 전염원
(2) 종류
① 인간 병원소 : 환자, 보균자 등
② 동물 병원소 : 개, 소, 말, 돼지 등
③ 토양 병원소 : 파상풍, 오염된 토양 등

chapter 04

(3) 보균자

건강 보균자	• 병원체를 보유하고 있으나 증상이 없으며 체외로 이를 배출하고 있는 자 • 감염병 관리상 어려운 이유 - 색출이 어려우므로 - 활동영역이 넓으므로 - 격리가 어려우므로
잠복기 보균자	• 전염성 질환의 잠복기간 중에 병원체를 배출하는 자 • 호흡기계 감염병
병후 보균자	• 전염성 질환에 이환된 후 그 임상 증상이 소실된 후에도 병원체를 배출하는 자 • 소화기계 감염병

03 면역 및 주요 감염병의 접종 시기

1 선천적 면역
종속면역, 인종면역, 개인면역

2 후천적 면역

구분		의미
능동 면역	자연능동면역	감염병에 감염된 후 형성되는 면역
	인공능동면역	예방접종을 통해 형성되는 면역
수동 면역	자연수동면역	모체로부터 태반이나 수유를 통해 형성되는 면역
	인공수동면역	항독소 등 인공제제를 접종하여 형성되는 면역

3 자연능동면역
① 영구면역 : 홍역, 백일해, 장티푸스, 발진티푸스, 콜레라, 페스트
② 일시면역 : 디프테리아, 폐렴, 인플루엔자, 세균성 이질

4 인공능동면역
① 생균백신 : 결핵, 홍역, 폴리오(경구)
② 사균백신 : 장티푸스, 콜레라, 백일해, 폴리오(경피)
③ 순화독소 : 파상풍, 디프테리아

Terms!
DPT 접종
디프테리아(Diphtheria),
백일해(Pertussis),
파상풍(Tetanus)의
첫 글자를 뜻함

▶ 주요 감염병의 접종 시기

구분	접종 시기
결핵	생후 1개월 이내
B형 간염	• 모체가 HBsAg 양성인 경우 : 생후 12시간 이내 • 모체가 HBsAg 음성인 경우 : 생후 1~2개월
디프테리아 백일해 파상풍	• 1차 : 생후 2개월 • 2차 : 생후 4개월 • 3차 : 생후 6개월
폴리오	• 1차 : 생후 2개월 • 2차 : 생후 4개월 • 3차 : 생후 6개월
홍역, 풍진 유행성이하 선염	• 1차 : 생후 12~15개월 • 2차 : 만 4~6세
일본뇌염	• 생후 12~23개월
수두	• 생후 12~15개월
폐렴구균	• 1차 : 생후 2개월 • 2차 : 생후 4개월 • 3차 : 생후 6개월

04 검역

(1) 대상 : 감염병 유행지역에서 입국하는 사람이나 동물 또는 식품 등
(2) 목적 : 외국 질병의 국내 침입을 방지하여 국민의 건강을 유지·보호
(3) 검역 감염병 및 감시기간

종류	감시 기간
콜레라	120시간(5일)
페스트	144시간(6일)
황열	144시간(6일)
중증급성호흡기증후군(SARS)	240시간(10일)
조류인플루엔자인체감염증	240시간(10일)
신종인플루엔자	최대 잠복기

05 법정감염병의 분류

1 제1급 감염병
생물테러감염병 또는 치명률이 높거나 집단 발생의 우려가 커서 발생 또는 유행 즉시 신고하여야 하고, 음압격리와 같은 높은 수준의 격리가 필요한 감염병

▶ 종류
에볼라바이러스병, 마버그열, 라싸열, 크리미안콩고출혈열, 남아메리카출혈열, 리프트밸리열, 두창, 페스트, 탄저, 보툴리눔독소증, 야토병, 신종감염병증후군, 중증급성호흡기증후군(SARS), 중동호흡기증후군(MERS), 동물인플루엔자인체감염증, 신종인플루엔자, **디프테리아**

② 제2급 감염병

전파가능성을 고려하여 발생 또는 유행 시 24시간 이내에 신고하여야 하고, 격리가 필요한 감염병

▶ 종류
결핵, **수두**, **홍역**, 콜레라, **장티푸스**, 파라티푸스, 세균성이질, 장출혈성대장균감염증, **A형간염**, **백일해**, **유행성이하선염**, **풍진**, **폴리오**, 수막구균 감염증, **b형헤모필루스인플루엔자**, **폐렴구균 감염증**, 한센병, 성홍열, 반코마이신내성황색포도알균(VRSA)감염증, 카바페넴내성장내세균속균종(CRE)감염증, E형간염, 코로나바이러스감염증-19

③ 제3급 감염병

발생을 계속 감시할 필요가 있어 발생 또는 유행 시 24시간 이내에 신고하여야 하는 감염병

▶ 종류
파상풍, **B형간염**, **일본뇌염**, C형간염, 말라리아, 레지오넬라증, 비브리오패혈증, 발진티푸스, 발진열, 쯔쯔가무시증, 렙토스피라증, 브루셀라증, 공수병, **신증후군출혈열**, 후천성면역결핍증(AIDS), 크로이츠펠트-야콥병(CJD) 및 변종크로이츠펠트-야콥병(vCJD), 황열, 뎅기열, 큐열, 웨스트나일열, 라임병, 진드기매개뇌염, 유비저, 치쿤구니야열, 중증열성혈소판감소증후군(SFTS), 지카바이러스감염증, 매독, 엠폭스(MPOX)

④ 제4급 감염병

제1급~제3급 감염병까지의 감염병 외에 유행 여부를 조사하기 위하여 표본감시 활동이 필요한 감염병

▶ 종류
인플루엔자, 회충증, 편충증, 요충증, 간흡충증, 폐흡충증, 장흡충증, 수족구병, 임질, 클라미디아감염증, 연성하감, 성기단순포진, 첨규콘딜롬, 반코마이신내성장알균(VRE) 감염증, 메티실린내성황색포도알균(MRSA) 감염증, 다제내성녹농균(MRPA) 감염증, 다제내성아시네토박터바우마니균(MRAB) 감염증, 장관감염증, 급성호흡기감염증, 해외유입기생충감염증, 엔테로바이러스감염증, **사람유두종바이러스감염증**

◀ 제 1·2급 감염병 암기법

⑤ 기타 보건복지부장관 고시 감염병

(1) 세계보건기구 감시대상 감염병(보건복지부장관 고시)

세계보건기구가 국제공중보건의 비상사태에 대비하기 위하여 감시대상으로 정한 질환

▶ 종류
두창, 폴리오, 신종인플루엔자, 콜레라, 폐렴형 페스트, 중증급성호흡기증후군(SARS), 황열, 바이러스성 출혈열, 웨스트나일열

(2) 인수공통감염병

동물과 사람 간에 서로 전파되는 병원체에 의하여 발생되는 감염병

▶ 종류
장출혈성대장균감염증, 일본뇌염, 브루셀라증, 탄저, 공수병, 동물인플루엔자 인체감염증, 중증급성호흡기증후군(SARS), 변종크로이츠펠트-야콥병(vCJD), 큐열, 결핵, 중증열성혈소판감소증후군(SFTS)

(3) 성매개감염병(보건복지부장관 고시)

성 접촉을 통하여 전파되는 감염병

▶ 종류
매독, 임질, 클라미디아, 연성하감, 성기단순포진, 첨규콘딜롬, 사람유두종바이러스 감염증

06 주요 감염병의 특징

① 소화기계 감염병

콜레라	• 제2급 급성 법정감염병 • 수인성 감염병으로 경구 전염 • [증상] 발병이 빠르고 구토, 설사, 탈수 등
장티푸스	• 경구 침입 감염병 • [전파] 주로 파리에 의해 전파 • [증상] 고열, 식욕감퇴, 서맥, 림프절 종창, 피부발진, 변비, 불쾌감 등 • [예방접종] 인공 능동면역
폴리오	• 중추신경계 손상에 의한 영구 마비 • [전파] 호흡기계 분비물, 분변 및 음식물을 매개로 감염

② 호흡기계 감염병

디프테리아	• [증상] 심한 인후염을 일으키고 독소를 분비하여 신경염을 일으킬 수 있음 • [전파] 환자나 보균자의 콧물, 인후 분비물, 피부 상처

백일해	• [증상] 심한 기침 • [전파] 호흡기 분비물, 비말을 통한 호흡기 전파
조류독감	• [증상] 기침, 호흡곤란, 발열, 오한, 설사, 근육통, 의식저하 • [전파] 조류인플루엔자 바이러스에 감염된 조류와의 접촉
중증급성 호흡기 증후군 (SARS)	• [증상] 발열, 두통, 근육통, 무력감, 기침, 호흡곤란 • [전파] 대기 중에 떠다니는 미세한 입자에 의해 호흡기를 통해 감염
신종 인플루엔자	• [증상] 발열, 오한, 두통, 근육통, 관절통, 구토, 피로감 • [전파] 호흡기를 통해 감염
결핵	• [증상] 기침, 객혈, 흉통 • [전파] 신체의 모든 부분에 침범 • [예방] 출생 후 4주 이내에 BCG 접종 실시 • [검사] 투베르쿨린 반응 검사

3 동물 매개 감염병

공수병 (광견병)	개에게 물리면서 개의 타액에 있는 병원체에 의해 감염
탄저	양모 · 모피공장에서 주로 감염(소, 말, 양)
렙토스피라증	들쥐의 배설물을 통해 주로 감염

4 절지동물 매개 감염병

페스트	• 패혈증 페스트 : 림프선에 병변을 일으켜 림프절 페스트와 패혈증을 일으킴 • 폐 페스트 : 폐렴을 일으킴 • [전파] 림프절 페스트는 쥐벼룩에 의해, 폐 페스트는 비말감염으로 사람에게 전파
발진티푸스	• [증상] 발열, 근육통, 전신신경증상, 발진 등 • [전파] 이가 흡혈해 상처를 통해 침입 또는 먼지를 통해 호흡기계로 감염
말라리아	• 세계적으로 가장 많이 이환되는 질병 • [전파] 모기를 매개로 전파
쯔쯔가 무시증	• [증상] 오한, 발열, 두통, 복통 등 • [전파] 감염된 들쥐의 털진드기에 의해 전파
유행성 일본뇌염	• 우리나라에서 8~10월에 주로 발생 • [전파] 작은빨간집모기에 의해 전파

기타	사상충증, 양충병, 황열, 신증후군출혈열

5 매개체별 감염병의 종류

구분	매개체	종류
곤충	모기	말라리아, 뇌염, 사상충, 황열, 뎅기열
	파리	콜레라, 장티푸스, 이질, 파라티푸스
	바퀴벌레	콜레라, 장티푸스, 이질
	진드기	신증후군출혈열, 쯔쯔가무시병, 록키산홍반열
	벼룩	페스트, 발진열, 재귀열
	이	발진티푸스, 재귀열, 참호열
	체체파리	수면병
동물	쥐	페스트, 살모넬라증, 발진열, 신증후군출혈열, 쯔쯔가무시병, 재귀열, 렙토스피라증
	소	결핵, 탄저, 파상열, 살모넬라증
	돼지	일본뇌염, 탄저, 렙토스피라증, 살모넬라증
	양	큐열, 탄저
	말	탄저, 살모넬라증
	개	공수병, 톡소프라스마증
	고양이	살모넬라증, 톡소프라스마증
	토끼	야토병

▶ **감수성 지수**
두창·홍역(95%), 백일해(60~80%), 성홍열(40%), 디프테리아(10%), 폴리오(0.1%)

---

07 감염병의 신고 및 보고

1 감염병의 신고

의사, 치과의사 또는 한의사는 다음의 경우 소속 의료기관의 장에게 보고하여야 하고, 해당 환자와 그 동거인에게 보건복지부장관이 정하는 감염 방지 방법 등을 지도하여야 한다. 다만, 의료기관에 소속되지 않은 의사, 치과의사 또는 한의사는 그 사실을 관할 보건소장에게 신고해야 한다.

• 감염병 환자 등을 진단하거나 그 사체를 검안한 경우
• 예방접종 후 이상반응자를 진단하거나 그 사체를 검안한 경우
• 감염병환자가 제1급~제3급 감염병으로 사망한 경우
• 감염병환자로 의심되는 사람이 감염병병원체 검사를 거부하는 경우

② 신고 시기

① 제1급 감염병 : 즉시

② 제2, 3급 감염병 : 24시간 이내

③ 제4급 감염병 : 7일 이내

③ 보건소장의 보고

보건소장 → 관할 특별자치도지사 또는 시장·군수·구청장 → 보건복지부장관 및 시·도지사

 출제예상문제 | 단원별 구성의 문제 유형 파악!

02. 병원체 및 병원소

1 ***
다음 질병 중 병원체가 바이러스(virus)인 것은?

① 장티푸스   ② 쯔쯔가무시병
③ 폴리오   ④ 발진열

> 바이러스 : 홍역, 폴리오, 유행성 이하선염, 일본뇌염, 광견병, 후천성면역결핍증, 유행성 간염 등

2 **
인체에 질병을 일으키는 병원체 중 살아있는 세포에서만 증식하고 크기가 가장 작아 전자현미경으로만 관찰할 수 있는 것은?

① 구균   ② 간균
③ 원생동물   ④ 바이러스

3 ***
바이러스에 대한 일반적인 설명으로 옳은 것은?

① 항생제에 감수성이 있다.
② 광학 현미경으로 관찰이 가능하다.
③ 핵산 DNA와 RNA 둘 다 가지고 있다.
④ 바이러스는 살아있는 세포 내에서만 증식 가능하다.

4 ***
토양(흙)이 병원소가 될 수 있는 질환은?

① 디프테리아   ② 콜레라
③ 간염   ④ 파상풍

> **병원소의 종류**
> • 인간 병원소 : 환자, 보균자 등
> • 동물 병원소 : 개, 소, 말, 돼지 등
> • 토양 병원소 : 파상풍, 오염된 토양 등

5 ***
건강보균자를 설명한 것으로 가장 적절한 것은?

① 감염병에 이환되어 앓고 있는 자
② 병원체를 보유하고 있으나 증상이 없으며 체외로 이를 배출하고 있는 자
③ 감염병에 걸렸다가 완전히 치유된 자
④ 감염병에 걸렸지만 자각증상이 없는 자

> **보균자의 종류**
> • 건강보균자 : 병원체를 보유하고 있으나 증상이 없으며 체외로 이를 배출하고 있는 자
> • 잠복기보균자 : 전염성 질환의 잠복기간 중에 병원체를 배출하는 자
> • 병후보균자 : 전염성 질환에 이환된 후 그 임상 증상이 소실된 후에도 병원체를 배출하는 자

6 **
보균자(Carrier)는 감염병 관리상 어려운 대상이다. 그 이유와 관계가 가장 먼 것은?

① 색출이 어려우므로
② 활동영역이 넓기 때문에
③ 격리가 어려우므로
④ 치료가 되지 않으므로

7 ***
다음 중 감염병 관리상 가장 중요하게 취급해야 할 대상자는?

① 건강보균자   ② 잠복기환자
③ 현성환자   ④ 회복기보균자

chapter 04

1 예방접종(vaccine)으로 획득되는 면역의 종류는?

① 인공능동면역　　　② 인공수동면역
③ 자연능동면역　　　④ 자연수동면역

2 다음 중 인공능동면역의 특성을 가장 잘 설명한 것은?

① 항독소(antitoxin) 등 인공제제를 접종하여 형성되는 면역
② 생균백신, 사균백신 및 순화독소(toxoid)의 접종으로 형성되는 면역
③ 모체로부터 태반이나 수유를 통해 형성되는 면역
④ 각종 감염병 감염 후 형성되는 면역

① : 인공수동면역, ③ : 자연수동면역, ④ : 자연능동면역

3 장티푸스, 결핵, 파상풍 등의 예방접종은 어떤 면역인가?

① 인공능동면역
② 인공수동면역
③ 자연능동면역
④ 자연수동면역

예방접종을 통해 형성되는 면역은 인공능동면역이다.

4 콜레라 예방접종은 어떤 면역방법인가?

① 인공수동면역　　　② 인공능동면역
③ 자연수동면역　　　④ 자연능동면역

콜레라는 사균백신 접종으로 예방되는 인공능동면역이다.

5 다음 중 예방법으로 생균백신을 사용하는 것은?

① 홍역　　　　　　　② 콜레라
③ 디프테리아　　　　④ 파상풍

• 생균백신 : 결핵, 홍역, 폴리오(경구)
• 사균백신 : 장티푸스, 콜레라, 백일해, 폴리오(경피)
• 순화독소 : 파상풍, 디프테리아

6 예방접종에 있어 생균 백신을 사용하는 것은?

① 파상풍　　　　　　② 결핵
③ 디프테리아　　　　④ 백일해

생균백신 : 결핵, 홍역, 폴리오

7 인공능동면역의 방법에 해당하지 않는 것은?

① 생균백신 접종　　　② 글로불린 접종
③ 사균백신 접종　　　④ 순화독소 접종

인공능동면역 : 생균백신, 사균백신, 순화독소

8 예방접종 중 세균의 독소를 약독화(순화)하여 사용하는 것은?

① 폴리오　　　　　　② 콜레라
③ 장티푸스　　　　　④ 파상풍

순화독소 : 파상풍, 디프테리아

9 예방접종에 있어서 디피티(DPT)와 무관한 질병은?

① 디프테리아　　　　② 파상풍
③ 결핵　　　　　　　④ 백일해

DPT : 디프테리아(Diphtheria), 백일해(Pertussis), 파상풍(Tetanus)에서 영어의 첫 글자를 뜻함

10 세균성 이질을 앓고 난 아이가 얻는 면역에 대한 설명으로 옳은 것은?

① 인공면역을 획득한다.
② 수동면역을 획득한다.
③ 영구면역을 획득한다.
④ 면역이 거의 획득되지 않는다.

세균성 이질은 면역이 거의 생기지 않으므로 몇 번이라도 감염될 수 있다.

정답　**3**　1 ①　2 ②　3 ①　4 ②　5 ①　6 ②　7 ②　8 ④　9 ③　10 ④

04. 검역

1 외래 감염병의 예방대책으로 가장 효과적인 방법은?

① 예방접종   ② 환경개선
③ 검역   ④ 격리

> 외국 질병의 국내 침입을 방지하여 국민의 건강을 유지·보호하기 위해 검역을 실시한다.

2 감염병 유행지역에서 입국하는 사람이나 동물 또는 식품 등을 대상으로 실시하며 외국 질병의 국내 침입 방지를 위한 수단으로 쓰이는 것은?

① 격리   ② 검역
③ 박멸   ④ 병원소 제거

05. 법정감염병의 분류

1 다음 법정 감염병 중 제2급 감염병이 아닌 것은?

① 장티푸스   ② 콜레라
③ 세균성이질   ④ 파상풍

> 파상풍은 제3급 감염병에 속한다.

2 감염병 예방법 중 제1급 감염병인 것은?

① 세균성이질   ② 말라리아
③ B형간염   ④ 신종인플루엔자

> ① : 제2급   ②,③ : 제3급 감염병

3 다음 중 제1급 감염병에 대해 잘못 설명된 것은?

① 치명률이 높거나 집단 발생 우려가 크다.
② 페스트, 탄저, 중동호흡기증후군이 속한다.
③ 발생 또는 유행 시 24시간 이내에 신고하고 격리가 필요하다.
④ 감염병 발생 신고를 받은 즉시 보건소장을 거쳐 보고한다.

> 발생 또는 유행 시 24시간 이내에 신고하고 격리가 필요한 감염병은 제2급 감염병이다.

4 감염병 예방법 중 제1급 감염병에 속하는 것은?

① 한센병   ② 폴리오
③ 일본뇌염   ④ 페스트

> ①,② : 제2급   ③ : 제3급 감염병

5 발생 즉시 환자의 격리가 필요한 제1급에 해당하는 법정 감염병은?

① 인플루엔자   ② 신종감염병증후군
③ 폴리오   ④ B형 간염

> ① : 제4급   ③ : 제2급   ④ : 제3급 감염병

6 감염병 예방법 중 제2급 감염병이 아닌 것은?

① 말라리아   ② 홍역
③ 콜레라   ④ 장티푸스

> 말라리아는 제3급 감염병에 속한다.

7 감염병 예방법상 제2급에 해당되는 법정감염병은?

① 급성호흡기감염증
② A형간염
③ 신종감염병증후군
④ 중증급성호흡기증후군(SARS)

> ① : 제4급 감염병   ③,④ : 제1급 감염병

8 법정감염병 중 제3급 감염병에 속하지 않는 것은

① 성홍열   ② 공수병
③ 렙토스피라증   ④ 쯔쯔가무시증

> 성홍열은 제2급 감염병에 속한다.

9 법정감염병 중 제3급 감염병에 해당하는 것은?

① 장티푸스   ② 풍진
③ 수족구병   ④ 황열

> ①,② : 제2급,   ③ : 제4급

정답 **4** 1 ③ 2 ② **5** 1 ④ 2 ④ 3 ③ 4 ④ 5 ② 6 ① 7 ② 8 ① 9 ④

10 감염병 예방법 중 제3급 감염병에 해당되는 것은?

① A형 간염
② 수막구균 감염증
③ 후천성면역결핍증
④ 수두

> ①,②,④ : 제2급 감염병

11 감염병 예방법 중 제3급 감염병에 속하는 것은?

① 폴리오
② 풍진
③ 공수병
④ 페스트

> ①,② : 제2급 감염병 ④ : 제1급 감염병

12 법정 감염병 중 제3급 감염병에 속하는 것은?

① 비브리오패혈증
② 장티푸스
③ 장출혈성대장균감염증
④ 백일해

> ②,③,④ : 제2급 감염병

13 감염병 예방법상 제4급 감염병에 속하는 것은?

① 콜레라
② 디프테리아
③ 급성호흡기감염증
④ 말라리아

> ① : 2급, ② : 1급, ④ : 3급 감염병

14 우리나라 법정 감염병 중 가장 많이 발생하는 감염병으로 대개 1~5년을 간격으로 많은 유행을 하는 것은?

① 백일해
② 홍역
③ 유행성 이하선염
④ 폴리오

> 우리나라에서 가장 많이 발생하는 감염병은 홍역이다.

15 발생 또는 유행 시 24시간 이내에 신고하고 발생을계속 감시할 필요가 있는 감염병은?

① 말라리아
② 콜레라
③ 디프테리아
④ 유행성이하선염

> 문제는 제3급 감염병을 설명한 것으로, 말라리아가 이에 속한다.

16 수인성(水因性) 감염병이 아닌 것은?

① 일본뇌염
② 이질
③ 콜레라
④ 장티푸스

> **수인성(물) 감염병**
> 이질, 콜레라, 장티푸스, 파라티푸스, 소아마비, A형간염 등

17 수인성으로 전염되는 질병으로 엮어진 것은?

① 장티푸스-파라티푸스-간흡충증-세균성이질
② 콜레라-파라티푸스-세균성이질-폐흡충증
③ 장티푸스-파라티푸스-콜레라-세균성이질
④ 장티푸스-파라티푸스-콜레라-간흡충증

18 다음 감염병 중 호흡기계 감염병에 속하는 것은?

① 콜레라
② 장티푸스
③ 유행성 간염
④ 백일해

> **호흡기계 감염병** : 백일해, 디프테리아, 조류독감, 결핵 등

19 다음 감염병 중 세균성인 것은?

① 말라리아
② 결핵
③ 일본뇌염
④ 유행성간염

> **세균성 감염병** : 결핵, 콜레라, 장티푸스, 파라티푸스, 백일해, 페스트 등

20 다음 중 파리가 전파할 수 있는 소화기계 감염병은?

① 페스트
② 일본뇌염
③ 장티푸스
④ 황열

21 인수공통감염병이 아닌 것은?

① 조류인플루엔자
② 결핵
③ 나병
④ 공수병

> **인수공통감염병의 종류**
> 장출혈성대장균감염증, 일본뇌염, 브루셀라증, 탄저, 공수병, 조류인플루엔자 인체감염증, 중증급성호흡기증후군(SARS), 변종크로이츠펠트-야콥병(vCJD), 큐열, 결핵

정답 **10** ③ **11** ③ **12** ① **13** ③ **14** ② **15** ① **16** ① **17** ③ **18** ④ **19** ② **20** ③ **21** ③

22 호흡기계 감염병에 해당되지 않는 것은?

① 인플루엔자   ② 유행성 이하선염
③ 파라티푸스   ④ 홍역

파라티푸스는 소화기계 감염병에 속한다.

23 다음 중 파리가 옮기지 않는 병은?

① 장티푸스   ② 이질
③ 콜레라   ④ 신증후군출혈열

신증후군출혈열은 진드기에 의해 전염된다.

24 인수공통감염병에 해당되는 것은?

① 홍역   ② 한센병
③ 풍진   ④ 공수병

인수공통감염병의 종류
장출혈성대장균감염증, 일본뇌염, 브루셀라증, 탄저, 공수병, 조류인플루엔자 인체감염증, 중증급성호흡기증후군(SARS), 변종크로이츠펠트-야콥병(vCJD), 큐열, 결핵

06. 주요 감염병의 특징

1 위생 해충인 파리에 의해서 전염될 수 있는 감염병이 아닌 것은?

① 장티푸스   ② 발진열
③ 콜레라   ④ 세균성이질

발진열은 벼룩에 의해 감염된다.

2 위생해충인 바퀴벌레가 주로 전파할 수 있는 병원균의 질병이 아닌 것은?

① 재귀열   ② 이질
③ 콜레라   ④ 장티푸스

재귀열은 벼룩에 의해 전파되는 감염병이다.

3 모기가 매개하는 감염병이 아닌 것은?

① 말라리아   ② 뇌염
③ 사상충   ④ 발진열

발진열은 벼룩에 의해 감염된다.

4 감염병을 옮기는 매개곤충과 질병의 관계가 올바른 것은?

① 재귀열 - 이   ② 말라리아 - 진드기
③ 일본뇌염 - 체체파리   ④ 발진티푸스 - 모기

② 말라리아 : 모기
③ 일본뇌염 : 모기
④ 발진티푸스 : 이

5 모기를 매개곤충으로 하여 일으키는 질병이 아닌 것은?

① 말라리아   ② 사상충
③ 일본뇌염   ④ 발진티푸스

발진티푸스는 이를 매개를 하는 감염병이다.

6 다음 중 감염병 질환이 아닌 것은?

① 폴리오   ② 풍진
③ 성병   ④ 당뇨병

7 바퀴벌레에 의해 전파될 수 있는 감염병에 속하지 않는 것은?

① 이질   ② 말라리아
③ 콜레라   ④ 장티푸스

말라리아는 모기를 매개로 전파된다.

8 들쥐의 똥, 오줌 등에 의해 논이나 들에서 상처를 통해 경피 전염될 수 있는 감염병은?

① 신증후군출혈열   ② 이질
③ 렙토스피라증   ④ 파상풍

렙토스피라증은 들쥐의 똥, 오줌 등에 의해 경피 감염되는 감염병으로 감염 시 발열, 오한, 두통 등의 증상이 나타난다.

9 오염된 주사기, 면도날 등으로 인해 감염이 잘되는 만성 감염병은?

① 렙토스피라증　　　　② 트라코마
③ B형 간염　　　　　　④ 파라티푸스

> B형간염은 수혈, 성적인 접촉, 오염된 주사기, 면도날 등을 통해 주로 감염된다.

10 매개곤충과 전파하는 감염병의 연결이 틀린 것은?

① 진드기 - 신증후군출혈열　② 모기 - 일본뇌염
③ 파리 - 사상충　　　　　　④ 벼룩 - 페스트

> 사상충은 모기를 매개로 전파된다.

11 쥐와 관계가 가장 적은 감염병은?

① 페스트　　　　　　② 신증후군출혈열
③ 발진티푸스　　　　④ 렙토스피라증

> 발진티푸스는 발열, 근육통, 전신신경증상, 발진 등의 증상을 보이며, 이가 환자를 흡혈해 환자의 상처를 통해 침입 또는 먼지를 통해 호흡기계로 감염된다.

12 페스트, 살모넬라증 등을 전염시킬 가능성이 가장 큰 동물은?

① 쥐　　② 말　　③ 소　　④ 개

> 쥐에 의해 감염되는 감염병 : 페스트, 살모넬라증, 발진열, 신증후군출혈열, 쯔쯔가무시병, 발진열, 재귀열, 렙토스피라증 등

13 절지동물에 의해 매개되는 감염병이 아닌 것은?

① 일본뇌염　　　　　② 발진티푸스
③ 탄저　　　　　　　④ 페스트

> 절지동물 매개 감염병 : 페스트, 발진티푸스, 일본뇌염, 발진열, 말라리아, 사상충증, 양충병, 황열, 신증후군출혈열 등
> 탄저는 소, 말, 양 등에 의해 감염된다.

14 위생해충의 구제방법으로 가장 효과적이고 근본적인 방법은?

① 성충 구제　　　　　② 살충제 사용

③ 유충 구제　　　　　④ 발생원 제거

> 위생해충을 구제하는 가장 효과적인 방법 : 발생원을 제거

15 접촉자의 색출 및 치료가 가장 중요한 질병은?

① 성병　　　　　　　② 암
③ 당뇨병　　　　　　④ 일본뇌염

> 성매개감염병은 일차적으로 사람과 사람 사이의 성적 접촉을 통해 전파되므로 접촉자의 색출 및 치료가 중요한 질병이다.

16 출생 후 4주 이내에 기본접종을 실시하는 것이 효과적인 감염병은?

① 볼거리　　　　　　② 홍역
③ 결핵　　　　　　　④ 일본뇌염

> • 홍역 : 생후 12~15개월　　　• 일본뇌염 : 생후 12~23개월

17 감염병 중 음용수를 통하여 전염될 수 있는 가능성이 가장 큰 것은?

① 이질　　　　　　　② 백일해
③ 풍진　　　　　　　④ 한센병

> 마시는 물 또는 식품을 매개로 발생하는 감염병에는 콜레라, 장티푸스, 파라티푸스, 세균성이질, 장출혈성대장균감염증, A형간염 등이 있다.

18 다음 중 소독되지 아니한 면도기를 사용했을 때 가장 전염 위험성이 높은 것은?

① 간염　　　　　　　② 결핵
③ 이질　　　　　　　④ 콜레라

> 간염에 감염된 환자와는 면도기, 칫솔, 손톱깎기 등은 함께 사용하지 않아야 한다.

19 음식물로 매개될 수 있는 감염병이 아닌 것은?

① 유행성간염　　　　② 폴리오
③ 일본뇌염　　　　　④ 콜레라

> 일본뇌염은 모기를 매개로 감염된다.

정답　**9** ③　**10** ③　**11** ③　**12** ①　**13** ③　**14** ④　**15** ①　**16** ③　**17** ①　**18** ①　**19** ③

20 폐결핵에 관한 설명 중 틀린 것은?

① 호흡기계 감염병이다.
② 병원체는 세균이다.
③ 예방접종은 PPD로 한다.
④ 제2급 법정감염병이다.

폐결핵은 BCG 접종으로 예방한다.

21 비말감염과 가장 관계있는 사항은?

① 영양   ② 상처
③ 피로   ④ 밀집

비말감염이란 환자의 기침을 통해 퍼지는 병균으로 감염되는 것을 말하며, 예방을 위해서는 밀집된 장소를 피해야 한다.

22 감염병 유행의 요인 중 전파경로와 가장 관계가 깊은 것은?

① 개인의 감수성   ② 영양상태
③ 환경 요인   ④ 인종

환경 요인 : 기상, 계절, 전파경로, 사회환경, 경제적 수준 등

23 감염경로와 질병과의 연결이 틀린 것은?

① 공기감염 – 공수병
② 비말감염 – 인플루엔자
③ 우유감염 – 결핵
④ 음식물감염 – 폴리오

공수병은 개에게 물리면서 개의 타액에 있는 병원체에 의해 감염되는 병을 말한다.

24 다음 중 콜레라에 관한 설명으로 잘못된 것은?

① 검역질병으로 검역기간은 120시간을 초과할 수 없다.
② 수인성 감염병으로 경구 전염된다.
③ 제2급 법정감염병이다.
④ 예방접종은 생균백신(vaccine)을 사용한다.

콜레라의 예방접종은 사균백신을 사용한다.

25 다음 감염병 중 기본 예방접종의 시기가 가장 늦은 것은?

① 디프테리아   ② 백일해
③ 폴리오   ④ 일본뇌염

- 디프테리아 : 생후 2개월
- 백일해   : 생후 2개월
- 폴리오   : 생후 2개월
- 일본뇌염   : 생후 12~23개월

26 장티푸스에 대한 설명으로 옳은 것은?

① 식물매개 감염병이다.
② 우리나라에서는 제1급 법정감염병이다.
③ 대장점막에 궤양성 병변을 일으킨다.
④ 일종의 열병으로 경구침입 감염병이다.

장티푸스는 살모넬라균에 오염된 음식이나 물을 섭취했을 때 감염되고 고열 증세를 보이는데, 우리나라에서는 제2급 법정감염병으로 지정되어 있다.

07. 감염병의 신고 및 보고

1 감염병 발생 시 일반인이 취하여야 할 사항으로 적절하지 않은 것은?

① 환자를 문병하고 위로한다.
② 예방접종을 받도록 한다.
③ 주위환경을 청결히 하고 개인위생에 힘쓴다.
④ 필요한 경우 환자를 격리한다.

감염병 발생 시에는 환자와의 접촉을 피해야 한다.

2 결핵 관리상 효율적인 방법으로 가장 거리가 먼 것은?

① 환자의 조기발견
② 집회장소의 철저한 소독
③ 환자의 등록치료
④ 예방접종의 철저

결핵은 결핵 환자의 기침 등을 통해 감염되므로 집회장소를 소독한다고 해서 예방할 수 있는 것은 아니다.

정답 ▶ 20 ③ 21 ④ 22 ③ 23 ① 24 ④ 25 ④ 26 ④ **7** 1 ① 2 ②

Hairdresser Certification

SECTION 03 기생충 질환 관리

[출제문항수 : 0~1문제] 기생충 질환과 관련된 문제의 출제 빈도는 높지 않지만 간간이 출제될 가능성이 있으니 선충류, 흡충류, 조충류별로 출제예상문제 위주로 학습하도록 합니다. 특히, 중간숙주는 확실하게 숙지하기 바랍니다.

1 선충류 : 소화기 · 근육 · 혈액 등에 기생

회충	• [기생 부위] 소장 • 감염형으로 발육하는 데 1~2개월 소요 • 감염 후 성충이 되기까지는 60~75일 소요 • [전파] 오염된 음식물로 경구 침입 → 위에서 부화하여 심장, 폐포, 기관지, 식도를 거쳐 소장에 정착 • [증상] 발열, 구토, 복통, 권태감, 미열 등 • [검사] : 집란법 또는 도말법 • [예방] 철저한 분변관리, 파리의 구제, 정기검사 및 구충
구충 (십이지장충)	• 기생 부위 : 공장(소장의 상부) • [전파] 경구감염 또는 경피감염 • [증상] 경구감염일 경우 체독증, 폐로 이행된 경우 기침, 가래 등 • [예방] 인분의 위생적 관리, 채소밭 작업 시 보호장비 착용
요충	• [전파] 자충포장란의 형태로 경구감염, 항문 주위에 산란 • 집단감염이 가장 잘되는 기생충 • 어린 연령층이 집단으로 생활하는 공간에서 쉽게 감염 • [증상] 항문 주위에 심한 소양감, 구토, 설사, 복통, 야뇨증 등 • [예방] 화장실 사용 후 손을 잘 씻고 가족이 같은 시기에 구충 실시
편충	• [기생 부위] 대장 • [전파] 경구감염

Terms!
• 경구감염 : 병원체가 입을 통해 소화기로 침입하여 감염
• 경피감염 : 병원체가 피부를 통해 침입하여 감염

2 흡충류 : 숙주의 간, 폐 등 기관 등에 흡착하여 기생

간흡충 (간디스토마)	• [기생 부위] 간의 담도 • 제1중간숙주 : 왜우렁이 • 제2중간숙주 : 참붕어, 잉어, 중고기, 황어, 뱅어 등 • [증상] 간비대, 간종대, 황달, 빈혈, 소화장애 등 • [예방] 담수어의 생식 자제
폐흡충 (폐디스토마)	• 사람 등 포유류의 폐에 충낭을 만들어 기생 • 제1중간숙주 : 다슬기 • 제2중간숙주 : 가재, 게 • [증상] 기침, 객혈, 흉통, 국소마비, 시력장애 등 • [예방] 가재 및 게의 생식 자제
요꼬가와 흡충	• 제1중간숙주 : 다슬기 • 제2중간숙주 : 은어, 숭어 등

3 조충류 : 주로 숙주의 소화기관에 기생

무구조충	• 중간숙주 : 소 • 무구조충의 유충이 포함된 쇠고기를 생식하면서 감염 • [증상] 복통, 설사, 구토, 소화장애, 장폐쇄 등 • [예방] 쇠고기 생식 자제
유구조충	• 중간숙주 : 돼지 • 인간의 작은창자에 기생 • [증상] 설사, 구토, 식욕감퇴, 호산구 증가증 등 • [예방] 돼지고기 생식 자제
광절열두조 충(긴촌충)	• 기생 부위 : 사람, 개, 고양이 등의 돌창자 • 제1중간숙주 : 물벼룩 • 제2중간숙주 : 송어, 연어, 대구 등 • [증상] 복통, 설사, 구토, 열두조충성 빈혈 등 • [예방] 담수어 및 바다생선 생식 자제

1 다음 기생충 중 집단감염이 가장 잘되는 것은? ★★

① 요충　　　　　　② 십이지장충
③ 회충　　　　　　④ 간흡충

> 요충은 어린 연령층이 집단으로 생활하는 공간에서 쉽게 감염되며, 화장실 사용 후 손을 잘 씻고 가족이 같은 시기에 구충을 실시함으로써 예방할 수 있다.

2 다음 중 산란과 동시에 감염능력이 있으며 건조에 저항성이 커서 집단감염이 가장 잘되는 기생충은? ★★★

① 회충　　　　　　② 십이지장충
③ 광절열두조충　　④ 요충

3 사람의 항문 주위에서 알을 낳는 기생충은? ★★★

① 구충　　　　　　② 사상충
③ 요충　　　　　　④ 회충

4 어린 연령층이 집단으로 생활하는 공간에서 가장 쉽게 감염될 수 있는 기생충은? ★★★

① 회충　　　　　　② 구충
③ 유구노충　　　　④ 요충

5 중간숙주와 관계없이 감염이 가능한 기생충은? ★★

① 아니사키스충　　② 회충
③ 폐흡충　　　　　④ 간흡충

> 아니사키스충은 오징어·대구 등을 매개로 감염되며, 폐흡충은 가재, 간흡충은 붕어·잉어 등을 매개로 감염된다.

6 회충은 인체의 어느 부위에 기생하는가? ★★

① 간　　　　　　　② 큰창자
③ 허파　　　　　　④ 작은창자

7 간흡충증(디스토마)의 제1중간숙주는? ★★★

① 다슬기　　　　　② 왜우렁이
③ 피라미　　　　　④ 게

8 잉어, 참붕어, 피라미 등의 민물고기를 생식하였을 때 감염될 수 있는 것은? ★★★

① 간흡충증　　　　② 구충증
③ 유구조충증　　　④ 말레이사상충증

9 간흡충(간디스토마)에 관한 설명으로 틀린 것은? ★★★

① 인체 감염형은 피낭유충이다.
② 제1중간숙주는 왜우렁이이다.
③ 인체 주요 기생부위는 간의 담도이다.
④ 경피감염한다.

> 간디스토마는 민물고기를 생식하거나 오염된 물을 섭취할 때 경구감염된다.

10 우리나라에서 제2중간 숙주인 가재, 게를 통해 감염되는 기생충 질병은? ★★★

① 편충　　　　　　② 폐흡충증
③ 구충　　　　　　④ 회충

11 폐흡충증의 제2중간숙주에 해당되는 것은? ★★★

① 잉어　　　　　　② 다슬기
③ 모래무지　　　　④ 가재

> • 제1중간숙주 - 다슬기　　　• 제2중간숙주 - 가재, 게

12 민물 가재를 날것으로 먹었을 때 감염되기 쉬운 기생충 질환은? ★★★

① 회충　　　　　　② 간디스토마
③ 폐디스토마　　　④ 편충

13 생활습관과 관계될 수 있는 질병과의 연결이 틀린 것은? ★★★★

① 담수어 생식 - 간디스토마
② 여름철 야숙 - 일본뇌염
③ 경조사 등 행사 음식 - 식중독
④ 가재 생식 - 무구조충

> 가재 생식 - 폐디스토마

정답 1 ① 2 ④ 3 ③ 4 ④ 5 ② 6 ④ 7 ② 8 ① 9 ④ 10 ② 11 ④ 12 ③ 13 ④

chapter 04

14 기생충의 인체 내 기생 부위 연결이 잘못된 것은?

① 구충증 - 폐 　　　② 간흡충증 - 간의 담도
③ 요충증 - 직장 　　 ④ 폐흡충 - 폐

> 구충증 - 공장

15 다음 중 기생충과 전파 매개체의 연결이 옳은 것은?

① 무구조충 - 돼지고기
② 간디스토마 - 바다회
③ 폐디스토마 - 가재
④ 광절열두조충 - 쇠고기

> ① 무구조충 - 쇠고기
> ② 간디스토마 - 담수어
> ④ 광절열두조충 - 물벼룩

16 다음 중 기생충과 중간 숙주와의 연결이 잘못된 것은?

① 무구조충 - 소 　　 ② 폐흡충 - 가재, 게
③ 간흡충 - 민물고기 　④ 유구조충 - 물벼룩

> 유구조충 : 돼지

17 주로 돼지고기를 생식하는 지역주민에게 많이 나타나며 성충 감염보다는 충란 섭취로 뇌, 안구, 근육, 장벽, 심장, 폐 등에 낭충증 감염을 많이 유발시키는 것은?

① 유구조충증 　　　② 무구조충증
③ 광절열두조충증 　④ 폐흡충증

18 일반적으로 돼지고기 생식에 의해 감염될 수 없는 것은?

① 유구조충 　　　② 무구조충
③ 선모충 　　　　④ 살모넬라

> 무구조충은 쇠고기를 생식하였을 때 감염될 수 있다.

19 다음 중 일본뇌염의 중간숙주가 되는 것은?

① 돼지 　② 쥐 　③ 소 　④ 벼룩

20 돼지와 관련이 있는 질환으로 거리가 먼 것은?

① 유구조충 　　　② 살모넬라증
③ 일본뇌염 　　　④ 발진티푸스

> 발진티푸스는 이가 환자를 흡혈해 환자의 상처를 통해 침입 또는 먼지를 통해 호흡기계로 감염된다.

21 무구조충은 다음 중 어느 것을 날것으로 먹었을 때 감염될 수 있는가?

① 돼지고기 　　　② 잉어
③ 게 　　　　　　④ 쇠고기

> 유구조충의 중간숙주는 돼지이며, 무구조충의 중간숙주는 소이다.

22 어류인 송어, 연어 등을 날로 먹었을 때 주로 감염될 수 있는 것은?

① 갈고리촌충 　　 ② 긴촌충
③ 폐디스토마 　　 ④ 선모충

> 긴촌충은 광절열두조충이라고도 하며, 송어, 연어 등을 제2중간숙주로 한다.

23 민물고기와 기생충 질병의 관계가 틀린 것은?

① 송어, 연어 - 광절열두조충증
② 참붕어, 왜우렁이 - 간디스토마증
③ 잉어, 피라미 - 폐디스토마증
④ 은어, 숭어 - 요꼬가와흡충증

> • 폐디스토마는 가재 또는 게를 생식했을 때 감염된다.
> • 잉어, 피라미 - 간디스토마증

24 다음 기생충 중 중간숙주와의 연결이 틀리게 된 것은?

① 회충 - 채소 　　 ② 흡충류 - 돼지
③ 무구조충 - 소 　 ④ 사상충 - 모기

> 돼지를 중간숙주로 하는 기생충은 유구조충이다.

SECTION
04

Hairdresser Certification

보건 일반

[출제문항수 : 1~2문제] 이 섹션에서는 환경보건과 산업보건 위주로 공부하도록 합니다. 대기오염물질, 대기오염현상, 인체에 미치는 영향에 대해서는 반드시 학습하도록 하고 산업보건에서는 직업병에 관한 문제의 출제 가능성이 높으므로 반드시 구분할 수 있도록 합니다.

01 정신보건 및 가족·노인보건

1 정신보건

(1) 기본이념

① 모든 정신질환자는 인간으로서의 존엄·가치 및 최적의 치료와 보호를 받을 권리를 보장받는다.

② 모든 정신질환자는 부당한 차별대우를 받지 않는다.

③ 미성년자인 정신질환자에 대해서는 특별히 치료, 보호 및 필요한 교육을 받을 권리가 보장되어야 한다.

④ 입원치료가 필요한 정신질환자에 대하여는 항상 자발적 입원이 권장되어야 한다.

⑤ 입원 중인 정신질환자에게 가능한 한 자유로운 환경과 타인과의 자유로운 의견교환이 보장되어야 한다.

(2) 정신질환자

정신병(기질적 정신병 포함)·인격장애·알코올 및 약물 중독 기타 비정신병적 정신장애를 가진 자

(3) 조현병

① 양성 증상 : 망각, 환각, 행동장애 등

② 음성 증상 : 무언어증, 무욕증 등

(4) 신경증

공황장애, 강박장애, 고소공포증, 폐쇄공포증 등

2 가족 및 노인보건

(1) 가족계획

① 의미 : 우생학적으로 우수하고 건강한 자녀 출산을 위한 출산계획

② 내용

• 초산연령 조절　　• 출산횟수 조절

• 출산간격 조절　　• 출산기간 조절

(2) 노인보건

① 노령화의 4대 문제

• 빈곤문제　　　　• 건강문제

• 무위문제(역할 상실)　• 고독 및 소외문제

② 보건교육 방법 : 개별접촉을 통한 교육

02 환경보건

1 환경보건의 개념

(1) 환경위생

구충, 구서, 방제, 음용수 수질관리, 미생물 등의 오염 방지

(2) 기후

① 기후의 3대 요소 : 기온, 기습, 기류

② 4대 온열인자 : 기온, 기습, 기류, 복사열

③ 인간이 활동하기 좋은 온도와 습도

• 온도 : 18℃

• 습도 : 40~70%

④ 불쾌지수

• 기온과 기습을 이용하여 사람이 느끼는 불쾌감의 정도를 수치로 나타낸 것

• 불쾌지수가 70~75인 경우 약 10%, 75~80인 경우 약 50%, 80 이상인 경우 대부분의 사람이 불쾌감을 느낌

(3) 공기와 건강

이산화탄소	• 실내공기 오염의 지표로 사용 • 지구온난화 현상의 주된 원인 • 공기 중 약 0.03% 차지
산소	• 저산소증 : 산소량이 10%이면 호흡곤란, 7% 이하이면 질식사

chapter 04

일산화탄소	• 물체의 불완전 연소 시 많이 발생하며 혈중 헤모글로빈의 친화성이 산소에 비해 약 300배 정도로 높아 중독 시 신경이상증세를 나타냄 • 신경기능 장애 • 세포 내에서 산소와 헤모글로빈의 결합을 방해 • 세포 및 각 조직에서 산소부족 현상 유발 • 중독 증상 : 정신장애, 신경장애, 의식소실
질소	감압병, 잠수병(잠함병) : 혈액 속의 질소가 기포를 발생하게 하여 모세혈관에 혈전현상을 일으키는 것
군집독	일정한 공간의 실내에 수용범위를 초과한 많은 사람이 있는 경우 이산화탄소 농도 증가, 기온상승, 습도증가, 연소가스 등으로 인해 두통, 현기증, 구토, 불쾌감 등의 생리적 현상을 일으키는 것

※공기의 자정 작용 : 산화작용, 희석작용, 세정작용, 살균작용, CO_2와 O_2의 교환 작용

② 대기오염

(1) 원인 : 기계문명의 발달, 교통량의 증가, 중화학공업의 난립 등

(2) 오염물질

	황산화물	• 석탄이나 석유 속에 포함되어 있어 연소할 때 산화되어 발생 • 만성기관지염과 산성비 등 유발
1차 오염 물질	질소산화물	광화학반응에 의해 2차오염물질 발생
	일산화탄소	불완전 연소 시 주로 발생
	기타	이산화탄소, 탄화수소, 불화수소, 알데히드
2차 오염 물질	스모그	런던 스모그, 로스엔젤레스 스모그로 구분
	오존(O_3)	무색의 강한 산화제로 눈과 목을 자극
	질산과산화 아세틸	강한 산화력과 눈에 대한 자극성이 있음

(3) 대기오염현상

기온역전	• 고도가 높은 곳의 기온이 하층부보다 높은 경우 • 바람이 없는 맑은 날, 춥고 긴 겨울밤, 눈이나 얼음으로 덮인 경우 주로 발생 • 태양이 없는 밤에 지표면의 열이 대기 중으로 복사되면서 발생
열섬현상	도심 속의 온도가 대기오염 또는 인공열 등으로 인해 주변지역보다 높게 나타나는 현상
온실효과	복사열이 지구로부터 빠져나가지 못하게 막아 지구가 더워지는 현상
산성비	• 원인 물질 : 아황산가스, 질소산화물, 염화수소 등 • pH 5.6 이하의 비

(4) 인체에 미치는 영향

황산화물	만성기관지염 등의 호흡기계 질환, 세균감염에 의한 저항력 약화
질소산화물	기관지염, 폐색성 폐질환 등의 호흡기계 질환
일산화탄소	헤모글로빈과 산소의 결합 및 운반 저해, 생리기능 장애
탄화수소	폐기능 저하
납	신경위축, 사지경련 등 신경계통 손상
수은	단백뇨, 구내염, 피부염, 중추신경장애

(5) 대기환경기준

항목	기준	측정방법
아황산가스 (SO_2)	• 연간 평균치 0.02ppm 이하 • 24시간 평균치 0.05ppm 이하 • 1시간 평균치 0.15ppm 이하	자외선 형광법
일산화탄소 (CO)	• 8시간 평균치 9ppm 이하 • 1시간 평균치 25ppm 이하	비분산적외선 분석법
이산화질소 (NO_2)	• 연간 평균치 0.03ppm 이하 • 24시간 평균치 0.06ppm 이하 • 1시간 평균치 0.10ppm 이하	화학 발광법

Check!

아황산가스(이산화황)
식물이 이산화황에 오래 노출되면 엽맥 또는 잎의 가장자리의 색이 변하게 되며, 해면조직과 표피조직의 세포가 얇아지게 된다.

항목	기준	측정방법
미세먼지 (PM-10)	• 연간 평균치 $50\mu g/m^3$ 이하 • 24시간 평균치 $100\mu g/m^3$ 이하	베타선 흡수법
미세먼지 (PM-2.5)	• 연간 평균치 $25\mu g/m^3$ 이하 • 24시간 평균치 $50\mu g/m^3$ 이하	중량농도법 또는 이에 준하는 자동 측정법
오존(O_3)	• 8시간 평균치 0.06ppm 이하 • 1시간 평균치 0.1ppm 이하	자외선 광도법
납 (Pb)	• 연간 평균치 $0.5\mu g/m^3$ 이하	원자흡광 광도법
벤젠	• 연간 평균치 $5\mu g/m^3$ 이하	가스크로 마토그래피

Check!
염화불화탄소(CFC) : 오존층을 파괴시키는 대표적인 가스

③ 수질오염 및 상하수 처리

(1) 수질오염지표

① 용존산소(Dissolved Oxygen, DO)
  • 물속에 녹아있는 유리산소량
  • DO가 낮을수록 물의 오염도가 높음
  • 물의 온도가 낮을수록, 압력이 높을수록 많이 존재

② 생물화학적 산소요구량(Biochemical Oxygen Demand, BOD)
  • 하수 중의 유기물이 호기성 세균에 의해 산화·분해될 때 소비되는 산소량
  • 하수 및 공공수역 수질오염의 지표로 사용
  • 유기성 오염이 심할수록 BOD 값이 높음

③ 화학적 산소요구량(Chemical Oxygen Demand, COD)
  • 물속의 유기물을 화학적으로 산화시킬 때 화학적으로 소모되는 산소의 양을 측정하는 방법
  • 공장폐수의 오염도를 측정하는 지표로 사용
  • 산화제로 과망간산칼륨법(국내), 중크롬산칼륨법 사용
  • COD가 높을수록 오염도가 높음

Check!
음용수의 일반적인 오염지표 : 대장균 수

(2) 수질오염에 따른 건강장애

병명	중독물질	증상
미나마타병	수은	언어장애, 청력장애, 시야협착, 사지마비
이타이이타이병	카드뮴	골연화증, 신장기능장애, 보행장애 등

(3) 하수처리 과정

예비 처리 ➡ 본 처리 ➡ 오니 처리

① 하수 처리법(본 처리)

호기성 처리법	산소를 공급하여 호기성균이 유기물을 분해 예 활성오니법, 산화지법, 관개법
혐기성 처리법	무산소 상태에서 혐기성균이 유기물을 분해 예 부패조법, 임호프조법

(4) 상수처리과정

수원지 - 도수로 ➡ 정수장 - 송수로 ➡ 배수지 - 급수로 ➡ 가정

취수→도수→정수(침사 → 침전→여과→소독)→송수→배수→급수

Terms!
• 취수 : 수원지에서 물을 끌어옴
• 도수 : 취수한 물을 정수장까지 끌어옴
• 침사 : 모래를 가라앉히는 것

(5) 상수 및 수도전에서의 적정 유리 잔류 염소량
① 평상시 : 0.2ppm 이상
② 비상시 : 0.4ppm 이상

▶ **먹는물 수질기준**

구분	기준
유리잔류염소	4mg/L 이하
경도	300mg/L 이하
색도	5도 이하
수소이온 농도	pH 5.8~8.5
탁도	1NTU(수돗물 : 0.5NTU 이하)

(6) 경수
① 일시경수 : 물을 끓일 때 경도가 저하되어 연화되는 물(탄산염, 중탄산염 등)
② 영구경수 : 물을 끓일 때 경도의 변화가 없는 물(황산염, 질산염, 염화염 등)

chapter 04

④ 주거환경

(1) 천정의 높이 : 일반적으로 바닥에서부터 210cm 정도

(2) 실내 CO_2량 : 약 20~22L

(3) 자연조명

    ① 창의 방향 : 남향

    ② 창의 넓이 : 방바닥 면적의 1/7~1/5

    ③ 거실의 안쪽길이 : 바닥에서 창틀 윗부분의 1.5배 이하

(4) 인공조명

    ① 직접조명 : 조명 효율이 크고 경제적이지만 불쾌감을 줌

    ② 간접조명 : 눈의 보호를 위해 가장 좋은 조명 방법으로 실내조명에서 조명효율이 천정의 색깔에 가장 크게 좌우

    ③ 반간접조명 : 광선의 1/2 이상을 간접광에, 나머지 광선을 직접광에 의하는 방법

▶ 적정조명

초정밀작업	정밀작업	보통작업	기타 작업
750Lux 이상	300Lux 이상	150Lux 이상	75Lux 이상

(5) 실내온도

    ① 적정 실내온도 : 18℃

    ② 적정 침실온도 : 15℃

    ③ 적정 실내습도 : 40~70%

    ④ 적정 실내외 온도차 : 5~7℃

    ⑤ 10℃ 이하 : 난방, 26℃ 이상 : 냉방 필요

03 산업보건

① 산업피로

(1) 개념 : 정신적·육체적·신경적 노동의 부하로 인해 충분한 휴식을 가졌는데도 회복되지 않는 피로

(2) 산업피로의 본질

    ① 생체의 생리적 변화, ② 피로감각, ③ 작업량 변화

(3) 산업피로의 종류

    ① 정신적 피로 : 중추신경계의 피로

    ② 육체적 피로 : 근육의 피로

(4) 산업피로의 대표적 증상

    체온 변화, 호흡기 변화, 순환기계 변화

(5) 산업피로의 대책

    ① 작업방법의 합리화

    ② 개인차를 고려한 작업량 할당

    ③ 적절한 휴식

    ④ 효율적인 에너지 소모

② 산업재해

(1) 발생 원인

종류	원인
인적 요인	• 관리상 원인 • 생리적 원인 • 심리적 원인
환경적 요인	• 시설 및 공구 불량 • 재료 및 취급품의 부족 • 작업장 환경 불량 • 휴식시간 부족

(2) 산업재해지표

건수율 (발생률)	• 산업체 근로자 1,000명당 재해 발생 건수 • $\dfrac{\text{재해건수}}{\text{평균 실제 근로자 수}} \times 1,000$
도수율 (빈도율)	• 연근로시간 100만 시간당 재해 발생 건수 • 국제노동기구(ILO)에서 사용하는 국제지표 • $\dfrac{\text{재해건수}}{\text{연간 근로 시간수}} \times 1,000,000$
강도율	• 근로시간 1,000시간당 발생한 근로손실일수 • $\dfrac{\text{근로손실일수}}{\text{연간 근로 시간수}} \times 1,000$

(3) 하인리히의 재해비율

    현성재해 : 불현성재해 : 잠재성재해의 비율 = 1 : 29 : 300

(4) 산업재해방지의 4대원칙

    ① 손실우연의 원칙 : 조건과 상황에 따라 손실이 달라진다.

    ② 예방가능의 원칙 : 재해는 예방이 가능하다.

    ③ 원인인연의 원칙 : 재해는 여러 요인에 의해 복합적으로 발생한다.

    ④ 대책선정의 원칙 : 재해의 원인은 다르기 때문에 정확히 규명하여 대책을 세워야 한다.

③ 직업병

(1) 발생 요인에 의한 직업병의 종류

발생 요인	종류
고열·고온	열경련증, 열허탈증, 열사병, 열쇠약증, 열중증 등
이상저온	전신 저체온, 동상, 참호족, 침수족 등
이상기압	감압병(잠함병), 이상저압
방사선	조혈지능장애, 백혈병, 생식기능장애, 정신장애, 탈모, 피부건조, 수명단축, 백내장 등
진동	레이노드병
분진	허파먼지증(진폐증), 규폐증, 석면폐증
불량조명	안정피로, 근시, 안구진탕증

(2) 잠함병의 4대 증상
① 피부소양감 및 사지관절통
② 척주전색증 및 마비
③ 내이장애
④ 뇌내혈액순환 및 호흡기장애

(3) 소음
① 인체에 미치는 영향
불안증 및 노이로제, 청력장애, 작업능률 저하

② 소음에 의한 직업병의 요인
소음의 크기, 주파수, 폭로기간에 따라 다르다.

③ 소음 노출시간에 따른 허용한계

1일 8시간	1일 4시간	1일 2시간	1일 1시간
90dB	95dB	100dB	105dB

※ dB(데시벨) : 소음의 강도를 나타내는 단위

④ 공업중독의 종류 및 증상

납중독	빈혈, 권태, 신경마비, 뇌중독증상, 체중감소, 헤모글로빈 양 감소 ※징후 • 적혈구 수명단축으로 인한 연빈혈 • 치은연에 암자색의 황화연이 침착되어 착색되는 연선 • 염기성 과립적혈구의 수 증가 • 소변에서 코프로포르피린 검출
수은중독	두통, 구토, 설사, 피로감, 기억력 감퇴, 치은괴사, 구내염 등
카드뮴중독	당뇨병, 신장기능장애, 폐기종, 오심, 구토, 복통, 급성폐렴 등
크롬중독	비염, 기관지염, 인두염, 피부염 등
벤젠중독	두통, 구토, 이명, 현기증, 조혈기능장애, 백혈병 등

출제예상문제 | 단원별 구성의 문제 유형 파악!

01. 정신보건 및 가족·노인보건

1 정신보건에 대한 설명 중 잘못된 것은? ★★
① 모든 정신질환자는 인간으로서의 존엄·가치 및 최적의 치료와 보호를 받을 권리를 보장받는다.
② 모든 정신질환자는 부당한 차별대우를 받지 않는다.
③ 미성년자인 정신질환자에 대해서는 특별히 치료, 보호 및 필요한 교육을 받을 권리가 보장되어야 한다.

④ 입원 중인 정신질환자는 타인에게 해를 줄 염려가 있으므로 타인과의 의견교환이 필요에 따라 제한되어야 한다.

2 다음 중 가족계획에 포함되는 것은? ★★

⊙ 결혼연령 제한	ⓒ 초산연령 조절
ⓒ 인공임신중절	ⓔ 출산횟수 조절

① ⊙, ⓒ, ⓒ   ② ⊙, ⓒ
③ ⓒ, ⓔ   ④ ⊙, ⓒ, ⓒ, ⓔ

정답 ③ 1④ 2③

3 ★★★ 가족계획과 가장 가까운 의미를 갖는 것은?

① 불임시술
② 수태제한
③ 계획출산
④ 임신중절

> 가족계획은 우생학적으로 우수하고 건강한 자녀 출산을 위한 출산계획을 의미한다.

4 ★ 피임의 이상적 요건 중 틀린 것은?

① 피임효과가 확실하여 더 이상 임신이 되어서는 안 된다.
② 육체적·정신적으로 무해하고 부부생활에 지장을 주어서는 안 된다.
③ 비용이 적게 들어야 하고, 구입이 불편해서는 안 된다.
④ 실시방법이 간편하여야 하고, 부자연스러우면 안 된다.

5 ★ 임신 초기에 감염이 되어 백내장아, 농아 출산의 원인이 되는 질환은?

① 심장질환
② 뇌질환
③ 풍진
④ 당뇨병

> 풍진은 제2급 감염병으로 지정되어 있으며, 임신 초기에 감염되면 태아의 90%가 선천성 풍진 증후군에 걸리게 된다.

6 ★★★ 지역사회에서 노인층 인구에 가장 적절한 보건교육 방법은?

① 신문
② 집단교육
③ 개별접촉
④ 강연회

> 노인층에게는 개별접촉을 통한 보건교육이 가장 적합한 방법이다.

02. 환경보건

1 ★★★★ 다음 중 기후의 3대 요소는?

① 기온-복사량-기류
② 기온-기습-기류
③ 기온-기압-복사량
④ 기류-기압-일조량

2 ★★★ 체감온도(감각온도)의 3요소가 아닌 것은?

① 기온
② 기습
③ 기류
④ 기압

3 ★★★ 다음 중 특별한 장치를 설치하지 아니한 일반적인 경우에 실내의 자연적인 환기에 가장 큰 비중을 차지하는 요소는?

① 실내외 공기 중 CO_2의 함량의 차이
② 실내외 공기의 습도 차이
③ 실내외 공기의 기온 차이 및 기류
④ 실내외 공기의 불쾌지수 차이

> 자연환기는 자연적으로 환기가 되는 것을 의미하며, 실내외의 기온차, 기류 등에 의해 이루어진다.

4 ★★ 기온측정 등에 관한 설명 중 틀린 것은?

① 실내에서는 통풍이 잘 되는 직사광선을 받지 않은 곳에 매달아 놓고 측정하는 것이 좋다.
② 평균기온은 높이에 비례하여 하강하는데, 고도 11,000m 이하에서는 보통 100m 당 0.5~0.7도 정도이다.
③ 측정할 때 수은주 높이와 측정자의 눈의 높이가 같아야 한다.
④ 정상적인 날의 하루 중 기온이 가장 낮을 때는 밤 12시 경이고 가장 높을 때는 오후 2시경이 일반적이다.

> 정상적인 날의 하루 중 기온이 가장 낮을 때는 새벽 4시~5시 사이이다.

5 ★★★ 불쾌지수를 산출하는 데 고려해야 하는 요소들은?

① 기류와 복사열   ② 기온과 기습
③ 기압과 복사열   ④ 기온과 기압

> 불쾌지수란 기온과 기습을 이용하여 사람이 느끼는 불쾌감의 정도를 수치로 나타낸 것을 말한다.

6 ★★★ 일반적으로 활동하기 가장 적합한 실내의 적정 온도는?

① $15\pm2℃$ ② $18\pm2℃$
③ $22\pm2℃$ ④ $24\pm2℃$

> **활동하기 가장 적합한 실내 조건**
> 온도 : 18℃, 습도 : 40~70%

7 ★★★★ 다음 중 이·미용업소의 실내온도로 가장 알맞은 것은?

① 10℃   ② 14℃   ③ 21℃   ④ 26℃

8 ★★★ 일반적으로 이·미용업소의 실내 쾌적 습도 범위로 가장 알맞은 것은?

① 10~20%   ② 20~40%
③ 40~70%   ④ 70~90%

9 ★★★ 다음 중 군집독의 가장 큰 원인은?

① 저기압
② 공기의 이화학적 조성 변화
③ 대기오염
④ 질소 증가

> 군집독이란 일정한 공간의 실내에 수용범위를 초과한 많은 사람이 있는 경우 이산화탄소 농도 증가, 기온상승, 습도증가, 연소가스 등으로 인해 두통, 현기증, 구토, 불쾌감 등의 생리적 현상을 일으키는 것을 말한다.

10 ★★★★ 실내에 다수인이 밀집한 상태에서 실내공기의 변화는?

① 기온 상승 - 습도 증가 - 이산화탄소 감소

② 기온 하강 - 습도 증가 - 이산화탄소 감소
③ 기온 상승 - 습도 증가 - 이산화탄소 증가
④ 기온 상승 - 습도 감소 - 이산화탄소 증가

> 밀폐된 공간에서 다수인이 밀집해 있으면 기온, 습도, 이산화탄소가 모두 증가한다.

11 ★★ 고도가 상승함에 따라 기온도 상승하여 상부의 기온이 하부의 기온보다 높게 되어 대기가 안정화되고 공기의 수직 확산이 일어나지 않게 되며, 대기오염이 심화되는 현상은?

① 고기압   ② 기온역전
③ 엘니뇨   ④ 열섬

> 기온역전 현상 : 고도가 높은 곳의 기온이 하층부보다 높은 경우 주로 발생하는 대기오염현상

12 ★★★ 대기오염에 영향을 미치는 기상조건으로 가장 관계가 큰 것은?

① 강우, 강설   ② 고온, 고습
③ 기온역전   ④ 저기압

> 기온역전이란 고도가 높은 곳의 기온이 하층부보다 높은 경우를 말하는데, 태양이 없는 밤에 지표면의 열이 대기 중으로 복사되면서 발생하는 대기오염현상의 하나이다.

13 ★★★ 공기의 자정작용과 관련이 가장 먼 것은?

① 이산화탄소와 일산화탄소의 교환 작용
② 자외선의 살균작용
③ 강우, 강설에 의한 세정작용
④ 기온역전작용

14 ★★★ 물체의 불완전 연소 시 많이 발생하며, 혈중 헤모글로빈의 친화성이 산소에 비해 약 300배 정도로 높아 중독 시 신경이상증세를 나타내는 성분은?

① 아황산가스   ② 일산화탄소
③ 질소   ④ 이산화탄소

> 일산화탄소는 물체의 불완전 연소 시 많이 발생하는 가스로 정신장애, 신경장애, 의식소실 등의 중독 증상을 보인다.

정답   **5**②   **6**②   **7**③   **8**③   **9**②   **10**③   **11**②   **12**③   **13**④   **14**②

15 고기압 상태에서 올 수 있는 인체 장애는? ***

① 안구 진탕증　　　② 잠함병
③ 레이노이드병　　　④ 섬유증식증

> 잠함병(잠수병)은 고기압상태에서 작업하는 잠수부들에게 흔히 나타나는 증상으로 체액 및 혈액 속의 질소 기포 증가가 주 원인이다. 예방을 위해서는 감압의 적절한 조절이 매우 중요하다.

16 잠함병의 직접적인 원인은? ****

① 혈중 CO_2 농도 증가
② 체액 및 혈액 속의 질소 기포 증가
③ 혈중 O_2 농도 증가
④ 혈중 CO 농도 증가

17 다음 중 일산화탄소가 인체에 미치는 영향이 아닌 것은? ***

① 신경기능 장애를 일으킨다.
② 세포 내에서 산소와 Hb의 결합을 방해한다.
③ 혈액 속에 기포를 형성한다.
④ 세포 및 각 조직에서 O_2 부족 현상을 일으킨다.

> 감압병이나 잠수병(잠함병)의 경우 혈액 속의 질소가 기포를 발생하게 하여 모세혈관에 혈전현상을 일으킨다.

18 다음 중 일산화탄소 중독의 증상이나 후유증이 아닌 것은? ***

① 정신장애　　　② 무균성 괴사
③ 신경장애　　　④ 의식소실

> 일산화탄소 중독은 세포 및 각 조직에서 산소부족 현상을 유발하여 정신장애, 신경장애, 의식소실 등의 증상을 나타낸다.

19 다음 중 지구의 온난화 현상(Global warming)의 원인이 되는 주된 가스는? ***

① NO　　　② CO_2
③ Ne　　　④ CO

> 이산화탄소는 공기 중 약 0.03%를 차지하는데, 실내공기 오염의 지표로 사용되며 지구온난화 현상의 주된 원인이다.

20 일반적으로 공기 중 이산화탄소(CO_2)는 약 몇 %를 차지하고 있는가? ***

① 0.03%　　　② 0.3%
③ 3%　　　④ 13%

> 일반적으로 공기 중 에는 질소와 산소가 대부분을 차지하고 있으며, 아르곤이 약 0.9%, 이산화탄소가 약 0.03%를 차지한다.

21 대기오염의 주원인 물질 중 하나로 석탄이나 석유 속에 포함되어 있어 연소할 때 산화되어 발생되며 만성기관지염과 산성비 등을 유발시키는 것은? ****

① 일산화탄소　　　② 질소산화물
③ 황산화물　　　④ 부유분진

> 대기오염의 1차오염물질로는 황산화물, 질소산화물, 일산화탄소 등이 있는데, 만성기관지염과 산성비 등을 유발하는 물질은 황산화물이다.

22 대기오염을 일으키는 원인으로 거리가 가장 먼 것은? ***

① 도시의 인구감소
② 교통량의 증가
③ 기계문명의 발달
④ 중화학공업의 난립

> 대기오염은 도시의 인구증가와 관련이 있다.

23 대기오염물질 중 그 종류가 다른 하나는? ****

① 황산화물(SO_x)　　　② 일산화탄소(CO)
③ 오존(O_3)　　　④ 질소산화물(NO_x)

> 황산화물, 일산화탄소, 질소산화물은 1차오염물질이며, 오존은 2차오염물질이다.

24 대기오염으로 인한 건강장애의 대표적인 것은? **

① 위장질환　　　② 호흡기질환
③ 신경질환　　　④ 발육저하

> 대기오염이 인체에 미치는 영향 중 가장 큰 것은 호흡기질환이다.

정답　15 ②　16 ②　17 ③　18 ②　19 ②　20 ①　21 ③　22 ①　23 ③　24 ②

25 다음 중 공해의 피해가 아닌 것은?

① 경제적 손실 ② 자연환경의 파괴
③ 정신적 영향 ④ 인구 증가

26 대기오염 방지 목표와 연관성이 가장 적은 것은?

① 생태계 파괴 방지
② 경제적 손실 방지
③ 자연환경의 악화 방지
④ 직업병의 발생 방지

> 대기오염은 직업병과는 직접적인 관련이 없다.

27 일산화탄소(CO)의 환경기준은 8시간 기준으로 얼마 인가?

① 9ppm ② 1ppm
③ 0.03ppm ④ 25ppm

> **일산화탄소의 환경기준**
> • 8시간 평균치 9ppm 이하
> • 1시간 평균치 25ppm 이하

28 연탄가스 중 인체에 중독현상을 일으키는 주된 물질은?

① 일산화탄소 ② 이산화탄소
③ 탄산가스 ④ 메탄가스

> 연탄가스는 연탄이 탈 때 발생하는 유독성가스로 일산화탄소가 주성분이다.

29 환경오염의 발생요인인 산성비의 가장 주요한 원인과 산도는?

① 이산화탄소 pH 5.6 이하
② 아황산가스 pH 5.6 이하
③ 염화불화탄소 pH 6.6 이하
④ 탄화수소 pH 6.6 이하

> pH 5.6 이하의 비를 산성비라 하며, 아황산가스, 질소산화물, 염화수소 등이 주요 원인이다.

30 다음 중 환경위생 사업이 아닌 것은?

① 오물처리 ② 예방접종
③ 구충구서 ④ 상수도 관리

> 환경위생 사업은 주위 환경의 위생과 관련된 사업을 말하며, 상하수도, 오물처리, 구충구서, 공기, 냉난방 등에 관한 사업을 말한다. 예방접종은 보건사업에 해당한다.

31 다음 중 환경보전에 영향을 미치는 공해 발생 원인으로 관계가 먼 것은?

① 실내의 흡연
② 산업장 폐수방류
③ 공사장의 분진 발생
④ 공사장의 굴착작업

32 환경오염 방지대책과 거리가 가장 먼 것은?

① 환경오염의 실태파악
② 환경오염의 원인규명
③ 행정대책과 법적규제
④ 경제개발 억제정책

33 수질오염의 지표로 사용하는 "생물학적 산소요구량"을 나타내는 용어는?

① BOD ② DO
③ COD ④ SS

> • DO : 용존산소
> • COD : 화학적 산소요구량

34 하수오염이 심할수록 BOD는 어떻게 되는가?

① 수치가 낮아진다.
② 수치가 높아진다.
③ 아무런 영향이 없다.
④ 높아졌다 낮아졌다 반복한다.

> BOD는 하수의 오염지표로 주로 이용되는데 하수의 오염이 심할수록 BOD 수치는 높아진다.

정답 25 ④ 26 ④ 27 ① 28 ① 29 ② 30 ② 31 ① 32 ④ 33 ① 34 ②

35 다음 중 하수의 오염지표로 주로 이용하는 것은? *****

① db
② BOD
③ COD
④ 대장균

> 생물화학적 산소요구량(BOD)은 하수 중의 유기물이 호기성 세균에 의해 산화·분해될 때 소비되는 산소량을 말하는데, 하수 및 공공수역 수질오염의 지표로 사용된다.

36 상수 수질오염의 대표적 지표로 사용하는 것은? ****

① 이질균
② 일반세균
③ 대장균
④ 플랑크톤

37 다음 중 하수에서 용존산소(DO)가 아주 낮다는 의미에 적합한 것은? ***

① 수생식물이 잘 자랄 수 있는 물의 환경이다.
② 물고기가 잘 살 수 있는 물의 환경이다.
③ 물의 오염도가 높다는 의미이다.
④ 하수의 BOD가 낮은 것과 같은 의미이다.

> 용존산소는 물에 녹아있는 유리산소를 의미하는데, 용존산소가 높을수록 물의 오염도가 낮고 용존산소가 낮을수록 물의 오염도가 높다.

38 수질오염을 측정하는 지표로서 물에 녹아있는 유리산소를 의미하는 것은? ****

① 용존산소(DO)
② 생물화학적산소요구량(BOD)
③ 화학적산소요구량 (COD)
④ 수소이온농도(pH)

> DO는 Dissolved Oxygen의 약자로 물에 녹아있는 유리산소를 의미하는데, 용존산소가 높을수록 물의 오염도가 낮다.

39 생물학적산소요구량(BOD)과용존산소량(DO)의값은 어떤 관계가 있는가? ****

① BOD와 DO는 무관하다.
② BOD가 낮으면 DO는 낮다.
③ BOD가 높으면 DO는 낮다.
④ BOD가 높으면 DO도 높다.

40 다음 중 음용수에서 대장균 검출의 의의로 가장 큰 것은? ****

① 오염의 지표
② 감염병 발생예고
③ 음용수의 부패상태 파악
④ 비병원성

> 대장균은 음용수의 일반적인 오염지표로 사용된다.

41 음용수의 일반적인 오염지표로 사용되는 것은? *****

① 탁도
② 일반세균 수
③ 대장균 수
④ 경도

42 합성세제에 의한 오염과 가장 관계가 깊은 것은? ***

① 수질오염
② 중금속오염
③ 토양오염
④ 대기오염

43 다음 중 상호 관계가 없는 것으로 연결된 것은? ***

① 상수 오염의 생물학적 지표 – 대장균
② 실내공기 오염의 지표 – CO_2
③ 대기오염의 지표 – SO_2
④ 하수 오염의 지표 – 탁도

> 하수 오염의 지표로 사용되는 것은 BOD이다.

44 환경오염지표와 관련해서 연결이 바르게 된 것은? ***

① 수소이온농도 – 음료수오염지표
② 대장균 – 하천오염지표
③ 용존산소 – 대기오염지표
④ 생물학적 산소요구량 – 수질오염지표

> • 수질오염지표 : 용존산소, 생물화학적 산소요구량, 화학적 산소요구량
> • 음용수 오염지표 : 대장균 수

정답 35 ② 36 ③ 37 ③ 38 ① 39 ③ 40 ① 41 ③ 42 ① 43 ④ 44 ④

45 하수 처리법 중 호기성 처리법에 속하지 않는 것은?

① 활성오니법 ② 살수여과법
③ 산화지법 ④ 부패조법

> 부패조법은 혐기성 처리법에 속한다.

46 상수를 정수하는 일반적인 순서는?

① 침전→여과→소독
② 예비처리→본처리→오니처리
③ 예비처리→여과처리→소독
④ 예비처리→침전→여과→소독

> **상수 정수 순서**
> 침사 → 침전 → 여과 → 소독

47 예비 처리-본 처리-오니 처리 순서로 진행되는 것은?

① 하수 처리 ② 쓰레기 처리
③ 상수도 처리 ④ 지하수 처리

> 가정이나 공장에서 배출하는 하수는 생태계를 파괴하는 원인이 되므로 예비 처리, 본 처리, 오니 처리를 통해 강이나 바다로 방류시킨다.

48 하수처리 방법 중 혐기성 분해처리에 해당하는 것은?

① 부패조법 ② 활성오니법
③ 살수여과법 ④ 산화지법

> 혐기성 처리법에는 부패조법과 임호프조법이 있다.

49 다음의 상수 처리 과정에서 가장 마지막 단계는?

① 급수 ② 취수
③ 정수 ④ 도수

> **상수 처리 과정**
> 취수→도수→정수→송수→배수→급수

50 도시 하수처리에 사용되는 활성오니법의 설명으로 가장 옳은 것은?

① 상수도부터 하수까지 연결되어 정화시키는 법
② 대도시 하수만 분리하여 처리하는 방법
③ 하수 내 유기물을 산화시키는 호기성 분해법
④ 쓰레기를 하수에서 걸러내는 법

> 산소를 공급하여 호기성 균이 유기물을 분해하는 방법을 호기성 처리법이라 하며, 이 호기성 처리법에는 활성오니법, 산화지법, 관개법이 있다.

51 하수도의 복개로 가장 문제가 되는 것은?

① 대장균의 증가
② 일산화탄소의 증가
③ 이끼류의 번식
④ 메탄가스의 발생

> 하수도가 복개되면 상류에서 유입된 생활하수 등의 영양물질이 부패하면서 메탄가스를 발생한다.

52 다음 중 수질오염 방지대책으로 묶인 것은?

> ㉠ 대기의 오염실태 파악
> ㉡ 산업폐수의 처리시설 개선
> ㉢ 어류 먹이용 부패시설 확대
> ㉣ 공장폐수 오염실태 파악

① ㉠ ,㉡, ㉢ ② ㉠, ㉢
③ ㉡, ㉣ ④ ㉠, ㉡, ㉢, ㉣

53 일반적인 음용수로서 적합한 잔류 염소(유리 잔류 염소를 말함) 기준은?

① 250mg/L 이하 ② 4mg/L 이하
③ 2mg/L 이하 ④ 0.1mg/L 이하

먹는물 수질기준	
유리잔류염소	4mg/L 이하
경도	300mg/L 이하
색도	5도 이하
수소이온 농도	pH 5.8~8.5
탁도	1NTU(수돗물 : 0.5NTU 이하)

정답 45 ④ 46 ① 47 ① 48 ① 49 ① 50 ③ 51 ④ 52 ③ 53 ②

54 다음 중 물의 일시경도의 원인 물질은?

① 중탄산염　　　　② 염화염

③ 질산염　　　　　④ 황산염

> • 일시경도의 원인물질 : 탄산염, 중탄산염 등
> • 영구경수의 원인물질 : 황산염, 질산염, 염화염 등

55 평상시 상수와 수도전에서의 적정한 유리 잔류 염소량은?

① 0.002ppm 이상　　② 0.2ppm 이상

③ 0.5ppm 이상　　　④ 0.55ppm 이상

> • 평상시 : 0.2ppm 이상
> • 비상시 : 0.4ppm 이상

03. 산업보건

1 작업환경의 관리원칙은?

① 대치 – 격리 – 폐기 – 교육

② 대치 – 격리 – 환기 – 교육

③ 대치 – 격리 – 재생 – 교육

④ 대치 – 격리 – 연구 – 홍보

> • 대치 : 공정변경, 시설변경, 물질변경
> • 격리 : 작업장과 유해인자 사이를 차단하는 방법
> • 환기 : 작업장 내 오염된 공기를 제거하고 신선한 공기로 바꾸는 것
> • 교육 : 작업훈련을 통해 얻은 지식을 실제로 이용

2 야간작업의 폐해가 아닌 것은?

① 주야가 바뀐 부자연스런 생활

② 수면 부족과 불면증

③ 피로회복 능력 강화와 영양 저하

④ 식사시간, 습관의 파괴로 소화불량

3 산업보건에서 작업조건의 합리화를 위한 노력으로 옳은 것은?

① 작업강도를 강화시켜 단 시간에 끝낸다.

② 작업속도를 최대한 빠르게 한다.

③ 운반방법을 가능한 범위에서 개선한다.

④ 근무시간은 가능하면 전일제로 한다.

4 산업피로의 본질과 가장 관계가 먼 것은?

① 생체의 생리적 변화　② 피로감각

③ 산업구조의 변화　　④ 작업량 변화

5 산업피로의 대표적인 증상은?

① 체온 변화 – 호흡기 변화 – 순환기계 변화

② 체온 변화 – 호흡기 변화 – 근수축력 변화

③ 체온 변화 – 호흡기 변화 – 기억력 변화

④ 체온 변화 – 호흡기 변화 – 사회적 행동 변화

6 산업피로의 대책으로 가장 거리가 먼 것은?

① 작업과정 중 적절한 휴식시간을 배분한다.

② 에너지 소모를 효율적으로 한다.

③ 개인차를 고려하여 작업량을 할당한다.

④ 휴직과 부서 이동을 권고한다.

> 휴직과 부서 이동은 산업피로의 근본적인 대책이 되지 못한다.

7 산업재해 발생의 3대 인적요인이 아닌 것은?

① 예산 부족　　　② 관리 결함

③ 생리적 결함　　④ 작업상의 결함

8 다음 중 산업재해의 지표로 주로 사용되는 것을 전부 고른 것은?

㉠ 도수율	㉡ 발생률
㉢ 강도율	㉣ 사망률

① ㉠, ㉡, ㉢　　　② ㉠, ㉢

③ ㉡, ㉣　　　　　④ ㉠, ㉡, ㉢, ㉣

> • 도수율(빈도율) : 연근로시간 100만 시간당 재해 발생 건수
> • 건수율(발생률) : 산업체 근로자 1,000명당 재해 발생 건수
> • 강도율 : 근로시간 1,000시간당 발생한 근로손실일수

9 다음 중 산업재해 방지 대책과 관련이 가장 먼 내용은?

① 정확한 관찰과 대책　　② 정확한 사례조사
③ 생산성 향상　　　　　④ 안전관리

생산성 향상은 산업재해 방지 대책과 관련이 없다.

10 산업재해 방지를 위한 산업장 안전관리대책으로만 짝지어진 것은?

| ㉠ 정기적인 예방접종 | ㉡ 작업환경 개선 |
| ㉢ 보호구 착용 금지 | ㉣ 재해방지 목표설정 |

① ㉠, ㉡, ㉢　　　　　② ㉠, ㉢
③ ㉡, ㉣　　　　　　　④ ㉠, ㉡, ㉢, ㉣

11 다음 중 직업병에 해당하는 것은?

| ㉠ 잠함병 | ㉡ 규폐증 |
| ㉢ 소음성 난청 | ㉣ 식중독 |

① ㉠, ㉡, ㉢, ㉣　　　② ㉠, ㉡, ㉢
③ ㉠, ㉢　　　　　　　④ ㉡, ㉣

식중독은 음식물 섭취와 관련된 것이므로 직업병과는 무관하다.

12 직업병과 관련 직업이 옳게 연결된 것은?

① 근시안 – 식자공　　　② 규폐증 – 용접공
③ 열사병 – 채석공　　　④ 잠함병 – 방사선기사

② 규폐증 – 채석공, 채광부
③ 열사병 – 제련공, 초자공
④ 잠함병 – 잠수부

13 합병증으로 고환염, 뇌수막염 등이 초래되어 불임이 될 수도 있는 질환은?

① 홍역　　　　　　　　② 뇌염
③ 풍진　　　　　　　　④ 유행성 이하선염

일반적으로 볼거리로 알려진 유행성 이하선염은 사춘기에 감염되어 고환염으로 발전될 경우 남성불임의 원인이 될 수도 있다.

14 다음 중 직업병으로만 구성된 것은?

① 열중증 – 잠수병 – 식중독
② 열중증 – 소음성난청 – 잠수병
③ 열중증 – 소음성난청 – 폐결핵
④ 열중증 – 소음성난청 – 대퇴부골절

• 열중증 : 고온 환경에서 발생
• 소음성난청 : 소음에 오랜 시간 노출 시 발생
• 잠수병 : 이상기압에서 발생

15 직업병과 직업종사자의 연결이 바르게 된 것은?

① 잠수병 – 수영선수
② 열사병 – 비만자
③ 고산병 – 항공기조종사
④ 백내장 – 인쇄공

① 잠수병 – 잠수부 ② 열사병 – 제련공, 초자공 ④ 백내장 – 용접공

16 이상저온 작업으로 인한 건강 장애인 것은?

① 참호족
② 열경련
③ 울열증
④ 열쇠약증

참호족은 발을 오랜 시간 축축하고 차가운 환경에 노출할 경우 발생하는 질병이다.

17 다음 중 방사선에 관련된 직업에 의해 발생할 수 있는 것이 아닌 것은?

① 조혈지능장애
② 백혈병
③ 생식기능장애
④ 잠함병

잠함병은 이상기압에 의해 발생할 수 있는 직업병이다.

18 ** 소음이 인체에 미치는 영향으로 가장 거리가 먼 것은?

① 불안증 및 노이로제
② 청력장애
③ 중이염
④ 작업능률 저하

> 중이염은 중이강 내에 생기는 염증을 말하는데, 미생물에 의한 감염 등 복합적인 원인에 의해 발생하는데, 소음과는 무관하다.

19 *** 소음에 관한 건강장애와 관련된 요인에 대한 설명으로 가장 옳은 것은?

① 소음의 크기, 주파수, 방향에 따라 다르다.
② 소음의 크기, 주파수, 내용에 따라 다르다.
③ 소음의 크기, 주파수, 폭로기간에 따라 다르다.
④ 소음의 크기, 주파수, 발생지에 따라 다르다.

> 소음에 의한 건강장애는 소음의 크기가 클수록, 주파수가 높을수록, 폭로기간이 길수록 심하게 나타난다.

20 *** dB(decibel)은 무슨 단위인가?

① 소리의 파장
② 소리의 질
③ 소리의 강도(음압)
④ 소리의 음색

21 ** 조도불량, 현휘가 과도한 장소에서 장시간 작업하여 눈에 긴장을 강요함으로써 발생되는 불량 조명에 기인하는 직업병이 아닌 것은?

① 안정피로
② 근시
③ 원시
④ 안구진탕증

> 원시는 망막의 뒤쪽에 물체의 상이 맺혀 먼 곳은 잘 보이지만 가까운 곳은 잘 보이지 않는 상태를 말하며, 유전적 요인에 의해 주로 발생한다.

22 *** 불량조명에 의해 발생되는 직업병은?

① 규폐증   ② 피부염
③ 안정피로   ④ 열중증

> 불량조명에 의해 발생하는 직업병으로는 안정피로, 근시, 안구진탕증이 있다.

23 ** 진동이 심한 작업을 하는 사람에게 국소진동 장애로 생길 수 있는 직업병은?

① 레이노드병
② 파킨슨씨 병
③ 잠함병
④ 진폐증

> 레이노드병은 진동이 심한 작업을 하는 사람에게 국소 진동 장애로 생길 수 있는 직업병이다.

24 *** 다음 중 불량조명에 의해 발생되는 직업병이 아닌 것은?

① 안정피로
② 근시
③ 근육통
④ 안구진탕증

> 근육통 다양한 원인에 의해 근육에 나타나는 통증을 말하며, 불량조명과는 상관이 없다.

25 ***** 눈의 보호를 위해서 가장 좋은 조명 방법은?

① 간접조명
② 반간접조명
③ 직접조명
④ 반직접조명

> 간접조명은 조명에서 나오는 빛의 90% 이상을 천장이나 벽에서 반사되어 나오는 빛을 이용하는 조명으로 눈부심이 적어 눈의 보호를 위해서 가장 좋은 방법이다.

26 실내조명에서 조명효율이 천정의 색깔에 가장 크게 좌우되는 것은?

① 직접조명
② 반직접 조명
③ 반간접 조명
④ 간접조명

> 간접조명은 천장이나 벽에서 반사되어 나오는 빛을 이용하는 조명이므로 조명효율이 천정의 색깔에 크게 좌우된다.

27 주택의 자연조명을 위한 이상적인 주택의 방향과 창의 면적은?

① 남향, 바닥면적의 1/7~1/5
② 남향, 바닥면적의 1/5~1/2
③ 동향, 바닥면적의 1/10~1/7
④ 동향, 바닥면적의 1/5~1/2

28 저온폭로에 의한 건강장애는?

① 동상-무좀-전신체온 상승
② 참호족-동상-전신체온 하강
③ 참호족-동상-전신체온 상승
④ 동상-기억력 저하-참호족

> 이상저온에 의해 나타나는 건강장애로는 전신 저체온, 동상, 참호족, 침수족 등이 있다.

29 실내·외의 온도차는 몇 도가 가장 적합한가?

① 1~3℃　　　② 5~7℃
③ 8~12℃　　　④ 12℃ 이상

30 다음 중 만성적인 열중증을 무엇이라 하는가?

① 열허탈증　　　② 열쇠약증
③ 열경련　　　④ 울열증

> 열쇠약증은 만성적인 체열의 소모로 일어나는 만성 열중증이 원인이 되어 나타나며, 전신권태, 빈혈, 위장장애 등의 증상을 보이는데, 회복을 위해서는 충분한 영양공급과 휴식이 필요하다.

31 납중독과 가장 거리가 먼 증상은?

① 빈혈　　　② 신경마비
③ 뇌중독증상　　　④ 과다행동장애

> 과다행동장애는 지속적으로 주의력이 부족하고 산만하고 과다활동을 보이는 상태를 말하는데, 아동기에 많이 나타나는 장애이다.

32 수은중독의 증세와 관련 없는 것은?

① 치은괴사　　　② 호흡장애
③ 구내염　　　④ 혈성구토

> 수은중독의 증상으로는 두통, 구토, 설사, 피로감, 기억력 감퇴, 치은괴사, 구내염 등이 있다.

33 만성 카드뮴(Cd) 중독의 3대 증상이 아닌 것은?

① 당뇨병　　　② 빈혈
③ 신장기능장애　　　④ 폐기종

> 카드뮴에 중독되면 당뇨병, 신장기능장애, 폐기종, 오심, 구토, 복통, 급성폐렴 등의 증상을 보인다.

34 이따이이따이병의 원인물질로 주로 음료수를 통해 중독되며, 구토, 복통, 신장장애, 골연화증을 일으키는 유해금속물질은?

① 비소　　　② 카드뮴
③ 납　　　④ 다이옥신

> 이따이이따이병은 '아프다 아프다'라는 의미의 일본어에서 유래된 것으로 카드뮴에 의한 공해병의 일종이다.

35 분진 흡입에 의하여 폐에 조직반응을 일으킨 상태는?

① 진폐증　　　② 기관지염
③ 폐렴　　　④ 결핵

> 분진에 의한 직업병으로는 진폐증, 규폐증, 석면폐증이 있다.

SECTION 05

Hairdresser Certification

식품위생과 영양

[출제문항수 : 1~2문제] 이 섹션은 출제비중이 높은 편은 아니지만 식중독의 종류별 특징에 대해서는 알아두도록 합니다. 비타민의 종류별 특징도 가볍게 학습하도록 합니다.

01 식품위생의 개념

1 식품위생의 정의(식품위생법)

식품위생이란 식품, 식품첨가물, 기구 또는 용기·포장을 대상으로 하는 음식에 관한 위생을 말한다.

02 식중독

1 식중독의 정의

① 식품 섭취로 인하여 인체에 유해한 미생물 또는 유독물질에 의하여 발생하였거나 발생한 것으로 판단되는 감염성 질환 또는 독소형 질환
② 25~37℃에서 가장 잘 증식

2 식중독의 분류

세균성	감염형	살모넬라균, 장염비브리오균, 병원성 대장균
	독소형	포도상구균, 보툴리누스균, 웰치균 등
	기타	장구균, 알레르기성 식중독, 노로 바이러스 등
자연독	식물성	버섯독, 감자 중독, 맥각균 중독, 곰팡이류 중독 등
	동물성	복어 식중독, 조개류 식중독 등
곰팡이독		황변미독, 아플라톡신, 루브라톡신 등
화학물질		불량 첨가물, 유독물질, 유해금속물질

3 세균성 식중독

(1) 특징

① 2차 감염률이 낮다.   ② 다량의 균이 발생한다.
③ 잠복기가 아주 짧다.   ④ 수인성 전파는 드물다.
⑤ 면역성이 없다.

(2) 종류

① 감염형

살모넬라 식중독	• [잠복기] 12~48시간 • [증상] 고열, 오한, 두통, 설사, 구토, 복통 등
장염비브리오 식중독	• [잠복기] 8~20시간 • [원인] 여름철 어패류 생식, 오염 어패류에 접촉한 도마, 식칼, 행주 등에 의한 2차 감염 • [증상] 급성 위장염, 복통, 설사, 두통, 구토 등
병원성 대장균 식중독	• [잠복기] 2~8일 • [원인] 감염된 우유, 치즈 및 김밥, 햄버거, 햄 등의 섭취 • [증상] 복통, 설사 등 • 합병증 : 용혈성 요독증후군

② 독소형

포도상구균	• [잠복기] 30분~6시간 • [원인] 감염된 우유, 치즈 및 김밥, 도시락, 빵 등의 섭취 • [증상] 급성 위장염, 구토, 설사, 복통 등
보툴리누스균	• [잠복기] 12~36시간 • [원인] 신경독소 섭취, 오염된 햄, 소시지, 육류, 과일 등의 섭취 • [증상] 구토, 설사, 호흡곤란 등 • 식중독 중 치명률이 가장 높다.
웰치균	• [잠복기] 6~22시간 • [원인] 가열된 조리 식품, 육류, 어패류, 단백질 식품 등 • [증상] 설사, 복통, 출혈성 장염 등

4 자연독

구분	종류	독성물질
식물성	독버섯	무스카린, 팔린, 아마니타톡신
	감자	솔라닌, 셉신
	매실	아미그달린
	목화씨	고시풀
	독미나리	시큐톡신
	맥각	에르고톡신
동물성	복어	테트로도톡신
	섭조개, 대합	색시톡신
	모시조개, 굴, 바지락	베네루핀

5 곰팡이독

① 아플라톡신 : 땅콩, 옥수수
② 시트리닌 : 황변미, 쌀에 14~15% 이상의 수분 함유 시 발생
③ 파툴린 : 부패된 사과나 사과주스의 오염에서 볼 수 있는 신경독 물질
④ 루브라톡신 : 페니실륨 루브륨에 오염된 옥수수를 소나 양의 사료로 이용 시

03 영양소

1 영양소의 분류

구분	종류	
열량소	단백질, 탄수화물, 지방	5대 영양소
조절소	비타민, 무기질	

2 영양소의 3대 작용

① 신체의 열량공급 작용 : 탄수화물, 지방, 단백질
② 신체의 조직구성 작용 : 단백질, 무기질, 물
③ 신체의 생리기능조절 작용 : 비타민, 무기질, 물

3 영양상태 판정 및 영양장애

(1) Kaup 지수

① $\dfrac{체중(kg)}{(신장(cm))^2} \times 10^4$

• 영유아기부터 학령기 전반까지 사용
• 22 이상 : 비만, 15 이하 : 마름

(2) Rohrer 지수

① $\dfrac{체중(kg)}{(신장(cm))^3} \times 10^7$

• 학령기 이후의 소아에게 사용
• 160 이상 : 비만, 110 미만 : 마름

(3) Broca 지수(표준체중)

[신장(cm) − 100] × 0.9

• 성인의 비만 평가에 이용

(4) 비만도(%)

① $\dfrac{실측체중 - 표준체중}{표준체중} \times 100$

비만도(%)	판정
10~20	과체중
20~30	경도비만
30~50	중등비만
50 이상	고도비만

② $\dfrac{실측체중}{표준체중} \times 100$

비만도(%)	판정
90% 이하	저체중
91~109	정상
110~119	과체중
120 이상	비만

(5) 영양장애

결핍증	필요영양소의 결핍으로 발생되는 병적상태
저영양	영양 섭취가 부족한 상태
영양실조증	영양소의 공급이 질적 및 양적으로 부족한 불건강상태
기아상태	저영양과 영양실조증이 함께 발생된 상태
비만증	체지방의 이상 축적 상태

chapter 04

1 식중독에 대한 설명으로 옳은 것은?

① 음식섭취 후 장시간 뒤에 증상이 나타난다.
② 근육통 호소가 가장 빈번하다.
③ 병원성 미생물에 오염된 식품 섭취 후 발병한다.
④ 독성을 나타내는 화학물질과는 무관하다.

> 식중독은 원인 물질에 따라 증상의 정도가 다르게 나타나는데, 일반적으로 음식물 섭취 후 72시간 이내에 구토, 설사, 복통 등의 증상이 나타난다.

2 다음 중 식중독 세균이 가장 잘 증식할 수 있는 온도 범위는?

① 0~10℃   ② 10~20℃
③ 18~22℃   ④ 25~37℃

> 식중독의 원인균으로는 장염, 살모넬라, 병원대장균, 황색포도구균 등이 있으며, 25~37℃에서 가장 잘 증식한다.

3 세균성 식중독이 소화기계 감염병과 다른 점은?

① 균량이나 독소량이 소량이다.
② 대체적으로 잠복기가 길다.
③ 연쇄전파에 의한 2차 감염이 드물다.
④ 원인식품 섭취와 무관하게 일어난다.

> **세균성 식중독의 특징**
> • 2차 감염률이 낮다.   • 다량의 균이 발생한다.
> • 수인성 전파는 드물다.   • 면역성이 없다.
> • 잠복기가 아주 짧다.

4 독소형 식중독의 원인균은?

① 황색 포도상구균   ② 장티푸스균
③ 돈 콜레라균   ④ 장염균

5 독소형 식중독을 일으키는 세균이 아닌 것은?

① 포도상구균   ② 보툴리누스균
③ 살모넬라균   ④ 웰치균

> 독소형 식중독 : 포도상구균, 보툴리누스균, 웰치균 등이며 살모넬라균은 감염형 식중독을 일으킨다.

6 식중독의 분류가 맞게 연결된 것은?

① 세균성 – 자연독 – 화학물질 – 수인성
② 세균성 – 자연독 – 화학물질 – 곰팡이독
③ 세균성 – 자연독 – 화학물질 – 수술전후 감염
④ 세균성 – 외상성 – 화학물질 – 곰팡이독

식중독의 분류

세균성	감염형	살모넬라균, 장염비브리오균, 병원성대장균
	독소형	포도상구균, 보툴리누스균, 웰치균 등
	기타	장구균, 알레르기성 식중독, 노로 바이러스 등
자연독	식물성	버섯독, 감자 중독, 맥각균 중독, 곰팡이류 중독 등
	동물성	복어 식중독, 조개류 식중독 등
곰팡이독		황변미독, 아플라톡신, 루브라톡신 등
화학물질		불량 첨가물, 유독물질, 유해금속물질

7 세균성 식중독의 특성이 아닌 것은?

① 2차 감염률이 낮다.
② 잠복기가 길다.
③ 다량의 균이 발생한다.
④ 수인성 전파는 드물다.

> 세균성 식중독은 잠복기가 짧다.

8 다음 중 감염형 식중독에 속하는 것은?

① 살모넬라 식중독   ② 보툴리누스 식중독
③ 포도상구균 식중독   ④ 웰치균 식중독

> 감염형 식중독 : 살모넬라균, 장염비브리오균, 병원성대장균 등

9 식품을 통한 식중독 중 독소형 식중독은?

① 포도상구균 식중독
② 살모넬라균에 의한 식중독
③ 장염 비브리오 식중독
④ 병원성 대장균 식중독

> ②, ③, ④ 모두 감염형 식중독에 속한다.

10 주로 여름철에 발병하며 어패류 등의 생식이 원인이 되어 복통, 설사 등의 급성위장염 증상을 나타내는 식중독은?

① 포도상구균 식중독
② 병원성대장균 식중독
③ 장염비브리오 식중독
④ 보툴리누스균 식중독

> 장염비브리오 식중독은 생선회, 초밥, 조개 등을 생식하는 식습관이 원인이 되어 발생하는데, 심한 복통, 설사, 구토 등의 증상을 보이며, 잠복기는 10시간 이내이다.

11 주로 7~9월 사이에 많이 발생되며, 어패류가 원인이 되어 발병, 유행하는 식중독은?

① 포도상구균 식중독
② 살모넬라 식중독
③ 보툴리누스균 식중독
④ 장염비브리오 식중독

12 다음 식중독 중에서 치명률이 가장 높은 것은?

① 살모넬라증
② 포도상구균중독
③ 연쇄상구균중독
④ 보툴리누스균중독

> 보툴리누스균중독은 보툴리누스독소를 생산하는 것을 섭취할 때 발생하는 식중독으로 호흡중추마비, 순환장애에 의해 사망할 수도 있다.

13 신경독소가 원인이 되는 세균성 식중독 원인균은?

① 쥐 티프스균
② 황색 포도상구균
③ 돈 콜레라균
④ 보툴리누스균

> 보툴리누스균은 신경독소 섭취, 오염된 햄, 소시지 등의 섭취로 인해 나타난다.

14 식품의 혐기성 상태에서 발육하여 체외독소로서 신경독소를 분비하며 치명률이 가장 높은 식중독으로 알려진 것은?

① 살모넬라 식중독
② 보툴리누스균 식중독
③ 웰치균 식중독
④ 알레르기성 식중독

15 다음 중 독소형 식중독이 아닌 것은?

① 보툴리누스균 식중독
② 살모넬라균 식중독
③ 웰치균 식중독
④ 포도상구균 식중독

> 살모넬라균 식중독은 감염형 식중독에 속한다.

16 식중독 발생의 원인인 솔라닌(solanin) 색소와 관련이 있는 것은?

① 버섯
② 복어
③ 감자
④ 모시조개

> **자연독의 종류**
> • 버섯 : 무스카린, 팔린, 아마니타톡신
> • 복어 : 테트로도톡신
> • 감자 : 솔라닌, 셉신
> • 모시조개 : 베네루핀

17 다음 탄수화물, 지방, 단백질의 3가지를 지칭하는 것은?

① 구성영양소
② 열량영양소
③ 조절영양소
④ 구조영양소

18 ★★★ 감자에 함유되어 있는 독소는?

① 에르고톡신　　　② 솔라닌

③ 무스카린　　　　④ 베네루핀

자연독의 종류

구분	종류	독성물질
식물성	독버섯	무스카린, 팔린, 아마니타톡신
	감자	솔라닌, 셉신
	매실	아미그달린
	목화씨	고시풀
	독미나리	시큐톡신
	맥각	에르고톡신
동물성	복어	테트로도톡신
	섭조개, 대합	색시톡신
	모시조개, 굴, 바지락	베네루핀

19 ★★★★ 다음 영양소 중 인체의 생리적 조절작용에 관여하는 조절소는?

① 단백질　　　　② 비타민

③ 지방질　　　　④ 탄수화물

인체의 생리적기능조절 작용을 하는 것으로는 비타민, 무기질, 물이 있다.

20 ★★ 영양소의 3대 작용에서 제외되는 사항은?

① 신체의 열량공급작용

② 신체의 조직구성작용

③ 신체의 사회적응작용

④ 신체의 생리기능조절작용

영양소의 3대 작용
• 신체의 열량공급 작용 – 탄수화물, 지방, 단백질
• 신체의 조직구성 작용 – 단백질, 무기질, 물
• 신체의 생리기능조절 작용 – 비타민, 무기질, 물

21 ★★ 일반적으로 식품의 부패란 무엇이 변질된 것인가?

① 비타민　　　　② 탄수화물

③ 지방　　　　　④ 단백질

식품의 부패는 미생물의 작용에 의해 악취를 내면서 분해되는 현상을 말하는데, 주로 단백질이 변질되는 것을 의미한다.

SECTION 06 보건행정

Hairdresser Certification

[출제문항수 : 0~1문제] 이 섹션은 출제비중이 높은 편은 아니지만 보건소의 기능과 업무, 관리과정 그리고 사회보장에 대해서는 외워두도록 합니다.

01 보건행정의 정의 및 체계

1 정의
공중보건의 목적(수명연장, 질병예방, 신체적·정신적 건강 증진)을 달성하기 위해 공공의 책임하에 수행하는 행정활동

2 보건행정의 특성
공공성, 사회성, 교육성, 과학성, 기술성, 봉사성, 보장성 등

3 보건행정의 범위(세계보건기구 정의)
① 보건관계 기록의 보존 ② 대중에 대한 보건교육
③ 환경위생   ④ 감염병 관리
⑤ 모자보건   ⑥ 의료 및 보건간호

4 보건기획 전개과정
전제 → 예측 → 목표설정 → 구체적 행동계획

5 보건소
(1) 기능 : 우리나라 지방보건행정의 최일선 조직으로 보건행정의 말단 행정기관
(2) 업무
① 국민건강증진·보건교육·구강건강 및 영양관리사업
② 감염병의 예방·관리 및 진료
③ 모자보건 및 가족계획사업
④ 노인보건사업
⑤ 공중위생 및 식품위생
⑥ 의료인 및 의료기관에 대한 지도 등에 관한 사항
⑦ 의료기사·의무기록사 및 안경사에 대한 지도 등에 관한 사항
⑧ 응급의료에 관한 사항
⑨ 공중보건의사·보건진료원 및 보건진료소에 대한 지도 등에 관한 사항

⑩ 약사에 관한 사항과 마약·향정신성의약품의 관리에 관한 사항
⑪ 정신보건에 관한 사항
⑫ 가정·사회복지시설 등을 방문하여 행하는 보건의료사업
⑬ 지역주민에 대한 진료, 건강진단 및 만성퇴행성질환 등의 질병관리에 관한 사항
⑭ 보건에 관한 실험 또는 검사에 관한 사항
⑮ 장애인의 재활사업 기타 보건복지부령이 정하는 사회복지사업
⑯ 기타 지역주민의 보건의료의 향상·증진 및 이를 위한 연구 등에 관한 사업

02 사회보장과 국제보건기구

1 사회보장

사회보험	소득보장	국민연금 고용보험 산재보험
	의료보장	건강보험 산재보험
공적부조	최저생활보장	
	의료급여	
사회복지서비스	노인복지서비스	
	아동복지서비스	
	장애인복지서비스	
	가정복지서비스	
관련복지제도	보건	
	주거	
	교육	
	고용	

종류	의미
사회보장	출산, 양육, 실업, 노령, 장애, 질병, 빈곤 및 사망 등의 사회적 위험으로부터 모든 국민을 보호하고 국민 삶의 질을 향상시키는 데 필요한 소득·서비스를 보장하는 사회보험, 공공부조, 사회서비스를 말함
사회보험	국민에게 발생하는 사회적 위험을 보험의 방식으로 대처함으로써 국민의 건강과 소득을 보장하는 제도
공공부조	국가와 지방 자치단체의 책임하에 생활유지 능력이 없거나 생활이 어려운 국민의 최저 생활을 보장하고 자립을 지원하는 제도
사회서비스	국가·지방자치단체 및 민간부문의 도움이 필요한 모든 국민에게 복지, 보건의료, 교육, 고용, 주거, 문화, 환경 등의 분야에서 인간다운 생활을 보장하고 상담, 재활, 돌봄, 정보의 제공, 관련시설의 이용, 역량개발, 사회참여지원 등을 통하여 국민의 삶의 질이 향상되도록 지원하는 제도

종류	의미
평생사회 안전망	생애주기에 걸쳐 보편적으로 충족되어야 하는 기본욕구와 특정한 사회위험에 의하여 발생하는 특수 욕구를 동시에 고려하여 소득·서비스를 보장하는 맞춤형 사회보장제도

② 대표적인 국제보건기구
① 세계보건기구(WHO)
② 유엔환경계획(UNEP)
③ 식량및농업기구(FAO)
④ 국제연합아동긴급기금(UNICEF)
⑤ 국제노동기구(ILO) 등

출제예상문제 | 단원별 구성의 문제 유형 파악!

1 ★★★★
보건행정의 정의에 포함되는 내용과 가장 거리가 먼 것은?

① 국민의 수명연장
② 질병예방
③ 공적인 행정활동
④ 수질 및 대기보전

2 ★★
세계보건기구에서 정의하는 보건행정의 범위에 속하지 않는 것은?

① 산업발전
② 모자보건
③ 환경위생
④ 감염병관리

3 ★★
보건행정의 목적달성을 위한 기본요건이 아닌 것은?

① 법적 근거의 마련
② 건전한 행정조직과 인사
③ 강력한 소수의 지지와 참여
④ 사회의 합리적인 전망과 계획

> 보건행정의 목적을 달성하기 위해서는 다수의 지지와 참여가 필요하다.

4 ★★★
보건행정에 대한 설명으로 가장 올바른 것은?

① 공중보건의 목적을 달성하기 위해 공공의 책임하에 수행하는 행정활동
② 개인보건의 목적을 달성하기 위해 공공의 책임하에 수행하는 행정활동
③ 국가 간의 질병교류를 막기 위해 공공의 책임하에 수행하는 행정활동

정답 1④ 2① 3③ 4①

④ 공중보건의 목적을 달성하기 위해 개인의 책임하에 수행하는 행정활동

5 보건기획이 전개되는 과정으로 옳은 것은?
★★★

① 전제 - 예측 - 목표설정 - 구체적 행동계획
② 전제 - 평가 - 목표설정 - 구체적 행동계획
③ 평가 - 환경분석 - 목표설정 - 구체적 행동계획
④ 환경분석 - 사정 - 목표설정 - 구체적 행동계획

6 우리나라 보건행정의 말단 행정기관으로 국민건강 증진 및 감염병 예방관리 사업 등을 하 는 기관명은?
★★★

① 의원
② 보건소
③ 종합병원
④ 보건기관

7 현재 우리나라 근로기준법상에서 보건상 유해하거나 위험한 사업에 종사하지 못하도록 규정되어 있는 대상은?
★★★

① 임신 중인 여자와 18세 미만인 자
② 산후 1년 6개월이 지나지 아니한 여성
③ 여자와 18세 미만인 자
④ 13세 미만인 어린이

사용자는 임신 중이거나 산후 1년이 지나지 않은 여성과 18세 미만자를 도덕상 또는 보건상 유해·위험한 사업에 사용하지 못한다.

8 공중보건학의 범위 중 보건 관리 분야에 속하지 않는 사업은?
★★★★

① 보건 통계
② 사회보장제도
③ 보건 행정
④ 산업 보건

산업 보건은 환경보건 분야에 속한다.

9 사회보장의 종류 중 공적부조에 해당하는 것을 모두 고르시오.
★★★★

㉠ 국민연금	㉡ 고용보험
㉢ 산재보험	㉣ 의료급여
㉤ 건강보험	㉥ 최저생활보장

① ㉠, ㉡
② ㉢, ㉣
③ ㉢, ㉤
④ ㉣, ㉥

국민연금, 고용보험, 산재보험, 건강보험은 사회보장 중 사회보험에 해당한다.

SECTION 07 소독학 일반

[출제문항수 : 5~6문제] 이 섹션에서는 물리적 소독법과 화학적 소독법은 반드시 구분하며, 각 소독법별로 주요 특징은 반드시 암기하도록 합니다. 출제예상문제의 범위에서 크게 벗어나지 않을 예상이므로 기출문제에 충실하도록 합니다.

01 소독 일반

1 용어 정의

① 소독 : 병원성 미생물의 생활력을 파괴하여 죽이거나 또는 제거하여 감염력을 없애는 것

Check!
소독력 비교
멸균 > 살균 > 소독 > 방부

② 멸균 : 병원성 또는 비병원성 미생물 및 포자를 가진 것을 전부 사멸 또는 제거(무균 상태)
③ 살균 : 생활력을 가지고 있는 미생물을 여러 가지 물리·화학적 작용에 의해 급속히 사멸
④ 방부 : 병원성 미생물의 발육과 그 작용을 제거하거나 정지시켜서 음식물의 부패나 발효를 방지

2 소독제 및 소독작용

(1) 소독제의 구비조건
① 생물학적 작용을 충분히 발휘할 수 있을 것
② 효과가 빠르고, 살균 소요시간이 짧을 것
③ 독성이 적으면서 사용자에게도 자극성이 없을 것
④ 원액 혹은 희석된 상태에서 화학적으로 안정할 것
⑤ 살균력이 강할 것
⑥ 용해성이 높을 것
⑦ 경제적이고 사용이 용이할 것
⑧ 부식성 및 표백성이 없을 것

(2) 소독작용에 영향을 미치는 요인
① 온도가 높을수록 : 소독 효과가 큼
② 접속시간이 길수록 : 소독 효과가 큼
③ 농도가 높을수록 : 소독 효과가 큼
④ 유기물질이 많을수록 : 소독 효과가 작음

(3) 소독약 사용 및 보존 시 주의사항
① 약품을 냉암소에 보관한다.
② 소독대상물품에 적당한 소독약과 소독방법을 선정한다.

③ 병원미생물의 종류, 저항성 및 멸균, 소독의 목적에 의해서 그 방법과 시간을 고려한다.

(4) 소독에 영향을 미치는 인자
온도, 수분, 시간

(5) 살균작용의 작용기전(Action Mechanism)

구분	종류
산화작용	과산화수소, 오존, 염소 및 그 유도체, 과망간산칼륨
균체의 단백질 응고작용	석탄산, 크레졸, 승홍, 알코올, 포르말린, 생석회
균체의 효소 불활성화 작용	석탄산, 알코올, 역성비누, 중금속염
균체의 가수분해작용	강산, 강알칼리, 중금속염
탈수작용	알코올, 포르말린, 식염, 설탕
중금속염의 형성	승홍, 머큐로크롬, 질산은
핵산에 작용	자외선, 방사선, 포르말린, 에틸렌옥사이드
균체의 삼투성 변화작용	석탄산, 역성비누, 중금속염

02 물리적 소독법

1 건열멸균법

(1) 화염멸균법
① 물체 표면의 미생물을 화염으로 직접 태워 멸균하는 방법
② 금속기구, 유리기구, 도자기 등의 멸균에 사용
③ 알코올램프, 천연가스의 화염 사용

(2) 소각법
① 병원체를 불꽃으로 태우는 방법
② 감염병 환자의 배설물 등을 처리하는 가장 적합한 방법

소독법의 분류

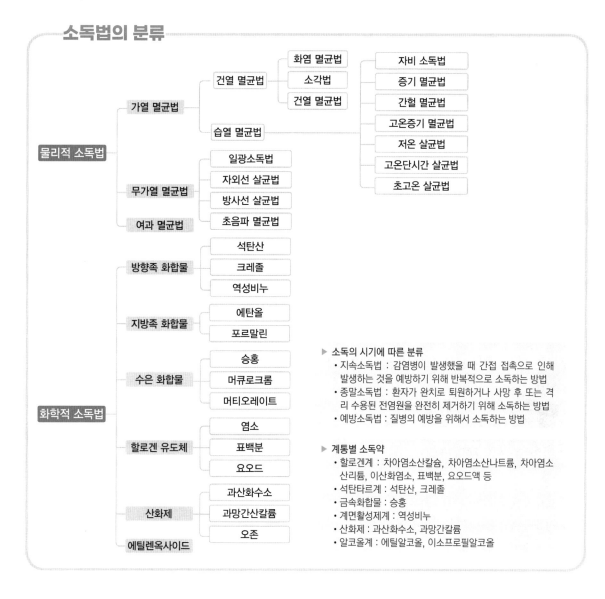

물리적 소독법
- 가열 멸균법
  - 건열 멸균법
    - 화염 멸균법
    - 소각법
    - 건열 멸균법
  - 습열 멸균법
    - 자비 소독법
    - 증기 멸균법
    - 간헐 멸균법
    - 고온증기 멸균법
    - 저온 살균법
    - 고온단시간 살균법
    - 초고온 살균법
- 무가열 멸균법
  - 일광소독법
  - 자외선 살균법
  - 방사선 살균법
  - 초음파 멸균법
- 여과 멸균법

화학적 소독법
- 방향족 화합물
  - 석탄산
  - 크레졸
  - 역성비누
- 지방족 화합물
  - 에탄올
  - 포르말린
- 수은 화합물
  - 승홍
  - 머큐로크롬
  - 머티오레이트
- 할로겐 유도체
  - 염소
  - 표백분
  - 요오드
- 산화제
  - 과산화수소
  - 과망간산칼륨
  - 오존
- 에틸렌옥사이드

▶ **소독의 시기에 따른 분류**
- 지속소독법 : 감염병이 발생했을 때 간접 접촉으로 인해 발생하는 것을 예방하기 위해 반복적으로 소독하는 방법
- 종말소독법 : 환자가 완치로 퇴원하거나 사망 후 또는 격리 수용된 전염원을 완전히 제거하기 위해 소독하는 방법
- 예방소독법 : 질병의 예방을 위해서 소독하는 방법

▶ **계통별 소독약**
- 할로겐계 : 차아염소산칼슘, 차아염소산나트륨, 차아염소산리튬, 이산화염소, 표백분, 요오드액 등
- 석탄타르계 : 석탄산, 크레졸
- 금속화합물 : 승홍
- 계면활성제계 : 역성비누
- 산화제 : 과산화수소, 과망간칼륨
- 알코올계 : 에틸알코올, 이소프로필알코올

③ 이·미용업소에서 손님으로부터 나온 객담이 묻은 휴지 등을 소독하는 방법

(3) 건열멸균법
   ① 건열멸균기(dry oven)에서 고온으로 멸균
   ② 165~170℃의 건열멸균기에 1~2시간 동안 멸균하는 방법
   ③ 유리기구, 금속기구, 자기제품, 주사기, 분말 등의 멸균에 이용
   ④ 습기가 침투하기 어려운 바세린, 글리세린 등의 멸균도 효과

2 습열멸균법

(1) 자비(열탕)소독법
   ① 100℃의 끓는 물속에서 20~30분간 가열하는 방법
   ② 물에 탄산나트륨 1~2%를 넣으면 살균력이 강해진다.
   ③ 유리제품, 소형기구, 스테인리스 용기, 도자기, 수건 등의 소독법으로 적합
   ④ 끝이 날카로운 금속기구 소독 시 날이 무뎌질 수 있으므로 거즈나 소독포에 싸서 소독
   ⑤ 금속제품은 물이 끓기 시작한 후, 유리제품은 찬물에 투입
   ⑥ 보조제 : 탄산나트륨, 붕산, 크레졸액, 석탄산
   ⑦ 아포형성균, B형 간염 바이러스에는 부적합

(2) 간헐멸균법

① 100℃의 유통증기 속에서 30~60분간 멸균시킨 다음 20℃ 이상의 실온에서 24시간 방치하는 방법을 3회 반복하는 멸균법

② 코흐멸균기 사용

③ 아포를 형성하는 미생물 멸균 시 사용

(3) 증기멸균법

① 물이 끓을 때 생기는 수증기를 이용하여 병원균을 멸균시키는 방법

② 100℃에서 30분간 처리

(4) 고압증기 멸균법

① 고압증기 멸균기를 이용하여 소독하는 방법

② 소독 방법 중 완전 멸균으로 가장 빠르고 효과적인 방법

③ 포자를 형성하는 세균을 멸균

④ 수증기가 통과하므로 용해되는 물질은 멸균할 수 없다.

Check!
열원으로 수증기를 사용하는 이유
- 일정 온도에서 쉽게 열을 방출하기 때문
- 미세한 공간까지 침투성이 높기 때문
- 열 발생에 소요되는 비용이 저렴하기 때문

⑤ 의료기구, 유리기구, 금속기구, 의류, 고무제품, 미용기구, 무균실 기구, 약액 등에 사용

⑥ 소독 시간

- 10LBs(파운드) : 115℃에서 30분간
- 15LBs(파운드) : 121℃에서 20분간
- 20LBs(파운드) : 126℃에서 15분간

(5) 저온살균법

① 62~63℃에서 30분간 실시

② 우유 속의 결핵균 등의 오염 방지 목적

③ 파스퇴르가 발명

(6) 초고온살균법

① 130~150℃에서 0.75~2초간 가열 후 급랭

② 우유의 내열성 세균의 포자를 완전 사멸

③ 여과멸균법

① 열이나 화학약품을 사용하지 않고 여과기를 이용하여 세균을 제거하는 방법

② 혈청이나 약제, 백신 등 열에 불안정한 액체의 멸균에 주로 이용되는 멸균법

③ Chamberland 여과기, Barkefeld 여과기, Seiz 여과기, 세균여과막 사용

④ 무가열 멸균법

일광 소독법	• 태양광선 중의 자외선을 이용하는 방법 • 결핵균, 페스트균, 장티푸스균 등의 사멸에 사용
자외선 살균법	• 무균실, 실험실, 조리대 등의 표면적 멸균 효과를 얻기 위한 방법 • 자외선은 260~280nm에서 살균력이 가장 강함
방사선 살균법	• 코발트나 세슘 등의 감마선을 이용한 방법 • 포장 식품이나 약품의 멸균 등에 이용 • 단점 : 시설비가 비싸다.
초음파 멸균법	• 8,800cycle 음파의 강력한 교반작용을 이용한 미생물 살균 방법

03 화학적 소독법

① 석탄산(페놀)

(1) 특성

① 승홍수 1,000배의 살균력

② 조직에 독성이 있어서 인체에는 잘 사용되지 않고 소독제의 평가기준으로 사용

③ 고온일수록 소독력이 우수

④ 유기물에 약화되지 않고 취기와 독성이 강함

⑤ 안정성이 높고 화학적 변화가 적음

⑥ 금속 부식성이 있음

⑦ 단백질 응고작용으로 살균기능

⑧ 삼투압 변화 작용, 효소의 불활성화 작용

⑨ 소독의 원리 : 균체 원형질 중의 단백질 변성

(2) 용도

① 고무제품, 의류, 가구, 배설물 등의 소독에 적합

② 넓은 지역의 방역용 소독제로 적합

③ 세균포자나 바이러스에는 작용력이 없음

(3) 사용 방법

① 3% 농도의 석탄산에 97%의 물을 혼합하여 사용

② 소독력 강화를 위해 식염이나 염산 첨가

석탄산 계수
- 5% 농도의 석탄산을 사용하여 장티푸스균에 대한 살균력과 비교하여 각종 소독제의 효능을 표시
- 어떤 소독약의 석탄산 계수가 2.0이면 살균력이 석탄산의 2배를 의미

- 석탄산 계수 = $\dfrac{소독액의\ 희석배수}{석탄산의\ 희석배수}$

2 크레졸

① 페놀화합물로 3%의 수용액을 주로 사용
  (손 소독에는 1~2%)
② 석탄산에 비해 2배의 소독력을 가짐
③ 물에 잘 녹지 않음
④ 용도 : 손, 오물, 배설물 등의 소독 및 이·미용실의 실내소독용으로 사용

3 역성비누

① 양이온 계면활성제의 일종으로 세정력은 거의 없으며 살균작용이 강하다.
② 냄새가 거의 없고 자극이 적다.
③ 물에 잘 녹고 흔들면 거품이 난다.
④ 일반비누와 혼용할 경우 살균력이 없어진다.
⑤ 용도 : 수지·기구·식기 및 손 소독

4 에탄올(에틸알코올)

① 70%의 에탄올이 살균력이 가장 강력
② 포자 형성 세균에는 살균효과가 없음
③ 탈수 및 응고작용에 의한 살균작용
④ 용도 : 칼, 가위, 유리제품 등의 소독에 사용

5 포르말린

① 포름알데히드 36% 수용액으로 약물소독제 중 유일한 가스 소독제
② 수증기를 동시에 혼합하여 사용
③ 온도가 높을수록 소독력이 강함
④ 용도 : 무균실, 병실, 거실 등의 소독 및 금속제품, 고무제품, 플라스틱 등의 소독에 적합

6 승홍(염화제2수은)

① 1,000배(0.1%)의 수용액을 사용
② 액 온도가 높을수록 살균력이 강함
③ 금속 부식성이 있어 금속류의 소독에는 적당하지 않음

④ 상처가 있는 피부에는 적합하지 않음
⑤ 유기물에 대한 완전한 소독이 어려움
⑥ 피부점막에 자극성이 강함
⑦ 염화칼륨 첨가 시 자극성 완화
⑧ 무색의 결정 또는 백색의 결정성 분말이므로 적색 또는 청색으로 착색하여 보관
⑨ 무색, 무취이며, 맹독성이 강하므로 보관에 주의
⑩ 조제법 : 승홍(1) : 식염(1) : 물(998)
⑪ 염화칼륨 또는 식염을 첨가하면 용액이 중성으로 변하여 자극성이 완화됨
⑫ 용도 : 손 및 피부 소독

7 염소

① 살균력은 강하며, 자극성과 부식성이 강해 상수 또는 하수의 소독에 주로 이용
② 잔류효과가 크며 소독력이 강함
③ 음용수 소독에 사용 시 : 잔류염소가 0.1~0.2ppm이 되게 한다.
④ 과일, 채소, 기구 등에 사용 시 : 유효염소량 50~100ppm으로 2분 이상 소독
⑤ 세균 및 바이러스에도 작용
⑥ 저렴하다.
⑦ 자극적인 냄새가 난다.

8 과산화수소

① 3%의 과산화수소 수용액 사용
② 피부 상처 부위나 구내염, 인두염 및 구강세척제 등에 사용
③ 살균·탈취 및 표백에 효과
④ 일반 세균, 바이러스, 결핵균, 진균, 아포에 모두 효과

9 생석회

① 산화칼슘을 98% 이상 함유한 백색의 분말
② 용도 : 화장실 분변, 하수도 주위의 소독

10 에틸렌옥사이드(Ethylene Oxide, EO)

① 50~60℃의 저온에서 멸균하는 방법
② 멸균시간이 비교적 길다.
③ 고압증기 멸균법에 비해 보존기간이 길다.
④ 비용이 비교적 많이 듦
⑤ 가열로 인해 변질되기 쉬운 것들을 대상으로 함
⑥ 일반세균은 물론 아포까지 불활성화 가능

chapter 04

⑦ 폭발 위험을 감소하기 위해 이산화탄소 또는 프레온을 혼합하여 사용

⑧ 용도 : 플라스틱 및 고무제품 등의 멸균에 이용

11 오존

① 반응성이 풍부하고 산화작용이 강하여 물의 살균에 이용

② 습도가 높은 공기보다 건조한 공기에서 안정적임

12 요오드 화합물

① 세균, 포자, 곰팡이, 원충류 및 조류 등과 같이 광범위한 미생물에 대해 살균력을 가짐

② 페놀에 비해 강한 살균력을 갖는 반면, 독성은 훨씬 적음

13 대상물에 따른 소독 방법

대상물	소독법
대소변, 배설물, 토사물	소각법, 석탄산, 크레졸, 생석회 분말
침구류, 모직물, 의류	석탄산, 크레졸, 일광소독, 증기소독, 자비소독
초자기구, 목죽제품, 자기류	석탄산, 크레졸, 승홍, 포르말린, 증기소독, 자비소독
모피, 칠기, 고무 · 피혁제품	석탄산, 크레졸, 포르말린
병실	석탄산, 크레졸, 포르말린
환자	석탄산, 크레졸, 승홍, 역성비누

---

04 미용기구의 소독 방법

① 타월 : 1회용을 사용하거나 소독 후 사용

② 가운 : 사용 후 세탁 및 일광 소독 후 사용

③ 가위
- 70% 에탄올 사용
- 고압증기 멸균기 사용 시에는 소독 전에 수건으로 이물질을 제거한 후 거즈에 싸서 소독

④ 브러시 : 미온수 세척 후 자외선 소독기로 소독

⑤ 스펀지, 퍼프 : 중성세제로 세척한 뒤 건조, 자외선 소독기로 소독

⑥ 유리제품 : 건열멸균기에 넣고 소독

⑦ 바닥에 떨어진 도구는 반드시 소독 후 사용

Check!

농도 표시 방법

❶ 퍼센트(%) : 용액 100g(㎖) 속에 포함된 용질의 양을 표시한 수치

- % 농도 = $\dfrac{용질량}{용액량} \times 100(\%) = \dfrac{원액}{물+원액} \times 100(\%)$

❷ 피피엠(ppm) : 용액 100만g(㎖) 속에 포함된 용질의 양을 표시한 수치

- ppm 농도 = $\dfrac{용질량}{용액량} \times 10^6 (ppm)$

- 용액 : 두 종류 이상의 물질이 섞여있는 혼합물
- 용질 : 용액 속에 용해되어 있는 물질

출제예상문제 | 단원별 구성의 문제 유형 파악!

01. 소독 일반

1 ******
소독과 멸균에 관련된 용어의 설명 중 틀린 것은?

① 살균 : 생활력을 가지고 있는 미생물을 여러 가지 물리·화학적 작용에 의해 급속히 죽이는 것을 말한다.

② 방부 : 병원성 미생물의 발육과 그 작용을 제거하거나 정지시켜서 음식물의 부패나 발효를 방지하는 것을 말한다.

③ 소독 : 사람에게 유해한 미생물을 파괴시켜 감염의 위험성을 제거하는 비교적 강한 살균작용으로 세균의 포자까지 사멸하는 것을 말한다.

④ 멸균 : 병원성 또는 비병원성 미생물 및 포자를 가진 것을 전부 사멸 또는 제거하는 것을 말한다.

> 소독은 비교적 약한 살균력을 작용시켜 병원 미생물의 생활력을 파괴하여 감염의 위험성을 없애는 방법이다.

정답 ▶ 1 1 ③

2 소독의 정의로서 옳은 것은? ★★★★★

① 모든 미생물 일체를 사멸하는 것
② 모든 미생물을 열과 약품으로 완전히 죽이거나 또는 제거하는 것
③ 병원성 미생물의 생활력을 파괴하여 죽이거나 또는 제거하여 감염력을 없애는 것
④ 균을 적극적으로 죽이지 못하더라도 발육을 저지하고 목적하는 것을 변화시키지 않고 보존하는 것

> 병원성 또는 비병원성 미생물을 사멸하는 것은 멸균에 해당되며, 소독은 병원성 미생물을 죽이거나 제거하여 감염력을 없애는 것을 말한다.

3 비교적 약한 살균력을 작용시켜 병원 미생물의 생활력을 파괴하여 감염의 위험성을 없애는 조작은? ★★★

① 소독
② 고압증기멸균
③ 방부처리
④ 냉각처리

> 비교적 약한 살균력으로 병원 미생물의 감염 위험을 없애는 것은 소독에 해당하며, 병원성 또는 비병원성 미생물 및 포자를 가진 것을 전부 사멸 또는 제거하는 것을 멸균이라 한다.

4 소독에 대한 설명으로 가장 옳은 것은? ★★★

① 감염의 위험성을 제거하는 비교적 약한 살균작용이다.
② 세균의 포자까지 사멸한다.
③ 아포형성균을 사멸한다.
④ 모든 균을 사멸한다.

> 소독은 병원성 또는 비병원성 미생물 및 포자까지 사멸하는 멸균보다 약한 살균작용이다.

5 병원성 또는 비병원성 미생물 및 아포를 가진 것을 전부 사멸 또는 제거하는 것을 무엇이라 하는가? ★★★

① 멸균(Sterilization)
② 소독(Disinfection)
③ 방부(Antiseptic)
④ 정균(Microbiostasis)

> 멸균은 병원성 또는 비병원성 미생물 및 포자를 가진 것을 전부 사멸 또는 제거하는 무균 상태를 의미한다.

6 멸균의 의미로 가장 옳은 표현은? ★★★

① 병원성 균의 증식억제
② 병원성 균의 사멸
③ 아포를 포함한 모든 균의 사멸
④ 모든 세균의 독성만의 파괴

7 소독에 대한 설명으로 가장 적합한 것은? ★★★★

① 병원 미생물의 성장을 억제하거나 파괴하여 감염의 위험성을 없애는 것이다.
② 소독은 무균상태를 말한다.
③ 소독은 병원 미생물의 발육과 그 작용을 제지 및 정지시키며 특히 부패 및 발효를 방지시키는 것이다.
④ 소독은 포자를 가진 것 전부를 사멸하는 것을 말한다.

> ②, ④는 멸균, ③은 방부에 대한 설명이다.

8 미생물을 대상으로 한 작용이 강한 것부터 순서대로 옳게 배열된 것은? ★★★★★

① 멸균 > 소독 > 살균 > 청결 > 방부
② 멸균 > 살균 > 소독 > 방부 > 청결
③ 살균 > 멸균 > 소독 > 방부 > 청결
④ 소독 > 살균 > 멸균 > 청결 > 방부

9 소독약의 구비조건으로 틀린 것은? ★★★★★

① 값이 비싸고 위험성이 없다.
② 인체에 해가 없으며 취급이 간편하다.
③ 살균하고자 하는 대상물을 손상시키지 않는다.
④ 살균력이 강하다.

> 소독약은 값이 저렴해야 한다.

10 소독약품으로서 갖추어야 할 구비조건이 아닌 것은? ★★★★★

① 안전성이 높을 것
② 독성이 낮을 것
③ 부식성이 강할 것
④ 용해성이 높을 것

chapter 04

11 미생물의 발육과 그 작용을 제거하거나 정지시켜 음식물의 부패나 발효를 방지하는 것은?

① 방부　　　　　　② 소독
③ 살균　　　　　　④ 살충

> • 소독 : 병원성 미생물의 생활력을 파괴하여 죽이거나 또는 제거하여 감염력을 없애는 것
> • 살균 : 생활력을 가지고 있는 미생물을 여러 가지 물리·화학적 작용에 의해 급속히 죽이는 것

12 이상적인 소독제의 구비조건과 거리가 먼 것은?

① 생물학적 작용을 충분히 발휘할 수 있어야 한다.
② 빨리 효과를 내고 살균 소요시간이 짧을수록 좋다.
③ 독성이 적으면서 사용자에게도 자극성이 없어야 한다.
④ 원액 혹은 희석된 상태에서 화학적으로는 불안정된 것이라야 한다.

> 소독제는 화학적으로 안정된 것이어야 한다.

13 화학적 약제를 사용하여 소독 시 소독약품의 구비조건으로 옳지 않은 것은?

① 용해성이 낮아야 한다.
② 살균력이 강해야 한다.
③ 부식성, 표백성이 없어야 한다.
④ 경제적이고 사용방법이 간편해야 한다.

> 소독약품은 용해성이 높아야 한다.

14 화학적 소독제의 조건으로 잘못된 것은?

① 독성 및 안전성이 약할 것
② 살균력이 강할 것
③ 용해성이 높을 것
④ 가격이 저렴할 것

15 소독약의 보존에 대한 설명 중 부적합한 것은?

① 직사일광을 받지 않도록 한다.
② 냉암소에 둔다.

③ 사용하다 남은 소독약은 재사용을 위해 밀폐시켜 보관한다.
④ 식품과 혼돈하기 쉬운 용기나 장소에 보관하지 않도록 한다.

> 소독약은 시간이 지나면 변질의 우려가 있기 때문에 희석 즉시 사용하고 남은 소독약은 보관하지 않는다.

16 소독약에 대한 설명 중 적합하지 않은 것은?

① 소독시간이 적당한 것
② 소독 대상물을 손상시키지 않는 소독약을 선택할 것
③ 인체에 무해하며 취급이 간편할 것
④ 소독약은 항상 청결하고 밝은 장소에 보관할 것

> 소독약은 밀폐시켜 햇빛이 들지 않는 냉암소에 보관해야 한다.

17 소독법의 구비 조건에 부적합한 것은?

① 장시간에 걸쳐 소독의 효과가 서서히 나타나야 한다.
② 소독대상물에 손상을 입혀서는 안 된다.
③ 인체 및 가축에 해가 없어야 한다.
④ 방법이 간단하고 비용이 적게 들어야 한다.

> 소독은 즉시 효과를 낼 수 있어야 한다.

18 소독에 영향을 미치는 인자가 아닌 것은?

① 온도　　　　　　② 수분
③ 시간　　　　　　④ 풍속

> 소독에 영향을 주는 인자
> 온도, 시간, 수분, 열, 농도, 자외선

19 살균작용 기전으로 산화작용을 주로 이용하는 소독제는?

① 오존　　　　　　② 석탄산
③ 알코올　　　　　④ 머큐로크롬

> 산화작용 : 과산화수소, 오존, 염소 및 그 유도체, 과망간산칼륨

20 석탄산, 알코올, 포르말린 등의 소독제가 가지는 소독의 주된 원리는?

① 균체 원형질 중의 탄수화물 변성
② 균체 원형질 중의 지방질 변성
③ 균체 원형질 중의 단백질 변성
④ 균체 원형질 중의 수분 변성

살균작용의 기전	
구분	종류
산화작용	과산화수소, 오존, 염소 및 그 유도체, 과망간산칼륨
균체의 단백질 응고작용	석탄산, 크레졸, 승홍, 알코올, 포르말린, 생석회
균체의 효소 불활성화 작용	석탄산, 알코올, 역성비누, 중금속염
균체의 가수분해작용	강산, 강알칼리, 중금속염
탈수작용	알코올, 포르말린, 식염, 설탕
중금속염의 형성	승홍, 머큐로크롬, 질산은
핵산에 작용	자외선, 방사선, 포르말린, 에틸렌옥사이드
균체의 삼투성 변화작용	석탄산, 역성비누, 중금속염

21 알코올 소독의 미생물 세포에 대한 주된 작용기전은?

① 할로겐 복합물 형성
② 단백질 변성
③ 효소의 완전 파괴
④ 균체의 완전 융해

22 반응성이 풍부하고 산화작용이 강하여 수년 동안 물의 소독에 사용되어 왔던 소독기제는 무엇인가?

① 과산화수소   ② 오존
③ 메틸브로마이드   ④ 에틸렌옥사이드

23 석탄산의 소독작용과 관계가 가장 먼 것은?

① 균체 단백질 응고작용
② 균체 효소의 불활성화 작용
③ 균체의 삼투압 변화작용
④ 균체의 가수분해작용

> 균체의 가수분해작용 : 강산, 강알칼리, 중금속염

24 각종 살균제와 그 기전을 연결하였다. 틀린 항은?

① 과산화수소(H_2O_2) – 가수분해
② 생석회(CaO) – 균체 단백질 변성
③ 알코올(C_2H_5OH) – 대사저해 작용
④ 페놀(C_5H_5OH) – 단백질 응고

> 과산화수소 – 산화작용

25 다음 중 세균의 단백질 변성과 응고작용에 의한 기전을 이용하여 살균하고자 할 때 주로 이용되는 방법은?

① 가열   ② 희석
③ 냉각   ④ 여과

> 단백질은 열을 가하거나 양이온 용액을 넣으면 응고되어 세균의 기능이 상실된다.

02. 물리적 소독법

1 다음 중 물리적 소독법에 해당하는 것은?

① 승홍소독   ② 크레졸소독
③ 건열소독   ④ 석탄산소독

> 건열소독은 물체 표면의 미생물을 화염으로 직접 태워 살균하는 방법으로 물리적 소독법에 해당한다.

2 다음 중 물리적 소독법에 속하지 않는 것은?

① 건열멸균법   ② 고압증기멸균법
③ 크레졸 소독법   ④ 자비소독법

> 크레졸 소독법은 화학적 소독법에 속한다.

3 물리적 소독법으로 사용하는 것이 아닌 것은?

① 알코올   ② 초음파
③ 일광   ④ 자외선

> 알코올은 화학적 소독법에 해당한다.

chapter 04

4 다음 중 화학적 소독법에 해당되는 것은?

① 알코올 소독법　　② 자비소독법
③ 고압증기멸균법　　④ 간헐멸균법

> 알코올 소독법은 화학적 소독법에 속한다.

5 다음 중 건열멸균법이 아닌 것은?

① 화염멸균법　　② 자비소독법
③ 건열멸균법　　④ 소각소독법

> 자비소독법은 습열멸균법에 해당한다.

6 다음 중 화학적 소독법은?

① 건열 소독법　　② 여과세균 소독법
③ 포르말린 소독법　　④ 자외선 소독법

7 다음 중 화학적 소독 방법이라 할 수 없는 것은?

① 포르말린　　② 석탄산
③ 크레졸 비누액　　④ 고압증기

> 고압증기를 이용한 소독 방법은 물리적 소독 방법이다.

8 다음 중 할로겐계에 속하지 않는 것은?

① 차아염소산나트륨　　② 표백분
③ 석탄산　　④ 요오드액

> 할로겐계 살균제 : 차아염소산칼슘, 차아염소산나트륨, 차아염소산리튬, 이산화염소, 표백분, 요오드액 등

9 다음 중 건열멸균에 관한 내용이 아닌 것은?

① 화학적 살균 방법이다.
② 주로 건열멸균기(dry oven)를 사용한다.
③ 유리기구, 주사침 등의 처리에 이용된다.
④ 160℃에서 1시간 30분 정도 처리한다.

> 건열멸균은 물리적 소독 방법이다.

10 병원에서 감염병 환자가 퇴원 시 실시하는 소독법은?

① 반복소독　　② 수시소독
③ 지속소독　　④ 종말소독

> **소독의 시기에 따른 분류**
> • 지속소독법 : 감염병이 발생했을 때 간접 접촉으로 인해 발생하는 것을 예방하기 위해 반복적으로 소독하는 방법
> • 종말소독법 : 환자가 완치로 퇴원하거나 사망 후 또는 격리 수용된 전염원을 완전히 제거하기 위해 소독하는 방법
> • 예방소독법 : 질병의 예방을 위해서 소독하는 방법

11 유리제품의 소독방법으로 가장 적합한 것은?

① 끓는 물에 넣고 10분간 가열한다.
② 건열멸균기에 넣고 소독한다.
③ 끓는 물에 넣고 5분간 가열한다.
④ 찬물에 넣고 75℃까지만 가열한다.

> 건열멸균법은 유리기구, 금속기구, 자기제품, 주사기, 분말 등의 멸균에 이용된다.

12 다음 중 습열멸균법에 속하는 것은?

① 자비소독법　　② 화염멸균법
③ 여과멸균법　　④ 소각소독법

> 습열멸균법 : 자비소독법, 증기멸균법, 간헐멸균법, 고압증기멸균법 등

13 다음 중 이·미용업소에서 손님에게서 나온 객담이 묻은 휴지 등을 소독하는 방법으로 가장 적합한 것은?

① 소각소독법　　② 자비소독법
③ 고압증기멸균법　　④ 저온소독법

> 소각법 : 병원체를 불꽃으로 태우는 방법으로 결핵환자의 객담 처리 또는 감염병 환자의 배설물 등의 처리 방법으로 주로 사용된다.

14 금속성 식기, 면 종류의 의류, 도자기의 소독에 적합한 소독방법은?

① 화염멸균법　　② 건열멸균법
③ 소각소독법　　④ 자비소독법

15 자비소독법에 대한 설명 중 틀린 것은?

① 아포형성균에는 부적당하다.
② 물에 탄산나트륨 1~2%를 넣으면 살균력이 강해진다.
③ 금속기구 소독 시 날이 무뎌질 수 있다.
④ 물리적 소독법에서 가장 효과적이다.

> 소독 방법 중 완전 멸균으로 가장 빠르고 효과적인 방법은 고압증기 멸균법이다.

16 일반적으로 자비소독법으로 사멸되지 않는 것은?

① 아포형성균   ② 콜레라균
③ 임균   ④ 포도상구균

> 자비소독은 아포형성균, B형 간염바이러스에는 적합하지 않다.

17 이·미용업소에서 일반적 상황에서의 수건 소독법으로 가장 적합한 것은?

① 석탄산 소독   ② 크레졸 소독
③ 자비소독   ④ 적외선 소독

> 일반적으로 수건의 소독은 끓는 물을 이용한 자비소독법이 적합하다.

18 이·미용업소에서 사용하는 수건의 소독방법으로 적합하지 않은 것은?

① 건열소독   ② 자비소독
③ 역성비누소독   ④ 증기소독

> 건열소독은 유리기구, 금속기구, 자기제품 등에 사용되며, 수건의 소독방법으로는 적당하지 않다.

19 금속제품의 자비소독 시 살균력을 강하게 하고 금속의 녹을 방지하는 효과를 나타낼 수 있도록 첨가하는 약품은?

① 1~2%의 염화칼슘   ② 1~2%의 탄산나트륨
③ 1~2%의 알코올   ④ 1~2%의 승홍수

20 자비소독 시 살균력 상승과 금속의 상함을 방지하기 위해서 첨가하는 물질(약품)로 알맞은 것은?

① 승홍수   ② 알코올
③ 염화칼슘   ④ 탄산나트륨

> 자비소독 시 살균력을 높이기 위해 탄산나트륨, 붕산, 크레졸액 등의 보조제를 사용한다.

21 자비소독 시 살균력을 강하게 하고 금속기자재가 녹스는 것을 방지하기 위하여 첨가하는 물질이 아닌 것은?

① 2% 중조   ② 2% 크레졸 비누액
③ 5% 승홍수   ④ 5% 석탄산

> 승홍수는 강력한 살균력이 있어 기물(器物)의 살균이나 피부 소독에는 0.1% 용액, 매독성 질환에는 0.2% 용액을 쓰며, 점막이나 금속 기구를 소독하는 데는 적당하지 않다.

22 자비소독 시 금속제품이 녹스는 것을 방지하기 위하여 첨가하는 물질이 아닌 것은?

① 2% 붕소   ② 2% 탄산나트륨
③ 5% 알코올   ④ 2~3% 크레졸 비누액

> 자비소독 시 보조제로서 탄산나트륨, 붕산, 크레졸액을 사용한다.

23 다음 중 자비소독에서 자비효과를 높이고자 일반적으로 사용하는 보조제가 아닌 것은?

① 탄산나트륨   ② 붕산
③ 크레졸액   ④ 포르말린

> 자비소독의 효과를 높이기 위해 탄산나트륨, 붕산, 크레졸액 등을 사용한다.

24 금속제품을 자비소독할 경우 언제 물에 넣는 것이 가장 좋은가?

① 가열 시작 전   ② 가열시작 직후
③ 끓기 시작한 후   ④ 수온이 미지근할 때

> 금속제품은 물이 끓기 시작한 후, 유리제품은 찬물에 투입한다.

정답   15 ④   16 ①   17 ③   18 ①   19 ②   20 ④   21 ③   22 ③   23 ④   24 ③

chapter 04

25 내열성이 강해서 자비소독으로는 멸균이 되지 않는 것은?

① 이질 아메바 영양형　② 장티푸스균
③ 결핵균　　　　　　　④ 포자형성 세균

26 다음 중 열에 대한 저항력이 커서 자비소독법으로 사멸되지 않는 균은?

① 콜레라균　　　　　　② 결핵균
③ 살모넬라균　　　　　④ B형 간염 바이러스

> B형 간염 바이러스의 예방을 위해서는 고압증기 멸균법을 이용한 살균이 효과적이다.

27 100℃의 유통증기 속에서 30분 내지 60분간 멸균시킨 다음 20℃ 이상의 실온에서 24시간 방치하는 방법을 3회 반복하는 멸균법은?

① 열탕소독법　　　　　② 간헐멸균법
③ 건열멸균법　　　　　④ 고압증기멸균법

> 간헐멸균법은 100℃의 유통증기 속에서 30~60분간 멸균시킨 다음 20℃ 이상의 실온에서 24시간 방치하는 방법을 3회 반복하는 멸균법으로 아포를 형성하는 미생물의 멸균에 적합하다.

28 코흐(koch)멸균기를 사용하는 소독법은?

① 간헐멸균법　　　　　② 자비소독법
③ 저온살균법　　　　　④ 건열멸균법

29 100℃ 이상 고온의 수증기를 고압상태에서 미생물, 포자 등과 접촉시켜 멸균할 수 있는 것은?

① 자외선 소독기　　　　② 건열 멸균기
③ 고압증기 멸균기　　　④ 자비소독기

30 다음 중 아포를 형성하는 세균에 대한 가장 좋은 소독법은?

① 적외선 소독　　　　　② 자외선 소독
③ 고압증기멸균 소독　　④ 알코올 소독

31 다음 소독 방법 중 완전 멸균으로 가장 빠르고 효과적인 방법은?

① 유통증기법
② 간헐살균법
③ 고압증기법
④ 건열 소독

> 고압증기법은 고압증기 멸균기를 이용하여 소독하는 방법으로 가장 빠르고 효과적인 소독 방법이며, 포자를 형성하는 세균을 멸균하는 데 적합하다.

32 고압증기 멸균법을 실시할 때 온도, 압력, 소요시간으로 가장 알맞은 것은?

① 71℃에 10lbs 30분간 소독
② 105℃에 15lbs 30분간 소독
③ 121℃에 15lbs 20분간 소독
④ 211℃에 10lbs 10분간 소독

> 소독 시간
> • 10LBs : 115℃에 30분간
> • 15LBs : 121℃에 20분간
> • 20LBs : 126℃에 15분간

33 고압증기 멸균법에 있어 20LBs, 126.5C의 상태에서 몇 분간 처리하는 것이 가장 좋은가?

① 5분　　　　　　　　② 15분
③ 30분　　　　　　　　④ 60분

34 고압증기 멸균법의 압력과 처리시간이 틀린 것은?

① 10LB(파운드)에서 30분
② 15LB(파운드)에서 20분
③ 20LB(파운드)에서 15분
④ 30LB(파운드)에서 3분

35 고압증기 멸균법에서 20파운드(Lbs)의 압력에서는 몇 분간 처리하는 것이 가장 적절한가?

① 40분　　　　　　　　② 30분
③ 15분　　　　　　　　④ 5분

정답　25 ④　26 ④　27 ②　28 ①　29 ③　30 ③　31 ③　32 ③　33 ②　34 ④　35 ③

36 *** 고압증기 멸균법의 대상물로 가장 부적당한 것은?

① 의료기구　　　　　② 의류
③ 고무제품　　　　　④ 음용수

> 고압증기 멸균법은 의료기구, 유리기구, 금속기구, 의류, 고무제품, 미용기구, 무균실 기구, 약액 등에 사용된다.

37 *** 고압멸균기를 사용하여 소독하기에 가장 적합하지 않은 것은?

① 유리기구　　　　　② 금속기구
③ 약액　　　　　　　④ 가죽제품

38 *** 고압증기 멸균기의 열원으로 수증기를 사용하는 이유가 아닌 것은?

① 일정 온도에서 쉽게 열을 방출하기 때문
② 미세한 공간까지 침투성이 높기 때문
③ 열 발생에 소요되는 비용이 저렴하기 때문
④ 바세린(vaseline)이나 분말 등도 쉽게 통과할 수 있기 때문

> 고압증기 멸균기의 수증기는 용해되는 물질은 멸균할 수 없다.

39 *** AIDS나 B형 간염 등과 같은 질환의 전파를 예방하기 위한 이·미용기구의 가장 좋은 소독방법은?

① 고압증기 멸균기　　② 자외선 소독기
③ 음이온계면활성제　　④ 알코올

> 고압증기 멸균기를 이용한 소독은 완전 멸균으로 가장 빠르고 효과적인 방법이다.

40 *** 고압증기 멸균법에 해당하는 것은?

① 멸균 물품에 잔류독성이 많다.
② 포자를 사멸시키는 데 멸균시간이 짧다.
③ 비경제적이다.
④ 많은 물품을 한꺼번에 처리할 수 없다.

> ① 멸균 물품에 잔류독성이 없다.
> ③ 고압증기 멸균법은 경제적인 소독 방법이다.
> ④ 많은 물품을 한꺼번에 처리할 수 있다.

41 *** 무균실에서 사용되는 기구의 가장 적합한 소독법은?

① 고압증기 멸균법
② 자외선 소독법
③ 자비 소독법
④ 소각 소독법

42 *** 고압증기 멸균기의 소독대상물로 적합하지 않은 것은?

① 금속성 기구　　　　② 의류
③ 분말제품　　　　　④ 약액

43 *** 고압증기 멸균법의 단점은?

① 멸균비용이 많이 든다.
② 많은 멸균 물품을 한꺼번에 처리할 수 없다.
③ 멸균물품에 잔류독성이 있다.
④ 수증기가 통과하므로 용해되는 물질은 멸균할 수 없다.

> ① 멸균비용이 적게 들어 경제적인 소독 방법이다.
> ② 많은 멸균 물품을 한꺼번에 처리할 수 있다.
> ③ 멸균물품에 잔류독성이 없다.

44 ** 파스퇴르가 발명한 살균방법은?

① 저온살균법　　　　② 증기살균법
③ 여과살균법　　　　④ 자외선 살균법

> 저온살균법은 파스퇴르가 발명한 살균방법으로 62~63℃에서 30분간 소독을 실시하며, 우유 속의 결핵균 등의 오염 방지 목적으로 사용된다.

45 *** 최근에 많이 이용되고 있는 우유의 초고온 순간멸균법으로 140℃에서 가장 적절한 처리시간은?

① 1~3초　　　　　　② 30~60초
③ 1~3분　　　　　　④ 5~6분

> 초고온 순간멸균법은 130~150℃에서 0.75~2초간 가열 후 급랭하는 방법으로 우유의 내열성 세균의 포자를 완전 사멸하는 방법으로 사용된다.

chapter 04

46 저온소독법(Pasteurization)에 이용되는 적절한 온도와 시간은?

① 50~55℃, 1시간
② 62~63℃, 30분
③ 65~68℃, 1시간
④ 80~84℃, 30분

47 일광소독법은 햇빛 중의 어떤 영역에 의해 소독이 가능한가?

① 적외선   ② 자외선
③ 가시광선   ④ 감마선

일광소독법은 태양광선 중의 자외선을 이용하는 방법으로 결핵균, 페스트균, 장티푸스균 등의 사멸에 사용된다.

48 자외선의 파장 중 가장 강한 범위는?

① 200~220nm   ② 260~280nm
③ 300~320nm   ④ 360~380nm

자외선의 파장 중 260~280nm에서 살균력이 가장 강하다.

49 자외선의 인체에 대한 작용으로 관계가 없는 것은?

① 비타민D 형성   ② 멜라닌 색소 침착
③ 체온상승   ④ 피부암 유발

50 코발트나 세슘 등을 이용한 방사선 멸균법의 단점이라 할 수 있는 것은?

① 시설설비에 소요되는 비용이 비싸다.
② 투과력이 약해 포장된 물품에 소독효과가 없다.
③ 소독에 소요되는 시간이 길다.
④ 고온하에서 적용되기 때문에 열에 약한 기구소독이 어렵다.

방사선 멸균법
• 코발트나 세슘 등의 감마선을 이용한 방법
• 포장 식품이나 약품의 멸균 등에 이용
• 시설비가 비싼 단점이 있다.

51 다음 중 일광소독법의 가장 큰 장점인 것은?

① 아포도 죽는다.
② 산화되지 않는다.
③ 소독효과가 크다.
④ 비용이 적게 든다.

일광소독법은 태양광선 중의 자외선을 이용하는 방법으로 결핵균, 페스트균, 장티푸스균 등의 사멸에 사용되며 소독효과가 큰 방법은 아니다. 비용이 적게 들면서 가장 간편하게 소독할 수 있는 방법이다.

52 결핵환자가 사용한 침구류 및 의류의 가장 간편한 소독 방법은?

① 일광 소독   ② 자비소독
③ 석탄산 소독   ④ 크레졸 소독

53 자외선의 살균에 대한 설명으로 가장 적절한 것은?

① 투과력이 강해서 매우 효과적인 살균법이다.
② 직접 쪼여져 노출된 부위만 소독된다.
③ 짧은 시간에 충분히 소독된다.
④ 액체의 표면을 통과하지 못하고 반사한다.

자외선 살균은 효과적인 살균 방법은 아니며 표면적인 멸균 효과를 얻기 위한 방법이다.

54 당이나 혈청과 같이 열에 의해 변성되거나 불안정한 액체의 멸균에 이용되는 소독법은?

① 저온살균법   ② 여과멸균법
③ 간헐멸균법   ④ 건열멸균법

여과멸균법은 열이나 화학약품을 사용하지 않고 여과기를 이용하여 세균을 제거하는 방법이다.

정답   46 ②   47 ②   48 ②   49 ③   50 ①   51 ④   52 ①   53 ②   54 ②

03. 화학적 소독법

1 ★★★
소독약을 사용하여 균 자체에 화학반응을 일으켜 세균의 생활력을 빼앗아 살균하는 것은?

① 물리적 멸균법 　　② 건열 멸균법
③ 여과 멸균법 　　　④ 화학적 살균법

> **화학적 살균법**은 화학적 반응을 이용하는 방법이며, 석탄산, 크레졸, 역성비누, 포르말린, 승홍 등이 주로 사용된다.

2 ★★★
화학적 소독법에 가장 많은 영향을 주는 것은?

① 순수성 　　　　② 융접
③ 빙점 　　　　　④ 농도

> 일반적으로 소독제의 농도가 높을수록 소독제의 효과도 높아진다.

3 ★★★
소독제로서 석탄산에 관한 설명이 틀린 것은?

① 유기물에도 소독력은 약화되지 않는다.
② 고온일수록 소독력이 커진다.
③ 금속 부식성이 없다.
④ 세균단백에 대한 살균작용이 있다.

> 석탄산은 금속 부식성이 있다.

4 ★★★
다음 중 방역용 석탄산수의 알맞은 사용 농도는?

① 1% 　　② 3% 　　③ 5% 　　④ 70%

> 석탄산수는 3% 농도의 석탄산에 97%의 물을 혼합하여 사용한다.

5 ★★★
소독약으로서의 석탄산에 관한 내용 중 틀린 것은?

① 사용농도는 3% 수용액을 주로 쓴다.
② 고무제품, 의류, 가구, 배설물 등의 소독에 적합하다.
③ 단백질 응고작용으로 살균기능을 가진다.
④ 세균포자나 바이러스에 효과적이다.

> 석탄산은 3% 농도의 석탄산에 97%의 물을 혼합하여 사용하는데, 고무제품, 의류, 가구, 배설물 등의 소독에 적합하며, 세균포자나 바이러스에는 작용력이 없다.

6 ★★★★
소독제의 살균력을 비교할 때 기준이 되는 소독약은?

① 요오드 　　　　② 승홍
③ 석탄산 　　　　④ 알코올

7 ★★★★★
소독제의 살균력 측정검사의 지표로 사용되는 것은?

① 알코올 　　　　② 크레졸
③ 석탄산 　　　　④ 포르말린

8 ★★★
다음 중 넓은 지역의 방역용 소독제로 적당한 것은?

① 석탄산 　　　　② 알코올
③ 과산화수소 　　④ 역성비누액

> **석탄산의 용도**
> • 고무제품, 의류, 가구, 배설물 등의 소독에 적합
> • 넓은 지역의 방역용 소독제로 적합

9 ★★★
다음 소독약 중 할로겐계의 것이 아닌 것은?

① 표백분
② 석탄산
③ 차아염소산나트륨
④ 요오드

> 석탄산은 방향족 화합물이다. 할로겐계 소독약에는 염소, 표백분, 요오드 등이 있다.

10 ★★★
석탄산 계수가 2인 소독약 A를 석탄산 계수 4인 소독약 B와 같은 효과를 내려면 그 농도를 어떻게 조정하면 되는가?(단, A, B의 용도는 같다)

① A를 B보다 2배 묽게 조정한다.
② A를 B보다 4배 묽게 조정한다.
③ A를 B보다 2배 짙게 조정한다.
④ A를 B보다 4배 짙게 조정한다.

> 소독약 A는 석탄산보다 살균력이 2배 높고, 소독약 B는 석탄산보다 4배 높으므로 소독약 A를 B보다 2배 짙게 조정해야 한다.

정답 3 1 ④ 2 ④ 3 ③ 4 ② 5 ④ 6 ③ 7 ③ 8 ① 9 ② 10 ③

chapter 04

11 다음 중 석탄산 소독의 장점은?

① 안정성이 높고 화학변화가 적다.

② 바이러스에 대한 효과가 크다.

③ 피부 및 점막에 자극이 없다.

④ 살균력이 크레졸 비누액보다 높다.

> ② 세균포자나 바이러스에는 작용력이 없다.
> ③ 조직에 독성이 있어 인체에 잘 사용하지 않는다.
> ④ 크레졸 비누액은 석탄산에 비해 2배의 소독력을 가진다.

12 다음 중 석탄산의 설명으로 가장 거리가 먼 것은?

① 저온일수록 소독효과가 크다.

② 살균력이 안정하다.

③ 유기물에 약화되지 않는다.

④ 취기와 독성이 강하다.

> 석탄산은 고온일수록 소독효과가 크다.

13 석탄산 계수(페놀 계수)가 5일 때 의미하는 살균력은?

① 페놀보다 5배 높다.　② 페놀보다 5배 낮다.

③ 페놀보다 50배 높다.　④ 페놀보다 50배 낮다.

> 석탄산 계수가 5라는 의미는 살균력이 삭탄산의 5배라는 의미이다.

14 어떤 소독약의 석탄산 계수가 2.0이라는 것은 무엇을 의미하는가?

① 석탄산의 살균력이 2이다.

② 살균력이 석탄산의 2배이다.

③ 살균력이 석탄산의 2%이다.

④ 살균력이 석탄산의 120%이다.

15 석탄산의 희석배수 90배를 기준으로 할 때 어떤 소독약의 석탄산 계수가 4이었다면 이 소독약의 희석배수는?

① 90배　　② 94배　　③ 360배　　④ 400배

> 어떤 소독약의 석탄산 계수가 4라면 살균력이 석탄산의 4배라는 의미이므로 90배의 4배는 360배이다.

16 이·미용실 바닥 소독용으로 가장 알맞은 소독약품은?

① 알코올　　　　　② 크레졸

③ 생석회　　　　　④ 승홍수

> 크레졸은 손, 오물, 배설물 등의 소독 및 이·미용실의 실내소독용으로 사용된다.

17 어느 소독약의 석탄산 계수가 1.5이었다면 그 소독약의 적당한 희석배율은 몇 배인가?(단, 석탄산의 희석배율은 90배이었다)

① 60배　　　　　② 135배

③ 150배　　　　　④ 180배

> $1.5 = \dfrac{x}{90}$, $x = 1.5 \times 90 = 135$

18 다음 중 크레졸의 설명으로 틀린 것은?

① 3%의 수용액을 주로 사용한다.

② 석탄산에 비해 2배의 소독력이 있다.

③ 손, 오물 등의 소독에 사용된다.

④ 물에 잘 녹는다.

> 크레졸은 물에 잘 녹지 않는다.

19 3%의 크레졸 비누액 900ml를 만드는 방법으로 옳은 것은?

① 크레졸 원액 270ml에 물 630ml를 가한다.

② 크레졸 원액 27ml에 물 873ml를 가한다.

③ 크레졸 원액 300ml에 물 600ml를 가한다.

④ 크레졸 원액 200ml에 물 700ml를 가한다.

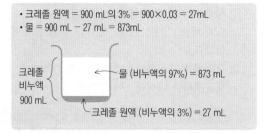

> • 크레졸 원액 = 900 mL의 3% = 900 × 0.03 = 27mL
> • 물 = 900 mL − 27 mL = 873mL
>
> 크레졸 비누액 900 mL
> 물 (비누액의 97%) = 873 mL
> 크레졸 원액 (비누액의 3%) = 27 mL

20 객담 등의 배설물 소독을 위한 크레졸 비누액의 가장 적합한 농도는?

① 0.1%   ② 1%   ③ 3%   ④ 10%

크레졸은 페놀화합물로 3%의 수용액을 주로 사용하며, 손 소독에는 1~2%의 수용액을 사용한다.

21 다음 중 배설물의 소독에 가장 적당한 것은?

① 크레졸   ② 오존
③ 염소   ④ 승홍

크레졸은 손, 오물, 배설물 등의 소독 및 이·미용실의 실내소독용으로 사용된다.

22 다음 소독제 중에서 페놀화합물에 속하는 것은?

① 포르말린   ② 포름알데히드
③ 이소프로판올   ④ 크레졸

23 역성비누액에 대한 설명으로 틀린 것은?

① 냄새가 거의 없고 자극이 적다.
② 소독력과 함께 세정력이 강하다.
③ 수지·기구·식기소독에 적당하다.
④ 물에 잘 녹고 흔들면 거품이 난다.

역성비누는 소독력은 강하지만 세정력은 약하다.

24 이·미용업 종사자가 손을 씻을 때 많이 사용하는 소독약은?

① 크레졸 수   ② 페놀 수
③ 과산화수소   ④ 역성비누

역성비누는 수지·기구·식기 및 손 소독에 주로 사용된다.

25 다음 중 소독 실시에 있어 수증기를 동시에 혼합하여 사용할 수 있는 것은?

① 승홍수 소독   ② 포르말린수 소독
③ 석회수 소독   ④ 석탄산수 소독

26 일반적으로 사용하는 소독제로서 에탄올의 적정 농도는?

① 30%   ② 50%
③ 70%   ④ 90%

70%의 에탄올이 살균력이 가장 강력하다.

27 다음 소독약 중 가장 독성이 낮은 것은?

① 석탄산   ② 승홍수
③ 에틸알코올   ④ 포르말린

에틸알코올은 독성이 약하며 칼, 가위, 유리제품 등의 소독에 사용된다.

28 비교적 가격이 저렴하고 살균력이 있으며 쉽게 증발되어 잔여량이 없는 살균제는?

① 알코올   ② 요오드
③ 크레졸   ④ 페놀

알코올은 탈수 및 응고작용에 의한 살균작용을 하며 쉽게 증발되는 성질이 있다.

29 다음 중 에탄올에 의한 소독 대상물로서 가장 적합한 것은?

① 유리제품   ② 셀룰로이드 제품
③ 고무제품   ④ 플라스틱 제품

에탄올은 칼, 가위, 유리제품 등의 소독에 사용된다.

30 포르말린 소독법 중 올바른 설명은?

① 온도가 낮을수록 소독력이 강하다.
② 온도가 높을수록 소독력이 강하다.
③ 온도가 높고 낮음에 관계없다.
④ 포르말린은 가스상으로는 작용하지 않는다.

포르말린은 가스 소독제로서 온도가 높을수록 소독력이 강하다.

chapter 04

31 다음 중 포르말린수 소독에 가장 적합하지 않은 것은?

① 고무제품　　　　② 배설물
③ 금속제품　　　　④ 플라스틱

포르말린은 무균실, 병실, 거실 등의 소독 및 금속제품, 고무제품, 플라스틱 등의 소독에 적합하다. 배설물 소독은 크레졸이 적합하다.

32 훈증소독법으로도 사용할 수 있는 약품인 것은?

① 포르말린　　　　② 과산화수소
③ 염산　　　　　　④ 나프탈렌

33 훈증소독법에 대한 설명 중 틀린 것은?

① 분말이나 모래, 부식되기 쉬운 재질 등을 멸균할 수 있다.
② 가스(gas)나 증기(fume)를 사용한다.
③ 화학적 소독방법이다.
④ 위생해충 구제에 많이 이용된다.

훈증소독법은 식품에 살균가스를 뿌려 미생물과 해충을 죽이는 방법으로 과일을 오래 보관하기 위해 주로 사용한다.

34 승홍에 관한 설명으로 틀린 것은?

① 액 온도가 높을수록 살균력이 강하다.
② 금속 부식성이 있다.
③ 0.1% 수용액을 사용한다.
④ 상처 소독에 적당한 소독약이다.

상처 소독에는 과산화수소가 주로 사용된다.

35 다음 중 소독약품과 적정 사용농도의 연결이 가장 거리가 먼 것은?

① 승홍수 – 1%　　　② 알코올 – 70%
③ 석탄산 – 3%　　　④ 크레졸 – 3%

승홍수는 0.1% 농도의 수용액을 사용한다.

36 승홍을 희석하여 소독에 사용하고자 한다. 경제적 희석 배율은 어느 정도로 되는가?(단, 아포살균 제외)

① 500배　　　　② 1,000배
③ 1,500배　　　④ 2,000배

37 다음 소독제 중 상처가 있는 피부에 가장 적합하지 않은 것은?

① 승홍수　　　　② 과산화수소
③ 포비돈　　　　④ 아크리놀

승홍수는 손 및 피부 소독에 사용되는데 상처가 있는 피부에는 적합하지 않다.

38 다음 중 금속제품 기구소독에 가장 적합하지 않은 것은?

① 알코올　　　　② 역성비누
③ 승홍수　　　　④ 크레졸수

승홍수는 금속 부식성이 있어 금속류의 소독에는 적당하지 않다.

39 승홍수의 설명으로 틀린 것은?

① 금속을 부식시키는 성질이 있다.
② 피부소독에는 0.1%의 수용액을 사용한다.
③ 염화칼륨을 첨가하면 자극성이 완화된다.
④ 살균력이 일반적으로 약한 편이다.

승홍수는 강력한 살균력이 있다.

40 소독제로서 승홍수의 장점인 것은?

① 금속의 부식성이 강하다.
② 냄새가 없다.
③ 유기물에 대한 완전한 소독이 어렵다.
④ 피부점막에 자극성이 강하다.

①, ③, ④는 승홍수의 단점에 해당한다.

41 다음 중 음료수 소독에 사용되는 소독 방법과 가장 거리가 먼 것은?

① 염소소독
② 표백분 소독
③ 자비소독
④ 승홍액 소독

> 승홍수는 손 및 피부 소독에 주로 사용되며, 음료수 소독에는 적합하지 않다.

42 승홍에 소금을 섞었을 때 일어나는 현상은?

① 용액이 중성으로 되고 자극성이 완화된다.
② 용액의 기능을 2배 이상 증대시킨다.
③ 세균의 독성을 중화시킨다.
④ 소독대상물의 손상을 막는다.

> 승홍에 염화칼륨 또는 식염을 첨가하면 용액이 중성으로 변하여 자극이 완화된다.

43 음용수 소독에 사용할 수 있는 소독제는?

① 요오드
② 페놀
③ 염소
④ 승홍수

44 살균력은 강하지만 자극성과 부식성이 강해서 상수 또는 하수의 소독에 주로 이용되는 것은?

① 알코올
② 질산은
③ 승홍
④ 염소

> 염소는 상수 및 하수의 소독에 주로 이용되며, 음용수 소독에 사용 시 잔류염소가 0.1~0.2ppm이 되게 한다.

45 보통 상처의 표면에 소독하는 데 이용하며 발생기 산소가 강력한 산화력으로 미생물을 살균하는 소독제는?

① 석탄산
② 과산화수소수
③ 크레졸
④ 에탄올

> **과산화수소의 소독 효과**
> • 피부 상처 부위나 구내염, 인두염 및 구강세척제 등에 사용
> • 살균·탈취 및 표백에 효과
> • 일반세균, 바이러스, 결핵균, 진균, 아포에 모두 효과

46 3% 수용액으로 사용하며, 자극성이 적어서 구내염, 인두염, 입안세척, 상처 등에 사용되는 소독약은?

① 승홍수
② 과산화수소
③ 석탄산
④ 알코올

47 다음 소독제 중 피부 상처 부위나 구내염 소독 시에 가장 적당한 것은?

① 과산화수소
② 크레졸수
③ 승홍수
④ 메틸알코올

48 다음 중 피부 자극이 적어 상처 표면의 소독에 가장 적당한 것은?

① 10% 포르말린
② 3% 과산화수소
③ 15% 염소화합물
④ 3% 석탄산

> 과산화수소는 피부 상처 부위나 구내염, 인두염 및 구강세척제 등에 사용된다.

49 살균 및 탈취뿐만 아니라 특히 표백의 효과가 있어 두발 탈색제와도 관계가 있는 소독제는?

① 알코올
② 석탄수
③ 크레졸
④ 과산화수소

50 살균력과 침투성은 약하지만 자극이 없고 발포작용에 의해 구강이나 상처 소독에 주로 사용되는 소독제는?

① 페놀
② 염소
③ 과산화수소수
④ 알코올

51 에틸렌 옥사이드가스(Ethylene Oxide : E.O) 멸균법에 대한 설명 중 틀린 것은?

① 고압증기 멸균법에 비해 장기보존이 가능하다.
② 50~60℃의 저온에서 멸균된다.
③ 경제성이 고압증기 멸균법에 비해 저렴하다.
④ 가열에 변질되기 쉬운 것들이 멸균대상이 된다.

> 에틸렌 옥사이드는 비용이 비교적 많이 든다.

정답 41 ④ 42 ① 43 ③ 44 ④ 45 ② 46 ② 47 ① 48 ② 49 ④ 50 ③ 51 ③

52 구내염, 입안 세척 및 상처 소독에 발포작용으로 소독이 가능한 것은?

① 알코올
② 과산화수소
③ 승홍수
④ 크레졸 비누액

53 생석회 분말소독의 가장 적절한 소독 대상물은?

① 감염병 환자실
② 화장실 분변
③ 채소류
④ 상처

생석회는 산화칼슘을 98% 이상 함유한 백색의 분말로 화장실 분변, 하수도 주위의 소독에 주로 사용된다.

54 에틸렌 옥사이드(Ethylene Oxide) 가스의 설명으로 적합하지 않은 것은?

① 50~60℃의 저온에서 멸균된다.
② 멸균 후 보존기간이 길다.
③ 비용이 비교적 비싸다.
④ 멸균 완료 후 즉시 사용 가능하다.

에틸렌 옥사이드 가스는 독성가스이므로 소독 후 허용치 이하로 떨어질 때까지 장시간 공기에 노출시킨 후 사용해야 한다.

55 E.O 가스의 폭발 위험성을 감소시키기 위하여 흔히 혼합하여 사용하게 되는 물질은?

① 질소
② 산소
③ 아르곤
④ 이산화탄소

E.O 가스는 폭발 위험성을 감소시키기 위해 이산화탄소 또는 프레온을 혼합하여 사용한다.

56 E.O(Ethylene Oxide) 가스 소독이 갖는 장점이라 할 수 있는 것은?

① 소독에 드는 비용이 싸다.
② 일반세균은 물론 아포까지 불활성화시킬 수 있다.
③ 소독 절차 및 방법이 쉽고 간단하다.
④ 소독 후 즉시 사용이 가능하다.

E.O 가스 소독은 멸균시간이 비교적 길고 비용이 많이 드는 소독 방법이다.

57 고무장갑이나 플라스틱의 소독에 가장 적합한 것은?

① E.O 가스 살균법
② 고압증기 멸균법
③ 자비 소독법
④ 오존 멸균법

E.O 가스 살균법은 50~60℃의 저온에서 멸균하는 방법으로 가열로 인해 변질되기 쉬운 플라스틱 및 고무제품 등의 멸균에 이용되며, 일반세균은 물론 아포까지 불활성화시킬 수 있는 방법이다.

58 플라스틱. 전자기기, 열에 불안정한 제품들을 소독하기에 가장 효과적인 방법은?

① 열탕소독
② 건열소독
③ 가스소독
④ 고압증기 소독

59 오존(O₃)을 살균제로 이용하기에 가장 적절한 대상은?

① 밀폐된 실내 공간
② 물
③ 금속기구
④ 도자기

오존은 반응성이 풍부하고 산화작용이 강하여 물의 살균에 이용된다.

60 다음 중 섭씨 100도에서도 살균되지 않는 균은?

① 결핵균
② 장티푸스균
③ 대장균
④ 아포형성균

섭씨 100도에서는 일반 균은 살균할 수 있지만 아포형성균이나 B형 간염 바이러스 살균에는 부적합하다.

61 다음 내용 중 틀린 것은?

① 식기 소독에는 크레졸수가 적당하다.
② 승홍은 객담이 묻은 도구나 기구류 소독에는 사용할 수 없다.
③ 역성비누는 세정력은 강하지만 살균작용은 하지 못한다.
④ 역성비누는 보통비누와 병용해서는 안 된다.

역성비누는 세정력은 거의 없으며 살균작용이 강하다.

62 살균력이 좋고 자극성이 적어서 상처소독에 많이 사용되는 것은?

① 승홍수 ② 과산화수소
③ 포르말린 ④ 석탄산

63 다음 중 소독방법과 소독대상이 바르게 연결된 것은?

① 화염멸균법 – 의류나 타월
② 자비소독법 – 아마인유
③ 고압증기멸균법 – 예리한 칼날
④ 건열멸균법 – 바세린(vaseline) 및 파우더

> ① 화염멸균법 – 금속기구, 유리기구, 도자기 등
> ② 자비소독법 – 수건, 소형기구, 용기 등
> ③ 고압증기멸균법 – 의료기구, 의류, 고무제품, 미용기구, 무균실 기구 등

04. 미용기구의 소독 방법

1 이·미용업소에서 B형 간염의 전염을 방지하려면 다음 중 어느 기구를 가장 철저히 소독하여야 하는가?

① 수건 ② 머리빗
③ 면도칼 ④ 클리퍼(전동형)

> B형 간염은 면도칼이나 손톱깎기 등 상처가 날 수 있는 기구 사용 시 감염의 위험이 있기 때문에 특별히 사용에 주의해야 한다.

2 이·미용업소에서 종업원이 손을 소독할 때 가장 보편적이고 적당한 것은?

① 승홍수 ② 과산화수소
③ 역성비누 ④ 석탄수

> 역성비누는 수지·기구·식기 및 손 소독에 주로 사용된다.

3 이·미용실의 기구(가위, 레이저) 소독으로 가장 적당한 약품은?

① 70~80%의 알코올
② 100~200배 희석 역성비누

③ 5% 크레졸 비누액
④ 50%의 페놀액

> 에탄올은 칼, 가위, 유리제품 등의 소독에 사용되며 약 70%의 에탄올이 살균력이 가장 강력하다.

4 미용용품이나 기구 등을 일차적으로 청결하게 세척하는 것은 다음의 소독방법 중 어디에 해당되는가?

① 희석 ② 방부
③ 정균 ④ 여과

5 이·미용실에 사용하는 타월류는 다음 중 어떤 소독법이 가장 좋은가?

① 포르말린 소독
② 석탄산 소독
③ 건열소독
④ 증기 또는 자비소독

6 다음 중 플라스틱 브러시의 소독방법으로 가장 알맞은 것은?

① 0.5%의 역성비누에 1분 정도 담근 후 물로 씻는다.
② 100℃의 끓는 물에 20분 정도 자비소독을 행한다.
③ 세척 후 자외선 소독기를 사용한다.
④ 고압증기 멸균기를 이용한다.

> 플라스틱 브러시의 경우 세척 후 자외선 소독기를 사용해서 소독하는 것이 가장 좋다.

7 유리제품의 소독방법으로 가장 적당한 것은?

① 끓는 물에 넣고 10분간 가열한다.
② 건열멸균기에 넣고 소독한다.
③ 끓는 물에 넣고 5분간 가열한다.
④ 찬물에 넣고 75℃까지만 가열한다.

> 건열멸균법은 유리기구, 금속기구, 자기제품, 주사기, 분말 등의 멸균에 이용된다.

정답 ▶ 62 ② 63 ④ ❹ 1 ③ 2 ③ 3 ① 4 ① 5 ④ 6 ③ 7 ②

8 레이저(Razor) 사용 시 헤어살롱에서 교차 감염을 예방하기 위해 주의할 점이 아닌 것은?

① 매 고객마다 새로 소독된 면도날을 사용해야 한다.

② 면도날을 매번 고객마다 갈아 끼우기 어렵지만, 하루에 한 번은 반드시 새것으로 교체해야만 한다.

③ 레이저 날이 한 몸체로 분리가 안 되는 경우 70% 알코올을 적신 솜으로 반드시 소독 후 사용한다.

④ 면도날을 재사용해서는 안 된다.

> 면도날을 재사용할 경우 감염의 우려가 있으므로 반드시 매 고객마다 갈아 끼우도록 한다.

9 다음 중 올바른 도구 사용법이 아닌 것은?

① 시술도중 바닥에 떨어뜨린 빗을 다시 사용하지 않고 소독한다.

② 더러워진 빗과 브러시는 소독해서 사용해야 한다.

③ 에머리보드는 한 고객에게만 사용한다.

④ 일회용 소모품은 경제성을 고려하여 재사용한다.

> 일회용 소모품은 사용 후 반드시 버리도록 한다.

10 소독액을 표시할 때 사용하는 단위로 용액 100ml 속에 용질의 함량을 표시하는 수치는?

① 푼　　　　　　　② 퍼센트
③ 퍼밀리　　　　　④ 피피엠

> 퍼센트는 용액 100ml 속에 용질의 함량을 표시하는 수치로 $\frac{용질량}{용액량} \times 100$의 식으로 구한다.

11 소독액의 농도표시법에 있어서 소독액 1,000,000 ml 중에 포함되어 있는 소독약의 양을 나타내는 단위는?

① 밀리그램(mg)　　② 피피엠(ppm)
③ 퍼밀리(0/00)　　④ 퍼센트(%)

> 피피엠은 용액 100만g(ml) 속에 포함된 용질의 양을 표시한 수치로 $\frac{용질량}{용액량} \times 10^6$의 식으로 구한다.

12 다음 중 일회용 면도기를 사용함으로써 예방 가능한 질병은?(단, 정상적인 사용의 경우를 말한다)

① 옴(개선)병　　　　② 일본뇌염
③ B형 간염　　　　　④ 무좀

> B형 간염은 바이러스에 감염된 혈액 등의 체액, 성적 접촉, 수혈, 오염된 주사기 등의 재사용 등을 통해 감염된다.

13 이·미용업소에서 소독하지 않은 면체용 면도기로 주로 전염될 수 있는 질병에 해당되는 것은?

① 파상풍　　　　　② B형 간염
③ 트라코마　　　　④ 결핵

14 다음 중 중량 백만분율을 표시하는 단위는?

① ppm　　　　　　② ppt
③ ppb　　　　　　④ ‰

> ppm은 Parts Per Million의 약자로 백만분율을 표시하는 단위로 쓰인다.

15 소독약이 고체인 경우 1% 수용액이란?

① 소독약 0.1g을 물 100ml에 녹인 것

② 소독약 1g을 물 100ml에 녹인 것

③ 소독약 10g을 물 100ml에 녹인 것

④ 소독약 10g을 물 990ml에 녹인 것

16 무수알코올(100%)을 사용해서 70%의 알코올 1,800 mL를 만드는 방법으로 옳은 것은?

① 무수알코올 700mL에 물 1,100mL를 가한다.

② 무수알코올 70mL에 물 1,730mL를 가한다.

③ 무수알코올 1,260mL에 물 540mL를 가한다.

④ 무수알코올 126mL에 물 1,674mL를 가한다.

> 1,800mL의 70%는 1,260mL이므로 무수알코올 1,260mL에 물 540mL를 첨가해서 만든다.
> $1,800 \times 0.7 = 1,260$
> $1,800 - 1,260 = 540$

17 소독약 10mL를 용액(물) 40mL에 혼합시키면 몇 % 의 수용액이 되는가?

① 2%　　　　　　　② 10%

③ 20%　　　　　　　④ 50%

$$농도(\%) = \frac{용질량(소독약)}{용액량(물+소독약)} \times 100(\%) = \frac{10}{10+40} \times 100(\%) = 20\%$$

18 용질 6g이 용액 300mL에 녹아 있을 때 이 용액은 몇 % 용액인가?

① 500%　　　　　　② 50%

③ 20%　　　　　　　④ 2%

$$농도(\%) = \frac{용질량}{용액량} \times 100(\%) = \frac{6}{300} \times 100(\%) = 2\%$$

19 순도 100% 소독약 원액 2mL에 증류수 98mL를 혼 합하여 100mL의 소독약을 만들었다면 이 소독약의 농도는?

① 2%　　　　　　　② 3%

③ 5%　　　　　　　④ 98%

$$농도(\%) = \frac{용질량(소독약)}{용액량(물+소독약)} \times 100(\%) = \frac{2}{100} \times 100(\%) = 2\%$$

20 3% 소독액 1,000mL를 만드는 방법으로 옳은 것은?(단, 소독액 원액의 농도는 100%이다)

① 원액 300mL에 물 700mL를 가한다.

② 원액 30mL에 물 970mL를 가한다.

③ 원액 3mL에 물 997mL를 가한다.

④ 원액 3mL에 물 1,000mL를 가한다.

1,000mL의 3%는 1,000×0.03=30mL이므로 여기에 물 970mL를 섞으면 된다.

21 100%의 알코올을 사용해서 70%의 알코올 400mL를 만드는 방법으로 옳은 것은?

① 물 70mL와 100% 알코올 330mL 혼합

② 물 100mL와 100% 알코올 300mL 혼합

③ 물 120mL와 100% 알코올 280mL 혼합

④ 물 330mL와 100% 알코올 70mL 혼합

400mL의 70%는 280mL이므로 알코올 280mL에 물 120mL를 첨가한다.
- 알코올 : 400×0.7 = 280mL
- 물 : 400−280 = 120mL

22 70%의 희석 알코올 2L를 만들려면 무수알코올(알코올 원액) 몇 mL가 필요한가?

① 700mL　　　　　　② 1,400mL

③ 1,600mL　　　　　④ 1,800mL

농도란 물(용액)에 알코올 원액(용질)을 희석시켰을 때, 이 혼합물에서 알코올 원액이 얼마만큼인지를 나타낸다.
희석 알코올이란 '알코올 원액+물'을 의미한다.

$$농도(\%) = \frac{용질량(원액)}{용액량(물+원액)} \times 100(\%)에서$$

$70 = \frac{\alpha}{2} \times 100 = 1.4L$, '1L = 1,000 mL'이므로 1,400 mL이다.

23 95% 농도의 소독약 200mL가 있다. 이것을 70% 정도로 농도를 낮추어 소독용으로 사용하고자 할 때 얼마의 물을 더 첨가하면 되는가?

① 약 25mL　　　　　② 약 50mL

③ 약 70mL　　　　　④ 약 140mL

$$농도(\%) = \frac{용질량(원액)}{용액량(물+원액)} \times 100(\%)에서$$

먼저 소독약 원액의 용량을 먼저 구하면,

$95(\%) = \frac{\alpha}{200} \times 100$ 이므로 소독약 원액(α)은 190 mL이다.

따라서, 물은 200 − 190 = 10 mL이다.

그리고 70%의 소독약에 필요한 물(β) 용량을 구하면

$70(\%) = \frac{190}{\beta+190} \times 100$, $\beta = 81.428$이다.

따라서 첨가되어야 할 물의 용량은
70%의 물 용량 − 90%의 물 용량 = 81.428−10 ≒ 71.428 mL이다.

chapter 04

SECTION 08 미생물 총론

[출제문항수 : 0~1문제] 이 섹션에서는 호기성 세균, 혐기성 세균, 통성혐기성균의 의미와 해당 세균들을 구분할 수 있도록 합니다. 아울러 병원성 미생물의 특징과 미생물의 구조에 대해서도 학습하도록 합니다.

01 미생물의 분류

1 비병원성 미생물과 병원성 미생물

구분	의미	종류
비병원성 미생물	인체 내에서 병적인 반응을 일으키지 않는 미생물	발효균, 효모균, 곰팡이균, 유산균 등
병원성 미생물	인체 내에서 병적인 반응을 일으키며 증식하는 미생물	세균(구균, 간균, 나선균), 바이러스, 리케차, 진균 등

> **Check!**
> **미생물의 정의**
> • 미생물이란 육안의 가시한계를 넘어선 0.1mm 이하의 미세한 생물체를 총칭하는 것
> • 단일세포 또는 균사로 구성되어 있다.
> • 최초 발견 : 레벤후크

2 병원성 미생물의 종류 및 특징

(1) 세균

① 구균 : 둥근 모양의 세균

포도상구균	• 손가락 등의 화농성 질환의 병원균 • 식중독의 원인균
연쇄상구균	• 편도선염 및 인후염의 원인균
임균	• 임질의 병원균
수막염균	• 유행성 수막염의 병원균

② 간균 : 긴 막대기 모양의 세균
  • 종류 : 탄저균, 파상풍균, 결핵균, 나균, 디프테리아균 등

> **Check!**
> **결핵균의 특징**
> • 지방성분이 많은 세포벽에 둘러싸여 있는데, 이 세포벽이 보호막 구실을 하므로 건조한 상태에서도 살아남을 수 있다.
> • 강산성이나 알칼리에도 잘 견딘다.
> • 햇볕이나 열에 약하다.

③ 나선균 : S자 또는 나선 모양의 세균
  • 종류 : 매독균, 렙토스피라균, 콜레라균 등

(2) 바이러스
  ① 가장 작은 크기의 미생물
  ② 주요 질환 : 홍역, 뇌염, 폴리오, 인플루엔자, 간염 등

(3) 리케차
  ① 바이러스와 세균의 중간 크기
  ② 주로 진핵생물체의 세포 내에 기생
  ③ 벼룩, 진드기, 이 등의 절지동물과 공생
  ④ 주요 질환 : 큐열, 참호열, 티푸스열 등

(4) 진균
  ① 종류 : 곰팡이, 효모, 버섯 등
  ② 무좀, 백선 등의 피부병 유발

> **Check!**
> **미생물의 크기 비교**
> 곰팡이 > 효모 > 스피로헤타 > 세균 > 리케차 > 바이러스

02 미생물의 생장에 영향을 미치는 요인

1 온도
  ① 미생물의 성장과 사멸에 가장 큰 영향을 미치는 환경요인
  ② 분류

구분	온도	종류
저온균	15~20℃	해양성 미생물
중온균	28~45℃	곰팡이, 효모 등
고온균	50~80℃	토양미생물, 온천에 증식하는 미생물

② 산소

호기성 세균	미생물의 생장을 위해 **반드시 산소가 필요한 균**(결핵균, 백일해, 디프테리아 등)
혐기성 세균	**산소가 없어야만** 증식할 수 있는 균 (파상풍균, 보툴리누스균 등)
통성혐기성균	산소가 있으면 **증식이 더 잘 되는** 균 (대장균, 포도상구균, 살모넬라균 등)

③ 수소이온농도(pH)

가장 증식이 잘되는 pH 범위 : 6.5~7.5(중성)

④ 수분

미생물의 생육에 필요한 수분량은 40% 이상이며, 40% 미만이면 증식이 억제됨

⑤ 영양

미생물의 생장을 위해 탄소, 질소원, 무기염류 등의 영양이 충분히 공급되어야 한다.

Check!

미생물 증식의 3대 조건
영양소, 수분, 온도

출제예상문제 | 단원별 구성의 문제 유형 파악!

1 ★★★
다음 ( ) 안에 알맞은 것은?

> 미생물이란 일반적으로 육안의 가시 한계를 넘어선
> ( )mm 이하의 미세한 생물체를 총칭하는 것이다.

① 0.01 　　　　② 0.1
③ 1 　　　　④ 10

2 ★★★★
일반적인 미생물의 번식에 가장 중요한 요소로만 나열된 것은?

① 온도, 적외선, pH
② 온도, 습도, 자외선
③ 온도, 습도, 영양분
④ 온도, 습도, 시간

> 미생물의 번식에 가장 큰 영향을 미치는 요인은 온도이며 수분, 영양, 산소, 수소이온농도 등이 중요한 요인이다.

3 ★★★
다음 미생물 중 크기가 가장 작은 것은?

① 세균 　　　　② 곰팡이
③ 리케차 　　　　④ 바이러스

> 바이러스는 가장 작은 크기의 미생물로 홍역, 뇌염, 폴리오, 인플루엔자, 간염 등의 질환을 일으킨다.

4 ★★★
미생물의 종류에 해당하지 않는 것은?

① 벼룩 　　　　② 효모
③ 곰팡이 　　　　④ 세균

5 ★★★
미생물의 성장과 사멸에 주로 영향을 미치는 요소로 가장 거리가 먼 것은?

① 영양 　　　　② 빛
③ 온도 　　　　④ 호르몬

6 ★★★
다음 중 미생물의 종류에 해당하지 않는 것은?

① 편모 　　　　② 세균
③ 효모 　　　　④ 곰팡이

> 편모는 가늘고 긴 돌기 모양의 세포 소기관이다.

7 ★★★★
병원성 미생물이 일반적으로 증식이 가장 잘 되는 pH의 범위는?

① 3.5~4.5 　　　　② 4.5~5.5
③ 5.5~6.5 　　　　④ 6.5~7.5

정답 1② 2③ 3④ 4① 5④ 6① 7④

chapter 04

8 세균 증식에 가장 적합한 최적 수소이온농도는?

① pH 3.5~5.5   ② pH 6.0~8.0

③ pH 8.5~10.0   ④ pH 10.5~11.5

> 세균은 중성인 pH 6~8의 농도에서 가장 잘 번식한다.

9 다음 중 세균이 가장 잘 자라는 최적 수소이온(pH) 농도에 해당되는 것은?

① 강산성   ② 약산성

③ 중성   ④ 강알칼리성

10 세균의 형태가 S자형 혹은 가늘고 길게 만곡되어 있는 것은?

① 구균   ② 간균

③ 구간균   ④ 나선균

> 나선균은 S자 또는 나선 모양의 세균으로 매독균, 렙토스피라균, 콜레라균 등이 이에 속한다.

11 손가락 등의 화농성 질환의 병원균이며 식중독의 원인균으로 될 수 있는 것은?

① 살모넬라균   ② 포도상구균

③ 바이러스   ④ 곰팡이독소

> 포도상구균은 식중독, 피부의 화농·중이염 등 화농성질환을 일으키는 원인균이다.

12 빌딩이나 건물의 냉온방 및 환기시스템을 통해 전파 가능한 질환은?

① 레지오넬라증   ② B형간염

③ 농가진   ④ AIDS

> 레지오넬라증은 물에서 서식하는 레지오넬라균으로 인해 발생하는데, 에어컨의 냉각수나 공기가 세균에 의해 오염되어 분무입자의 형태로 호흡기를 통해 감염될 수 있다.

13 다음의 병원성 세균 중 공기의 건조에 견디는 힘이 가장 강한 것은?

① 장티푸스균   ② 콜레라균

③ 페스트균   ④ 결핵균

> 결핵균은 긴 막대기 모양의 간균으로 지방성분이 많은 세포벽에 둘러싸여 있는데, 이 세포벽이 보호막 구실을 하므로 건조한 상태에서도 살아남을 수 있다.

14 다음 중 호기성 세균이 아닌 것은?

① 결핵균   ② 백일해균

③ 보툴리누스균   ④ 녹농균

> • 호기성 세균 : 미생물의 생장을 위해 반드시 산소가 필요한 균으로 결핵균, 백일해, 디프테리아, 녹농균 등이 이에 해당한다.
> • 보툴리누스균은 산소가 없어야만 증식할 수 있는 혐기성 세균이다.

15 다음 중 산소가 없는 곳에서만 증식을 하는 균은?

① 파상풍균   ② 결핵균

③ 디프테리아균   ④ 백일해균

> 산소가 없어야만 증식할 수 있는 균을 혐기성 세균이라 하며 파상풍균, 보툴리누스균 등이 이에 속한다.

16 다음 중 100℃에서도 살균되지 않는 균은?

① 대장균   ② 결핵균

③ 파상풍균   ④ 장티푸스균

> 곰팡이, 탄저균, 파상풍균, 기종저균, 아포균 등은 100℃에서도 살균되지 않는다.

17 산소가 있어야만 잘 성장할 수 있는 균은?

① 호기성균   ② 혐기성균

③ 통기혐기성균   ④ 호혐기성균

> • 호기성 세균 : 미생물의 생장을 위해 반드시 산소가 필요한 균 (결핵균, 백일해, 디프테리아 등)
> • 혐기성 세균 : 산소가 없어야만 증식할 수 있는 균(파상풍균, 보툴리누스균 등)
> • 통성혐기성균 : 산소가 있으면 증식이 더 잘 되는 균(대장균, 포도상구균, 살모넬라균 등)

정답   8 ②   9 ③   10 ④   11 ②   12 ①   13 ④   14 ③   15 ①   16 ③   17 ①

18 다음 중 이·미용실에서 사용하는 수건을 철저하게 소독하지 않았을 때 주로 발생할 수 있는 감염병은?

① 장티푸스   ② 트라코마
③ 페스트   ④ 일본뇌염

> 트라코마는 환자의 안분비물 접촉, 환자가 사용하던 타월 등을 통해 전파되므로 위험지역에서는 손과 얼굴을 자주 씻고, 더러운 손가락으로 눈을 만지지 않아야 한다.

19 다음 중 이·미용업소에서 시술과정을 통하여 전염될 수 있는 가능성이 가장 큰 질병 2가지는?

① 뇌염, 소아마비   ② 피부병, 발진티푸스
③ 결핵, 트라코마   ④ 결핵, 장티푸스

> 결핵은 호흡기를 통해 감염되며, 트라코마는 환자가 사용한 수건, 세면기 등을 통해 감염된다.

20 다음 중 여드름 짜는 기계를 소독하지 않고 사용했을 때 감염 위험이 가장 큰 질환은?

① 후천성면역결핍증   ② 결핵
③ 장티푸스   ④ 이질

> 후천성면역결핍증은 환자의 혈액이나 체액을 통해 감염될 수 있는 질환이다.

21 음식물을 냉장하는 이유가 아닌 것은?

① 미생물의 증식억제   ② 자기소화의 억제
③ 신선도 유지   ④ 멸균

> 음식물을 냉장하는 것으로 멸균의 효과를 가질 수는 없다.

22 이·미용업소에서 공기 중 비말전염으로 가장 쉽게 옮겨질 수 있는 감염병은?

① 인플루엔자   ② 대장균
③ 뇌염   ④ 장티푸스

> 인플루엔자는 비말을 통한 호흡기 감염병으로 오한, 근육통, 두통, 기침이 동반된다.

23 세균들은 외부환경에 대하여 저항하기 위해서 아포를 형성하는데 다음 중 아포를 형성하지 않는 세균은?

① 탄저균   ② 젖산균
③ 파상풍균   ④ 보툴리누스균

> 아포를 형성하는 균에는 탄저균, 파상풍균, 보툴리누스균, 기종 저균 등이 있다.

24 세균이 영양부족, 건조, 열 등의 증식 환경이 부적당한 경우 균의 저항력을 키우기 위해 형성하게 되는 형태는?

① 섬모   ② 세포벽
③ 아포   ④ 핵

> 세균은 증식 환경이 적당하지 않을 경우 아포를 형성함으로써 강한 내성을 지니게 된다.

25 균(菌)의 내성을 가장 잘 설명한 것은?

① 균이 약에 대하여 저항성이 있는 것
② 균이 다른 균에 대하여 저항성이 있는 것
③ 인체가 약에 대하여 저항성을 가진 것
④ 약이 균에 대하여 유효한 것

> 세균이 약제에 대하여 저항성이 강한 균주로 변했을 경우 그 세균은 내성을 가졌다고 한다.

26 자신이 제작한 현미경을 사용하여 미생물의 존재를 처음으로 발견한 미생물학자는?

① 파스퇴르   ② 히포크라테스
③ 제너   ④ 레벤후크

> 현미경을 발명해서 미생물의 존재를 처음으로 발견한 사람은 네덜란드의 직물 상인이었던 안톤 판 레벤후크이다.

chapter 04

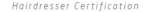

SECTION 09 공중위생관리법

[출제문항수 : 7문제] 가장 까다롭게 느껴지는 과목이지만 최대한 학습하기 편하도록 정리했으므로 관련 용어 정의 및 법령 내용은 가급적 모두 암기하도록 합니다. 신고의 주체에 대해서는 별도로 정리했으니 혼동하지 않도록 하고, 과태료와 벌금은 모두 암기하기 어렵다면 출제문제 위주로 학습하기 바랍니다.

01 공중위생관리법의 목적 및 정의

1 목적

공중이 이용하는 영업 위생관리 등에 관한 사항을 규정하여 위생수준을 향상시켜 국민 건강증진에 기여

2 정의

① 공중위생영업 : 다수인을 대상으로 위생관리서비스를 제공하는 영업으로서 숙박업·목욕장업·이용업·미용업·세탁업·건물위생관리업을 말한다.

② 공중이용시설 : 다수인이 이용함으로써 이용자의 건강 및 공중위생에 영향을 미칠 수 있는 건축물 또는 시설로서 대통령령이 정하는 것

③ 이용업 : 손님의 머리카락(또는 수염)을 깎거나 다듬는 등의 방법으로 손님의 용모를 단정하게 하는 영업

④ 미용업 : 손님의 얼굴·머리·피부 및 손톱·발톱 등을 손질하여 손님의 외모를 아름답게 꾸미는 영업

⑤ 건물위생관리업 : 공중이 이용하는 건축물·시설물 등의 청결유지와 실내공기정화를 위한 청소 등을 대행하는 영업

02 영업신고 및 폐업신고

1 영업신고 (주체 : 시장·군수·구청장)

① 공중위생영업의 종류별 시설 및 설비기준에 적합한 시설을 갖춘 후 별지 제1호서식의 신고서에 다음 서류를 첨부하여 시장·군수·구청장(자치구의 구청장을 말함)에게 제출

▶ 첨부서류
• 영업시설 및 설비개요서
• 교육수료증(미리 교육을 받은 사람만 해당)

② 신고서를 제출받은 시장·군수·구청장은 행정정보의 공동이용을 통하여 건축물대장, 토지이용계획 확인서, 면허증을 확인해야 한다.

③ 신고인이 확인에 동의하지 않을 경우에는 그 서류를 첨부

④ 신고를 받은 시장·군수·구청장은 즉시 영업신고증을 교부하고, 신고관리대장을 작성·관리해야 한다.

⑤ 신고를 받은 시장·군수·구청장은 해당 영업소의 시설 및 설비에 대한 확인이 필요 시 영업신고증을 교부한 후 30일 이내에 확인

⑥ 재교부 신청
• 영업신고증의 분실 또는 훼손 시
• 신고인의 성명이나 생년월일이 변경 시

※ 면허증을 잃어버린 후 재교부받은 자가 그 잃어버린 면허증을 찾은 때에는 지체없이 반납

2 변경신고

① 변경신고 사항

▶ 보건복지부령이 정하는 중요사항
• 영업소의 명칭 또는 상호
• 영업소의 소재지
• 신고한 영업장 면적의 3분의 1 이상의 증감
• 대표자의 성명 또는 생년월일
• 미용업 업종 간 변경

② 변경신고 시 제출서류

영업신고사항 변경신고서에 다음의 서류를 첨부하여 시장·군수·구청장에게 제출

▶ 첨부서류
• 영업신고증(신고증을 분실하여 영업신고사항 변경신고서에 분실 사유를 기재하는 경우에는 첨부하지 않음)
• 변경사항을 증명하는 서류

③ 시장·군수·구청장이 확인해야 할 서류

▶ **첨부서류**
  - 건축물대장, 토지이용계획확인서, 면허증
  - 전기안전점검확인서(신고인이 동의하지 않는 경우 서류를 첨부하도록 함)

④ 신고를 받은 시장·군수·구청장은 영업신고증을 고쳐 쓰거나 재교부하여야 한다.
⑤ 미용업 업종 간 변경인 경우의 확인 기간 : 영업소의 시설 및 설비 등의 변경신고를 받은 날부터 30일 이내

3 폐업 신고
폐업한 날부터 20일 이내에 시장·군수·구청장에게 신고

03 영업의 승계

1 승계 가능한 사람
① 양수인 : 미용업을 양도한 때
② 상속인 : 미용업 영업자가 사망한 때
③ 법인 : 합병 후 존속하는 법인 또는 합병에 의해 설립되는 법인
④ 경매, 환가, 압류재산의 매각 그 밖에 이에 준하는 절차에 따라 미용업 영업 관련시설 및 설비의 전부를 인수한 자

2 승계의 제한 및 신고
① 제한 : 이용업과 미용업의 경우 **면허를 소지한 자**에 한하여 승계 가능
② 신고 : 공중위생영업자의 지위를 승계한 자는 1월 이내에 시장·군수 또는 구청장에게 신고

▶ **제출서류**
  영업자지위승계신고서에 다음의 서류를 첨부한다.
  - 영업양도의 경우 : 양도·양수를 증명할 수 있는 서류사본 및 양도인의 인감증명서
  ※ 예외사항) 양도인의 행방불명 등으로 양도인의 인감증명서를 첨부하지 못하는 경우, 시장·군수·구청장이 사실확인 등을 통해 양도·양수가 이루어졌다고 인정할 수 있는 경우 또는 양도인과 양수인이 신고관청에 함께 방문하여 신고를 하는 경우
  - 상속의 경우 : 가족관계증명서 및 상속인임을 증명할 수 있는 서류
  - 기타의 경우 : 해당 사유별로 영업자의 지위를 승계하였음을 증명할 수 있는 서류

04 면허 발급 및 취소

1 면허 발급 대상자
① **전문대학**(또는 이와 동등 이상의 학력이 있다고 교육부장관이 인정하는 학교)에서 **미용에 관한 학과를 졸업한 자**
② **대학 또는 전문대학**을 졸업한 자와 동등 이상의 학력이 있는 것으로 인정되어 **미용에 관한 학위를 취득한 자**
③ **고등학교**(또는 이와 동등의 학력이 있다고 교육부장관이 인정하는 학교)에서 **미용에 관한 학과를 졸업한 자**
④ 특성화고등학교, 고등기술학교나 고등학교 또는 고등기술학교에 준하는 각종 학교에서 1년 이상 **미용에 관한 소정의 과정을 이수한 자**
⑤ 국가기술자격법에 의해 미용사의 자격을 취득한 자

2 면허 결격 사유자
① 피성년후견인(질병, 장애, 노령 등의 사유로 인한 정신적 제약으로 사무처리 능력이 지속적으로 결여된 사람)
② 정신질환자(전문의가 미용사로서 적합하다고 인정하는 사람은 예외)
③ 공중의 위생에 영향을 미칠 수 있는 감염병환자로서 결핵환자(비감염성 제외)
④ 약물 중독자
⑤ 공중위생관리법의 규정에 의한 명령 위반 또는 면허증 불법 대여의 사유로 면허가 취소된 후 1년이 경과되지 않은 자

3 면허 신청 절차 (시장·군수·구청장)
(1) 서류 제출
면허 신청서에 다음의 서류를 첨부하여 시장·군수·구청장에게 제출

구분	종류
전문대학 또는 이와 동등 이상의 학력이 있다고 교육부장관이 인정하는 학교에서 미용에 관한 학과를 졸업한 자	• 졸업증명서 또는 학위증명서 1부
대학 또는 전문대학을 졸업한 자와 동등 이상의 학력이 있는 것으로 인정되어 미용에 관한 학위를 취득한 자	
고등학교 또는 이와 동등의 학력이 있다고 교육부장관이 인정하는 학교에서 미용에 관한 학과를 졸업한 자	

구분	종류
특성화고등학교, 고등기술학교나 고등학교 또는 고등기술학교에 준하는 각종 학교에서 1년 이상 미용에 관한 소정의 과정을 이수한 자	• 이수증명서 1부

- 정신질환자가 아님을 증명하는 최근 6개월 이내의 의사 또는 전문의의 진단서 1부
- 감염병 환자 또는 약물중독자가 아님을 증명하는 최근 6개월 이내의 의사의 진단서 1부
- 최근 6개월 이내에 찍은 가로 3cm, 세로 4cm의 탈모 정면 상반신 사진 2매

(2) 서류 확인 (주체 : 시장·군수·구청장)

행정정보의 공동이용을 통하여 다음의 서류를 확인 (신청인이 확인에 동의하지 않는 경우 해당 서류를 첨부)

- 학점은행제학위증명(해당하는 사람만)
- 국가기술자격취득사항확인서(해당하는 사람만)

(3) 면허증 교부 (주체 : 시장·군수·구청장)

신청내용이 요건에 적합하다고 인정되는 경우 면허증을 교부하고, 면허등록관리대장을 작성·관리해야 한다.

4 면허증의 재교부

(1) 재교부 신청 요건

① 면허증의 기재사항 변경 시
② 면허증 분실 또는 훼손 시

(2) 서류 제출

① 면허증 원본(기재사항 변경 또는 훼손 시)
② 최근 6월 이내에 찍은 3×4cm의 사진 1매

> **Check!**
> 미용업에 종사하고 있는 자는 영업소를 관할하는 시장·군수·구청장에게, 미용업에 종사하고 있지 않은 자는 면허를 받은 시장·군수·구청장에게 서류를 제출한다.

5 면허 취소 (시장·군수·구청장)

다음의 경우 면허를 취소하거나 6월 이내의 기간을 정하여 그 면허의 정지를 명할 수 있다.

① '2 면허 결격 사유자' 중 ①~④에 해당하게 된 때
② 국가기술자격법에 따라 자격이 취소된 때
③ 이중으로 면허를 취득한 때(나중에 발급받은 면허를 말함)

④ 면허정지처분을 받고도 그 정지 기간 중에 업무를 한 때
⑤ 면허증을 다른 사람에게 대여한 때
⑥ 국가기술자격법에 따라 자격정지처분을 받은 때(자격정지처분 기간에 한정)
⑦ 「성매매알선 등 행위의 처벌에 관한 법률」이나 「풍속영업의 규제에 관한 법률」을 위반하여 관계 행정기관의 장으로부터 그 사실을 통보받은 때

※ ①~④ : 면허취소에만 해당

6 면허증의 반납

면허 취소 또는 정지명령을 받을 시 : 관할 시장·군수·구청장에게 면허증 반납

※ 면허 정지명령을 받은 자가 반납한 면허증은 그 면허정지기간 동안 관할 시장·군수·구청장이 보관

---

05 영업자 준수사항

1 위생관리의무

공중위생영업자는 영업관련 시설 및 설비를 위생적이고 안전하게 관리해야 한다.

2 미용업 영업자의 준수사항(보건복지부령)

① 의료기구와 의약품을 사용하지 않는 순수한 화장 또는 피부미용을 할 것
② 미용기구는 소독을 한 기구와 소독을 하지 않은 기구로 분리하여 보관할 것
③ 면도기는 1회용 면도날만을 손님 1인에 한하여 사용할 것
④ 영업소 내부에 미용업 신고증 및 개설자의 면허증 원본을 게시할 것
⑤ 피부미용을 위해 의약품 또는 의료기기를 사용하지 말 것
⑥ 점빼기·귓볼뚫기·쌍꺼풀수술·문신·박피술 등의 의료행위를 하지 말 것
⑦ 영업장 안의 조명도는 75룩스 이상이 되도록 유지
⑧ 영업소 내부에 최종지불요금표를 게시 또는 부착

> **Check!**
> **영업소 외부에도 부착하는 경우**
> • 영업장 면적이 66m² 이상인 영업소인 경우
> • 요금표에는 일부항목만 표시 가능(5개 이상)
>
> **영업소 내에 게시해야 할 사항**
> 미용업 신고증, 개설자의 면허증 원본, 최종지불요금표

3 시설 및 설비기준

(1) 미용업 공통

① 미용기구는 소독을 한 기구와 소독을 하지 않은 기구를 구분하여 보관할 수 있는 용기를 비치

② 소독기·자외선살균기 등 미용기구를 소독하는 장비를 구비

③ 공중위생영업장은 독립된 장소이거나 공중위생영업 외의 용도로 사용되는 시설 및 설비와 분리(벽이나 층 등으로 구분하는 경우) 또는 구획(칸막이·커튼 등으로 구분하는 경우)되어야 한다.

④ 다음에 해당하는 경우에는 공중위생영업장을 별도로 분리 또는 구획하지 않아도 된다.
미용업을 2개 이상 함께 하는 경우(해당 미용업자의 명의로 각각 영업신고를 하거나 공동신고를 하는 경우 포함)로서 각각의 영업에 필요한 시설 및 설비기준을 모두 갖추고 있으며, 각각의 시설이 선·줄 등으로 서로 구분될 수 있는 경우

(2) 이용업

① 이용기구는 소독을 한 기구와 소독을 하지 아니한 기구를 구분하여 보관할 수 있는 용기를 비치하여야 한다.

② 소독기·자외선살균기 등 이용기구를 소독하는 장비를 갖추어야 한다.

③ 영업소 안에는 별실 그 밖에 이와 유사한 시설을 설치하여서는 안 된다.

> **Check!**
> **이·미용기구의 소독기준 및 방법(보건복지부령)**
> (1) 일반기준
> ① 자외선소독 : 1cm²당 85㎽ 이상의 자외선을 20분 이상 쬐어준다.
> ② 건열멸균소독 : 100℃ 이상의 건조한 열에 20분 이상 쬐어준다.
> ③ 증기소독 : 100℃ 이상의 습한 열에 20분 이상 쬐어준다
> ④ 열탕소독 : 100℃ 이상의 물속에 10분 이상 끓여준다.
> ⑤ 석탄산수소독 : 석탄산수(석탄산 3%, 물 97%의 수용액)에 10분 이상 담가둔다.
> ⑥ 크레졸소독 : 크레졸수(크레졸 3%, 물 97%의 수용액)에 10분 이상 담가둔다.
> ⑦ 에탄올소독 : 에탄올수용액(에탄올이 70%인 수용액)에 10분 이상 담가두거나 에탄올수용액을 머금은 면 또는 거즈로 기구의 표면을 닦아준다.
> (2) 개별기준
> 이용기구 및 미용기구의 종류, 재질 및 용도에 따른 구체적인 소독기준 및 방법은 보건복지부장관이 정하여 고시한다.

4 위생관리기준

(1) 공중이용시설의 실내공기 위생관리기준 (보건복지부령)

① 24시간 평균 실내 미세먼지의 양이 150㎍/m³을 초과하는 경우에는 실내공기정화시설(덕트) 및 설비를 교체 또는 청소를 해야 한다.

② 청소를 해야 하는 실내공기정화시설 및 설비
- 공기정화기(이에 연결된 급·배기관)
- 중앙집중식 냉·난방시설의 급·배기구
- 실내공기의 단순배기관
- 화장실용 또는 조리실용 배기관

(2) 오염물질의 종류와 오염허용기준 (보건복지부령)

종류	오염허용기준
미세먼지(PM-10)	24시간 평균치 150㎍/m³ 이하
일산화탄소(CO)	1시간 평균치 25ppm 이하
이산화탄소(CO_2)	1시간 평균치 1,000ppm 이하
포름알데이드(HCHO)	1시간 평균치 120㎍/m³ 이하

06 미용사의 업무

1 업무범위

① 미용업을 개설하거나 그 업무에 종사하려면 반드시 면허를 받아야 한다.

> **Check!**
> 미용사의 감독을 받아 미용 업무의 보조를 행하는 경우에는 면허가 없어도 된다.

② 영업소 외의 장소에서 행할 수 없다(보건복지부령이 정하는 특별한 사유가 있는 경우에는 예외).

> ▶ 보건복지부령이 정하는 특별한 사유
> - 질병이나 그 밖의 사유로 영업소에 나올 수 없는 자에 대하여 미용을 하는 경우
> - 혼례나 그 밖의 의식에 참여하는 자에 대하여 그 의식 직전에 미용을 하는 경우
> - 사회복지시설에서 봉사활동으로 미용을 하는 경우
> - 방송 등의 촬영에 참여하는 사람에 대하여 그 촬영 직전에 이용 또는 미용을 하는 경우
> - 기타 특별한 사정이 있다고 시장·군수·구청장이 인정하는 경우

③ 이용사 및 미용사의 업무범위에 관하여 필요한 사항은 보건복지부령으로 정한다.

② 구체적 업무

미용에 관한 학과를 졸업한 자 및 학위를 받은 자와 2007년 12월 31일 이전에 국가기술자격법에 따라 미용사 자격을 취득한 자로서 미용사면허를 받은 자 : 미용업(종합)에 해당하는 업무

③ 미용업의 세분화 및 업무

미용업 (일반)	파마, 머리카락 자르기, 머리카락 모양내기, 머리피부 손질, 머리카락 염색, 머리감기, 의료기기나 의약품을 사용하지 않는 눈썹손질을 하는 영업
미용업 (피부)	의료기기나 의약품을 사용하지 않은 피부상태 분석·피부 관리·제모·눈썹 손질을 하는 영업
미용업 (손톱·발톱)	손톱과 발톱을 손질·화장하는 영업
미용업 (화장·분장)	얼굴 등 신체의 화장, 분장 및 의료기기나 의약품을 사용하지 않는 눈썹손질을 하는 영업
미용업 (종합)	위의 업무를 모두 하는 영업

---

07 행정지도감독

① 보고 및 출입·검사
(주체 : 시·도지사 또는 시장·군수·구청장)

① 공중위생영업자 및 공중이용시설의 소유자 등에 대하여 필요한 보고를 하게 함

② 소속공무원으로 하여금 영업소·사무소 등에 출입하여 공중위생영업자의 위생관리의무이행 등에 대하여 검사하게 하거나 필요에 따라 공중위생영업장부나 서류를 열람하게 함

② 검사 의뢰

소속 공무원이 공중위생영업소 또는 공중이용시설의 위생관리실태를 검사하기 위하여 검사대상물을 수거한 경우에는 수거증을 공중위생영업자 또는 공중이용시설의 소유자·점유자·관리자에게 교부하고 검사를 의뢰하여야 한다.

> ▶ 검사의뢰 기관
> • 특별시·광역시·도의 보건환경연구원
> • 국가표준기본법의 규정에 의하여 인정을 받은 시험·검사기관
> • 시·도지사 또는 시장·군수·구청장이 검사능력이 있다고 인정하는 검사기관

③ 영업의 제한 (주체 : 시·도지사)

공익상 또는 선량한 풍속 유지를 위해 필요 시 영업시간 및 영업행위에 관해 제한 가능

④ 위생지도 및 개선명령
(주체 : 시·도지사 또는 시장·군수·구청장)

(1) 개선명령

다음에 해당하는 자에 대해 보건복지부령으로 정하는 바에 따라 그 개선을 명할 수 있다.

① 공중위생영업의 종류별 시설 및 설비기준을 위반한 공중위생영업자

② 위생관리의무 등을 위반한 공중위생영업자

③ 위생관리의무를 위반한 공중위생시설의 소유자

(2) 개선기간

공중위생영업자 및 공중이용시설의 소유자 등에게 개선명령 시 : 위반사항의 개선에 소요되는 기간 등을 고려하여 즉시 또는 6개월의 범위 내에서 기간을 정하여 개선을 명하여야 한다.

※ 연장을 신청한 경우 6개월의 범위 내에서 개선기간을 연장할 수 있다.

(3) 개선명령 시의 명시사항

① 위생관리기준

② 발생된 오염물질의 종류

③ 오염허용기준을 초과한 정도

④ 개선기간

⑤ 영업소 폐쇄 (주체 : 시장·군수·구청장)

(1) 폐쇄 명령

① 다음에 해당하는 공중위생영업자에게 6월 이내의 기간을 정하여 영업의 정지 또는 일부 시설의 사용중지를 명하거나 영업소폐쇄 등을 명할 수 있다.

• 공중위생 영업신고를 하지 않거나 시설과 설비기준을 위반한 경우

• 보건복지부령이 정하는 중요사항의 변경신고를 하지 않은 경우

- 공중위생영업자의 지위승계 신고를 하지 않은 경우
- 공중위생영업자의 위생관리의무 등을 지키지 않은 경우
- 영업소 외의 장소에서 이용 또는 미용 업무를 한 경우
- 공중위생관리상 필요한 보고를 하지 않거나 거짓으로 보고한 경우 또는 관계 공무원의 출입, 검사 또는 공중위생영업 장부 또는 서류의 열람을 거부·방해하거나 기피한 경우
- 위생관리에 관한 개선명령을 이행하지 않은 경우
- 성매매알선 등 행위의 처벌에 관한 법률, 풍속영업의 규제에 관한 법률, 청소년 보호법 또는 의료법을 위반하여 관계 행정기관의 장으로부터 그 사실을 통보받은 경우

② 영업정지처분을 받고도 영업정지 기간에 영업을 한 경우에는 영업소 폐쇄를 명할 수 있다.

③ 영업소 폐쇄를 명할 수 있는 경우
- 공중위생영업자가 정당한 사유 없이 6개월 이상 계속 휴업하는 경우
- 공중위생영업자가 관할 세무서장에게 폐업신고를 하거나 관할 세무서장이 사업자 등록을 말소한 경우

④ 위 ①에 따른 행정처분의 세부기준은 그 위반행위의 유형과 위반 정도 등을 고려하여 보건복지부령으로 정한다.

(2) 폐쇄를 위한 조치
영업소 폐쇄 명령을 받고도 계속하여 영업을 한 공중위생영업자에게 영업소 폐쇄를 위해 다음의 조치를 하게 할 수 있다.
① 간판 기타 영업표지물의 제거
② 위법한 영업소임을 알리는 게시물 등의 부착
③ 영업을 위하여 필수불가결한 기구 또는 시설물을 사용할 수 없게 하는 봉인

(3) 영업소 폐쇄 봉인 해제 가능한 경우
① 영업소 폐쇄를 위한 봉인을 한 후 봉인을 계속할 필요가 없다고 인정되는 때
② 영업자 등이나 그 대리인이 당해 영업소를 폐쇄할 것을 약속하는 때

③ 정당한 사유를 들어 봉인의 해제를 요청하는 때
※ 위법 영업소임을 알리는 게시물 등의 제거를 요청하는 경우도 같다.

6 공중위생감시원

(1) 공중위생감시원의 설치
관계 공무원의 업무를 행하게 하기 위하여 특별시·광역시·도 및 시·군·구(자치구에 한함)에 공중위생감시원을 둔다.

(2) 공중위생감시원의 자격·임명(대통령령)
① 자격 및 임명 : 시·도지사 또는 시장·군수·구청장은 아래의 소속 공무원 중에서 임명한다.
- 위생사 또는 환경기사 2급 이상의 자격증이 있는 자
- 대학에서 화학·화공학·환경공학 또는 위생학 분야를 전공하고 졸업한 자 또는 이와 동등 이상의 자격이 있는 자
- 외국에서 위생사 또는 환경기사 면허를 받은 자
- 1년 이상 공중위생 행정에 종사한 경력이 있는 자

② 추가 임명 : 공중위생감시원의 인력 확보가 곤란하다고 인정되는 때에는 공중위생 행정에 종사하는 자 중 공중위생 감시에 관한 교육훈련을 2주 이상 받은 자를 공중위생 행정에 종사하는 기간 동안 공중위생감시원으로 임명할 수 있다.

(3) 공중위생감시원의 업무범위
① 관련 시설 및 설비의 확인 및 위생상태 확인·검사
② 공중위생영업자의 위생관리의무 및 영업자준수사항 이행 여부의 확인
③ 공중이용시설의 위생관리상태의 확인·검사
④ 위생지도 및 개선명령 이행 여부의 확인
⑤ 공중위생영업소의 영업의 정지, 일부 시설의 사용중지 또는 영업소 폐쇄명령 이행 여부의 확인
⑥ 위생교육 이행 여부의 확인

(4) 명예공중위생감시원(주체 : 시·도지사)
① 공중위생의 관리를 위한 지도·계몽 등을 행하게 하기 위하여 명예공중위생감시원을 둘 수 있다.
② 명예공중위생감시원의 자격
- 공중위생에 대한 지식과 관심이 있는 자
- 소비자단체, 공중위생관련 협회 또는 단체의 소속직원 중에서 당해 단체 등의 장이 추천하는 자

③ 명예감시원의 업무
  - 공중위생감시원이 행하는 검사대상물의 수거 지원
  - 법령 위반행위에 대한 신고 및 자료 제공
  - 그 밖에 공중위생에 관한 홍보·계몽 등 공중위생관리업무와 관련하여 시·도지사가 따로 정하여 부여하는 업무

08 업소 위생등급 및 위생교육

1 위생서비스수준의 평가

(1) 평가 목적 (주체 : 시·도지사)
공중위생영업소의 위생관리수준 향상을 위해 위생서비스평가계획을 수립하여 시장·군수·구청장에게 통보

(2) 평가 방법 (주체 : 시장·군수·구청장)
① 평가계획에 따라 관할지역별 세부평가계획을 수립한 후 평가
② 관련 전문기관 및 단체로 하여금 위생서비스평가를 실시 가능

(3) 평가 주기 : 2년마다 실시
※ 공중위생영업소의 보건·위생관리를 위하여 필요한 경우 공중위생영업의 종류 또는 위생관리등급별로 평가 주기를 달리할 수 있다.

(4) 위생관리등급의 구분 (보건복지부령)

구분	등급
최우수업소	녹색 등급
우수업소	황색 등급
일반관리대상 업소	백색 등급

Check!
위생서비스평가의 주기·방법, 위생관리등급의 기준, 기타 평가에 관하여 필요한 사항은 보건복지부령으로 정한다.

(5) 위생등급관리 공표 (주체 : 시장·군수·구청장)
① 보건복지부령이 정하는 바에 의하여 위생서비스평가의 결과에 따른 위생관리등급을 해당 공중위생영업자에게 통보 및 공표
② 공중위생영업자는 통보받은 위생관리등급의 표지를 영업소의 명칭과 함께 영업소의 출입구에 부착 가능

(6) 위생 감시 (주체 : 시·도지사 또는 시장·군수·구청장)
① 위생서비스평가의 결과에 따른 위생관리등급별로 영업소에 대한 위생 감시를 실시
② 영업소에 대한 출입·검사와 위생 감시의 실시 주기 및 횟수 등 위생관리등급별 위생감시기준은 보건복지부령으로 정함

2 위생교육

(1) 교육 횟수 및 시간 : 매년 3시간

(2) 교육 대상 및 시기
① 영업 신고를 하려면 미리 위생교육을 받아야 한다.

Check!
이·미용업 종사자는 위생교육 대상자가 아니다.

② 영업개시 후 6개월 이내에 위생교육을 받을 수 있는 경우
  - 천재지변, 본인의 질병·사고, 업무상 국외출장 등의 사유로 교육을 받을 수 없는 경우
  - 교육을 실시하는 단체의 사정 등으로 미리 교육을 받기 불가능한 경우

(3) 교육내용
① 공중위생관리법 및 관련 법규
② 소양교육(친절 및 청결에 관한 사항 포함)
③ 기술교육
④ 기타 공중위생에 관하여 필요한 내용

(4) 교육 대체
위생교육 대상자 중 보건복지부장관이 고시하는 도서·벽지지역에서 영업을 하고 있거나 하려는 자에 대하여는 교육교재를 배부하여 이를 익히고 활용하도록 함으로써 교육에 갈음할 수 있다.

(5) 영업장별 교육
위생교육을 받아야 하는 자 중 영업에 직접 종사하지 않거나 2 이상의 장소에서 영업을 하는 자는 종업원 중 영업장별로 공중위생에 관한 책임자를 지정하고 그 책임자로 하여금 위생교육을 받게 하여야 한다.

(6) 교육기관
보건복지부장관이 허가한 단체 또는 공중위생영업자 단체

> **위생교육 실시단체의 업무**
> • 교육 교재를 편찬하여 교육 대상자에게 제공
> • 위생교육을 수료한 자에게 수료증 교부 : 위생교육 실시단체의 장
> • 교육실시 결과를 교육 후 1개월 이내에 시장·군수·구청장에게 통보
> • 수료증 교부대장 등 교육에 관한 기록을 2년 이상 보관·관리

(7) 교육의 면제

위생교육을 받은 자가 위생교육을 받은 날부터 2년 이내에 위생교육을 받은 업종과 같은 업종의 영업을 하려는 경우에는 해당 영업에 대한 위생교육을 받은 것으로 본다.

09 위임 및 위탁 (주체 : 보건복지부장관)

1 권한 위임

보건복지부장관은 권한의 일부를 대통령령이 정하는 바에 의하여 시·도지사 또는 시장·군수·구청장에게 위임할 수 있다.

2 업무 위탁

보건복지부장관은 대통령령이 정하는 바에 의하여 관계전문기관 등에 그 업무의 일부를 위탁할 수 있다.

> **공중위생 영업자단체의 설립**
> 공중위생영업자는 공중위생과 국민보건의 향상을 기하고 그 영업의 건전한 발전을 도모하기 위하여 영업의 종류별로 전국적인 조직을 가지는 영업자단체를 설립할 수 있다.

> **주체별 주요업무**

주체	업무
시·도지사	• 영업시간 및 영업행위 제한 • 위생서비스 평가계획 수립
시장·군수·구청장	• 영업신고, 변경신고, 폐업신고 및 영업신고증 교부 • 면허 신청·취소 및 면허증 교부·반납, 폐쇄명령 • 위생서비스평가 • 위생등급관리 공표 • 과태료 및 과징금 부과·징수 • 청문
보건복지부장관	• 업무 위탁
보건복지부령	• 위생기준 및 소독기준 • 미용사의 업무범위 • 위생서비스 수준의 평가주기와 방법, 위생관리등급
대통령령	공중위생감시원의 자격·임명·업무·범위

10 행정처분, 벌칙, 양벌규정 및 과태료

1 면허취소·정지처분의 세부기준

위반사항	행정처분기준			
	1차 위반	2차 위반	3차 위반	4차 위반
미용사의 면허에 관한 규정을 위반한 때				
① 국가기술자격법에 따라 미용사자격 취소 시	면허취소			
② 국가기술자격법에 따라 미용사자격정지처분을 받을 시	면허정지	(국가기술자격법에 의한 자격정지처분기간에 한한다)		
③ 금치산자, 정신질환자, 결핵환자, 약물중독자에 의한 결격사유에 해당한 때	면허취소			
④ 이중으로 면허 취득 시	면허취소	(나중에 발급받은 면허를 말한다)		
⑤ 면허증을 타인에게 대여 시	면허정지 3월	면허정지 6월	면허취소	
⑥ 면허정지처분을 받고 그 정지기간중 업무를 행한 때	면허취소			

위반사항	행정처분기준			
	1차 위반	2차 위반	3차 위반	4차 위반
법 또는 법에 의한 명령에 위반한 때				
① 시설 및 설비기준을 위반 시	개선명령	영업정지 15일	영업정지 1개월	영업장 폐쇄명령
② 신고를 하지 않고 영업소의 명칭 및 상호 또는 영업장 면적의 1/3 이상 변경 시	경고 또는 개선명령	영업정지 15일	영업정지 1개월	영업장 폐쇄명령
③ 신고를 하지 않고 영업소의 소재지 변경 시	영업정지 1개월	영업정지 2개월	영업장 폐쇄명령	
④ 영업자의 지위를 승계한 후 1월 이내에 신고하지 않을 시	경고	영업정지 10일	영업정지 1개월	영업장 폐쇄명령
⑤ 소독한 기구와 소독하지 않은 기구를 각기 다른 용기에 보관하지 않거나 1회용 면도날을 2인 이상의 손님에게 사용 시	경고	영업정지 5일	영업정지 10일	영업장 폐쇄명령
⑥ 피부미용을 위하여 「약사법」에 따른 의약품 또는 「의료기기법」에 따른 의료기기를 사용 시	영업정지 2월	영업정지 3월	영업장 폐쇄명령	
⑦ 점빼기 · 귓볼뚫기 · 쌍꺼풀수술 · 문신 · 박피술 그 밖에 유사한 의료행위를 할 시	영업정지 2월	영업정지 3월	영업장 폐쇄명령	
⑧ 미용업 신고증 및 면허증 원본을 게시하지 않거나 업소내 조명도를 준수하지 않을 시	경고 또는 개선명령	영업정지 5일	영업정지 10일	영업장 폐쇄명령
⑨ 영업소 외의 장소에서 업무를 행할 시	영업정지 1개월	영업정지 2개월	영업장 폐쇄명령	
⑩ 시 · 도지사, 시장 · 군수 · 구청장이 하도록 한 필요한 보고를 하지 아니하거나 거짓으로 보고한 때 또는 관계공무원의 출입 · 검사를 거부 · 기피하거나 방해 시	영업정지 10일	영업정지 20일	영업정지 1개월	영업장 폐쇄명령
⑪ 시 · 도지사 또는 시장 · 군수 · 구청장의 개선명령을 이행하지 않을 시	경고	영업정지 10일	영업정지 1개월	영업장 폐쇄명령
⑫ 영업정지처분을 받고 그 영업정지기간 중 영업 시	영업장 폐쇄명령			
「성매매알선 등 행위의 처벌에 관한 법률」·「풍속영업의 규제에 관한 법률」·「의료법」에 위반하여 관계행정기관의 장의 요청이 있는 때				
① 손님에게 성매매알선등행위(또는 음란행위)를 하게 하거나 이를 알선 또는 제공 시				
· 영업소	영업정지 3개월	영업장 폐쇄명령		
· 미용사(업주)	면허정지 3개월	면허취소		
② 손님에게 도박 그 밖에 사행행위를 하게 할 시	영업정지 1개월	영업정지 2개월	영업장 폐쇄명령	
③ 음란한 물건을 관람 · 열람하게 하거나 진열 또는 보관 시	경고	영업정지 15일	영업정지 1월	영업장 폐쇄명령
④ 무자격 안마사로 하여금 안마 행위를 하게 할 시	영업정지 1월	영업정지 2월	영업장 폐쇄명령	

❷ 벌칙(징역 또는 벌금)

(1) 1년 이하의 징역 또는 1천만원 이하의 벌금
  ① 영업신고를 하지 않을 시
  ② 영업정지명령(또는 일부 시설의 사용중지명령)을 받고도 그 기간 중에 영업을 하거나 그 시설을 사용 시
  ③ 영업소 폐쇄명령을 받고도 계속하여 영업 시

(2) 6월 이하의 징역 또는 500만원 이하의 벌금
  ① 변경신고를 하지 않을 시
  ② 공중위생영업자의 지위를 승계한 경우 지위승계 신고를 하지 않을 시
  ③ 건전한 영업질서를 위하여 공중위생영업자가 준수하여야 할 사항을 준수하지 않을 시

(3) 300만원 이하의 벌금
  ① 타인에게 미용사 면허증을 빌려주거나 타인으로부터 면허증을 빌린 자 및 알선한 사람
  ② 면허의 취소 또는 정지 중에 미용업을 한 사람
  ③ 면허를 받지 않고 미용업을 개설하거나 그 업무에 종사한 사람

❸ 양벌규정

법인의 대표자나 법인 또는 개인의 대리인, 사용인, 그 밖의 종업원이 그 법인(또는 개인)의 업무에 관하여 위 벌칙에 해당하는 행위 위반 시 그 행위자를 벌하는 외에 그 법인(또는 개인)에게도 해당 조문의 벌금형을 과(科)한다.

※ 법인(또는 개인)이 그 위반행위를 방지하기 위해 주의와 감독을 게을리하지 않은 경우에는 벌금형을 과하지 않음

❹ 과태료

(1) 300만원 이하의 과태료
  ① 공중위생 관리상 필요한 보고를 하지 않거나 관계공무원의 출입·검사 기타 조치를 거부·방해 또는 기피 시
  ② 위생관리의무에 대한 개선명령 위반 시
  ③ 시설 및 설비기준에 대한 개선명령 위반 시

(2) 200만원 이하의 과태료
  ① 영업소 외의 장소에서 미용업무를 행한 자
  ② 위생교육을 받지 않은 자
  ③ 다음의 위생관리의무를 지키지 않은 자

  • 의료기구와 의약품을 사용하지 아니하는 순수한 화장 또는 피부미용을 할 것
  • 미용기구는 소독을 한 기구와 소독을 하지 아니한 기구로 분리하여 보관하고, 면도기는 1회용 면도날만을 손님 1인에 한하여 사용할 것
  • 미용사면허증을 영업소 안에 게시할 것

(3) 과태료의 부과·징수
  과태료는 대통령령으로 정하는 바에 따라 보건복지부장관 또는 시장·군수·구청장이 부과·징수

> ▶ **과태료 부과기준**
> ㉠ 일반기준 : 시장·군수·구청장은 위반행위의 정도, 위반 횟수, 위반행위의 동기와 그 결과 등을 고려하여 그 해당 금액의 2분의 1의 범위에서 경감하거나 가중할 수 있다.
> ㉡ 개별기준

위반행위	과태료
미용업소의 위생관리 의무 불이행 시	80만원
영업소 외의 장소에서 미용업무를 행할 시	80만원
공중위생 관리상 필요한 보고를 하지 않거나 관계공무원의 출입·검사, 기타 조치를 거부·방해 또는 기피 시	150만원
위생관리업무에 대한 개선명령 위반 시	150만원
위생교육 미수료시	60만원

❺ 과징금 처분

(1) 과징금 부과 (주체 : 시장·군수·구청장)
  영업정지가 이용자에게 심한 불편을 주거나 그 밖에 공익을 해할 우려가 있는 경우에는 영업정지 처분에 갈음하여 1억원 이하의 과징금을 부과할 수 있다
  (예외 : 성매매알선 등 행위의 처벌에 관한 법률, 풍속영업의 규제에 관한 법률 또는 이에 상응하는 위반행위로 인하여 처분을 받게 되는 경우).

(2) 과징금을 부과할 위반행위의 종별과 과징금의 금액
  ① 과징금의 금액은 위반행위의 종별·정도 등을 감안하여 보건복지부령이 정하는 영업정지기간에 과징금 산정기준을 적용하여 산정한다.

> ▶ **과징금 산정기준**
> • 영업정지 1월은 30일로 계산
> • 과징금 부과의 기준이 되는 매출금액은 처분일이 속한 연도의 전년도의 1년간 총 매출금액을 기준
> • 신규사업·휴업 등으로 인하여 1년간의 총 매출금액을 산출할 수 없거나 1년간의 매출금액을 기준으로 하는 것이 불합리하다고 인정되는 경우에는 분기별·월별 또는 일별 매출금액을 기준으로 산출 또는 조정

② 시장·군수·구청장(자치구 구청장)은 공중위생영업자의 사업규모·위반행위의 정도 및 횟수 등을 참작하여 과징금 금액의 1/2 범위 안에서 가중 또는 감경할 수 있다.

※ 가중하는 경우에도 과징금의 총액이 1억원을 초과할 수 없다.

(3) 과징금 납부

통지를 받은 날부터 20일 이내에 시장·군수·구청장이 정하는 수납기관에 납부

※ 천재지변 및 부득이한 사유가 있는 경우 : 사유가 없어진 날부터 7일 이내

(4) 과징금 징수

① 과징금 미납부시 시장·군수·구청장은 과징금 부과 처분을 취소하고, 영업정지 처분을 하거나 지방세외수입금의 징수 등에 관한 법률에 따라 징수
② 부과·징수한 과징금은 당해 시·군·구에 귀속된다.
③ 과징금의 징수를 위하여 필요한 경우 다음 사항을 기재한 문서로 관할 세무관서의 장에게 과세정보의 제공을 요청할 수 있다.
- 납세자의 인적사항
- 사용 목적
- 과징금 부과기준이 되는 매출금액

④ 과징금의 징수절차에 관하여는 국고금관리법 시행규칙을 준용한다. 이 경우 납입고지서에는 이의신청의 방법 및 기간 등을 함께 적어야 한다.

(5) 청문

보건복지부장관 또는 시장·군수·구청장이 청문을 실시해야 하는 처분
① 면허취소·면허정지
② 공중위생영업의 정지
③ 일부 시설의 사용중지
④ 영업소폐쇄명령
⑤ 공중위생영업 신고사항의 직권 말소

▶ 참고 : 벌금, 과태료, 과징금의 차이
- 벌금 : 재산형 형벌(금전 박탈)로 미부과 시 노역 유치 가능
- 과료 : 벌금과 같은 재산형으로 일정한 금액의 지불의무를 강제하지만 경범죄처벌법과 같이 벌금형에 비해 주로 경미한 범죄에 대해 부과
- 과태료 : 행정상 의무 위반(불이행)에 대한 제재로 부과 징수하는 금전부담(형벌의 성질을 가지지 않음)
- 과징금 : 행정법상 의무 위반(불이행) 시 발생된 경제적 이익에 대해 징수하는 금전부담(형벌의 성질을 가지지 않음)

※부과주체 : 벌금과 과료는 판사, 과태료와 과징금은 해당 행정관청이 부과

출제예상문제 | 단원별 구성의 문제 유형 파악!

01. 공중위생관리법의 목적 및 정의

1 ★★★★
다음은 법률상에서 정의되는 용어이다. 바르게 서술된 것은 다음 중 어느 것인가?

① 위생관리 용역업이란 공중이 이용하는 시설물의 청결유지와 실내공기정화를 위한 청소 등을 대행하는 영업을 말한다.
② 미용업이란 손님의 얼굴과 피부를 손질하여 모양을 단정하게 꾸미는 영업을 말한다.
③ 이용업이란 손님의 머리, 수염, 피부 등을 손질하여 외모를 꾸미는 영업을 말한다.
④ 공중위생영업이란 미용업, 숙박업, 목욕장업, 수영장업, 유기영업 등을 말한다.

- 미용업 : 손님의 얼굴·머리·피부 및 손톱·발톱 등을 손질하여 손님의 외모를 아름답게 꾸미는 영업
- 이용업 : 손님의 머리카락 또는 수염을 깎거나 다듬는 등의 방법으로 손님의 용모를 단정하게 하는 영업
- 공중위생영업 : 다수인을 대상으로 위생관리서비스를 제공하는 영업으로서 숙박업·목욕장업·이용업·미용업·세탁업·건물위생관리업을 말한다.

2 ★★★★★
다음 중 공중위생관리법의 궁극적인 목적은?

① 공중위생영업 종사자의 위생 및 건강관리
② 공중위생영업소의 위생 관리
③ 위생수준을 향상시켜 국민의 건강증진에 기여
④ 공중위생영업의 위상 향상

3 공중위생관리법상 ( ) 속에 가장 적합한 것은?

> 공중위생관리법은 공중이 이용하는 영업과 시설의 ( ) 등에 관한 사항을 규정함으로써 위생수준을 향상시켜 국민의 건강증진에 기여함을 목적으로 한다.

① 위생   ② 위생관리
③ 위생과 소독   ④ 위생과 청결

4 공중위생관리법의 목적을 적은 아래 조항 중 (   ) 속에 순서대로 알맞은 말은?

> 제1조(목적) 이 법은 공중이 이용하는 (   )의 위생관리 등에 관한 사항을 규정함으로써 위생수준을 향상시켜 국민의 건강증진에 기여함을 목적으로 한다.

① 영업소   ② 영업장
③ 위생영업소   ④ 영업

5 다음 중 공중위생관리법에서 정의되는 공중위생영업을 가장 잘 설명한 것은?

① 공중에게 위생적으로 관리하는 영업
② 다수인을 대상으로 위생관리서비스를 제공하는 영업
③ 다수인에게 공중위생을 준수하여 시행하는 영업
④ 공중위생서비스를 전달하는 영업

6 공중위생관리법에서 공중위생영업이란 다수인을 대상으로 무엇을 제공하는 영업으로 정의되고 있는가?

① 위생관리서비스   ② 위생서비스
③ 위생안전서비스   ④ 공중위생서비스

7 이용업 및 미용업은 다음 중 어디에 속하는가?

① 공중위생영업   ② 위생관련영업
③ 위생처리업   ④ 위생관리용역업

8 다음 중 ( ) 안에 가장 적합한 것은?

> 공중위생관리법상 "미용업"의 정의는 손님의 얼굴, 머리, 피부 및 손톱·발톱 등을 손질하여 손님의 ( )를(을) 아름답게 꾸미는 영업이다.

① 모습   ② 외양
③ 외모   ④ 신체

9 공중위생영업에 해당하지 않는 것은?

① 세탁업   ② 위생관리업
③ 미용업   ④ 목욕장업

10 공중위생영업에 속하지 않는 것은?

① 식당조리업   ② 숙박업
③ 이·미용업   ④ 세탁업

11 공중위생관리법상 미용업의 정의로 가장 올바른 것은?

① 손님의 얼굴 등에 손질을 하여 손님의 용모를 아름답고 단정하게 하는 영업
② 손님의 머리를 손질하여 손님의 용모를 아름답고 단정하게 하는 영업
③ 손님의 머리카락을 다듬거나 하는 등의 방법으로 손님의 용모를 단정하게 하는 영업
④ 손님의 얼굴·머리·피부 및 손톱·발톱 등을 손질하여 손님의 외모를 아름답게 꾸미는 영업

정답 3 ② 4 ④ 5 ② 6 ① 7 ① 8 ③ 9 ② 10 ① 11 ④

12 공중위생관리법상에서 미용업이 손질할 수 있는 손님의 신체범위를 가장 잘 나타낸 것은?

① 얼굴, 손, 머리

② 손, 발, 얼굴, 머리

③ 머리, 피부

④ 얼굴, 피부, 머리, 손톱·발톱

> 미용업 : 손님의 얼굴·머리·피부 및 손톱·발톱 등을 손질하여 손님의 외모를 아름답게 꾸미는 영업

13 "공중위생 영업자는 그 이용자에게 건강상 ( )이 발생하지 아니하도록 영업 관련 시설 및 설비를 안전하게 관리해야 한다." ( ) 안에 들어갈 단어는?

① 질병　　　　② 사망

③ 위해요인　　④ 감염병

02. 영업신고 및 폐업신고

1 공중위생영업을 하고자 하는 자가 필요로 하는 것은?

① 통보　② 인가　③ 신고　④ 허가

> 공중위생영업을 하고자 하는 자는 공중위생영업의 종류별로 보건복지부령이 정하는 시설 및 설비를 갖추고 시장·군수·구청장에게 신고하여야 한다. 보건복지부령이 정하는 중요사항을 변경하고자 하는 때에도 또한 같다.

2 공중위생영업자가 중요사항을 변경하고자 할 때 시장, 군수, 구청장에게 어떤 절차를 취해야 하는가?

① 통보　② 통고　③ 신고　④ 허가

3 이·미용업의 신고에 대한 설명으로 옳은 것은?

① 이·미용사 면허를 받은 사람만 신고할 수 있다.

② 일반인 누구나 신고할 수 있다.

③ 1년 이상의 이·미용업무 실무경력자가 신고할 수 있다.

④ 미용사 자격증을 소지하여야 신고할 수 있다.

4 다음 중 이·미용업을 개설할 수 있는 경우는?

① 이·미용사 면허를 받은 자

② 이·미용사의 감독을 받아 이·미용을 행하는 자

③ 이·미용사의 자문을 받아서 이·미용을 행하는 자

④ 위생관리 용역업 허가를 받은 자로서 이·미용에 관심이 있는 자

> 이·미용사 면허를 받은 사람만 이·미용업을 개설할 수 있다.

5 이·미용 영업을 개설할 수 있는 자의 자격은?

① 자기 자금이 있을 때

② 이·미용의 면허증이 있을 때

③ 이·미용의 자격이 있을 때

④ 영업소 내에 시설을 완비하였을 때

6 공중위생영업을 하고자 하는 자가 시설 및 설비를 갖추고 다음 중 누구에게 신고해야 하는가?

① 보건복지부장관

② 안전행정부장관

③ 시·도지사

④ 시장·군수·구청장(자치구의 구청장)

7 이·미용사가 되고자 하는 자는 누구의 면허를 받아야 하는가?

① 보건복지부장관

② 시·도지사

③ 시장·군수·구청장

④ 대통령

8 다음 중 이·미용사의 면허를 발급하는 기관이 아닌 것은?

① 서울시 마포구청장

② 제주도 서귀포시장

③ 인천시 부평구청장

④ 경기도지사

> 면허 발급은 시장, 군수, 구청장이 한다.

9 이·미용업의 영업신고를 하려는 자가 제출하여야 하는 첨부서류로 옳게 짝지어진 것은? ★★★★★

> ㉠ 영업시설 및 설비개요서
> ㉡ 교육수료증(법 제17조제2항에 따라 미리 교육을 받은 경우에만 해당한다.)
> ㉢ 면허증 원본
> ㉣ 위생서비스수준의 평가계획서

① ㉡, ㉢, ㉣
② ㉠, ㉡, ㉣
③ ㉠, ㉡, ㉢, ㉣
④ ㉠, ㉡

면허증은 제출하지 않고 담당자가 확인만 한다.

10 공중위생관리법상 이·미용업자의 변경신고사항에 해당되지 않는 것은? ★★★★

① 영업소의 명칭 또는 상호변경
② 영업소의 소재지 변경
③ 영업정지 명령 이행
④ 대표자의 성명(단, 법인에 한함)

변경신고사항
• 영업소의 명칭 또는 상호
• 영업소의 소재지
• 신고한 영업장 면적의 3분의 1 이상의 증감
• 대표자의 성명(법인의 경우만 해당)
• 미용업 업종 간 변경

11 다음 중 이·미용업 영업자가 변경신고를 해야 하는 것을 모두 고른 것은? ★★★★

> ㉠ 영업소의 소재지
> ㉡ 영업소 바닥면적의 3분의 1 이상의 증감
> ㉢ 종사자의 변동사항
> ㉣ 영업자의 재산변동사항

① ㉠
② ㉠, ㉡
③ ㉠, ㉡, ㉢
④ ㉠, ㉡, ㉢, ㉣

12 이·미용업자가 신고한 영업장 면적의 ( ) 이상의 증감이 있을 때 변경신고를 하여야 하는가? ★★★

① 5분의 1
② 4분의 1
③ 3분의 1
④ 2분의 1

03. 영업의 승계

1 이·미용업을 승계할 수 있는 경우가 아닌 것은? ★★★★
(단, 면허를 소지한 자에 한함)

① 이·미용업을 양수한 경우
② 이·미용업 영업자의 사망에 의한 상속에 의한 경우
③ 공중위생관리법에 의한 영업장폐쇄명령을 받은 경우
④ 이·미용업 영업자의 파산에 의해 시설 및 설비의 전부를 인수한 경우

이·미용업 승계 가능한 사람
• 양수인 : 이·미용업 영업자가 이·미용업을 양도한 때
• 상속인 : 이·미용업 영업자가 사망한 때
• 법인 : 합병 후 존속하는 법인 또는 합병에 의해 설립되는 법인
• 경매, 환가, 압류재산의 매각 그 밖에 이에 준하는 절차에 따라 이·미용업 영업 관련시설 및 설비의 전부를 인수한 자

2 이·미용사 영업자의 지위를 승계 받을 수 있는 자의 자격은? ★★★

① 자격증이 있는 자
② 면허를 소지한 자
③ 보조원으로 있는 자
④ 상속권이 있는 자

이용업과 미용업의 경우 면허를 소지한 자에 한하여 승계 가능하다.

3 이·미용업의 상속으로 인한 영업자 지위승계 신고 시 구비서류가 아닌 것은? ★★★★

① 영업자 지위승계 신고서
② 가족관계증명서
③ 양도계약서 사본
④ 상속자임을 증명할 수 있는 서류

양도계약서 사본은 영업양도인 경우 필요한 서류이다.

정답 9 ④ 10 ③ 11 ② 12 ③ **3** 1 ③ 2 ② 3 ③

4 이·미용업 영업자의 지위를 승계한 자는 얼마의 기간 이내에 관계기관장에게 신고해야 하는가?

① 7일 이내　　　　② 15일 이내
③ 1월 이내　　　　④ 2월 이내

> 공중위생영업자의 지위를 승계한 자는 1월 이내에 시장·군수 또는 구청장에게 신고해야 한다.

5 다음 (　) 안에 적합한 것은?

> 법이 준하는 절차에 따라 공중영업 관련시설을 인수하여 공중위생영업자의 지위를 승계한 자는 (　)월 이내에 보건복지부령이 정하는 바에 따라 시장 · 군수 또는 구청장에게 신고하여야 한다.

① 1　　　② 2　　　③ 3　　　④ 6

6 영업자의 지위를 승계한 후 누구에게 신고하여야 하는가?

① 보건복지부장관　　② 시·도지사
③ 시장·군수·구청장　　④ 세무서장

04. 면허 발급 및 취소

1 다음 중 이·미용사의 면허를 받을 수 없는 자는?

① 전문대학의 이·미용에 관한 학과를 졸업한 자
② 교육부장관이 인정하는 고등기술학교에서 1년 이상 미용에 관한 소정의 과정을 이수한 자
③ 국가기술자격법에 의해 미용사의 자격을 취득한 자
④ 외국의 유명 이·미용학원에서 2년 이상 기술을 습득한 자

2 다음 중 이·미용사 면허를 받을 수 있는 자가 아닌 것은?

① 고등학교에서 이용 또는 미용에 관한 학과를 졸업한 자
② 국가기술자격법에 의한 이용사 또는 미용사 자격을 취득한자

③ 보건복지부장관이 인정하는 외국의 이용사 또는 미용사 자격 소지자
④ 전문대학에서 이용 또는 미용에 관한 학과 졸업자

3 이용사 또는 미용사의 면허를 받을 수 없는 자는?

① 전문대학 또는 이와 동등 이상의 학력이 있다고 교육부장관이 인정하는 학교에서 미용에 관한 학과를 졸업한 자
② 고등학교 또는 이와 동등의 학력이 있다고 교육부장관이 인정하는 학교에서 미용에 관한 학과를 졸업한 자
③ 교육부장관이 인정하는 고등기술학교에서 6월 이상 미용에 관한 소정의 과정을 이수한 자
④ 국가기술자격법에 의해 미용사의 자격을 취득한 자

> **면허 발급 대상자**
> • 전문대학 또는 이와 동등 이상의 학력이 있다고 교육부장관이 인정하는 학교에서 미용에 관한 학과를 졸업한 자
> • 대학 또는 전문대학을 졸업한 자와 동등 이상의 학력이 있는 것으로 인정되어 미용에 관한 학위를 취득한 자
> • 고등학교 또는 이와 동등의 학력이 있다고 교육부장관이 인정하는 학교에서 미용에 관한 학과를 졸업한 자
> • 특성화고등학교, 고등기술학교나 고등학교 또는 고등기술학교에 준하는 각종 학교에서 1년 이상 미용에 관한 소정의 과정을 이수한 자
> • 국가기술자격법에 의해 미용사의 자격을 취득한 자

4 다음 중 이·미용사의 면허를 받을 수 있는 사람은?

① 공중위생영업에 종사자로 처음 시작하는 자
② 공중위생영업에 6개월 이상 종사자
③ 공중위생영업에 2년 이상 종사자
④ 공중위생영업을 승계한 자

5 다음 중 이용사 또는 미용사의 면허를 취소할 수 있는 대상에 해당되지 않는 자는?

① 정신질환자　　　② 감염병 환자
③ 금치산자　　　　④ 당뇨병 환자

> 당뇨병 환자는 이용사 또는 미용사 영업을 할 수 있다.

6 이·미용사의 면허는 누가 취소할 수 있는가? ★★★

① 대통령
② 보건복지부장관
③ 시장·군수·구청장
④ 시·도지사

7 이·미용사 면허증을 분실하였을 때 누구에게 재교부 신청을 하여야 하는가? ★★★★

① 보건복지부장관
② 시·도지사
③ 시장·군수·구청장
④ 협회장

8 이·미용사가 면허증 재교부 신청을 할 수 없는 경우는? ★★★★

① 면허증을 잃어버린 때
② 면허증 기재사항의 변경이 있는 때
③ 면허증이 못쓰게 된 때
④ 면허증이 더러운 때

> **재교부 신청을 할 수 있는 경우**
> • 신고증 분실 또는 훼손 시
> • 신고인의 성명이나 생년월일이 변경된 때

9 이·미용사의 면허증을 재교부 신청할 수 없는 경우는? ★★★

① 국가기술자격법에 의한 이·미용사 자격증이 취소된 때
② 면허증의 기재사항에 변경이 있을 때
③ 면허증을 분실한 때
④ 면허증이 못쓰게 된 때

10 미용사 면허증의 재교부 사유가 아닌 것은? ★★★

① 성명 또는 주민등록번호 등 면허증의 기재사항에 변경이 있을 때
② 영업장소의 상호 및 소재지가 변경될 때
③ 면허증을 분실했을 때
④ 면허증이 헐어 못쓰게 된 때

11 이·미용사 면허증을 분실하여 재교부를 받은 자가 분실한 면허증을 찾았을 때 취하여야 할 조치로 옳은 것은? ★★★

① 시·도지사에게 찾은 면허증을 반납한다.
② 시장·군수에게 찾은 면허증을 반납한다.
③ 본인이 모두 소지하여도 무방하다.
④ 재교부 받은 면허증을 반납한다.

> 면허증 분실 후 재교부받으면 그 잃어버린 면허증을 찾은 경우 지체없이 재교부 받은 시장·군수·구청장에게 반납해야 한다.

12 이·미용사의 면허증을 재교부 받을 수 있는 자는 다음 중 누구인가? ★★★

① 공중위생관리법의 규정에 의한 명령을 위반한 자
② 간질병자
③ 면허증을 다른 사람에게 대여한 자
④ 면허증이 헐어 못쓰게 된 자

13 다음 중 이용사 또는 미용사의 면허를 받을 수 있는 자는? ★★

① 약물 중독자
② 암환자
③ 정신질환자
④ 금치산자

> 암환자도 이용사 또는 미용사의 면허를 받을 수 있다.

14 다음 중 이·미용사의 면허를 받을 수 있는 사람은? ★★★

① 전과기록이 있는 자
② 금치산자
③ 마약, 기타 대통령령으로 정하는 약물 중독자
④ 정신질환자

> 전과기록이 있는 자는 결격사유에 해당하지 않는다.

15 다음 중 이·미용사 면허를 취득할 수 없는 자는? ★★★

① 면허 취소 후 1년 경과자
② 독감 환자
③ 마약 중독자
④ 전과 기록자

> 약물 중독자(마약 중독자)는 면허 결격 사유자에 해당된다.

정답 6 ③ 7 ③ 8 ④ 9 ① 10 ② 11 ② 12 ④ 13 ② 14 ① 15 ③

chapter 04

16 이·미용사의 면허가 취소되었을 경우 몇 개월이 경과되어야 또 다시 그 면허를 받을 수 있는가?

① 3개월　　　　② 6개월
③ 9개월　　　　④ 12개월

17 다음 중 이용사 또는 미용사의 면허를 받을 수 있는 경우는?

① 금치산자　　　② 벌금형이 선고된 자
③ 정신병자　　　④ 간질병자

> 벌금형이 선고되었더라도 이용사 또는 미용사의 면허를 받을 수 있다.

18 이·미용사가 간질병자에 해당하는 경우의 조치로 옳은 것은?

① 이환기간 동안 휴식하도록 한다.
② 3개월 이내의 기간을 정하여 면허정지 한다.
③ 6개월 이내의 기간을 정하여 면허정지 한다.
④ 면허를 취소한다.

> 정신질환자(전문의가 미용사로서 적합하다고 인정하는 사람은 예외)는 면허 결격 사유자에 해당한다.

19 다음 중 이·미용사의 면허정지를 명할 수 있는 자는?

① 안전행정부장관　　② 시·도지사
③ 시장·군수·구청장　④ 경찰서장

> 시장·군수·구청장은 면허 취소 또는 정지 사유가 있는 경우 면허를 취소하거나 6월 이내의 기간을 정하여 그 면허의 정지를 명할 수 있다.

20 면허의 정지명령을 받은 자는 그 면허증을 누구에게 제출해야 하는가?

① 보건복지부장관　　② 시·도지사
③ 시장·군수·구청장　④ 이미용 협회회장

> 면허가 취소되거나 면허의 정지명령을 받은 자는 지체없이 관할 시장·군수·구청장에게 면허증을 반납해야 한다.

05. 영업자 준수사항

1 공중위생관리법규에서 규정하고 있는 이·미용영업자의 준수사항이 아닌 것은?

① 소독을 한 기구와 소독을 하지 아니한 기구는 각각 다른 용기에 넣어 보관하여야 한다.
② 손님의 피부에 닿는 수건은 악취가 나지 않아야 한다.
③ 이·미용 요금표를 업소 내에 게시하여야 한다.
④ 이·미용업 신고증 개설자의 면허증 원본 등은 업소 내에 게시하여야 한다.

> 이·미용영업자의 준수사항에 수건의 악취에 대한 내용은 없다.

2 이·미용업자의 준수사항 중 옳은 것은?

① 업소 내에서는 이·미용 보조원의 명부만 비치하고 기록·관리하면 된다.
② 업소 내 게시물에는 준수사항이 포함된다.
③ 면도기는 1회용 면도날을 손님 1인에게 사용해야 한다.
④ 손님이 사용하는 앞가리개는 반드시 흰색이어야 한다.

> **영업소 내부에 게시해야 할 사항**
> 이·미용업 신고증, 개설자의 면허증 원본, 최종지불요금표

3 이·미용업자가 준수하여야 하는 위생관리기준에 대한 설명으로 틀린 것은?

① 영업장 안의 조명도는 100룩스 이상이 되도록 유지해야 한다.
② 업소 내에 이·미용업 신고증, 개설자의 면허증 원본 및 이·미용 요금표를 게시하여야 한다.
③ 1회용 면도날은 손님 1인에 한하여 사용하여야 한다.
④ 이·미용 기구 중 소독을 한 기구와 소독을 하지 아니한 기구는 각각 다른 용기에 넣어 보관하여야 한다.

> 영업장 안의 조명도는 75룩스 이상이 되도록 유지해야 한다.

4 이·미용업 영업자가 준수하여야 하는 위생관리기준으로 틀린 것은?

① 손님이 보기 쉬운 곳에 준수사항을 게시하여야 한다.
② 이·미용요금표를 게시하여야 한다.
③ 영업장 안의 조명도는 75룩스 이상이어야 한다.
④ 일회용 면도날은 손님 1인에 한하여 사용하여야 한다.

이·미용영업자의 준수사항을 영업장 내에 게시할 필요는 없다.

5 이·미용업소에 반드시 게시하여야 할 것은?

① 이·미용 요금표
② 이·미용업소 종사자 인적사항표
③ 면허증 사본
④ 준수 사항 및 주의사항

영업소 내에 게시해야 할 사항
이·미용업 신고증, 개설자의 면허증 원본, 최종지불요금표

6 이·미용업소 내 반드시 게시하여야 할 사항으로 옳은 것은?

① 요금표 및 준수사항만 게시하면 된다.
② 이·미용업 신고증만 게시하면 된다.
③ 이·미용업 신고증 및 면허증사본, 요금표를 게시하면 된다.
④ 이·미용업 신고증, 면허증원본, 요금표를 게시하여야 한다.

7 공중이용시설의 위생관리 기준이 아닌 것은?

① 소독을 한 기구와 소독을 하지 아니한 기구를 각각 다른 용기에 보관한다.
② 1회용 면도날을 손님 1인에 한하여 사용하여야 한다.
③ 업소 내에 요금표를 게시하여야 한다.
④ 업소 내에 화장실을 갖추어야 한다.

업소 내 화장실의 유무는 위생관리기준이 아니다.

8 이·미용 업소 내에 게시하지 않아도 되는 것은?

① 이·미용업 신고증
② 개설자의 면허증 원본
③ 근무자의 면허증 원본
④ 이·미용요금표

9 이·미용업소에 손님이 보기 쉬운 곳에 게시하지 않아도 되는 것은?

① 면허증 원본
② 신고필증
③ 요금표
④ 사업자등록증

10 미용업소의 시설 및 설비 기준으로 적합한 것은?

① 소독을 한 기구와 소독을 하지 아니한 기구를 구분하여 보관할 수 있는 용기를 비치하여야 한다.
② 소독기, 적외선 살균기 등 기구를 소독하는 장비를 갖추어야 한다.
③ 미용업(피부)의 경우 작업장소 내 베드와 베드 사이에는 칸막이를 설치할 수 없다.
④ 작업장소와 응접장소, 상담실, 탈의실 등을 분리하여 칸막이를 설치하려는 때에는 각각 전체 벽면적의 2분의 1이상은 투명하게 하여야 한다.

② 소독기, 자외선 살균기 등 기구를 소독하는 장비를 갖추어야 한다(적외선이 아니라 자외선).
③ 작업장소 내 베드와 베드 사이에 칸막이를 설치할 수 있다.
④ 관련 규정이 삭제되어 칸막이 기준에 대한 제한이 없다.

11 미용업(손톱, 발톱)을 하는 영업소의 시설과 설비기준에 적합하지 않은 것은?

① 탈의실, 욕실, 욕조 및 샤워기를 설치해야 한다.
② 소독기, 자외선 살균기 등 기구를 소독하는 장비를 갖춘다.
③ 미용기구는 소독을 한 기구와 소독을 하지 않은 기구를 구분하여 보관할 수 있는 용기를 비치한다.
④ 작업장소, 응접장소, 상담실 등을 분리하기 위해 칸막이를 설치할 수 있다.

탈의실, 욕실, 욕조 등은 목욕장업의 시설기준에 해당한다.

정답 4① 5① 6④ 7④ 8③ 9④ 10① 11①

12 이·미용업소에서의 면도기 사용에 대한 설명으로 가장 옳은 것은?

① 매 손님마다 소독한 정비용 면도기 교체 사용
② 정비용 면도기를 소독 후 계속 사용
③ 정비용 면도기를 손님 1인에 한하여 사용
④ 1회용 면도날만을 손님 1인에 한하여 사용

> 면도기는 1회용 면도날만을 손님 1인에 한하여 사용해야 한다.

13 이용사 또는 미용사의 업무 등에 대한 설명 중 맞는 것은?

① 이용사 또는 미용사의 업무범위는 보건복지부령으로 정하고 있다.
② 이용 또는 미용의 업무는 영업소 이외 장소에서도 보편적으로 행할 수 있다.
③ 미용사의 업무범위는 파마, 면도, 머리피부 손질, 피부미용 등이 포함된다.
④ 이용사 또는 미용사의 면허를 받은 자가 아닌 경우, 일정기간의 수련과정을 마쳐야만 이용 또는 미용업무에 종사할 수 있다.

> ② 이용 또는 미용의 업무는 영업소 이외 장소에서는 행할 수 없다(보건복지부령이 정하는 특별한 사유가 있는 경우에는 예외).
> ③ 면도는 미용사의 업무에 포함되지 않는다.
> ④ 면허를 받은 자가 아닌 경우 이용 또는 미용업무에 종사할 수 없다.

14 다음 중 미용업자가 갖추어야 할 시설 및 설비, 위생관리 기준에 관련된 사항이 아닌 것은?

① 이·미용사 및 보조원이 착용해야 하는 깨끗한 위생복
② 소독기, 자외선 살균기 등 미용기구 소독장비
③ 면도기는 1회용 면도날만을 손님 1인에 한하여 사용할 것
④ 영업장 안의 조명도는 75룩스 이상이 되도록 유지할 것

> 위생관리기준에 위생복에 관한 기준은 없다.

15 미용업소의 시설 및 설비기준으로 적당한 것은?

① 소독을 한 기구와 소독을 하지 아니한 기구를 구분하여 보관할 수 있는 용기를 비치하여야 한다.
② 적외선 살균기를 갖추어야 한다.
③ 작업 장소 및 탈의실의 출입문은 투명하게 해야 한다.
④ 먼지, 일산화탄소, 이산화탄소를 측정하는 측정장비를 갖추어야 한다.

> ② 소독기, 자외선 살균기 등의 소독장비를 갖추어야 한다.
> ③ 탈의실의 출입문은 투명하게 해서는 안 된다.
> ④는 위생관리용역업의 시설 및 설비기준에 해당한다.

16 영업소 안에 면허증을 게시하도록 위생관리 기준으로 명시한 경우는?

① 세탁업을 하는 자
② 목욕장업을 하는 자
③ 미·이용업을 하는 자
④ 위생관리용역업을 하는 자

> 미·이용업을 하는 자는 영업소 내에 미용업 신고증, 개설자의 면허증 원본, 최종지불요금표를 게시해야 한다.

17 이·미용업자의 준수사항 중 틀린 것은?

① 소독한 기구와 하지 아니한 기구는 각각 다른 용기에 넣어 보관할 것
② 조명은 75룩스 이상 유지되도록 할 것
③ 신고증과 함께 면허증 사본을 게시할 것
④ 1회용 면도날은 손님 1인에 한하여 사용할 것

> 영업장 내에 신고증과 함께 면허증 원본을 게시해야 한다.

18 이·미용소의 조명시설은 얼마 이상이어야 하는가?

① 50룩스
② 75룩스
③ 100룩스
④ 125룩스

19 이·미용기구의 소독기준 및 방법을 정한 것은?

① 대통령령
② 보건복지부령
③ 환경부령
④ 보건소령

20 이·미용 업소의 위생관리기준으로 적합하지 않은 것은?

① 소독한 기구와 소독을 하지 아니한 기구를 분리하여 보관한다.
② 1회용 면도날을 손님 1인에 한하여 사용한다.
③ 피부 미용을 위한 의약품은 따로 보관한다.
④ 영업장 안의 조명도는 75룩스 이상이어야 한다.

> 피부미용을 위해 의약품 또는 의료기기를 사용하면 안 된다.

21 공중위생영업자가 준수하여야 할 위생관리기준은 다음 중 어느 것으로 정하고 있는가?

① 대통령령
② 국무총리령
③ 고용노동부령
④ 보건복지부령

22 다음 이·미용기구의 소독기준 중 잘못된 것은?

① 열탕소독은 100℃ 이상의 물속에 10분 이상 끓여준다.
② 자외선소독은 1㎠당 85㎼ 이상의 자외선을 20분 이상 쬐어준다.
③ 건열멸균소독은 100℃ 이상의 건조한 열에 20분 이상 쐬어준다.
④ 증기소독은 100℃ 이상의 습한 열에 10분 이상 쐬어준다.

> 증기소독은 100℃ 이상의 습한 열에 20분 이상 쐬어준다.

23 이·미용 기구 소독 시의 기준으로 틀린 것은?

① 자외선 소독 : 1㎠당 85㎼ 이상의 자외선을 10분 이상 쬐어준다.
② 석탄산수소독 : 석탄산 3% 수용액에 10분 이상 담가둔다.
③ 크레졸소독 : 크레졸 3% 수용액에 10분 이상 담가둔다.
④ 열탕소독 : 100℃ 이상의 물속에 10분 이상 끓여준다.

> 자외선소독 : 1cm²당 85㎼ 이상의 자외선을 20분 이상 쬐어준다.

24 공중위생관리법 시행규칙에 규정된 이·미용기구의 소독기준으로 적합한 것은?

① 1㎠ 당 85㎼ 이상의 자외선을 10분 이상 쬐어준다.
② 100℃ 이상의 건조한 열에 10분 이상 쐬어준다.
③ 석탄산수(석탄산 3%, 물 97%)에 10분 이상 담가둔다.
④ 100℃ 이상의 습한 열에 10분 이상 쐬어준다.

> ① 1cm² 당 85㎼ 이상의 자외선을 20분 이상 쬐어준다.
> ② 100℃ 이상의 건조한 열에 20분 이상 쐬어준다.
> ④ 100℃ 이상의 습한 열에 20분 이상 쐬어준다.

25 다음 중 공중이용시설의 위생관리 항목에 속하는 것은?

① 영업소 실내 공기
② 영업소 실내 청소상태
③ 영업소 외부 환경상태
④ 영업소에서 사용하는 수돗물

> 공중이용시설의 위생관리 항목에는 실내공기 기준과 오염물질 허용기준이 있다.

chapter 04

정답 19 ② 20 ③ 21 ④ 22 ④ 23 ① 24 ③ 25 ①

06. 미용사의 업무

1 영업소 외의 장소에서 이·미용 업무를 행할 수 있는 경우가 아닌 것은?

① 질병으로 영업소에 나올 수 없는 경우
② 결혼식 등의 의식 직전인 경우
③ 손님의 간곡한 요청이 있을 경우
④ 시장·군수·구청장이 인정하는 경우

> 영업소 외의 장소에서 이·미용 업무를 행할 수 있는 경우
> • 질병 등의 이유로 영업소에 방문할 수 없는 자에게 미용을 하는 경우
> • 혼례나 그 밖의 행사(의식) 참여자에게 행사 직전 미용을 하는 경우
> • 사회복지시설에서 봉사활동으로 미용을 하는 경우
> • 방송 등의 촬영에 참여하는 사람에 대하여 그 촬영 직전에 이용 또는 미용을 하는 경우
> • 기타 시장·군수·구청장이 인정하는 경우

2 다음 중 이용사 또는 미용사의 업무범위에 관한 필요한 사항을 정한 것은?

① 대통령령   ② 국무총리령
③ 보건복지부령   ④ 노동부령

> 이용사 및 미용사의 업무범위에 관하여 필요한 사항은 보건복지부령으로 정한다.

3 이용사 또는 미용사의 면허를 받지 아니한 자 중 이용사 또는 미용사 업무에 종사할 수 있는 자는?

① 이·미용 업무에 숙달된 자로 이·미용사 자격증이 없는 자
② 이·미용사로서 업무정지 처분 중에 있는 자
③ 이·미용업소에서 이·미용사의 감독을 받아 이·미용업무를 보조하고 있는 자
④ 학원 설립·운영에 관한 법률에 의하여 설립된 학원에서 3월 이상 이용 또는 미용에 관한 강습을 받은 자

> 미용사의 감독을 받아 미용 업무의 보조를 행하는 경우에는 면허가 없어도 된다.

4 이·미용업무의 보조를 할 수 있는 자는?

① 이·미용사의 감독을 받는 자
② 이·미용사 응시자
③ 이·미용학원 수강자
④ 시·도지사가 인정한 자

> 미용사의 감독을 받아 미용 업무의 보조를 행하는 경우에는 면허가 없어도 된다.

5 영업소 외의 장소에서 이용 및 미용의 업무를 할 수 있는 경우가 아닌 것은?

① 질병으로 영업소에 나올 수 없는 경우
② 혼례 직전에 이용 또는 미용을 하는 경우
③ 야외에서 단체로 이용 또는 미용을 하는 경우
④ 사회복지시설에서 봉사활동으로 이용 또는 미용을 하는 경우

6 영업소 외에서의 이용 및 미용업무를 할 수 없는 경우는?

① 관할 소재 동지역 내에서 주민에게 이·미용을 하는 경우
② 질병, 기타의 사유로 인하여 영업소에 나올 수 없는 자에 대하여 미용을 하는 경우
③ 혼례나 기타 의식에 참여하는 자에 대하여 그 의식의 직전에 미용을 하는 경우
④ 특별한 사정이 있다고 인정하여 시장·군수·구청장이 인정하는 경우

7 이·미용사는 영업소 외의 장소에서는 이·미용업무를 할 수 없다. 그러나 특별한 사유가 있는 경우에는 예외가 인정되는데 다음 중 특별한 사유에 해당하지 않는 것은?

① 질병으로 영업소까지 나올 수 없는 자에 대한 이·미용
② 혼례 기타 의식에 참여하는 자에 대하여 그 의식 직전에 행하는 이·미용
③ 긴급히 국외에 출타하려는 자에 대한 이·미용
④ 시장·군수·구청장이 특별한 사정이 있다고 인정하는 경우에 행하는 이·미용

8 보건복지부령이 정하는 특별한 사유가 있을 시 영업소 외의 장소에서 이·미용업무를 행할 수 있다. 그 사유에 해당하지 않는 것은?

① 기관에서 특별히 요구하여 단체로 이·미용을 하는 경우

② 질병으로 인하여 영업소에 나올 수 없는 자에 대하여 이·미용을 하는 경우

③ 혼례에 참여하는 자에 대하여 그 의식 직전에 이·미용을 하는 경우

④ 시장·군수·구청장이 특별한 사정이 있다고 인정한 경우

9 다음 중 신고된 영업소 이외의 장소에서 이·미용 영업을 할 수 있는 곳은?

① 생산 공장

② 일반 가정

③ 일반 사무실

④ 거동이 불가한 환자 처소

10 미용사의 업무가 아닌 것은?

① 파마

② 면도

③ 머리카락 모양내기

④ 손톱의 손질 및 화장

07. 행정지도감독

1 영업소 출입·검사 관련공무원이 영업자에게 제시해야 하는 것은?

① 주민등록증

② 위생검사 통지서

③ 위생감시 공무원증

④ 위생검사 기록부

> 출입·검사하는 관계공무원은 그 권한을 표시하는 증표를 지녀야 하며, 관계인에게 이를 내보여야 한다.

2 위생지도 및 개선을 명할 수 있는 대상에 해당하지 않는 것은?

① 공중위생영업의 종류별 시설 및 설비기준을 위반한 공중위생영업자

② 위생관리의무 등을 위반한 공중위생영업자

③ 공중위생영업의 승계규정을 위반한 자

④ 위생관리의무를 위반한 공중위생시설의 소유자

3 공중위생업자에게 개선명령을 명할 수 없는 것은?

① 보건복지부령이 정하는 공중위생업의 종류별 시설 및 설비기준을 위반한 경우

② 공중위생업자는 그 이용자에게 건강상 위해 요인이 발생하지 아니하도록 영업 관련 시설 및 설비를 위생적이고 안전하게 관리해야 하는 위생관리 의무를 위반한 경우

③ 면도기는 1회용 면도날만을 손님 1인에 한하여 사용한 경우

④ 이·미용기구는 소독을 한 기구와 소독을 하지 아니한 기구로 분리하여 보관해야 하는 위생관리 의무를 위반한 경우

4 공중위생업소가 의료법을 위반하여 폐쇄명령을 받았다. 최소한 몇 월의 기간이 경과되어야 동일 장소에서 동일 영업이 가능한가?

① 3   ② 6

③ 9   ④ 12

> **같은 종류의 영업 금지**
> ① 영업소 불법카메라 설치 조항, 성매매알선 등 행위의 처벌에 관한 법률, 아동·청소년의 성보호에 관한 법률, 풍속영업의 규제에 관한 법률, 청소년 보호법을 위반하여 영업소 폐쇄명령을 받은 자는 2년 경과 후 같은 종류의 영업 가능
> ② 위 ① 외의 법률을 위반하여 영업소 폐쇄명령을 받은 자는 1년 경과 후 같은 종류의 영업 가능
> ③ 위 ①의 법률을 위반하여 영업소 폐쇄명령을 받은 영업장소에서는 1년 경과 후 같은 종류의 영업 가능
> ④ 위 ① 외의 법률을 위반하여 영업소 폐쇄명령을 받은 영업장소에서는 6개월 경과 후 같은 종류의 영업 가능

정답 ▶ 8 ①   9 ④   10 ②   **7** 1 ③   2 ③   3 ③   4 ②

5 공익상 또는 선량한 풍속유지를 위하여 필요하다고 인정하는 경우에 이·미용업의 영업시간 및 영업행위에 관한 필요한 제한을 할 수 있는 자는?

① 관련 전문기관 및 단체장
② 보건복지부장관
③ 시·도지사
④ 시장·군수·구청장

> 시·도지사는 공익상 또는 선량한 풍속을 유지하기 위하여 필요하다고 인정하는 때에는 공중위생영업자 및 종사원에 대하여 영업시간 및 영업행위에 관한 필요한 제한을 할 수 있다.

6 공중위생영업자가 위생관리 의무사항을 위반한 때의 당국의 조치사항으로 옳은 것은?

① 영업정지
② 자격정지
③ 업무정지
④ 개선명령

> 시·도지사 또는 시장·군수·구청장은 다음에 해당하는 자에 대하여 즉시 또는 일정한 기간을 정하여 그 개선을 명할 수 있다.
> • 공중위생영업의 종류별 시설 및 설비기준을 위반한 공중위생영업자
> • 위생관리의무 등을 위반한 공중위생영업자
> • 위생관리의무를 위반한 공중위생시설의 소유자 등

7 공중 이용시설의 위생관리 규정을 위반한 시설의 소유자에게 개선명령을 할 때 명시하여야 할 것에 해당되는 것은?(모두 고를 것)

| ㉠ 위생관리기준 | ㉡ 개선 후 복구 상태 |
| ㉢ 개선기간 | ㉣ 발생된 오염물질의 종류 |

① ㉠, ㉢
② ㉡, ㉣
③ ㉠, ㉢, ㉣
④ ㉠, ㉡, ㉢, ㉣

> **개선명령 시의 명시사항**
> 위생관리기준, 발생된 오염물질의 종류, 오염허용기준을 초과한 정도, 개선기간

8 대통령령이 정하는 바에 의하여 관계전문기관 등에 공중위생관리 업무의 일부를 위탁할 수 있는 자는?

① 시·도지사
② 시장·군수·구청장
③ 보건복지부장관
④ 보건소장

9 다음 ( ) 안에 알맞은 내용은?

> 이·미용업 영업자가 공중위생관리법을 위반하여 관계 행정기관의 장의 요청이 있는 때에는 ( ) 이내의 기간을 정하여 영업의 정지 또는 일부시설의 사용중지 혹은 영업소 폐쇄 등을 명할 수 있다.

① 3개월
② 6개월
③ 1년
④ 2년

10 영업소의 폐쇄명령을 받고도 계속하여 영업을 하는 때에 관계공무원으로 하여금 영업소를 폐쇄할 수 있도록 조치를 하게 할 수 있는 자는?

① 보건복지부장관
② 시·도지사
③ 시장·군수·구청장
④ 보건소장

> 시장·군수·구청장은 공중위생영업자가 영업소 폐쇄 명령을 받고도 계속하여 영업을 하는 때에는 관계공무원으로 하여금 당해 영업소를 폐쇄하기 위하여 조치를 하게 할 수 있다.

11 이·미용 영업소 폐쇄의 행정처분을 받고도 계속하여 영업을 할 때에는 당해 영업소에 대하여 어떤 조치를 할 수 있는가?

① 폐쇄 행정처분 내용을 재통보한다.
② 언제든지 폐쇄 여부를 확인만 한다.
③ 당해 영업소 출입문을 폐쇄하고, 벌금을 부과한다.
④ 당해 영업소가 위법한 영업소임을 알리는 게시물 등을 부착한다.

> **영업소 폐쇄 조치**
> • 당해 영업소의 간판 기타 영업표지물의 제거
> • 당해 영업소가 위법한 영업소임을 알리는 게시물 등의 부착
> • 영업을 위하여 필수불가결한 기구 또는 시설물을 사용할 수 없게 하는 봉인

12 위생서비스 평가의 전문성을 높이기 위하여 필요하다고 인정하는 경우에 관련 전문기관 및 단체로 하여금 위생 서비스 평가를 실시하게 할 수 있는 자는?

① 시장·군수·구청장
② 대통령
③ 보건복지부장관
④ 시·도지사

정답 **5** ③　**6** ④　**7** ③　**8** ③　**9** ②　**10** ③　**11** ④　**12** ①

13 영업소의 폐쇄명령을 받고도 계속하여 영업을 하는 때에 영업소를 폐쇄하기 위해 관계공무원이 행할 수 있는 조치가 아닌 것은? ★★★★

① 영업소의 간판 기타 영업표지물의 제거
② 위법한 영업소임을 알리는 게시물 등의 부착
③ 영업을 위하여 필수불가결한 기구 또는 시설물을 사용할 수 없게 하는 봉인
④ 출입문의 봉쇄

14 영업소 폐쇄명령을 받고도 계속하여 영업을 하는 경우 해당 공무원으로 하여금 당해 영업소를 폐쇄하기 위하여 할 수 있는 조치가 아닌 것은? ★★★

① 당해 영업소의 간판 기타 영업표지물의 제거
② 당해 영업소가 위법한 것임을 알리는 게시물 등의 부착
③ 영업을 위하여 필수불가결한 기구 또는 시설물을 이용할 수 없게 하는 봉인
④ 영업시설물의 철거

15 영업허가 취소 또는 영업장 폐쇄명령을 받고도 계속하여 이·미용 영업을 하는 경우에 시장, 군수, 구청장이 취할 수 있는 조치가 아닌 것은? ★★★★

① 당해 영업소의 간판 기타 영업표지물의 제거 및 삭제
② 당해 영업소가 위법한 것임을 알리는 게시물 등의 부착
③ 영업을 위하여 필수불가결한 기구 또는 시설물 봉인
④ 당해 영업소의 업주에 대한 손해 배상 청구

16 이·미용 영업소 폐쇄의 행정처분을 한 때에는 당해 영업소에 대하여 어떻게 조치하는가? ★★★

① 행정처분 내용을 통보만 한다.
② 언제든지 폐쇄 여부를 확인만 한다.
③ 행정처분 내용을 행정처분 대장에 기록, 보관만 하게 된다.
④ 영업소 폐쇄의 행정처분을 받은 업소임을 알리는 게시물 등을 부착한다.

17 공중위생영업소의 위생관리수준을 향상시키기 위하여 위생서비스 평가계획을 수립하는 자는? ★★★

① 대통령
② 보건복지부장관
③ 시·도지사
④ 공중위생관련협회 또는 단체

18 공중위생감시원의 자격·임명·업무·범위 등에 필요한 사항을 정한 것은? ★★★

① 법률
② 대통령령
③ 보건복지부령
④ 당해 지방자치단체 조례

> 공중위생감시원의 자격·임명·업무범위 기타 필요한 사항은 대통령령으로 정한다.

19 이·미용업 영업소에 대하여 위생관리의무 이행검사 권한을 행사할 수 없는 자는? ★★★

① 도 소속 공무원
② 국세청 소속 공무원
③ 시·군·구 소속 공무원
④ 특별시·광역시 소속 공무원

> 시·도지사 또는 시장·군수·구청장이 소속 공무원 중에서 임명한다.

20 시·도지사 또는 시장·군수·구청장은 공중위생관리상 필요하다고 인정하는 때에 공중위생영업자 등에 대하여 필요한 조치를 취할 수 있다. 이 조치에 해당하는 것은? ★★★

① 보고   ② 청문
③ 감독   ④ 협의

> **시·도지사 또는 시장·군수·구청장의 권한**
> • 공중위생관리상 필요하다고 인정하는 때에는 공중위생영업자 및 공중이용시설의 소유자 등에 대하여 필요한 보고를 하게 함
> • 소속공무원으로 하여금 영업소·사무소·공중이용시설 등에 출입하여 공중위생영업자의 위생관리의무이행 및 공중이용시설의 위생관리실태 등에 대하여 검사하게 함
> • 필요에 따라 공중위생영업장부나 서류의 열람 가능

정 답 ▶ **13** ④ **14** ④ **15** ④ **16** ④ **17** ③ **18** ② **19** ② **20** ①

chapter **04**

21 이용 또는 미용의 영업자에게 공중위생에 관하여 필요한 보고 및 출입·검사 등을 할 수 있게 하는 자가 아닌 것은?

① 보건복지부장관　　② 구청장
③ 시·도지사　　　　④ 시장

22 공중위생영업소의 위생관리수준을 향상시키기 위하여 위생 서비스 평가계획을 수립하여야 하는 자는?

① 안전행정부장관
② 보건복지부장관
③ 시·도지사
④ 시장·군수·구청장

23 공중위생감시원을 둘 수 없는 곳은?

① 특별시　　　　　② 광역시·도
③ 시·군·구　　　　④ 읍·면·동

24 공중위생감시원의 자격에 해당되지 않는 자는?

① 위생사 자격증이 있는 자
② 대학에서 미용학을 전공하고 졸업한 자
③ 외국에서 환경기사의 면허를 받은 자
④ 1년 이상 공중위생 행정에 종사한 경력이 있는 자

25 공중위생감시원에 관한 설명으로 틀린 것은?

① 특별시·광역시·도 및 시·군·구에 둔다.
② 위생사 또는 환경기사 2급 이상의 자격증이 있는 소속 공무원 중에서 임명한다.
③ 자격·임명·업무범위, 기타 필요한 사항은 보건복지부령으로 정한다.
④ 위생지도 및 개선명령 이행 여부의 확인 등의 업무가 있다.

26 다음 중 공중위생감시원의 업무범위가 아닌 것은?

① 공중위생 영업 관련 시설 및 설비의 위생상태 확인 및 검사에 관한 사항
② 공중위생영업소의 위생서비스 수준평가에 관한 사항
③ 공중위생영업소 개설자의 위생교육 이행여부 확인에 관한 사항
④ 공중위생영업자의 위생관리의무 영업자준수 사항 이행여부의 확인에 관한 사항

27 공중위생의 관리를 위한 지도, 계몽 등을 행하게 하기 위하여 둘 수 있는 것은?

① 명예공중위생감시원
② 공중위생조사원
③ 공중위생평가단체
④ 공중위생전문교육원

28 다음 중 법에서 규정하는 명예공중위생감시원의 위촉대상자가 아닌 것은?

① 공중위생관련 협회장이 추천하는 자
② 소비자 단체장이 추천하는 자
③ 공중위생에 대한 지식과 관심이 있는 자
④ 3년 이상 공중위생 행정에 종사한 경력이 있는 공무원

정답　21 ①　22 ③　23 ④　24 ②　25 ③　26 ②　27 ①　28 ④

29 공중위생영업자 단체의 설립에 관한 설명 중 관계가 먼 것은?

① 영업의 종류별로 설립한다.
② 영업의 단체이익을 위하여 설립한다.
③ 전국적인 조직을 갖는다.
④ 국민보건 향상의 목적을 갖는다.

공중위생영업자는 공중위생과 국민보건의 향상을 기하고 그 영업의 건전한 발전을 도모하기 위하여 영업의 종류별로 전국적인 조직을 가지는 영업자단체를 설립할 수 있다.

30 위생영업단체의 설립 목적으로 가장 적합한 것은?

① 공중위생과 국민보건 향상을 기하고 영업종류별 조직을 확대하기 위하여
② 국민보건의 향상을 기하고 공중위생 영업자의 정치·경제적 목적을 향상시키기 위하여
③ 영업의 건전한 발전을 도모하고 공중위생 영업의 종류별 단체의 이익을 옹호하기 위하여
④ 공중위생과 국민보건 향상을 기하고 영업의 건전한 발전을 도모하기 위하여

공중위생영업자는 공중위생과 국민보건의 향상을 기하고 그 영업의 건전한 발전을 도모하기 위하여 영업의 종류별로 전국적인 조직을 가지는 영업자단체를 설립할 수 있다.

31 공중위생감시원 업무범위에 해당되지 않는 것은?

① 시설 및 설비의 확인
② 시설 및 설비의 위생상태 확인·검사
③ 위생관리의무 이행여부 확인
④ 위생관리 등급 표시 부착 확인

32 공중위생감시원의 업무범위에 해당하는 것은?

① 위생서비스 수준의 평가계획 수립
② 공중위생 영업자와 소비자 간의 분쟁조정
③ 공중위생 영업소의 위생관리상태의 확인
④ 위생서비스 수준의 평가에 따른 포상실시

33 다음 중 공중위생감시원의 직무가 아닌 것은?

① 시설 및 설비의 확인에 관한 사항
② 영업자의 준수사항 이행 여부에 관한 사항
③ 위생지도 및 개선명령 이행 여부에 관한 사항
④ 세금납부의 적정 여부에 관한 사항

08. 업소 위생등급 및 위생교육

1 다음의 위생서비스 수준의 평가에 대한 설명 중 맞는 것은?

① 평가의 전문성을 높이기 위해 관련 전문기관 및 단체로 하여금 평가를 실시하게 할 수 있다.
② 평가주기는 3년마다 실시한다.
③ 평가주기와 방법, 위생관리등급은 대통령령으로 정한다.
④ 위생관리 등급은 2개 등급으로 나뉜다.

② 평가주기는 2년마다 실시한다.
③ 평가주기와 방법, 위생관리등급은 보건복지부령으로 정한다.
④ 위생관리 등급은 3개 등급으로 나뉜다.

2 위생관리 등급 공표사항으로 틀린 것은?

① 시장·군수·구청장은 위생서비스 평가결과에 따른 위생 관리등급을 공중위생영업자에게 통보하고 공표한다.
② 공중위생영업자는 통보받은 위생관리등급의 표지를 영업소 출입구에 부착할 수 있다.
③ 시장, 군수, 구청장은 위생서비스 결과에 따른 위생 관리등급 우수업소에는 위생감시를 면제할 수 있다.
④ 시장, 군수, 구청장은 위생서비스평가의 결과에 따른 위생관리등급별로 영업소에 대한 위생감시를 실시하여야 한다.

시·도지사 또는 시장·군수·구청장은 위생서비스평가의 결과 위생서비스의 수준이 우수하다고 인정되는 영업소에 대하여 포상을 실시할 수 있다.

3 위생서비스평가의 결과에 따른 위생관리 등급은 누구에게 통보하고 이를 공표하여야 하는가?

① 해당 공중위생영업자
② 시장·군수·구청장
③ 시·도지사
④ 보건소장

> 시장·군수·구청장은 보건복지부령이 정하는 바에 의하여 위생서비스평가의 결과에 따른 위생관리등급을 해당 공중위생영업자에게 통보하고 이를 공표하여야 한다.

4 위생서비스 평가의 결과에 따른 조치에 해당되지 않는 것은?

① 이·미용업자는 위생관리 등급 표지를 영업소 출입구에 부착할 수 있다.
② 시·도지사는 위생서비스의 수준이 우수하다고 인정되는 영업소에 대한 포상을 실시할 수 있다.
③ 시장·군수는 위생관리 등급별로 영업소에 대한 위생 감시를 실시할 수 있다.
④ 구청장은 위생관리 등급의 결과를 세무서장에게 통보할 수 있다.

> 위생관리 등급의 결과는 해당 공중위생영업자에게 통보한다.

5 공중위생영업소 위생관리 등급의 구분에 있어 최우수 업소에 내려지는 등급은 다음 중 어느 것인가?

① 백색등급   ② 황색등급
③ 녹색등급   ④ 청색등급

위생관리등급의 구분(보건복지부령)	
구분	등급
최우수업소	녹색등급
우수업소	황색등급
일반관리대상 업소	백색등급

6 공중위생영업소의 위생서비스수준의 평가는 몇 년마다 실시하는가?

① 4년   ② 2년
③ 6년   ④ 5년

7 공중위생서비스평가를 위탁받을 수 있는 기관은?

① 보건소   ② 동사무소
③ 소비자단체   ④ 관련 전문기관 및 단체

> 시장·군수·구청장은 위생서비스평가의 전문성을 높이기 위하여 필요하다고 인정하는 경우에는 관련 전문기관 및 단체로 하여금 위생서비스평가를 실시하게 할 수 있다.

8 위생서비스평가의 결과에 따른 위생관리등급별로 영업소에 대한 위생 감시를 실시할 때의 기준이 아닌 것은?

① 위생교육 실시 횟수
② 영업소에 대한 출입·검사
③ 위생 감시의 실시 주기
④ 위생 감시의 실시 횟수

> 위생 감시의 기준
> • 영업소에 대한 출입·검사
> • 위생 감시의 실시 주기 및 횟수 등

9 보건복지부장관은 공중위생관리법에 의한 권한의 일부를 무엇이 정하는 바에 의해 시·도지사에게 위임할 수 있는가?

① 대통령령
② 보건복지부령
③ 공중위생관리법 시행규칙
④ 안전행정부령

10 이·미용업의 업주가 받아야 하는 위생교육 기간은 몇 시간인가?

① 매년 3시간   ② 분기별 3시간
③ 매년 6시간   ④ 분기별 6시간

11 부득이한 사유가 없는 한 공중위생영업소를 개설할 자는 언제 위생교육을 받아야 하는가?

① 영업개시 후 2월 이내
② 영업개시 후 1월 이내
③ 영업개시 전
④ 영업개시 후 3월 이내

정답 3 ① 4 ④ 5 ③ 6 ② 7 ④ 8 ① 9 ① 10 ① 11 ③

12 관련법상 이·미용사의 위생교육에 대한 설명 중 옳은 것은? ★★★

① 위생교육 대상자는 이·미용업 영업자이다.
② 위생교육 대상자에는 이·미용사의 면허를 가지고 이·미용업에 종사하는 모든 자가 포함된다.
③ 위생교육은 시·군·구청장만이 할 수 있다.
④ 위생교육 시간은 매년 4시간이다.

> ② 위생교육 대상자는 이·미용업에 종사하는 자가 아니라 신고하고자 하는 영업자이다.
> ③ 위생교육은 보건복지부장관이 허가한 단체 또는 공중위생 영업자단체가 실시할 수 있다.
> ④ 위생교육 시간은 매년 3시간이다.

13 공중위생관리법상의 위생교육에 대한 설명 중 옳은 것은? ★★★

① 위생교육 대상자는 이·미용업 영업자이다.
② 위생교육 대상자는 이·미용사이다.
③ 위생교육 시간은 매년 8시간이다.
④ 위생교육은 공중위생관리법 위반자에 한하여 받는다.

> ②, ④ 위생교육 대상자는 영업을 위해 신고를 하고자 하는 자이다. ③ 위생교육 시간은 매년 3시간이다.

14 보건복지부령으로 정하는 위생교육을 반드시 받아야 하는 자에 해당되지 않는 것은? ★★★★

① 공중위생관리법에 의한 명령을 위반한 영업소의 영업주
② 공중위생영업의 신고를 하고자 하는 자
③ 공중위생영업소에 종사하는 자
④ 공중위생영업을 승계한 자

> 공중위생영업소에 종사하는 자는 위생교육 대상자가 아니다.

15 위생교육 대상자가 아닌 것은? ★★★★

① 공중위생영업의 신고를 하고자 하는 자
② 공중위생영업을 승계한 자
③ 공중위생영업자
④ 면허증 취득 예정자

16 이·미용업 종사자로 위생교육을 받아야 하는 자는? ★★★★

① 공중위생 영업에 종사자로 처음 시작하는 자
② 공중위생 영업에 6개월 이상 종사자
③ 공중위생 영업에 2년 이상 종사자
④ 공중위생 영업을 승계한 자

> 위생교육 대상자는 이·미용업 종사자가 아니라 영업을 하기 위해 신고하려는 자이다.

17 위생교육에 대한 설명으로 틀린 것은? ★★★

① 공중위생 영업자는 매년 위생교육을 받아야 한다.
② 위생교육 시간은 3시간으로 한다.
③ 위생교육에 관한 기록을 1년 이상 보관·관리하여야 한다.
④ 위생교육을 받지 아니한 자는 200만원 이하의 과태료에 처한다.

> 위생교육에 관한 기록을 2년 이상 보관·관리하여야 한다.

18 위생교육에 대한 내용 중 틀린 것은? ★★★

① 위생교육을 받은 자가 위생교육을 받은 날부터 1년 이내에 위생교육을 받은 업종과 같은 업종의 변경을 하려는 경우에는 해당 영업에 대한 위생교육을 받은 것으로 본다.
② 위생교육의 내용은 공중위생관리법 및 관련법규, 소양교육, 기술교육, 그 밖에 공중위생에 관하여 필요한 내용으로 한다.
③ 영업신고 전에 위생교육을 받아야 하는 자 중 천재지변, 본인의 질병, 사고, 업무상 국외출장 등의 사유로 교육을 받을 수 있다.
④ 위생교육실시 단체는 교육교재를 편찬하여 교육대상자에게 제공해야 한다.

> 위생교육을 받은 자가 위생교육을 받은 날부터 2년 이내에 위생교육을 받은 업종과 같은 업종의 영업을 하려는 경우에는 해당 영업에 대한 위생교육을 받은 것으로 본다.

정답 12 ① 13 ① 14 ③ 15 ④ 16 ④ 17 ③ 18 ①

10. 행정처분, 벌칙, 양벌규정 및 과태료

1 이·미용사 면허가 일정기간 정지되거나 취소되는 경우는?

① 영업하지 아니한 때
② 해외에 장기 체류 중일 때
③ 다른 사람에게 대여해주었을 때
④ 교육을 받지 아니한 때

> 면허증을 다른 사람에게 대여한 때의 행정처분기준
> • 1차 위반 : 면허정지 3개월
> • 2차 위반 : 면허정지 6개월
> • 3차 위반 : 면허취소

2 이·미용 영업소에서 1회용 면도날을 손님 2인에게 사용한 때의 1차 위반 시 행정처분은?

① 시정명령 　　　　② 개선명령
③ 경고 　　　　　　④ 영업정지 5일

> • 1차 위반 : 경고
> • 2차 위반 : 영업정지 5일
> • 3차 위반 : 영업정지 10일
> • 4차 위반 : 영업장 폐쇄명령

3 행정처분사항 중 1차 처분이 경고에 해당하는 것은?

① 귓볼 뚫기 시술을 한 때
② 시설 및 설비기준을 위반한 때
③ 신고를 하지 아니하고 영업소 소재를 변경한 때
④ 위생교육을 받지 아니한 때

> ① 영업정지 2개월, ② 개선명령, ③ 영업정지 1개월

4 신고를 하지 않고 영업소 명칭(상호)을 바꾼 경우에 대한 1차 위반 시의 행정처분은?

① 주의 　　　　　② 경고 또는 개선명령
③ 영업정지 15일 　④ 영업정지 1개월

> • 1차 위반 : 경고 또는 개선명령
> • 2차 위반 : 영업정지 15일
> • 3차 위반 : 영업정지 1개월
> • 4차 위반 : 영업장 폐쇄명령

5 이·미용업 영업자가 업소 내 조명도를 준수하지 않았을 때에 대한 1차 위반 시 행정처분 기준은?

① 개선명령 또는 경고 　② 영업정지 5일
③ 영업정지 10일 　　　　④ 영업정지 15일

> • 1차 위반 : 경고 또는 개선명령
> • 2차 위반 : 영업정지 5일
> • 3차 위반 : 영업정지 10일
> • 4차 위반 : 영업장 폐쇄명령

6 1회용 면도날을 2인 이상의 손님에게 사용한 때에 대한 1차 위반 시 행정처분 기준은?

① 시정명령 　　　　② 경고
③ 영업정지 5일 　　④ 영업정지 10일

> • 1차 위반 : 경고
> • 2차 위반 : 영업정지 5일
> • 3차 위반 : 영업정지 10일
> • 4차 위반 : 영업장 폐쇄명령

7 이·미용 영업소 안에 면허증 원본을 게시하지 않은 경우 1차 행정처분 기준은?

① 개선명령 또는 경고
② 영업정지 5일
③ 영업정지 10일
④ 영업정지 15일

> • 1차 위반 : 경고 또는 개선명령
> • 2차 위반 : 영업정지 5일
> • 3차 위반 : 영업정지 10일
> • 4차 위반 : 영업장 폐쇄명령

8 소독을 한 기구와 소독을 하지 아니한 기구를 각각 다른 용기에 넣어 보관하지 아니한 때에 대한 2차 위반 시의 행정처분 기준에 해당하는 것은?

① 경고 　　　　　　② 영업정지 5일
③ 영업정지 10일 　　④ 영업장 폐쇄명령

> • 1차 위반 : 경고
> • 2차 위반 : 영업정지 5일
> • 3차 위반 : 영업정지 10일
> • 4차 위반 : 영업장 폐쇄명령

정답　🔟　1 ③　2 ③　3 ④　4 ②　5 ①　6 ②　7 ①　8 ②

9 ★★★ 1회용 면도날을 2인 이상의 손님에게 사용한 때에 대한 2차 위반 시 행정처분 기준은?

① 시정명령　　　　② 경고
③ 영업정지 5일　　④ 영업정지 10일

- 1차 위반 : 경고
- 2차 위반 : 영업정지 5일
- 3차 위반 : 영업정지 10일
- 4차 위반 : 영업장 폐쇄명령

10 ★★★ 신고를 하지 않고 이·미용업소의 면적을 3분의 1 이상 변경한 때의 1차 위반 행정처분 기준은?

① 경고 또는 개선명령
② 영업정지 15일
③ 영업정지 1개월
④ 영업장 폐쇄명령

- 1차 위반 : 경고 또는 개선명령
- 2차 위반 : 영업정지 15일
- 3차 위반 : 영업정지 1개월
- 4차 위반 : 영업장 폐쇄명령

11 ★★★ 이·미용업 영업소에서 손님에게 음란한 물건을 관람·열람하게 한 때에 대한 1차 위반 시 행정처분 기준은?

① 영업정지 15일　　② 영업정지 1개월
③ 영업장 폐쇄명령　④ 경고

- 1차 위반 : 경고
- 2차 위반 : 영업정지 15일
- 3차 위반 : 영업정지 1개월
- 4차 위반 : 영업장 폐쇄명령

12 ★★★★ 미용사가 손님에게 도박을 하게 했을 때 2차 위반 시 적절한 행정처분 기준은?

① 영업정지 15일　　② 영업정지 1개월
③ 영업정지 2개월　　④ 영업장 폐쇄명령

- 1차 위반 : 영업정지 1개월
- 2차 위반 : 영업정지 2개월
- 3차 위반 : 영업장 폐쇄명령

13 ★★★ 영업소에서 무자격 안마사로 하여금 손님에게 안마행위를 하였을 때 1차 위반 시 행정처분은?

① 경고
② 영업정지 15일
③ 영업정지 1개월
④ 영업장 폐쇄

- 1차 위반 : 영업정지 1개월
- 2차 위반 : 영업정지 2개월
- 3차 위반 : 영업장 폐쇄명령

14 ★★★ 이·미용사가 이·미용업소 외의 장소에서 이·미용을 했을 때 1차 위반 행정처분 기준은?

① 영업정지 1개월
② 개선 명령
③ 영업정지 10일
④ 영업정지 20일

15 ★★★★ 이·미용업소에서 음란행위를 알선 또는 제공 시 영업소에 대한 1차 위반 행정처분 기준은?

① 경고
② 영업정지 1개월
③ 영업정지 3개월
④ 영업장 폐쇄명령

구분	1차 위반	2차 위반
영업소	영업정지 3월	영업장 폐쇄명령
미용사(업주)	면허정지 3월	면허취소

16 ★★★ 미용업자가 점빼기, 귓볼뚫기, 쌍꺼풀수술, 문신, 박피술 기타 이와 유사한 의료행위를 하여 1차 위반했을 때의 행정처분은 다음 중 어느 것인가?

① 면허취소
② 경고
③ 영업장 폐쇄명령
④ 영업정지 2개월

- 1차 위반 : 영업정지 2개월
- 2차 위반 : 영업정지 3개월
- 3차 위반 : 영업장 폐쇄명령

17 이·미용사의 면허증을 대여한 때의 1차 위반 행정처분 기준은?

① 면허정지 3개월　　② 면허정지 6개월
③ 영업정지 3개월　　④ 영업정지 6개월

> • 1차 위반 : 면허정지 3개월
> • 2차 위반 : 면허정지 6개월
> • 3차 위반 : 면허취소

18 면허증을 다른 사람에게 대여한 때의 2차 위반 행정처분 기준은?

① 면허정지 6개월　　② 면허정지 3개월
③ 영업정지 3개월　　④ 영업정지 6개월

19 이·미용업에 있어 위반행위의 차수에 따른 행정처분 기준은 최근 어느 기간 동안 같은 위반행위로 행정처분을 받은 경우에 적용하는가?

① 6개월　　　　② 1년
③ 2년　　　　④ 3년

20 1차 위반 시의 행정처분이 면허취소가 아닌 것은?

① 국가기술자격법에 의하여 이·미용사 자격이 취소된 때
② 공중의 위생에 영향을 미칠 수 있는 감염병환자로서 보건복지부령이 정하는 자
③ 면허정지처분을 받고 그 정지 기간 중 업무를 행한 때
④ 국가기술자격법에 의하여 미용사자격 정지처분을 받을 때

> 국가기술자격법에 의하여 미용사자격 정지처분을 받을 때 1차 위반 시 면허정지의 행정처분을 받게 된다.

21 공중위생영업자가 풍속관련법령 등 다른 법령에 위반하여 관계 행정기관장의 요청이 있을 때 당국이 취할 수 있는 조치사항은?

① 개선명령
② 국가기술자격 취소
③ 일정기간 동안의 업무정지

④ 6월 이내 기간의 영업정지

22 이·미용사가 면허정지 처분을 받고 업무 정지 기간 중 업무를 행한 때 1차 위반 시 행정처분 기준은?

① 면허정지 3월　　② 면허정지 6월
③ 면허취소　　　④ 영업장 폐쇄

> 1차 위반 시 면허취소가 되는 경우
> • 국가기술자격법에 따라 미용사 자격이 취소된 때
> • 결격사유에 해당한 때
> • 이중으로 면허를 취득한 때
> • 면허정지처분을 받고 그 정지기간 중 업무를 행한 때

23 국가기술자격법에 의하여 이·미용사 자격이 취소된 때의 행정처분은?

① 면허취소
② 업무정지
③ 50만원 이하의 과태료
④ 경고

24 이중으로 이·미용사 면허를 취득한 때의 1차 행정처분 기준은?

① 영업정지 15일
② 영업정지 30일
③ 영업정지 6월
④ 나중에 발급받은 면허의 취소

25 미용업 영업소에서 영업정지처분을 받고 그 영업정지 중 영업을 한 때에 대한 1차 위반 시의 행정처분 기준은?

① 영업정지 1개월　　② 영업정지 3개월
③ 영업장 폐쇄 명령　④ 면허취소

26 영업신고를 하지 아니하고 영업소의 소재지를 변경한 때 3차 위반 행정처분 기준은?

① 경고　　　　② 면허정지
③ 면허취소　　④ 영업장 폐쇄명령

27 이·미용사가 이·미용업소 외의 장소에서 이·미용을 한 경우 3차 위반 행정처분 기준은?

① 영업장 폐쇄명령
② 영업정지 10일
③ 영업정지 1월
④ 영업정지 2월

> • 1차 위반 : 영업정지 1개월
> • 2차 위반 : 영업정지 2개월
> • 3차 위반 : 영업장 폐쇄명령

28 일부시설의 사용중지 명령을 받고도 그 기간 중에 그 시설을 사용한 자에 대한 벌칙은?

① 3년 이하의 징역 또는 3천만원 이하의 벌금
② 2년 이하의 징역 또는 2백만원 이하의 벌금
③ 1년 이하의 징역 또는 1천만원 이하의 벌금
④ 5백만원 이하의 벌금

29 다음 위법사항 중 가장 무거운 벌칙기준에 해당하는 자는?

① 신고를 하지 아니하고 영업한 자
② 변경신고를 하지 아니하고 영업한 자
③ 면허정지처분을 받고 그 정지 기간 중 업무를 행한 자
④ 관계 공무원 출입, 검사를 거부한 자

위법사항에 따른 벌칙 및 과태료	
구분	벌칙 및 과태료
신고하지 않고 영업한 자	1년 이하의 징역 또는 1천만원 이하의 벌금
변경신고를 하지 않고 영업한 자	6월 이하의 징역 또는 500만원 이하의 벌금
면허정지처분을 받고 그 정지 기간 중 업무를 행한 자	300만원 이하의 벌금
관계 공무원 출입, 검사를 거부한 자	300만원 이하의 과태료

30 공중위생관리법에 규정된 벌칙으로 1년 이하의 징역 또는 1천만원 이하의 벌금에 해당하는 것은?

① 영업정지명령을 받고도 그 기간 중에 영업을 행한 자
② 변경신고를 하지 아니한 자
③ 공중위생영업자의 지위를 승계하고도 변경신고를 아니한 자
④ 건전한 영업질서를 위반하여 공중위생영업자가 지켜야 할 사항을 준수하지 아니한 자

> ②, ③, ④ 6월 이하의 징역 또는 500만원 이하의 벌금

31 이·미용 영업의 영업정지 기간 중에 영업을 한 자에 대한 벌칙은?

① 2년 이하의 징역 또는 1,000만원 이하의 벌금
② 2년 이하의 징역 또는 300만원 이하의 벌금
③ 1년 이하의 징역 또는 1,000만원 이하의 벌금
④ 1년 이하의 징역 또는 300만원 이하의 벌금

32 이·미용사의 면허증을 다른 사람에게 대여한 때의 법적 행정저분 조치 사항으로 옳은 것은?

① 시·도지사가 그 면허를 취소하거나 6월 이내의 기간을 정하여 업무정지를 명할 수 있다.
② 시·도지사가 그 면허를 취소하거나 1년 이내의 기간을 정하여 업무정지를 명할 수 있다.
③ 시장, 군수, 구청장은 그 면허를 취소하거나 6월 이내의 기간을 정하여 업무정지를 명할 수 있다.
④ 시장, 군수, 구청장은 그 면허를 취소하거나 1년 이내의 기간을 정하여 업무정지를 명할 수 있다.

33 건전한 영업질서를 위하여 공중위생영업자가 준수하여야 할 사항을 준수하지 아니한 자에 대한 벌칙 기준은?

① 1년 이하의 징역 또는 1천만원 이하의 벌금
② 6월 이하의 징역 또는 500만원 이하의 벌금
③ 3월 이하의 징역 또는 300만원 이하의 벌금
④ 300만원의 과태료

정답 27 ① 28 ③ 29 ① 30 ① 31 ③ 32 ③ 33 ②

34 영업소의 폐쇄명령을 받고도 영업을 하였을 시에 대한 벌칙기준은?

① 2년 이하의 징역 또는 3천만원 이하의 벌금
② 1년 이하의 징역 또는 1천만원 이하의 벌금
③ 200만원 이하의 벌금
④ 100만원 이하의 벌금

35 다음 사항 중 1년 이하의 징역 또는 1천만원 이하의 벌금에 처할 수 있는 것은?

① 이·미용업 허가를 받지 아니하고 영업을 한 자
② 이·미용업 신고를 하지 아니하고 영업을 한 자
③ 음란행위를 알선 또는 제공하거나 이에 대한 손님의 요청에 응한 자
④ 면허 정지 기간 중 영업을 한 자

③ 면허정지 또는 취소
④ 300만원 이하의 벌금

36 영업자의 지위를 승계한 자로서 신고를 하지 아니하였을 경우 해당하는 처벌기준은?

① 1년 이하의 징역 또는 1천만원 이하의 벌금
② 6월 이하의 징역 또는 500만원 이하의 벌금
③ 200만원 이하의 벌금
④ 100만원 이하의 벌금

37 이용사 또는 미용사가 아닌 사람이 이용 또는 미용의 업무에 종사할 때에 대한 벌칙은?

① 1년 이하의 징역 또는 1천만원 이하의 벌금
② 6월 이하의 징역 또는 5백만원 이하의 벌금
③ 300만원 이하의 벌금
④ 100만원 이하의 벌금

38 이용 또는 미용의 면허가 취소된 후 계속하여 업무를 행한 자에 대한 벌칙사항은?

① 6월 이하의 징역 또는 300만원 이하의 벌금
② 500만원 이하의 벌금
③ 300만원 이하의 벌금
④ 200만원 이하의 벌금

39 이용사 또는 미용사의 면허를 받지 아니한 자가 이·미용 영업업무를 행하였을 때의 벌칙사항은?

① 6월 이하의 징역 또는 500만원 이하의 벌금
② 300만원 이하의 벌금
③ 500만원 이하의 벌금
④ 400만원 이하의 벌금

40 법인의 대표자나 법인 또는 개인의 대리인, 사용인 기타 총괄하여 그 법인 또는 개인의 업무에 관하여 벌금형에 행하는 위반행위를 한 때에 행위자를 벌하는 외에 그 법인 또는 개인에 대하여도 동조의 벌금형을 과하는 것을 무엇이라 하는가?

① 벌금
② 과태료
③ 양벌규정
④ 위암

41 이·미용업자에게 과태료를 부과·징수할 수 있는 처분권자에 해당되지 않는 자는?

① 행정자치부장관
② 시장
③ 군수
④ 구청장

과태료는 시장·군수·구청장이 부과·징수한다.

42 과태료는 누가 부과 징수하는가?

① 행정자치부장관
② 시·도지사
③ 시장·군수·구청장
④ 세무서장

43 관계공무원의 출입·검사 기타 조치를 거부·방해 또는 기피했을 때의 과태료 부과기준은?

① 300만원 이하
② 200만원 이하
③ 100만원 이하
④ 50만원 이하

44 *** 다음 중 과태료 처분 대상에 해당되지 않는 자는?

① 관계공무원의 출입·검사 등 업무를 기피한 자
② 영업소 폐쇄명령을 받고도 영업을 계속한 자
③ 이·미용업소 위생관리 의무를 지키지 아니한 자
④ 위생교육 대상자 중 위생교육을 받지 아니한 자

> 영업소 폐쇄명령을 받고도 계속하여 영업을 한 자는 1년 이하의
> 징역 또는 1천만원 이하의 벌금에 처한다.

45 *** 이·미용 영업자가 이·미용사 면허증을 영업소 안에 게시하지 않아 당국으로부터 개선명령을 받았으나 이를 위반한 경우의 법적 조치는?

① 100만원 이하의 벌금
② 100만원 이하의 과태료
③ 200만원 이하의 벌금
④ 300만원 이하의 과태료

46 *** 이·미용사의 면허를 받지 않은 자가 이·미용의 업무를 하였을 때의 벌칙기준은?

① 100만원 이하의 벌금
② 200만원 이하의 벌금
③ 300만원 이하의 벌금
④ 500만원 이하의 벌금

47 **** 공중위생영업에 종사하는 자가 위생교육을 받지 아니한 경우에 해당되는 벌칙은?

① 300만원 이하의 벌금
② 300만원 이하의 과태료
③ 200만원 이하의 벌금
④ 200만원 이하의 과태료

48 *** 이·미용의 업무를 영업장소 외에서 행하였을 때 이에 대한 처벌기준은?

① 3년 이하의 징역 또는 1천만원 이하의 벌금
② 500만원 이하의 과태료
③ 200만원 이하의 과태료
④ 100만원 이하의 벌금

49 *** 영업정지에 갈음한 과징금 부과의 기준이 되는 매출금액은?

① 처분일이 속한 연도의 전년도의 1년간 총 매출액
② 처분일이 속한 연도의 전년 2년간 총 매출액
③ 처분일이 속한 연도의 전년 3년간 총 매출액
④ 처분일이 속한 연도의 전년 4년간 총 매출액

50 *** 시장·군수·구청장이 영업정지가 이용자에게 심한 불편을 주거나 그 밖에 공익을 해할 우려가 있는 경우에 영업정지처분에 갈음한 과징금을 부과할 수 있는 금액기준은?

① 1천만원 이하
② 2천만원 이하
③ 1억원 이하
④ 4천만원 이하

51 *** 공중위생관리법령에 따른 과징금의 부과 및 납부에 관한 사항으로 틀린 것은?

① 과징금을 부과하고자 할 때에는 위반행위의 종별과 해당 과징금의 금액을 명시하여 이를 납부할 것을 서면으로 통지하여야 한다.
② 통지를 받은 자는 통지를 받은 날부터 20일 이내에 과징금을 납부해야 한다.
③ 과징금액이 클 때는 과징금의 2분의 1 범위에서 각각 분할 납부가 가능하다.
④ 과징금의 징수절차는 보건복지부령으로 정한다.

> 시장·군수·구청장은 공중위생영업자의 사업규모·위반행위의
> 정도 및 횟수 등을 참작하여 과징금 금액의 2분의 1의 범위 안에
> 서 이를 가중 또는 감경할 수 있다.

52 **** 행정처분 대상자 중 중요처분 대상자에게 청문을 실시할 수 있다. 그 청문대상이 아닌 것은?

① 면허정지 및 면허취소
② 영업정지
③ 영업소 폐쇄 명령
④ 자격증 취소

53 다음 중 청문을 실시하는 사항이 아닌 것은?

① 공중위생영업의 정지처분을 하고자 하는 경우
② 정신질환자 또는 간질병자에 해당되어 면허를 취소하고자 하는 경우
③ 공중위생영업의 일부시설의 사용중지 및 영업소 폐쇄처분을 하고자 하는 경우
④ 공중위생영업의 폐쇄처분 후 그 기간이 끝난 경우

청문을 실시하는 사항
① 면허취소·면허정지
② 공중위생영업의 정지
③ 일부 시설의 사용중지
④ 영업소 폐쇄명령
⑤ 공중위생영업 신고사항의 직권 말소

54 이·미용 영업과 관련된 청문을 실시하여야 할 경우에 해당되는 것은?

① 폐쇄명령을 받은 후 재개업을 하려 할 때
② 공중위생영업의 일부 시설의 사용중지처분을 하고자 할 때
③ 과태료를 부과하려 할 때
④ 영업소의 간판 기타 영업표지물을 제거 처분하려 할 때

55 이·미용업에 있어 청문을 실시하여야 하는 경우가 아닌 것은?

① 면허취소 처분을 하고자 하는 경우
② 면허정지 처분을 하고자 하는 경우
③ 일부시설의 사용중지 처분을 하고자 하는 경우
④ 위생교육을 받지 아니하여 1차 위반한 경우

56 다음 ( ) 안에 알맞은 것은?

시장·군수·구청장은 공중위생영업의 정지 또는 일부 시설의 사용중지 등의 처분을 하고자 하는 때에는 ( )을(를) 실시하여야 한다.

① 위생서비스 수준의 평가
② 공중위생감사
③ 청문
④ 열람

57 법령 위반자에 대해 행정처분을 하고자 하는 때는 청문을 실시하여야 하는데 다음 중 청문대상이 아닌 것은?

① 면허를 취소하고자 할 때
② 면허를 정지하고자 할 때
③ 영업소 폐쇄명령을 하고자 할 때
④ 벌금을 책정하고자 할 때

58 미용사의 청문을 실시하는 경우가 아닌 것은?

① 영업의 정지
② 일부 시설의 사용중지
③ 영업소 폐쇄명령
④ 위생등급 결과 이의

59 청문을 거치지 않아도 되는 행정처분은?

① 영업장의 개선명령
② 이·미용사의 면허취소
③ 공중위생영업의 정지
④ 영업소 폐쇄명령

60 이·미용 영업상 잘못으로 관계기관에서 청문을 하고자 하는 경우 그 대상이 아닌 것은?

① 면허취소
② 면허정지
③ 영업소 폐쇄
④ 1,000만원 이하 벌금

61 청문을 실시하여야 할 경우에 해당되는 것은?

① 영업소의 필수불가결한 기구의 봉인을 해제하려 할 때
② 폐쇄명령을 받은 후 폐쇄명령을 받은 영업과 같은 종류의 영업을 하려 할 때
③ 벌금을 부과 처분하려 할 때
④ 영업소 폐쇄명령을 처분하고자 할 때

정답 53 ④ 54 ② 55 ④ 56 ③ 57 ④ 58 ④ 59 ① 60 ④ 61 ④

Hairdresser

Hairdresser Certification

CBT상시시험
실전모의고사

최근 상시시험 출제문제를 분석한 후, 출제가능성이 높은
예상문제를 엄선하여 모의고사 5회분을 수록하였습니다.

CBT 상시시험 실전모의고사 제1회

▶실력테스트를 위해 문제 옆 해설란을 가리고 문제를 풀어보세요 ▶정답은 362쪽에 있습니다.

01 조선시대 여성의 머리형에 속하지 않는 것은?

① 얹은 머리   ② 쪽 머리
③ 높은 머리   ④ 떠구지 머리

01 높은 머리는 1920년대에 이숙종 여사가 처음 하였다.

02 가위에 관한 설명으로 틀린 것은?

① 커트하고 셰이핑하는데 틴닝가위가 좋다.
② 착강가위는 전강가위보다 부분적인 수정을 할 때 조정이 쉽다.
③ 착강가위는 협신부가 연강이다.
④ 전강가위는 전체가 특수강이다.

02 모발을 커트하고 셰이핑하는데 적합한 가위는 커팅가위이다.

03 미용기술을 행할 때의 작업 자세에 대한 설명 중 가장 거리가 먼 것은?

① 작업 대상과 눈과의 거리는 정상시력기준으로 약 25cm 정도를 유지할 것
② 적정한 힘을 배분하여 시술할 것
③ 항상 안정된 자세를 취할 것
④ 작업 대상의 위치는 심장의 높이보다 낮게 할 것

03 미용기술을 행할 때 작업 대상은 시술자의 심장높이와 평행하도록 한다.

04 블런트 커트(blunt cut)의 특징이 아닌 것은?

① 커트 형태선이 가볍고 자연스럽다.
② 잘린 부분이 명확하다.
③ 모발손상이 적다.
④ 입체감을 내기 쉽다.

04 블런트 커트는 모발을 직선적으로 커트하는 기법으로 클럽 커트라고도 하며, 잘린부분이 명확하고 입체감을 내기 쉬우며, 모발의 손상이 적다.

05 헤어컬러링 시 원하지 않는 색이 나왔거나 두발 염색의 색상이 잘못 나왔을 때 두발색을 중화시켜 없애려고 하는 경우 이용되는 주된 방법은?

① 동일색상의 원리   ② 3원색의 원리
③ 염료침투의 원리   ④ 보색관계의 원리

05 색상환에서 서로 마주보고 있는 색을 보색이라고 하며, 보색관계에 있는 두 색을 섞으면 무채색이 되는 원리를 이용하여 두발색을 중화시킬 수 있다.

06 콜드 퍼머넌트 웨이브의 제2액에 대한 설명으로 틀린 것은?

① 중화제라고 한다.
② 산화제라고 한다.
③ 정착제라고 한다.
④ 프로세싱 솔루션이라고 한다.

06 콜드 퍼머넌트 웨이브에서 제1액을 환원작용을 하는 용액이라는 의미로 프로세싱 솔루션이라고 한다.

07 레이저 커트 시 스트랜드(strand)의 끝부분 2/3 지점에서 테이퍼하는 기법을 무엇이라고 하는가?

① 슬리더링(slithering)
② 엔드 테이퍼(end taper)
③ 노멀 테이퍼(normal taper)
④ 딥 테이퍼(deep taper)

07 헤어커팅의 테이퍼링에서 스트랜드의 끝부분 2/3지점에서 테이퍼하는 기법은 딥 테이퍼(deep taper)로, 두발에 적당한 움직임을 주는 때에 이용한다.

08 레이어 커트에 대한 설명으로 틀린 것은?

① 두발의 각 단차가 서로 연결되어 층을 이룬다.
② 두발의 단차를 표현할 때 이용하는 기법이다.
③ 긴 두발과 짧은 두발에 폭넓게 이용된다.
④ 윗 두발의 길이는 길고 밑 두발의 길이는 짧아진다.

08 레이어 커트는 상부의 모발이 짧고, 하부로 갈수록 길어져 모발의 단차를 표현하는 기법이다.

09 미용의 의의(意義)가 아닌 것은?

① 미용의 소재는 손님 신체의 전부로, 미용사의 창의적인 표현이 주된 목적이다.
② 미용은 사회의 미풍양속 보전에 크게 영향을 미친다.
③ 미용은 용모에 물리적, 화학적인 방법으로 기교를 행하는 것이다.
④ 미용은 손님의 용모를 아름답게 보이도록 꾸미는 것이다.

09 미용의 소재는 손님 신체의 제한된 일부분이며, 미용사의 창의적인 표현이 중요하지만, 주된 목적이 될 수는 없다.

10 신징(singeing)의 목적에 적합하지 않은 것은?

① 잘라지거나 갈라진 두발로부터 영양물질이 흘러나오는 것을 막기 위해
② 불필요한 두발을 제거하고 건강한 두발의 순조로운 발육을 조장하기 위해
③ 비듬과 가려움증을 제거하기 위해
④ 온열자극에 의해 두부의 혈액순환을 촉진하기 위해

10 신징은 신징 왁스나 전기 신징기를 이용하여 모발을 적당히 그슬리거나 지져서 모발을 관리하는 방법으로 ①, ②, ④의 효과를 가진다.

11 플러프 뱅(fluff bang)에 관한 설명으로 옳은 것은?

① 포워드 롤을 뱅에 적용시킨 것이다.
② 컬이 부드럽고 아무런 꾸밈도 없는 듯이 보이도록 볼륨을 주는 것이다.
③ 뱅으로 하는 부분의 두발을 업콤하여 두발 끝을 플러프해서 내린 것이다.
④ 가르마 가까이에 작게 낸 뱅이다.

11 ① 롤 뱅, ③ 프렌치 뱅, ④ 프린지 뱅

12 두발 염색에 있어 리터치(retouch)란?

① 처녀모(virgin hair)에 처음 행하는 염색
② 염색의 결과를 수정하기 위해 재차 행하는 염색
③ 염색 후 새로 자란 두발 염색
④ 백발의 염색

12 리터치는 염색 후 새로 자라난 두발에 염색하는 것으로 다이 터치 업(dye touch up)이라고도 한다.

13 헤어커팅 시 두발의 길이를 짧게 하지 않으면서 전체적으로 두발 숱을 감소시키는 방법은?

① 틴닝(thinning)
② 클립핑(clipping)
③ 트리밍(trimming)
④ 블런팅(blunting)

14 핑거 웨이브(finger wave)의 주요 3대 요소에 해당되지 않는 것은?

① 루프의 크기
② 트로프
③ 크레스트
④ 리지

15 1875년 마셀 그라또(Marcel Gurateau)에 의해 처음으로 만든 웨이브는?

① 콜드 웨이브
② 크로키놀식 웨이브
③ 마셀 웨이브
④ 히트 펌 웨이브

16 다음 중 콜드 퍼머넌트 웨이브 시 제1액을 바른 후 1차적인 테스트 컬(test curl) 시간으로 가장 적합한 것은?

① 20~30분
② 30~40분
③ 50분 후
④ 10~15분

17 산성린스에 대한 설명으로 틀린 것은?

① 표백작용이 있으므로 장시간의 사용은 피해야 한다.
② 미지근한 물에 산성린스제를 녹여서 사용한다.
③ 퍼머넌트 웨이빙 시술 전에 사용한다.
④ 비누의 알칼리 성분을 중화시키고 금속성 피막을 제거한다.

18 두피에 피지가 너무 부족할 때 알맞은 트리트먼트는?

① 플레인 스캘프 트리트먼트
② 댄드러프 스캘프 트리트먼트
③ 오일리 스캘프 트리트먼트
④ 드라이 스캘프 트리트먼트

19 콤아웃(comb out) 기술 방법의 설명 중 틀린 것은?

① 브러시로 다듬을 수 없는 주요한 작은 부분은 콤잉에 의한다.
② 브러싱의 방법은 브러시를 넣을 때는 힘을 약하게, 뺄 때는 강하게 한다.
③ 두발을 똑바로 세우기 위해서는 근원에서 두발 끝을 향해 두발 길이 전체에 걸쳐 백콤잉한다.
④ 회전브러시를 사용할 경우 오른손으로 브러시를 회전하고 왼손을 가볍게 그에 따라야 한다.

---

13 틴닝은 두발의 길이를 감소시키지 않으면서 전체적으로 두발 숱을 감소시키는 커트 기법이다.

14 웨이브의 3대 요소
 • 크레스트 : 웨이브의 가장 높은 지점
 • 리지 : 정상과 골이 교차하며 꺾이는 지점
 • 트로프 : 웨이브의 가장 낮은 지점

15 마셀 그라또가 처음으로 만든 마셀 웨이브는 120~140℃의 아이론의 열을 이용하여 웨이브를 형성하는 방법이다.

16 테스트 컬은 콜드 퍼머넌트 웨이브를 할 때 두발에 대한 제1액의 작용정도를 판단하여 정확한 프로세싱 타임을 결정하기 위하여 하며, 제1액을 바르고 10~15분 후에 한다.

17 산성린스는 퍼머넌트 웨이빙 시술 전에는 사용하지 않는다.

18 두피에 피지가 부족한 건성두피에는 드라이 스캘프 트리트먼트가 알맞은 관리방법이다.

19 콤아웃으로 두발을 똑바로 세우기 위해서는 빗을 두발 스트랜드의 뒷면에 직각으로 넣고 두피 쪽을 향해 내리누르듯이 빗질하는 백콤잉을 한다.

20 헤어피스 및 위그에 대한 설명 중 틀린 것은?

① 헤어피스는 하이패션 헤어스타일로 변화시키는데 현저한 효과가 있다.

② 헤어피스와 위그에는 인모와 합성섬유 등이 사용된다.

③ 인모인 헤어피스는 물에 담궈도 상관없다.

④ 위그는 두발 전체를 덮도록 만들어진 모자형이다.

20 인모로 만들어진 헤어피스나 위그는 물에 담가두면 파운데이션이 약해져 심어진 두발의 지지력이 감소 되므로 물에 담가두지 않아야 한다.

21 다음 중 알칼리성 샴푸제의 pH로 가장 적합한 것은?

① pH 6~7   ② pH 4~5

③ pH 5.5~6.5   ④ pH 7.5~8.5

21 알칼리성 샴푸제의 pH는 약 7.5~8.5 정도이다.

22 스탠드업 컬의 핀닝 시 루프에 대한 핀의 각도로 가장 적당한 것은?

① 120°   ② 45°

③ 90°   ④ 10°

22 스탠드업 컬의 핀닝 시 핀은 루프에 대해 직각(90도)으로 꽂는다.

23 레이저에 대한 설명 중 옳은 것은?

① 날 어깨의 두께가 일정하지 않아야 좋다.

② 날끝과 날등이 비틀어져야 좋다.

③ 솜털 등을 깎을 때는 외곡선상의 것이 좋다.

④ 날등과 날끝이 서로 평행하지 않아야 좋다.

23 칼날선에 따라 일직선상, 내곡선상, 외곡선상 레이저로 나눌 수 있으며, 솜털 등을 깎을 때는 외곡선상 레이저가 가장 좋다.
① 레이저 날 어깨의 두께는 균등해야 좋다.
②, ④ 날끝과 날등은 평행을 이루고 비틀리지 않아야 한다.

24 두발 구조상 중요한 부분으로서 퍼머넌트 또는 염색이 주로 이루어지는 곳은?

① 모구   ② 모피질

③ 모수질   ④ 모표피

24 모피질은 모발의 70% 이상을 차지하여 퍼머넌트 또는 염색이 주로 이루어지는 부위이다.

25 노란 모발과 붉은 모발에 많이 포함되어 있는 분사형 색소는?

① 페오멜라닌(pheomelanin)   ② 멜라노사이트(melanocyte)

③ 티로신(tyrosine)   ④ 유멜라닌(eumelanin)

25 페오멜라닌은 적색에서 노란색까지 밝은 두발색을 나타내는 색소이다.

26 피부를 윤기나게 해주는 작용을 하고 부족하면 각기증, 여드름, 알레르기를 유발시키는 것은?

① 무기질   ② 비타민 B 복합체

③ 비타민 D   ④ 인지질

26 피부를 윤기나게 하고, 부족하면 각기증, 여드름, 알레르기를 유발시키는 영양소는 비타민 B 복합체이다.

27 교원섬유(collagen)와 탄력섬유(elastin)로 구성되어 있어 강한 탄력성을 지니고 있는 곳은?

① 피하조직   ② 진피

③ 근육   ④ 표피

27 진피는 피부의 90% 이상을 차지하는 피부의 주체를 이루는 층으로 무정형의 기질, 교원섬유, 탄력섬유 등의 섬유성 단백질로 구성되어 있다.

chapter 05

28 다음 중 노화현상에 속하지 않는 것은?

① 혈관의 탄력성 감퇴

② 호흡할 때 잔기용적(residual volume) 감소

③ 시력의 저하

④ 위산 분비량 감소

28 잔기용적은 최대호출 후에 폐 내에 잔존하는 가스의 양을 말하는 것으로 노화가 진행될수록 잔기용적은 증가한다.

29 다음 중 항원을 탐지하여 면역작용을 하는 면역세포는?

① 머켈세포

② 각질형성세포

③ 랑게르한스세포

④ 멜라닌세포

29 랑게르한스 세포는 피부면역에 관계하는 면역세포로 표피의 유극층에 존재한다.

30 켈로이드(Keloid)의 설명으로 옳은 것은?

① 기질의 감소

② 결합조직의 증대

③ 멜라닌 세포 증대

④ 탄력섬유의 감소

30 켈로이드는 피부 손상 후 상처 치유과정에서 결합조직이 비정상적으로 밀집되게 성장하는 질환을 말한다.

31 레인 방어막의 역할이 아닌 것은?

① 체액이 외부로 새어나가는 것을 방지한다.

② 피부염 유발을 억제한다.

③ 피부의 색소를 만든다.

④ 외부로부터 침입하는 각종 물질을 방어한다.

31 레인방어막의 역할
  • 과립층에 존재하는 레인방어막은 외부로부터 이물질이 침입하는 것을 방어
  • 체내에 필요한 물질이 체외로 빠져나가는 것을 막아 피부의 건조 및 피부염 유발 억제

32 다음 중 자외선이 피부에 미치는 영향이 아닌 것은?

① 색소침착

② 비타민 A 합성

③ 살균효과

④ 홍반형성

32 자외선이 피부에서 합성하는 것은 비타민 D이다.

33 다양한 크기를 지닌 부종성 융기로 수분 내에 갑자기 생성되었다가 사라지는 현상은?

① 반점

② 태선화

③ 두드러기

④ 낭종

33 다양한 크기를 지닌 부종성의 융기로 수 분 내에 갑자기 생성되었다가 사라지는 피부병변은 팽진이며, 두드러기, 알레르기 등이 이에 속한다.

34 식중독을 설명한 내용으로 틀린 것은?

① 버섯, 야생식물을 통해서도 식중독은 발생할 수 있다.

② 살모넬라균은 사람에게만 나타나며 가축에서는 나타나지 않는다.

③ 독성 있는 무기물이 혼합된 음식을 섭취할 때 발생할 수 있다.

④ 방부제가 많은 음식을 먹으면 일으킬 수 있다.

34 살모넬라균은 사람뿐만 아니라 가축에서도 나타난다.

35 후천성면역결핍증(AIDS)은 감염병예방법상 어디에 속하는 법정감염병인가?

① 지정 감염병

② 제2급 감염병

③ 제3급 감염병

④ 제1급 감염병

35 후천성면역결핍증은 제3급 감염병에 해당한다.

36 집에 서식하고 있는 바퀴벌레에 대한 설명 중 틀린 것은?

① 낮에는 따뜻하고 먹이와 물이 적당하게 있는 부엌의 그늘진 곳에 숨어 산다.

② 군집성을 이루지 않고 개체별로 서식하며 불량한 조건에서는 저항력이 약하다.

③ 잡식성으로 주로 야간 활동성이다.

④ 이질, 콜레라 등의 병원균을 전파한다.

37 다음 중 푸른곰팡이로부터 페니실린이라는 항생물질을 발견한 사람은?

① 리스터   ② 플레밍

③ 제너   ④ 파스퇴르

38 다음 중 상수오염의 대표적인 생물학적 지표는?

① 탁도   ② 경도

③ 대장균   ④ 장티푸스균

39 모유수유에 대한 설명으로 옳지 않은 것은?

① 모유에는 림프구, 대식세포 등의 백혈구가 들어 있어 각종 감염으로부터 장을 보호하고 설사를 예방하는데 큰 효과를 갖고 있다.

② 수유 전 산모의 손을 씻어 감염을 예방하여야 한다.

③ 초유는 영양가가 높고 면역체가 있으므로 아기에게 반드시 먹이도록 한다.

④ 모유수유를 하면 배란을 촉진시켜 임신을 예방하는 효과가 없다.

40 콜레라에 관한 설명 중 틀린 것은?

① 예방대책으로 예방접종 시 생균백신 접종이 가장 효과적이다.

② 검역 질병으로, 검역기간은 120시간이다.

③ 제2급 법정감염병으로서, 환자의 분변이나 토사물이 감염원이다.

④ 구토, 설사, 탈수 등이 주 증상이다.

41 습열멸균과 건열멸균을 비교한 설명으로 옳은 것은?

① 습열멸균이 건열멸균보다 능률적이고 효과적이다.

② 건열멸균은 아포소독에 효과적이다.

③ 건열멸균은 저온에서 능률적이고 효과적이다.

④ 습열멸균은 초고온 시에만 소독효과가 나타난다.

---

36 바퀴벌레는 군집성을 이루고 있으며, 불량한 조건에서도 저항력이 강하다.

37 페니실린은 최초의 항생제로 1928년 영국에서 알렉산더 플레밍이 발견했다.

38 상수 오염의 대표적인 생물학적 지표로 사용되는 것은 대장균이다.

39 모유수유를 하면 배란을 촉진시켜 임신을 예방하는 효과가 있다.

40 콜레라는 예방접종 시 사균백신 접종이 가장 효과적이다.

41 ② 건열멸균은 아포소독에 적합하지 않다.
③ 건열멸균은 고온에서 능률적이고 효과적이다.
④ 습열멸균은 고온에서도 소독효과가 나타난다.

42 다음 중 금속제 기구 소독에 적합하지 않은 것은?

① 알코올   ② 역성비누액

③ 크레졸   ④ 승홍수

42 승홍수는 금속을 부식시키므로 금속제 기구의 소독에 적합하지 않다.

43 혈청이나 약재, 백신 등 열에 불안정한 액체의 멸균에 주로 이용되는 멸균법은?

① 여과멸균법   ② 초단파멸균법

③ 방사선멸균법   ④ 초음파멸균법

43 여과멸균법은 열이나 화학약품을 사용하지 않고 여과기를 이용하여 세균을 제거하는 방법으로 혈청이나 약재, 백신 등 열에 불안정한 액체의 멸균에 주로 이용되는 멸균법이다.

44 화장실, 하수도, 쓰레기통 등의 소독에 가장 적합한 것은?

① 염소   ② 알코올

③ 생석회   ④ 승홍수

44 생석회는 산화칼슘을 98% 이상 함유한 백색의 분말로 화장실, 하수도, 쓰레기통 등의 소독에 주로 이용된다.

45 다음 중 소독의 정의를 가장 잘 표현한 것은?

① 병원균의 침입을 예방하는 것을 말한다.

② 병원균을 파괴하여 감염성을 없게 하는 것을 말한다.

③ 모든 균을 사멸시키는 것을 말한다.

④ 병원균의 발육 성장을 억제시키는 것을 말한다.

45 소독이란 병원성 미생물의 생활력을 파괴하여 죽이거나 제거하여 감염력을 없애는 것을 말한다.

46 다음 중 가정용 락스를 이용한 소독법의 적용에 부적절한 것은?

① 타올   ② 유리 그릇

③ 금속가위   ④ 플라스틱 빗

46 락스는 금속을 부식시키므로 금속의 소독에 적합하지 않다.

47 공중위생관리법상 시장·군수·구청장이 청문을 실시하도록 명시된 경우가 아닌 것은?

① 공중위생영업의 정지를 할 경우

② 이·미용사 면허의 취소 및 정지를 할 경우

③ 법령에 위반하여 과태료를 부과할 경우

④ 영업소 폐쇄명령을 하고자 할 경우

47 청문을 실시해야 하는 처분
  • 면허취소·면허정지
  • 공중위생영업의 정지
  • 일부 시설의 사용중지
  • 영업소 폐쇄명령
  • 공중위생영업 신고사항의 직권 말소

48 영업소폐쇄명령을 받고도 계속하여 영업을 하는 영업소를 폐쇄하기 위한 조치사항 중 틀린 것은?

① 당해 영업소의 간판 기타 영업표지물의 제거

② 당해 영업소의 직원 및 관계자 출입 통제

③ 당해 영업소가 위법한 영업소임을 알리는 게시물 등의 부착

④ 영업을 위하여 필수불가결한 기구 또는 시설물을 사용할 수 없게 하는 봉인

48 영업소 폐쇄 명령을 받고도 계속하여 영업을 한 공중위생영업자에게 영업소 폐쇄를 위해 다음의 조치를 하게 할 수 있다.
  • 간판 기타 영업표지물의 제거
  • 위법한 영업소임을 알리는 게시물 등의 부착
  • 영업을 위하여 필수불가결한 기구 또는 시설물을 사용할 수 없게 하는 봉인

49 공중위생영업에 해당하지 않는 것은?

① 미용업   ② 의료용구판매업

③ 숙박업   ④ 이용업

49 공중위생영업 : 숙박업, 목욕장업, 이용업, 미용업, 세탁업, 건물위생관리업

50 다음 중 이·미용사 면허를 받을 수 없는 자는?

① 비감염성 피부질환자   ② 비감염성 결핵환자
③ 금치산자   ④ A형 간염환자

50 금치산자(피성년후견인)는 이·미용사 면허를 받을
   수 없다.

51 미용업 영업소에서 영리를 목적으로 무자격 안마사로 하여금 안마 시술행위를 한 때에 대한 1차 위반 시의 행정처분기준은?

① 허가취소   ② 영업정지 2월
③ 영업장폐쇄명령   ④ 영업정지 1월

51 영리를 목적으로 무자격 안마사로 하여금 안마 시술
   행위를 한 때에 대해서는 1차 위반 시 영업정지 1월,
   2차 위반 시 영업정지 2월, 3차 위반 시 영업장 폐쇄
   명령의 처분을 받는다.

52 위반시 1년 이하 징역 또는 1천만원 이하 벌금에 처해지는 자를 모두 짝지은 것은?

【보기】

A. 공중위생업자의 지위승계 시 신고하지 않은 자
B. 시설사용중지명령을 받고도 계속하여 시설을 사용한 자
C. 면허 취소 후 계속하여 업무를 행한 자
D. 영업소 폐쇄 명령을 받고도 계속하여 영업을 한 자

① B, D   ② A, B, C, D
③ A, C   ④ A, B, C

52 A. 6월 이하의 징역 또는 500만원 이하의 벌금
   C. 300만원 이하의 벌금

53 미용업 영업자가 지켜야 하는 의무사항에 해당하지 않는 것은?

① 의료기구와 의약품을 사용하지 아니하는 순수한 화장 또는 피부미용을 하여야 한다.
② 면도기는 1회용 면도날만을 손님 1인에 한하여 사용하여야 한다.
③ 미용기구는 소독한 기구와 소독하지 아니한 기구를 분리 보관하여야 한다.
④ 미용사 자격증을 영업소 내에 게시하여야 한다.

53 영업소 내에는 미용사 자격증이 아니라 면허증 원본
   을 게시해야 한다.

54 세안, 피부정돈, 피부보호를 목적으로 하는 화장품은?

① 방향 화장품   ② 기초 화장품
③ 모발 화장품   ④ 메이크업 화장품

54 기초 화장품의 목적은 세안, 피부정돈, 피부 보호이
   다.

55 기능성 화장품의 범위와 종류에 대한 설명으로 틀린 것은?

① 자외선차단 제품 : 자외선을 차단 및 산란시켜 피부를 보호한다.
② 미백 제품 : 피부 색소 침착을 방지하고 멜라닌 생성 및 산화를 방지한다.
③ 보습 제품 : 피부에 유·수분을 공급하여 피부의 탄력을 강화한다.
④ 주름개선 제품 : 피부탄력 강화와 표피의 신진대사를 촉진한다.

55 보습 제품은 기능성 화장품의 범위에 해당하지 않
   는다.

56 향수의 휘발성 성분의 증발을 억제하기 위하여 첨가하는 물질은?

① 방향제　　　　　② 연화제
③ 유화제　　　　　④ 정착제

57 바디관리용 화장품의 목적과 제품으로 가장 적합하게 짝지어진 것은?

① 피부 보호 - 파우더　　② 세정 - 선스크린
③ 땀 억제 - 버블바스　　④ 제모 - 웜왁스

58 화장품에 대한 화장품의 정의로 틀린 것은?

① 인체를 청결·미화하여 매력을 더한다.
② 용모를 밝게 변화시키거나 피부 또는 모발의 건강을 유지시킨다.
③ 일정기간을 사용하고 특정부위만 바른다.
④ 화장품은 인체를 대상으로 사용하는 것이다.

59 유화의 파괴형태 중 설명이 틀린 것은?

① 응집 - 유화입자들 사이의 반데르발스 인력에 의해 서로 붙지 않는 현상
② 크림화 - 유화입자들이 위로 떠오르거나 아래로 가라앉는 현상
③ 분리 - 유상과 수상의 두층으로 분리되는 현상
④ 합일 - 입자들이 서로 합쳐서 하나의 입자를 형성하는 현상

60 비사볼롤(bisabolol)은 어디에서 얻어지는가?

① 프로폴리스(propolis)　　② 알로에베라(aloe vera)
③ 알개(algae)　　　　　　④ 캐모마일(chamomile)

56 향수의 휘발성 성분의 증발을 억제하기 위해 정착제를 첨가한다.

57 제모 시에 웜왁스가 사용된다.

58 의약품은 단기간 동안 특정부위에 사용하지만, 화장품은 장기적으로 전신에 사용한다.

59 유화입자들 사이의 반데르발스 인력에 의해 서로 접근하여 붙는 현상을 응집이라 한다.

60 캐모마일에서 추출하는 비사볼롤은 피부자극을 완화시키고 진정시키는 작용이 있어 피부 건강을 유지하는 데 도움을 준다.

【 CBT상시시험 실전모의고사 제1회 】

정답									
01 ③	02 ①	03 ④	04 ①	05 ④	06 ④	07 ④	08 ④	09 ①	10 ③
11 ②	12 ③	13 ①	14 ①	15 ③	16 ④	17 ③	18 ④	19 ③	20 ③
21 ④	22 ③	23 ③	24 ②	25 ①	26 ②	27 ②	28 ②	29 ③	30 ②
31 ③	32 ②	33 ③	34 ②	35 ③	36 ②	37 ②	38 ③	39 ④	40 ①
41 ①	42 ④	43 ①	44 ③	45 ②	46 ④	47 ③	48 ②	49 ②	50 ③
51 ④	52 ①	53 ④	54 ②	55 ③	56 ④	57 ④	58 ③	59 ①	60 ④

최종점검 – 출제 가능성이 높은 문제를 통해 마무리하자!

CBT 상시시험 실전모의고사 제2회

▶ 실력테스트를 위해 문제 옆 해설란을 가리고 문제를 풀어보세요 ▶ 정답은 371쪽에 있습니다.

---

01 오리지널 세트(original set)에 있어서 기초적인 요소에 해당하지 않은 것은?

① 플러프 뱅(fluff bang)

② 롤러 컬링(roller curling)

③ 헤어 웨이빙(hair waving)

④ 헤어 파팅(hair parting)

01 오리지널 세트는 기초세트라고도 하며, 헤어 파팅, 헤어 셰이핑, 헤어 컬링, 헤어 웨이빙, 롤러 컬링 등이다. 플러프 뱅은 오리지널 세트에 해당하지 않는다.

---

02 블로우(blow) 드라이를 할 때 가장 적합한 드라이어의 온도는?

① 60~80℃   ② 160~180℃

③ 90~120℃   ④ 45~55℃

02 블로우 드라이의 일반적인 가열온도는 60~80℃ 정도이다.

---

03 다음 중 커트의 목적이 아닌 것은?

① 헤어스타일을 완성할 수 있도록 기초를 만든다.

② 모발을 빨리 자라게 한다.

③ 모발을 원하는 스타일에 맞게 정확한 길이로 정리한다.

④ 모발의 형태를 만든다.

03 헤어 커트로 모발이 빨리 자라지는 않는다.

---

04 두발 끝을 너무 당겨서 와인딩 할 경우에 나타나는 현상은?

04 ① 오버 프로세싱 : 젖었을 때 지나치게 꼬불거리고 건조되면 웨이브가 부스러짐
② 두발 끝을 너무 당겨서 말린 경우 : 두발 끝의 웨이브가 형성되지 않음
③ 언더 프로세싱 : 웨이브가 거의 없고 느슨하여 불안정
④ 오버 프로세싱(손상모 또는 모발 끝이 다공성) : 모발 끝이 자지러짐

---

05 두피의 상태와 스캘프 트리트먼트(scalp treatment)의 시술방법을 잘못 연결한 것은?

① 지방의 과잉상태 – 오일리 스캘프 트리트먼트(oily scalp treatment)

② 지방이 부족한 건조상태 – 드라이 스캘프 트리트먼트(dry scalp treatment)

③ 보통상태 – 플레인 스캘프 트리트먼트(plain scalp treatment)

④ 비듬이 많은 상태 – 베이럼 스캘프 트리트먼트(bayrum scalp treatment)

05 비듬이 많은 비듬성 두피에는 댄드러프(dandruff) 스캘프 트리트먼트를 시술한다.

06 동절기에 산모에게 행하는 세발 방법으로 가장 적당한 것은?

① 플레인 샴푸　　　② 드라이 샴푸
③ 핫 오일 샴푸　　　④ 에그 샴푸(웨트)

07 다음 중 식물성 염모제인 헤너의 설명으로 옳지 않은 것은?

① 염색시간이 오래 걸리는 편이다.
② 식물성 염모제 중 착색이 비교적 강하다.
③ 일반 합성염모제 보다 독성이나 자극성이 적다.
④ 색의 종류가 20여종 이상 된다.

08 멋내기 염색방법에 속하지 않는 것은?

① 헤어 티핑　　　② 헤어 스트리킹
③ 헤어 스템핑　　　④ 헤어 스트레이트

09 헤어 블리치제의 산화제로써 오일 베이스제는 무엇에 유황유가 혼합되는 것인가?

① 라놀린　　　② 과붕산나트륨
③ 과산화수소　　　④ 탄산마그네슘

10 헤어 파팅(hair parting)의 종류로서 두정부의 가마로부터 방사상으로 나눈 파트에 해당되는 것은?

① 스퀘어 파트(square part)
② 사이드 파트(side part)
③ 라운드 사이드 파트(round side part)
④ 카우릭 파트(cowlick part)

11 헤어 세트(hair set)에 관한 설명 중 틀린 것은?

① 컬(curl)을 할 때 한 묶음씩 작게 나누는 것을 슬라이싱(slicing)이라 한다.
② 최초의 세트를 오리지널 세트(original set)라고 한다.
③ 끝마무리할 때 하는 세트를 "다시 세트한다"는 의미에서 리세트(re-set)라 한다.
④ 핑거 웨이브(finger wave) 시술 시 로드를 사용한다.

12 다음 중 웨이브 클립은?

① 　　②
③ 　　④

06 드라이 샴푸는 물을 거의 사용하지 않는 방법으로 임산부나 병상의 환자 등에 주로 사용하는 방법이다.

07 식물성 염모제인 헤너는 합성염모제에 비하여 독성이나 자극성이 없으나 시간이 오래걸리고 색상이 한정되어 있는 단점이 있다.

08 새치머리나 흰머리 염색을 제외한 염색을 멋내기 염색이라 한다. 헤어 스트레이트는 웨이브가 없는 일직선의 헤어스타일을 말한다.
　• 헤어 티핑 : 머리의 끝부분만 밝게 염색하는 방법
　• 헤어 스탬프 : 머리에 예쁜 문양 등을 스탬프로 찍어 염색
　• 헤어 스트리킹 : 모발의 탈색

09 헤어 블리치제의 산화제(제2제)로는 과산화수소수가 사용된다.

10 두정부의 가마로부터 방사상으로 나눈 파트는 카우릭 파트이다.

11 핑거 웨이브는 물이나 세팅로션을 이용하여 적신 두발을 손가락으로 눌러 빗으로 빗으면서 웨이브를 만드는 방법으로 로드를 사용하지 않는다.

12 ① 헤어핀, ③ 다크빌 클립, ④ 더블프롱 클립

13 다음 중 블런트 커트와 같은 의미인 것은?

① 클럽커트   ② 싱글링
③ 클리핑   ④ 트리밍

13 블런트 커트를 클럽 커트(Club cut)라고도 한다.

14 미용의 특수성과 가장 거리가 먼 것은?

① 시간적 제한을 받는다.
② 정적 예술로써 미적효과의 변화를 나타낸다.
③ 유행을 창조하는 자유예술이다.
④ 손님의 요구가 반영된다.

14 미용은 여러 가지 조건에 제한을 받는 부용예술이다.

15 모발을 여러 가닥으로 땋아 만든 헤어피스는?

① 폴(fall)   ② 브레이드(blaids)
③ 위그렛(wiglet)   ④ 스위치(switch)

15 스위치는 두발을 여러 가닥으로 땋아 만든 헤어피스로 스타일링하기 쉽도록 1~3가닥으로 만들어진다.

16 아이론의 선택법 중 틀린 것은?

① 로드(프롱)와 그루브의 접촉면이 부드러우며 요철(凹凸)이 있어야 한다.
② 양쪽 핸들이 바로 되어있어야 하며 스크루가 느슨해서는 안 된다.
③ 발열상태, 절연상태가 정확해야 한다.
④ 로드(프롱), 그루브, 스크루와 양쪽 핸들이 녹슬거나 갈라지지 않아야 한다.

16 로드와 그루브의 접촉면은 요철이 없어야 한다.

17 헤어 트리트먼트 기술에 속하지 않는 것은?

① 클립핑   ② 헤어 리컨디셔닝
③ 싱글링   ④ 신징

17 헤어 트리트먼트 기술은 헤어 리컨디셔닝, 클리핑, 헤어팩, 신징이 있으며, 싱글링은 헤어 커트의 기법이다.

18 가발을 즐겨 사용하였으며, 알칼리 토양을 이용하여 퍼머넌트를 행한 나라는?

① 그리스   ② 이집트
③ 로마   ④ 스파르타

18 이집트는 고대 미용의 발상지로 가발을 즐겨 사용하였고, 알칼리 토양과 태양열을 이용하여 퍼머넌트를 하였다.

19 콜드 웨이브(cold wave) 시술 후 머리끝이 자지러지는 원인에 해당되지 않는 것은?

① 너무 가는 로드(rod)를 사용했다.
② 모질에 비하여 약이 강하거나 프로세싱 타임이 길었다.
③ 텐션(tention ; 긴장도)이 약하여 로드에 꼭 감기지 않았다.
④ 사전커트 시 머리끝을 테이퍼(taper)하지 않았다.

19 사전커트 시 머리 끝을 너무 심하게 테이퍼 하였을 경우에 머리끝이 자지러진다.

20 다음 중 노멀 테이퍼(normal taper) 커팅은??

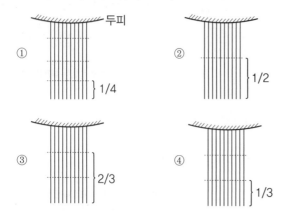

① } 1/4

② } 1/2

③ } 2/3

④ } 1/3

20 노멀 테이퍼는 모발의 양이 보통일 경우에 시행하는 방법으로 스트랜드의 1/2 지점을 폭넓게 테이퍼하는 방법이다

21 가르마 가운데 위에 꽂아 존비 표시를 나타낸 옛 두발용 장신구는?

① 떨잠
② 비녀
③ 첩지
④ 화관

21 첩지는 가르마 위 정수리 부분에 꽂는 것으로 신분에 따라 재료와 무늬가 달라 존비 표시를 나타낸 장신구이다.

22 다음 각 파트(part)의 설명 중 틀린 것은?

① 센터 파트 – 헤어라인 중심에서 두정부를 향해 직선으로 나눈 파트
② 백 센터 파트 – 뒷머리 중심에서 똑바로 가르는 파트
③ 라운드 파트 – 둥글게 가르마를 타는 파트
④ 스퀘어 파트 – 사이트 파트의 가르마를 대각선 뒤쪽 위로 올린 파트

22 스퀘어 파트는 이마의 양쪽에서 사이드 파트를 하고 두정부 가까이에서 이마의 헤어라인에 수평이 되도록 모나게 가르마를 타는 파트이다.

23 퍼머넌트 웨이브 시술시 사용되는 프로세싱 솔루션은?

① 티오글리콜산염
② 중화제
③ 산화제
④ 과산화수소

23 퍼머넌트 웨이브 시술시 프로세싱 솔루션은 환원작용을 하는 제1액을 말하며, 티오글리콜산이 가장 많이 사용된다.

24 샴푸제 선정 시 다공성 두발에 가장 적합한 것은?

① 중성 샴푸제
② 프로테인 샴푸제
③ 알칼리성 샴푸제
④ 산성 샴푸제

24 다공성 두발에 사용하는 프로테인 샴푸는 케라틴이 모공에 침투하여 모발의 탄력을 회복시키고 강도를 높여준다.

25 헤어 커트 시 셰이핑 레이저를 사용했을 때의 장점은?

① 두발 외형선의 자연스러움을 만든다.
② 마른 두발에도 사용한다.
③ 똑바른 두발 외형선을 만든다.
④ 일률적인 그라데이션을 만든다.

25 셰이핑 레이저는 날이 닿는 두발의 양이 제한되어 안전한 레이저로 초보자에게 적합하며, 두발 외형선의 자연스러움을 만든다.

26 표피의 세포층 중에서 세포형성이 되어지는 층은?

① 과립층　　　　　　② 기저층
③ 유극층　　　　　　④ 투명층

27 다음 중 일광과민(일광화상을 잘 입는)과 가장 거리가 먼 사람은?

① 일반적으로 마른 사람
② 피부에 점이나 주근깨가 많은 사람
③ 비타민 B군이 부족한 사람
④ 간이 나쁜 사람

28 바이러스성 질환으로 수포가 입술 주위에 잘 생기고 흉터 없이 치유되나 재발이 잘 되는 것은?

① 태선　　　　　　② 단순포진
③ 대상포진　　　　④ 습진

29 피부의 광노화에 대한 설명으로 옳은 것은?

① 표피층이 얇아진다.
② 모세혈관 확장증세가 완화된다.
③ 엘라스틴 함량이 증가하여 탄력성이 떨어진다.
④ 색소침착을 동반한다.

30 심상성 좌창이라고도 하는 것으로 주로 사춘기 때 잘 발생하는 피부질환은?

① 아토피 피부염　　　② 여드름
③ 신경성 피부염　　　④ 건선

31 피부의 멜라닌 색소는 주로 어떤 광선의 침투를 막아주는가?

① 자외선　　　　　　② 가시광선
③ 적외선　　　　　　④ X-선

32 단백질의 최종 가수분해물질은?

① 카로틴　　　　　　② 콜레스테롤
③ 아미노산　　　　　④ 지방산

33 보건기획과정의 단계가 가장 타당하게 전개된 것은?

① 환경분석 - 사정 - 평가 - 구체적 행동계획
② 환경분석 - 평가 - 목표 설정 - 구체적 행동계획
③ 전제 - 예측 - 목표 설정 - 구체적 행동계획
④ 조정 - 예측 - 목표 설정 - 구체적 행동계획

---

26 기저층은 표피의 가장 아래에 존재하는 층으로 피부의 새로운 새포를 형성하는 층이다.

27 일광과민이 잘 발생되는 경우
 • 피부에 점이나 주근깨가 많은 사람
 • 비타민 B군이 부족한 사람
 • 간이 나쁜 사람
 • 폐경기 여성 또는 생리주기가 불규칙한 사람
 • 신경안정제, 항생제 등의 약을 자주 섭취하는 사람

28 단순포진은 입술 주위에 주로 생기는 수포성 질환으로 재발이 잘 된다.

29 ① 표피와 진피의 두께가 두꺼워진다.
 ② 진피 내의 모세혈관이 확장된다.
 ③ 엘라스틴 함량이 감소하여 탄력성이 떨어진다.

30 심상성 좌창은 여드름을 의미한다.

31 멜라닌 세포는 자외선을 받으면 왕성하게 활동하여 자외선을 흡수 또는 산란시켜 피부의 손상을 방지한다.

32 단백질은 아미노산들이 연결된 고분자 유기물로, 최종 가수분해산물은 아미노산이다.

33 보건기획은 전제 – 예측 – 목표 설정 – 구체적 행동계획 순서로 진행된다.

chapter **05**

34 병원체가 침입하였으나 임상증상이 전혀 없고 건강자와 다름이 없으나 병원체를 배출하는 병원체 보유자는?

① 건강보균자　　　　　　② 현성감염자
③ 회복기보균자　　　　　④ 무증상자

34 건강보균자는 병원체를 보유하고 있으나 증상이 없으며, 체외로 이를 배출하고 있는 자를 말한다.

35 개달전염(介達傳染)과 무관한 것은?

① 책상　　　　　　　　　② 식품
③ 장난감　　　　　　　　④ 의복

35 개달전염은 환자가 사용한 물건을 통해 감염되는 것으로 식품과는 무관하다.

36 오염된 주사기, 면도날 등으로 인해 감염이 잘되는 만성 감염병은?

① B형 간염　　　　　　　② 렙토스피라증
③ 파라티푸스　　　　　　④ 트라코마

36 오염된 주사기, 면도날 등으로 인해 감염이 잘되는 만성 감염병은 B형 간염이다.

37 유해물질 분류에서 화학적 성질에 의한 분류에 속하지 않는 것은?

① 아민류　　　　　　　　② 할로겐 화합물
③ 알칼리 화합물　　　　④ 연무질

37 연무질은 기체 속에 액체나 고체 상태의 미세한 입자가 분산되어 있는 상태를 말하는 것으로 물리적 성질을 가진다.

38 일상생활의 지적온도는?(단, 습도 65%를 기준으로 한다.)

① 20±2℃　　　　　　　② 18±2℃
③ 22±2℃　　　　　　　④ 24±2℃

38 지적온도는 생활하는데 가장 적절한 온도를 말하며, 일상생활의 지적온도는 16~20℃(18±2℃)를 말한다.

39 사망률과 관련하여 보건 수준이 가장 높을 때의 α-index 값은?

① 2.0에 가까울 때　　　② 1.0에 가장 가까울 때
③ 2.0 이상~3.0 이하일 때　④ 1.0 이상~2.0 이하일 때

39 α-index의 값이 1.0일 때 보건수준이 가장 높게 평가된다.
　※α-index 산출식 = 영아사망자수÷신생아사망자수

40 다음 중 아포를 포함한 모든 미생물을 완전히 멸균시킬 수 있는 가장 좋은 멸균 방법은?

① 유통증기멸균법　　　② 자외선멸균법
③ 고압증기멸균법　　　④ 자비멸균법

40 고압증기멸균법은 완전 멸균으로 가장 빠르고 효과적인 소독 방법이며, 아포를 포함한 모든 미생물을 완전히 멸균시킬 수 있는 방법이다.

41 피부소독용으로 가장 많이 사용하는 알코올 소독제의 농도는?

① 에틸알코올 70%　　　② 에틸알코올 90%
③ 메틸알코올 80%　　　④ 메틸알코올 90%

41 피부소독용으로는 70%의 에틸알코올(에탄올)이 가장 많이 사용된다.

42 높은 온도와 습도에 견딜 수 있는 금속재료 등을 소독하기에 가장 좋은 방법은?

① 건열 멸균법　　　　　② 초음파 살균법
③ 고압증기 멸균법　　　④ EO 가스 멸균법

42 금속재료의 소독에는 건열멸균법과 고압증기 멸균법 등이 사용되며, 높은 온도와 습도에 견디는 금속재료인 경우 고압증기 멸균법을 사용한다.

43 세균의 편모가 주로 하는 역할은?

① 세균의 운동기관　　② 세균의 생식기관
③ 세균의 유전기관　　④ 세균의 증식기관

43 편모는 세균의 운동기관에 해당한다.

44 크레졸은 석탄산에 비하여 몇 배의 소독력이 있는가?

① 4~5배　　② 6~7배
③ 2~3배　　④ 8~9배

44 크레졸은 페놀화합물로 3%의 수용액을 주로 사용하는데, 석탄산에 비해 약 2배의 소독력을 가진다.

45 살균력이 강하여 바이러스들을 박멸시키는 능력이 있으며 일반적으로 10%의 용액을 사용하는 소독제는?

① 페놀　　② 소디움 차아염소산염
③ 옥도정기　　④ 표백분

45 옥도정기는 아이오딘팅크제(요오드팅크)를 말하며, 일반적으로 10%의 용액(povidon Iodine)으로 창상소독, 주사부위 피부소독 등에 널리 사용된다.

46 포도상구균으로 인한 식중독의 특징과 거리가 먼 것은?

① 잠복기가 짧다.　　② 사망률이 비교적 낮다.
③ 고열이 발생한다.　　④ 독소형 식중독이다.

46 포도상구균으로 인한 식중독의 증상은 급성 위장염, 구토, 설사, 복통 등이다.

47 공중위생영업을 하고자 하는 자는 원칙적으로 위생교육을 언제 받아야 하는가?

① 영업소 개설 후 3개월 이내에 위생교육을 받는다.
② 영업소를 운영하면서 자유로운 시간에 위생교육을 받는다.
③ 영업소 개설을 통보한 후에 위생교육을 받는다.
④ 영업신고를 하기 전에 미리 위생교육을 받는다.

47 공중위생영업 신고를 하려면 미리 위생교육을 받아야 한다.

48 영업소 외의 장소에서 이·미용업무를 행할 수 있는 사유가 아닌 것은?

① 기관에서 특별히 요구하여 단체로 이·미용을 하는 경우
② 혼례에 참여하는 자에 대하여 그 의식 직전에 이·미용을 하는 경우
③ 질병으로 인하여 영업소에 나올 수 없는 자에 대하여 이·미용을 하는 경우
④ 시장·군수·구청장이 특별한 사정이 있다고 인정한 경우

48 영업소 외의 장소에서 이·미용업무를 행할 수 있는 경우
• 질병 등의 사유로 영업소에 나올 수 없는 자에 대하여 이·미용을 하는 경우
• 혼례나 그 밖의 의식에 참여자에 대하여 그 의식 직전에 이·미용을 하는 경우
• 사회복지시설에서 봉사활동으로 이·미용을 하는 경우
• 방송 등의 촬영 참여자에게 촬영 직전에 이·미용을 하는 경우
• 특별한 사정이 있다고 시장·군수·구청장이 인정하는 경우

49 공중위생관리법상 "공중위생영업"을 모두 짝지은 것은?

【보기】
a. 이용업　　b. 미용업
c. 세탁업　　d. 외식업

① a, b, c, d　　② b, d
③ a, c　　④ a, b, c

49 공중위생영업 : 이용업, 미용업, 숙박업, 목욕장업, 세탁업, 건물위생관리업

50 미용업을 하는 자는 보건복지부령이 정하는 중요사항 변경이 있는 때에는 변경신고를 하여야 한다. 변경신고를 하지 않았을 때의 벌칙기준은?

① 영업취소

② 6월 이하의 징역 또는 500만원 이하의 벌금

③ 영업정지

④ 1년 이하의 징역 또는 1천만원 이하의 벌금

50 중요사항 변경이 있는 때 변경신고를 하지 않았을 때의 벌칙은 6월 이하의 징역 또는 500만원 이하의 벌금에 해당한다.

51 이·미용업자의 위생관리기준에 대한 내용 중 틀린 것은?

① 의료행위를 하지 않을 것

② 요금표 외의 요금을 받지 않을 것

③ 의료용구를 사용하지 않을 것

④ 1회용 면도날을 손님 1인에 한하여 사용할 것

51 미용업 영업자의 준수사항에 영업소 내부에 최종지 불요금표를 게시하라는 내용은 있지만, 요금표 외의 요금을 받는 것에 대한 내용은 없다.

52 국가기술자격법에 따라 이·미용사 자격정지 처분을 받은 때에 대한 1차 위반 시의 행정처분기준은?

① 영업장 폐쇄명령　　② 면허취소

③ 면허정지　　④ 영업정지 3월

52 자격정지 처분을 받은 때에 대한 1차 위반 시의 행정처분기준은 면허정지이다.

53 다음 중 공중위생감시원의 자격으로 옳은 것은?

① 외국에서 위생사 또는 환경기사의 면허를 받은 자

② 6개월 이상 공중위생 행정에 종사한 경력이 있는 자

③ 교육학을 전공하고 졸업한 자 또는 이와 동등 이상의 자격이 있는 자

④ 「고등교육법」에 의한 대학에서 사회복지분야를 전공하고 졸업한 자

53 특별시장·광역시장·도지사 또는 시장·군수·구청장은 다음에 해당하는 소속공무원 중에서 공중위생감시원을 임명한다.
• 위생사 또는 환경기사 2급 이상의 자격증이 있는 자
• 「고등교육법」에 의한 대학에서 화학·화공학·환경공학 또는 위생학 분야를 전공하고 졸업한 자 또는 이와 동등 이상의 자격이 있는 자
• 외국에서 위생사 또는 환경기사의 면허를 받은 자
• 1년 이상 공중위생 행정에 종사한 경력이 있는 자

54 화장품법상 기능성 화장품에 속하지 않는 것은?

① 미백에 도움을 주는 제품

② 여드름 완화에 도움을 주는 제품

③ 주름개선에 도움을 주는 제품

④ 자외선으로부터 피부를 보호하는 데 도움을 주는 제품

54 기능성 화장품
• 피부의 미백에 도움을 주는 제품
• 피부의 주름개선에 도움을 주는 제품
• 피부를 곱게 태워주거나 자외선으로부터 피부를 보호하는 데에 도움을 주는 제품
• 모발의 색상 변화·제거 또는 영양공급에 도움을 주는 제품
• 피부나 모발의 기능 약화로 인한 건조함, 갈라짐, 빠짐, 각질화 등을 방지하거나 개선하는 데에 도움을 주는 제품

55 피부에 좋은 영양성분을 농축해 만든 것으로 소량의 사용만으로도 큰 효과를 볼 수 있는 것은?

① 에센스

② 로션

③ 팩

④ 화장수

55 에센스는 피부에 좋은 영양성분을 고농축해서 만든 것이다.

56 화장품과 의약품의 차이를 바르게 정의한 것은?

① 화장품의 사용 목적은 질병의 치료 및 진단이다.
② 화장품은 특정부위만 사용 가능하다.
③ 의약품의 부작용은 어느 정도까지는 인정된다.
④ 의약품의 사용대상은 정상적인 상태인 자로 한정되어 있다.

56 화장품은 부작용이 없어야 하며, 의약품은 부작용이 있을 수 있다.

57 홍반, 피부 자극 상태에 바르면 좋은 화장품 성분은?

① 탈크(talc)
② 페놀(phenol)
③ 아세트산(acetic acid)
④ 위치 하젤(witch hazel)

57 위치 하젤은 항염증 및 진정 효과가 있어 피부 자극이나 홍반 상태를 완화하는 데 도움이 된다.

58 다음 중 보습제가 갖추어야 할 조건으로 옳은 것은?

① 응고점이 높을 것
② 다른 성분과의 혼용성이 좋을 것
③ 휘발성이 있을 것
④ 환경의 변화에 따라 쉽게 영향을 받을 것

58 ① 응고점이 낮을 것
③ 휘발성이 없을 것
④ 환경의 변화에 따라 쉽게 영향을 받지 않을 것

59 다음 중 기초화장품의 사용목적에 해당되지 않는 것은?

① 피부보호
② 베이스 메이크업
③ 피부정돈
④ 세안

59 기초화장품의 사용 목적 : 세안, 피부정돈, 피부보호

60 세균, 포자, 곰팡이, 원충류 및 조류 등과 같이 광범위한 미생물에 대한 살균력을 갖고 페놀에 비해 강한 살균력을 갖는 반면, 독성은 훨씬 적은 소독제는?

① 요오드 화합물
② 유기염소 화합물
③ 무기염소 화합물
④ 수은 화합물

60 요오드 화합물은 세균, 포자, 곰팡이, 원충류 및 조류 등과 같이 광범위한 미생물에 대한 살균력을 가진다.

【 CBT상시시험 실전모의고사 제2회 】

정답									
01 ①	02 ①	03 ②	04 ②	05 ④	06 ②	07 ④	08 ④	09 ③	10 ④
11 ④	12 ②	13 ①	14 ③	15 ④	16 ①	17 ③	18 ②	19 ④	20 ②
21 ③	22 ④	23 ①	24 ②	25 ①	26 ②	27 ①	28 ②	29 ④	30 ②
31 ①	32 ③	33 ③	34 ①	35 ②	36 ①	37 ④	38 ②	39 ②	40 ③
41 ①	42 ③	43 ①	44 ③	45 ③	46 ③	47 ④	48 ①	49 ④	50 ②
51 ②	52 ③	53 ①	54 ②	55 ①	56 ③	57 ④	58 ②	59 ②	60 ①

chapter 05

최종점검 – 출제 가능성이 높은 문제를 통해 마무리하자!

CBT 상시시험 실전모의고사 제3회

해설

▶실력테스트를 위해 문제 옆 해설란을 가리고 문제를 풀어보세요 ▶정답은 381쪽에 있습니다.

---

01 퍼머넌트 웨이브 시술 시 웨이브의 크기를 결정하는 가장 큰 요소는?

① 로드의 굵기   ② 산화액

③ 시간   ④ 1액

01 퍼머넌트 웨이브 시술 시 웨이브의 크기는 로드의 굵기에 비례한다.

02 우리나라 현대미용의 역사에 있어 연결이 틀린 것은?

① 김상진 – 현대미용학원

② 오엽주 – 화신미용원

③ 권정희 – 정화고등기술학교

④ 김활란 – 다나까 미용학교

02 김활란 여사는 최초의 단발머리 여성으로 우리나라 두발형에 혁신적인 변화를 일으킨 사람이다. 다나까 미용학교는 일본인이 설립한 우리나라 최초의 미용학교이다.

03 스킵 웨이브의 설명이 틀린 것은?

① 아주 가는 모발에 아주 적합

② 핑거 웨이브와 핀컬이 교대로 조합되어진 것

③ 폭이 넓고 부드럽게 흐르는 버티컬 웨이브를 만들고자 하는 경우에 좋음

④ 퍼머넌트 웨이브가 지나치게 꼬불거리게 나온 경우 효과가 적음

03 스킵 웨이브는 가는 모발에는 효과가 없다.

04 그림과 같은 도면으로 커트 했을 경우 완성되는 커트의 기법은?

① 보브 그래듀에이션 커트(bob graduation cut)

② 그래듀에이션 커트(graduation cut)

③ 레이어 커트(layer cut)

④ 레이어 그래듀에이션 커트(layer graduation cut)

04 그래듀에이션(그라데이션) 커트는 45°의 각도로 상부에 있는 두발은 길고 하부로 갈수록 짧게 커트하여 두발의 길이에 작은 단차가 생기도록 한 커트기법이다.

05 두발의 끝이 컬(curl)의 중심이 되는 컬은?

① 포워드 스탠드업 컬   ② 핀컬

③ 스컬프쳐 컬   ④ 리버스 스탠드업 컬

05 스컬프쳐 컬은 두발의 끝에서 모근 쪽으로 와인딩을 하여 두발의 끝이 원의 중심이 되는 컬을 말한다.

06 스트랜드 테스트에 대한 설명 중 옳은 것은?

① 두발에 염모제를 바르고 염모제의 사용설명서에 명시된 프로세싱 타임 후 씻고 말리어 색상과 소요시간을 결정하는 것
② 탈염제를 사용 후 24시간 후에 발적 상황을 판단하는 것
③ 귀 뒤에 염모제를 바르고 35~45분 후 발적상황을 판단하는 것
④ 귀의 뒤에나 팔 안쪽에 소량의 염모제를 바르고 약 24시간 후에 그 부분의 발적상황을 판단하는 것

07 고객(client)의 추구하는 미용의 목적과 필요성을 시각적으로 느끼게 하는 과정으로 가장 적합한 것은?

① 구상 　　　　② 보정
③ 제작 　　　　④ 소재

08 센터 파트로 핑거 웨이브(finger wave)를 시술할 때 뱅(bang)은 모두 몇 개로 만드는 것이 가장 바람직한가?

① 2개 　　　　② 3개
③ 4개 　　　　④ 5개

09 신징(singeing)의 목적에 해당하지 않는 것은?

① 온열자극에 의해 두부의 혈액순환을 촉진시킨다.
② 잘라지거나 갈라진 두발로부터 영양물질이 흘러나오는 것을 막는다.
③ 양이 많은 두발에 숱을 쳐내는 것이다.
④ 불필요한 두발을 제거하고 건강한 두발의 순조로운 발육을 조장한다.

10 헤어드라이어(hair dryer) 기기의 사용 설명 중 틀린 것은?

① 로션 등에 의해 젖은 모발을 빨리 드라이시켜준다.
② 젖은 모발을 빨리 드라이하면서 스타일을 완성할 수 있다.
③ 모근의 두피부분의 신경을 자극하여 혈액이나 림프순환을 좋게 한다.
④ 드라이어로 과도하게 모발을 드라이하면 피지분비를 조절하는 효과를 준다.

11 두발염색 시의 주의사항에 해당하지 않는 것은?

① 시술자 미용사는 반드시 고무장갑을 껴야 한다.
② 두피에 상처나 질환이 있을 때는 염색을 해서는 안 된다.
③ 퍼머넌트 웨이브와 두발염색을 하여야 할 경우에는 두발 염색부터 반드시 먼저 해야 한다.
④ 유기합성 염모제를 사용할 때에는 패치테스트를 해야 한다.

06 스트랜드 테스트는 올바른 색상선정과 정확한 염모제의 적용시간을 확인하기 위하여 시행하는 테스트로 ①과 같은 방법으로 하는 테스트이다.

07 고객이 추구하는 미용의 목적과 필요성을 시각적으로 느끼게 하고, 고객의 만족 여부를 확인하는 과정은 보정이다.

08 센터 파트로 핑거 웨이브를 시술할 때 뱅은 양쪽에 2개씩 4개로 만든다.

09 신징은 ①, ②, ④의 목적을 위하여 행한다.

10 드라이어를 과도하게 사용하면 모발이 손상될 수 있으며, 피지분비의 조절과는 관계가 없다.

11 퍼머넌트 웨이브와 두발염색을 한꺼번에 행하면 모발의 손상이 심하기 때문에 퍼머넌트 1주일 후에 두발염색을 하는 것이 바람직하며, 같이 하게 될 때는 퍼머넌트 웨이브를 먼저 한다.

12 땋거나 스타일링하기에 쉽도록 3가닥 혹은 1가닥으로 만들어진 헤어피스는?

① 위글렛　　　　　　② 폴
③ 웨프트　　　　　　④ 스위치

13 구연산 등에 의해 약산성이 조절되어 퍼머넌트 웨이브 시술 후 사용하기 적당한 샴푸제는?

① 드라이 샴푸　　　　② 산성 샴푸
③ 항비듬성 샴푸　　　④ 약용 샴푸

14 레이저 테이퍼링(tapering) 중 보스 사이드(both side) 테이퍼링이란?

① 45°로 스트랜드의 오른쪽에서 왼쪽으로 진행하는 기법
② 스트랜드 바깥쪽을 테이퍼링하는 기법
③ 스트랜드 양면을 테이퍼링하는 기법
④ 스트랜드 안쪽을 테이퍼링하는 기법

15 스캘프 트리트먼트의 목적이 아닌 것은?

① 혈액순환 촉진
② 원형 탈모증 치료
③ 두피 및 모발을 건강하고 아름답게 유지
④ 비듬방지

16 미용의 과정에서 소재를 파악하고 구상하여야 하는 단계에서 염두에 두고 관찰하여야 될 사항이 아닌 것은?

① 손님의 연령과 직업, 의상 등을 파악하고 그 시대의 유행 형태와의 조화를 염두에 둔다.
② 손님 한사람마다의 얼굴형, 표정, 동작의 특징 등을 염두에 둔다.
③ 미용의 소재는 감정과 욕구가 각기 다른 살아있는 사람의 신체의 일부라는 것을 염두에 둔다.
④ 손님 한사람마다의 가문의 내력과 학력, 재산상태 등을 염두에 둔다.

17 콜드 웨이브가 완성된 시기와 성공시킨 사람은?

① 1916년 프랑스, 마셀 그라또
② 1936년, 영국, J.B 스피크먼
③ 1905년, 독일, 찰스 네슬러
④ 1915년, 영국, 조셉 메이어

---

12 헤어 피스 중 스위치는 사용하기 편하도록 스타일링을 해놓은 것으로 땋거나 스타일링 하기 쉽도록 1~3가닥으로 만들어져 있다.

13 펌제나 염색제는 알칼리성 화학제이므로, 펌이나 염색 후 약산성의 샴푸제로 샴푸를 하여 중화시키는 것이 좋다.

14 보스 사이드 테이퍼링은 레이저를 이용해서 스트랜드의 바깥쪽과 안쪽에서 번갈아 가면서 테이퍼링하는 것을 말한다.

15 스캘프 트리트먼트는 두피를 건강하고 청결하게 유지하도록 만드는 두피관리이다. 탈모증 등의 질환을 치료하지는 못한다.

17 영국의 J. B 스피크먼은 상온에서 약품을 사용하여 웨이브를 만드는 콜드 웨이브를 고안하였다.

18 1905년 찰스 네슬러가 퍼머넌트 웨이브를 발표한 나라는?

① 영국
② 미국
③ 프랑스
④ 독일

19 pH가 낮은 산성으로 두발을 자극하지 않으며, 기존 염색의 색상 유지력이 있어 염색모에 적합한 샴푸는?

① 컬러 샴푸
② 항비듬성 샴푸
③ 알칼리성 샴푸
④ 논스트리핑 샴푸

20 헤어커트 시 크로스 체크 커트(cross check cut)란?

① 최초의 슬라이스선과 교차되도록 체크 커트하는 것
② 세로로 잡아 체크 커트하는 것
③ 모발의 무게감을 없애주는 것
④ 전체적인 길이를 처음보다 짧게 커트하는 것

21 헤어스티머(Hair steamer)에 대한 설명으로 틀린 것은?

① 손상된 두발에 약액의 작용을 촉진시킨다.
② 헤어다이, 스캘프 트리트먼트, 미안술에 사용한다.
③ 180~190℃의 스팀을 발생한다.
④ 온도를 높이면 약액 침투가 촉진되어 피부조직을 수축시킨다.

22 두발 세트 시술을 위해 아이론을 가장 바르게 쥔 상태는?

① 그루브는 아래쪽, 프롱은 위쪽의 일직선 상태
② 그루브는 위쪽, 프롱은 아래쪽의 사선 상태
③ 그루브는 아래쪽, 프롱은 위쪽의 사선 상태
④ 그루브는 위쪽, 프롱은 아래쪽의 일직선 상태

23 헤어 블리치 시술상의 주의사항에 해당하지 않는 것은?

① 사후손질로서 헤어 리컨디셔닝은 가급적 피하도록 한다.
② 미용사의 손을 보호하기 위하여 장갑을 반드시 낀다.
③ 두피에 질환이 있는 경우 시술하지 않는다.
④ 시술 전 샴푸를 할 경우 브러싱을 하지 않는다.

24 두드러기의 특징으로 틀린 것은?

① 국부적 혹은 전신적으로 나타난다.
② 크기가 다양하며 소양증을 동반하기도 한다.
③ 주로 여자보다는 남자에게 많이 나타난다.
④ 급성과 만성이 있다.

---

18 영국 런던에서 찰스 네슬러는 긴머리에 적합한 스파이럴식 퍼머넌트 웨이브를 발표하였다.
※찰스 네슬러는 독일에서 귀화한 영국인이다.

19 논스트리핑 샴푸제는 pH가 낮은 산성으로 두발을 자극하지 않으며, 알칼리성 샴푸제보다 탈색정도가 낮아 염색한 두발의 샴푸제로 적합하다.

20 크로스 체크 커트는 최초의 슬라이스선과 교차되도록 체크 커트하는 기법이다.

21 헤어 스티머는 180~190℃의 스팀을 발생시켜 약액의 침투를 용이하게 하고 피부조직을 이완시킨다.

22 세팅작업 시 아이론의 그루브가 아래, 프롱이 위쪽에서 일직선이 되도록 잡고 시술한다.

23 두발의 염색과 블리치 시술 후에 필요시 사후손질로 헤어 리컨디셔닝을 하는 것이 좋다.

24 두드러기의 발생이 남녀를 구분하여 어느 한 쪽이 더 많이 나타나지는 않는다.

chapter **05**

25 다음의 헤어커트(hair cut) 모형 중 후두부에 무게감을 가장 많이 주는 것은?

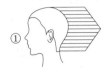 ①

 ②

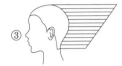 ③

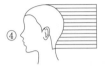 ④

25 ③은 그라데이션 커트의 도해도로 두정부(두부 상부)의 머리가 길고 하부로 갈수록 짧아지는 머리형으로 후두부에 무게감을 준다.

26 콜드퍼머넌트 웨이빙에서 환원제로 주로 사용되는 것은?

① 브롬산칼륨　　　② 취소산나트륨
③ 티오글리콜산염　　④ 과산화수소

26 콜드퍼머넌트 웨이빙에서 환원제로 주로 사용되는 약제는 티오글리콜산염이다.

27 다음 중 원발진(primary lesions)에 해당하는 피부질환은?

① 미란　　　　② 면포
③ 반흔　　　　④ 가피

27 면포는 얼굴, 이마, 콧등에 나타나는 나사 모양의 굳어진 피지 덩어리로 원발진에 해당하며, 미란, 반흔, 가피는 속발진에 속한다.

28 다음 중 여성에게 안드로겐의 영향으로 복부, 가슴, 사지 등에 남성형의 모발분포를 나타내는 질환은?

① 탈모증　　　② 조모증
③ 다모증　　　④ 백모증

28 ① 탈모증 : 모발이 비정상적으로 빠지는 증상
② 조모증 : 모발의 비정상적인 과도한 성장
④ 백모증 : 모발에 색소가 없어 하얗게 되는 증상

29 겨드랑이의 냄새는 어떤 분비물의 증가가 이상이 있기 때문인가?

① 스테로이드　　　② 에크린선
③ 아포크린선　　　④ 콜레스테롤

29 아포크린선(대한선)은 겨드랑이, 유두, 생식기 등에 분포하고 있으며, 분비되는 땀의 양은 소량이나 나쁜 냄새의 원인으로 체취선이라고도 한다.

30 피부면역에 관련된 설명 중 옳은 것은?

① 우리 몸의 모든 면역세포는 기억능력이 있어서 기억에 의해 반응한다.
② 미생물은 피부로 침투하지 못한다.
③ 표피에서는 랑게르한스 세포가 항원을 인식하여 림프구로 전달한다.
④ 피부의 각질층도 피부면역작용을 한다.

30 표피의 유극층에 존재하는 랑게르한스 세포는 외부에서 들어온 이물질인 항원을 면역 담당세포인 림프구로 전달해주는 역할을 한다.

31 탄수화물의 최종 분해산물은?

① 포도당　　　② 글리세롤
③ 지방산　　　④ 아미노산

31 탄수화물의 최종 분해산물은 포도당이며, 우리 몸의 가장 기본적인 에너지 공급원이다.

32 적외선을 피부에 조사시킬 때 나타나는 생리적 영향의 설명으로 틀린 것은?

① 전신의 체온저하에 영향을 미친다.
② 혈관을 확장시켜 순환에 영향을 미친다.
③ 신진대사에 영향을 미친다.
④ 식균작용에 영향을 미친다.

32 적외선은 열을 운반하는 열선으로 피부를 투과하여 온열효과를 가져와 체온을 상승시킨다.

33 감염병 전파방식 중 생물학적 전파에 의한 전파 방법과 매개체 및 감염병 간의 연결이 틀린 것은? (단, 전파방법 – 매개체 – 감염병 순임)

【보기】
A. 발육형 전파 – 모기 –뎅기열
B. 발육증식형 전파 –체체파리 – 수면병
C. 증식형 전파 – 벼룩 – 페스트
D. 경란성 전파 – 진드기 – 록키산 홍반열

① A   ② B
③ C   ④ D

33 절지동물에 의한 생물학적 전파양식에서 모기가 매개하는 뎅기열은 증식형 전파이다.

34 환경위생 사업과 가장 거리가 먼 것은?

① 구충구서   ② 상수도 관리
③ 오물처리   ④ 예방접종

34 예방접종은 환경위생 사업과는 거리가 멀다.

35 감염병 예방법 중 제1급 감염병인 것은?

① 세균성이질   ② 말라리아
③ B형간염   ④ 신종인플루엔자

35 ① : 제2급   ②,③ : 제3급 감염병

36 이·미용 현장에서 사용되는 날(blade)이 있는 금속제품의 소독에 적당한 것은?

① 요오드   ② 승홍수
③ 염소   ④ 크레졸

36 날이 있는 금속제품은 70% 알코올 또는 3% 크레졸수로 소독하여 물기를 닦고 자외선 소독기에 넣어 보관한다. 그리고 날이 녹슬지 않도록 소독 후 기름칠하여 보관한다.

37 일반적으로 인간이 기초대사에 사용하는 열량은 체중 1kg당 24시간에 몇 kcal 인가?

① 1 kcal   ② 24 kcal
③ 1200 kcal   ④ 240 kcal

37 일반적으로 기초대사에 사용하는 열량은 체중 1kg당 1시간에 1kcal이므로 24시간에 24kcal이다.

38 미생물의 증식을 억제하는 영향의 고갈과 건조 등의 불리한 환경 속에서 생존하기 위하여 세균이 생성하는 것은?

① 점질층   ② 아포
③ 세포벽   ④ 협막

38 세균은 증식 환경이 적당하지 않을 경우 아포를 형성함으로써 강한 내성을 지니게 된다.

39 생명표의 작성에 사용되는 인자들을 모두 나열한 것은?

【보기】
ㄱ. 생존수 ㄴ. 사망수 ㄷ.생존률 ㄹ. 평균여명

① ㄴ, ㄹ
② ㄱ, ㄷ
③ ㄱ, ㄴ, ㄷ, ㄹ
④ ㄱ, ㄴ, ㄷ

40 다음 중 이환 후 영구적인 면역력을 가질 수 있는 감염병은?
① 폴리오
② 성병
③ 말라리아
④ 인플루엔자

41 겉 표면에서 소독이 가능하나 침투성이 약한 물리적 소독법은?
① 증기소독법
② 간헐소독법
③ 일광소독법
④ 화염멸균법

42 석탄산 90배 희석액과 어느 소독제 135배 희석액이 같은 살균력을 나타낸다면 이 소독제의 석탄산계수는?
① 0.5
② 1.0
③ 1.5
④ 2.0

43 석탄산계수가 3.0인 의미는?
① 살균력이 석탄산의 3분의 1이다.
② 살균력이 석탄산과 같다.
③ 살균력이 석탄산의 3분의 2이다.
④ 살균력이 석탄산의 3배이다.

44 다음 중 음용수 소독에 사용되는 소독제는?
① 석탄산
② 알코올
③ 액체염소
④ 승홍

45 이·미용기구 소독에 가장 부적합한 것은?
① 자비소독법
② 간헐멸균법
③ 소각소독법
④ 자외선멸균법

46 이·미용 영업자의 지위를 승계한 자는 얼마의 기간 이내에 신고하여야 하는가?
① 15일
② 1월
③ 20일
④ 7일

39 생명표 작성에 사용되는 인자
생존수, 사망수, 생존율, 사망률, 사력, 평균여명

40 매독, 임질, 말라리아, 인플루엔자 등은 질병 이환 후 면역을 얻지 못하며, 인플루엔자는 일시면역을 가진다.

41 일광소독법은 태양광선의 자외선을 이용하는 소독 방법으로 침투성이 약하다.

42 석탄산계수 = $\dfrac{\text{소독액의 희석배수}}{\text{석탄산의 희석배수}}$

$= \dfrac{135}{90} = 1.5$

43 석탄산계수가 3.0이면 살균력이 석탄산의 3배를 의미한다.

44 음용수 소독에는 염소가 적합하다.

45 소각소독법은 불에 태워 소독하는 방법이므로 이·미용기구에는 적합하지 않다.

46 공중위생영업자의 지위를 승계한 자는 1개월 이내에 시장·군수·구청장에게 신고하여야 한다.

47 다음 중 넓은 지역의 방역용 소독제로 적당한 것은?

① 석탄산
② 알코올
③ 역성비누액
④ 과산화수소

48 공중위생관리법상 이·미용업자가 반드시 지켜야 할 준수사항으로 옳은 것은?

① 이·미용사는 깨끗한 위생복을 착용하여야 한다.
② 업소 내에는 반드시 위생 음료수를 비치하여야 한다.
③ 청소를 자주 실시하여 머리카락이 날리는 일이 없도록 하여야 한다.
④ 영업장안의 조명도는 75룩스 이상이 되도록 유지해야 한다.

49 이·미용 영업자가 영업소 외의 장소에서 업무를 행한 때의 1차 위반 행정처분기준은?

① 영업정지 15일
② 영업정지 1월
③ 영업정지 2월
④ 개선명령

50 다음 ( ) 안에 알맞은 것은?

【보기】

공중위생관리법규상 위생교육 실시단체의 장은 위생교육을 수료한 자에게 수료증을 교부하고, 교육실시 결과를 교육 후 (A) 이내에 시장·군수·구청장에게 통보하여야 하며, 수료증 교부대장 등 교육에 관한 기록을 (B) 이상 보관·관리하여야 한다.

① A : 2개월, B : 3년
② A : 1개월, B : 2년
③ A : 5개월, B : 10년
④ A : 3개월, B : 5년

51 공중위생감시원의 업무범위에 해당하는 것은?

① 공중위생 영업자와 소비자 간의 분쟁조정
② 위생서비스 수준의 평가에 따른 포상실시
③ 공중이용시설의 위생관리상태의 확인·검사
④ 위생서비스 수준의 평가계획 수립

52 공중위생관리법상 이·미용 업무에 관한 설명으로 틀린 것은?

① 이·미용사가 아니면 원칙적으로 미용의 업무에 종사할 수 없다.
② 이·미용사의 업무범위에 관하여 필요한 사항은 보건복지부령으로 정한다.
③ 이·미용사 면허가 없는 자는 이·미용사의 감독을 받아 미용 업무의 보조를 행할 수 있다.
④ 이·미용의 업무는 어떠한 경우에도 영업소외의 장소에서 행할 수 없다.

47 넓은 지역의 방역용 소독제로 적합한 것은 석탄산이다.

48 공중위생관리법상 영업장안의 조명도는 75룩스 이상이 되도록 유지하여야 한다.

49 업소 외의 장소에서 업무를 행한 때의 1차 위반 행정처분기준
• 1차 위반 : 영업정지 1개월
• 2차 위반 : 영업정지 2개월
• 3차 위반 : 영업장 폐쇄명령

50 위생교육 실시단체의 장은 위생교육을 수료한 자에게 수료증을 교부하고, 교육실시 결과를 교육 후 1개월 이내에 시장·군수·구청장에게 통보하여야 하며, 수료증 교부대장 등 교육에 관한 기록을 2년 이상 보관·관리하여야 한다.

51 공중위생감시원의 업무
• 관련 시설 및 설비의 확인 및 위생상태 확인·검사
• 공중위생영업자의 위생관리의무 및 영업자준수사항 이행 여부의 확인
• 공중이용시설의 위생관리상태의 확인·검사
• 위생지도 및 개선명령 이행 여부의 확인
• 공중위생영업소의 영업의 정지, 일부 시설의 사용중지 또는 영업소 폐쇄명령 이행 여부의 확인
• 위생교육 이행 여부의 확인

52 보건복지부령이 정하는 특별한 사유가 있는 경우에는 영업소 외의 장소에서 이·미용의 업무를 행할 수 있다.

53 이·미용의 시설 및 설비의 개선명령에 위반한 자의 과태료 기준은?

① 200만원 이하

② 100만원 이하

③ 300만원 이하

④ 500만원 이하

54 기초화장품 제조 시 O/W 유화제로 쓰이는 비이온 계면활성제의 최적 HLB(Hydrophilic Lipophilic Balance)는?

① 1~3

② 4~6

③ 8~18

④ 20~30

55 네일 폴리시가 갖추어야 할 요건에 대한 설명 중 틀린 것은?

① 손톱에 도포하기 쉬운 적당한 점도가 있어야 한다.

② 손톱에 바른 후 건조된 막에 핀 홀(pin hole)이 있어야 하며, 현탁이 없어야 한다.

③ 가능한 신속히 건조하고 균일한 막을 형성하여야 한다.

④ 안료가 균일하게 분산되고 일정한 색조와 광택을 유지해야 한다.

56 다음 중 향수의 부향률이 높은 것부터 순서대로 나열 된 것은?

① 퍼퓸 〉 오데퍼퓸 〉 오데코롱 〉 오데토일렛

② 퍼퓸 〉 오데토일렛 〉 오데코롱 〉 오데퍼퓸

③ 퍼퓸 〉 오데퍼퓸 〉 오데토일렛 〉 오데코롱

④ 퍼퓸 〉 오데코롱 〉 오데퍼퓸 〉 오데토일렛

57 누룩의 발효를 통해 얻은 물질로 멜라닌 활성을 도와주는 티로시나아제 효소의 작용을 억제하는 미백화장품의 성분은?

① AHA

② 코직산

③ 감마- 오리자놀

④ 비타민 C

58 화장품 제조에 대한 설명 중 옳은 것은?

① 유화기술 : 불용성고체입자를 균일하게 분산시킨다.

② 분산기술 : 수성에 소량의 유성성분을 균일하게 분산시킨다.

③ 마이크로에멀젼 : 가용화되는 오일, 또는 물의 양이 많다.

④ 가용화 기술 : 수성에 균일한 유성성분을 녹인다.

---

53 이·미용의 시설 및 설비의 개선명령에 위반한 자는 300만원 이하의 과태료를 부과한다.

54 HLB : 유화제의 특성을 파악하는 중요한 요소로 유화제의 친수성과 친유성의 균형을 HLB (hydorphilic~lipophilic balance)로 나타낸 것인데, 친유성이 가장 큰 1부터 친수성이 가장 큰 20사이에 위치한다. O/W 유화제의 적절한 HLB는 8~18이고, W/O 유화제의 적절한 HLB는 4~6이다.

55 손톱에 바른 후 핀 홀이 없어야 한다.

56 향수의 부향률 비교

구분	부향률	등급	부향률
퍼퓸	15~30%	오데코롱	3~5%
오데퍼퓸	9~12%	샤워코롱	1~3%
오데토일렛	6~8%		

57 코직산은 누룩의 발효를 통해 얻을 수 있는 물질로 멜라닌 활성을 도와주는 티로시나아제 효소의 작용을 억제하는 기능을 하는데, 미백화장품의 성분으로 사용된다.

58 ① 유화 기술 : 수성 성분과 유성 성분을 균일하게 혼합한다.
② 분산 기술 : 불용성고체입자를 균일하게 분산시킨다.
④ 가용화 기술 : 수성 성분에 소량의 유성 성분을 투명하게 녹인다.

59 아로마 오일에 대한 설명 중 틀린 것은?

① 면역기능을 높여준다.

② 피부관리 및 화상, 여드름, 염증치유에도 쓰인다.

③ 감기, 피부미용에 효과적이다.

④ 피지에 쉽게 용해되지 않으므로 캐리어오일과 반드시 혼합하여 사용한다.

60 화장품의 분류와 사용 목적, 제품이 일치하지 않는 것은?

① 모발 화장품 – 정발 – 헤어스프레이

② 방향 화장품 – 향취 부여 – 오데코롱

③ 메이크업 화장품 – 색채 부여 – 네일 에나멜

④ 기초화장품 – 피부정돈 – 클렌징 폼

59 아로마 오일은 피부에 쉽게 용해되며, 다른 첨가물을 혼합하지 말고 100% 순수한 것을 사용해야 한다.

60 기초화장품의 종류
- 세안 : 클렌징 폼, 클렌징 크림, 클렌징 로션, 페이셜 스크럽
- 피부 정돈 : 화장수, 팩, 마사지 크림
- 피부 보호 : 로션, 크림, 에센스

【 CBT상시시험 실전모의고사 제3회 】

정답									
01 ①	02 ④	03 ①	04 ②	05 ③	06 ①	07 ②	08 ③	09 ③	10 ④
11 ③	12 ④	13 ②	14 ③	15 ②	16 ④	17 ②	18 ①	19 ④	20 ①
21 ④	22 ①	23 ①	24 ③	25 ③	26 ③	27 ②	28 ④	29 ③	30 ③
31 ①	32 ①	33 ①	34 ④	35 ④	36 ④	37 ②	38 ②	39 ③	40 ①
41 ③	42 ③	43 ④	44 ③	45 ③	46 ②	47 ①	48 ④	49 ②	50 ②
51 ③	52 ④	53 ③	54 ③	55 ②	56 ③	57 ②	58 ③	59 ④	60 ④

CBT 상시시험 실전모의고사 제4회

해설

▶실력테스트를 위해 문제 옆 해설란을 가리고 문제를 풀어보세요 ▶정답은 390쪽에 있습니다.

01 미용업소에 있어 미용사의 개인위생에 유의하여야 할 사항과 관계가 가장 적은 것은?

① 비만관리　　　　② 복장
③ 청결　　　　　　④ 구강위생

01 미용사의 개인위생에서 비만관리는 거리가 가장 멀다.

02 다음 중 두발의 볼륨을 주지 않기 위한 컬 기법은?

① 스탠드업 컬(stand up curl)
② 플랫 컬(flat curl)
③ 리프트 컬(lift curl)
④ 논스템 롤러 컬(nonstem roller curl)

02 플랫 컬은 컬의 루프가 두피에 0°의 각도로 평평하고 납작하게 눕혀진 컬로 두발에 볼륨을 주지 않는 컬 기법으로 스컬프쳐 컬과 핀 컬이 있다.

03 17세기 여성들의 두발 결발사로 종사하던 최초의 남자 결발사는?

① 마셀 그라또(Marcel Grateau)　② 스피크먼(J.B. Speakman)
③ 샴페인(Champagne)　④ 찰스 네슬러(Charles Nessler)

03 샴페인(Champagne)은 여성들의 두발 결발사로 종사한 최초의 남자 결발사로 17세기 초에 파리에서 성업하였다.

04 콜드 웨이브 직후 헤어 다이를 하면 두피가 과민해져서 피부염을 일으키게 될 우려가 있다. 이 경우 최소 며칠 정도 지나서 헤어다이를 하는 것이 적당한가?

① 20일 후　　　　② 3일 후
③ 30일 후　　　　④ 1주일 후

04 퍼머넌트 시술 후 1주일이 지난 뒤에 염색을 하는 것이 좋으며, 부득이한 경우는 오일 트리트먼트를 행하여 두피의 손상을 최소화한다.

05 다음 중 유성린스(oil rinse)가 아닌 것은?

① 크림 린스　　　　② 올리브유 린스
③ 라놀린 린스　　　　④ 레몬 린스

05 유성린스는 모발이 건성일 때 사용하는 린스로 오일린스(올리브 유, 라놀린 등)와 크림린스가 있다.

06 다음 중 스퀘어 파트에 대하여 설명한 것은?

① 이마의 양쪽은 사이드 파트를 하고, 두정부 가까이에서 얼굴의 두발이 난 가장자리와 수평이 되도록 모나게 가르마를 타는 것
② 이마의 양각에서 나누어진 선이 두정부에서 함께 만난 세모꼴의 가르마를 타는 것
③ 사이드(side)파트로 나눈 것
④ 파트의 선이 곡선으로 된 것

06 ② V형(삼각) 파트, ③ 사이드 파트, ④ 라운드 파트

07 히팅캡(heatting cap)의 사용 목적에 해당하지 않는 것은?

① 퍼머와인딩 후 1액의 흡수력을 돕는다.
② 펌 등의 시술 시간을 단축시킨다.
③ 헤어 세팅을 할 때 컬을 고정시키거나 웨이브를 완성하는데 용이하도록 한다.
④ 스캘프 트리트먼트, 헤어 트리트먼트 시 바른 약액을 고루 침투되도록 한다.

07 히팅캡은 두발에 사용된 약액이 골고루 빠르게 잘 침투되게 하기 위하여 주로 사용된다.

08 드라이 스캘프 트리트먼트(dry scalp treatment)와 관계가 없는 것은?

① 헤어오일(hair oil)　　② 벤젠(benzen)
③ 헤어 컨디셔너(hair conditioner)　④ 에그 샴푸(egg shampoo)

08 드라이 스캘프 트리트먼트는 건조성 두피에 영양을 주어 관리하는 방법이며, 벤젠은 리퀴드 드라이샴푸에 사용되는 휘발성 용제로 주로 가발의 세정에 많이 사용된다.

09 퍼머넌트 웨이브와 염색 시술 후 모발에 남아 있는 알칼리 성분을 중화하고 모발의 pH 균형을 회복시켜 주는 린스는?

① 플레인 린스(plain rinse)
② 컨디셔닝 린스(conditioning rinse)
③ 컬러 픽스 린스(color fix rinse)
④ 산성 린스(acid rinse)

09 산성 린스는 퍼머넌트 웨이브와 염색 시술 후 모발에 남아있는 알칼리 성분을 중화시켜 모발의 pH 균형을 회복시켜준다.

10 우리나라 옛 여인의 머리모양 중 앞머리 양쪽에 틀어 얹은 머리모양은?

① 쌍상투머리　　② 쪽진머리
③ 푼기명식머리　　④ 낭자머리

10 주로 고구려시대의 머리모양인 쌍상투머리는 앞머리 양쪽에 틀어 얹은 모양의 머리이다.

11 두발의 다공성에 대한 설명으로 틀린 것은?

① 다공성 테스트는 마른 상태의 두발에 한다.
② 다공성모의 사전처리로는 PPT 제품을 도포한다.
③ 다공성모는 수분을 밀어내는 성질을 지닌 두발이다.
④ 두발의 다공성이 클수록 프로세싱 타임을 짧게 한다.

11 다공성모는 두발의 간충물질이 소실되어 두발이 건조해지기 쉬운 손상모를 말하는 것으로 흡수성이 높은 모발이다.
수분을 밀어내는 성질을 지닌 두발은 발수성모이다.

12 퍼머넌트 중 프로세싱(processing)에 대한 설명으로 옳은 것은?

① 언더프로세싱(underprocessing)의 경우 너무 많은 시스틴결합이 절단된 상태이다.
② 프로세싱 시간을 두배로 늘리면 컬(curl)은 두배로 강하게 나온다.
③ 오버프로세싱(overprocessing)의 경우 모발이 젖었을 때 지나치게 꼬불거리고 건조되면 웨이브가 부스러진다.
④ 다공성 모발(porous hair)은 반드시 장시간 프로세싱(processing)을 해야 한다.

12 ① 언더프로세싱은 적정한 프로세싱 타임을 가지지 못하여 시스틴결합이 절단이 충분하지 못하다.
② 오버프로세싱이 되면 컬이 지나치게 형성되고 건조되면 웨이브가 부스러진다.
④ 다공성 모발은 약액의 침투가 빠르므로 프로세싱 타임을 짧게 하여야 한다.

13 슬리더링(slithering)에 대한 설명 중 맞는 것은?

① 두발의 길이는 약간 짧아진다.

② 모근부에서 가위를 닫고 두발 끝 쪽으로 갈 때 벌리도록 한다.

③ 적어도 10회 이상 반복하면서 시술한다.

④ 가위는 모근 쪽에서는 열고, 두발 끝 쪽으로 돌아갈 때에는 약간 닫아주어야 한다.

13 슬리더링은 가위를 이용하여 모발을 틴닝하는 방법으로 모근부에서 가위를 닫고 두발 끝 쪽으로 갈 때 벌리도록 하여 미끄러지듯이 2~3회 정도 반복하여 시술한다.

14 정상적인 두발상태와 온도조건에서 콜드 웨이빙 시술시 프로세싱(processing)의 가장 적당한 시간은?

① 10~15분 정도 ② 2~7분 정도
③ 30~40분 정도 ④ 20~30분 정도

14 정상적인 상태에서의 콜드 웨이빙 시술시 프로세싱 타임은 10~15분 정도이며, 두발의 성질, 상태, 사용용액의 강도, 온도 등에 따라 소요시간을 달리한다.

15 커트가위를 선택하는 방법 중 옳지 않은 것은?

① 피보트의 잠금나사가 느슨하지 않은 것이 좋다.

② 날의 두께는 두껍고 다리는 약한 것이 사용하기에 편리하다.

③ 양날의 견고함이 똑같아야 한다.

④ 가위 몸은 자연스럽게 약간 안쪽으로 구부러진 것이 좋다.

15 커트가위는 날의 두께가 얇고 양다리가 강한 것이 좋다.

16 클럽 커팅(club cutting) 기법에 해당하는 것은?

① 틴닝(thinning) ② 스퀘어 커트(square cut)
③ 스트로크 커트(stroke cut) ④ 테이퍼링(tapering)

16 클럽 커팅은 모발을 직선적으로 커트하여 스트랜드의 잘려진 단면이 직선으로 이루어지는 커트로 블런트 커트라고 하며, 스퀘어 커트, 원랭스 커트, 그라데이션 커트, 레이어 커트가 있다.

17 산화염모제의 제1액 중 알칼리의 주 역할은?

① 머리카락 속의 색소를 분해하여 탈색시킨다.

② 산화염료를 직접 발색시킨다.

③ 제2제의 환원제를 분해하여 수소를 발생시킨다.

④ 머리카락을 팽창시켜 산화염료가 잘 침투되도록 한다.

17 산화염모제(유기합성 염모제)의 제1액의 알칼리는 모표피를 팽윤시켜 모피질 안으로 산화염료가 잘 침투되도록 돕는다.

18 퍼머넌트 웨이브 시 제1액을 바르고 비흡수성 캡을 써야하는 이유로서 가장 알맞은 것은?

① 휘발성이 강한 약액의 발산을 촉진하기 위해서

② 퍼머넌트 와인딩의 흐트러짐을 방지하기 위해서

③ 약물이 얼굴에 떨어지는 것을 방지하기 위해서

④ 체온으로 제1액의 환원력을 높여주기 위해서

18 퍼머넌트 웨이브 시 1액을 바르고 비닐캡(비흡수성 캡)을 쓰는 이유는 체온으로 1액의 환원력을 높여주고, 두발 전체에 작용되도록 하기 위해서이다.

19 강철을 연결시켜 만든 것으로 협신부(狹身部)는 연강으로 되어있고 날 부분은 특수강으로 되어 있는 것은?

① 레이저 ② 틴닝가위
③ 착강가위 ④ 전강가위

19 착강가위는 협신부는 연강, 날 부분은 특수강으로 만든 가위이다.

20 다음 용어의 설명으로 틀린 것은?

① 버티컬 웨이브(vertical wave) : 웨이브 흐름이 수평

② 리세트(reset) : 세트를 다시 마는 것

③ 호리존탈 웨이브(horizontal wave) : 웨이브 흐름이 가로 방향

④ 오리지널 세트(original set) : 기초가 되는 최초의 세트

20 버티컬 웨이브는 웨이브의 흐름(리지의 방향성)이 수직인 웨이브를 말한다.

21 얼굴형에 따른 헤어스타일에 있어 전두부를 낮게 하고 사이드에 볼륨을 주는 것이 가장 적합한 얼굴형은?

① 장방형 얼굴   ② 원형 얼굴

③ 마름모 얼굴   ④ 사각형 얼굴

21 장방형 얼굴은 길이가 길고 폭이 좁은 얼굴형으로 앞머리 부분을 낮게하고 양 사이드에 볼륨을 주는 헤어스타일이 적합하다.

22 핑거 웨이브(finger wave)와 관계없는 것은?

① 세팅로션, 물, 빗

② 크레스트(crest), 리지(ridge), 트로프(trough)

③ 포워드 비기닝(forward beginning), 리버스 비기닝(reverse beginning)

④ 테이퍼링(tapering), 싱글링(shingling)

22 테이퍼링이나 싱글링은 헤어커트 기법이다.

23 두부의 탑(top)부분의 두발에 특별한 효과를 연출하기 위해 사용하는 헤어피스는?

① 스위치   ② 위그

③ 위글렛   ④ 폴

23 두부의 탑부분이나 특정 부분에 볼륨이나 특별한 효과를 연출하기 위하여 사용하는 헤어피스는 위글렛이다.

24 헤어린스, 헤어트리트먼트 등의 모발화장품 등에서 정전기 방지제, 컨디셔닝제로 사용되며 비교적 피부자극이 강한 계면활성제의 종류는?

① 양쪽성 계면활성제   ② 양이온성 계면활성제

③ 음이온성 계면활성제   ④ 비이온성 계면활성제

24 헤어린스, 헤어트리트먼트제로 많이 사용되는 비교적 피부자극이 강한 계면활성제는 양이온성 계면활성제이다.

25 프레 커트에 대한 내용이 아닌 것은?

① 두발 숱이 너무 많을 때 로드(rod)를 감기 쉽도록 두발 끝을 1~2cm 정도 테이퍼한다.

② 튀어나오거나 삐져나온 두발을 커트한다.

③ 두발의 길이를 디자인 할 길이보다 1~2mm 정도 길게 커트한다.

④ 가지런하지 않은 두발의 길이를 정리하여 와인딩하기 쉽게 커트한다.

25 프레 커트는 퍼머넌트 시술 전에 행하는 커트로 두발의 길이를 디자인 할 길이보다 1~2cm 정도 길게 커트한다.

26 기미를 악화시키는 주요한 원인이 아닌 것은?

① 임신   ② 경구 피임약의 복용

③ 자외선 차단   ④ 내분비 이상

26 기미의 원인으로는 임신, 경구 피임약의 복용, 내분비 장애, 자외선에 과다노출 등이 있다.

27 다음 중 성격이 다른 것은?
① 두드러기　　　　　② 팽진
③ 낭종　　　　　　　④ 담마진

28 인체 내에서 단백질의 주 기능으로 옳은 것은?
① 에너지원　　　　　② 인체조직의 성장과 재생
③ 건강한 뼈와 치아의 구성　④ 체내의 생리작용 조절

29 자외선 차단 성분의 기능이 아닌 것은?
① 일광화상 방지　　　② 미백작용 활성화
③ 노화방지　　　　　④ 과색소 침착방지

30 광노화 현상이 아닌 것은?
① 체내 수분 증가　　　② 멜라닌세포 이상항진
③ 진피내의 모세혈관 확장　④ 표피두께 증가

31 모발의 기능이 아닌 것은?
① 보온작용　　　　　② 저장작용
③ 보호작용　　　　　④ 감각작용

32 B 세포가 관여하는 면역은?
① 자연면역　　　　　② 체액성 면역
③ 선천적 면역　　　　④ 세포 매개성 면역

33 혈액응고에 관여하고 비타민 P와 함께 모세혈관 벽을 튼튼하게 하는 것은?
① 비타민 B　　　　　② 비타민 E
③ 비타민 C　　　　　④ 비타민 K

34 인구구성 중 14세 이하가 65세 이상 인구의 2배 정도이며 출생률과 사망률이 모두 낮은 형은?
① 종형(bell form)　　　② 피라미드형(pyramid form)
③ 항아리형(pot form)　④ 별형(accessive form)

35 자비소독법에 대한 설명 중 옳은 것은?
① 자비소독은 아포형성균을 사멸시킬 수 있다.
② 비등 후 15~25분 정도면 충분히 자비소독의 효과를 거둘 수 있다.
③ 금속제 기구는 물이 끓기 전에 넣고 가열 비등시킨다.
④ 유리기구는 물이 끓을 때 넣고 가열 비등시킨다.

27 팽진은 다양한 크기를 지닌 부종성 융기로 수 분 내에 갑자기 생성되었다가 사라지는 현상을 말하며, 두드러기, 알레르기, 기계적 자극에 의해 감작된 사람의 전형적인 병변이다.
※담마진은 두드러기의 다른 말이다.

28 단백질은 에너지원 및 체내의 생리작용 조절의 기능도 가지고 있지만, 주 기능은 피부, 근육, 모발 등의 인체조직을 구성하고, 성장과 재생에 관여하는 것이다.

29 자외선 차단 성분이 미백작용을 활성화시키지는 않는다.

30 광노화 현상이 일어나면 체내의 수분이 감소하여 피부는 건조해지고 거칠어지게 된다.

31 모발은 충격에 대한 완충작용, 더위나 추위에 대한 보온 및 보호작용 등을 하며, 미적 감각을 살려 아름다움을 표현하는 기능을 한다.

32 B세포는 B림프구를 말하는 것으로 B림프구가 만드는 항체에 의한 체액성 면역반응을 한다.

33 혈액응고에 관여하고 비타민 P와 함께 모세혈관 벽을 튼튼하게 하는 것은 비타민 K이다.

34 인구구성 중 출생률과 사망률이 모두 낮은 형은 종형이다.

35 ① 자비소독은 아포형성균을 사멸시킬 수 없다.
③ 금속제 기구는 물이 끓기 시작한 후 투입한다.
④ 유리기구는 처음부터 찬물에 투입한다.

36 감염병의 예방 및 관리에 관한 법률상 즉시 신고해야 하는 감염병이 아닌 것은?

① 두창
② 페스트
③ 탄저
④ 수두

37 세균성 식중독의 특성이 아닌 것은?

① 다량의 균에 의해 발생한다.
② 수인성 전파는 드물다.
③ 감염병보다 잠복기가 길다.
④ 2차 감염률이 낮다.

37 세균성 식중독은 잠복기가 아주 짧다.

38 다음 감염병 중에서 감수성(접촉감염)지수가 가장 큰 것은?

① 성홍열
② 홍역
③ 디프테리아
④ 백일해

38 • 성홍열 : 40%
• 홍역 : 95%
• 디프테리아 : 10%
• 백일해 : 60~80%

39 성층권의 오존층을 파괴시키는 대표적인 가스는?

① 아황산가스(SO_2)
② 염화불화탄소(CFC)
③ 이산화탄소(CO_2)
④ 일산화탄소(CO)

39 성층권의 오존층을 파괴시키는 가스는 염화불화탄소이다.

40 한나라의 건강수준을 나타내며 다른 나라들과의 보건수준을 비교할 수 있는 세계보건기구가 제시한 지표는?

① 인구증가율
② 비례사망지수
③ 국민소득
④ 질병이환율

40 비례사망지수는 총 사망자 수에 대한 50세 이상의 사망자 수를 백분율로 표시한 지수를 말하는데, 한 국가의 건강수준을 나타내는 지표이다.

41 3% 소독액 1000mL를 만드는 방법으로 옳은 것은?(단, 소독액 원액의 농도는 100%이다.)

① 원액 3mL에 물 1000mL를 가한다.
② 원액 3mL에 물 997mL를 가한다.
③ 원액 30mL에 물 970mL를 가한다.
④ 원액 300mL에 물 700mL를 가한다.

41 1,000mL의 3%는 1,000×0.03 = 30mL이므로 여기에 물 970mL를 섞으면 된다.

42 다음 중 에탄올에 의한 소독 대상물로서 가장 적합한 것은?

① 고무 제품
② 유리 제품
③ 셀룰로이드 제품
④ 플라스틱 제품

42 에탄올은 칼, 가위, 유리제품 등의 소독에 사용된다.

43 습열 멸균법에 속하지 않는 것은?

① 저온 소독법(pasteurization)
② 간헐 멸균법(sterilization by intermittent method)
③ 방사선멸균법(sterilization by radiation)
④ 고압증기멸균법(autoclaving steam)

43 방사선멸균법은 코발트나 세슘 등의 감마선을 이용한 방법으로 무가열 멸균법에 해당한다.

44 시술 도중 고객의 피나 고름이 수건에 묻은 경우의 처리법으로 가장 적합한 것은?

① 찬물로 손세탁 한다.
② 세탁기를 이용하여 세탁한다.
③ 고압증기 멸균 처리한다.
④ 따뜻한 물로 손세탁한다.

44 고객의 피나 고름이 묻은 수건은 다른 고객에게 닿지 않게 고압증기 멸균법으로 철저히 소독한다.

45 병원미생물 중 대부분의 중온균이 가장 잘 자라는 최적 온도는?

① 25~37℃   ② 50~60℃
③ 0~10℃   ④ 12~18℃

45 곰팡이, 효모 등의 중온균은 25~37℃에서 잘 자란다.

46 다음 중 간염을 일으키는 감염원은 주로 어디에 속하는가?

① 세균   ② 리케차
③ 바이러스   ④ 진균

46 간염을 일으키는 감염원은 바이러스이다.

47 이용사 또는 미용사의 업무 등에 대한 내용으로 옳은 것은?

① 이·미용사의 업무범위는 보건복지부령으로 정하고 있다.
② 이·미용사의 면허를 받은 자가 아닌 경우, 일정기간 수련과정을 완료하여야만 이용 또는 미용업무에 종사할 수 있다.
③ 이용 또는 미용의 업무는 영업소 이외의 장소에서도 보편적으로 행할 수 있다.
④ 미용사의 업무범위는 파마, 아이론, 면도, 머리피부 손질, 피부미용 등이 포함된다.

47 ② 관련 교육을 이수 또는 졸업하거나 자격증을 취득했을 경우 업무에 종사할 수 있다.
③ 이용 또는 미용의 업무는 영업소 이외의 장소에서는 원칙상 할 수 없다.
④ 면도는 이용사의 업무에 해당한다.

48 공중위생관리법령상 명예공중위생감시원의 업무범위에 해당되지 않는 것은?

① 법령 위반행위에 대한 자료 제공
② 공중위생감시원이 행하는 검사대상물의 수거
③ 법령 위반행위에 대한 신고
④ 공중위생영업관련 시설의 위생상태 확인·검사

48 명예공중위생감시원의 업무
• 공중위생감시원이 행하는 검사대상물의 수거 지원
• 법령 위반행위에 대한 신고 및 자료 제공
• 그 밖에 공중위생에 관한 홍보·계몽 등 공중위생관리업무와 관련하여 시·도지사가 따로 정하여 부여하는 업무

49 이·미용 면허증을 다른 사람에게 대여한 때의 1차 행정 처분 기준은?

① 면허증 압수   ② 면허정지 6월
③ 면허정지 3월   ④ 면허취소

49 면허증을 타인에게 대여 시 행정처분기준
• 1차 위반 : 면허정지 3월
• 2차 위반 : 면허정지 6월
• 3차 위반 : 면허취소

50 다음 중 이·미용업 시설의 위생관리 항목에 해당하는 것은?

① 실내공기   ② 실내 바닥 청소상태
③ 영업소 외부 환경상태   ④ 수돗물

50 공중이용시설의 위생관리 항목에는 실내공기 기준과 오염물질 허용기준이 있다.

51 공중위생관리법규상 위생관리등급의 구분이 아닌 것은?

① 백색등급　　　　　　② 녹색등급
③ 황색등급　　　　　　④ 적색등급

51	구분	등급
	최우수업소	녹색 등급
	우수업소	황색 등급
	일반관리대상 업소	백색 등급

52 이·미용업 영업소에서 손님에게 성매매알선 등 행위 또는 음란행위를 하게 하거나 이를 알선 또는 제공한 때의 영업소에 대한 1차 위반 시 행정처분기준은?

① 영업장 폐쇄명령　　　② 영업정지 3월
③ 영업정지 1월　　　　④ 영업정지 2월

52 • 1차 위반 : 영업정지 3개월
　• 2차 위반 : 영업장 폐쇄명령

53 영업신고증을 재교부하는 경우에 해당하지 않는 것은?

① 영업신고증이 헐어 못쓰게 되었을 때
② 대표자의 성명 또는 생년월일이 변경된 때
③ 영업장의 면적이 신고한 면적에 비해 4분의 1이 증가하였을 때
④ 영업신고증을 분실하였을 때

53 면허증의 기재사항 변경 시, 면허증을 분실 또는 훼손하여 못 쓰게 된 때 재교부 가능하다.

54 이·미용 영업자가 준수하여야 하는 위생관리 기준 등이 아닌 것은?

① 이·미용 기구 중 소독을 한 기구와 소독을 하지 아니한 기구를 각각 다른 용기에 넣어 보관하여야 한다.
② 영업소 내에 최종지불요금표를 게시 또는 부착하여야 한다.
③ 영업소 내에 화장실을 갖추어야 한다.
④ 1회용 면도날은 손님 1인에 한하여 사용하여야 한다.

54 위생관리 기준에 화장실에 대한 기준은 없다.

55 AHA에 대한 설명으로 옳은 것은?

① 물리적으로 각질을 제거하는 기능을 한다.
② 글리콜산은 사탕수수에 함유된 것으로 침투력이 좋다.
③ pH 3.5 이상에서 15% 농도가 각질 제거에 가장 효과적이다.
④ AHA보다 안전성은 떨어지나 효과가 좋은 BHA가 많이 사용된다.

55 ① AHA는 화학적으로 각질을 제거하는 기능을 한다.
③ pH 3.5 이상에서 10% 이하의 농도로 사용한다.
④ BHA는 AHA보다 각질 제거효과는 떨어지지만 안전성이 좋아 많이 사용된다.

56 화장품의 분류에 관한 설명 중 틀린 것은?

① 샴푸, 헤어린스는 모발용 화장품에 속한다.
② 팩, 마사지 크림은 스페셜 화장품에 속한다.
③ 퍼퓸, 오데코롱은 방향 화장품에 속한다.
④ 자외선차단제나 태닝제품은 기능성 화장품에 속한다.

56 팩, 마사지 크림은 기초화장품에 속한다.

chapter 05

57 화장수에 대한 설명 중 올바르지 않은 것은?

① 수렴화장수는 아스트린젠트라고 불린다.
② 수렴화장수는 지성, 복합성 피부에 효과적으로 사용된다.
③ 유연화장수는 건성 또는 노화피부에 효과적으로 사용된다.
④ 유연화장수는 모공을 수축시켜 피부결을 섬세하게 정리해준다.

57 모공을 수축시켜 주는 것은 수렴화장수의 기능이다.

58 기능성 화장품의 범위와 종류에 대한 설명으로 틀린 것은?

① 자외선 차단 제품 : 자외선을 차단 및 산란시켜 피부를 보호한다.
② 주름개선 제품 : 피부탄력 강화와 표피의 신진대사를 촉진한다.
③ 미백 제품 : 피부 색소 침착을 방지하고 멜라닌 생성 및 산화를 방지한다.
④ 보습 제품 : 피부에 유·수분을 공급하여 피부의 탄력을 강화한다.

58 보습 제품은 기능성 화장품의 범위에 해당되지 않는다.

59 SPF에 대한 설명으로 틀린 것은?

① Sun Protection Factor의 약자로서 자외선차단지수라 불리어 진다.
② 엄밀히 말하면 UV-B 방어효과를 나타내는 지수라고 볼 수 있다.
③ 오존층으로부터 자외선이 차단되는 정도를 알아보기 위한 목적으로 이용된다.
④ 자외선 차단제를 바른 피부에 최소한의 홍반을 일어나게 하는 데 필요한 자외선 양을 바르지 않은 피부에 최소한의 홍반을 일어나게 하는 데 필요한 자외선 양으로 나눈 값이다.

59 자외선 차단지수는 피부로부터 자외선이 차단되는 정도를 알아보기 위한 목적으로 이용된다.

60 「감염병의 예방 및 관리에 관한 법률」상 필수예방접종 질병이 아닌 것은?

① 콜레라   ② 파상풍
③ B형간염   ④ 백일해

60 필수예방접종 질병 : 결핵, 수두, 홍역, 장티푸스, 백일해, 파상풍, 인플루엔자, 유행성이하선염, 폴리오, 풍진, 디프테리아, 신증후군출혈열, 일본뇌염, A형간염, B형간염, b형헤모필루스인플루엔자, 폐렴구균, 사람유두종바이러스 감염증, 그룹 A형 로타바이러스 감염증

[CBT상시시험 실전모의고사 제4회]

정답									
01 ①	02 ②	03 ③	04 ④	05 ④	06 ①	07 ③	08 ②	09 ④	10 ①
11 ③	12 ③	13 ②	14 ①	15 ②	16 ②	17 ④	18 ④	19 ③	20 ①
21 ①	22 ④	23 ③	24 ②	25 ③	26 ③	27 ③	28 ②	29 ②	30 ①
31 ②	32 ②	33 ④	34 ①	35 ②	36 ④	37 ③	38 ②	39 ②	40 ②
41 ③	42 ②	43 ③	44 ③	45 ①	46 ③	47 ①	48 ④	49 ③	50 ①
51 ④	52 ②	53 ③	54 ③	55 ②	56 ②	57 ④	58 ④	59 ③	60 ①

최종점검 – 출제 가능성이 높은 문제를 통해 마무리하자!

CBT 상시시험 실전모의고사 제5회

해설

▶실력테스트를 위해 문제 옆 해설란을 가리고 문제를 풀어보세요 ▶정답은 399쪽에 있습니다.

01 일반적으로 헤어 블리치제의 산화제로 사용하는 과산화수소의 적당한 농도는?

① 20% ② 12%
③ 10% ④ 6%

01 헤어 블리치제에 사용되는 과산화수소의 일반적인 사용농도는 6% 용액이다.

02 두부의 가르마 가까이에 작게 만든 뱅(bang)은?

① 웨이브 뱅 ② 프린지 뱅
③ 플러프 뱅 ④ 프렌치 뱅

02 두부의 가르마 가까이에 작게 만든 뱅은 프린지 뱅(Fringe bang)이다.

03 루프가 귓바퀴를 따라 말리고 두피에 90°로 세워져 있는 컬은?

① 포워드 스탠드업 컬 ② 리버스 스탠드업 컬
③ 스컬프처 컬 ④ 플랫 컬

03 루프가 귓바퀴를 따라 말리고, 두피에 90°로 세워진 컬은 포워드 스탠드업 컬이다.

04 헤어 컬링(hair curling)시 1개의 컬을 할 만큼의 두발량을 얇게 갈라 잡는 것을 무엇이라 하는가?

① 슬라이싱(slicing) ② 와인딩(winding)
③ 세팅(setting) ④ 롤링(rolling)

04 두발을 1개의 컬을 할 만큼의 양으로 갈라잡는 것을 슬라이싱(Slicing)이라 한다.

05 업스타일을 시술할 때 백코밍의 효과를 크게 하고자 세모난 모양의 파트로 섹션을 잡는 것은?

① 트라이앵귤러 파트 ② 렉탱귤러 파트
③ 스퀘어 파트 ④ 카우릭 파트

05 세모 모양의 파트는 트라이앵귤러(V형) 파트이다.

06 시스테인 퍼머넌트에서 환원제로 쓰이는 것은?

① 브롬산 칼륨
② 티오글리콜산
③ 브롬산 나트륨
④ 아미노산의 일종인 시스테인

06 시스테인 퍼머넌트는 환원제로 티오글리콜산염을 사용하지 않고, 아미노산의 일종인 시스테인을 사용하여 연모와 손상모 등의 퍼머넌트에 적당한 방법이다.

07 다음 중 염색시술 시 모표피의 안정과 염색의 퇴색을 방지하기 위해 가장 적합한 것은?

① 산성균형 린스(acid balanced rinse)
② 샴푸(shampoo)
③ 플레인 린스(plain rinse)
④ 알칼리 린스(akalinrinse)

07 산성균형 린스는 염색시술 시 모표피의 안정과 염색의 퇴색방지 및 모발의 알칼리를 중화시켜 적당한 산성으로 유지시켜준다.

chapter 05

08 콜드 퍼머넌트 2욕법의 제2액 적용과 거리가 먼 것은?

① 공기 중의 산소에 의한 자연 산화를 이용한 방법이다.

② 산화작용, 정착작용, 중화작용을 한다.

③ 1액으로 인해 변한 두발구조를 정상구조로 환원시킨다.

④ 주성분으로 취소산 염류를 사용한다.

08 콜드 퍼머넌트 2욕법의 제2액은 취소산 염류를 사용하여 산화, 정착, 중화작용을 하여 1액으로 인하여 변한 두발 구조를 정상구조로 환원시키는 역할을 한다.

09 헤어스타일의 다양한 변화를 위해 사용되는 헤어피스가 아닌 것은?

① 위그(wig) ② 웨프트(weft)

③ 폴(fall) ④ 위글렛(wiglet)

09 위그(wig)는 두부 전체를 덮는 모자형의 가발로 부분적인 가발인 헤어피스와 구분된다.

10 고객(client)이 추구하는 미의 목적을 달상하기 위하여 미용사(hair stylist)가 작업하는 커트 과정으로 옳은 것은?

① 얼굴형 – 스타일 – 자르는 법 – 콤아웃

② 스타일 – 자르는 법 – 얼굴형 – 콤아웃

③ 스타일 – 얼굴형 – 자르는 법 – 콤아웃

④ 얼굴형 – 자르는 법 – 스타일 – 콤아웃

10 미용사가 고객이 추구하는 미용의 목적을 달성하기 위해서 소재(얼굴형) – 구상(스타일) – 제작(자르는 법) – 보정(콤아웃)의 과정으로 작업한다.

11 시술자의 조정에 의해 바람을 일으켜 직접 내보내는 블로우 타입(blow type)으로 주로 드라이 세트에 많이 사용되는 것은?

① 스탠드 드라이어

② 핸드 드라이어

③ 적외선 램프 드라이어

④ 에어 드라이어

11 시술자의 조정에 의해 바람을 일으켜 직접 내보내는 블로우 타입으로 드라이세트에 많이 사용되는 드라이어는 핸드 드라이어이다.

12 두발 커트 시 두발 끝 1/3 정도를 테이퍼링 하는 것은?

① 보스 사이드 테이퍼(both-side tapering)

② 엔드 테이퍼링(end tapering)

③ 노멀 테이퍼링(normal tapering)

④ 딥 테이퍼링(deep tapering)

12 두발 끝 1/3 정도를 테이퍼링 하는 기법은 엔드 테이퍼링이다.
  ※노멀 테이퍼링(1/2), 딥 테이퍼링(2/3)

13 우리나라 여성의 머리형 중 비녀를 꽂은 머리에 해당하는 것은?

① 쌍상투 머리 ② 얹은 머리

③ 푼기명식 머리 ④ 조짐 머리

13 우리나라 여성의 머리 중 쪽머리, 조짐머리, 낭자머리 등 쪽을 지는 머리에 비녀를 사용하였다.

14 다음 중 다크 빌 클립(dark bill clip)은?

①

②

③

④

14 ① 헤어핀
  ② 웨이브 클립
  ③ 더블프롱 클립
  ④ 다크빌 클립

15 영구적(지속성) 염모제의 주성분이 되는 것으로 단순히 백발을 흑색으로 염색하기 위해 사용되는 것은?

① 파라페닐렌디아민　　② 니트로페닐렌디아민
③ 모노니트로페닐렌디아민　④ 파라트릴렌디아민

16 퍼머넌트 웨이브를 하기 전의 조치사항 중 틀린 것은?

① 정확한 헤어디자인을 한다.
② 린스 또는 오일을 바른다.
③ 두발의 상태를 파악한다.
④ 필요시 샴푸를 한다.

17 프랑스 미용의 기초를 마련한 사람은?

① 퀴인 메리나　　② 찰스 네슬러
③ 캐더린 오프 메디시　④ J. B 스피크먼

18 두발이 지나치게 건조해 있을 때나 두발의 염색에 실패했을 때의 가장 적합한 샴푸 방법은?

① 플레인 샴푸　　② 토닉 샴푸
③ 약산성 샴푸　　④ 에그 샴푸

19 원랜스(one length)커트형에 해당되는 않는 것은?

① 평행 보브형(parallel bob style)　② 이사도라형(isadora style)
③ 스파니엘형(spaniel style)　④ 레이어형(layer style)

20 헤어 커팅 시 사용하는 일상용 레이저와 셰이핑 레이저에 대한 설명으로 옳은 것은?

① 셰이핑 레이저는 작업시간상 능률적이다.
② 일상용 레이저는 미용 시술 초보자에게 적당하다.
③ 셰이핑 레이저는 레이저 날에 닿는 두발량이 제한된다.
④ 셰이핑 레이저는 세밀한 작업이 용이하다.

21 드라이 커트에 대한 설명으로 가장 거리가 먼 것은?

① 두발의 상태가 커트하기에 용이하게 된다.
② 웨이브나 컬 상태의 두발에 한다.
③ 길이를 수정하는 경우에 한다.
④ 손상모 등을 추려내는 경우에 한다.

22 퍼머넌트, 염색 등의 화학적 처치를 받은 두발에 적합한 린스는?

① 약용 린스　　② 산성 린스
③ 오일 린스　　④ 중성 린스

---

15 영구적 염모제(유기합성 염모제)의 주성분으로 백발을 흑색으로 염색하는 것은 파라페닐렌디아민이다.

16 퍼머넌트 웨이브를 하기 전에 정확한 헤어디자인, 두피 및 두발의 상태 진단, 필요시 샴푸잉을 하여야 하며, 린스 또는 오일을 바르는 것은 퍼머넌트 웨이브의 과정 중에 한다.

17 현대 미용의 중심지는 프랑스로 캐더린 오프 메디시 여왕이 미용의 기초를 마련하였다.

18 지나치게 건조한 모발, 탈색된 모발 또는 민감성피부나 염색에 실패했을 때 사용하는 샴푸 방법은 에그 샴푸이다.

19 원랜스 커트의 종류(커트라인에 따라)
• 패러럴 보브(평행 보브)형
• 스파니엘형
• 이사도라형
• 머시룸형

20 셰이핑 레이저는 레이저 날에 닿는 두발량이 제한되어 초보자에게 적당하지만, 작업시간이 오래 걸리고 세밀한 작업이 어려운 단점이 있다.

21 드라이 커트는 모발을 물에 적시지 않고 하는 커트 기법으로, 웨이브나 컬이 완성된 상태에서 더 이상의 길이의 변화 없이 수정하는 방법이다.

22 산성 린스는 퍼머넌트 웨이브와 염색 시술 후 모발에 남아 있는 알칼리 성분을 중화하여 모발의 pH 균형을 회복시킨다.

23 미용사로서의 직업적, 인간적 자질을 갖추는데 필요한 측면이 아닌 것은?

① 문화적 측면   ② 미(美)적 측면

③ 위생적 측면   ④ 지역적 측면

24 두발을 손상시킬 수 있는 원인과 거리가 먼 것은?

① 화학 약품   ② 오버 블리칭

③ 헤어 팩   ④ 오버 프로세싱

25 탈모의 원인과 거리가 가장 먼 것은?

① 유지 성분의 부족으로 인한 두발 건조

② 내분비의 장애

③ 영양 결핍

④ 모유두 세포의 파괴

26 다음 모발에 관한 설명으로 틀린 것은?

① 모근부와 모간부로 구성되어 있다.

② 하루 약 0.2~0.5mm 정도 자란다.

③ 모발은 퇴행기 → 성장기 → 탈락기 → 휴지기의 성장단계를 가진다.

④ 모발의 수명은 보통 3~6년이다.

27 표피에서 멜라닌 세포 숫자가 후천적으로 감소되거나 소실됨으로써 나타나는 증상은?

① 백반증   ② 과색소 침착증

③ 모반   ④ 백색증

28 다음 중 항산화제의 역할을 하지 않는 것은?

① 수퍼옥사이드 디스뮤타제(SOD)

② 베타-카로틴(β-carotene)

③ 비타민 E

④ 비타민 F

29 비타민 A와 관련된 화합물의 총칭으로써 피부세포 분화와 증식에 영향을 주고 손상된 콜라겐과 엘라스틴의 회복을 촉진하는 것은?

① 알부틴   ② 레티노이드

③ 폴리페놀   ④ 피토스핑고신

---

23 지역적 측면은 미용사로서 자질을 갖추는데 필요한 요소로 볼 수 없다.

24 헤어 팩은 모발에 영양분을 공급하여 두발을 건강하게 유지시키는 헤어 트리트먼트의 한 방법이다.

25 피지 등의 유지성분이 과다하여 모공을 막으면 탈모의 원인이 된다.

26 **모발의 생장주기**
    성장기 → 퇴행기 → 휴지기 → 발생기

27 백반증은 후천적 탈색소 질환으로 표피에서 멜라닌 세포가 감소되거나 소실되어 원형이나 타원형 등으로 흰색 반점이 나타나는 증상이다.

28 비타민 F는 필수지방산을 말하는 것으로 항산화 기능을 하지 않는다. 단, 필수지방산의 과잉섭취는 항산화제인 비타민 E의 결핍이 일어날 수 있다.

29 레티노이드는 비타민 A와 관련된 화합물의 총칭이다.

30 피부에 나타나는 일차적 스트레스 증상이 아닌 것은?

① 소양감   ② 결절
③ 두드러기   ④ 홍반

31 태양의 자외선에 의해 피부에서 만들어지며 칼슘과 인의 흡수를 촉진하는 기능이 있어 골다공증의 예방에 효과적인 것은?

① 비타민 K   ② 비타민 D
③ 비타민 E   ④ 비타민 F

32 산화된 피지가 쌓여 모공의 때나 코주변의 번들거림이 쉽게 눈에 띄어 세안이 중요한 계절은?

① 겨울   ② 가을
③ 여름   ④ 봄

33 다음 중 피지선이 없는 곳은?

① 손바닥   ② 가슴
③ 목   ④ 유두

34 질병발생의 원인이 되는 속성이나 요인에 폭로됨으로써 질병에 이환될 정도를 측정하는 방법을 뜻하는 것은?

① 타당도   ② 위험도(비교, 기여)
③ 신뢰도   ④ 정확도

35 콜레라에 관한 설명이 틀린 것은?

① 수인성 감염병이다.   ② 경구 감염병이다.
③ 검역 감염병이다.   ④ 제1급 법정 감염병이다.

36 다음 ( )에 맞는 내용으로 짝지어진 것은?

【보기】
식품위생이란 식품, 식품 첨가물, ( ) 또는 ( ), ( )을 대상으로 하는 음식에 관한 위생이다. [식품위생법 제2조 제1호]

① 기계, 기구, 용기   ② 기구, 용기, 포장
③ 유통, 저장, 가공   ④ 재료, 기계, 용기

37 감염병 예방법의 제1급, 2급, 3급 감염병의 순서가 바르게 연결된 것은?

① 페스트-장티푸스-파상풍
② 디프테리아-말라리아-홍역
③ 콜레라-홍역-백일해
④ 백일해-파라티푸스-일본뇌염

30 소양감은 자각적 증상으로 피부를 긁거나 문지르고 싶은 충동에 의한 가려움증으로 원발진(피부질환의 1차적 증상)에 속하지 않는다.

31 비타민 D는 태양의 자외선에 의해 피부에서 합성되며, 칼슘과 인의 흡수를 도와 골다공증, 골연화증 등의 예방에 효과적이다.

32 여름에는 다른 계절보다 피지분비는 증가하고 배출은 잘 되지 않아 산화된 피지가 모공에 쌓이게 되므로 세안을 잘해야 한다.

33 손바닥, 발바닥에는 피지선이 없다.

34 질병발생의 원인이 되는 속성이나 요인에 폭로됨으로써 질병에 이환될 정도를 측정하는 방법을 위험도라고 하는데, 질병 발생률을 이용하여 표현한다. 위험도에는 비교위험도와 기여위험도가 있다.

35 콜레라는 제2급 법정 감염병이다.

36 식품위생이란 식품, 식품첨가물, 기구 또는 용기, 포장을 대상으로 하는 음식에 관한 위생을 말한다.

37 ② 디프테리아(제1급)-말라리아(제3급)-홍역(제2급)
③ 콜레라(제2급)-홍역(제2급)-백일해(제2급)
④ 백일해(제2급)-파라티푸스(제2급)-일본뇌염(제3급)

38 실내의 보건학적 조건으로 가장 거리가 먼 것은?

① 중성대는 천정 가까이에 형성한다.

② 기류는 5 m/sec 정도이다.

③ 기습은 40~70% 정도이다.

④ 기온은 18±2℃ 정도이다.

39 경영의 관리과정 중 한 단계로서 조직이나 기관의 공동목표 달성을 위한 조직원 또는 부서간 협의, 회의, 토의 등을 통하여 행동통일을 가져오도록 집단적인 노력을 하게 하는 "행정 활동"을 뜻하는 것은?

① 조정(coordination)

② 기획(planning)

③ 지휘(direction)

④ 조직(organization)

40 실내 공기오염에 대한 설명으로 옳지 않은 것은?

① CO_2를 실내 공기오염의 지표로 한다.

② 실내에서 호흡에 의하여 배출된 CO_2의 농도가 증가될 때 중독이나 신체의 장애가 생긴다.

③ CO_2는 다수인이 밀집해 있을 때 농도가 증가한다.

④ 일반적인 CO_2의 서한량(허용한계량)은 0.1%이다.

41 소독 살균제의 작용기전 중 주로 산화작용을 일으키는 것을 이용하는 것은?

① 염소   ② 포르말린

③ 승홍   ④ 과산화수소

42 이·미용실에서 사용하는 타월 소독에 가장 좋은 방법은?

① 초음파 살균법   ② 건열소독

③ 고압증기멸균소독   ④ EO 가스소독

43 아포형성균을 사멸하며 고압증기멸균법에 의한 가열온도에서 파괴될 위험이 있는 물품을 멸균할 때 이용되는 멸균법은?

① 자비 소독법   ② 초음파 멸균법

③ 여과 멸균법   ④ 간헐 멸균법

44 역성비누액과 관계가 없는 것은?

① 자극성과 독성이 거의 없다.

② 붉은 색으로 살균력이 약하다.

③ 물에 잘 녹는다.

④ 냄새가 거의 없다.

---

38 실내의 적정 기류는 0.2~0.3 m/sec 정도이다.

※ 실내의 자연환기가 가장 잘 일어나려면 중성대는 천정 가까이에 위치하는 것이 좋다.

39

과정	의미
기획	목표를 설정하고 그 목표에 도달하기 위해 필요한 단계를 구성하고 설정
조직	2명 이상이 공동의 목표를 달성하기 위해 노력하는 협동체
인사	직원에 대한 근무평가 및 징계에 대한 공정한 관리
지휘	행정관리에서 명령체계의 일원성을 위해 필요
조정	조직이나 기관의 공동목표 달성을 위한 조직원 또는 부서간 협의, 회의, 토의 등을 통하여 행동통일을 가져오도록 집단적인 노력을 하게 하는 행정 활동
보고	사업활동을 효율적으로 관리하기 위해 정확하고 성실한 보고가 필요
예산	예산 계획, 확보, 효율적 관리가 필요

40 이산화탄소에 의한 중독증은 실내공기 중 3% 이상일 때부터 발생한다. 따라서 실내에서 호흡에 의한 오염으로 중독증상까지는 나타나지 않는다.

41 산화작용 기전에 의한 소독
과산화수소, 오존, 과망간산칼륨 등

42 이·미용실에서 사용하는 타월류를 소독할 때는 고압증기멸균소독 또는 자비소독법이 가장 좋다.

43 고압증기멸균법에 의한 가열온도에서 파괴될 위험이 있는 물품을 멸균할 때 이용되는 멸균법은 간헐 멸균법이며, 아포를 형성하는 미생물 멸균 시에 사용한다.

44 역성비누액은 살균력이 강한데, 일반비누와 혼용할 경우 살균력이 없어지는 특성이 있다.

45 다음 중 투베르쿨린 반응이 양성인 경우는?

① 건강 보균자　　　　② 나병 보균자
③ 결핵 감염자　　　　④ AIDS 감염자

45 투베르쿨린 반응은 결핵균 감염 유무를 검사하는 방법이다.

46 대부분의 인체 병원성 미생물은 다음 중 어느 온도에 속하는가?

① 저온(0~20℃)　　　② 고온(40℃ 이상)
③ 초저온(0℃ 이하)　　④ 중온(15~45℃)

46 인간에게 병을 일으키게 하는 미생물은 대부분 중온에 속한다.

47 다음 중 (　) 안에 알맞은 것은?

【보기】

미생물이란 일반적으로 육안의 가시한계를 넘어선 (　) mm 이하의 미세한 생물체를 총칭하는 것이다.

① 0.01　　　　　　　② 0.1
③ 10　　　　　　　　④ 1

47 미생물이란 0.1mm 이하의 미세한 생물체를 말한다.

48 공중위생관리법상 이·미용업 영업장 안의 조명도는 얼마 이상이어야 하는가?

① 50룩스　　　　　　② 125룩스
③ 100룩스　　　　　④ 75룩스

48 이·미용업 영업장 안의 조명도는 75룩스 이상이어야 한다.

49 무면허자가 이·미용 업무에 종사한 경우의 벌칙기준은?

① 300만원 이하의 벌금에 처한다.
② 200만원 이하의 과태료에 처한다.
③ 200만원 이하의 벌금에 처한다.
④ 300만원 이하의 과태료에 처한다.

49 무면허로 미용 업무를 행할 시에는 300만원 이하의 벌금에 처한다.

50 미용사가 영업소 안에 미용사면허증을 게시하지 않을 시 과태료는?

① 500만원 이하　　　② 200만원 이하
③ 100만원 이하　　　④ 50만원 이하

50 미용사가 영업소 안에 미용사면허증을 게시하지 않은 등의 위생관리 의무 불이행 시에는 200만원 이하의 과태료에 해당한다.

51 이·미용의 영업소 외의 장소에서 업무수행에 관한 설명으로 옳은 것은?

① 호텔 등의 구내 장소에서는 이·미용업무를 행할 수 있다.
② 학교 등의 구내 장소에서는 이·미용업무를 행할 수 있다.
③ 사회복지시설에서는 봉사활동으로 이·미용업무를 행할 수 있다.
④ 시장의 상인이 거주하는 구내에서는 이·미용업무를 행할 수 있다.

51 **영업소 외의 장소에서 미용업무를 할 수 있는 경우**
  • 질병이나 그 밖의 사유로 영업소에 나올 수 없는 자에 대하여 미용을 하는 경우
  • 혼례나 그 밖의 의식에 참여하는 자에 대하여 그 의식 직전에 미용을 하는 경우
  • 사회복지시설에서 봉사활동으로 미용을 하는 경우
  • 방송 등의 촬영에 참여하는 사람에 대하여 그 촬영 직전에 이용 또는 미용을 하는 경우
  • 기타 특별한 사정이 있다고 시장·군수·구청장이 인정하는 경우

chapter 05

52 공중위생관리법상 공중위생영업에 해당하지 않는 것은?

① 위생관리업　　　　② 이·미용업

③ 목욕장업　　　　　④ 세탁업

53 보건지표와 그 설명의 연결이 잘못된 것은?

① 비례사망지수(PMI)는 총 사망자수에 대한 50세 이상의 사망자수의 백분율을 나타내는 것이다.

② 총재생산율은 15~49세까지 1명의 여자 당 낳은 여아의 수이다.

③ α-index가 1에 가까울수록 건강수준이 낮다는 것을 나타낸다.

④ 조사망률은 보통 사망률이라고도 하며 인구 1000명당 1년간의 발생 사망수로 표시하는 것이다.

53 α-index는 "영아 사망률/신생아 사망률"로 계산하는데, 1에 가까우면 영아 사망의 대부분이 신생아 사망이고, 신생아 이후의 영아 사망률은 낮다는 것을 의미하므로 그 지역의 건강수준이 높다는 것을 나타낸다.

54 공중위생업자가 매년 받아야 하는 위생교육시간은?

① 5시간　　　　　　② 3시간

③ 2시간　　　　　　④ 4시간

54 공중위생업자는 매년 3시간의 위생교육을 받아야 한다.

55 단순 지성피부와 관련한 내용으로 틀린 것은?

① 일반적으로 외부 자극에 영향이 많아 관리가 어려운 편이다.

② 세안 후에는 충분하게 헹구어 주는 것이 좋다.

③ 지성 피부에서는 여드름이 쉽게 발생할 수 있다.

④ 다른 지방 성분에는 영향을 주지 않으면서 과도한 피지를 제거하는 것이 원칙이다.

55 단순 지성피부는 일반적으로 외부의 자극에 영향이 적고, 비교적 피부 관리가 용이하다.

56 화장품의 제형에 따른 특징의 설명으로 틀린 것은?

① 가용화제품 – 물에 소량의 오일 성분이 계면활성제에 의해 투명하게 용해되어 있는 상태의 제품

② 유용화제품 – 물에 다량의 오일성분이 계면활성제에 의해 현탁하게 혼합된 상태의 제품

③ 유화제품 – 물에 오일성분이 계면활성제에 의해 우유 빛으로 백탁화된 상태의 제품

④ 분산제품 – 물 또는 오일 성분에 미세한 고체입자가 계면활성제에 의해 균일하게 혼합된 상태의 제품

56 화장품의 제형에 따른 분류 : 가용화, 유화, 분산

57 세정용 화장수의 일종으로 가벼운 화장의 제거에 사용하기에 가장 적합한 것은?

① 클렌징 크림　　　　② 클렌징 오일

③ 클렌징 로션　　　　④ 클렌징 워터

57 클렌징 워터는 가벼운 화장제거에 사용되는 세정용 화장수이다.

58 페이스(face) 파우더(가루형 분)의 주요 사용 목적은?

① 파운데이션의 번들거림을 완화하고 피부화장을 마무리하기 위해서

② 주름살과 피부결함을 감추기 위해서

③ 파운데이션을 사용하지 않기 위해서

④ 깨끗하지 않은 부분을 감추기 위해서

59 아로마 오일에 대한 설명으로 가장 적합한 것은?

① 수증기 증류법에 의해 얻어진 아로마 오일이 주로 사용되고 있다.

② 아로마 오일은 주로 향기식물의 줄기나 뿌리 부위에서만 추출된다.

③ 아로마 오일은 공기 중의 산소나 빛에 안정하기 때문에 주로 투명용기에 보관하여 사용한다.

④ 아로마 오일은 주로 베이스 노트(base note)이다.

60 향장품을 선택할 때에 검토해야 하는 조건이 아닌 것은?

① 보존성이 좋아서 잘 변질되지 않는 것

② 피부나 점막, 두발 등에 손상을 주거나 알레르기 등을 일으킬 염려가 없는 것

③ 구성 성분이 균일한 성상으로 혼합되어 있지 않는 것

④ 사용 중이나 사용 후에 불쾌감이 없고, 사용감이 산뜻한 것

---

58 파우더는 파운데이션 도포 후 피부 번들거림을 방지하여 메이크업을 오래 지속시키기 위해 바른다.

59 ② 아로마 오일은 허브의 꽃, 잎, 줄기, 열매 등에서 추출한다.
③ 아로마 오일은 갈색 용기에 보관하여 사용한다.
④ 아로마 오일은 주로 미들 노트이다.

60 향장품은 구성 성분이 균일한 성상으로 혼합되어 있어야 한다.

한 번 더 끝장내기

에듀웨이 카페(자료실)에서
최신경향을 반영한
추가 모의고사(상세한 해설 포함)
를 확인하세요!

스마트폰을 이용하여 아래 QR코드를 확인하거나, 카페에 방문하여 '카페 메뉴 > 자료실 > 미용사(일반)-(헤어)'에서 다운로드할 수 있습니다.

chapter 05

[CBT상시시험 실전모의고사 제5회]

정답

01 ④	02 ②	03 ①	04 ①	05 ①	06 ④	07 ①	08 ①	09 ①	10 ①
11 ②	12 ②	13 ④	14 ④	15 ①	16 ②	17 ③	18 ④	19 ④	20 ③
21 ③	22 ②	23 ④	24 ③	25 ①	26 ③	27 ①	28 ④	29 ②	30 ③
31 ②	32 ③	33 ①	34 ②	35 ④	36 ②	37 ①	38 ②	39 ①	40 ②
41 ④	42 ③	43 ④	44 ②	45 ③	46 ④	47 ②	48 ④	49 ①	50 ②
51 ③	52 ①	53 ③	54 ②	55 ①	56 ②	57 ④	58 ①	59 ①	60 ③

HAIRDRESSER

Hairdresser Certification

Hairdresser

Hairdresser Certification

CHAPTER

06

최신경향
핵심 120제

– 시험 전 반드시 체크해야 할 최신빈출 120제 –

1 다음 중 일반적으로 이·미용사의 손 소독용으로 가장 좋은 것은?

① 포르말린수
② 알칼리성비누액
③ 클로르칼키
④ 역성비누액

2 미용실의 쓰레기 분리배출 방법으로 틀린 것은?

① 음료수 용기는 재활용 쓰레기로 분리 배출한다.
② 염모제 용기는 뚜껑과 분리하여 재활용 쓰레기로 분리 배출한다.
③ 머리카락은 일반쓰레기로 배출한다.
④ 사용하고 용기에 남은 염색제는 휴지로 깨끗이 닦아내고 휴지는 일반쓰레기로 배출한다.

3 헤어커트 중 손을 베어 출혈이 발생했을 때 응급 처치 중 틀린 것은?

① 출혈이 심하면 10분 이상 압박해서 지혈을 한다.
② 먼저 손을 깨끗이 씻은 후 출혈 부위를 흐르는 물로 씻어낸다.
③ 창상 부위가 감염되지 않도록 붕대로 감는다.
④ 출혈이 멈출 때까지 출혈 부위를 압박하지 않는다.

4 프론트, 사이드, 네이프에서 모발이 나기 시작하는 선은?

① 그래비티 스플릿(gravity spllft)
② 가이드 라인(guide line)
③ 브릿지 라인(bridge line)
④ 헴 라인(hem line)

5 중국에서 십미도를 통해 열가지 모양의 눈썹 모양을 표현한 시기는?

① 순종 때
② 희종 때
③ 현종 때
④ 단종 때

6 우리나라 미용사에서 면약(일종의 안면용 화장품)의 사용과 두발 염색이 최초로 행해졌던 시대는?

① 삼국시대
② 삼한시대
③ 고려시대
④ 조선시대

7 조선시대에 부녀자들의 일반적인 머리모양으로 낭자머리라고도 불리우는 것은?

① 새앙머리
② 쪽머리
③ 거두미
④ 어유미

8 조선시대 후반기에 유행하였던 일반 부녀자들의 머리 형태는?

① 쌍쌍투 머리
② 쪽진 머리
③ 귀밑 머리
④ 푼기명 머리

9 아이론을 손에 쥔 상태에서 여닫을 때 사용하는 손가락은?

① 엄지와 검지
② 검지와 약지
③ 중지와 엄지
④ 소지와 약지

10 가위의 소재가 아닌 것은?

① 탄소강
② 스텐인레스강
③ 코발트 합금
④ 주석

11 착강 가위에 대한 설명 중 틀린 것은?

① 날은 특수강철, 협신부는 연철로 된 가위이다.
② 착강 가위는 부분적인 수정을 할 때 조정하기 쉽다.
③ 날은 연철, 협신부는 특수강철로 된 가위이다.
④ 양쪽에 연철과 특수강철을 연결시켜 만들어졌다.

12 브러시의 손질법으로 틀린 것은?

① 보통 비눗물이나 탄산소다수에 담그고 부드러운 털은 손으로 가볍게 비벼 세척한다.
② 소독 방법으로 석탄산수를 사용해도 된다.
③ 털이 빳빳한 것은 세정 브러시로 닦아낸다.
④ 털이 위로 가도록 하여 햇볕에 말린다.

13 헤어 브러시로 가장 적합한 것은?

① 부드럽고 매끄러운 연모로 된 것
② 탄력 있고 털이 촘촘히 박힌 강모로 된 것
③ 털이 촘촘한 것보다 듬성듬성 박힌 것
④ 부드러운 나일론, 비닐계의 제품일 것

14 핫 오일 샴푸(hot oil shampoo) 시 두피, 두발에 침투시킬 필요가 있을 때의 작용으로 틀린 것은?

① 히팅 캡
② 자외선
③ 헤어스티머
④ 적외선

15 손상모의 샴푸 방법이 아닌 것은?

① 스팀타월 후 두피와 모발 전체를 충분히 매뉴얼 테크닉을 하고 샴푸한다.
② 노폐물이 모공에 남아 있지 않도록 깨끗이 세척한다.
③ 미온수로 모발을 세척한 후 적당량의 샴푸로 세척하고 다시 적은 양의 샴푸로 매뉴얼 테크닉 하듯 충분히 샴푸한다.
④ 샴푸 전 거친 브러싱은 피한다.

16 샴푸제 선정 시 다공성 두발에 가장 적합한 것은?

① 중성 샴푸제
② 프로테인 샴푸제
③ 산성 샴푸제
④ 알칼리성 샴푸제

17 샴푸제에 음이온 계면활성제를 주로 사용하는 이유로 옳은 것은?

① 기포력, 세정력이 우수하기 때문이다.
② 대전방지 효과가 높기 때문이다.
③ 세정력이 적당하고 자극성이 작기 때문이다.
④ 기름과 물을 유화시키는 힘이 강하기 때문이다.

18 살균·소독작용이 있는 물질(염화벤젤코늄)을 배합한 린스제를 탈지면에 묻혀 바르거나 직접 두피에 바른 후 매뉴얼테크닉을 하며, 경증의 비듬과 가벼운 두피질환에 효과적인 린스는?

① 컬러린스
② 오일린스
③ 식초린스
④ 약용린스

19 헤어커트할 때 커팅 포인트(cutting point)가 베이스(base)를 벗어나 두발이 심한 사선라인이 되도록 하는 것은?

① 온 더 베이스(on the base)
② 사이드 베이스(side base)
③ 프리 베이스(free base)
④ 오프 더 베이스(off the base)

20 헤어커트의 기법 중 애프터 커팅(after cuting)의 설명으로 옳은 것은?

① 퍼머넌트 웨이브 작업 후 디자인에 맞춰서 커트하는 것
② 가지런하지 않은 두발의 길이를 정리하여 와인딩하기 쉽게 하는 것
③ 두발 숱이 너무 많을 때 로드를 감기 쉽도록 두발 끝을 1~2cm 테이퍼링 하는 것
④ 손상모 등을 간단하게 추려내는 것

21 헤어커트 작업과 관련된 내용으로 가장 거리가 먼 것은?

① 빗질은 모발의 흐름과 반대 방향으로 한다.
② 바른 자세로 커트한다.
③ 올바른 가위 조작 방법을 행한다.
④ 매 슬라이스마다 균일한 텐션으로 커트한다.

22 미디움 스트로크 커트 시 두발에 대한 가위의 각도는?

① 95°~130° 정도
② 0°~5° 정도
③ 10°~45° 정도
④ 50°~90° 정도

23 다음에서 설명하는 커트 유형은?

【보기】
커트할수록 두발의 길이가 층이 많이 나며 위에서 아래로 내려갈수록 길게 커트하는 방법이다.

① 인크리스 레이어
② 유니폼 레이어
③ 그래쥬에이션
④ 이사도라

24 네이프에서 탑 부분으로 올라갈수록 두발의 길이가 점점 길어지며 단차가 생기는 커트는?

① 패러럴보브 커트
② 그래쥬에이션 커트
③ 원랭스 커트
④ 레이어 커트

25 클럽 커팅(clup cutting) 기법에 해당하는 것은?

① 스트록 커트(stroke cut)
② 테이퍼링(tapering)
③ 틴닝(thinning)
④ 스퀘어 커트(square cut)

26 블런트 커트(blunt cut)의 특징이 <u>아닌 것은?</u>

① 잘린 단면이 모발 끝으로 가면서 가늘다.

② 두발의 손상이 적다.

③ 잘린 부분이 명확하다.

④ 딱딱한 형태의 커트 방법이다.

27 모발의 구조와 성질에 대한 설명으로 <u>틀린 것은?</u>

① 시스틴 결합은 알칼리에는 강한 저항력을 가지고 있으나 물, 알코올, 약산성, 소금류에는 약하다.

② 케라틴은 다른 단백질에 비해 유황의 함유량이 높은데 황(S)은 시스틴에 함유되어 있다.

③ 케라틴의 폴리펩타이드는 쇠사슬 구조로서, 두발의 장축 방향으로 배열되어 있다.

④ 모발은 주요성분을 구성하고 있는 모표피, 모표질, 모수질 등으로 이루어져 있으며, 주로 탄력성이 풍부한 단백질로 이루어져 있다.

28 퍼머넌트 웨이브를 개발한 연대순으로 <u>옳게</u> 나열된 것은?

① 찰스 네슬러 → 조셉 메이어 → 마셀 그라또 → J.B 스피크먼

② 마셀 그라또 → 찰스 네슬러 → 조셉 메이어 → J.B 스피크먼

③ 찰스네슬러 → J.B 스피크먼 → 조셉 메이어 → 마셀 그라또

④ 마셀 그라또 → 찰스 네슬러 → J.B 스피크먼 → 조셉 메이어

29 콜드 퍼머넌트 웨이브 작업 전에 사용하는 가장 적절한 샴푸제는?

① 알칼리성 샴푸제

② 과산화수소 샴푸제

③ 중성 샴푸제

④ 산성 샴푸제

30 다음 중 언더 프로세싱(under processing) 된 모발의 그림은?

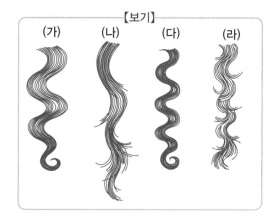

【보기】

(가)　(나)　(다)　(라)

① (가)

② (라)

③ (나)

④ (다)

31 콜드 웨이브(cold wave) 작업에 관한 사항으로 가장 <u>거리가 먼 것은?</u>

① 작업 전에 모질과 손상모 유무를 확인하여야 한다.

② 미용실 실내온도는 20℃ 내외가 가장 적당하며 습도는 상대습도 60% 정도가 알맞다.

③ 콜드 웨이브 사후 처치로서는 반드시 샴푸를 행하여야 한다.

④ 경모이거나 발수성모일 경우에는 스팀타월 등을 5~10분간 사용하면 웨이브 형성에 효과적이다.

32 산성 퍼머넌트 웨이브제의 특징이 <u>아닌 것은?</u>

① 두발의 pH와 유사한 성분으로서 웨이브의 형성력은 약하다.

② 주로 손상모에 사용할 수 있다.

③ 텐션은 주지 말고 와인딩 해야 한다.

④ 가는 로드의 사용과 섹션은 얇게 떠야한다.

33 발수성모의 사전처리법으로 **옳은 것**은?

① 린스를 적당히 하여 두발을 부드럽게 해준다.
② 특수활성제를 도포한 후 스티머를 적용한다.
③ PPT 제품의 용액을 도포하여 두발 끝에 탄력을 준다.
④ 헤어 트리트먼트 크림을 도포 후 스티머를 적용한다.

34 퍼머넌트 웨이브 와인딩 시 프로세싱 솔루션의 침투가 잘 되도록 특수활성제의 도포가 가장 필요한 모발은?

① 흡수성모
② 건강모
③ 다공성모
④ 발수성모

35 와인딩(winding)에 대한 설명 중 **옳은 것**은?

① 리버스 와인딩(reverse winding) – 로드를 겹치게 쌓아 올려 와인딩
② 스파이럴 와인딩(spiral winding) – 중간중간에 와인딩하지 않고 모발을 그대로 남겨두는 방법
③ 트위스트(twist) – 모발을 자연 그대로 와인딩
④ 더블 와인딩(double winding) – 하나의 스트랜드에 2개의 로드를 번갈아 가면서 와인딩

36 와인딩 시 블로킹을 **크게 하는** 것이 좋은 두발은?

① 숱이 많은 두발
② 장발
③ 가는 두발
④ 뻣뻣한 두발

37 핀컬의 스템에서 컬을 말기 시작하는 점을 뜻하는 것은?

① 베이스(base)
② 피벗 포인트(pivot point)
③ 리지(ridge)
④ 루우프(Loop)

38 다음의 염·탈색 기법 중 지속 기간이 가장 **짧은** 것은?

① 퍼머넌트 컬러(pernanent color)
② 세미 퍼머넌트 컬러(semi-pernanent color)
③ 블리치(bleach)
④ 템퍼러리 컬러(temporary color)

39 산화 염모제의 2제인 산화제에 가장 많이 사용하는 과산화수소의 농도는?

① 3%
② 12%
③ 9%
④ 6%

40 새로 자란 두발 부분을 앞서 염색한 색과 같은 색으로 염색하는 것은?

① 블리치(bleach)
② 블리치 터치 업(bleach touch up)
③ 다이 터치 업(dye touch up)
④ 헤어 컬러링(hair coloring)

41 모발 손상의 원인 중 생리적 원인에 의한 손상으로 옳은 것은?

① 빗질, 마찰에 의한 손상, 배기가스에 의한 손상, 영양의 불균형
② 산화제에 의한 손상, 드라이어에 의한 손상, 두피의 이상 현상
③ 스트레스, 영양의 불균형, 알칼리에 의한 변화
④ 호르몬의 불균형, 개인마다 다른 성향의 모질, 스트레스

42 헤어 트리트먼트와 목적과 가장 거리가 먼 것은?

① 모발의 손실성분을 인공적으로 보강한다.
② 모발에 윤기와 영향을 주고 엉킴을 방지한다.
③ 모발의 정전기 방지를 한다.
④ 수렴제는 모발의 모표피를 팽윤·연화하게 한다.

43 두피 손질방법 중 화학적 방법에 사용되는 것은?

① 스팀 타월
② 브러싱
③ 헤어 로션
④ 헤어스티머

44 스캘프 머니플레이션의 처치 방법 중 가장 거리가 먼 것은?

① 샴푸제 등은 충분히 헹구어 낸다.
② 두피를 자극하지 않도록 한다.
③ 두피의 상태를 잘 파악하여 처방한다.
④ 강한 모발은 부드럽게 하기 위해 펌제를 주로 사용해도 된다.

45 헤어 팩(hair pack)에 대한 설명으로 가장 거리가 먼 것은?

① 필요하지 않은 모발을 제거하는 것이다.
② 모표피가 많이 상한 모발에 효과적이다.
③ 푸석푸석하고 윤기가 없는 모발에 효과적이다.
④ 모발에 영양을 준다.

46 헤어 컨디셔너제의 기능과 가장 거리가 먼 것은?

① 이미 손상된 두발을 보호해 준다.
② 두발의 과잉 성장을 억제해 준다.
③ 손상된 두발에 영양을 공급해 준다.
④ 두발이 손상되지 않도록 도와준다.

47 두피에 매뉴얼 테크닉을 행하는 기술은?

① 댄드러프 트리트먼트(dandruff treatment)
② 헤어 리컨디셔닝(hair reconditioning)
③ 브러싱(blushing)
④ 스캘프 머니플레이션(scalp manipulation)

48 업스타일 디자인의 3대 요소가 아닌 것은?

① 질감
② 형태
③ 장식
④ 색상

49 헤어디자인 구성 요소와 관련이 없는 것은?

① 작업에 필요한 도구 및 제품
② 작품에 필요한 기술
③ 고객의 요구에 맞는 이미지
④ 작업자의 감정 표현

50 고객의 헤어스타일 연출을 아름답게 구상하기 위해서 얼굴형과의 조화를 고려하고자 할 때 기본적인 요소로 <u>틀린</u> 것은?

① 헤어라인
② 목선의 형태
③ 얼굴형(정면)
④ 얼굴 피부의 색

51 표피의 설명으로 <u>틀린</u> 것은?

① 신경의 분포가 없다.
② 림프관이 없다.
③ 혈관과 신경분포 모두 있다.
④ 입모근(털세움근)이 없다.

52 혈액 응고에 관여하고 비타민 P와 함께 모세혈관 벽을 튼튼하게 하는 것은?

① 비타민 C
② 비타민 K
③ 비타민 B
④ 비타민 E

53 표피의 구성 세포가 <u>아닌</u> 것은?

① 랑게르한스 세포
② 각질형성 세포
③ 섬유아 세포
④ 머켈 세포

54 UVA와 관련한 내용으로 가장 <u>거리가 먼</u> 것은?

① 지연 색소 침착
② 즉시 색소 침착
③ 생활 자외선
④ 320~400nm의 장파장

55 단순 지성피부와 관련한 내용으로 <u>틀린</u> 것은?

① 지성 피부에서는 여드름이 쉽게 발생할 수 있다.
② 세안 후에는 충분하게 헹구어 주는 것이 좋다.
③ 일반적으로 외부의 자극에 영향이 많아 관리가 어려운 편이다.
④ 다른 지방 성분에는 영향을 주지 않으면서 과도한 피지를 제거하는 것이 원칙이다.

56 원발진에 속하는 피부의 병변이 <u>아닌</u> 것은?

① 홍반
② 반점
③ 결절
④ 가피

57 조절소에 속하는 것은?

① 단백질
② 무기질
③ 탄수화물
④ 지방질

58 피부에 손상을 미치는 활성산소는?

① 히아루론산
② 글리세린
③ 비타민
④ 슈퍼옥사이드

59 피부 내 멜라닌형성세포의 <u>주요한 기능</u>은?

① 저장의 기능
② 흡수의 기능
③ 보호의 기능
④ 배설의 기능

60 강한 자외선에 노출될 때 생길 수 있는 현상과 가장 거리가 먼 것은?

① 홍반반응
② 색소침착
③ 아토피 피부염
④ 비타민 D 합성

61 화장품 원료로 심해 상어의 간유에서 추출한 성분은?

① 레시틴
② 스쿠알렌
③ 파라핀
④ 라놀린

62 자외선 차단제와 관련한 설명으로 틀린 것은?

① 자외선의 강약에 따라 차단제의 효과시간이 변한다.
② 기초제품 마무리 단계 시 차단제를 사용하는 것이 좋다.
③ SPF라 한다.
④ SPF 1 이란 대략 1시간을 의미한다.

63 화장품을 선택할 때에 검토해야 하는 조건이 아닌 것은?

① 보존성이 좋아서 잘 변질되지 않는 것
② 피부나 점막, 모발 등에 손상을 주거나 알레르기 등을 일으킬 염려가 없는 것
③ 사용 중이나 사용 후에 불쾌감이 없고 사용감이 산뜻한 것
④ 구성 성분이 균일한 성상으로 혼합되어 있지 않은 것

64 자외선 차단 성분의 기능이 아닌 것은?

① 미백작용 활성화
② 일광화상 방지
③ 노화방지
④ 과색소 침착방지

65 에탄올이 화장품 원료로 사용되는 이유가 아닌 것은?

① 에탄올은 유기용매로서 물에 녹지 않는 비극성 물질을 녹이는 성질이 있다.
② 탈수 성질이 있어 건조 목적이 있다.
③ 공기 중의 습기를 흡수해서 피부 표면 수분을 유지시켜 피부나 털의 건조 방지를 한다.
④ 소독작용이 있어 수렴화장수, 스킨로션, 남성용 애프터쉐이브 등으로 쓰인다.

66 화장품에서 요구되는 4대 품질 특성의 설명으로 옳은 것은?

① 안전성 : 미생물 오염이 없을 것
② 보습성 : 피부표면의 건조함을 막아줄 것
③ 안정성 : 독성이 없을 것
④ 사용성 : 사용이 편리해야 할 것

67 화장품의 피부 흡수에 대한 설명으로 옳은 것은?

① 세포간지질에 녹아 흡수되는 경로가 가장 중요한 흡수경로이다.
② 피지선이나 모낭을 통한 흡수는 시간이 지나면서 점차 증가하게 된다.
③ 분자량이 높을수록 피부 흡수가 잘 된다.
④ 피지에 잘 녹는 지용성 성분은 피부 흡수가 안 된다.

68 화장품의 정의로 옳은 것은?

① 인체를 청결·미화하여 인체의 질병 치료를 위해 인체에 사용되는 물품으로서 인체에 대해 작용이 강력한 것을 말한다.

② 인체를 청결·미화하여 인체의 질병 치료를 위해 인체에 사용되는 물품으로서 인체에 대해 작용이 경미한 것을 말한다.

③ 인체를 청결·미화하여 인체의 질병 진단을 위해 인체에 사용되는 물품으로서 인체에 대해 작용이 경미한 것을 말한다.

④ 인체를 청결·미화하여 피부·모발 건강을 유지 또는 증진하기 위하여 인체에 사용되는 물품으로서 인체에 대해 작용이 경미한 것을 말한다.

69 자외선 차단제의 성분이 아닌 것은?

① 벤조페논-3
② 파라아미노안식향산
③ 알파하이드록시산
④ 옥틸디메틸파바

70 피지분비의 과잉을 억제하고 피부를 수축시켜 주는 것은?

① 영양 화장수
② 수렴 화장수
③ 소염 화장수
④ 유연 화장수

71 일반적으로 여드름의 발생 가능성이 가장 적은 것은?

① 코코바 오일
② 호호바 오일
③ 라눌린
④ 미네랄 오일

72 메이크업 화장품에서 색상의 커버력을 조절하기 위해 주로 배합하는 것은?

① 체질 안료
② 펄 안료
③ 백색 안료
④ 착색 안료

73 기능성 화장품의 정의에 해당되지 않는 것은?

① 피부를 곱게 태워주거나 자외선으로부터 피부를 보호하는데 도움을 주는 제품
② 피부의 미백에 도움을 주는 제품
③ 피부, 모발의 건강을 유지 또는 증진시키는 제품
④ 피부의 주름 개선에 도움을 주는 제품

74 우리나라의 건강보험제도의 성격으로 가장 적합한 것은?

① 의료비의 과중 부담을 경감하는 제도
② 공공기관의 의료비 부담
③ 의료비를 면제해 주는 제도
④ 의료비의 전액 국가 부담

75 인구의 사회증가를 나타낸 것은?

① 고정인구 - 전출인구
② 출생인구 - 사망인구
③ 전입인구 - 전출인구
④ 생산인구 - 소비인구

76 인구 구성 중 14세 이하가 65세 이상 인구의 2배 정도이며 출생률과 사망률이 모두 낮은 형은?

① 피라미드형(pyramid form)
② 별형(accessive form)
③ 종형(bell form)
④ 항아리형(pot form)

77 Winslow가 정의한 공중보건학의 학습내용에 포함되는 것으로만 구성된 것은?

① 환경위생향상 – 개인위생교육 – 질병예방 – 생명연장
② 환경위생향상 – 전염병 치료 – 질병치료 – 생명연장
③ 환경위생향상 – 개인위생교육 – 질병치료 – 생명연장
④ 환경위생향상 – 개인위생교육 – 생명연장 – 사후처치

78 일산화탄소(CO)에 대한 설명으로 틀린 것은?

① 헤모글로빈과의 결합능력이 뛰어나다.
② 물체가 불완전 연소할 때 많이 발생된다.
③ 확산성과 침투성이 강하다.
④ 공기보다 무겁다.

79 보건행정의 특성과 거리가 먼 것은?

① 과학성과 기술성
② 조장성과 교육성
③ 독립성과 독창성
④ 공공성과 사회성

80 한 나라의 건강수준을 나타내며 다른 나라들과의 보건수준을 비교할 수 있는 세계보건기구가 제시한 지표는?

① 비례사망지수
② 질병이환율
③ 국민소득
④ 인구증가율

81 성층권의 오존층을 파괴시키는 대표적인 가스는?

① 이산화탄소(CO_2)
② 일산화탄소(CO)
③ 아황산가스(SO_2)
④ 염화불화탄소(CFC)

82 다음 중 물의 일시경도를 나타내는 원인 물질은?

① 염화물
② 중탄산염
③ 황산염
④ 질산염

83 다음 중 이·미용업소의 실내 바닥을 닦을 때 가장 적합한 소독제는?

① 크레졸수
② 과산화수소
③ 알코올
④ 염소

84 소독약의 검증 혹은 살균력의 비교에 가장 흔하게 이용되는 방법은?

① 석탄산계수 측정법
② 최소 발육저지농도 측정법
③ 시험관 희석법
④ 균수 측정법

85 고압증기멸균기의 소독대상물로 적합하지 않은 것은?

① 의류
② 분말 제품
③ 약액
④ 금속성 기구

86 할로겐계에 속하지 않는 소독제는?

① 표백분
② 염소 유기화합물
③ 석탄산
④ 차아염소산 나트륨

87 대기 중의 고도가 상승함에 따라 기온도 상승하여 상부의 기온이 하부보다 높게 되는 현상을 무엇이라 하는가?

① 열섬 현상
② 기온 역전
③ 지구 온난화
④ 오존층 파괴

88 석탄산 90배 희석액과 어느 소독제 135배 희석액이 같은 살균력을 나타낸다면 이 소독제의 석탄산계수는?

① 2.0
② 1.5
③ 0.5
④ 1.0

89 공중위생관리법상 이·미용기구 소독 방법의 일반 기준에 해당하지 않는 것은?

① 방사선소독
② 증기소독
③ 크레졸소독
④ 자외선소독

90 세균, 포자, 곰팡이, 원충류 및 조류 등과 같이 광범위한 미생물에 대한 살균력을 갖고 페놀에 비해 강한 살균력을 갖는 반면, 독성은 훨씬 적은 소독제는?

① 수은 화합물
② 무기염소 화합물
③ 유기염소 화합물
④ 요오드 화합물

91 석탄산계수가 2인 소독제 A 를 석탄산계수 4인 소독제 B와 같은 효과를 내게 하려면 그 농도를 어떻게 조정하면 되는가? (단, A, B의 용도는 같다)

① A를 B보다 4배 짙게 조정한다.
② A를 B보다 50% 묽게 조정한다.
③ A를 B보다 2배 짙게 조정한다.
④ A를 B보다 25% 묽게 조정한다.

92 환자 및 병원체 보유자와 직접 또는 간접접촉을 통해서 혹은 균에 오염된 식품, 바퀴벌레, 파리 등을 매개로 하는 경구감염으로 전파되는 것은?

① 이질
② B형 간염
③ 결핵
④ 파상풍

93 다음 중 투베르쿨린 반응이 양성인 경우는?

① 건강 보균자
② 나병 보균자
③ 결핵 감염자
④ AIDS 감염자

94 우리나라에서 일반적으로 세균성 식중독이 가장 많이 발생할 수 있는 때는?

① 5~9월
② 9~11월
③ 1~3월
④ 계절과 관계없음

95 미생물의 증식을 억제하는 영양의 고갈과 건조 등의 불리한 환경 속에서 생존하기 위하여 세균이 생성하는 것은?

① 점질층
② 세포벽
③ 아포
④ 협막

96 감염병 유행조건에 해당되지 않는 것은?

① 감염경로
② 감염원
③ 감수성숙주
④ 예방인자

97 세균성 식중독의 특성이 아닌 것은?

① 감염병보다 잠복기가 길다.
② 다량의 균에 의해 발생한다.
③ 수인성 전파는 드물다.
④ 2차 감염률이 낮다.

98 감염병의 예방 및 관리에 관한 법률상 즉시 신고해야 하는 감염병이 아닌 것은?

① 두창
② 디프테리아
③ 중증급성호흡기증후군(SARS)
④ 말라리아

99 다음 감염병 중 감수성(접촉감염) 지수가 가장 큰 것은?

① 디프테리아
② 성홍열
③ 백일해
④ 홍역

100 이·미용업소에서 공기 중 비말전염으로 가장 쉽게 옮겨질 수 있는 감염병은?

① 장티푸스
② 인플루엔자
③ 뇌염
④ 대장균

101 공중위생감시원의 업무 중 틀린 것은?

① 공중위생영업 관련시설 및 설비의 위생 상태 확인·검사
② 위생교육 이행 여부의 확인
③ 이·미용업의 개선 향상에 필요한 조사 연구 및 지도
④ 위생지도 및 개선명령 이행 여부의 확인

chapter 06

102 개인(또는 법인)의 대리인, 사용인 기타 종업원이 그 개인의 업무에 관하여 벌칙에 해당하는 위반행위를 한 때에 행위자를 벌하는 외에 그 개인에 대하여도 동조의 벌금형을 과할 수 있는 제도는?

① 양벌규정 제도
② 형사처벌 규정
③ 과태료처분 제도
④ 위임제도

103 이·미용사가 되고자 하는 자는 누구의 면허를 받아야 하는가?

① 고용노동부장관
② 시·도지사
③ 시장·군수·구청장
④ 보건복지부장관

104 이·미용사가 면허정지 처분을 받고 정지 기간 중 업무를 한 경우 1차 위반 시 행정처분 기준은?

① 면허정지 3월
② 면허취소
③ 영업장 폐쇄
④ 면허정지 6월

105 위생서비스 평가 결과 위생서비스의 수준이 우수하다고 인정되는 영업소에 포상을 실시할 수 있는 자로 틀린 것은?

① 보건소장
② 군수
③ 구청장
④ 시·도지사

106 공중위생영업에 관한 설명으로 맞는 것은?

① 공중위생영업이라 함은 숙박업, 목욕장업, 미용업, 이용업, 세탁업, 위생관리용역업, 의료용품관련업 등을 말한다.
② 공중위생영업의 양수인 상속인 또는 합병에 의하여 설립되는 법인 등은 공중위생영업자의 지위를 승계하지 못한다.
③ 공중위생영업을 하고자 하는 자는 시장·군수·구청장에게 신고 후 시장 등이 지정하는 시설 및 설비를 구비해도 된다.
④ 공중위생영업을 위한 설비와 시설은 물론 신고의 방법 및 절차는 보건복지부령으로 정한다.

107 이·미용업자가 준수하여야 하는 위생관리 기준 중 거리가 가장 먼 것은?

① 피부미용을 위하여 약사법에 따른 의약품을 사용하여서는 아니 된다.
② 영업소 내부에 개설자의 면허증 원본을 게시하여야 한다.
③ 발한실 안에는 온도계를 비치하고 주의사항을 게시하여야 한다.
④ 영업장 안의 조명도는 75럭스 이상이 되도록 유지하여야 한다.

108 이·미용업을 하는 자가 지켜야 하는 사항으로 맞는 것은?

① 이·미용사면허증을 영업소 안에 게시하여야 한다.
② 부작용이 없는 의약품을 사용하여 순수한 화장과 피부미용을 하여야 한다.
③ 이·미용기구는 소독하여야 하며 소독하지 않은 기구와 함께 보관하는 때에는 반드시 소독한 기구라고 표시하여야 한다.
④ 1회용 면도날은 사용 후 정해진 소독기준과 방법에 따라 소독하여 재사용하여야 한다.

109 이·미용 영업소 폐쇄명령을 받고도 계속 영업을 할 때 관계공무원으로 하여금 조치하는 사항이 아닌 것은?

① 이·미용사 면허증을 부착할 수 없게 하는 봉인
② 해당 영업소의 간판 기타 영업표지물의 제거
③ 해당 영업소가 위법한 영업소임을 알리는 게시물의 부착
④ 영업을 위하여 필수불가결한 기구 또는 시설물을 사용할 수 없게 하는 봉인

110 공중위생감시원의 자격으로 틀린 것은?

① 위생사 이상의 자격증이 있는 사람
② 「고등교육법」에 따른 대학에서 화학·화공학·환경공학 또는 위생학 분야를 전공하고 졸업한 사람
③ 6개월 이상 공중위생 행정에 종사한 경력이 있는 사람
④ 외국에서 환경기사의 면허를 받은 사람

111 명예공중위생감시원의 위촉대상자가 아닌 자는?

① 소비자단체장이 추천하는 소속직원
② 공중위생관련 협회장이 추천하는 소속지원
③ 공중위생에 대한 지식과 관심이 있는 자
④ 3년 이상 공중위생 행정에 종사한 경력이 있는 공무원

112 공중위생관리법상 이용업과 미용업은 다룰 수 있는 신체범위가 구분이 되어 있다. 다음 중 법령상에서 미용업이 손질할 수 있는 손님의 신체 범위를 가장 잘 정의한 것은?

① 머리, 피부, 손톱, 발톱
② 얼굴, 손, 머리
③ 얼굴, 머리, 피부 및 손톱, 발톱
④ 손, 발, 얼굴, 머리

113 영업소 이외의 장소라 하더라도 이·미용의 업무를 행할 수 있는 경우 중 맞는 것은?

① 학교 등 단체의 인원을 대상으로 할 경우
② 영업상 특별한 서비스가 필요할 경우
③ 혼례에 참석하는 자에 대하여 그 의식 직전에 행할 경우
④ 일반 가정에서 초청이 있을 경우

114 공중위생 영업소의 위생서비스 평가 계획을 수립하는 자는?

① 대통령
② 시·도지사
③ 행정자치부장관
④ 시장·군수·구청장

115 이용 또는 미용의 면허가 취소된 후 계속하여 업무를 행한 자에 대한 벌칙으로 맞는 것은?

① 300만원 이하의 벌금
② 200만원 이하의 벌금
③ 6월 이하의 징역 또는 500만원 이하의 벌금
④ 500만원 이하의 벌금

116 이·미용 영업소에서 소독한 기구와 소독하지 아니한 기구를 각각 다른 용기에 보관하지 아니한 때의 1차 위반 행정처분기준은?

① 개선명령
② 경고
③ 영업정지 5일
④ 시정명령

117 공중위생영업자가 관계공무원의 출입·검사를 거부·기피하거나 방해한 때의 1차 위반 행정처분은?

① 영업정지 20일
② 영업정지 10일
③ 영업정지 15일
④ 영업정지 5일

118 다음 중 이·미용업 영업자가 변경신고를 해야 하는 것을 모두 고른 것은?

【보기】
㉠ 영업소의 주소
㉡ 신고한 영업소 면적의 3분의 1 이상의 증감
㉢ 종사자의 변동사항
㉣ 영업자의 재산변동사항

① ㉠
② ㉠, ㉡, ㉢
③ ㉠, ㉡, ㉢, ㉣
④ ㉠, ㉡

119 공중위생영업자는 공중위생영업을 폐업한 날로부터 며칠 이내에 신고해야 하는가?

① 20일
② 15일
③ 30일
④ 7일

120 위생교육에 관한 설명으로 틀린 것은?

① 위생교육 실시단체의 장은 위생교육을 수료한 자에게 수료증을 교부하고, 교육실시 결과를 교육 후 즉시 시장·군수·구청장에게 통보하여야 하며, 수료증 교부대장 등 교육에 관한 기록을 1년 이상 보관·관리하여야 한다.
② 위생교육의 내용은 「공중위생관리법」 및 관련 법규, 소양교육(친절 및 청결에 관한 사항을 포함), 기술교육, 그 밖에 공중위생에 관하여 필요한 내용으로 한다.
③ 위생교육을 받아야 하는 자 중 영업에 직접 종사하지 아니하거나 2 이상의 장소에서 영업을 하는 자는 종업원 중 영업장별로 공중위생에 관한 책임자를 지정하고 그 책임자로 하여금 위생교육을 받게 하여야 한다.
④ 위생교육 대상자 중 보건복지부장관이 고시하는 섬·벽지 지역에서 영업을 하고 있거나 하려는 자에 대하여는 위생교육 실시단체가 편찬한 교육교재를 배부하여 이를 익히고 활용하도록 함으로써 교육에 갈음할 수 있다.

1 정답 ④

일반적으로 역성비누가 이·미용사의 손 소독용 소독제로 사용된다.

2 정답 ②

퍼머넌트 웨이브 1제 및 2제 용기, 염모제 1제 및 2제 용기, 앰플 용기 등은 용기 안에 남은 내용물을 깨끗하게 제거하고 재활용 쓰레기로 분리배출한다.

3 정답 ④

시술 시 출혈이 발생한 경우 출혈이 있는 부위를 10분 이상 압박하여 지혈을 하고, 출혈이 멈추지 않을 경우 출혈 부위를 압박한 채 병원으로 가서 치료를 받는다.

4 정답 ④

헴 라인은 피부와 두피의 경계선으로 프론트, 사이드, 네이프에서의 머리카락이 나기 시작한 라인을 말한다.

5 정답 ③

중국 당나라 시대의 현종은 십미도에서 열 종류의 눈썹모양을 소개하였다.

6 정답 ③

우리나라에서 면약의 사용과 두발 염색이 시작한 시기는 고려시대이다.

7 정답 ②

쪽머리는 낭자머리라 불리며, 삼국시대부터 내려온 전통 머리로서 가체금지령 이후에 비녀의 발달을 가져온 부녀자들의 일반적인 머리모양이다.

8 정답 ②

조선시대 후반기에 일반 부녀자들에게 유행했던 머리는 쪽머리(쪽진머리, 낭자머리)이다.

9 정답 ④

아이론을 쥘 때 그루브를 아래로 하고 프롱은 위쪽으로 일직선으로 하여 위 손잡이를 엄지와 검지 사이에 끼고 아래 손잡이는 소지와 약지로 잡아 아이론을 개폐시킨다.

10 정답 ④

가위의 주재료는 강철의 탄소강과 부식을 방지하는 스테인레스 합금강으로 만든다. 스테인레스 합금강은 일반 철에 코발트, 크롬, 니켈 등을 혼합하여 만든다.

11 정답 ③

착강 가위는 날은 특수강, 협신부는 연철로 만들어진 가위를 말한다.

12 정답 ④

브러시는 세정 후 맑은 물로 잘 헹구어 털이 아래쪽으로 향하도록 하여 그늘에서 말린다.

13 정답 ②

헤어브러시는 모발 속으로 브러시가 들어갈 수 있도록 털이 빳빳하고 탄력이 있으며, 촘촘히 박힌 양질의 자연 강모로 된 것이 좋다.

14 정답 ②

두피, 두발에 영양을 침투시키기 위하여 히팅 캡, 헤어스티머, 적외선 등을 이용하여 열처리한다.

15 정답 ①

손상모는 마찰로 인하여 모발이 더 상할 수 있으므로 샴푸잉 시 충분히 거품을 내고 매뉴얼테크닉을 시행해 주어야 한다.

16 정답 ②

샴푸 시 다공성모에는 프로테인 샴푸나 콜라겐을 원료로 한 샴푸제가 적당하다.

17 정답 ①

음이온성 계면활성제는 기포력, 세정력이 우수하기 때문에 비누, 샴푸, 클렌징폼에 많이 사용한다.

18 정답 ④

살균력이 있는 염화벤젤코늄을 배합하여 경증의 비듬이나 두피질환에 효과적인 린스는 약용린스이다.

19 정답 ④

헤어커트를 하려고 패널을 잡았을 때 베이스를 벗어나 밖으로 나가는 것은 오프 더 베이스이다.

20 정답 ①

애프터 커팅은 퍼머넌트 시술 후 디자인에 맞춰서 커트하는 것을 말한다.

21 정답 ①

헤어커트 작업 시 빗질은 모발의 흐름에 따라 한다.

22 정답 ③

스트로크 커트 시 두발에 대한 가위의 각도
• 롱 스트로크 : 45~90°
• 미디움 스트로크 : 10~45°
• 숏 스트로크 : 0~10°

23 정답 ①

두발의 길이가 층이 많이 나도록 커트하는 방법은 레이어 커트이며, 위에서 아래로 내려갈수록 길게 커트하는 방법은 인크리스 레이어(하이 레이어)이다.

24 정답 ②

네이프에서 탑 쪽으로 올라갈수록 두발의 길이를 점점 길게 커트하여 작은 단차를 주는 커트는 그래쥬에이션 커트이다.

chapter 06

25 정답 ④

클럽 커트는 블런트 커트라고도 하며 원랭스 커트, 스퀘어 커트, 그라데이션 커트, 레이어 커트가 있다.

26 정답 ①

잘린 단면이 모발 끝으로 가면서 가늘어져 붓끝처럼 되는 커트는 테이퍼링이다.

27 정답 ①

시스틴 결합은 물, 알코올, 약산성, 소금류 등에는 강하지만 알칼리에는 약하다.

28 정답 ②

마셀 그라또(1875년), 찰스 네슬러(1905년), 조셉 메이어(1925년), J.B 스피크먼(1936년)

29 정답 ③

콜드 퍼머넌트 웨이브 작업 전 샴푸는 두피를 자극하지 않도록 중성샴푸를 사용한다.

30 정답 ③

언더 프로세싱은 1액의 방치 시간이 적정시간보다 짧은 경우로 웨이브가 거의 형성되지 않는다.

31 정답 ③

콜드 웨이브를 한 후에 샴푸를 하면 웨이브가 약하게 되므로, 미지근한 물에 플레인 린스를 한다.

32 정답 ②

산성 퍼머넌트는 염색모, 탈색모, 다공성모 등에 적당하고, 손상모에는 주로 시스테인 퍼머넌트를 사용한다.
시스테인 퍼머넌트는 제1액을 모발의 아미노산 성분과 동일한 시스테인을 사용하여 모발에 손상을 주지 않는다.

33 정답 ②

발수성모는 펌제가 잘 흡수되지 않으므로 특수활성제를 도포하고 스티머나 스팀타월을 이용하여 두발의 모공을 열어주는 사전처리를 해야 한다.

34 정답 ④

35 정답 ④

더블 와인딩은 하나의 스트랜드에 2개의 로드를 번갈아가면서 와인딩하는 방법이다.
• 리버스 와인딩 : 로드를 뒤쪽(후두부 쪽)으로 마는 와인딩
• 스파이럴 와인딩 : 로드를 나선형으로 돌려가며 와인딩
• 트위스트 와인딩 : 머리단을 꼬면서 로드로 말아올림

36 정답 ③

숱이 적은 두발은 모발의 굵기가 대체로 가늘며, 이런 모발을 와인딩할 때는 블로킹을 크게 하고 직경이 큰 로드를 사용한다.

37 정답 ②

컬이 말리기 시작하는 지점을 피벗 포인트라고 한다.

38 정답 ④

템퍼러리 염모제는 일시적 염모제로 모발의 표면에만 착색되어 한 번의 샴푸로 쉽게 제거되는 염색제이다.

39 정답 ④

염·탈색 시 2제인 산화제로 가장 많이 사용하는 과산화수소의 농도는 6%(20vol)이다.

40 정답 ③

다이 터치 업은 염색을 한 후 새로 자라난 두발에만 염색하는 것으로 리터치라고도 한다.

41 정답 ④

모발 손상의 원인 중 생리적 요인은 스트레스, 영양부족, 호르몬의 불균형, 모질의 개인적인 특성 등이 있다.

42 정답 ④

수렴제는 모발의 모표피를 수축시킨다.

43 정답 ③

두피의 손질방법 중 화학적인 방법은 헤어로션, 헤어토닉, 헤어크림 등의 양모제를 사용하는 방법이다.
※ 물리적 방법 : 스팀타월, 브러싱, 헤어스티머, 머니플레이션, 전류, 자외선, 적외선 등을 이용한 방법

44 정답 ④

스캘프 머니플레이션을 처치할 때 펌제를 사용하지는 않는다.

45 정답 ①

헤어 팩은 모발에 영양을 공급하여 주는 것으로 건성모나 모표피가 많이 상하여 푸석푸석하고 윤기가 없는 모발에 효과적이다.

46 정답 ②

헤어 컨디셔너제는 두발에 영양을 주어 두발을 보호하는 용도로 사용되며, 두발의 성장에 관여하지는 않는다.

47 정답 ④

두피에 적용하는 매뉴얼테크닉은 스캘프 머니플레이션이다.

48 정답 ③

▶ 업스타일 디자인의 3대 요소
① 형태(Form): 크기, 볼륨, 방향, 위치 등의 모양
② 질감(Texture): 매끈함, 올록볼록함, 거칠함, 무거움, 가벼움 등의 느낌
③ 색상(Color): 어둡고 밝음의 명도, 다양한 색의 표현

49 정답 ④

헤어디자인을 할 때 작업자의 감정을 표현해서는 안 된다.

50 정답 ④

고객의 헤어스타일을 연출할 때 고려해야 할 요소는 얼굴형(정면), 측면의 윤곽(옆모습), 뒷모습(후면), 헤어라인, 목선의 형태, 신장, 두발의 질 등이 있다.

51 정답 ③

• 표피에는 혈관이 없고, 거의 신경이 존재하지 않는다.
• 림프관, 혈관, 신경관, 입모근은 진피에 존재한다.

52 정답 ②

비타민 K는 지용성 비타민으로 혈액 응고에 필수적인 비타민으로 항출혈성 비타민으로 불리며, 비타민 P와 함께 모세혈관벽을 튼튼하게 한다.

53 정답 ③

섬유아 세포는 진피의 구성 세포로 진피의 윗부분에 많이 분포하며, 콜라겐과 엘라스틴을 합성한다.

54 정답 ①

UVA는 320~400nm의 장파장 자외선으로 즉시 색소 침착이 이루어져 인공 선탠에 이용되기도 한다.

55 정답 ③

일반적으로 외부의 자극에 영향이 많아 관리가 어려운 피부는 민감성 피부이다.

56 정답 ④

가피는 속발진에 속하는 피부의 병변으로 상처나 염증 부위에서 흘러나온 혈청과 농, 혈액의 축적물 등의 조직액이 딱딱하게 말라 굳은 것이다.

57 정답 ②

• 3대 영양소 : 탄수화물, 지방, 단백질
• 조절소 : 무기질, 비타민

58 정답 ④

슈퍼옥사이드는 몸속에서 가장 많이 발생하는 활성산소로 대부분은 체내에서 해독되나, 해독되지 못한 것들은 세포를 노화시킨다.

59 정답 ③

멜라닌 색소를 생산하는 멜라닌형성세포는 표피의 기저층에 위치하여 자외선을 흡수·산란시켜 피부를 보호하는 기능을 한다.

60 정답 ③

자외선에 노출될 때 홍반반응, 색소침착, 광노화 등의 부정적 효과와 살균, 비타민 D 합성 등의 긍정적 효과가 발생한다.

61 정답 ②

스쿠알렌은 심해 상어의 간유에서 추출한 불포화탄화수소로 피부에 대한 항산화 효과가 있어 화장품의 원료로 많이 사용된다.

62 정답 ④

SPF 뒤의 숫자는 자외선 차단지수를 말하며, 수치가 높을수록 자외선 차단지수가 높은 것을 의미한다.

63 정답 ④

구성 성분이 균일한 성상으로 혼합되어 있을 것

64 정답 ①

자외선 차단 성분이 미백작용을 활성화시키지는 않는다.

65 정답 ③

공기 중의 습기를 흡수해서 피부표면 수분을 유지시켜 피부나 털의 건조 방지를 하는 성분은 글리세린이다.

66 정답 ④

▶ 화장품에서 요구되는 4대 품질 특성
• 안전성 : 피부에 대한 자극, 알레르기, 독성이 없을 것
• 안정성 : 변색, 변취, 미생물의 오염이 없을 것
• 사용성 : 피부에 사용감이 좋고 잘 스며들 것, 사용이 편리할 것
• 유효성 : 미백, 주름개선, 자외선 차단 등의 효과가 있을 것

67 정답 ①

② 피지선이나 모낭을 통한 흡수는 시간이 지나면서 점차 줄어들게 된다.
③ 분자량이 작을수록 피부흡수가 잘 된다.
④ 지용성 성분은 피부 흡수가 잘 된다.

68 정답 ④

"화장품"이란 인체를 청결·미화하여 매력을 더하고 용모를 밝게 변화시키거나 피부·모발의 건강을 유지 또는 증진하기 위하여 인체에 바르고 문지르거나 뿌리는 등 이와 유사한 방법으로 사용되는 물품으로서 인체에 대한 작용이 경미한 것을 말한다.

69 정답 ③

알파하이드록시산은 자외선 차단 성분이 아니다.

70 정답 ②

수렴 화장수는 피부에 수분을 공급하고 모공 수축 및 피지 과잉 분비를 억제한다.

71 정답 ②

호호바 오일은 보습 및 피지 조절 효과가 뛰어난 천연캐리어 오일로 여드름 치료, 습진, 건선피부 등에 사용된다.

72 정답 ③

색상의 커버력을 조절하기 위해 주로 배합하는 것은 백색 안료이다.

73 정답 ③

기능성 화장품의 기능은 미백, 주름개선과 완화, 선탠, 자외선 차단 등의 기능을 하는 화장품을 말한다. ③은 일반적인 화장품의 정의이다.

74 정답 ①

우리나라의 건강보험제도는 의료비의 과중 부담을 경감하는 제도이다.

75 정답 ③

• 자연증가 = 출생인구 − 사망인구
• 사회증가 = 전입인구 − 전출인구

76 정답 ③

14세 이하가 65세 이상 인구의 2배 정도이며 출생률과 사망률이 모두 낮은 형은 종형이다.

77 정답 ①

질병치료 및 사후처치는 공중보건학의 목적이 아니다.

78 정답 ④

일산화탄소는 공기보다 가볍다.

79 정답 ③

보건행정의 특성 : 공공성, 사회성, 교육성, 과학성, 기술성, 봉사성, 조장성 등

80 정답 ①

한 나라의 건강수준을 나타내며 다른 나라들과의 보건수준을 비교할 수 있는 세계보건기구가 제시한 지표는 비례사망지수이다.

81 정답 ④

성층권의 오존층을 파괴시키는 대표적인 가스는 프레온 가스로 알려진 염화불화탄소이다.

82 정답 ②

- 일시경도의 원인물질 : 탄산염, 중탄산염 등
- 영구경수의 원인물질 : 황산염, 질산염, 염화염 등

83 정답 ①

크레졸은 손, 오물, 배설물 등의 소독 및 이·미용실의 실내소독용으로 사용된다.

84 정답 ①

소독약의 검증 혹은 살균력의 비교에 가장 흔하게 이용되는 방법은 석탄산계수 측정법이다.

85 정답 ②

고압증기 멸균기는 의료기구, 유리기구, 금속기구, 의류, 고무제품, 미용기구, 무균실 기구, 약액 등에 사용된다.

86 정답 ③

석탄산은 페놀계 소독제에 해당한다.

87 정답 ②

기온역전 현상 : 고도가 높은 곳의 기온이 하층부보다 높은 경우 주로 발생하는 대기오염현상

88 정답 ②

$$석탄산 계수 = \frac{소독액의 희석배수}{석탄산의 희석배수} = \frac{135}{90} = 1.5$$

89 정답 ①

이·미용기구 소독방법의 일반기준에 해당하는 소독방법은 자외선소독, 건열멸균소독, 증기소독, 열탕소독, 석탄산수소독, 크레졸소독, 에탄올소독이다.

90 정답 ④

요오드 화합물은 세균, 포자, 곰팡이, 원충류 및 조류 등과 같이 광범위한 미생물에 대한 살균력을 가진다.

91 정답 ③

소독제 A를 B보다 2배 짙게 조정해야 한다.

92 정답 ①

이질은 바퀴벌레, 파리 등을 매개로 하는 경구 감염으로 전파되며, 적은 양의 세균으로도 감염될 수 있어 환자 및 병원체 보유자와 직접 또는 간접접촉을 통해서도 감염 가능하다.

93 정답 ③

투베르쿨린 반응은 결핵 감염유무를 검사하는 방법이다.

94 정답 ①

세균성 식중독은 세균 증식에 알맞은 여름철에 많이 발생한다.

95 정답 ③

세균은 증식 환경이 적당하지 않을 경우 아포를 형성함으로써 강한 내성을 지니게 된다.

96 정답 ④

감염병의 유행조건 : 감염원(병인), 감염경로(환경), 감수성 숙주

97 정답 ①

세균성 식중독은 잠복기가 아주 짧다.

98 정답 ④

즉시 신고해야 하는 감염병은 제1급 감염병이며, 두창, 디프테리아, 중증급성호흡기증후군은 여기에 해당된다. 말라리아는 제3급 감염병으로 24시간 이내에 신고해야 한다.

99 정답 ④

두창·홍역(95%), 백일해(60~80%), 성홍열(40%), 디프테리아(10%), 폴리오(0.1%)

100 정답 ②

인플루엔자는 바이러스로 인한 호흡기계 감염병으로 공기 중 비말전염으로 쉽게 감염될 수 있다.

101 정답 ③

▶ 공중위생감시원의 업무범위
- 관련시설 및 설비의 확인 및 위생 상태 확인·검사
- 공중위생 영업자의 위생관리의무 및 영업자준수사항 이행 여부의 확인
- 공중이용시설의 위생관리상태의 확인·검사
- 위생지도 및 개선명령 이행 여부의 확인
- 공중위생영업소의 영업의 정지, 일부 시설의 사용중지 또는 영업소 폐쇄명령 이행 여부의 확인
- 위생교육 이행 여부의 확인

102 정답 ①

양벌규정에 대한 설명이다.

103 정답 ③

이용사 또는 미용사가 되고자 하는 자는 시장 · 군수 · 구청장의 면허를 받아야 한다.

104 정답 ②

▶ 1차 위반 시 면허취소가 되는 경우
- 국가기술자격법에 따라 미용사 자격이 취소된 때
- 결격사유에 해당한 때
- 이중으로 면허를 취득한 때
- 면허정지처분을 받고 그 정지기간 중 업무를 행한 때

105 정답 ①

시 · 도지사 또는 시장 · 군수 · 구청장은 위생서비스평가의 결과 위생서비스의 수준이 우수하다고 인정되는 영업소에 대하여 포상을 실시할 수 있다.

106 정답 ④

① 공중위생영업이라 함은 숙박업 · 목욕장업 · 이용업 · 미용업 · 세탁업 · 건물위생관리업을 말한다.
② 공중위생영업의 양수인 상속인 또는 합병에 의하여 설립되는 법인 등은 공중위생영업자의 지위를 승계할 수 있다.
③ 시설 및 설비를 갖추고 신고한다.

107 정답 ③

발한실에 관한 기준은 목욕장업에 적용되는 기준이다.

108 정답 ①

① 영업소 내부에 미용업 신고증 및 개설자의 면허증 원본을 게시할 것
② 이 · 미용실에서는 의약품을 사용할 수 없다.
③ 미용기구는 소독을 한 기구와 소독을 하지 아니한 기구를 구분하여 보관하여야 한다.
④ 1회용 면도날은 손님 1인에 한하여 사용할 것

109 정답 ①

이 · 미용사 면허증을 부착할 수 없게 하는 봉인은 관계공무원의 조치사항이 아니다.

110 정답 ③

6개월이 아닌 1년 이상 공중위생 행정에 종사한 경력이 있는 사람이 공중위생감시원의 자격에 해당한다.

111 정답 ④

▶ 명예공중위생감시원의 위촉대상자
- 공중위생에 대한 지식과 관심이 있는 자
- 소비자단체, 공중위생관련 협회 또는 단체의 소속직원 중에서 당해 단체 등의 장이 추천하는 자

112 정답 ③

"미용업"이라 함은 손님의 얼굴, 머리, 피부 및 손톱 · 발톱 등을 손질하여 손님의 외모를 아름답게 꾸미는 영업을 말한다.

113 정답 ③

혼례나 그 밖의 의식에 참여하는 자에 대하여 그 의식 직전에 미용을 하는 경우 영업소 외의 장소에서 이 · 미용 업무를 행할 수 있다.

114 정답 ②

시 · 도지사는 공중위생영업소의 위생관리수준을 향상시키기 위하여 위생서비스평가계획을 수립하여 시장 · 군수 · 구청장에게 통보하여야 한다.

115 정답 ①

면허가 취소된 후 계속하여 업무를 행한 자에 대한 벌칙은 300만원 이하의 벌금이다.

116 정답 ②

- 1차 위반 : 경고
- 2차 위반 : 영업정지 5일
- 3차 위반 : 영업정지 10일
- 4차 위반 : 영업장 폐쇄명령

117 정답 ②

- 1차 : 영업정지 10일
- 2차 : 영업정지 20일
- 3차 : 영업정지 1개월
- 4차 : 영업장 폐쇄명령

118 정답 ④

변경신고 사항
- 영업소의 명칭 또는 상호
- 영업소의 소재지
- 영업장 면적의 3분의 1 이상의 증감
- 대표자의 성명 또는 생년월일
- 미용업 업종 간 변경

119 정답 ①

공중위생영업자는 공중위생영업을 폐업한 날부터 20일 이내에 시장 · 군수 · 구청장에게 신고하여야 한다.

120 정답 ①

위생교육 실시단체의 장은 위생교육을 수료한 자에게 수료증을 교부하고, 교육실시 결과를 교육 후 1개월 이내에 시장 · 군수 · 구청장에게 통보하여야 하며, 수료증 교부대장 등 교육에 관한 기록을 2년 이상 보관 · 관리하여야 한다.

| 제1장 헤어 이론 |

01 미용의 일반적 정의
복식 이외의 여러 가지 방법으로 용모에 물리적, 화학적 기교를 가하여 외모를 아름답게 꾸미는 것

02 미용의 특수성(제한성)
① 의사표현의 제한
② 소재선택의 제한
③ 시간적 제한
④ 부용예술로서의 제한
⑤ 미적효과의 고려

03 미용의 과정
소재의 확인 → 구상 → 제작 → 보정

소재	미용의 소재는 제한된 신체의 일부분
구상	소재의 특징을 살려 훌륭한 개성미를 나타낼 수 있도록 연구 및 구상하는 단계(손님의 희망사항을 우선적으로 고려하여 미용사의 독창력 있는 스타일을 창작)
제작	구상을 구체적으로 표현하는 단계
보정	• 제작이 끝난 후 전체적인 모양을 종합적으로 관찰하여 수정ㆍ보완하여 마무리하는 단계 • 고객이 추구하는 미용의 목적과 필요성을 시각적으로 느낄 수 있는 단계

04 미용사의 올바른 자세
① 다리는 어깨 폭 정도로 벌려 몸의 체중을 고루 분산시켜 안정적인 자세가 되도록 함
② 작업 대상은 시술자의 심장높이와 평행하도록 한다.
③ 적절하게 힘을 배분하여 균일한 동작을 하도록 한다.
④ 명시 거리는 정상 시력인 사람의 경우 안구에서 25~30㎝ 정도이며, 작업 시 이 거리를 유지한다.
⑤ 실내조도는 75Lux 이상을 유지한다.

05 우리나라의 고대 미용
① 머리의 모양으로 신분의 귀천을 나타냄(남녀 모두)
② 삼국시대 및 통일신라시대

고구려	• 고분벽화를 통하여 머리모양을 알 수 있음(문헌은 없음) • 얹은머리, 쪽머리, 푼기명식머리, 중발머리, 쌍상투머리, 큰머리, 낭자머리 등이 있음
백제	• 처녀는 댕기머리, 부인은 쪽머리를 함 • 일본에 화장술 및 화장품 제조술을 전함
신라	• 금은주옥으로 꾸민 가발을 사용한 장발처리 기술이 뛰어남 • 머리형으로 신분과 지위를 나타냄

통일 신라	• 빗을 장식용으로 꽂고 다녔으며, 신분에 따라 빗의 재질이 다름

06 고려시대의 미용
① 면약(일종의 안면용 화장품)과 두발 염색이 시작됨
② 기생 중심의 분대화장이 유행함
③ 머리다발 중간에 틀어 심홍색의 갑사로 만든 댕기로 묶어 쪽진 머리와 비슷한 모양을 함
④ 일부 남성은 개체변발을 하였음

07 조선시대의 미용

초기	• 유교의 영향으로 분대화장을 기피하고, 연한 화장 및 피부 손질 위주의 화장을 함
중기	• 일반인의 분화장이 신부화장에 사용되었다. • 밑화장으로 참기름을 사용
후기	• 서양문물의 급격한 유입으로 다양한 미용이 등장

08 조선시대의 머리모양

큰머리 (어여머리)	궁중이나 상층의 양반가에서만 하던 머리
떠구지머리	어여머리 위에 떠구지를 올린머리
쪽머리 (쪽진머리)	낭자머리라고도 함 조선시대 후기에 일반 부녀자들에게 유행
얹은머리	쪽머리와 더불어 혼인한 부녀자의 대표적인 머리
첩지머리	신분에 따라 재료와 무늬가 달라 내명부나 외명부의 신분을 밝혀주는 중요한 표시 (왕비 : 도금한 봉첩지, 상궁 : 개구리첩지)

※ 비녀를 사용한 머리 : 쪽머리(낭자머리), 조짐머리, 낭자머리 등 쪽을 지는 머리

09 현대의 미용
우리나라의 현대미용의 시초는 한일합방 이후부터이다.

이숙종 (1920년대)	높은 머리(일명 다까머리)로 여성 두발에 혁신적인 변화를 일으킴
김활란 (1920년대)	최초의 단발머리여성
오엽주 (1933년)	화신미용원 개원(우리나라 최초의 미용실)
다나까 미용학원	일본인이 설립한 우리나라 최초의 미용학교
광복 후	• 김상진 : 해방 후 현대미용학원 설립 • 권정희 : 한국전쟁 후 정화미용고등기술학교 설립 • 임형선 : 예림미용고등기술학교 개설

10 중국의 미용
① B.C 2,200년경 하(夏)나라 시대에 분을 사용함
② B.C 1,150년경 은(殷)나라 주왕 때 연지화장이 사용됨
③ B.C 246~210년경 진(秦)나라 시황제(秦始皇)는 아방궁 3천명의 미희에게 백분과 연지를 바르게 하고 눈썹을 그리게 함
④ 당(唐)나라 시대
  • 액황 : 이마에 발라 약간의 입체감을 줌
  • 홍장 : 백분을 바른 후 연지를 덧발랐다.
  • 현종(713~755)은 십미도(十眉圖)에서 열 종류의 눈썹모양을 소개

11 이집트의 미용
이집트는 고대미용의 발상지이다.

가발	모발을 짧게 깎거나 밀어내고, 인모나 종려나무의 잎 섬유로 만든 공기유통이 잘 되는 가발을 사용
화장	• 서양 최초로 화장을 하였음 • 눈화장(콜)과 화장(붉은 찰흙과 샤프란을 이용)을 함
퍼머넌트	• 진흙을 모발에 발라 둥근 나무막대기로 말고, 태양열로 건조시켜 모발에 컬을 만듦 • 알칼리 토양과 태양열을 이용한 퍼머넌트의 기원
염색	• B.C 1,500년경 헤나(Henna)를 진흙에 개어 모발에 바르고 태양광선에 건조시켜 자연적인 흑색모발을 다양하게 연출

12 서양의 근세 미용

르네상스 (14~16세기)	대체로 머리를 짧고 단정하게 하였으며, 가발을 사용하고, 머리에 착색을 함
바로크 (17세기)	• 캐더린 오프 메디시 여왕 : 프랑스의 근대 미용의 기초를 마련한 여왕 • 삼페인(Champagne) : 여성들의 두발 결발사로 종사한 최초의 남자 결발사로 17세기 초에 파리에서 성업함
로코코 (18세기)	• 높은 트레머리로 생화, 깃털, 보석장식과 모형선까지 얹어 머리형태가 사치스러웠던 시대 • 오데코롱 : 18세기에 발명되어 현재도 사용되고 있는 유명한 화장수

13 현대 서양의 미용

무슈 끄로샤트 (Croisat)	• 프랑스의 일류 미용사 • 1930년대 – 아폴로노트(Apollo's knot)를 고안
마셀 그라또우 (Marcel Gurateau)	• 1875년 – 아이론의 열을 이용하여 웨이브를 만드는 마셀 웨이브를 고안
찰스 네슬러 (Charles Nessler)	• 영국인(독일에서 귀화) • 1905년 – 퍼머넌트 웨이브 창안 – 영국에서 시연 – 스파이럴식 웨이브

조셉 메이어 (Josep Mayer)	• 독일인 • 1925년 – 히트 퍼머넌트 웨이빙 고안 – 크로키놀식(Croquignole)
J.B. 스피크먼 (J. B. Speakman)	• 영국인 • 1936년 – 콜드 웨이브 성공

14 빗(Comb)
① 빗몸은 일직선이어야 하며, 빗살은 간격이 균등하게 똑바로 나열되어야 한다.
② 빗살 끝은 너무 뾰족하거나 무디지 않아야 한다.
③ 정전기 발생이 적어야 하며, 내수성 및 내구성이 좋아야 한다.
④ 금속재질이 아닌 빗은 증기소독이나 자비소독에 적합하지 않다.
⑤ 소독용액에 오래 담그지 않아야 하며, 소독 후 물로 행구고 마른 수건으로 물기를 제거하여 소독장에 보관한다.
⑥ 소독액은 크레졸수, 역성비누액, 석탄산수 등이 쓰인다.

15 브러시(Brush)
① 헤어브러시는 털이 빳빳하고 탄력이 있으며, 촘촘히 박힌 양질의 자연강모로 된 것이 좋다.
② 두피를 자극하는 방법이므로 두피나 모발이 손상된 경우 등에는 브러싱을 피하는 것이 좋다.
③ 비눗물, 탄산소다수 또는 석탄산수를 이용하여 세정한다.
④ 세정 후 맑은 물로 잘 헹군 후 털을 아래쪽으로 하여 그늘에서 말린다.

16 가위(Scissors)의 특징
① 협신에서 날끝으로 갈수록 자연스럽게 구부러진(내곡선) 것이 좋다.
② 양날의 견고함이 동일한 것이 좋다.
③ 날이 얇고 양다리가 강한 것이 좋다.

17 재질에 따른 가위
① 착강가위 : 협신부는 연강, 날은 특수강으로 만든 가위
② 전강가위 : 전체를 특수강으로 만든 가위

18 사용 목적에 따른 가위
③ 커팅가위 : 모발을 커팅하고 셰이핑하는 가위
④ 틴닝가위 : 모발의 길이는 그대로 두고, 숱만 쳐내는 가위

19 레이저(Razor)의 조건
① 날등과 날끝이 평행을 이루고 비틀리지 않아야 한다.
② 날등에서 날끝까지 양면의 콘케이브가 균일한 곡선으로 되어 있고, 두께가 일정해야 한다.
③ 솜털 등을 깎을 때는 외곡선상의 레이저가 좋다.

20 레이저의 종류

오디너리 레이저	• 일상용 레이저(숙련자용) • 능률적이고 세밀한 작업이 용이
셰이핑 레이저	• 날이 닿는 두발의 양이 제한되어 안전(초보자용) • 두발 외형선의 자연스러움을 만듦

21 헤어 아이론(Hair iron)

① 프롱(로드), 그루브, 핸들 등에 녹이 슬거나 갈라짐이 없어야 한다.
② 프롱과 그루브 접촉면에 요철(凹凸)이 없고 부드러워야 한다.
③ 프롱과 그루브는 비틀리거나 구부러지지 않고 어긋나지 않아야 한다.
④ 프롱과 핸들의 길이는 대체로 균등한 것이 좋다.
⑤ 아이론의 사용온도는 120~140℃가 적당하다.
⑥ 아이론을 쥐는 법 : 그루브를 아래, 프롱을 위쪽으로 일직선 상태로 만들어 위 손잡이를 오른손의 엄지와 검지 사이에 끼고 아래 손잡이는 소지와 약지로 잡는다.

22 헤어핀과 헤어클립

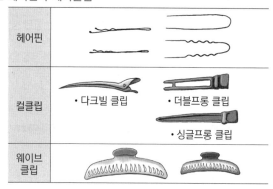

헤어핀	
컬클립	• 다크빌 클립　• 더블프롱 클립 • 싱글프롱 클립
웨이브 클립	

23 헤어 드라이어(Hair dryer)

① 일반적인 블로우 드라이의 가열온도는 60~80℃이다.
② 핸드 드라이어는 시술자의 조정에 의해 바람을 일으키는 블로우 타입으로 주로 드라이 세트에 많이 이용된다.

24 히팅캡과 헤어스티머

히팅캡	• 모발에 바른 약액의 침투가 잘 되도록 한다. • 스캘프 트리트먼트, 헤어트리트먼트, 가온식 콜드액 시술 등에 사용
헤어 스티머	• 180~190℃의 스팀을 발생시켜 약액의 침투를 용이하게 하고 피부조직을 이완시킨다. • 분무 증기의 온도와 입자가 균일하고 증기의 조절이 가능하여야 좋다.

25 샴푸의 목적

① 두피 및 모발의 청결로 상쾌함을 유지시킨다.
② 두발미용시술을 용이하게 한다.
③ 두발의 건강한 발육을 촉진시킨다.

④ 혈액순환 촉진으로 모근 강화 및 모발의 성장을 촉진시킨다.
　☞ 샴푸잉은 두피나 모발에 영양을 공급하거나 두피질환을 치료하기 위해서 하는 것이 아니다.
　☞ 샴푸에 적당한 물은 36~38℃의 연수이다.

26 샴푸의 종류

① 물의 사용에 따른 샴푸의 종류

웨트샴푸	• 플레인 샴푸 : 일반적인 샴푸 • 스페셜샴푸 : 핫오일샴푸, 에그샴푸, 토닉샴푸
드라이샴푸	• 물을 사용하지 않아 동계에 임산부나 환자에게 샴푸잉을 할 때 유용하다. • 파우더 드라이, 에그 파우더 드라이, 리퀴드 드라이 샴푸가 있다.

　☞ 핫오일샴푸 : 플레인 샴푸를 하기 전에 실시
　☞ 에그 샴푸 : 지나치게 건조한 모발, 탈색된 모발, 민감성피부나 염색에 실패했을 때 사용

② 정상 모발상태에 따른 샴푸의 종류

알칼리성	• 알칼리성 샴푸제의 pH는 약 7.5~8.5 정도이다. • 두피나 모표피의 산성도를 일시적으로 알칼리로 변화시키므로 산성린스로 중화시킨다.
산성	• 두피의 pH와 거의 같은 산성도(pH 4.5) • 퍼머넌트 웨이브나 염색 후에 사용하여 알칼리성 약제를 중화시킨다.

③ 특이 상태에 따른 샴푸의 종류

비듬성	댄드러프 샴푸
지방성	중성세제 또는 합성세제 샴푸제
염색한 두발	논스트리핑 샴푸제(Nonstripping Shampoo)
다공성모	프로테인 샴푸

27 샴푸의 첨가제

계면활성제	• 물과 기름의 경계면에 흡착하여 표면의 장력을 감소시키는 물질 • 피부자극의 순서 : 양이온성〉음이온성〉양쪽이온성〉비이온성 　☞ 양쪽 이온성 계면활성제는 피부자극이 적어 유아용으로 많이 사용한다.
점증제	샴푸에 적정한 점착성을 주기 위하여 첨가
기포증진제	기포증진과 안정을 목적으로 첨가

28 헤어 린스의 목적

① 샴푸잉 후 모발에 남아 있는 금속성피막과 비누의 불용성 알칼리성분을 제거한다.
② 샴푸로 건조된 모발에 지방을 공급하여 모발에 윤기를 더한다.
③ 모발이 엉키는 것을 방지하고 빗질을 용이하게 한다.
④ 정전기 발생을 방지한다.

29 린스의 종류

플레인 린스	• 38~40℃의 연수로 헹구어 내는 방법 • 퍼머넌트에서 중간린스로 사용 • 퍼머넌트 직후에 사용(샴푸를 하지 않음)
유성 린스	• 모발이 건성일 때 사용 • 모발에 유지분을 공급하며, 오일린스와 크림린 스가 있음
산성 린스	• 미지근한 물에 산성의 린스제를 녹여서 사용 • 남아 있는 비누의 불용성 알칼리 성분을 중화시키고 금속성 피막을 제거 • 퍼머넌트 웨이브와 염색 시술 후 모발에 남아있는 알칼리 성분을 중화시킴 • 표백작용이 있어 장시간의 사용은 피해야 함 • 퍼머넌트 시술 전의 샴푸 뒤에는 산성린스를 사용하지 않음 • 레몬린스, 구연산린스, 비니거린스 등

30 헤어커트의 구분

① 물의 사용에 따라

웨트 커트 (Wet cut)	• 모발에 물을 적셔서 하는 커트로 두발의 손상이 거의 없다.
드라이 커트 (Dry cut)	• 모발을 물에 적시지 않고 하는 커트 • 웨이브나 컬이 완성된 상태에서 지나친 길이 변화없이 수정을 하는 경우에 사용

② 퍼머넌트 전후에 따라

프레 커트 (Pre cut)	• 퍼머넌트 시술 전에 행하는 커트 • 디자인하고자 하는 라인보다 1~2cm 길게 커트
애프터 커트 (After cut)	• 퍼머넌트 시술 후에 행하는 커트 • 구상된 디자인에 따라 맞추어가며 커트

③ 사용도구에 따라

레이저 커트 (Razor)	• 면도칼을 이용하여 하는 커트 • 웨트 커트로 사용하며, 두발 끝이 자연스러움
시저스 커트 (Scissors)	• 가위를 이용하여 하는 커트 • 웨트 커트 및 드라이 커트에 모두 사용

31 헤어커트의 3요소

조화(Maching), 유행(Mode), 기술(Technic)

32 테이퍼링(Tapering)

① 페더링(Feathering)이라고도 한다.
② 레이저를 사용하며, 물로 두발을 적신다음 테이퍼링한다.
③ 모발 숱을 쳐내어 두발 끝을 점차적으로 가늘게 커트하여 붓
끝처럼 가늘게 된다.
④ 커트한 모발선이 가장 자연스럽게 완성된다.
⑤ 레이저로 테이퍼링할 때 스트랜드의 뿌리에서 2.5~5cm 정
도 떨어져서 시행한다.

33 테이퍼링의 종류

엔드 테이퍼 (End taper)	• 스트랜드의 1/3 이내의 두발 끝을 테이퍼링
노멀 테이퍼 (Normal)	• 스트랜드의 1/2 지점을 폭넓게 테이퍼링
딥 테이퍼 (Deep)	• 스트랜드의 2/3 지점에서 두발을 많이 쳐내는 테이퍼링

※ 보스 사이드 테이퍼(Both side taper) : 레이저 테이퍼링 중 스트랜
드의 안쪽과 바깥쪽을 번갈아 가면서 테이퍼링 하는 기법으로 깃털
처럼 가벼운 실루엣을 만들고자 할 때 사용한다.

34 블런트 커트(Blunt cut)

① 모발을 직선적으로 커트하여 스트랜드의 잘려진 단면이 직
선으로 이루어진다.
② 클럽 커트(Club cut)라고도 한다.
③ 두발의 손상이 적다.
④ 잘린 부분이 명확하고, 입체감을 내기 쉽다.
⑤ 종류

원랭스 커트	• 완성된 두발을 빗으로 빗어 내렸을 때 모든 두발이 하나의 선상으로 떨어지도록 자르는 커트 • 종류 : 스파니엘, 패러럴 보브, 이사도라, 머시룸
스퀘어 커트	• 미리 정해 놓은 정사각형으로 커트 • 자연스럽게 모발의 길이가 연결되도록 할 때에 이용
그라데이션 커트 (그래듀에이션 커트)	• 두부 상부에 있는 두발은 길고 하부로 갈수록 짧게 커트해서 두발의 길이에 작은 단차가 생기게 한 커트 기법 • 사선 45° 선에서 슬라이스로 커트하여 후두부에 무게(Weight)를 더해주며, 스타일을 입체적으로 만듦
레이어 커트	• 상부의 모발이 짧고 하부로 갈수록 길어져 모발에 단차를 표현하는 기법 • 두상에서 올려진 스트랜드의 각이 90° 이상 • 긴머리나 짧은머리에 폭넓게 사용, 퍼머넌트 와인딩이 용이

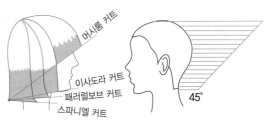

[원랭스 커트]　　　　　　[그라데이션 커트]

35 기타 커트 기법

틴닝	모발의 길이를 짧게 하지 않으면서 전체적으로 모발 숱을 감소시키는 방법
슬리더링	• 가위를 이용하여 모발을 틴닝하는 방법 • 모발 끝에서 두피 쪽으로 밀어 올리듯이 커트 • 모근부로 갈 때 가위를 닫고 두발 끝 쪽으로 갈 때 벌림 • 모발의 양에 따라 2~3회 반복한다.
클리핑	형태가 이루어진 두발 선에 가위를 사용하여 손상모 등의 불필요한 모발 끝을 제거하거나 정리·정돈하기 위하여 가볍게 손질하는 커트
트리밍	완성된 형태의 두발 선을 최종적으로 정돈하기 위하여 가볍게 다듬어 커트하는 방법
싱글링	빗으로 잡은 45°의 각을 이용하여 빗을 천천히 위쪽으로 이동시키면서 가위의 개폐를 재빨리 하여 빗에 끼어있는 두발을 잘라나가는 커트
나칭과 포인팅	커트 후 뭉툭한 느낌이 없는 자연스러운 두발을 위해 끝을 45° 정도로 비스듬히 커트하는 기법
크로스 체크커트	최초의 슬라이스선과 교차되도록 체크 커트하는 방법

36 퍼머넌트 웨이브의 역사

고대 이집트	알칼리 토양의 흙을 바르고 나무막대로 말아 햇빛에 말려서 웨이브를 만들었다.
찰스 네슬러	1905년 영국 런던에서 긴머리에 적합한 스파이럴식 웨이브를 발표
죠셉 메이어	스파이럴식을 개량한 크로키놀식을 고안
J. B 스피크먼	상온에서 약품을 사용하여 웨이브를 만드는 콜드 웨이브를 고안(1936년경)

37 콜드 퍼머넌트(2욕법 기준)

제1액 (환원제)	• 두발의 시스틴 결합을 환원(절단)시키는 작용을 가진 환원제로서 알칼리성이다. • 환원작용을 하는 용액 • 프로세싱 솔루션이라고도 한다. • 환원제로는 독성이 적고 모발에 대한 환원작용이 좋은 티오글리콜산이 가장 많이 사용된다.
제2액 (산화제)	• 환원된 모발에 작용하여 시스틴을 변형된 상태로 재결합시켜 자연모 상태로 웨이브를 고정시킨다. • 산화제, 정착제(고착제), 뉴트럴라이저(중화제)라고도 한다. • 취소산나트륨(브롬산나트륨), 취소산칼륨(브롬산칼륨) 등이 주로 사용된다.(적정농도 3~5%) • 과산화수소는 모발을 표백시키기 때문에 잘 사용하지 않는다.

38 콜드 퍼머넌트 웨이브 2욕법의 종류

산성 퍼머넌트	• 제1액은 티오글리콜산을 주제로 사용 • 암모니아수(알칼리제) 등을 사용하지 않고, 특수계면활성제를 첨가하여 pH 4~6 정도로 시술 • 모발손상의 염려가 없어 염색모, 탈색모, 다공성모에 적당
시스테인 퍼머넌트	• 제1액을 모발에서 채취한 시스테인이라는 아미노산을 사용(티오글리콜산을 사용하지 않음) • 모발의 아미노산 성분과 동일한 성분으로 모발에 손상을 주지 않고, 트리트먼트 효과도 있음 • 연모나 손상모에 적당

39 퍼머넌트 시 두발의 상태

다공성모	• 두발의 간충물질이 소실되어 두발 조직 중에 공동이 많고 보습작용이 적어져서 두발이 건조해지기 쉬운 손상모 • 다공성 정도가 클수록 약액의 흡수가 빨라 프로세싱타임을 짧게 함
발수성모 (저항성모)	• 모발의 모표피(큐티클층)가 밀착되어 공동(빈구멍)이 거의 없는 상태의 모발 • 모표피에 지방분이 많은 지방과다모발 • 솔루션의 흡수력이 적어 퍼머넌트 웨이브가 잘 나오지 않음(사전처리를 하고, 프로세싱타임을 길게 해야 함)

40 퍼머넌트 웨이브 프로세싱의 과정

블로킹 → 와인딩 → 프로세싱(1액, 환원작용) → 테스트 컬 → 중간린스 → 2액의 도포(산화작용) → 린싱

41 와인딩의 기본 순서

네이프(nape) → 백(back) → 사이드(side) → 탑(top)

42 컬링로드의 종류 및 사용부위

소형로드	네이프 부분
중형로드	크라운의 하부에서 양사이드에 걸친 부분
대형로드	탑(Top)에서부터 크라운의 앞부분

43 모발의 굵기에 따른 블로킹과 컬링로드의 크기

구분	블로킹	컬링로드의 직경
굵은 모발, 과밀 모발	작게	작은 것
가는 모발, 소밀 모발	크게	큰 것

44 프로세싱 솔루션

① 퍼머넌트에 사용하는 제1액을 말한다.
② pH 9.0~9.6의 알칼리성 환원제이다.
③ 티오글리콜산이 가장 많이 사용된다.
④ 공기 중에서 산화되므로 밀폐된 냉암소에서 보관하고, 금속 용기 사용은 삼간다.
⑤ 사용하고 남은 액은 작용력이 떨어지므로 재사용하지 않는다.

45 프로세싱 타임(Processing time)

① 적당한 프로세싱 타임 : 10~15분 정도
② 두발의 성질과 상태, 사용한 용액의 강도, 로드의 수, 온도 등에 따라 소요시간을 달리함
③ 프로세싱 타임을 줄이기 위하여 히팅캡, 스팀타월, 스티머, 적외선 등을 사용함
④ 테스트 컬 : 제1액을 바르고 10~15분 후에 함

오버(Over) 프로세싱	• 적정한 프로세싱 타임 이상으로 제1액의 방치시간이 길어진 경우 • 지나치게 컬이 형성된다. • 모발이 젖었을 때 지나치게 꼬불거리고 건조되면 웨이브가 부서진다.
언더(Under) 프로세싱	• 적정한 프로세싱 타임 이하로 제1액의 방치시간이 짧은 경우 • 모발이 웨이브가 거의 나오지 않음 • 처음에 사용한 솔루션보다 약한 제1액을 다시 사용

46 퍼머넌트 웨이브의 평가

① 모발 끝이 자지러지는 이유(컬이 너무 강하게 형성)
 • 사전커트 시 모발 끝을 심하게 테이퍼링 했을 때
 • 로드의 굵기가 너무 가는 것을 사용했을 때
 • 와인딩 시 텐션을 주지 않고 느슨하게 말았을 때
 • 오버 프로세싱을 했을 때
 • 너무 강한 약을 사용하였을 때
 • 콜드웨이브 제1액을 바르고 방치시간이 길었을 때
② 퍼머넌트 웨이브가 잘 나오지 않는 이유
 • 모발이 선천적으로 저항성모이거나 발수성모로 빳빳할 때
 • 모발의 손상이 너무 많거나 탄력이 없이 연약할 때
 • 모발에 금속성 염모제를 사용했을 때
 • 비누나 칼슘이 많은 경수로 샴푸를 했을 때
 • 제1액이 산화된 용액을 사용했을 때
 • 오버 프로세싱으로 시스틴결합이 파괴되었을 때

47 헤어세팅의 구분

오리지널 세트 (Original set)	• 최초의 기초세트이다. • 종류 : 헤어 파팅, 헤어 셰이핑, 헤어 컬링, 헤어 웨이빙, 롤러 컬링 등
리세트 (Reset)	• 마무리하는 세트로 정리세트라고 한다. • 종류 : 브러시 아웃, 콤 아웃

48 헤어 파팅 – 본문의 그림 참조

센터 파트	전두부의 헤어라인 중심에서 두정부를 향한 직선가르마
사이드 파트	전두부 헤어라인 경계선에서 뒤쪽으로 향하는 옆 가르마(오른쪽 또는 왼쪽)
업 다이애거널 파트	사이드 파트의 분할선이 뒤쪽을 향해 위(Up)로 경사진 파트
다운 다이애거널 파트	사이드 파트의 분할선이 뒤쪽을 향해 아래(Down)로 경사진 파트

센터 백 파트	후두부를 정중선(正中線))으로 똑바로 가르는 파트
스퀘어 파트	이마의 양쪽에서 사이드 파트를 하고 두정부 가까이(탑 포인트 부분)에서 이마의 헤어라인에 수평이 되도록 모나게 가르마를 타는 파트
렉탱귤러 파트	이마의 양쪽에서 사이드 파트를 하고 두정부에서 이마의 헤어라인에 수평이 되도록 직사각형으로 나눈 파트
V형(삼각) 파트	• 이마의 양쪽과 두정부 정점을 연결한 V자(삼각)형의 파트(트라이앵귤러 파트) • 업스타일을 시술할 때 백코밍의 효과를 크게 해줌
카우릭 파트	두정부의 가마로부터 방사상으로 머리카락 흐름에 따라 가르마를 만든 파트

49 컬의 구성요소

컬의 3요소	베이스, 스템, 루프
기타	헤어 셰이핑, 스템의 방향과 각도, 모발의 텐션, 슬라이싱, 모발의 끝처리 등

50 베이스

① 컬 스트랜드의 근원(뿌리)에 해당되는 부분
② 모양에 따라

스퀘어 베이스	정방형(정사각형) 베이스
오블롱 베이스	장방형(직사각형) 베이스
아크 베이스	호형(둥근형) 베이스
트라이앵귤러 베이스	삼각형 베이스

③ 각도에 따라

온 베이스	모발의 각도가 90~120° 정도이며, 로드가 베이스에 정확히 들어가 논스템(non-stem)이 되는 섹션 베이스
오프 베이스	로드가 베이스를 벗어나 모간 끝에 컬의 중심을 둔 상태(20°이하 또는 120°이상)
하프 오프 베이스	로드가 베이스에 반이 들어오는 45°정도로 베이스에서 1/2 떨어진 컬
트위스트 베이스	베이스의 모양이 틀어져 있는 모든 베이스

51 스템

① 베이스에서 피벗 포인트까지 컬의 줄기 부분
② 스템은 컬의 방향이나 웨이브의 흐름을 좌우
③ 스템의 종류

논 스템 (Non stem)	• 루프가 베이스에 들어가 있음 • 움직임이 가장 적고, 컬이 오래 지속됨
하프 스템 (Half stem)	• 루프가 베이스에 중간정도 들어가 있는 것 • 서클이 베이스로부터 어느 정도 움직임을 느낌
풀 스템 (Full stem)	• 루프가 베이스에서 벗어나 있음 • 컬의 형태와 방향만을 부여하며, 컬의 움직임이 가장 큼

52 컬의 종류

스탠드업 컬	두피 위에 90°로 세워진 컬(볼륨 있음) • 포워드 스탠드업 컬 : 귀바퀴방향 • 리버스 스탠드업 컬 : 귀바퀴 반대방향
플랫 컬	컬의 루프가 두피에 0°의 각도로 평평하고 납작하게 눕혀진 컬(볼륨 없음) • 스컬프쳐 컬 : 모발 끝에서 모근 쪽으로 와인딩 • 핀 컬 : 모근에서 모발 끝으로 와인딩
리프트 컬	루프가 두피에 대해 45° 경사지게 세워진 컬
바렐 컬	두발을 말아서 원통으로 만드는 컬

53 시계방향에 따른 컬의 구분
① C컬 : 시계방향으로 말리는 컬
② CC컬 : 시계 반대방향으로 말리는 컬

54 헤어 웨이브의 3대요소

크레스트 (Crest, 정상)	웨이브에서 가장 높은 곳
리지 (Ridge, 융기점)	정상과 골이 교차하면서 꺾어지는 점
트로프 (Trough, 골)	웨이브가 가장 낮은 곳

55 헤어 웨이브의 종류
① 웨이브 형태에 따른 분류

내로우 웨이브	리지와 리지 사이의 폭이 좁아 파장이 극단적으로 많음(가장 곱슬거림)
와이드 웨이브	리지와 리지 사이가 보통으로 크레스트(정상)가 가장 뚜렷하고 자연스러움
섀도 웨이브	크레스트가 뚜렷하지 않아 리지가 눈에 잘 띄지 않는 웨이브
프리즈 웨이브	모발 끝만 웨이브가 있는 형태

② 리지의 방향성에 따른 구분

버티컬 웨이브	리지가 수직인 수직 웨이브
호리존틀 웨이브	리지가 수평인 수평 웨이브
다이애거널 웨이브	리지가 사선인 대각 웨이브

56 핑거 웨이브의 종류

리지 컬 (Ridge curl)	• 일반적인 핑거 웨이브 • 핑거 웨이브 뒤에 플래트 컬(눕혀진 상태의 컬)이 있는 형태
스킵 웨이브 (Skip wave)	• 핑거 웨이브와 핀컬이 교대로 조합된 형태로 말린 방향이 동일하다. • 폭이 넓고 부드럽게 흐르는 버티컬 웨이브를 만들 때 사용하는 기법이다. • 가는 모발이나 지나치게 곱슬거리는 머리에는 효과가 없다.

57 핑거 웨이브 모양에 따른 분류

덜 웨이브	리지가 뚜렷하지 않고 느슨한 웨이브

스윙 웨이브	큰 움직임을 보는 듯한 웨이브
스월 웨이브	물결이 회오리치는 듯한 형태의 웨이브

58 뱅(Bang)의 종류

웨이브 뱅	모발 끝을 라운드로 처리하고 풀 웨이브나 하프 웨이브를 뱅에 적용한 뱅
롤 뱅	롤 모양을 형성한 뱅
플러프 뱅	• 컬을 깃털과 같이 일정한 모양을 갖추지 않고 부풀려서 볼륨을 준 뱅 • 자연스럽게 하여 꾸밈이 없는 듯이 볼륨을 준 형태이다.
프린지 뱅	가르마 가까이에 작게 낸 뱅
프렌치 뱅	모발을 들어 올려 빗어놓고(up-comb), 모발 끝 부분은 플러프 하는 뱅

59 리세트(콤아웃)

브러싱	브러시로 모발을 브러싱하는 1차적인 마무리
콤잉	브러시로 표현되지 않는 부분을 빗으로 마무리
백콤잉	빗을 두발 스트랜드의 뒷면에 직각으로 넣고 두피 (모근) 쪽을 향해 빗을 내리누르듯이 빗질하여 머리카락을 세우는 것

60 헤어 컬러링의 역사
① 기원전 1,500년경에 이집트에서 헤나(Henna)를 이용하여 최초로 염색을 하였다.
② 1883년 프랑스에서 파라페니랭자밍이 유기합성염모제를 최초로 사용하여 두발염색의 신기원을 이루었다.

61 염색의 구분

헤어 다이	머리에 착색을 하는 것
헤어 틴트	머리에 색조를 만드는 것
다이 터치 업	염색을 한 후 새로 자라난 두발에만 염색하는 것으로 리터치(Retouch)라고도 함

62 염색의 사전 테스트
① 패치 테스트(Patch test, 첩포 시험)
  • 시술 시 알레르기 및 피부특이반응을 확인하는 방법
  • 사용할 염모제와 동일한 염모제로 시술 24~48시간 전에 실시
  • 팔꿈치 안쪽이나 귀 뒤에 실시
  • 테스트 양성반응(바른 부위에 발진, 발적, 가려움, 수포, 자극 등이 나타남)이면, 바로 씻어내고 염모하지 말아야 함
  • 처음에 실시하여 반응의 증상이 없었더라도 체질이 변화될 수 있으므로 매회 패치 테스트를 하여야 함
② 스트랜드 테스트(Strand test)
  • 올바른 색상이 선택되어졌는지 확인
  • 정확한 염모제의 작용시간을 추정

- 손상모, 단모, 변색될 우려가 있는지를 확인
- 다공성모나 지성모를 확인하여 리컨디셔닝 여부를 결정

63 유기합성 염모제를 이용한 염색
① 알칼리제(암모니아)의 제1액과 산화제(과산화수소)의 제2액으로 구분한다.
　☞ 알칼리 산화 염모제의 pH는 9~10 정도이다.
② 제1액 : 알칼리제(암모니아수)
- 산화염료가 암모니아수에 녹아있음
- 1액이 모표피를 팽윤시켜 모피질 내 인공색소와 과산화수소를 침투시킴
- 모피질 내의 인공색소는 큰 입자의 유색 염료를 형성하여 영구적으로 착색
③ 제2액 : 산화제(과산화수소)
- 과산화수소는 두발에 침투하여 모발의 멜라닌 색소를 분해하여 탈색시키고, 산화염료를 산화해서 발색시킴
④ 염색직전에 제1액과 제2액을 혼합하여 사용(산화작용이 일어남)
⑤ 산화염료의 종류

파라페닐렌디아민	백발을 흑색으로 착색
파라트릴렌디아민	다갈색이나 흑갈색
모노니트로페닐렌디아민	적색

64 염모제의 종류
① 일시적(Temporary) 염모제 : 한 번의 샴푸로 쉽게 제거

종류	특징
컬러린스	물에 섞은 염모제를 린스제로 사용하여 워터린스라고도 함
컬러파우더	전분, 소맥분, 초크 등을 원료로 사용한 분말 착색제
컬러크레용 (크레용 코스메틱)	막대모양의 착색연필로 부분염색이나 헤어 다이 리터치 중간에 사용
컬러스프레이	분무식 착색제로 염색이 간단하여 부분염색에 사용됨

② 반영구적(semipermanent) 염모제 : 지속시간이 4~6주

종류	특징
컬러린스	산화제를 사용하여 지속시간을 늘린 컬러린스 (파라페닐렌디아민 등을 사용)
프로그레시브 샴푸	샴푸를 하면서 염색이 되어 컬러샴푸라고도 함
산성 산화염모제	• 산성산화염료를 모발에 침투시켜 색조를 만드는 방법 • 멜라닌의 파괴가 적고 두발의 손상이 적음
컬러크림	헤어크림에 디아민계 염료나 유기염료를 혼합하여 정발할 때 사용

③ 영구적(Permanent) 염모제 : 모발이 커트될 때까지

종류	특징
식물성 염모제	• 고대 이집트와 페르시아에서 인디고, 살비아, 헤나 등이 오래전부터 사용됨
금속성(광물성) 염모제	• 케라틴의 유황과 납, 구리, 니켈 등의 금속이 반응하여 모발에 금속피막을 형성하여 염색
유기합성 염모제	• 현재 가장 많이 사용되는 염모제 • 산화제가 함유 • 종류 : 액상형, 크림형, 분말형

65 헤어 블리치(탈색)의 원리
① 모발색은 멜라노사이트(색소세포)에서 생산되는 멜라닌의 농도에 의해 결정
② 모피질 내에 있는 멜라닌은 과산화수소에서 분해된 산소와 산화반응하여 무색의 옥시멜라닌으로 변화
③ 제1제인 알칼리제(주로 암모니아)와 제2제인 산화제(과산화수소)를 혼합하여 사용

66 탈색제의 성분 및 작용

종류	작용
1제 (알칼리제)	• 암모니아가 주로 사용됨 • 모표피를 연화 · 팽창시켜 모피질에 산화제가 침투하는 것을 도움 • 산화제의 분해를 촉진하여 산소의 발생을 도움 • pH를 조절한다.
2제 (산화제)	• 과산화수소가 주로 사용됨 • 멜라닌 색소를 분해하여 모발의 색을 보다 밝게 함 • 모발케라틴을 약화시킴

67 과산화수소 농도와 산소형성량
두발의 염색과 탈색에 가장 적당한 농도는 6%의 과산화수소와 28%의 암모니아이다.

과산화수소 농도	산소 형성량	용도
3%	10 Vol	착색만을 원할 때 사용
6%	20 Vol	탈색과 착색이 동시에 이루어짐
9%	30 Vol	탈색이 더 많이 일어나 작품머리등에 사용

68 탈색시 주의사항
- 버진 헤어의 시술 시 모근부는 체온이 높아 빠르게 탈색되므로 가장 늦게 탈색제를 도포
- 약제가 두피에 닿지 않도록 주의
- 탈색 후 사후 손질로 리컨디셔닝을 하는 것이 좋다.
- 퍼머넌트는 탈색 후 1주일이 지난 후에 시행한다.

69 두피상태에 따른 스캘프 트리트먼트의 종류

건강두피	플레인(Plain) 스캘프 트리트먼트
건성두피	드라이(Dry) 스캘프 트리트먼트
지성두피	오일리(Oily) 스캘프 트리트먼
비듬성두피	댄드러프(Dandruff) 스캘프 트리트먼트

70 헤어트리트먼트의 종류

헤어 리컨디셔닝	이상이 생긴 두발이나 손상된 두발의 상태를 손질하여 회복시키는 것이 목적
클리핑	모표피가 벗겨졌거나 모발 끝이 갈라진 부분을 제거하는 것
헤어 팩	• 모발에 영양분을 공급하여 주는 방법 • 윤기가 없는 부스러진 듯한 건성모나 모표피가 많이 일어난 두발 및 다공성모에 가장 효과적
신징	• 신징 왁스나 전기 신징기를 사용해서 모발을 적당히 그슬리거나 지짐 • 잘라지거나 갈라진 두발로부터 영양물질이 흘러나오는 것을 막음 • 온열자극에 의해 두부의 혈액순환을 촉진
컨디셔너제	• 시술과정에서 모발의 손상 및 악화를 방지 • 손상된 모발이 정상으로 회복할 수 있도록 돕는 제품 • 식물성오일, 라놀린오일, 미네랄오일, 실리콘 등이 사용

71 가발

① 위그(Wigs) : 두부전체(두부의 95~100%)를 덮을 수 있는 모자형의 가발
② 헤어 피스(Hair pieces) : 부분적인 가발

폴	숏 헤어를 일시적으로 롱헤어의 모습으로 변화시키는 경우에 사용
웨프트	핑거웨이브 연습에 사용하는 실습용 가발
스위치	사용하기 편하도록 스타일링 해 놓은 것으로, 땋거나 스타일링하기 쉽도록 1~3가닥으로 만들어짐
위글렛	두상의 특정한 부분에 볼륨을 주거나 웨이브를 만들어 효과적인 연출을 하기 위해 사용하는 작은 가발
캐스케이드	폭포수처럼 풍성하고 긴 헤어스타일 연출

| 제2장 피부학 |

72 피부의 기능

① 보호기능
  • 피하지방과 모발의 완충작용으로 외부 충격 및 압력 보호
  • 열, 추위, 화학작용, 박테리아로부터 보호
  • 자외선 차단
② 체온조절기능
③ 비타민 D 합성 기능
④ 분비·배설 기능 : 땀 및 피지의 분비
⑤ 호흡작용 : 산소 흡수 및 이산화탄소 방출
⑥ 감각 및 지각 기능

73 피부의 구조

피부	표피, 진피, 피하조직
피부부속기관	한선, 피지선, 모발, 손톱

74 표피의 구조 및 기능

① 피부의 가장 표면에 있는 층으로 외배엽에서 시작
② 표피의 구조 및 기능

각질층	• 표피를 구성하는 세포층 중 가장 바깥층 • 각화가 완전히 된 세포들로 구성 • 비듬이나 때처럼 박리현상을 일으키는 층 • 외부자극으로부터 피부보호, 이물질 침투방어 • 세라마이드 : 각질층에 존재하는 세포간지질 중 가장 많이 차지(40% 이상) • 천연보습인자(NMF) : 아미노산(40%), 젖산, 요소, 암모니아 등으로 구성
투명층	• 손바닥과 발바닥 등 비교적 피부층이 두터운 부위에 주로 분포 • 생명력이 없는 상태의 무색, 무핵층 • 엘라이딘이 피부를 윤기있게 해줌
과립층	• 각화유리질(Keratohyalin)과립이 존재하는 층 • 투명층과 과립층 사이에 레인방어막이 존재 • 피부의 수분 증발을 방지하는 층 • 지방세포 생성
유극층	• 표피 중 가장 두꺼운 층 • 세포 표면에 가시 모양의 돌기가 세포 사이를 연결 • 케라틴의 성장과 분열에 관여
기저층	• 표피의 가장 아래층으로 진피의 유두층으로부터 영양분을 공급받는 층 • 각질형성세포와 색소형성세포가 가장 많이 존재 (10 : 1 비율) • 피부의 새로운 세포를 형성하는 층 • 털의 기질부(모기질)는 기저층에 해당한다.

75 표피의 구성세포

각질형성 세포 (기저층)	• 표피의 각질(케라틴)을 만들어 내는 세포 • 표피의 주요 구성성분(표피세포의 80% 정도) • 각화과정의 주기 : 약 4주(28일)
색소형성 세포 (기저층)	• 피부의 색을 결정하는 멜라닌 색소 생성 (멜라닌 세포의 수는 피부색에 상관없이 일정) • 표피세포의 5~10%를 차지 • 자외선을 흡수(또는 산란)시켜 피부의 손상을 방지
랑게르한스 세포	• 피부의 면역기능 담당 • 외부로부터 침입한 이물질을 림프구로 전달 • 내인성 노화가 진행되면 세포수 감소
머켈 세포 (촉각세포)	• 기저층에 위치 • 신경세포와 연결되어 촉각 감지

76 피하조직의 기능

영양분 저장, 지방 합성, 열의 차단, 충격 흡수

77 피부pH
- 피부 표면의 pH : 4.5~6.5의 약산성
- 건강한 모발의 pH : 4.5~5.5

78 진피
① 피부의 주체를 이루는 층으로 피부의 90%를 차지
② 유두층과 망상층으로 이루어져 있음

유두층	• 표피의 경계 부위에 유두 모양의 돌기를 형성하고 있는 진피의 상단 부분 • 다량의 수분을 함유하고 있으며, 혈관을 통해 기저층에 영양분 공급
망상층	• 진피의 4/5를 차지하며 유두층의 아래에 위치 • 피하조직과 연결되는 층

79 진피의 구성물질

콜라겐 (교원섬유)	• 진피의 70~80%를 차지하는 단백질 • 3중 나선형구조로 보습력이 뛰어남 • 엘라스틴과 그물모양으로 서로 짜여 있어 피부에 탄력성과 신축성을 주며, 상처를 치유함 • 콜라겐의 양이 감소하면 피부탄력감소 및 주름형성의 원인이 됨
엘라스틴 (탄력섬유)	• 교원섬유보다 짧고 가는 단백질 • 신축성과 탄력성이 좋음 • 피부이완과 주름에 관여
뮤코다당체 (기질)	• 진피의 결합섬유(콜라겐, 엘라스틴)와 세포 사이를 채우고 있는 젤 상태의 친수성 다당체

80 한선(땀샘)

에크린선 (소한선)	• 분포 : 손바닥, 발바닥, 겨드랑이 등 입술과 생식기를 제외한 전신 • 기능 : 체온 유지 및 노폐물 배출
아포크린선 (대한선)	• 분포 : 겨드랑이, 눈꺼풀, 유두, 배꼽 주변 등 • 기능 : 모낭에 연결되어 피지선에 땀을 분비, 산성막의 생성에 관여

81 피지선
① 진피의 망상층에 위치
② 손바닥과 발바닥을 제외한 전신에 분포
③ 안드로겐이 피지의 생성 촉진, 에스트로겐이 피지의 분비 억제
④ 피지의 1일 분비량 : 약 1~2g
⑤ 피지의 기능 : 피부의 항상성 유지, 피부보호 기능, 유독물질 배출작용, 살균작용 등

82 건성피부 및 지성피부

비교	건성피부	지성피부
모공	• 모공이 작음	• 모공이 큼
피지와 땀 분비	• 피지와 땀의 분비 저하로 유·수분이 불균형	• 피지분비가 왕성하여 피부 번들거림이 심함

비교	건성피부	지성피부
피부 상태	• 피부가 얇음 • 피부결이 섬세해 보임 • 탄력이 좋지 못함 • 피부가 손상되기 쉬우며 주름 발생이 쉬움 • 세안 후 이마, 볼 부위가 당김 • 잔주름이 많음	• 정상피부보다 두꺼움 • 여드름, 뾰루지가 잘 남 • 표면이 귤껍질같이 보이기 쉬움(피부결이 곱지 못함) • 블랙헤드가 생기기 쉬움 • 안드로겐(남성호르몬)이나 인 프로게스테론(여성호르몬)의 기능이 활발해져서 생김
화장 상태	• 화장이 잘 들뜸	• 화장이 쉽게 지워짐
기타 사항		• 주로 남성피부에 많음 • 관리 : 피지제거 및 세정을 주목적으로 함

83 멜라닌 : 피부와 모발의 색을 결정하는 색소

84 모발의 생장주기 : 성장기 → 퇴행기 → 휴지기

85 탄수화물 : 신체의 중요한 에너지원

구분	종류
단당류	포도당, 과당, 갈락토오스
이당류	자당, 맥아당, 유당
다당류	전분, 글리코겐, 섬유소

86 단백질의 기능
① 체조직의 구성성분 : 모발, 손톱, 발톱, 근육, 뼈 등
② 효소, 호르몬 및 항체 형성
③ 포도당 생성 및 에너지 공급
④ 혈장 단백질 형성 : 알부민, 글로불린, 피브리노겐
⑤ 체내의 대사과정 조절 : 수분의 균형 조절, 산-염기의 균형 조절

87 아미노산
① 단백질의 기본 구성단위이며, 최종 가수분해 물질
② 필수아미노산 : 발린, 루신, 아이소루이신, 메티오닌, 트레오닌, 라이신, 페닐알라닌, 트립토판, 히스티딘, 아르기닌

88 필수지방산 : 리놀산, 리놀렌산, 아라키돈산

89 비타민 C의 효과
① 모세혈관 강화 → 피부손상 억제, 멜라닌 색소 생성 억제
② 미백작용
③ 기미, 주근깨 등의 치료에 사용
④ 혈색을 좋게 하여 피부에 광택 부여
⑤ 피부 과민증 억제 및 해독작용
⑥ 진피의 결체조직 강화
⑦ 결핍 시 : 기미, 괴혈병 유발, 잇몸 출혈, 빈혈

90 비타민 D
① 자외선에 의해 피부에서 만들어져 흡수
② 칼슘 및 인의 흡수 촉진
③ 혈중 칼슘 농도 및 세포의 증식과 분화 조절
④ 골다공증 예방

91 철(Fe)
① 인체에서 가장 많이 함유하고 있는 무기질
② 혈액 속의 헤모글로빈의 주성분
③ 산소 운반 작용
④ 면역 기능
⑤ 혈색을 좋게 하는 기능
⑥ 결핍 시 : 빈혈, 적혈구 수 감소

92 칼슘
① 뼈·치아 형성 및 혈액 응고
② 근육의 이완과 수축 작용
③ 결핍 시 : 구루병, 골다공증, 충치, 신경과민증 등

| 제3장 **화장품학** |

93 화장품의 정의
① 인체를 청결 · 미화하여 매력을 더하고 용모를 밝게 변화 시키기 위해 사용하는 물품
② 피부 혹은 모발을 건강하게 유지 또는 증진하기 위한 물품
③ 인체에 바르고 문지르거나 뿌리는 등의 방법으로 사용되는 물품
④ 인체에 사용되는 물품으로 인체에 대한 작용이 경미한 것
⑤ 의약품이 아닐 것

94 화장품의 분류

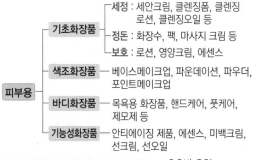

95 화장품에서 요구되는 4대 품질 특성

안전성	피부에 대한 자극, 알레르기, 독성이 없을 것
안정성	변색, 변취, 미생물의 오염이 없을 것
사용성	피부에 사용감이 좋고 잘 스며들 것
유효성	미백, 주름개선, 자외선 차단 등의 효과가 있을 것

96 기능성 화장품
① 피부의 미백에 도움을 주는 제품
② 피부의 주름개선에 도움을 주는 제품
③ 피부를 곱게 태워주거나 자외선으로부터 피부를 보호하는 데에 도움을 주는 제품
④ 모발의 색상 변화·제거 또는 영양공급에 도움을 주는 제품
⑤ 피부나 모발의 기능 약화로 인한 건조함, 갈라짐, 빠짐, 각질화 등을 방지하거나 개선하는 데에 도움을 주는 제품

97 오일의 분류

구분		종류
천연 오일	식물성	올리브유, 파마자유, 야자유, 맥아유 등
	동물성	밍크오일, 난황유등
	광물성	유동파라핀, 바셀린 등
합성 오일		실리콘 오일

98 계면활성제
한 분자 내에 친수성기(둥근 머리 모양)와 친유성기(막대 모양)를 함께 가지고 있는 물질로, 물과 기름의 경계면인 계면의 성질을 변화시킬 수 있다.

99 계면활성제의 분류

양이온성	• 살균 및 소독작용이 우수 • 용도 : 헤어린스, 헤어트리트먼트 등
음이온성	• 세정 작용 및 기포 형성 작용이 우수 • 용도 : 비누, 샴푸, 클렌징 폼 등
비이온성	• 피부에 대한 자극이 적음 • 용도 : 화장수의 가용화제, 크림의 유화제, 클렌징 크림의 세정제 등
양쪽성	• 친수기에 양이온과 음이온을 동시에 가짐 • 세정 작용이 우수하고 피부 자극이 적음 • 용도 : 베이비 샴푸 등

※자극의 세기 : 양이온성>음이온성>양쪽성>비이온성

100 계면활성제의 작용원리

유화	• 제품의 오일 성분이 계면활성제에 의해 물에 우윳빛으로 불투명하게 섞인 상태 • 유화제품 : 크림, 로션
가용화	• 소량의 오일 성분이 계면활성제에 의해 물에 투명하게 용해되어 있는 상태 • 가용화 제품 : 화장수, 에센스, 향수, 헤어토닉, 헤어리퀴드 등
분산	• 미세한 고체입자가 계면활성제에 의해 물이나 오일 성분에 균일하게 혼합된 상태 • 분산된 제품 : 립스틱, 아이섀도, 마스카라, 아이라이너, 파운데이션 등

101 보습제의 종류

구분	구성 성분
천연보습인자(NMF)	아미노산(40%), 젖산(12%), 요소(7%), 지방산 등
고분자 보습제	가수분해 콜라겐, 히아루론산염 등
폴리올	글리세린, 폴리에틸렌글리콜, 부틸렌글리콜, 프로필렌글리콜, 솔비톨

102 보습제 및 방부제가 갖추어야 할 조건

보습제	• 적절한 보습능력이 있을 것 • 보습력이 환경의 변화(온도, 습도 등)에 쉽게 영향을 받지 않을 것 • 피부 친화성이 좋을 것 • 다른 성분과의 혼용성이 좋을 것 • 응고점이 낮을 것 • 휘발성이 없을 것
방부제	• pH의 변화에 대해 항균력의 변화가 없을 것 • 다른 성분과 작용하여 변화되지 않을 것 • 무색 · 무취이며, 피부에 안정적일 것

103 색소

염료	물, 오일, 알코올 등의 용제에 녹는 색소로 화장품의 색상을 나타낸다.
안료	물과 오일에 모두 녹지 않는 색소로 주로 메이크업 화장품에 많이 사용 • 무기안료 : 천연광물을 파쇄하여 사용(마스카라) • 유기안료 : 물·오일에 용해되지 않는 유색분말 (립스틱) • 레이크 : 립스틱, 브러시, 네일 에나멜에 사용

104 팩의 분류

필오프 (Peel-off) 타입	• 팩이 건조된 후 형성된 투명한 피막을 떼어내는 형태 • 노폐물 및 죽은 각질 제거 작용
워시오프 (Wash-off) 타입	• 팩 도포 후 일정 시간이 지나 미온수로 닦아내는 형태
티슈오프 (Tissue-off) 타입	• 티슈로 닦아내는 형태 • 피부에 부담이 없어 민감성 피부에 적합
시트(Sheet) 타입	시트를 얼굴에 올려놓았다가 제거하는 형태
패치(Patch) 타입	패치를 부분적으로 붙인 후 떼어내는 형태

105 피부유형에 따른 화장품 유효성분

건성용	콜라겐, 엘라스틴, 솔비톨, Sodium P.C.A 알로에, 레시틴, 해초, 세라마이드, 아미노산, 히알루론산염
노화방지용	비타민 E(토코페롤), 레티놀, AHA, 레티닐팔미테이트, SOD, 프로폴리스, 플라센타, 알란토인, 인삼추출물, 은행추출물

민감성용	아줄렌, 위치하젤, 비타민 P·K, 판테놀, 리보플라빈, 클로로필
지성, 여드름용	살리실산, 클레이, 유황, 캄퍼
미백용	알부틴, 하이드로퀴논, 비타민 C, 닥나무추출물, 감초

106 유화형태에 따른 크림의 특성

O/W형 에멀전 (수중유형)	• 물>오일 • 흡수가 빠름 • 시원하고 가벼움 • 지속성이 낮음	로션류 : 보습로션, 선텐로션
W/O형 에멀전 (유중수형)	• 오일>물 • 흡수가 느림 • 사용감이 무거움 • 지속성이 높음	크림류 : 영양크림, 헤어크림, 클렌징크림, 선크림
W/O/W, O/W/O 형 에멀전	• 물/오일/물 또는 오일/물/오일의 3층 구조 • 영양물질과 활성물질의 안정한 상태의 보존이 가능	각종 영양크림과 보습크림의 제조에 이용

107 자외선 차단제

자외선 산란제	• 성분 : 티타늄디옥사이드, 징크옥사이드 • 무기 물질을 이용한 물리적 산란작용으로 자외선의 침투를 막음 • 피부에 자극을 주지 않고 비교적 안전하나 백탁현상이나 메이크업이 밀릴 수 있음
자외선 흡수제	• 성분 : 벤조페논, 에칠헥실디메칠파바, 에칠헥실메톡시신나메이트, 옥시벤존 등 • 유기물질을 이용한 화학적 방법으로 자외선을 흡수와 소멸 • 사용감이 우수하나 피부에 자극을 줄 수 있다.

108 자외선차단지수(SPF, Sun Protection Factor)

① $SPF = \dfrac{\text{자외선 차단제를 사용했을 때의 최소 MED}}{\text{자외선 차단제를 사용하지 않았을 때의 최소 MED}}$

(SPF는 숫자가 높을수록 차단기능이 높다)

② MED : 홍반을 일으키는 최소한의 자외선량

109 농도에 따른 향수의 분류

구분(부향률)	지속시간	특징
퍼퓸(15~30%)	6~7시간	향이 오래 지속되며, 가격이 비쌈
오데퍼퓸(9~12%)	5~6시간	퍼퓸보다는 지속성이나 부향률이 떨어지지만 경제적
오데토일렛(6~8%)	3~5시간	일반적으로 가장 많이 사용하는 향수
오데코롱(3~5%)	1~2시간	향수를 처음 사용하는 사람에게 적합
샤워코롱(1~3%)	약 1시간	샤워 후 가볍게 뿌려주는 향수

※ 부향률 : 향수에 향수의 원액이 포함되어 있는 비율 (순서 암기)

110 발산속도에 따른 향수의 단계

탑노트	향수의 첫 느낌, 휘발성이 강한 향료
미들노트	변화된 중간 향, 알코올이 날아간 다음의 향
베이스노트	마지막까지 은은하게 유지되는 향, 휘발성이 낮은 향료

111 아로마 오일의 추출 방법

증류법	• 가장 오래된 방법 • 뜨거운 물이나 수증기를 이용하는 것으로 증발되는 향기물질을 냉각시켜 액체 상태로 얻을 수 있는 방법 • 단시간에 대량 추출할 수 있어 경제적 • 고온추출이므로 열에 약한 성분은 파괴됨
용매 추출법	• 유기용매(벤젠이나 헥산)를 이용해 식물에 함유된 매우 적은 양의 정유, 수증기에 녹지 않는 정유, 수지에 포함된 정유를 추출 • 로즈, 네롤리, 재스민 추출시 이용

112 아로마오일의 사용법

입욕법	전신욕, 반신욕, 좌욕, 수욕, 족욕 등 몸을 담그는 방법
흡입법	손수건, 티슈 등에 1~2방울 떨어뜨리고 심호흡을 하는 방법
확산법	아로마 램프, 스프레이 등을 이용하는 방법
습포법	온수 또는 냉수 1리터 정도에 5~10방울을 넣고, 수건을 담궈 적신 후 피부에 붙이는 방법

113 아로마오일의 사용 시 주의사항

① 반드시 희석해서 사용(원액을 점막이나 점액 부위에 직접 사용하지 않아야 함)
② 사용하기 전에 첩포 테스트를 해야 함
③ 갈색 유리병에 넣고 밀봉 보관(공기와 빛에 쉽게 분해되므로)
④ 직사광선을 피하고 서늘하고 어두운 곳에 보관
⑤ 개봉한 정유는 1년 이내에 사용해야 함
⑥ 임산부, 고혈압, 간질 환자는 금지된 특정정유에 주의

114 캐리어 오일(베이스 오일)

① 식물의 씨를 압착하여 추출한 식물유
② 아로마 오일을 효과적으로 피부에 침투시키기 위해 사용
③ 순수한 식물성 오일로 섭취해도 안정적이며, 마사지할 경우 흡수를 도와준다.
④ 아로마 오일과 블렌딩하여 사용하면 시너지 효과를 볼 수 있다.

| 제4장 공중위생관리학 |

115 공중보건학의 정의(윈슬로우)

공중보건학이란 조직화된 지역사회의 노력으로 질병을 예방하고 수명을 연장하며 신체적·정신적 효율을 증진시키는 기술이며 과학이다.

116 공중보건의 3대 요소

수명연장, 감염병 예방, 건강과 능률의 향상

117 질병 발생의 3가지 요인

① 숙주적 요인

생물학적 요인	선천적	성별, 연령, 유전 등
	후천적	영양상태
사회적 요인	경제적	직업, 거주환경, 작업환경
	생활양식	흡연, 음주, 운동

② 병인적 요인

생물학적 요인	세균, 곰팡이, 기생충, 바이러스 등
물리적 병인	열, 햇빛, 온도 등
화학적 병인	농약, 화학약품 등
정신적 병인	스트레스, 노이로제 등

③ 환경적 요인
기상, 계절, 매개물, 사회환경, 경제적 수준 등

118 인구의 구성 형태

구분	유형	특징
피라미드형	후진국형 (인구증가형)	출생률은 높고 사망률은 낮은 형
종형	이상형 (인구정지형)	출생률과 사망률이 낮은 형 (14세 이하가 65세 이상 인구의 2배 정도)
항아리형	선진국형 (인구감소형)	평균수명이 높고 인구가 감퇴하는 형(14세 이하 인구가 65세 이상 인구의 2배 이하)
별형	도시형 (인구유입형)	생산층 인구가 증가되는 형 (15~49세 인구가 전체 인구의 50% 초과)
기타형	농촌형 (인구유출형)	생산층 인구가 감소하는 형 (15~49세 인구가 전체 인구의 50% 미만)

119 보건지표

① 인구통계

구분	의미
조출생률	• 1년간의 총 출생아수를 당해연도의 총인구로 나눈 수치를 1,000분비로 나타낸 것 • 한 국가의 출생수준을 표시하는 지표
일반출생률	• 15~49세의 가임여성 1,000명당 출생률

② 사망통계

구분	의미
조사망률	• 인구 1,000명당 1년 동안의 사망자 수
영아사망률	• 한 국가의 보건수준을 나타내는 지표 • 생후 1년 안에 사망한 영아의 사망률
신생아사망률	• 생후 28일 미만의 유아의 사망률
비례사망지수	• 한 국가의 건강수준을 나타내는 지표 • 총 사망자 수에 대한 50세 이상의 사망자 수를 백분율로 표시한 지수

120 비교지표
① 한 국가나 지역사회 간의 보건수준을 비교하는 데 사용되는 3대 지표 : 영아사망률, 비례사망지수, 평균수명
② 한 나라의 건강수준을 다른 국가들과 비교할 수 있는 지표로 세계보건기구가 제시한 지표 : 비례사망자수, 조사망률, 평균수명

121 역학의 역할
① 질병의 원인 규명
② 질병의 발생과 유행 감시
③ 지역사회의 질병 규모 파악
④ 질병의 예후 파악
⑤ 질병관리방법의 효과에 대한 평가
⑥ 보건정책 수립의 기초 마련

122 병원체의 종류
① 세균 및 바이러스

구분	세균	바이러스
호흡 기계	결핵, 디프테리아, 백일해, 한센병, 폐렴, 성홍열, 수막구균성수막염	홍역, 유행성 이하선염, 인플루엔자, 두창
소화 기계	콜레라, 장티푸스, 파상열, 파라티푸스, 세균성 이질	폴리오, 유행성 간염, 소아마비, 브루셀라증
피부 점막계	파상풍, 페스트, 매독, 임질	AIDS, 일본뇌염, 공수병, 트라코마, 황열

② 리케차 : 발진티푸스, 발진열, 쯔쯔가무시병, 록키산 홍반열
③ 수인성(물) 감염병 : 콜레라, 장티푸스, 파라티푸스, 이질, 소아마비, A형간염 등
④ 기생충 : 말라리아, 사상충, 아메바성 이질, 회충증, 간흡충증, 폐흡충증, 유구조충증, 무구조충증 등
⑤ 진균 : 백선, 칸디다증 등
⑥ 클라미디아 : 앵무새병, 트라코마 등
⑦ 곰팡이 : 캔디디아시스, 스포로티코시스 등

123 병원소
① 인간 병원소 : 환자, 보균자 등
② 동물 병원소 : 개, 소, 말, 돼지 등
③ 토양 병원소 : 파상풍, 오염된 토양 등

124 후천적 면역

구분		의미
능동면역	자연능동면역	감염병에 감염된 후 형성되는 면역
	인공능동면역	예방접종을 통해 형성되는 면역
수동면역	자연수동면역	모체로부터 태반이나 수유를 통해 형성되는 면역
	인공수동면역	항독소 등 인공제를 접종하여 형성되는 면역

125 인공능동면역
① 생균백신 : 결핵, 홍역, 폴리오(경구)
② 사균백신 : 장티푸스, 콜레라, 백일해, 폴리오(경피)
③ 순화독소 : 파상풍, 디프테리아

126 검역 감염병 및 감시기간

감염병 종류	감시기간
콜레라	120시간(5일)
페스트	144시간(6일)
황열	144시간(6일)
중증급성호흡기증후군(SARS)	240시간(10일)
조류인플루엔자인체감염증	240시간(10일)
신종인플루엔자	최대 잠복기

127 법정감염병의 분류

분류	종류
제1급 감염병	에볼라바이러스병, 마버그열, 라싸열, 크리미안콩고출혈열, 남아메리카출혈열, 리프트밸리열, 두창, 페스트, 탄저, 보툴리눔독소증, 야토병, 신종감염병증후군, 중증급성호흡기증후군(SARS), 중동호흡기증후군(MERS), 동물인플루엔자인체감염증, 신종인플루엔자, 디프테리아
제2급 감염병	결핵, 수두, 홍역, 콜레라, 장티푸스, 파라티푸스, 세균성이질, 장출혈성대장균감염증, A형간염, 백일해, 유행성이하선염, 풍진, 폴리오, 수막구균 감염증, b형헤모필루스인플루엔자, 폐렴구균 감염증, 한센병, 성홍열, 반코마이신내성황색포도알균(VRSA)감염증, 카바페넴내성장내세균속균종(CRE)감염증, E형간염, 코로나바이러스감염증-19, 엠폭스(MPOX)
제3급 감염병	파상풍, B형간염, 일본뇌염, C형간염, 말라리아, 레지오넬라증, 비브리오패혈증, 발진티푸스, 발진열, 쯔쯔가무시증, 렙토스피라증, 브루셀라증, 공수병, 신증후군출혈열, 후천성면역결핍증(AIDS), 크로이츠펠트-야콥병(CJD) 및 변종크로이츠펠트-야콥병(vCJD), 황열, 뎅기열, 큐열, 웨스트나일열, 라임병, 진드기매개뇌염, 유비저, 치쿤구니야열, 중증열성혈소판감소증후군(SFTS), 지카바이러스감염증
제4급 감염병	인플루엔자, 매독, 회충증, 편충증, 요충증, 간흡충증, 폐흡충증, 장흡충증, 수족구병, 임질, 클라미디아감염증, 연성하감, 성기단순포진, 첨규콘딜롬, 반코마이신내성장알균(VRE) 감염증, 메티실린내성황색포도알균(MRSA) 감염증, 다제내성녹농균(MRPA) 감염증, 다제내성아시네토박터바우마니균(MRAB) 감염증, 장관감염증, 급성호흡기감염증, 해외유입기생충감염증, 엔테로바이러스감염증, 사람유두종바이러스 감염증

435

128 감염병 신고
① 제1급 감염병 : 즉시
② 제2,3급 감염병 : 24시간 이내
③ 제4급 감염병 : 7일 이내

129 매개체별 감염병의 종류

구분	매개체	종류
곤충	모기	말라리아, 뇌염, 사상충, 황열, 뎅기열
	파리	콜레라, 장티푸스, 이질, 파라티푸스
	바퀴벌레	콜레라, 장티푸스, 이질
	진드기	신증후군출혈열, 쯔쯔가무시병
	벼룩	페스트, 발진열, 재귀열
	이	발진티푸스, 재귀열, 참호열
동물	쥐	페스트, 살모넬라증, 발진열, 신증후군출혈열, 쯔쯔가무시병, 발진열, 재귀열, 렙토스피라증
	소	결핵, 탄저, 파상열, 살모넬라증
	돼지	일본뇌염, 탄저, 렙토스피라증, 살모넬라증
	양	큐열, 탄저
	말	탄저, 살모넬라증
	개	공수병, 톡소프라스마증
	고양이	살모넬라증, 톡소프라스마증
	토끼	야토병

130 기후

기후의 3대 요소	기온, 기습, 기류
4대 온열 인자	기온, 기습, 기류, 복사열
인간이 활동하기 좋은 온도와 습도	• 온도 : 16~20℃ • 습도 : 40~70%

131 대기오염현상

분류	특징
기온역전	• 고도가 높은 곳의 기온이 하층부보다 높은 경우 • 바람이 없는 맑은 날, 춥고 긴 겨울밤, 눈이나 얼음으로 덮인 경우 주로 발생 • 태양이 없는 밤에 지표면의 열이 대기 중으로 복사되면서 발생
열섬현상	도심 속의 온도가 대기오염 또는 인공열 등으로 인해 주변지역보다 높게 나타나는 현상
온실효과	복사열이 지구로부터 빠져나가지 못하게 막아 지구가 더워지는 현상
산성비	• 원인 물질 : 아황산가스, 질소산화물, 염화수소 등 • pH 5.6 이하의 비

132 수질오염지표

용존산소	물속에 녹아있는 유리산소량
생물화학적 산소요구량	하수 중의 유기물이 호기성 세균에 의해 산화 · 분해될 때 소비되는 산소량
화학적 산소요구량	물속의 유기물을 화학적으로 산화시킬 때 화학적으로 소모되는 산소의 양을 측정하는 방법

133 음용수의 일반적인 오염지표 : 대장균 수

134 직업병의 종류

발생 요인	종류
고열 · 고온	열경련증, 열허탈증, 열사병, 열쇠약증, 열중증 등
이상저온	전신 저체온, 동상, 참호족, 침수족 등
이상기압	감압병(잠함병), 이상저압
방사선	조혈지능장애, 백혈병, 생식기능장애, 정신장애, 탈모, 피부건조, 수명단축, 백내장 등
진동	레이노병
분진	허파먼지증(진폐증), 규폐증, 석면폐증
불량조명	안정피로, 근시, 안구진탕증

135 식중독의 분류

세균성	감염형	살모넬라균, 장염비브리오균, 병원성대장균
	독소형	포도상구균, 보툴리누스균, 웰치균 등
	기타	장구균, 알레르기성 식중독, 노로 바이러스 등
자연독	식물성	버섯독, 감자 중독, 맥각균 중독, 곰팡이류 중독 등
	동물성	복어 식중독, 조개류 식중독 등
곰팡이독		황변미독, 아플라톡신, 루브라톡신 등
화학물질		불량 첨가물, 유독물질, 유해금속물질

136 자연독

구분	종류	독성물질
식물성	독버섯	무스카린, 팔린, 아마니타톡신
	감자	솔라닌, 셉신
	매실	아미그달린
	목화씨	고시풀
	독미나리	시큐톡신
	맥각	에르고톡신
동물성	복어	테트로도톡신
	섭조개, 대합	색시톡신
	모시조개, 굴, 바지락	베네루핀

137 보건행정
① 보건행정의 특성 : 공공성, 사회성, 교육성, 과학성, 기술성, 봉사성, 조장성 등
② 보건소 : 우리나라 지방보건행정의 최일선 조직으로 보건행정의 말단 행정기관

138 사회보장의 종류

구분	종류
사회보험	• 소득보장 : 국민연금, 고용보험, 산재보험 • 의료보장 : 건강보험, 산재보험
공적부조	최저생활보장, 의료급여
사회복지 서비스	노인복지서비스, 아동복지서비스, 장애인복지서비스, 가정복지서비스
관련복지제도	보건, 주거, 교육, 고용

139 보건행정의 관리 과정

과정	의미
기획	조직의 목표를 설정하고 그 목표에 도달하기 위해 필요한 단계를 구성하고 설정하는 단계
조직	2명 이상이 공동의 목표를 달성하기 위해 노력하는 협동체
인사	직원에 대한 근무평가 및 징계에 대한 공정한 관리
지휘	행정관리에서 명령체계의 일원성을 위해 필요
조정	조직이나 기관의 공동목표 달성을 위한 조직원 또는 부서간 협의, 회의, 토의 등을 통하여 행동통일을 가져오도록 집단적인 노력을 하게 하는 행정 활동
보고	조직의 사업활동을 효율적으로 관리하기 위해 정확하고 성실한 보고가 필요
예산	예산에 대한 계획, 확보 및 효율적 관리가 필요

140 소독 관련 용어
① 소독 : 병원성 미생물의 생활력을 파괴하여 죽이거나 또는 제거하여 감염력을 없애는 것
② 멸균 : 병원성 또는 비병원성 미생물 및 포자를 가진 것을 전부 사멸 또는 제거하는 것(무균 상태)
③ 살균 : 생활력을 가지고 있는 미생물을 여러가지 물리·화학적 작용에 의해 급속히 죽이는 것
④ 방부 : 병원성 미생물의 발육과 그 작용을 제거하거나 정지시켜서 음식물의 부패나 발효를 방지하는 것

141 소독력 비교 : 멸균 > 살균 > 소독 > 방부

142 소독제의 구비조건
① 생물학적 작용을 충분히 발휘할 수 있을 것
② 빨리 효과를 내고 살균 소요시간이 짧을 것
③ 독성이 적으면서 사용자에게도 자극성이 없을 것
④ 원액 혹은 희석된 상태에서 화학적으로 안정할 것
⑤ 살균력이 강할 것
⑥ 용해성이 높을 것
⑦ 경제적이고 사용방법이 간편할 것
⑧ 부식성 및 표백성이 없을 것

143 소독작용에 영향을 미치는 요인
① 온도가 높을수록 소독 효과가 크다.
② 접속시간이 길수록 소독 효과가 크다.
③ 농도가 높을수록 소독 효과가 크다.
④ 유기물질이 많을수록 소독 효과가 작다.

144 소독에 영향을 미치는 인자 : 온도, 수분, 시간

145 살균작용의 기전
① 산화작용
② 균체의 단백질 응고작용
③ 균체의 효소 불활성화 작용
④ 균체의 가수분해작용
⑤ 탈수작용
⑥ 중금속염의 형성
⑦ 핵산에 작용
⑧ 균체의 삼투성 변화작용

146 소독법의 분류

147 주요 소독법의 특징

발생 요인	종류
자비(열탕) 소독법	• 100℃의 끓는 물속에서 20~30분간 가열하는 방법 • 아포형성균, B형 간염 바이러스에는 부적합
고압증기 멸균법	• 고압증기 멸균기를 이용하여 소독하는 방법 • 소독 방법 중 완전 멸균으로 가장 빠르고 효과적인 방법 • 포자를 형성하는 세균을 멸균 • 소독 시간 　- 10LBs(파운드) : 115℃에서 30분간 　- 15LBs(파운드) : 121℃에서 20분간 　- 20LBs(파운드) : 126℃에서 15분간
석탄산 (페놀)	• 승홍수 1,000배의 살균력 • 조직에 독성이 있어서 인체에는 잘 사용되지 않고 소독제의 평가기준으로 사용
승홍 (염화제2수은)	• 1,000배(0.1%)의 수용액을 사용 • 조제법 : 승홍(1) : 식염(1) : 물(998) • 용도 : 손 및 피부 소독

148 대상물에 따른 소독 방법
① 대소변, 배설물, 토사물 : 소각법, 석탄산, 크레졸, 생석회 분말
② 침구류, 모직물, 의류 : 석탄산, 크레졸, 일광소독, 증기소독, 자비소독
③ 초자기구, 목죽제품, 자기류 : 석탄산, 크레졸, 포르말린, 승홍, 증기소독, 자비소독
④ 모피, 칠기, 고무·피혁제품 : 석탄산, 크레졸, 포르말린
⑤ 병실 : 석탄산, 크레졸, 포르말린
⑥ 환자 : 석탄산, 크레졸, 승홍, 역성비누

149 세균 증식이 가장 잘되는 pH 범위 : 6.5~7.5(중성)

150 미생물의 생장에 영향을 미치는 요인
온도, 산소, 수소이온농도, 수분, 영양

151 공중위생관리법의 목적
공중이 이용하는 영업의 위생관리 등에 관한 사항을 규정함으로써 위생수준을 향상시켜 국민의 건강증진에 기여

152 용어 정의
① 공중위생영업 : 다수인을 대상으로 위생관리서비스를 제공하는 영업으로서 숙박업·목욕장업·이용업·미용업·세탁업·건물위생관리업을 말한다.
② 공중이용시설 : 다수인이 이용함으로써 이용자의 건강 및 공중위생에 영향을 미칠 수 있는 건축물 또는 시설로서 대통령령이 정하는 것
③ 이용업 : 손님의 머리카락 또는 수염을 깎거나 다듬는 등의 방법으로 손님의 용모를 단정하게 하는 영업
④ 미용업 : 손님의 얼굴·머리·피부 및 손톱·발톱 등을 손질하여 손님의 외모를 아름답게 꾸미는 영업

153 영업신고
① 공중위생영업의 종류별로 보건복지부령이 정하는 시설 및 설비를 갖추고 시장·군수·구청장(자치구 구청장에 한함)에게 신고
② 제출서류 : 영업시설 및 설비개요서, 교육수료증

154 변경신고 사항
① 영업소의 명칭 또는 상호
② 영업소의 소재지
③ 신고한 영업장 면적의 3분의 1 이상의 증감
④ 대표자의 성명 및 생년월일
⑤ 미용업 업종 간 변경

155 변경신고 시 시장·군수·구청장이 확인해야 할 서류
① 건축물대장
② 토지이용계획확인서
③ 전기안전점검확인서(신고인이 동의하지 않는 경우 서류를 첨부)
④ 면허증

156 폐업 신고 : 폐업한 날부터 20일 이내에 시장·군수·구청장에게 신고

157 영업의 승계가 가능한 사람
① 양수인 : 미용업을 양도한 때
② 상속인 : 미용업 영업자가 사망한 때
③ 법인 : 합병 후 존속하는 법인 또는 합병에 의해 설립되는 법인
④ 경매, 환가, 압류재산의 매각 그 밖에 이에 준하는 절차에 따라 미용업 영업 관련시설 및 설비의 전부를 인수한 자

158 면허 발급 대상자
① 전문대학 또는 이와 동등 이상의 학력이 있다고 교육부장관이 인정하는 학교에서 미용에 관한 학과를 졸업한 자
② 대학 또는 전문대학을 졸업한 자와 동등 이상의 학력이 있는 것으로 인정되어 미용에 관한 학위를 취득한 자
③ 고등학교 또는 이와 동등의 학력이 있다고 교육부장관이 인정하는 학교에서 미용에 관한 학과를 졸업한 자
④ 특성화고등학교, 고등기술학교나 고등학교 또는 고등기술학교에 준하는 각종학교에서 1년 이상 미용에 관한 소정의 과정을 이수한 자
⑤ 국가기술자격법에 의해 미용사의 자격을 취득한 자

159 면허 결격 사유자
① 피성년후견인
② 정신질환자(전문의가 미용사로서 적합하다고 인정하는 사람은 예외)
③ 공중의 위생에 영향을 미칠 수 있는 감염병환자로서 결핵환자(비감염성 제외)
④ 약물 중독자
⑤ 공중위생관리법의 규정에 의한 명령 위반 또는 면허증 불법 대여의 사유로 면허가 취소된 후 1년이 경과되지 않은 자

160 면허증 재교부 신청 요건
① 면허증의 기재사항에 변경이 있는 때
② 면허증을 잃어버린 때
③ 면허증이 헐어 못쓰게 된 때

161 면허증의 반납
면허 취소 또는 정지명령을 받을 시 : 관할 시장, 군수, 구청장에게 면허증 반납

162 미용업 영업자의 준수사항(보건복지부령)
① 의료기구와 의약품을 사용하지 않는 순수한 화장 또는 피부미용을 할 것
② 미용기구는 소독을 한 기구와 소독을 하지 않은 기구로 분리하여 보관할 것
③ 면도기는 1회용 면도날만을 손님 1인에 한하여 사용할 것
④ 영업소 내부에 미용업 신고증 및 개설자의 면허증 원본을 게시할 것
⑤ 피부미용을 위해 의약품 또는 의료기기를 사용하지 말 것
⑥ 점빼기·귓볼뚫기·쌍꺼풀수술·문신·박피술 등의 의료 행위를 하지 말 것
⑦ 영업장 안의 조명도는 75룩스 이상이 되도록 유지할 것
⑧ 영업소 내부에 최종지불요금표를 게시 또는 부착할 것

163 영업소 내에 게시해야 할 사항
미용업 신고증, 개설자의 면허증 원본, 최종지불요금표

164 이·미용기구의 소독기준 및 방법
① 자외선소독 : 1cm²당 85μW 이상의 자외선을 20분 이상 쬐어준다.
② 건열멸균소독 : 100℃ 이상의 건조한 열에 20분 이상 쐬어준다.
③ 증기소독 : 100℃ 이상의 습한 열에 20분 이상 쐬어준다
④ 열탕소독 : 100℃ 이상의 물속에 10분 이상 끓여준다.
⑤ 석탄산수소독 : 석탄산수(석탄산 3%, 물 97%의 수용액)에 10분 이상 담가둔다.
⑥ 크레졸소독 : 크레졸수(크레졸 3%, 물 97%의 수용액)에 10분 이상 담가둔다.
⑦ 에탄올소독 : 에탄올수용액(에탄올이 70%인 수용액)에 10분 이상 담가두거나 에탄올수용액을 머금은 면 또는 거즈로 기구의 표면을 닦아준다.

165 오염물질의 종류와 오염허용기준(보건복지부령)

오염물질의 종류	오염허용기준
미세먼지(PM-10)	24시간 평균치 150μg/m³ 이하
일산화탄소(CO)	1시간 평균치 25ppm 이하
이산화탄소(CO_2)	1시간 평균치 1,000ppm 이하
포름알데이드(HCHO)	1시간 평균치 120μg/m³ 이하

166 미용업의 세분

세분	업무
미용업 (일반)	파마, 머리카락 자르기, 머리카락 모양내기, 머리피부 손질, 머리카락 염색, 머리감기, 의료기기나 의약품을 사용하지 않는 눈썹손질을 하는 영업
미용업 (피부)	의료기기나 의약품을 사용하지 않는 피부 상태 분석·피부관리·제모·눈썹손질을 행하는 영업
미용업 (손·발톱)	손톱과 발톱을 손질·화장하는 영업
미용업 (화장·분장)	얼굴 등 신체의 화장, 분장 및 의료기기나 의약품을 사용하지 않는 눈썹손질을 하는 영업
미용업 (종합)	위의 업무를 모두 하는 영업

167 영업소 외의 장소에서 미용업무를 할 수 있는 경우
① 질병이나 그 밖의 사유로 영업소에 나올 수 없는 자에 대하여 미용을 하는 경우
② 혼례나 그 밖의 의식에 참여하는 자에 대하여 그 의식 직전에 미용을 하는 경우
③ 사회복지시설에서 봉사활동으로 미용을 하는 경우
④ 방송 등의 촬영에 참여하는 사람에 대하여 그 촬영 직전에 이용 또는 미용을 하는 경우
⑤ 기타 특별한 사정이 있다고 시장·군수·구청장이 인정하는 경우

168 개선명령 대상
① 공중위생영업의 종류별 시설 및 설비기준을 위반한 공중위생영업자
② 위생관리의무 등을 위반한 공중위생영업자
③ 위생관리의무를 위반한 공중위생시설의 소유자 등

169 개선명령 시의 명시사항
시·도지사 또는 시장·군수·구청장은 개선명령 시 다음 사항을 명시해야 한다.
① 위생관리기준
② 발생된 오염물질의 종류
③ 오염허용기준을 초과한 정도
④ 개선기간

170 공중위생감시원의 자격
① 위생사 또는 환경기사 2급 이상의 자격증이 있는 자
② 대학에서 화학·화공학·환경공학 또는 위생학 분야를 전공하고 졸업한 자 또는 이와 동등 이상의 자격이 있는 자
③ 외국에서 위생사 또는 환경기사의 면허를 받은 자
④ 1년 이상 공중위생 행정에 종사한 경력이 있는 자

171 공중위생감시원의 업무범위
① 관련 시설 및 설비의 확인
② 관련 시설 및 설비의 위생상태 확인·검사, 공중위생영업자의 위생관리의무 및 영업자준수사항 이행 여부의 확인
③ 공중이용시설의 위생관리상태의 확인·검사
④ 위생지도 및 개선명령 이행 여부의 확인
⑤ 공중위생영업소의 영업의 정지, 일부 시설의 사용중지 또는 영업소 폐쇄명령 이행 여부의 확인
⑥ 위생교육 이행 여부의 확인

172 명예공중감시원의 업무
① 공중위생감시원이 행하는 검사대상물의 수거 지원
② 법령 위반행위에 대한 신고 및 자료 제공
③ 그 밖에 공중위생에 관한 홍보·계몽 등 공중위생관리업무와 관련하여 시·도지사가 따로 정하여 부여하는 업무

173 위생서비스수준의 평가 주기 : 2년마다 실시

174 위생관리등급의 구분(보건복지부령)
① 최우수 업소 : 녹색등급
② 우수 업소 : 황색등급
③ 일반관리대상 업소 : 백색등급

175 위생교육
① 위생교육 횟수 및 시간 : 매년 3시간
② 위생교육의 내용
• 공중위생관리법 및 관련 법규
• 소양교육(친절 및 청결에 관한 사항 포함)
• 기술교육
• 기타 공중위생에 관하여 필요한 내용

176 과징금 납부기간 : 통지를 받은 날부터 20일 이내

177 청문을 실시해야 하는 처분
① 면허취소·면허정지
② 공중위생영업의 정지
③ 일부 시설의 사용중지
④ 영업소폐쇄명령
⑤ 공중위생영업 신고사항의 직권 말소

수험교육의 최정상의 길 - 에듀웨이 EDUWAY

(주)에듀웨이는 자격시험 전문출판사입니다.
에듀웨이는 독자 여러분의 자격시험 취득을 위한 교재 발간을 위해 노력하고 있습니다.

2025 기분파
미용사일반(헤어미용사) 필기

2025년 06월 01일 9판 5쇄 인쇄
2025년 06월 10일 9판 5쇄 발행

지은이 | 에듀웨이 R&D 연구소(미용부문) · 김효정
펴낸이 | 송우혁

펴낸곳 | (주)에듀웨이
주 소 | 경기도 부천시 소향로13번길 28-14, 8층 808호(상동, 맘모스타워)
대표전화 | 032) 329-8703
팩 스 | 032) 329-8704
등 록 | 제387-2013-000026호
홈페이지 | www.eduway.net

기획,진행 | 김미순
북디자인 | 디자인동감
교정교열 | 정상일, 최은정
인 쇄 | 미래피앤피

Copyright©에듀웨이 R&D 연구소. 2025. Printed in Seoul, Korea

ISBN 979-11-94328-01-8

이 도서의 국립중앙도서관 출판시도서목록(CIP)은 서지정보유통지원시스템 홈페이지
(http://seoji.nl.go.kr)와 국가자료공동목록시스템(http://www.nl.go.kr/kolisnet)에서 이
용하실 수 있습니다.